Innovationssysteme und Wettbewerb

Hallesche Studien zu Wirtschaft und Gesellschaft

Herausgegeben von Heinz Galler, Martin Klein, Reinhard Rode, Gunter Steinmann, Walter Thomi, Christian Tietje, Alois Wenig

Band 1

Verantwortlicher Herausgeber: Walter Thomi

PETER LANG
Frankfurt am Main · Berlin · Bern · Bruxelles · New York · Oxford · Wien

Oliver Dörschuck

Innovationssyteme und Wettbewerb

Das Beispiel Neuseeland

PETER LANG
Europäischer Verlag der Wissenschaften

Bibliografische Information Der Deutschen Bibliothek
Die Deutsche Bibliothek verzeichnet diese Publikation in der Deutschen Nationalbibliografie; detaillierte bibliografische Daten sind im Internet über <http://dnb.ddb.de> abrufbar.

Zugl.: Halle-Wittenberg, Univ., Diss., 2003

3
ISSN 1613-463X
ISBN 3-631-52363-7

www.peterlang.de

Just as energy is the basis of life itself, and ideas the source of innovation, so is innovation the vital spark of all human change, improvement and progress.

Theordore Levitt

Vorwort des Autors

Globalisierung, technologische Neuerungen, sektorale Verschiebungen, die Entwicklung der Wissensgesellschaft, die Entdeckung neuer Regulationssysteme und eine gesellschaftliche Neuorientierung sind Merkmale eines tiefgreifenden Strukturwandels, dem sich Unternehmen und Volkswirtschaften ausgesetzt sehen. Sich verkürzende Produktlebenszyklen und eine steigende Bedeutung von Innovationen können als Haupttreiber dieser Wandlungsprozesse identifiziert werden. Gleichzeitig gewinnt dadurch die Innovationsgenerierung stetig mehr Gewicht für die Wettbewerbsfähigkeit von Unternehmen und Volkswirtschaften. Die Konzepte der Innovationssysteme tragen als Analyseinstrument der erhöhten Bedeutung der Innovationsgenerierung in analytischer Hinsicht Rechnung. Diese Entwicklungen spannen den Rahmen für die vorliegende Dissertation.

Eine Verknüpfung dieser ökonomischen, gesellschaftlichen und räumlichen Themenkomplexe erfordert einen interdisziplinären und internationalen Forschungsansatz. Als Diplom-Kaufmann habe ich die dafür notwendigen wissenschaftlichen Möglichkeiten am Lehrstuhl für Wirtschaftsgeographie von Prof. Dr. Walter Thomi gefunden. Dazu tauchte ich in die Verbindung betriebs- und volkswirtschaftlicher Forschung mit den räumlichen Implikationen aus wirtschaftsgeographischer Sicht ein. Am Lehrstuhl ergab sich vielfach die Möglichkeit einen tiefen Einblick in die heterogenen Forschungsprojekte zu erhalten. Besonders möchte ich die Gespräche mit meinen „Mitstreitern" Dipl.-Geogr. Claudia Schmidt (Nachfrage und Innovation), Dipl.-Geogr. Olaf Balding (Vietnam), Dipl.-Vw. Thorsten Böhn (Finnland), Dipl.-Geogr. Sebastian Henn (Nanotechnologie), Dipl.-Geogr. Robert Werner (Finnland) und Dipl.-Kfm. Martin Wieland (Ghana) hervorheben. An erster Stelle der Interaktionspartner steht Prof. Dr. Walter Thomi, der mir zahlreiche Gedankenanstöße gab und mir zugleich den Freiraum für die eigenständige Entfaltung des Promotionsvorhabens und der Forschungsrichtung gab. Prof. Thomi und allen Kollegen sei an dieser Stelle für die Diskussionen herzlich gedankt.

Einen wichtigen Abschnitt in der Umsetzung des theoretischen Innovationssystem-Modells stellt der Forschungsaufenthalt in Neuseeland dar. Neuseeland hat seine Regulationssysteme seit den 1984 beginnenden Reformprozessen neu aufgebaut. Zudem hat sich die Innovationskraft neuseeländischer Unternehmen hervorragend entwickelt. Aus diesen Gründen bietet sich Neuseeland als idealer Forschungsraum für die Verknüpfung von Innovationsgenerierung und Wettbewerbsfähigkeit in einer sich wandelnden Welt an.

Der korrespondierende Forschungsaufenthalt hätte aber nicht ohne die Unterstützung vieler neuseeländischer Personen und Institutionen durchgeführt werden können: Zum Dank bin ich dem langjährigen Neuseelandexperten Prof. Dr. Lutz verpflichtet, der mich in seinen Garten nach Frankfurt einlud und mir die Tür zu seinem Netzwerk in Neuseeland durch seine langjährigen Forschungen öffnete. In Neuseeland waren die University of Canterbury in Christchurch und insbesondere Prof. Dr. Garth Cant eine große Hilfe. Zudem konnte ich durch Jim Walley von der Canterbury Manufacturers' Association wichtige regionale Kontakte zu Unternehmen knüpfen. Für den öffentlichen F&E-Sektor gewann ich durch Dr. Andrew Matthews, der am NIWA forscht und vom Ministry of Research, Science and Technology für die neuseeländisch-deutsche Forschungskooperation eingesetzt ist, wichtige Impulse für das weitere Vorgehen und interessante Ansprechpartner. Eine nicht geplante Unterstützung erhielt ich in Auckland durch Sven Hanne, den ich seit gemeinsamen

Abiturzeiten nicht mehr gesehen hatte. Sven führte mich in einige neuseeländischen Besonderheiten ein und half mir beim Aufbau einer eigenen Infrastruktur.

Interdisziplinäre Forschung muss sich teilweise über bestehende Organisationsstrukturen in Universitäten hinwegsetzen. Aus diesem Grund danke ich der Wirtschaftswissenschaftlichen Fakultät für die Annahme meines Promotionsverfahrens. Ebenso gebührt mein Dank den Gutachtern Prof. Dr. Gunter Steinmann, Martin-Luther-Universität Halle-Wittenberg, Prof. Dr. Walter Thomi, Martin-Luther-Universität Halle-Wittenberg, Prof. Dr. Karl Vorlaufer, Heinrich-Heine-Universität Düsseldorf sowie darüber hinaus den mündlichen Prüfern Prof. Dr. Martin Klein und Prof. Dr. Ronald Maier von der Martin-Luther-Universität Halle-Wittenberg für die kritisch-konstruktiven Fragen, Hinweise und Diskussionen.

Die Unterstützung aus dem privaten Bereich hat einen nicht zu unterschätzenden Anteil an dem Gelingen eines Promtionsvorhabens. Aus diesem Grund möchte ich insbesondere meinem Freundeskreis Claudia, Dianne, Katrin, Sabine, Stephanie, Franz und Jens für die Freundschaft in dieser außergewöhnlichen Lebensphase danken. Meiner Freundin Nathalie Oberhauser bin ich für die zahlreichen Diskussionen, Anregungen und ihr Verständnis für meinen anderen Lebensrhythmus zum Dank verpflichtet. Zu guter Letzt danke ich meinem Bruder Thomas, meinen Eltern Roswitha und Peter für den familiären Rückhalt, den ich genießen darf.

Hannover, 23.02.04 Oliver Dörschuck

GLIEDERUNG

ABKÜRZUNGSVERZEICHNIS

AgResearch .... New Zealand Pastoral Agriculture Research Institute Ltd
APEC .... Asia Pacific Economic Cooperation
BERD .... Business Enterprise Expenditure on R&D
BIP .... Bruttoinlandsprodukt
BMBF .... Bundesministerium für Bildung, Wissenschaft, Forschung und Technologie
CAGR .... Compound Annual Growth Rate
CDC .... Canterbury Development Corporation
CECC .... Canterbury Employers' Chamber of Commerce
CER .... Closer Economic Relations Trade Agreement
Ch .... Christchurch
CMA .... Canterbury Manufacturers' Association
CRI .... Crown Research Institute
Crop&Food .... New Zealand Institute for Crop & Food Research Ltd
DIE .... Deutsches Institut für Entwicklungspolitik
DIW .... Deutsches Institut für Wirtschaftsforschung
DSIR .... Department of Scientific and Industrial Research
EFTS .... Equivalent Full Time Students
ESR .... Institute of Environmental Science and Research Ltd
EU .... Europäische Union
F&E .... Forschung und Entwicklung
ForestResearch .... New Zealand Forest Research Institute Ltd
FRST .... Foundation for Research, Science and Technology (Neuseeland)
FTE .... Full Time Employee
GATT .... General Agreement on Tariffs and Trade
GDP .... Gross Domestic Product
GERD .... Gross Domestic Expenditure on R&D
GNS .... Institute of Geological & Nuclear Sciences Ltd
GREMI .... Groupe de Recherche Européen sur les Milieux Innovateurs
HERD .... Higher Education Expenditure on F&E
HortResearch .... Horticulture & Food Research Institute of New Zealand Ltd
HRC .... Health Research Council
IfW .... Institut für Weltwirtschaft
ILO .... International Labour Organization
IMD .... International Institute for Management
IMF .... International Monetary Fund
IRL .... Industrial Research Ltd
Iuk-Technologien .... Informations- und Kommunikationstechnologien
JAG .... Joint Action Group
KIBS .... Knowledge Intensive Business Services
Landcare .... Landcare Research New Zealand Ltd
MIT .... Massachusetts Institute of Technology
MoRST .... Ministry of Research, Science and Technology (Neuseeland)
MUA .... Main Urban Areas
N$ .... Neuseeländische Dollar
n. a. .... Not available / keine Information verfügbar
NIWA .... National Institute of Water and Atmospheric Research Ltd
NZ .... New Zealand
NZBRT .... New Zealand Business Round Table

NZIER .... New Zealand Institute of Economic Research
OECD .... Organisation for Economic Cooperation and Development
PC .... Personal Computer
PGSF .... Public Good Science Fund
PISA .... Programme for International Student Assessment
PPP .... Purchasing Power Parity
R&D .... Research and Development
RCA .... Revealed Comparative Advantage
RSNZ .... Royal Society of New Zealand
SIAC .... Science & Innovation Advisory Council
SPARTECA .... South Pacific Regional Trade Cooperation Agreement
SPC .... South Pacific Conference
SPF .... South Pacific Forum
SPSS .... Statistical Package for the Social Science
TechNZ .... Technology New Zealand
TradeNZ .... New Zealand Trade Development Board
U$ .... US-Dollar
UBD .... Universal Business Directory 1998
UN .... United Nations
USA .... Vereinigte Staaten von Amerika
VicLink .... Victoria Link Ltd
W .... Wellington
WEF .... World Economic Forum
WRCC .... Wellington Regional Chamber of Commerce
WREDA .... Wellington Regional Economic Development Agency
WRONZ .... Wool Research Organisation New Zealand
ZEW .... Zentrum für Europäische Wirtschaftsforschung

ABBILDUNGSVERZEICHNIS

TABELLENVERZEICHNIS

1 ZUM FORSCHUNGSFELD DER INNOVATIONSSYSTEME UND DER WETTBEWERBSFÄHIGKEIT

1.1 Wachstumsdeterminanten, Innovation und Innovationssysteme

Oberziel der meisten Volkswirtschaften ist die Generierung eines angemessenen und nachhaltigen ökonomischen Wachstums. Die Steigerung des realen Outputs der Volkswirtschaft führt zu einem steigenden Lebensstandard und einer verbesserten Wohlfahrt der heimischen Bevölkerung (vgl. ALTMANN 1995: 36 ff., SCHAAF 2000: 140).

Versuchen Ökonomen die Gründe für ökonomisches Wachstum zu erklären, ist eine Vielzahl von Einflussfaktoren dieses komplexen Sachverhalts zu identifizieren. In den 1940er Jahren wurde zunächst die Wichtigkeit des Kapitals herausgestellt, welche auf zwei verschiedenen Handlungen beruht: dem Sparen der Haushalte und dem kreditfinanzierten Investieren der Unternehmen. Um 1950 wurde der Erklärungskranz wirtschaftlichen Wachstums um die Arbeitskräfte und die Technologie erweitert. Zehn Jahre später wurde das Arbeitskräftekontingent weiter differenziert und der Einfluss von Bildung und Wissen hervorgehoben, wodurch nun auch das Humankapital[1] Eingang in die Funktion des ökonomischen Wachstums fand. Aus den Diskussionen des CLUB OF ROME um erschöpfbare und natürliche Ressourcen von Volkswirtschaften sind die natürlichen Gegebenheiten als Erklärungs- oder Limitierungsfaktor von Wachstum aufzunehmen. Daneben ist die Strukturflexibilität von Volkswirtschaften zu berücksichtigen: Die Veränderung des sektoralen Gefüges, die veränderten Realitäten im politischen und wirtschaftlichen Bereich sowie der soziokulturelle und demographische Wandel[2] bedingen eine hinreichende Anpassungsfähigkeit der Volkswirtschaft, um langfristig wachsen zu können. Da diese Prozesse nicht im Vakuum stattfinden und diese Variablen keine Erklärung für die dahinter liegenden Verhaltensweisen liefern, sind auf der aggregierten Ebene auch die institutionellen Gegebenheiten[3] sowie auf der mikroökonomischen Ebene die Ausprägungen der spezifischen Entrepreneure[4] in eine Analyse des ökonomischen Wachstums mit einzubeziehen (vgl. MEADOWS / MEADOWS ET AL. 1972, KASPER / STREIT 1999: 13 ff.). Zusammengefasst wird die Ausgestaltung der einzelnen Wachstumsdeterminanten im Konstrukt der Wettbewerbsfähigkeit von territorialen Gebietseinheiten.

Ansatzpunkt dieser Arbeit ist die Verknüpfung dieses Erklärungsbündels des ökonomischen Wachstums mit der Innovationsgenerierung. Innovationen[5], verstanden auf der allgemeinen Ebene als etwas Neues, sind Kern etlicher Prozesse, die in einem direkten Zusammenhang mit den einzelnen Wachstumsfaktoren stehen.

So unterstützen Innovationen den Einsatz von Kapital in neuen Projekten, da – entgegen der Vorhersagen von KARL MARX – neue Ideen dauerhaft die Kapitalrendite und das kapitalistische System vor dem prognostizierten Kollaps sichern. Dementsprechend sind Innovationen sowohl als Ausdruck als auch als Voraussetzung für einen effizienten Kapitaleinsatz

---

1 Zur Bedeutung des Humankapitals im volkswirtschaftlichen Kontext vgl. HOFMANN (2001).

2 So integriert STEINMANN (1974) das Bevölkerungswachstum und den Bevölkerungsaufbau in das einfache neoklassische Wachstumsmodell.

3 JONES (1987), HODGSON (1988) und NORTH (1995) können stellvertretend für Wissenschaftler genannt werden, die die langfristige ökonomische Entwicklung von Volkswirtschaften aus Sicht der institutionellen Arrangements analysieren und die Wichtigkeit der effizienten institutionellen Abwicklung als Wachstumsdeterminante betonen.

4 Die Rolle des Entrepreneurs in diesem Kontext wurde zuerst von JOSEPH SCHUMPETER (1830–1950) und der österreichischen Schule (LUDWIG VON MISES 1881–1973, FRIEDRICH AUGUST HAYEK 1899–1992) aufgegriffen.

5 Vgl. auch Kapitel 1.4.

zu betrachten. Ähnlich positiv beeinflussen Innovationen die Arbeitsproduktivität und entwickeln die herrschende Technologie weiter, so dass durch einen innovationsbedingten Wechsel der volkswirtschaftlichen Produktionsfunktion ein höheres Outputniveau erreicht werden kann. Stagnierende Wachstumsraten infolge abnehmender Skalenerträge der gegebenen Produktionsfunktion können durch Innovationen und einen damit möglichen Technologieparadigmenwechsel vermieden werden. Unmittelbar verantwortlich für den kreativen Akt der Innovationsgenerierung ist das bestehende Humankapital, welches durch neue Wissenskombinationen und die folgende Diffusion ihren Bestand weiter stärkt und so Wachstumsprozesse initiiert. Die erschöpfbaren, natürlichen Ressourcen können durch Innovationen einerseits schonender genutzt und andererseits eventuell substituiert werden, wodurch ein durch natürliche Ressourcen bedingtes Abflachen des Wachstums abgefedert werden kann. Demzufolge muss eine Steigerung des ökonomischen Outputs nicht unvereinbar mit dem Schutz der natürlichen Ressourcen eines Landes sein. Weitreichende Innovationen können zu strukturellen Veränderungen in den Volkwirtschaften führen. Um diese Konsequenz aus radikalen Innovationen wohlfahrtsfördernd nutzen zu können, bedarf es einer ausreichenden Strukturflexibilität. Die Verbundenheit der einzelnen Stellhebel des Gesamtsystems Volkswirtschaft führt bei Strukturveränderung einzelner Pfeiler zu Neuerungen auch in anderen Bereichen des Systems. Spezifische Veränderungen können nicht nur endogen entstehen, sondern auch durch exogene Makrotrends (Globalisierung) angeschoben werden. Innovationen werden sowohl in den direkt tangierten Bereichen als auch in peripheren Teilen der Volkswirtschaft notwendig. So werden durch die Globalisierung der Ökonomie neben den ökonomischen Aspekten (Auswirkungen auf BIP, Arbeitsplätze) auch die gesamten Systeme der Kranken- und Rentenversicherung, der Steuern, des Umweltschutzes sowie der Lohnnebenkosten zum gesellschaftlichen Diskussionsgegenstand (vgl. KASPER / STREIT 1999: 14 ff.).

Wie die Regulationstheorie zeigt, kann der Wachstumsprozess nur dann funktionieren, wenn ein stabiler Zusammenhang zwischen dem Akkumulationsregime und der Regulationsweise besteht. Soziale, ökonomische und rechtliche Regeln (Institutionen) müssen mit dem jeweiligen Status quo der Entwicklung des spezifischen Landes korrespondieren und sich gegebenenfalls anpassen. Innovative und effektive Institutionen determinieren die Fähigkeit zur Weiterentwicklung von Volkswirtschaften.

Eine der Kerneigenschaften eines Entrepreneurs ist der innovative Einsatz von Wissen, indem der SCHUMPETER'SCHE Gründer eine so noch nicht am Markt existierende Wissenskombination durchsetzt (vgl. SCHUMPETER 1952: 100). Der Entrepreneur selbst schafft in einem Prozess der „schöpferischen Zerstörung" Innovationen, die das Wachstum der Volkswirtschaft positiv beeinflussen.

Nach KLAUDER (1994: 45 f.) befinden wir uns „offensichtlich in der Anfangsphase eines grundlegenden Strukturwandels der gesamten Wirtschafts- und Arbeitswelt, wie er vielleicht nur mit dem Übergang von der Agrargesellschaft zur Industriegesellschaft zu vergleichen ist." So kommen auch Vertreter der Theorie der langen Wellen zu dem Schluss, dass die neuen, entscheidenden Quellen für Wachstum Wissen, Innovation und ihre Anwendung sind. Kernprobleme von entwickelten Volkswirtschaften werden die Erzeugung von Wissen durch F&E, die effiziente Nutzung und Verteilung des neu geschaffenen Wissens sowie seine schnelle Implementierung in neue Produkte, Produktionsprozesse, Organisationsformen und Dienstleistungen sein (vgl. NEFIODOW 1997: 19 ff., SEITZ 1998: 1 ff.).

Im Rahmen des ablaufenden Strukturwandels sind sowohl Unternehmen als auch der Staat gezwungen, sich den neuen Realitäten anzupassen: Das Aufkommen neuer Erfolgsfaktoren auf der betrieblichen Ebene (Flexibilität, Qualität, Zeit und Innovation) führt in den Unternehmen zu einem weitreichenden *Change Management*, durch das sich viele Funktionsbereiche grundlegend verändern. Die Implementierung eines Innovations- sowie Wissensmanagements infolge verkürzter Produktlebenszyklen und der Umbau der Firma zum lernenden Unternehmen sind die Herausforderungen heutiger Unternehmer (vgl. bspw. NONAKA/ TAKEUCHI 1997, AMDIDON 1999, DRUCKER 1999, FINK 2000, JANOWSKY 2000).

Auf der nationalen Ebene kann die Relevanz von Innovationen für die makroökonomischen Ziele Wachstum (ROMER-Modell, UZAWA-LUCAS-Modell) und Handel bestätigt werden (vgl. TAPTIKLIS/ BOVEN 1996: 29 ff., CANTER 1995: 35 f., SELL 2000: 32 f., WAKELIN 1997). Für das Ziel Beschäftigung sind die Wirkungen mannigfaltig und konnten bislang kaum zufriedenstellend in ihrer Gesamtheit erfasst werden (vgl. STILLE/ BITZER 1998: 32 ff.). Im Zuge dieser Entwicklungen und Zusammenhänge ist in entwickelten Volkswirtschaften der Schritt von der Industrie- zur Informations- bzw. Wissensgesellschaft zu vollziehen (vgl. MACHLUP 1962, NEOFIDOW 1997, WILLKE 1997). Diese Neuorientierung korrespondiert mit einem neuen Muster der Regulation, in dessen Ausgestaltung die spezifischen Charakteristika von Innovation wie Risiko, Teilbarkeit und Nutzung zu beachten sind (vgl. ARROW 1962, ARROW 1970).

Insgesamt wird die Fähigkeit zur Innovations- und Wissensgenerierung von territorialen Einheiten als ein zentraler Faktor zur Erklärung des wirtschaftlichen Wohlstandes in entwickelten Volkswirtschaften akzeptiert (vgl. DRUCKER 1993: 16, LUNDVALL / JOHNSON ET AL. 2001: 6). In den Hocheinkommensländern ist die permanente Entwicklung innovativer Produkte und Prozesse wesentliche Antriebskraft zur Erhaltung der Wettbewerbsfähigkeit. Als ein erster Indikator für den Zusammenhang zwischen Innovation und hohem Pro-Kopf-Einkommen ist eine deutliche Korrelation von 0,72 zwischen dem Bruttoinlandsprodukt pro Kopf und den nationalen Ausgaben für Forschung und Entwicklung (= GERD) als Prozent vom Bruttoinlandsprodukt auszumachen:

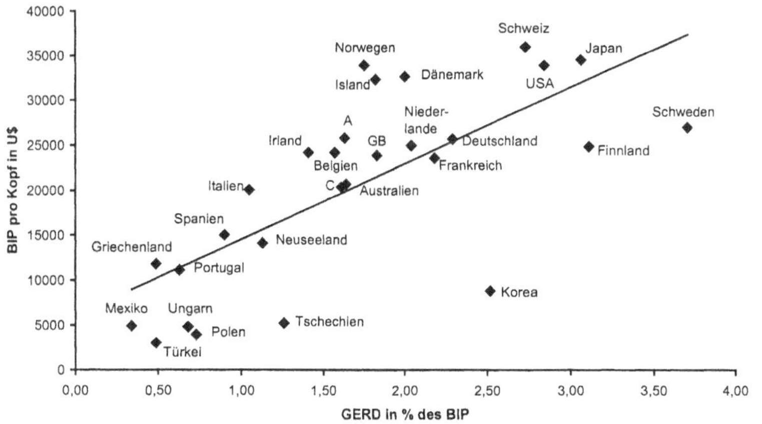

Abbildung 1: Zusammenhang zwischen Forschungsausgaben und Pro-Kopf-Bruttoinlandsprodukt
Quelle: OECD (2000: 12 f.): OECD in Figures; OECD (2000: 16): Main Science and Technology Indicators
Legende: A = Österreich, C = Kanada, GB = Großbritannien

Gleichwohl würde eine Einengung der nationalen Fähigkeit zur Innovationsgenerierung auf das nationale F&E-Budget (GERD) wichtige Aspekte des Innovationsprozesses von

Volkswirtschaften vernachlässigen. Wie die neuere Literatur der Innovationsforschung zeigt (vgl. bspw. KOSCHATZKY 2001a), sind sowohl die Analyse der nationalen Rahmenbedingungen und Institutionen als auch ein evolutionäres und systemisches Verständnis des Innovationsprozesses erforderlich, um den Komplex der Innovationsgenerierung bestmöglich einfangen zu können. Um diesen Anforderungen gerecht zu werden, wurde in der gemeinsamen Forschungsarbeit zu „*Technology and Economic Theory*" (DOSI / NELSON ET AL. 1988) durch FREEMAN (1988), LUNDVALL (1988) und NELSON (1988) das Konzept des nationalen Innovationssystems[6] geprägt. Maßgeblich wurde dieser Ansatz analytisch und empirisch von LUNDVALL (1992) sowie NELSON (1993) bereichert. Diese Forschungsarbeiten sind das Produkt einer in der jüngsten Vergangenheit stattfindenden Verschiebung innovationstheoretischer Ansätze von der Unternehmensperspektive hin zu regionalen und nationalen Innovationssystemen[7]. Grundlage der Innovationssysteme ist die Erkenntnis, dass das Hervorbringen von Innovationen nicht in einem luftleeren Raum stattfindet, sondern sich in konkreten Zusammenhängen vollzieht, die ihrerseits wiederum Ergebnis von Wissen und etablierten Innovationen sind (vgl. STILLE / BITZER 1998: 18, KAUFMANN / TÖDTLING 2000: 29). Die Konzepte der Innovationssysteme tragen dem Umstand Rechnung, dass Innovationen zunehmend das Ergebnis vielfältiger Interaktionen und Kooperationen zwischen Akteuren sowie weniger die Einzelleistungen von spezifischen Forschern sind (vgl. COOKE / MORGAN 1998: 9 ff.). Innovationssysteme betonen die auftretenden Interdependenzen zwischen den betrieblichen Innovationsaktivitäten, den herrschenden Strukturen, Institutionen (Anreizsysteme) und Rahmenbedingungen bei der Innovationsgenerierung, die aber weder zufällig noch vollkommen geplant sind und von einer Vielzahl von Faktoren abhängen (vgl. DE LA MOTHE / PAQUET 1998a: 102).

Ein nationales Innovationssystem ist nach FREEMAN (1987: 3 f.) „the network of institutions in the public and private sectors whose activities and interactions initiate, import, modify and diffuse new technologies." Bei FREEMAN stehen die institutionelle Ausgestaltung und die sozioökonomischen Prozesse der kontinuierlichen F&E neuer Technologien im Vordergrund, wobei aber auch soziale und bildungstechnische Innovationen in seine Analyse des japanischen Innovationssystems integriert werden. Im selben technologielastigen Kontext steht die enge LUNDVALL'SCHE Begriffsauffassung eines nationalen Innovationssystems als „organisations and institutions involved in searching and exploring – such as R&D departments, technological institutes and universities" (LUNDVALL 1992: 12). Diese enge Definition liegt auch den *National Innovation Systems* von NELSON (1993) zu Grunde, die sich in 15 Länderstudien hauptsächlich mit den nationalen, organisatorischen F&E-Strukturen und deren zeitlichen Entwicklungen auseinander setzt. Ebenfalls in der amerikanischen Version des nationalen Innovationssystems, zu der auch die Ansätze von FREEMAN und NELSON gehören, steht die Definition von METCALFE (1995: 462 f.): „A national system of innovation is that set of distinct institutions which jointly and individually contribute to the

---

6 Die Idee der Innovationssysteme geht mindestens bis auf FRIEDRICH LISTS Konzeption von *The National System of Political Economy* aus dem Jahr 1841 zurück. Sein Konzept weist auf die Notwendigkeit einer nationalen Infrastruktur (Transport) und der Existenz von Institutionen (Aus-, Weiterbildung) hin, damit sich das nationale Produktionssystem entfalten kann (vgl. FREEMAN 1997: 24 ff.). Dennoch machen LUNDVALL / JOHNSON ET AL. darauf aufmerksam, dass diese historischen Wurzeln erst nach der Verbreitung der Konzepte der Innovationssysteme freigelegt wurden (vgl. 2001: 5).

7 So kommt auch PORTER (2000: 254) zu dem Schluss: „[M]uch of competitive advantage lies outside a given company [...] residing instead in the location of its business units." „Competitive advantage lies increasingly in local things – knowledge, relationships, and motivation that distant rivals cannot replicate" (PORTER 1998a: 77).

development and diffusion of new technologies and which provides the framework within which governments form and implement policies to influence the innovation process. As such it is a system of interconnected institutions to create, store and transfer the knowledge, skills and artefacts which define new technologies."

Daneben bezieht LUNDVALL (1992: 12) in seiner weiten Definition noch mehr Elemente ein und legt den Fokus auf gesellschaftliche Lernprozesse: „all parts and aspects of the economic structure and the institutional set-up affecting learning as well as searching and exploring – the production system, the marketing system and the system of finance present themselves as sub-systems in which learning takes place."

Hinter der Idee zum nationalen Innovationssystem steht, dass das ganze System Volkswirtschaft mehr ist als die bloße Summe der einzelnen Unternehmen und ihrer Innovationsbestrebungen. Um Netzwerksynergien und effiziente Anreizstrukturen zu schaffen, ist aber eine Optimierung des gesamten Systems notwenig – eine alleinige Maximierung von verschiedenen Systemebenen würde zu suboptimalen Ergebnissen führen (vgl. SPIELKAMP 1997: 7).

Aus der Diskussion der nationalen Innovationssysteme entwickelten sich weitere Ansätze zu Innovationssystemen, die sich anhand ihrer räumlichen Abgrenzung der Vernetzung im Innovationsprozess auf die regionale (subnationale) und die supranationale Ebene beziehen. Im Zuge der Globalisierung und der transnationalen, ökonomischen Integration diskutieren EDQUIST (1997) und LUNDVALL / BORRÁS (1998) am Beispiel von Europa die Existenz grenzüberschreitender Innovationssysteme. Die dominante Rolle der Region bei der Innovationsgenerierung wird durch die Wichtigkeit von Nähe und Interaktionen sowie der Existenz von stark innovierenden Regionen insbesondere von PORTER (1998a, 1998b, 2000a), DE LA MOTHE / PAQUET (1998a, 1998b, 2000) sowie BRACZYK / COOKE ET AL. (1998) vertreten.

1.2 Forschungsanstoss und Ziele der Arbeit

Die vorliegende Arbeit hat zum Ziel, den recht jungen Analyseansatz der Innovationssysteme mit der Wettbewerbsfähigkeit von Gebietseinheiten zu verbinden und ein eigenes Innovationssystem-Modell zu entwickeln, das die einzelnen existierenden Konzepte unterschiedlicher räumlicher Reichweite integriert. Damit wird auch der kontrovers diskutierten Frage nach der räumlichen Kontextualität und Referenz des Innovationsprozesses nachgegangen.

Die Arbeit steht in der Tradition der Innovationssystem-Forschung und greift die bislang vernachlässigte Variation der Innovationssysteme als Analysewerkzeug für die wirtschaftliche Entwicklung eines Landes auf, was von LUNDVALL explizit als Option bei der Erforschung von Innovationssystemen angesehen wird (vgl. 1998: 407 ff.). In die gleiche Richtung tendiert NELSON (2000), der nationale Innovationssysteme ebenfalls mit der Idee der Wettbewerbsfähigkeit verknüpft: Kernzweck der Untersuchung von Innovationssystemen ist das Beschreiben und Analysieren „of institutions that generate and mould economic growth, to the extent that one has a theory of economic growth in which technological innovation is the key driving force" (NELSON 2000: 11). Implizit bedeutet dies, dass Innovation und Wissen als die entscheidenden Parameter in entwickelten Volkswirtschaften zur Wohlstandsgenerierungakzeptiert werden[8] (vgl. LUNDVALL 1992: 1, NELSON 1993: 5).

Im Kontext anderer Arbeiten zu Innovationssystemen setzt das Untersuchungsziel der eigenen Arbeit an der Schnittstelle zwischen dem PORTER'SCHEN Ansatz (1991), der die Wettbewerbsfähigkeit in den Mittelpunkt der Analyse stellt, und der amerikanischen Version (NELSON, PATEL / PAVITT, OECD) an, welche die länderspezifische Innovationsgenerierung aus ihrer engen Definition der Innovationssysteme heraus erklären will. Grundsätzlich ist zudem ein dritter Ansatz innovationssystemischer Forschung zu identifizieren, der aus der Aalborg-Version (LUNDVALL) der Innovationssysteme entstanden ist sowie die Erforschung von Wissen und Lernen in den Vordergrund stellt. Dieser dritte Forschungsansatz mit seiner weiten Definition der Innovationssysteme wird insofern integriert, als die Schnittstelle zwischen Wettbewerbsfähigkeit und Innovationsgenerierung nur durch eine gebührende Tiefe der institutionellen Analyse und einen ausreichenden Umfang der berücksichtigten Akteure zu erfassen ist. Werden diese beiden Kriterien als Matrix aufgespannt, können die Arbeiten zu Innovationssystemen bezüglich der Abdeckung der vier Felder unterschieden werden (vgl. Abbildung 2). Beschränkt sich bei der amerikanischen Version die Tiefe der institutionellen Analyse auf den formellen Teil, bezieht die vorliegende Arbeit in der Aalborg-Tradition grundsätzlich alle vier Felder in die Analyse mit ein, wenngleich bei der Erforschung der kulturellen Dimension – aus methodischen Gründen – gewisse Einschränkungen erfolgen. Aus theoretischer Sicht geht mit dieser Extension ein Überwinden der auf neoklassischen Annahmen beruhenden und anreizorientierten Allokationsökonomie zugunsten des evolutorischen, neoschumpeterianischen Ansatzes der Lern- und Wissensökonomie einher (vgl. CANTER 2000: 93).

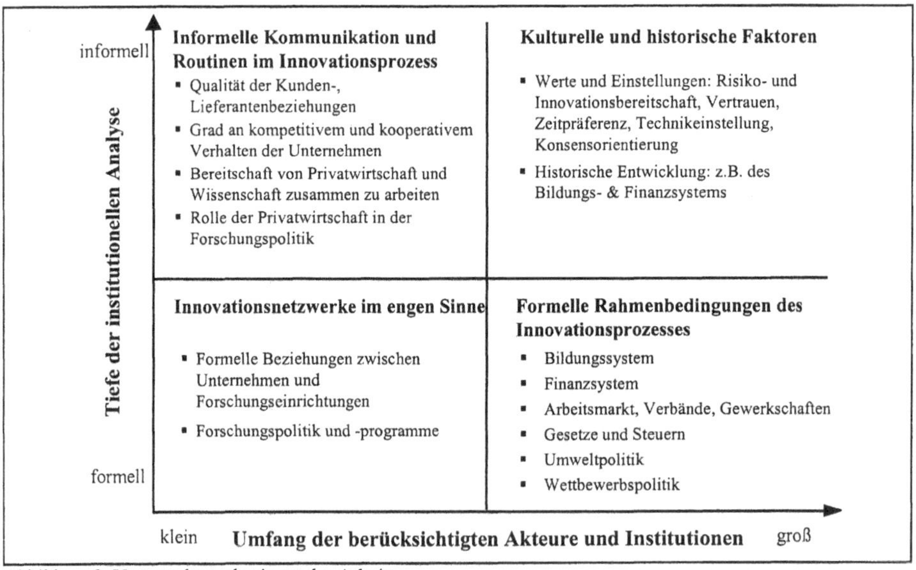

Abbildung 2: Untersuchungshorizont der Arbeit
Quelle: in Anlehnung an SCHOSER 1999: 10

[8] Dabei bezieht sich das Konzept der Innovationssysteme keineswegs nur auf ökonomisches Wachstum, sondern kann – wie bei SEGURA-BONILLA (1999) eingeführt – auch die ökologische Nachhaltigkeit mit einschließen.

Um eine Einordnung der eigenen Arbeit in die Innovationssystemforschung zu bieten, wird sich neben der Differenzierung nach dem Forschungsziel an die von SCHOSER entwickelten acht Kriterien angelehnt:

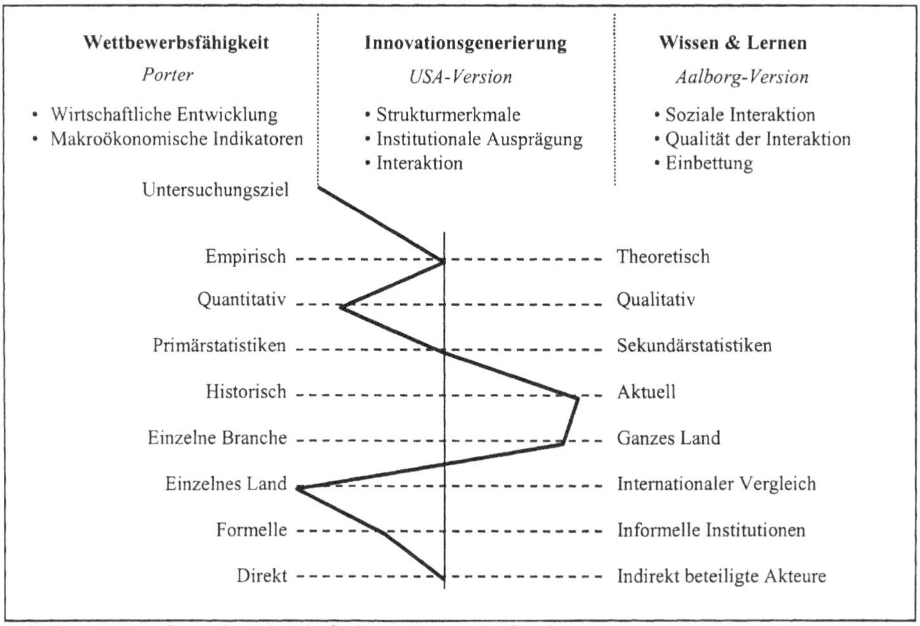

Abbildung 3: Einordnung der Arbeit in die Innovationssystemforschung
Quelle: in Anlehnung an SCHOSER 1999: 6 ff.

Um nicht auf der theoretischen Ebene zu verharren, wird das abgeleitete Untersuchungsgerüst auf ein konkretes Land angewendet. Als besonders interessanter Untersuchungsraum für Innovationssysteme kann Neuseeland aus mehreren Gründen identifiziert werden. Die seit 1984 in Gang gesetzten neoliberalen Reformen des Staatssektors sind in vielen Publikationen als zukunftsweisend und musterhaft beurteilt worden (vgl. BOSTON / MARTIN ET AL. 1996, STUPPANZ 1996, EVANS / GRIMES 1996, BRASH 1996, ATKINSON 1997). Der Umbau des Staates orientierte sich an den Aussagen der Transaktionskostentheorie, der *Principal-Agent*-Theorie sowie der *Public Choice*-Theorie. Zugleich gelang die bislang konsequenteste Umsetzung des *New Public Management*-Ansatzes. So konnten im Zuge des Reformprozesses theoretisch stringente Regulationen gefunden werden, die in Teilen wegweisend für andere Staaten sein können. Aus staatstheoretischer Sicht steht nach Meinung der WELTBANK und des IMF einer aufholenden wirtschaftlichen Entwicklung Neuseelands nichts mehr im Wege. Seit Anfang der neunziger Jahre des letzten Jahrhunderts ist Neuseeland bestrebt, den Wandel von einer agrarbasierten Wirtschaft zu einer Wissensgesellschaft und zu einer wieder wettbewerbsfähigen Wirtschaft zu vollziehen. Neben weitreichenden Reformen im gesamten staatlichen Gebilde wurde auch die F&E-Landschaft ab 1989 und mit ihr das neuseeländische Innovationssystem grundlegend verändert. Die Erfolge dieses Reformprozesses können statistisch durch die Steigerung der einheimischen Patentzahlen zwischen 1991 und 1997 belegt werden, die in keinem OECD-Land so stark wie in Neuseeland angestiegen sind:

	1991	1997	Steigerung
Neuseeland	983	1.596	62 %
Kanada	2.230	3.394	52 %
Niederlande	1.696	2.511	48 %
Türkei	148	213	44 %
Deutschland	32.953	45.105	37 %
USA	88.136	119.452	36 %
Schweden	3.208	4.192	31 %
Norwegen	933	1.210	30 %
Belgien	721	911	26 %
Dänemark	1.088	1.339	23 %
Finnland	2.140	2.390	12 %
Frankreich	12.746	13.451	6 %
Japan	335.620	349.211	4 %
Spanien	2.188	2.270	4 %
Irland	786	808	3 %
Australien	7.757	7.870	1 %
England	19.330	18.010	-7 %
Österreich	2.104	1.877	-11 %
Schweiz	3.088	2.601	-16 %
Portugal	102	72	-29 %
Island	34	22	-35 %
OECD	**518.052**	**582.743**	**12 %**

Tabelle 1: Einheimische Patentzahlen in der OECD-Welt
Quelle: OECD (2000: 49): Main Science and Technology Indicators

Hauptziel des empirischen Teils der vorliegenden Arbeit ist die Erfassung und Beurteilung des neuseeländischen Innovationssystems nach den Reformen sowie der Anreizkompatibilität dieser hinsichtlich der Innovationsgenerierung und der Wirkung auf die wirtschaftliche Leistungsfähigkeit Neuseelands. Darüber hinaus kann Neuseeland als Beispiel für die Funktionsweise von Innovationssystemen unter marktlichen Regulationsweisen gelten und Aufschluß darüber geben, inwieweit ein sehr liberales Koordinationskonzept auf die Innovationsgenerierung eines Landes wirkt. Zwar existieren inzwischen eine Vielzahl von empirisch-deskriptiven Studien zu nationalen Innovationssystemen der OECD-Länder, eine diesbezügliche, umfassende Studie für Neuseeland existiert bislang aber nicht (vgl. Tabelle 53). MARSH (2000: 4) bemerkt hierzu: „Our empirical knowledge of innovation processes and knowledge flows in New Zealand is embryonic. New Zealand has not undertaken innovation surveys comparable to those implemented in Europe and the OECD under the Community Innovation Survey (CIS), National Innovation Systems (OECD) and other projects.“

1.3 Vorgehensweise der Arbeit

Nachdem die grundlegenden Begriffe der Arbeit Innovation, F&E und Wissen in diesem Kapitel definiert werden, schließt sich eine weitere Einführung in den zweiten Themenkomplex (Wettbewerbsfähigkeit) dieser Arbeit an. Aus den daraus resultierenden Folgerungen ergibt sich, dass die Konzepte der Innovationssysteme auch als eine Weiterentwicklung der Diskussion um die Wettbewerbsfähigkeit im Zuge der steigenden Bedeutung von Innovation für die unterschiedlichen Institutionen in entwickelten Volkswirtschaften zu verstehen sind.

Die Konzepte der Innovationssysteme sind ihrerseits kein eigenes, im Vakuum entstandenes Theoriegebäude, sondern beziehen sich auf eine Vielzahl von innovationstheoretischen Ansätzen. In Kapitel 2 werden die wissenschaftlichen Wurzeln der Innovationssysteme freigelegt, die konzeptionell in der Systemtheorie (Kapitel 2.1) und in der Ausgestaltung verschiedener Innovationstheorien (Kapitel 2.2) liegen.

Anschließend werden im Kapitel 3 bestehende innovationssystemische Ansätze mit verschiedenen, räumlichen Referenzeinheiten reflektiert: Erste Ansätze zu Innovationssystemen stammen direkt aus den Forschungen zur Wettbewerbsfähigkeit (Kapitel 3.1), während die originäre Erwähnung der Innovationssysteme mit der nationalen Ebene verbunden ist (Kapitel 3.2). In Verbindung mit der Renaissance regionalwissenschaftlicher Ansätze etablierte sich der Begriff des regionalen Innovationssystems (Kapitel 3.3). In Kapitel 3.4 wird aus den theoretischen Konzepten ein eigenes, eklektisches Untersuchungsdesign für eine empirische Untersuchung abgeleitet. In diesem Kontext gilt es insbesondere, das bislang ungelöste Problem der Integration unterschiedlicher Ansätze von regionalen, nationalen und supranationalen Innovationssystemen sowie deren spezifischen Wirkungsweisen zufriedenstellend bei der Innovationsgenerierung in die Untersuchung aufzunehmen.

Der empirische Teil mit der Untersuchung des neuseeländischen Innovationssystems beginnt mit einer allgemeinen Einführung in den Untersuchungsraum (Kapitel 4), die diesen kurz charakterisiert (Kapitel 4.1), den Reformprozess als soziale Innovation interpretiert (Kapitel 4.2), aus Sicht traditioneller Indikatoren zur Wettbewerbsfähigkeit analysiert (Kapitel 4.3) und schließlich mit anderen Innovationssystemen in der OECD-Welt in Beziehung setzt (Kapitel 4.4). In Anlehnung an die unterschiedlichen Bezugsebenen der einzelnen Ansätze zu Innovationssystemen wird in Kapitel 5 das nationale Innovationssystem Neuseelands hinsichtlich grundsätzlicher Strukturen und Funktionsweisen untersucht, wobei zwischen den ein Innovationssystem konstituierenden Elementen Akteure (Kapitel 5.1), Transferkanäle (Kapitel 5.2) und Determinanten (Kapitel 5.3) differenziert wird. Kapitel 6 trägt den Ansätzen der regionalen Innovationssysteme Rechnung und widmet sich den regionalen Ausprägungen in den selektierten Untersuchungsregionen Christchurch und Wellington, wobei sich auf den Manufacturing-Sektor konzentriert wird. Das abschließende Kapitel 7 fasst die wesentlichen Aspekte und Ziele der Arbeit zusammen und zeigt offene Forschungsfelder auf.

1.4 Grundlegende Begriffe der Arbeit

In diesem Abschnitt werden die zentralen Termini der Arbeit kurz definiert, um eine erste Basis für ein einheitliches Verständnis zu legen. Dazu zählen die Begriffe Innovation, F&E und Wissen sowie die Wettbewerbsfähigkeit.

1.4.1 Innovation, F&E und Wissen

Diese Einführung ist umso mehr geboten, als Innovation, F&E und Wissen durch ihre vielfache Anwendung sowohl in der Alltagssprache als auch im wissenschaftlichen Sprachgebrauch sehr heterogen verwendet, definiert und interpretiert werden (vgl. STILLE / BITZER 1998: 17). Dementsprechend existiert eine Vielfalt an Auslegungen der Begriffe[9], die aber im Sinne einer Begrenzung auf den Kontext der Arbeit nicht in aller Ausführlichkeit dargestellt werden.

Zur Definition von Innovation kann bis auf SCHUMPETER zurückgegangen werden, der annimmt, dass Volkswirtschaften darauf angewiesen sind, das „Alte" durch „etwas Neues" zu substituieren. Zentrales Element bei der SCHUMPETER'SCHEN Definition ist die Interpretation des Begriffes Innovation als *eine neue Kombination*. Diese Begriffsauslegung vereinigt zwei

[9] Für eine ausführliche Liste von Definitionen des Innovationsbegriffs vgl. HAUSCHILDT (1997: 4 ff.).

gegensätzliche Aspekte von Innovation: ihre Kontinuität (bestehende Elemente) und ihre radikale Veränderung (neue Kombination) (vgl. LUNDVALL / JOHNSON ET AL. 2001: 11).

Um sich dem Begriff der Innovation weiter anzunähern, sind verschiedene Innovationsarten zu unterschieden. Nach wie vor können die von SCHUMPETER eingeführten Innovationsarten als Ausgangspunkt dienen (vgl. 1952: 100 ff.):

- Schaffung eines neuen Gutes oder eines Gutes in neuer Qualität,
- Anwendung einer neuen Produktionsmethode,
- Erschließung eines neuen Marktes,
- Nutzung neuer Bezugsquellen von Rohstoffen und Halbfabrikaten und
- Durchsetzung einer auf die Marktverhältnisse bezogenen Neuorganisation, etwa die Schaffung oder Zerstörung einer Monopolstellung.

Erweitert wird die Auflistung von SCHUMPETER um Sozialinnovationen, die sich auf eine Veränderung der Leistungsfähigkeit und Leistungsbereitschaft der Mitarbeiter eines Unternehmens beziehen oder neue gesellschaftliche Regulationsstrukturen erfassen. Obwohl das Hauptaugenmerk der Forschung auf den Produkt- und Prozessinnovationen liegt, haben gerade die sozialen, institutionellen und organisatorischen Innovationen einen signifikanten Einfluss auf die wirtschaftliche Entwicklung von territorialen Gebietskörperschaften und Unternehmen – eine Verengung nur auf technische Innovationen ist aus diesem Grund nicht sinnvoll[10] (vgl. STILLE / BITZER 1998: 21).

Präzisiert wird die in der Arbeit verwendete Begriffsauslegung dahingehend, dass die angesprochene Verbesserung oder Neuerung die wirtschaftliche Entwicklung (eines Unternehmens, einer Region oder einer Volkswirtschaft) positiv fördern soll (vgl. auch NELSON 2000: 11 f.).

Neben dieser ergebnisorientierten Fassung des Innovationsbegriffs ist der prozessuale Aspekt von Relevanz. Aus der prozessualen Perspektive definiert die OECD (1993: 19) im international anerkannten FRASCATI MANUAL wissenschaftliche und technologische Innovation als „the transformation of a new idea into a new product introduced on the market, into a new or improved operational process used in the industry or commerce, or into a new approach to a social service." Ausgehend von einem linearen Modell des Innovationsprozesses hat sich in den letzten Jahren die systemische Perspektive bei der Analyse der Innovationsgenerierung durchgesetzt (vgl. AIGINGER / HUTSCHENREITER ET AL. 2001: 4). Die Abgrenzung des linearen Innovationsmodells mit der scheinbar automatischen Verkettung der einzelnen Stufen ist idealtypisch und in der Realität kaum beobachtbar. Innovationen werden in den modernen Innovationstheorien als ein Prozess des Lernens verstanden, der sowohl rezeptiv und adaptiv verläuft als auch kreativ ist. Der Innovationsprozess ist „ein System von Wechselwirkungen, von Hin- und Herbewegungen zwischen einzelnen Funktionen und Akteuren, deren Erfahrung und Kenntnis und Wissen sich gegenseitig verstärken und ergänzen" (EUROPÄISCHE KOMMISSION 1995: 5). Demnach kann die Entstehung von Innovationen nur aus einem „komplexen sozial, politisch, ökonomisch und technologisch

---

[10] In der engen Interpretation des Begriffs bezieht sich Innovation ausschließlich auf die Entwicklung und Realisation eines neuen Produktes oder technischen Verfahrens. In diesem Kontext wird Innovation oft mit (Spitzen-)Technologie oder höherwertiger Technik gleichgesetzt. Die EUROPÄISCHE KOMMISSION misst dieser Integration (organisatorische Innovation) eine ebenso große, wenn nicht größere Bedeutung als die Beherrschung einer Technologie bei. Als Beispiel eines nicht auf der Technologie beruhenden Markterfolgs kann das dänische Unternehmen BANG UND OLUFSEN dienen, bei dem das Design der Ingenieurstätigkeit den Rang abgelaufen hat (vgl. EUROPÄISCHE KOMMISSION 1995: 5).

beeinflussten Interaktionsfeld" heraus erklärt werden, was ein zentrales Element der Konzepte der Innovationssysteme ist (STERNBERG / THOMI 2001: 137).

Ferner können Innovationen nicht losgelöst von ihrer Umwelt betrachtet werden, sondern besitzen immer eine subjektive Dimension, welche die Frage beantwortet: Neu für wen? Je nach Untersuchungsansatz können dies Individuen, Unternehmen, Branchen, Regionen, Volkswirtschaften oder auch die ganze Menschheit sein (vgl. HAUSCHILDT 1997: 16 ff.).

Zudem werden Innovationen nach ihrem Neuigkeitsgrad in inkrementale oder radikale Neuerungen differenziert. Inkrementale Innovationen entstehen „more or less continuously in any industry or service activity although at differing rates in different industries and different countries, depending upon a combination of demand pressures, socio-cultural factors, technological opportunities and trajectories" (FREEMAN / PEREZ 1988: 45). Im Unterschied dazu sind radikale Innovationen diskontinuierliche Ereignisse und meist das Resultat einer geplanten Forschungs- und Entwicklungsarbeit in Unternehmen, Universitäten oder staatlichen Forschungslaboratorien. Die sozioökonomischen Effekte sind bei den radikalen Innovationen weitreichender als bei den inkrementalen Neuerungen (vgl. FREEMAN / PEREZ 1988: 46).

Der Begriff F&E wird allgemein verstanden als „creative work undertaken in a systematic basis in order to increase the stock of knowledge, and to use this stock of knowledge to devise new applications, such as technologically new or improved products or processes" (AIGINGER / HUTSCHENREITER ET AL. 2001: 5). Dabei konzentriert sich F&E insbesondere auf die Generierung und den Erwerb von technologisch relevanten Informationen sowie Wissensbeständen. Aus einer F&E- und technologisch orientierten Sicht ergeben sich folgende Phasen im Innovationsprozess:

<table>
<tr><th colspan="2">Phase des Innovationsprozesses</th><th>Primärergebnis</th><th>Fortschrittsart</th><th>Innovationsart</th></tr>
<tr><td rowspan="2">Erforschung</td><td>Grundlagenforschung</td><td>Neue wissenschaftliche Erkenntnisse</td><td rowspan="2">Wissenschaftlicher Fortschritt</td><td rowspan="3">Basisinnovation</td></tr>
<tr><td>Angewandte Forschung</td><td>Neue entwicklungsreife Erkenntnis</td></tr>
<tr><td rowspan="2">Entwicklung</td><td>Technische Entwicklung</td><td>Technischer Prototyp</td><td rowspan="2">Technologischer Fortschritt</td></tr>
<tr><td>Anwendungsentwicklung</td><td>Anwendungsreifer Prototyp</td><td rowspan="3">Routineinnovation</td></tr>
<tr><td rowspan="2">Anwendung</td><td>Produktion</td><td>Technische Umstellung</td><td rowspan="2">Technischer Fortschritt</td></tr>
<tr><td>Anwendung / Gebrauch</td><td>Technische Umstellung</td></tr>
</table>

Tabelle 2: Phasen des Innovationsprozesses im technologisch-ökonomischen Sinne
Quelle: in Anlehnung an THIERSTEIN 1988: 18

Ebenfalls eng mit dem Terminus der Innovation ist der Begriff des Wissens verbunden. Wissen ist allgemein nicht nur ein entscheidender Inputfaktor bei allen Prozessschritten in einem Unternehmen, sondern wird auch bei jedem Produktionsschritt erweitert (Lernen). PROBST / RAUB ET AL. definieren Wissen[11] als die Gesamtheit von Kenntnissen und Fähigkeiten, die Individuen und Kollektive zur Lösung von Problemen einsetzen (vgl. 1997: 44).

[11] Wissen ist von Zeichen, Daten und Informationen zu unterscheiden. Zeichen werden durch Ordnungsregeln (Syntax) zu Daten, die noch nicht interpretierbar sind. Zu Informationen werden die Daten, wenn sie in einen Kontext gestellt werden. Wissen entsteht aber erst durch die Vernetzung verschiedener Informationen. Informationen sind demnach der Rohstoff, aus dem Wissen generiert werden kann (vgl. NORTH 1998: 40 f.). Nach WILLKE entsteht Wissen aus der Konfrontation von der Information mit einem Kontext von Relevanzen (vgl. 1998: 7 ff.).

Nach DAVENPORT / PRUSAK (1998: 5) ist Wissen „a fluid mix of framed experience, values, contextual information, and expert insight that provides a framework for evaluating and incorporating new experiences and information. It originates and is applied in the minds of knowers. In organizations, it often becomes embedded not only in documents or repositories but also in organizational routines, processes, practices, and norms." Der Wissensbestand kann als Variable aufgefasst werden, die sich infolge von Lernprozessen durch formale Bildung, Training, Erfahrungen und der Anwendung neuer Technologien erweitert bzw. durch Vergessen erodiert wird. Gerade in Hochlohnländern ist die durch Wissen erreichte Verbesserung der Qualität der Arbeit, des Managements und indirekt auch des Kapitals bei der Erlangung eines Wettbewerbsvorteils unumgänglich (vgl. AIGINGER / HUTSCHENREITER ET AL. 2001: 4).

LUNDVALL / JOHNSON unterscheiden vier Wissensarten: Während das *know-what* das Wissen über Fakten umfasst, verkörpert das *know-why* das Wissen über Regeln, Gesetze und Prinzipien. Beide können relativ leicht über formalisierte Prozeduren übertragen und verbreitet werden. Unter Know-how verstehen LUNDVALL / JOHNSON direkte Erfahrungen und Fähigkeiten auf einer „praktischen" Ebene. Das Wissen über die Fähigkeiten anderer und das Kennen von besonderen Ressourcenträgern („Schlüsselpersonen") wird als *know-who* bezeichnet. Die letzten beiden Wissensarten können nur in einem sozialen Kontext wie der Arbeitsstelle, Vereinen oder Konferenzen erworben werden und enthalten große Anteile von implizitem Wissen[12] (vgl. LUNDVALL / JOHNSON 1994: 23 ff.).

Wissen und dessen Vervielfältigung spielen bei der Generierung von Innovationen eine zentrale Rolle, die bereits von HAYEK erkannt wurde. Innovationen stehen in direkter Abhängigkeit mit dem vorhandenen Wissensbestand einer Person, eines Teams, eines Unternehmens, einer Region oder einer Volkswirtschaft. Je breiter die Wissensbasis und je leichter deren Zugang, desto höher ist die Wahrscheinlichkeit einer erfolgreichen Innovation (vgl. ALBACH 1993: 79). Die Fähigkeit von einem Unternehmen oder einer Ökonomie, neues Wissen in den eigenen Wissensbestand zu integrieren, wird als die *absorptive capacity* definiert. In Analogie zum physikalischen Kapital wird der durch die einzelnen Individuen privatisierte Wissensbestand als Humankapital bezeichnet. Nach HOFMANN (2001: 8) kann unter dem Begriff Humankapital in der am weitesten gefassten Abgrenzung „die angeborenen Talente und Begabungen, das Allgemeinwissen, der Bestand an berufsspezifischem Wissen und Können, die gesammelte Berufserfahrung, ebenso wie die Bereitschaft zur räumlichen und sozialen Mobilität, der Gesundheitszustand, die persönlichen Charaktereigenschaften sowie durch das soziale Umfeld determinierte Einstellung und Verhaltensweisen" subsumiert werden. Ausgehend von einem gewissen vererbten Potenzial wird das individuelle Humankapital durch gezielte (Bildung) und spontane Lernprozesse (*learning-by-interacting, learning-by-doing*) angereichert, wobei das Vergessen und die Veralterung des Wissens als Abschreibung auf das Humankapital interpretiert werden kann (vgl. HOFMANN 2001: 8 ff.).

1.4.2 Wettbewerbsfähigkeit als Beurteilungsmassstab der wirtschaftlichen Leistungsfähigkeit

Der zweite wichtige Begriff dieser Arbeit ist der der Wettbewerbsfähigkeit, welcher sich – ähnlich wie Innovation – zu einem der schillerndsten und vielschichtigsten Begriffe in der Ökonomie der letzten 15 Jahre entwickelt hat.

---

[12] Zum Begriff des impliziten und expliziten Wissens vgl. NONAKA / TAKEUCHI 1997.

Ausgehend von einer Begriffsdarstellung werden im Folgenden die theoretischen Grundlagen und Arten der Wettbewerbsfähigkeit erläutert, um abschließend zwei wichtige Folgerungen aus der Diskussion um die Wettbewerbsfähigkeit für diese Arbeit zu ziehen.

1.4.2.1 Zum Begriff der Wettbewerbsfähigkeit

Weltwirtschaftliche Realität sind Divergenzen in den technologischen Entwicklungsstadien, Einkommen und Gewinnen von sowohl Unternehmen als auch Volkswirtschaften. Wie bereits am Anfang der Arbeit dargestellt, wird die Wettbewerbsfähigkeit als die entscheidende Determinante für das Erreichen der jeweiligen volkswirtschaftlichen bzw. unternehmerischen Ziele angesehen. Nach wie vor ist BERG zuzustimmen, dass sich keine der Definitionen oder Präzisionen des Begriffs durchgesetzt hat (vgl. BERG 1982: 14, JACQUEMIN / PENCH 1999: 16). Verstärkt wird die konzeptionelle Konfusion und Subjektivität in den Forschungsarbeiten zur Wettbewerbsfähigkeit durch ein Sammelsurium von Indikatoren, ohne dass ein theoretisches Gerüst besteht[13] („*measurement without theory*") (vgl. BOFINGER 1995: 467, PIEWE 1997: 9 ff., BERG / HOLTBRÜGGE 1997: 199). Dennoch ist eine Auseinandersetzung mit diesem Begriff im Rahmen dieser Arbeit von Nöten, da dieser – in Ermangelung anderer Konzepte – hilfreich für die Beurteilung der Leistungsfähigkeit eines Landes, einer Region, einer Branche oder eines Unternehmens sein kann. Die nachfolgenden Kapitel werden sowohl zu einer Rationalisierung der Diskussion der Wettbewerbsfähigkeit beitragen als auch die Grenzen der Aussagekraft des intuitiven Begriffs der Wettbewerbsfähigkeit aufzeigen, um daraus Möglichkeiten der Weiterentwicklung des Konzeptes der Konkurrenzfähigkeit herauszuarbeiten.

Einigkeit herrscht in der Literatur in zwei Punkten: Erstens beruht der Begriff der Wettbewerbsfähigkeit auf der Relativität zu anderen Wirtschaftsakteuren (vgl. FAGERBERG 1996: 40). Zweitens ist, um eine zweckmäßige Arbeitsdefinition finden zu können, zwischen verschiedenen Analyseebenen zu unterscheiden. Enumeriert werden dabei die Ebenen Unternehmen, Branche und Volkswirtschaft (vgl. beispielsweise BELLENDORF 1994: 12, KEDIA / FRANCIS ET AL. 1995: 94, WEISS 1998: 7, JACQUEMIN / PENCH 1999: 23).

Im Falle von Unternehmen bereitet die Definition von Wettbewerbsfähigkeit relativ wenig Probleme (vgl. PERLITZ 1994: 15, GRIES / HENTSCHEL 1994: 416). BALASSA prägte in diesem Zusammenhang den schon klassischen Begriff der *ability to sell* (vgl. 1962: 27). Demnach ist ein Unternehmen international wettbewerbsfähig, „wenn es Güter oder Dienstleistungen von höherer Qualität oder zu niedrigeren Kosten als inländische oder ausländische Konkurrenten

---

[13] Insofern ist den DIW-Autoren beizupflichten, die aus wirtschaftswissenschaftlicher Sicht ein Indikatoren-Set zur Konzeptualisierung der internationalen Wettbewerbsfähigkeit ablehnen. Die nicht direkt zu messende Größe „Wettbewerbsfähigkeit" soll die Auswahl der Indikatoren determinieren und nicht umgekehrt. Voraussetzung hierfür ist eine klare Vorstellung, wie die zu messende Größe begrifflich umrissen ist (vgl. SCHUMACHER 1995: 20). Bei der Messung der Wettbewerbsfähigkeit haben sich eine Vielzahl von Indikatoren etabliert (vgl. GRIES / HENTSCHEL 1994: 416 ff., FERNAU 1997: 9 ff., PRIEWE 1997: 24 ff., STIERLE 1998: 5 ff., WIEßMEIER 1998: 27 ff., WEISS 1998: 9, TRABOLD 1995: 170 ff., OHR 1999: 56 ff., BMBF 1999). Es ist nicht möglich, Wettbewerbsfähigkeit mit einer einzigen Ziffer oder einem einzigen Indikator auszudrücken. Vielmehr ist ein Indikatorenbündel zu wählen, um die relevanten Aspekte der Wettbewerbsfähigkeit abbilden und richtig einschätzen zu können. Hinzu kommt, dass die einzelnen Indikatoren gewisse methodische Schwächen aufweisen und erst eine Gesamtbetrachtung sowie die Kombination verschiedener Indikatoren den wahren Sachverhalt aufdecken (vgl. CLAUSEN / LÖBBE 2001: 257 f.). Bei den mehrdimensionalen Indikatoren sind der *World Competitiveness Report* des *International Institut for Management* (IMD) und der *Global Competitiveness Report* des *World Economic Forum* (WEF) anzuführen. Beide Ansätze sind als multidimensionale Analysen der Wettbewerbsfähigkeit von Nationen konzipiert, die sowohl auf nationalen Statistiken als auch Experteneinschätzungen beruhen.

herstellt und damit auf dem Weltmarkt im Wettbewerb bestehen kann“ (TRABOLD 1995: 169 f.).

Ebenfalls herrscht relative Klarheit darüber, was unter der Wettbewerbsfähigkeit von Branchen zu verstehen ist, auch wenn dabei bedacht werden muss, dass die einheimische Branche nicht direkt in Wettbewerb mit der Branche anderer Länder tritt (vgl. PERLITZ 1994: 15). Ausgangspunkt der Begriffsklärung bildet die Definition der Wettbewerbsfähigkeit von Unternehmen, wobei – um zu der Wettbewerbsfähigkeit der Branche zu gelangen – die Konkurrenzfähigkeit der einzelnen Unternehmen einer Branche aggregiert wird. Dahinter verbirgt sich die Idee, dass Unternehmen im selben Sektor gleichermaßen von den Rahmenbedingungen hinsichtlich ihrer Wettbewerbsfähigkeit beeinflusst werden (vgl. PORTER 1991).

Die Wettbewerbsfähigkeit von Nationen wird meist in Anlehnung an die OECD-Definition aus dem Jahre 1992 mit „the degree to which [a country] can, under free and fair market conditions, produce goods and services which meet the test of international markets, while simultaneously maintaining and expanding the real incomes of its people over the longer term" definiert (OECD 1992: 237).

Die EUROPÄISCHE KOMMISSION erweitert diese Definition um die Sicherung eines relativ hohen Beschäftigungsniveaus und die explizite Erwähnung der subnationalen Region im Kontext dieser Definition (vgl. 1994: 15). Damit können die Aussagen, die im Folgenden für die Wettbewerbsfähigkeit von Nationen gemacht werden, grundsätzlich auch auf die subnationale Region übertragen werden. Zumal die funktionale Definition einer subnationalen Region – nämlich eine Gebietseinheit, innerhalb deren sich die Mehrzahl der sozioökonomischen Beziehungen ihrer Einwohner abspielt – auch bis auf das gesamtstaatliche Territorium übertragen werden kann. Viele gesamtwirtschaftliche Überlegungen gelten prinzipiell auch für eine Regionalwirtschaft (vgl. WEISE 1995: 266, FERNAU 1997: 13).

In den frühen 90er Jahren des 20. Jahrhunderts entwickelte sich ein kontroverse Debatte um den Begriff der Wettbewerbsfähigkeit. Auf der einen Seite standen die Vertreter einer Nullsummen-Logik bei der Wettbewerbsfähigkeit (vgl. THUROW 1992, TYSON 1992, PRESTOWITZ 1992). Dagegen argumentierte v.a. KRUGMAN auf der anderen Seite, dass schon RICARDO gezeigt hatte, dass alle am Handel beteiligten Länder davon profitieren können (vgl. KRUGMAN 1994a, 1999). Zudem liegt der Wettbewerbsfähigkeit von Nationen eine Analogie der Wettbewerbsfähigkeit zwischen Unternehmen und Volkswirtschaften zu Grunde. In der Realität konkurrieren nicht Volkswirtschaften auf dem Weltmarkt, sondern mikroökonomische Aktivitäten einzelner Individuen und Unternehmen führen zum Handel. Eine Volkswirtschaft kann nicht wie ein Unternehmen bei fehlender Konkurrenzfähigkeit Konkurs gehen, „but they might very well become dependent upon other countries to such an extent that their sovereignty is undermined“ (DUNN 1994: 305). Diesen Zusammenhang zwischen Status und ökonomischer Entwicklung eines Landes erkennt auch KRUGMAN (1994a: 35) an: „Of course, there is always a rivalry for status and power – countries that grow faster will see their political rank rise.“ Die „Quasi-Selbstverständlichkeit“ des Begriffes macht ihn für die Politik interessant, harte Entscheidungen zu rechtfertigen oder als Erklärung kritischer politischer Themen[14] (vgl. KRUGMAN 1999: 21 ff.). Aus so einem politischen Ansatz kann es

[14] Beispielsweise begründete CLINTON Ausgabenkürzungen und Steuererhöhungen im Jahr 1993 mit der sinkenden Wettbewerbsfähigkeit der US-Wirtschaft. DELORS machte, als er Präsident der EU-Kommission war, die mangelnde Konkurrenzfähigkeit der europäischen Wirtschaft für die steigenden Arbeitslosenzahlen verantwortlich, da die als die wahren Ursachen angesehenen Tatsachen politische Sprengkraft enthielten. Zur Lösung sollte die moderne Infrastruktur und der Hochtechnologiesektor gefördert werden. Nach KRUGMAN

in Verbindung mit der Theorie des Optimalzolls zu protektionistischen Tendenzen in der Weltwirtschaft kommen (vgl. TRABOLD 1995: 182).

Zusammenfassend lässt sich konstatieren, dass die Einwände gegen die Verwendung des Begriffs der Wettbewerbsfähigkeit von Ländern eine gewisse Berechtigung besitzen. Dennoch bleibt festzuhalten, dass auch aus ökonomischer Sicht die wirtschaftliche Leistungsfähigkeit von Ländern gerade infolge des sich verstärkenden interdependenten Systems der Weltwirtschaft von der Relativität der volkswirtschaftlichen Leistung abhängt. Auch für den größten Kritiker am Konzept der Wettbewerbsfähigkeit, KRUGMAN (1994: 35), ist es „always interesting to compare countries." Seine bewusst provokanten Publikationen mahnen einen rationalen und ökonomisch fundierten Umgang mit dem Begriff an (vgl. KRUGMAN 1999: 15).

1.4.2.2 Die theoretischen Grundlagen und Arten des Begriffs der Wettbewerbsfähigkeit

Um den Begriff der Wettbewerbsfähigkeit von Nationen auf ein theoretisches Gerüst zu stellen, sind die sich mit den Gründen von Handel auseinandersetzenden Theorien von ADAM SMITH („*vent for surplus*", die Nichtverfügbarkeit von Gütern und absoluter Kostenvorteil) und RICARDO (relativer Kostenvorteil) zu nennen (vgl. KRUGMAN / OBSTFELD 2000: 11 ff.). Die Neoklassiker erklären Handel dagegen aus den komparativen Kostenunterschieden, die aus unterschiedlichen Ausstattungen mit Produktionsfaktoren resultieren. Eine weitere Erklärungsvariable beim Auftreten von komparativen Kostenunterschieden ist in den länderspezifischen Nachfragekurven zu sehen. LINDER entwickelte, um diesen Zusammenhang analysieren zu können, die Nachfragestruktur-Theorie (vgl. 1961). Bei diesen Ansätzen dominiert das Kriterium der (relativen) Kosten beim Absatz der Produkte und der Erlangung der Wettbewerbsfähigkeit auf dem Weltmarkt. Auch wenn kein Land nach den realen Außenhandelstheorien wettbewerbsunfähig sein kann, sind die Wohlfahrtsgewinne und Renten durch den Handel durchaus unterschiedlich (vgl. ROSE / SAUERNHEIMER 1999: 527).

Mit der Bedeutungsverschiebung von der bloßen Kostenbetrachtung zu einer Innovationsorientierung geht gleichzeitig ein Wechsel von einer statischen zu einer dynamischen Betrachtungsweise einher. Die Theorien der technologischen Lücke (POSNER 1961) und des Produktlebenszyklus (VERNON 1966) können hierunter subsumiert werden. Beide Theorien greifen – fast fünfzig Jahre nach SCHUMPETERS innovativem Unternehmer – die Bedeutung des technischen Wandels und Innovationen auf sowie stellen Neuerungen in das Zentrum der Erklärung des Handels und der wirtschaftlichen Entwicklung von Ländern (vgl. MÜNT 1995: 49). In Bezug auf den Wettbewerb der Nationen verdeutlichet v.a. die Theorie der technologischen Lücke die Relativität der internationalen Wettbewerbsfähigkeit von Volkswirtschaften, deren Konkurrenz und die Wichtigkeit der Innovationsgenerierung. Daneben unterstreichen auch die neueren Ansätze der strategischen Handelspolitik die Faktorausstattung unabhängige Spezialisierung auf technologieintensive Produkte, da dort infolge der oligopolistischen Marktgegebenheiten überdurchschnittliche Renten abgeschöpft werden können (vgl. BLETSCHACHER / KLODT 1992: 9 ff.).

Im Zuge der Schwerpunkte der Außenhandelstheorien haben sich verschiedene Spielarten der Wettbewerbsfähigkeit von Volkswirtschaften etabliert. Als Ausprägungen der Wettbewerbs-

---

liegen die Ursachen der europäischen Arbeitslosigkeit in der zu hohen Belastung der Unternehmen mit Steuern und Vorschriften bei gleichzeitig hoher Unterstützung der Arbeitslosen. Niedriglohn-Jobs seien in Europa schlichtweg nicht erwünscht (vgl. KRUGMAN 1999: 21 f.).

fähigkeit können die *ability to sell*, die *ability to attract*, die *ability to adjust* und die *ability to earn* unterschieden werden.

Nach BALASSA stellen die preisliche und die technologische Leistungsfähigkeit die *ability to sell* dar, der Standortwettbewerb kann mit der *ability to attract* sowie in Zügen mit der *ability to adjust* verglichen werden. Die *ability to earn* wird als das eigentliche Ziel der Wettbewerbsfähigkeit in der neueren Diskussion gedeutet, während die anderen drei als Voraussetzung, als Mittel oder als Komponenten der *ability to earn* interpretiert werden (vgl. PRIEWE 1997: 12). Nach TRABOLD sind zu der Beurteilung der Wettbewerbsfähigkeit einer Volkswirtschaft wegen der komplexen Realität alle vier Arten von Bedeutung, in deren Zentrum das Wissen und Innovationen stehen. Wissen und Innovation konstituieren sich in diesem Ansatz aus dem verfügbaren Bestand an Humankapital und Technologie (vg. TRABOLD 1995: 169 ff.).

Im Mittelpunkt der preislichen Wettbewerbsfähigkeit von Volkswirtschaften stehen die Kostenwirkungen der in einem staatlichen Hoheitsgebiet herrschenden Rahmenbedingungen. Eine in diesem Sinne verstandene und im Geiste des neoklassischen Theoriegebäudes interpretierte preisliche Wettbewerbsfähigkeit wird beispielsweise von den Lohn(neben)-kosten, Steuerbelastungen, Kosten durch Umweltauflagen, Energie-, Rohstoff- und Entsorgungskosten determiniert. Aus der monetären Außenhandelstheorie wird der Außenwert der Währung als weiterer Einflussfaktor in die preisliche Wettbewerbsfähigkeit integriert (vgl. PRIEWE 1997: 15 ff., WEISS 1998: 7 ff.).

Im Gegensatz zu der preislichen Wettbewerbsfähigkeit entwickelte sich im Zuge höherer Produktionskosten in den Industrieländern der Begriff der technologischen Wettbewerbsfähigkeit[15].

Ausgehend VOM KALDOR-Paradoxon unterstreichen auch die Arbeiten von AMENDOLA / DOSI ET AL. (1993) sowie FAGERBERG (1988, 1996) die Untauglichkeit der langfristigen Auswirkungen von kostenorientierten Indikatoren wie Lohnkosten zur Erklärung von Welthandelsanteilen oder Wachstumsraten eines Landes. Als Determinanten der technologischen Konkurrenzfähigkeit können sowohl die Ausstattung mit Humankapital, die F&E-Infrastruktur, die gesellschaftlichen Innovationsanreize, der Zugriff auf ausländische Technologien als auch der Zugriff auf Risikokapital genannt werden (vgl. WEISS 1998: 9, KLÖTZLE 1999: 78 ff.).

Für PORTER hängt die Wettbewerbsfähigkeit eines Landes von der Kapazität seiner Unternehmen zur Innovation und zur Veredelung der Determinanten (Diamant) ab (vgl. 1991: 93 ff.). In letzter Konsequenz sind Produktivitätssteigerungen nur durch innovatives Verhalten möglich und stellen das Oberziel, die Erzielung eines hohen realen Pro-Kopf-Einkommens, sicher (vgl. SCHUMACHER 1995: 69). Folgt man diesen Meinungen, so kann die internationale Wettbewerbsfähigkeit von entwickelten Volkswirtschaften als *ability to innovate* bezeichnet werden.

---

15 SCHUMACHER (1995: 25 f.) unterscheidet zwischen einer technologischen Wettbewerbsfähigkeit im engeren und weiteren Sinne. Erstere „beruht auf der Fähigkeit von Wirtschaftseinheiten, neues technisches Wissen zu produzieren oder neues technisches Wissen von außen zu erwerben, es sich nutzbar zu machen und in der Produktion anzuwenden." In der weiteren Definition wird der Blickwinkel auf das gesamte Wissen einer Volkswirtschaft ausgedehnt. Neben dem technischen Wissen manifestiert sich dieses in den Unternehmensstrategien und in der Gestaltung der volkswirtschaftlichen Rahmenbedingungen (vgl. SCHUMACHER 1995: 29 f.).

Auch wenn der BMBF-Bericht (1999) zur technologischen Wettbewerbsfähigkeit den Fokus auf den Hochtechnologiesektor legt, bezieht sich die technologische Wettbewerbsfähigkeit nicht allein auf Branchen, die als High-Tech-Sektoren klassifiziert werden können, sondern auf die Innovativität aller beteiligten Wirtschaftseinheiten (vgl. FAGERBERG 1996: 49). Der Innovationswettbewerb, der durch das kontinuierliche Schaffen von Unterschieden wohlfahrtsfördernde Ungleichgewichtssituationen hervorruft, die erst durch die nachstoßende Imitationskonkurrenz wieder aufgezehrt werden, ist vielmehr von heterogener Gestalt und kann nur unter Berücksichtigung seiner dynamischen Ausprägung ausreichend eingefangen werden (vgl. OBERENDER 1987: 11 ff.).

Die steigende Mobilität der Produktionsfaktoren in Verbindung mit der Kritik an der unternehmensbezogenen Definition der Wettbewerbsfähigkeit von Nationen sowie die bloße „Techno-Zentrierung“ der technologischen Wettbewerbsfähigkeit waren Anlass für das Kieler Institut für Weltwirtschaft (IfW), den Begriff des Standortwettbewerbs zu entwickeln. Der grundlegende Unterschied zwischen Unternehmen und Volkswirtschaften besteht nach dem IfW in den differenzierten Handlungsoptionen (vgl. GIERSCH 1989: 2, PRIEWE 1997: 21). Unternehmen können anders als Volkswirtschaften ihren Standort gemäß der optimalen Kostensituation fast weltweit wählen. Bei Auftragsrückgängen kann ein Unternehmen eine Anpassung des Personalbestandes vornehmen und durch Rationalisierungsmaßnahmen die Konkurrenzfähigkeit im Marktwettbewerb wieder zurückerlangen; Volkswirtschaften stehen diese Handlungsoptionen nicht offen (vgl. KLODT / STEHN 1994: 4 f.).

Mit diesem Ansatz ging eine Absage an die traditionelle Außenhandelstheorie im Rahmen der Wettbewerbsfähigkeitsdiskussion einher, die den Fokus lediglich auf die Export-Import-Beziehungen eines Landes legte. Standortwettbewerb wird dagegen umfassender definiert als „die Konkurrenz von Gebietskörperschaften, Regionen, Ländern und Erdteilen als ein globales Ordnungsprinzip zur geographischen Allokation von mobilen Ressourcen (Arbeit und Kapital)“ (SCHWAAB / STEWEN 2000: 158).

In der neoklassischen Interpretation des Standortwettbewerbs kommt es aufgrund der Gleichgewichtslösung zwischen den Anbietern der Standorte mit ihren unterschiedlichen Ausstattungen und Präferenzen sowie den Nachfragern (international mobile Unternehmen) zu einer gesamtgesellschaftlichen Nutzenmaximierung. Im Rahmen des klassisch-evolutorischen Denkgebäudes stellt der Standortwettbewerb eine Spielart des Systemwettbewerbs dar, bei dem institutionelle Arrangements um mobile Industrien und Ressourcen (*ability to attract*) konkurrieren (vgl. SCHWAAB / STEWEN 2000: 158 f.). Nach beiden theoretischen Denkschulen verliert der Staat an Bedeutung als Souverän im internationalen Standortwettbewerb, erlangt aber neue Kompetenzen bei der Bereitstellung öffentlicher Güter. Der Standortwettbewerb ist die Messlatte der Kommunal-, Regional- und Wirtschaftspolitik. Die verantwortlichen Institutionen müssen sowohl national als auch international um das relativ beste Preis-Leistungsverhältnis beim Angebot öffentlicher Güter konkurrieren (vgl. GIERSCH 1989: 2, SIEBERT 1992: 419 f., STRAUBHAAR 1997: 185 ff.). Bei steigender Dynamik der Umwelt ist auch die gesamtwirtschaftliche Anpassungsfähigkeit an die Veränderungen in den Bedürfnissen und Anforderungen von nicht zu unterschätzender Relevanz (*ability to adjust*) (vgl. SIEBERT 1992: 419, KUHLMANN 1999: 15).

Festzuhalten bleibt, dass neben einer kosten- und innovationsorientierten Betrachtung neue Elemente durch den Standortwettbewerb in die Diskussion eingeführt werden. Die Konzepte zur preislichen und technologischen Wettbewerbsfähigkeit fokussieren lediglich Faktoren, die unmittelbar das Unternehmen in den beiden als kritisch angesehenen Bereichen tangieren, währenddessen die mittelbaren Einflüsse der nationalen Regulation vernachlässigt werden.

Beim Systemwettbewerb wirken neben ökonomischen Faktoren auch politische Dimensionen in einem komplexen Prozess auf die Wettbewerbsfähigkeit ein (vgl. STREIT / KIWIT 1999: 15 ff.).

1.4.2.3 Folgerungen aus der Diskussion zur Wettbewerbsfähigkeit

Ein richtig verstandener Wettbewerbsfähigkeitsbegriff kann als Messkonzept zur Beurteilung der Leistungsfähigkeit von Wirtschaftseinheiten und Ländern dienen. Bei der Anwendung dieses Beurteilungsinstruments sind einerseits insbesondere die Kritikpunkte von KRUGMAN zu beachten; andererseits ist eine gewisse Vorsicht bei der Interpretation der abgeleiteten Indikatoren vonnöten. Aus der Diskussion um die Wettbewerbsfähigkeit sind im Rahmen der Arbeit vor allem zwei Punkte von Bedeutung:

Erstens muss die Steigerung der Produktivität in entwickelten Volkswirtschaften in das Zentrum des wirtschaftlichen Erfolges gestellt werden. Produktivitätssteigerungen resultieren ihrerseits aus der innovativen Konkurrenzfähigkeit, die dann auch zu einer preislichen Leistungsfähigkeit führt. Bereits Klassiker wie MARX und MILL waren der Überzeugung, dass die Steigerung des Lebensstandards vom Technologiefortschritt abhängt (vgl. GROSSMAN / HELPMAN 1991: 4). Die Innovationskonkurrenz und die Nutzung der Wissensressourcen sind für Industrienationen aufgrund ihrer hochwertigen Faktorausstattungen die Basis wirtschaftlichen Fortschrittes (vgl. BOROCH 1995: 324), was auch TRABOLD (vgl. 1995: 182) mit seinem pyramidenartigen Aufbau der Wettbewerbsfähigkeit veranschaulicht und STRAUBHAAR (vgl. 1994: 111 ff.) unterstreicht, der Wissen als *den* strategischen Produktionsfaktor für die internationale Wettbewerbsfähigkeit ansieht. Die Bedeutung von Innovation wird auch im Rahmen der Theorie der technologischen Lücke und des Produktlebenszyklus herausgestellt, aber ohne dass die Determinanten der Technologieproduktion erklärt werden (vgl. TRABOLD 1995: 180). Werden die Forschungen zur Wettbewerbsfähigkeit im Zeitablauf betrachtet, so ist eine deutliche Abkehr von der preislichen zur technologischen Leistungsfähigkeit in entwickelten Volkswirtschaften zu konstatieren. Der Begriff der Wettbewerbsfähigkeit von Volkswirtschaften leistet jedoch nur einen geringen Erklärungsbeitrag, wie Innovationen generiert werden. Um ein tieferes Verständnis für die Zusammenhänge zu bekommen, die dann zur Wettbewerbsfähigkeit führen, ist es unbedingt erforderlich, die Voraussetzungen sowie Einflussfaktoren der Innovationsentstehung näher zu beleuchten. Ansonsten würde die Untersuchung der Wettbewerbsfähigkeit – speziell der von Nationen und Regionen – an der Oberfläche bleiben und nur über deren Symptome diskutiert werden. Lenkungspolitische Aussagen sind infolge des bisherigen Forschungsstandes der Wettbewerbsfähigkeit nicht möglich – im wirtschaftspolitischen Sinne bleibt der Begriff somit eine Leerformel, der lediglich dazu führt, den Fokus auf die Innovationsgenerierung zu legen (vgl. LUNDVALL / JOHNSON ET AL. 2001: 4).

Als zweiter Aspekt ist hier zu bemerken, dass die einzelnen Betrachtungsebenen der Wettbewerbsfähigkeit unverbunden nebeneinander stehen, obwohl ersichtlich wurde, dass sich die Ebenen Unternehmen, Branche, Region und Volkswirtschaft gegenseitig in ihrer Leistungsfähigkeit beeinflussen. Da bei der Wettbewerbsfähigkeit Rückkopplungseffekte und systemimmanente Eigenschaften auf das Gesamtresultat wirken, ist ein integrativer Ansatz mit systemischen Elementen, das normative Postulat aus der bisherigen Diskussion um den Begriff.

Werden diese beiden Feststellungen in Verbindung mit den Konzepten der Innovationssysteme gestellt, können die innovations- und systemischbasierten Ansätze als eine Weiterentwicklung bzw. eine Fokussierung der Forschungen zur Wettbewerbsfähigkeit interpretiert werden: Aus Sicht der Forschungen zur Wettbewerbsfähigkeit basieren die

Konzepte der Innovationssysteme zum einen auf der zentralen Stellung der technologischen Wettbewerbsfähigkeit. Zum anderen werden bei den Innovationssystemen Elemente der Standortkonkurrenz wie die Rahmenbedingungen und die Strukturflexibilität (*ability to adjust*) in die Analyse integriert. Der Fokus ist bei den Konzepten der Innovationssysteme im Vergleich mit der Standortkonkurrenz enger und bezieht sich auf die Innovationsfähigkeit von räumlichen Gebietseinheiten. Explizit wird hier erwähnt, dass ähnliche Tendenzen auch originär aus den Forschungen zur Wettbewerbsfähigkeit an den Ansätzen von PORTER (1991) und der systemischen Wettbewerbsfähigkeit des DIE[16] zu erkennen sind. Übersichtsartig lassen sich die beiden Erkenntnisse des Kapitels 1.4.2 wie folgt resümieren:

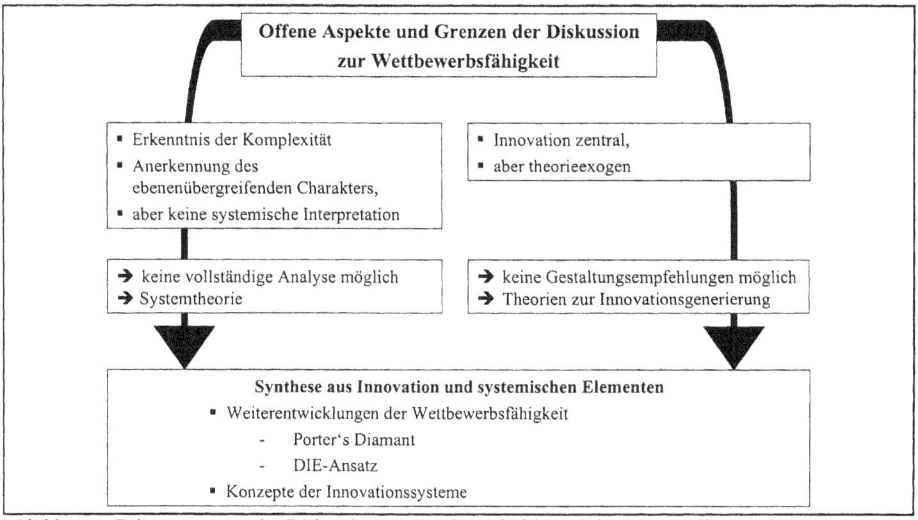

Abbildung 4: Folgerungen aus der Diskussion zur Wettbewerbsfähigkeit im Kontext dieser Arbeit
Quelle: eigene Darstellung

[16] Für die Inhalte beider Ansätze vgl. Kapitel 3.1.

2 THEORETISCHE GRUNDLAGEN DER INNOVATIONSSYSTEME

Die bisherigen Ausführungen haben deutlich gemacht, dass Innovationen sowohl auf der Ebene der Unternehmen als auch auf der Ebene des Staates eine zentrale Rolle für den Erhalt der Wettbewerbsfähigkeit spielen. Festgestellt wurde auch, dass die Innovationsgenerierung lediglich als *black box* in den Konzepten, Theorien und Modellen zur Wettbewerbsfähigkeit betrachtet wird. Die Ansätze zu den Innovationssysteme lösen diese theorieexogene Betrachtung für die für die Wettbewerbsfäigkeit sehr wichtige Determinante Innovationsgenerierung auf. Um das häufig nur implzit gelegte theoretische Fundament der Konzepte der Innovationssysteme zu festigen (vgl. FREEMAN 1987: 3, EDQUIST 1997: 29, OECD 1999a: 21 ff., AUDRETSCH / WEIGAND 1999: 139 ff., NELSON 2000: 11 ff.), wird zuächst die in der Diskussion um die Wettbewerbsfähigkeit geforderte systemische Betrachtungsweise fundiert. Dies geschieht auch um der Feststellung von COOKE (1998: 11) entgegenzutreten, dass „[i]n the literature on innovation the term ‚system' is not analyzed in great detail." Im zweiten Teil dieses Kapitels werden die innovationstheoretischen Grundlagen für die Konzepte der Innovationssysteme präsentiert.

2.1 Die Systemtheorie als konzeptioneller Rahmen der Konzepte der Innovationssysteme

Die Systemtheorie stellt die theoretisch-konzeptionelle Grundlage für die Konzepte der Innovationssysteme. Dabei gilt es jedoch zu beachten, dass es sich nicht um einen einheitlichen systemtheoretischen Ansatz handelt, sondern dass dieser aus verschiedenen Forschungsdisziplinen stammt und selbst innerhalb dieser variiert (vgl. STÜNZNER 1996: 39, ROTH 1999: 115). Im Rahmen dieser Arbeit wird nicht auf die historische Entwicklung und die einzelnen Spielarten der Systemtheorie[17] im Lichte der einzelnen Forschungsrichtungen eingegangen. Vielmehr werden lediglich die grundsätzlichen Überlegungen und eine allgemeine Charakterisierung des holistischen bzw. systemischen Denkansatzes vorgestellt.

2.1.1 Grundsätzliches zu systemischen und reduktionistischen Denkansätzen

Grundsätzlich kann zwischen systemischem und reduktionistischem Denken in der Wissenschaft unterschieden werden (vgl. MAIER 1998: 52). Die reduktionistische Sichtweise geht davon aus, dass jedes Ganze in Teile aufgespalten werden kann, ohne wesentliche Informationen zu verlieren. Komplexe Sachverhalte werden in Einzelphänomene mit dem Preis eines Verzichtes auf die Gesamtzusammenhänge zerlegt. Die Summe der Lösungen der Teilprobleme ergibt die Lösung des Gesamtproblems. Diese Forschungslogik dominiert weite Teile des wissenschaftlichen Paradigmas in den Wirtschafts- und den Naturwissenschaften, obwohl dieses Weltbild selbst in den Naturwissenschaften durch bahnbrechende Forschungsarbeiten in der modernen Physik[18] erschüttert wurde (vgl. BRIGGS / PEAT 1990: 37 f., MAIER 1998: 53). Mechanische und monokausale Gesetzmäßigkeiten verlieren spätestens dann an Validität, wenn der Mensch Teil des Forschungsgegenstandes ist. Für die Erfassung der wirtschaftlichen Entwicklung wäre ein auf rein ökonomische Argumente verkürzter Ansatz als unzureichend einzustufen. Erst die gesamtheitliche Betrachtung liefert die entscheidenden Erkenntnisse (vgl. WIEẞMEIER 1998: 5).

---

[17] Vgl. dazu beispielsweise BUTEWEG (1988: 12 ff.), SEIFFERT (1992: 95 ff.) und STÜNZNER (1996: 41 ff.). Forschungsdisziplinenmäßig ausgestaltete Ansätze der Systemtheorie sind zum Beispiel die Kybernetik, die Chaostheorie, die Theorien der autopoietischen und selbstreferentiellen Systeme und die Evolutionstheorie (vgl. MAIER 1998: 71 ff.).

[18] Als Beispiele können die Relativitätstheorie von ALBERT EINSTEIN oder die Quantenmechanik von MAX PLANCK genannt werden (vgl. BRIGGS / PEAT 1990: 37).

Der wesentliche Unterschied zwischen den beiden Denkansätzen ist in der verschiedenartigen Sichtweise von Teil und Ganzem zu sehen (vgl. WILLKE 1993: 148). Dementsprechend postuliert der systemische Ansatz, „daß isolierte Phänomene nur als Teil einer komplexen Grundgesamtheit zu verstehen sind" (MAIER 1998: 55). Aufgrund von Rückkopplungen zwischen den Teilen ist das Ganze mehr (oder zumindest etwas anderes) als die bloße Summe seiner Teile (vgl. CAPRA 1992: 307). Das Erkenntnisobjekt ist das Ganze und kann nur durch holistisches Denken erschlossen werden. Vereinfachungen der existierenden Komplexität werden nicht künstlich durch die Zerlegung in lineare Ursache-Wirkungs-Beziehungen vorgenommen (vgl. NEUBERGER 1990: 230). Das System als Ganzes weist andere Eigenschaften auf als die Summe der Eigenschaften der Teile, und die Systemeigenschaften lassen sich nicht aus den Teileigenschaften ableiten (Emergenz) (vgl. STÜNZNER 1996: 39 f.).

An Bedeutung gewinnt die systemische Perspektive erstens durch die infolge des Strukturwandels steigende Komplexität. Zweitens kann bei reduktionistischem Herangehen die Lösung von Teilproblemen zu einer Verschlechterung statt zu einer Verbesserung der Situation führen (vgl. BUTEWEG 1988: 7). Nach WILLKE konnten archaisch sowie hierarchisch organisierte Gesellschaften noch mit strukturellen und phänomenologischen Ansätzen erschlossen werden. Zur Erklärung der heutigen Gesellschaft reichen diese Perspektiven aber nicht mehr aus (vgl. WILLKE 1989: 11). CAPRA und MALIK gehen sogar noch einen Schritt weiter und stellen die These auf, dass eindimensionales Denken und die damit verbundene selektive Wahrnehmung ein zentrales Problem unserer Zeit seien und damit die jeweiligen Problemlösungen zu kurz greifen würden (vgl. CAPRA 1992: 307, MALIK 1993: 61). Auch in der betriebswirtschaftlichen Forschung (v. a. Management- und Organisationsliteratur) hat der systemische Ansatz an Bedeutung gewonnen. Teilweise wird sogar von einem Paradigmenwechsel im Untersuchungsansatz gesprochen. Die hohe Komplexität realer Organisationen und die steigende Dynamik des Umfeldes zwingen dazu, andere Wege zu beschreiten, um die neuen Realitäten, Widersprüchlichkeiten, Mehrdeutigkeiten und Intransparenzen einfangen zu können. Dabei eröffnet die Systemtheorie neue und realistische Sichtweisen auf betriebswirtschaftliche Problemstellungen (vgl. NEUBERGER 1990: 230, KIRSCH / KNYPHAUSEN 1991: 76, MAIER 1998: 6 ff.). Ein weiteres Argument für eine systemische Analyse ist mit dem Umstand verbunden, dass wissenschaftlicher Fortschritt auch aus der Interdisziplinarität der Forschung kommen kann.[19]

Insgesamt ist zu konstatieren, dass erst ein gesamtheitlicher Ansatz zu einem tiefer greifenden oder zumindest zu einem anderen Verständnis des zu erforschenden Sachverhaltes beiträgt[20] (vgl. BÖTTCHER 1999: 14 f.).

2.1.2 Allgemeine Charakteristika der Systemtheorie

Ein System „bezeichnet [...] einen gesamtheitlichen Zusammenhang von Teilen, deren Beziehungen untereinander quantitativ intensiver und qualitativ produktiver sind als ihre Beziehungen zu anderen Elementen" (WILLKE 1993: 282).

Entscheidend für den „Charakter" eines Systems sind neben seinen Elementen (= Grundbestandteile) insbesondere die Relationen zwischen ihnen. Elemente können Dinge, Personen oder Sachverhalte sein. Wenn es gelingt, Elemente und Relationen zu spezifizieren,

[19] So erhielt BUCHANAN 1986 den Nobelpreis dafür, dass er die Wirtschaftstheorie auf den politischen Prozess anwandte, womit die seit hundert Jahren geltenden Annahmen und Theorien der Politologen revolutioniert wurden (vgl. DRUCKER 1993: 309).

[20] Einschränkende und kritische Bemerkungen zu der Systemtheorie sind in Kapitel 3.2.4.1 zu finden.

so kann man das System von dem trennen, was nicht zum System gehört (Umwelt). Systeme sind keineswegs geschlossen, sondern stehen im Austausch zu ihrer Umwelt. Die Inputs werden von den Systemen in systemeigenen Prozessen transformiert und in systemspezifischen Outputs nach außen abgegeben (Offenheit). Durch den Austausch mit der Umwelt und daraus resultierende systemendogen induzierte Prozesse befinden sich Systeme in einem permanenten Anpassungsprozess (Dynamik). In diesem als Fließgleichgewicht bezeichneten Zustand[21] verliert das spezifische System seine Identität jedoch nicht (vgl. STÜNZNER 1996: 40, ROTH 1999: 118 ff.).

Neben der Sicherung der Überlebensfähigkeit des Systems ist die Komplexität ein weiterer zentraler Begriff der modernen Systemtheorien. Mindestens drei Dimensionen müssen bei der Beschreibung der Komplexität eines Systems beachtet werden:

- die Zahl der Elemente,
- die Zahl der realisierten Relationen zwischen den Elementen und
- die Varietät dieser Relationen (vgl. LUHMANN 1991: 45 ff.).

Erweitert werden kann dieser Katalog um die Austauschbeziehungen, die zur Umwelt bestehen und die ein immanentes Komplexitätsgefälle zwischen System und Umwelt beherbergen. Um dem ganzheitlichen Ansatz des systemischen Denkens gerecht zu werden, ist es vonnöten, die Interdisziplinarität der Systemtheorie anzuerkennen (vgl. STÜNZNER 1996: 40 f.).

2.1.3 Verhältnis von System, Subsystem und Umwelt

Offenheit der Systeme bewirkt, dass Systeme ihr Verhalten nicht völlig autonom bestimmen können. Dissipative Systeme verändern sich permanent – auch durch Umwelteinflüsse. Der Wechsel vom Teil zum Ganzen in Verbindung mit der Unterscheidung von System und Umwelt führt zum Konzept der Systemdifferenzierung. Diese soll das im reduktionistischen Ansatz kritisierte Isolationsprinzip vermeiden. Durch die Einführung von Subsystemen soll die Komplexität des Systems reduziert werden – ohne jedoch den Systemrahmen außer Acht zu lassen. Die Grenze (oder Differenzierung) der Systeme ist eine zwingende Voraussetzung für die Systembildung, da ein System erst über die Unterscheidung von seiner Umwelt seine Identität gewinnt (vgl. BUTEWEG 1988: 21, STÜNZNER 1996: 73 ff.). Diese Reduktionsleistung des komplexen Systems und der Kreierung der Subsysteme muss durch „Sinn“[22] erfolgen, da soziale Strukturen selbstreferentiell produziert werden, den Sinn konstituieren und eine Abgrenzung zu anderen Systemen schaffen (Identität). Demzufolge sind Sinngrenzen mit den Grenzen sozialer Systeme gleichzusetzen. Als Abgrenzungskriterium eines Systems gegenüber seiner Umwelt kann ein „Übergewicht der inneren Bindungen“ dienen (vgl. KIRSCH 1992: 236). Die Verschachtelung der einzelnen Systeme kann basierend auf dem hierarchischen Systemkonzept[23] wie folgt illustriert werden:

---

[21] Offene Systeme sind damit dissipative Systeme. Dagegen existiert nur in geschlossenen Systemen (z. B. naturwissenschaftlich-technische) ein stabiles Gleichgewicht (vgl. MAIER 1998: 67).

[22] Sinn kann in diesem Kontext in allgemeiner Form als Ordnungsform sozialen Handelns verstanden werden (vgl. WILLKE 1993: 44). Der systemische Zusammenhang von Interaktion liegt nach Max Weber in der gemeinsamen sinnhaften Orientierung wechselseitig verstehbaren Handelns (vgl. MAIER 1998: 120).

[23] Daneben können auch funktionale und strukturale Systeme unterschieden werden. Das funktionale Systemkonzept fasst das System als eine *black box* auf, die durch Inputs und Outputs mit der Umgebung verbunden ist. Die Erfassung erfolgt nur über die Outputs, die als manipulierte Inputs verstanden werden. Der strukturale Ansatz sieht das System als eine Ganzheit von miteinander verknüpften Elementen und die Struktur des Systems als gegeben an (vgl. SEIFFERT 1992: 126 ff.). Beide Konzepte können somit nicht zur Aufdeckung der wesentlichen Ziele dieser Arbeit dienen.

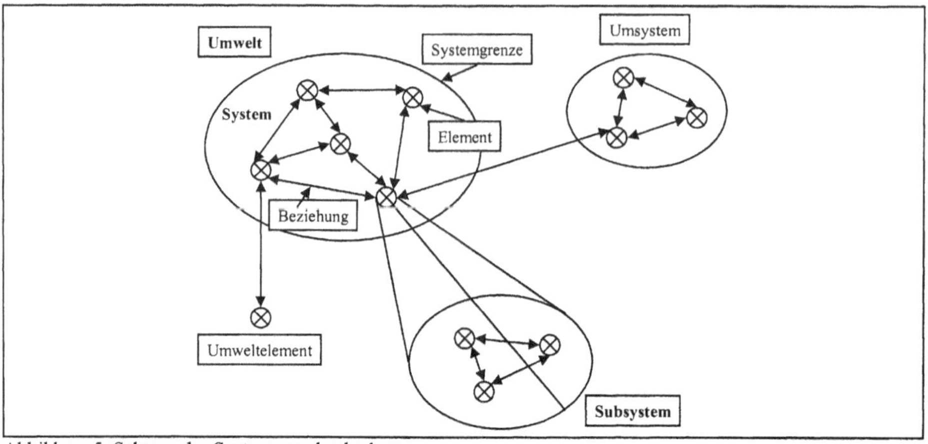

Abbildung 5: Schema der Systemverschachtelung
Quelle: in Anlehnung an MEIER-KORTWIG 1998: 17

Innerhalb der Systemorganisation gibt es demnach Verknüpfungsmuster zwischen den einzelnen Systemebenen. Nach ZIMMERLI lassen sich aufgrund der Emergenz der Systeme weder höherstufige vollständig auf niedrigerstufige Systeme zurückführen noch umgekehrt. Dennoch hängt das Leben der höherstufigen Systeme vom Leben der niedrigerstufigen Systeme ab, die jeweils die Fähigkeit besitzen, sich selbst zu organisieren (vgl. ZIMMERLI 1994: 36). In autonomen Schichtensystemen kann jede Ebene Initiative entfalten und Ziele setzen. Die höhere Ebene hat nur eine koordinierende Funktion. Hingegen fließen beim Konzept der Kontrollhierarchien Befehle von oben nach unten, während Informationen in umgekehrter Richtung geleitet werden. Bei der Betrachtung sozialer Systeme sind beide Hierarchietypen auszumachen und zu beachten (vgl. JANTSCH 1992: 333).

Wird der Zeitablauf in die systemischen Überlegungen miteinbezogen, ist der aus der Chaostheorie stammende Begriff der Trajektoren einzuführen. Trajektoren ergeben sich aus der Verbindung der Punkte des Phasenraums, der jeden momentanen Systemzustand im Zeitablauf beinhaltet. Aufgespannt wird dieser Phasenraum durch die Variablen, die notwendig sind, das System zu beschreiben. Trajektoren weisen auf die Attraktoren, Bereiche, auf die das Systemverhalten langfristig zustrebt, wobei chaotische Attraktoren zu berücksichtigen sind (vgl. TSCHACHER 1990: 46, DAVIES 1991: 69 f.). Diese besitzen durch den Einfluss von Störgrößen *scheinbar* keine Regelmäßigkeit mehr, zeigen aber dennoch eine gewisse Symmetrie und „Inseln von stabilen und periodischen Zuständen auf“ (MAIER 1998: 95), was sie von zufälligen Entwicklungen unterscheidet sowie so eine Prognostizierung von wahrscheinlichen und unwahrscheinlichen Systementwicklungen ermöglicht.

Im Kontext der Innovationssysteme bedeutet diese Systemhierarchie, dass Innovationssysteme verschiedener Reichweite in Subsystemen existieren können, ohne dass dies zu einem widersprüchlichen Design führen würde. Zugleich agieren die Innovationssysteme nicht in einem luftleeren Raum. Vielmehr prägt das Umsystem mit beispielsweise dem Gesellschafts- und dem allgemeinen Wirtschaftssystem die einzelnen Innovationssysteme.

2.2 Innovationstheoretische Grundlagen der Konzepte der Innovationssysteme

Ziel dieses Abschnittes ist es, die Innovationstheorien der Neoklassik, der Evolutionsökonomik, der Diffusionstheorie und der (Neo-)Institutionenökonomie darzulegen. Diese vier innovationstheoretischen Ansätze besitzen nicht nur eine eigenständige Erklärungskraft für die Innovationsgenerierung, sondern bilden auch die theoretische Basis für die Konzepte der Innovationssysteme (vgl. EDQUIST 1997: 29, OECD 1999a: 21, KUHLMANN 1999: 11).

2.2.1 Neoklassische Ansichten zu Innovation

Unter sehr restriktiven Annahmen ist der Kern neoklassischer Analysen die Suche nach der optimalen Ressourcenallokation und den Gleichgewichtszuständen ökonomischer Prozesse (vgl. PYKA 1999: 15 f.). ARROW hat im Innovationskontext auf die öffentlichen Guteigenschaften von Innovationen hingewiesen und daraus die Notwendigkeit eines Staatseingriffs abgeleitet (vgl. 1962: 609 ff., 1970: 145).

2.2.1.1 Das sequentielle Innovationsmodell

Obwohl SCHUMPETER normalerweise den Evolutionsökonomen zuzurechnen ist, sind diverse auf SCHUMPETER zurückgehende Vorstellungen über den linearen Innovationsprozess in die neoklassische Innovationstheorie eingegangen. Der technologische Neuerungsprozess wird als eine Sequenz von Invention, Innovation und Imitation interpretiert. Inventionen, die als eine neue Wissenskombination definiert werden, werden durch die Entwicklung zur Marktreife in die Innovation transformiert, welche dann durch Imitation volkswirtschaftlich nutzbar diffundieren. Entscheidend ist die lineare und nur einseitig gerichtete Beziehung der einzelnen Phasen des Innovationsprozesses, so dass eine eindeutige Trennbarkeit der Phasen möglich ist (vgl. ELßER 1991: 14 f.). Andere Autoren verwenden hierfür auch den Begriff des Pipeline-Modells, der auch in der Aufteilung des F&E-Prozesses in Grundlagenforschung und angewandte F&E seinen Niederschlag gefunden hat (vgl. WEISS 1998: 130). Rückkopplungen zwischen den einzelnen Stufen finden nicht statt, da die einzelnen Stufen strikt unabhängig voneinander sind. Nach dem hier vorliegenden Verständnis sind die Investitionen in die Forschung entscheidend für den Markterfolg des Unternehmens, da sie Eingang in die anderen Bereiche des Unternehmens über die Kette Forschung, Entwicklung, Produktion und Marketing finden (vgl. KLINE / ROSENBERG 1986: 289 ff., PYKA 1999: 27 ff.).

So hat auch die *supply-push-* bzw. *technology-push*-Hypothese ihren Ursprung bei SCHUMPETER, der die Wissenschaft als den Ausgangspunkt und den Automatismus für Innovationen sah und andere Einflussfaktoren außer dem Angebot ignorierte (vgl. ELßER 1991: 14 ff.). Demgegenüber steht die *demand-pull*-Hypothese, die ihre Wurzeln in den Arbeiten von SCHMOOKLER hat und als direkte Reaktion auf die einseitig angebotsorientierte Behandlung des technischen Fortschritts in der Neoklassik steht (vgl. SCHMOOKLER 1966). Dabei hat SCHMOOKLER durchaus die Bedeutung der Angebotsseite anerkannt[24], obgleich spätere Vertreter, die sich auf ihn berufen, die Nachfrageseite als dominant für den Innovationsprozess ansehen (vgl. beispielsweise GILPIN 1975: 37). Dementsprechend ist folgende Aussage von GILPIN (1975: 65) kennzeichnend: „Everything that we know about technological innovation points to the fact that user or market demand is the primary determinant of successful innovation. What is important is what consumers or producers need or want rather the availability of technological options." Die in ROSENBERG (1976) und MOWERY / ROSENBERG (1978) geäußerte Kritik am *demand-pull*-Ansatz, die sich hauptsächlich am Design der empirischen Untersuchungen und der Konzeptualisierung der Nachfrage festmacht, wiegt bei PYKA so schwer, dass er diesen Ansatz in seiner Arbeit

---

24 "[A]re they [die Inventionen, A. d. V.] primarily the outgrowth of changes in the conditions of their supply, or do they largely reflect changes in the demand for them? Presumably, what we invent is the joint product of what we want and what we know" (SCHMOOKLER 1966: 12).

ausklammert (vgl. PYKA 1999: 28). Im Rahmen dieser Arbeit wird jedoch in Anlehnung an ELßER (vgl. 1991: 18) und WIEßMEIER (vgl. 1998: 171) davon ausgegangen, dass beide Hypothesen auf wichtige Aspekte des Innovationsprozesses hinweisen, ihn aber alleine nicht zu erklären vermögen.

Eine Weiterentwicklung, welche die isolierte Betrachtung der einzelnen Phasen auflöst und den Innovationsprozess problemlösungsorientiert, wissensbasiert und lernfähig darstellt, ist das u. a. von KLINE / ROSENBERG vertretene vernetzte Innovationsmodell (vgl. 1986: 275 ff.). ROSENBERG (1982: 153) bemerkt zu Recht, dass „[e]ven today, much productive activity is conducted without a deep scientific knowledge why things perform the way they do." Der entscheidende Aspekt bei diesem Modell ist die gegenseitige Beeinflussung sowie die möglichen Rückkopplungen der einzelnen Phasen Invention, Innovation und Imitation / Diffusion, so dass die beteiligten Akteure nicht mehr unverbunden nebeneinander stehen.

2.2.1.2 Kritik an den neoklassischen Ansätzen

Kritik wird im Allgemeinen an den restriktiven und realitätsfernen Prämissen der Neoklassik geübt. Insbesondere die Annahme der perfekten Voraussicht steht diametral zu den Eigenschaften von Innovation, was den gewinnmaximierenden Ressourceneinsatz für F&E tangiert bzw. in der Realität unmöglich werden lässt. Dadurch wird der der Innovation zugrunde liegende kreative Akt einer Neuerung wie eine andere ökonomische Investition behandelt, die ex-ante bekannt ist. Ferner existiert die Kreativität[25] lediglich als exogene Störvariable einer sich im Gleichgewicht befindenden Ausgangssituation: Der eigentliche Akt der Innovation bleibt damit exogen. Die statische Betrachtung und die Gleichgewichtsorientierung sind weitere Aspekte, die dem Innovationsprozess nicht gerecht werden, da gerade Innovationen zu Ungleichgewichten führen und im Zeitablauf die Märkte verändern. HAHN (1980: 132) kommentiert die Problematik der neoklassischen Statik mit: „The assumption that all intertemporal and all contingent markets exist has the effect of collapsing the future in the present". So kommt auch ARROW (1986: S393) zu einem ähnlichen Schluss: "A complete general equilibrium system [...] requires markets for all contingencies in all future periods. Such a system could not exist."

Insgesamt ist zu konstatieren, dass trotz der Integration von kooperativen und kognitiven Elementen sowie Spillover-Effekten in jüngeren Ansätzen die Aussagekraft der Neoklassik im Innovationsprozess begrenzt bleibt (vgl. SCHUMACHER 1994: 101 f., WIEßMEIER 1998: 187 ff., HODGSON 1999: 34 ff., PYKA 1999: 121 ff.).

2.2.2 Innovation in der ökonomischen Evolutionstheorie

Die ökonomische Evolutionstheorie wird gerade im Innovationskontext als eine Alternative zur neoklassischen Wirtschaftstheorie angesehen (vgl. REICHERT 1994: 55). HODGSON macht darauf aufmerksam, dass auch einige Vertreter der Neoklassik (HAHN 1991, ARROW 1995) infolge der Kritik den Paradigmenwechsel zur ökonomischen Evolutionstheorie anerkennen (vgl. HODGSON 1999: 87). Aus innovationssystemischer Sicht bemerkt EDQUIST (1997: 7) bezüglich der ökonomischen Evolutionstheorie: „Not only is the system of innovation approach compatible with evolutionary theories of innovation but there is a close affinity between the two."

---

[25] HODGSON (1999: 39) bemerkt dazu, dass nicht nur die Kreativität in der Neoklassik gegeben ist, sondern auch „tastes and preferences, along with technology, are given." Damit wird die in der Realität stattfindende temporal abhängige Verschiebung der Präferenzen in der auf Walras zurückgehenden Theorie nicht abgebildet (vgl. HODGSON 1999: 39 f.).

Dennoch ist es angesichts der Vielzahl von unterschiedlichen Entwicklungslinien nicht möglich, von *der* ökonomischen Evolutionstheorie zu sprechen.[26] (vgl. DOSI / NELSON 1994: 153, HODGSON 1999: 87). Indessen sind mindestens zwei Hauptströmungen der ökonomischen Evolutionstheorie zu unterscheiden: Auf der einen Seite steht der Ansatz der österreichischen Schule, der mit Namen MENGER, HAYEK und SCHUMPETER verbunden ist und der in Unabhängigkeit zu irgendwelchen Analogiekonstruktionen entstanden ist. Davon ist auf der anderen Seite ein auf der Analogie zum biologischen Evolutionsmodell entwickelter Ansatz zu differenzieren (vgl. WITT 1987: 77).

2.2.2.1 Die biologisch gestützte Analogie der ökonomischen Evolutionstheorie

Anstoß für die Übertragung biologischer Metaphern in die ökonomische Theorie liefert – ausgehend von DARWIN und VEBLEN – die Idee, die natürliche Selektion mit der Theorie der Unternehmung zu verbinden. Dazu wird auf die zahlreichen Symmetrien zwischen den beiden Disziplinen und ihren zu Grunde liegenden Elementen, Prozessen und Interaktionen verwiesen (vgl. HODGSON 1993: 123 ff., SCHUMACHER 1994: 95). So plädiert und begründet HODGSON (1993: 24) die Neuorientierung und Hinwendung zu biologischen Metaphern wie folgt: „Clearly, real world economic phenomena have much more in common with biological organisms and processes than with the mechanistic world of billiard balls and planets. After all, the economy involves living human beings, not merely particles, forces and energy." Die Integration des dynamischen Charakters des Wettbewerbs findet in einer biologisch angelehnten ökonomischen Evolutionstheorie eine bessere theoretische Entsprechung als in den statischen, neoklassischen Modellen (vgl. DOSI / NELSON 1994: 154 f., SCHUMACHER 1994: 96 ff.). Ein weiteres Merkmal der biologischen Evolutionstheorie ist die Kombination von Zufall, der Variationen generiert, und Mechanismen, die systematisch Variationen der Elemente hervorrufen. Darüber hinaus identifizieren DOSI / NELSON (1994: 155) vier Säulen, die für die Bildung einer ökonomischen, an die Biologie angelehnten Evolutionstheorie unerlässlich sind:

- „a fundamental unit of selection (the genes),
- a mechanism linking the genotypic level with the entities (the phenotypes) which actually undergo environmental selection,
- some processes of interaction, yielding the selection dynamics, and, finally,
- some mechanisms generating variations in the population of genotypes and, through that, among phenotypes."

Der biologischen Analogie folgend wird in der einfachen Version der ökonomischen Evolutionstheorie der Kampf um das Überleben in der Natur mit dem Wettbewerb der Unternehmen auf den Märkten gleichgesetzt. Innovationen in der Ökonomie werden mit der Genmutation sowie dem damit einhergehenden Auftreten und Durchsetzen von neuen Variationen gleichgesetzt, die sich im sich anschließenden Selektionsprozess hinsichtlich ihrer Entsprechung an herrschende Umweltbedingungen beweisen müssen (vgl. KIRCHGÄSSNER 1991: 216). Dieser Selektionsprozess enthält nicht nur die Anpassung an die gegebenen Rahmenbedingungen, sondern umfasst auch die aktive Beeinflussung der Rahmenbedingungen durch die handelnden Akteure. Innovationen erhöhen die möglichen Alternativen, wobei es im folgenden Selektionsprozess zu befriedigenden Lösungen im Sinne des *struggle for survival* kommen kann, was im Unterschied zu der Analogie des *survival of the fittest* und der Optimierungshypothese der Neoklassik steht. Dabei ermöglicht erst die

---

[26] Vgl. für eine ausgezeichnete Übersicht der gegenwärtigen Strömungen in der Evolutionsökonomik SCHUMACHER (1994: 95).

Heterogenität eine Selektion und eine evolutorische Entwicklung. Die Varietät kann sich sowohl auf das Verhalten der Akteure als auch auf den Innovationskontext beziehen (vgl. PYKA 1999: 129).

Mit Hinblick auf die Konzepte der Innovationssysteme ist erstens die zeitlich ablaufende Entwicklung (Dynamik) sowie zweitens das Konzept der irreversiblen, historischen Zeit zu integrieren. Das letztere Konzept richtet sich dagegen, die Vorgeschichte des Systemzusammenhangs zu ignorieren. Damit wird verhindert, dass eine (zufällige) Reproduktion des Ausgangszustandes des Systems und dementsprechend ein identischer Ablauf der Prozesse möglich wird[27]. Dies liefert eine bessere Entsprechung der Realität, da menschliches Handeln auch von vergangenheitsbezogenen Ereignissen abhängig ist. Eine dritte Forderung ist die endogene Erklärung der Entstehung von Neuerungen, was darin resultiert, die Einflussfaktoren der Innovationsgenerierung in der Theorie ausführlich zu erfassen (vgl. WITT 1987: 9 ff.).

2.2.2.2 Die österreichische Schule

Neben der auf DARWIN zurückgehenden Evolutionstheorie entwickelte sich aus der älteren österreichischen Schule (MENGER) ein zweiter Ansatz für die ökonomische Evolutionstheorie, ohne dass auf die biologische Evolutionstheorie Bezug genommen wird. Grundlage des evolutorischen Wettbewerbs sind die SCHUMPETER'SCHE „Theorie der wirtschaftlichen Entwicklung“ und der HAYEK'SCHE „Wettbewerb als Entdeckungsverfahren“, die beide den dynamischen Charakter der Wirtschaftsprozesse verdeutlichen (vgl. SCHUMACHER 1994: 92 ff.).

Marktsysteme werden dabei nicht als Gleichgewichtssysteme mit dem Ziel der Optimierung verstanden, sondern als offene Systeme, innerhalb deren die Systemelemente unter bestimmten institutionellen Voraussetzungen im Wettbewerb stehen. Dabei umfassen die Systemelemente mehr als nur die Anbieter und Nachfrager, da auch Institutionen, worunter auch Regeln zu verstehen sind, konkurrieren. Wissen vermehrt sich in diesen Systemen durch eine funktionierende Ordnung[28], die ständig Anreize für Lern- und Suchprozesse gibt und einen permanenten Forschungsprozess initiiert. Die ökonomische Nutzbarmachung des neuen Wissens geschieht mit Hilfe von Informationsrückkopplungen seitens der Konsumenten, die in diesem System als Selektionsmechanismus der Innovation einen besonderen Stellenwert haben (vgl. WEISS 1998: 125 ff.).

Nach SCHUMPETER entspringen Innovationen aus dem Handeln der Wirtschaftsakteure im ökonomischen System. In einem „Prozess der schöpferischen Zerstörung“ wird der gleichgewichtige Zustand des Marktes durch Innovationen in neue Bahnen gelenkt, der so bestehende Produkte oder Prozesse im weitesten Sinne obsolet werden lässt. Bei diesem Prozess entstehen temporäre Monopolsituationen, die SCHUMPETER als Anreiz für die Investition in die mit Ungewissheit und Unsicherheit behaftete Forschung ansieht (vgl. GERYBADZE 1982: 92 ff., CANTER 1995: 28 ff.). Gemäß der Neo-Schumpeter-Hypothese II sind aus der Monopolsituation resultierende gesamt-wirtschaftliche Ineffizienzen hinzu-

---

[27] Ein derartiges Vorgehen ist in neoklassischen Theorien aufzufinden, die nachträglich dynamisiert wurden (vgl. WITT 1980: 94 ff.).

[28] Voraussetzungen für eine funktionierende Ordnung sind nach HAYEK die äußeren Institutionen wie die Verhinderung von Gewalt und Betrug, die Ermöglichung von Eigentumsrechten, die Sicherung der Vertragsfreiheit, die Erzwingung von Verträgen (z. B. zur Ermöglichung effizienter Geld-, Kredit- und Kapitalmärkte) sowie die Herrschaft des Gesetzes und die inneren Institutionen wie Mechanismen zur Senkung der Transaktionskosten mit Hilfe von Wertsicherungsklauseln oder Haftungsregeln (vgl. SCHÜLLER 1993: 34 ff.).

nehmen, um den Anreiz zur Innovation aufrechtzuerhalten und dynamische Effizienz zu erreichen[29] (vgl. ELßER 1991: 21 ff.). Im Gegensatz zu HAYEK steht im Mittelpunkt der SCHUMPETER'SCHEN Analyse die Anbieterseite im Sinne des „innovativen Unternehmers", der sich zudem deutlich von dem kreislauforientierten „statischen Wirt" unterscheidet[30] (vgl. CANTER / HANUSCH 1992: 8). Trotz der Anerkennung intrinsischer Motivationslagen[31] ist der Gewinn die Hauptantriebskraft für das rastlose Streben nach Neuerungen, die dem innovativen Unternehmer temporäre Monopolgewinne oder Gründungsgewinne versprechen (vgl. WITT 1987: 38). Da es SCHUMPETER aber um die Erklärung wirtschaftlicher Entwicklungsprozesse und der Konjunkturzyklen geht, vernachlässigt er weitere Ausführungen, welche die Entstehung von Innovationen näher beleuchten (vgl. REICHERT 1994: 41).

NELSON / WINTER, die sich selbst als Neo-SCHUMPETERISTEN betrachten, liefern dagegen in ihrer „*Evolutionary Theory of Economic Change*" weitere Erkenntnisse zur Innovationsgenerierung (vgl. NELSON / WINTER 1982: 39). Aufbauend auf dem Ansatz von WINTER (1971, 1975), der evolutions-[32] und organisationstheoretische Elemente verbindet, und aus der behavioristischen Theorie des Firmenverhaltens haben NELSON / WINTER (1982) ein Modell entwickelt, das die Ideen SCHUMPETERS ausarbeitet und formalisiert. Insbesondere fanden die Dynamik wirtschaftlicher Prozesse, die *bounded rationality* und die Bedeutung von Innovation für die wirtschaftliche Entwicklung sowie ihre Entstehung Eingang in ihr Modell (vgl. NELSON / WINTER 1982: 35, 128 ff.). In diesem Modell sind bestehende Monopole das Resultat der erhöhten Bereitschaft zur Übernahme des Innovationsrisikos von bestimmten Unternehmen. Unter dynamischer Betrachtung wird diese Monopolsituation durch neue Innovationen und Technologien wieder erodiert. Die Innovationsgenerierung ist nach NELSON / WINTER das Ergebnis gezielter Suchroutinen oder von Zufällen (vgl. 1982: 366 f.). Die Suchroutinen unterliegen einem routinierten und *satisfycing* anstrebenden Verhalten der einzelnen Individuen in Institutionen. Solange ein gewisses Anspruchsniveau erfüllt bleibt, wird kein Anreiz für eine Veränderung Suchroutinen im Unternehmen auslösen. NELSON (1994: 250) bemerkt dazu: „[E]volution is a path-dependent process, and any optima achieved are local ones." Infolgedessen existieren in Unternehmen permanent potenzielle Verbesserungsansätze, die auf der nicht perfekten Adaption an die sich wandelnde Umwelt sowie auf einem fehlerhaften Entdeckungsverfahren („*trial and error*") basieren. Das *satisfycing* schränkt jedoch die gezielte Suche nach Innovationen ein. Ausdruck dieses Verhaltens ist der in Unternehmen zu beobachtende Widerstand gegen Neuerungen, die den Status quo verändern. Der Impuls zur Innovationsgenerierung kann demnach nicht im Unternehmen liegen, da diese Argumentationskette zu einem statischen Gleichgewicht führen

---

29 Für eine ausführliche Diskussion über den Zusammenhang zwischen Unternehmenskonzentration und Innovationsaktivität vgl. beispielsweise ELßER (1991: 21 ff.).

30 Eine ausführliche Beschreibung der einzelnen angenommenen Unternehmertypen der Neoklassik, dem Arbitrageur der Österreichischen Schule und dem SCHUMPETER'SCHEN Unternehmer ist bei SCHAAF ausgeführt (vgl. 2000: 184 ff.).

31 So schreibt WITT (1987: 38) über die Motivationslagen des SCHUMPETER'SCHEN Unternehmers: „Es ist von dem Traum und dem Willen die Rede, ein privates Reich zu gründen, von Machtgefühl und Annäherung an eine Herrenstellung, deren Faszination gerade für solche Leute besonders wirksam ist, die keinen anderen Weg zu sozialer Geltung haben, von Siegerwille, kämpfen wollen und Freude am Gestalten."

32 In Anlehnung an die biologische Evolutionstheorie können im Folgenden die Routinen als Genotypen, die Ergebnisse der Routinen als Phänotypen, der Markt als Selektionsmechanismus, der ein Wachsen des erfolgreichen Unternehmens (Evolution) ermöglicht, verstanden werden. Mutation ist dabei das Ergebnis eines zufällig oder bewusst initiierten Suchprozesses zur Veränderung der Routinen, die durch Wiederholung im Unternehmen vererbt werden.

würde. Nach NELSON / WINTER spielt vielmehr die Unterschiedlichkeit der Unternehmen eine Rolle, die durch das Auftreten abweichender Verhaltensweisen ein wichtiger Antrieb für Innovationen ist. Zudem bekommen Informationen einen sehr hohen Stellenwert eingeräumt: Informationen sind Basis jeglicher unternehmerischer Entscheidung; sie determinieren die Suchroutinen und damit den Erfolg oder zumindest das Überleben des Unternehmens (vgl. NELSON / WINTER 1982: 126 ff., 156 f., 365). Die Heterogenität der Unternehmen in Verbindung mit der Bedeutung des Erschließens externer Informationsquellen führt durch das Zusammenbringen bislang unverbundener Wissensbasen, Verhaltensunterschieden und Technologieständen zu so nicht denkbaren Innovationen (*cross-fertilization*-Effekte). Die Unterschiedlichkeit der Unternehmen ist die notwendige Voraussetzung für die Selektion am Markt und die Verbreitung dominanter Designs (vgl. PYKA 1999: 140 ff.).

Eine weitere Folge der Existenz von etablierten Routinen und gelernten Programmen ist die Berücksichtigung der Pfadabhängigkeit[33] (*trajectory*) von Unternehmen. Die durch die Historizität im Unternehmen geprägten Wissensstände und Referenzniveaus bedingen eine Abhängigkeit gegenwärtiger von vergangenen Zuständen. Gleichzeitig beeinflussen die Trajektoren auch die zukünftige Entwicklung, da sie zunächst eine gewisse Kontinuität vom heutigen Status quo aufweist. Zufällige und daher per Definition nicht vorhersehbare Innovationen können aber die Evolutionsrichtung der Branche / des Unternehmens verändern[34]. CANTWELL / FAI verweisen darauf, dass technologische Kompetenzen bei Unternehmen länger als bei Nationen andauern können (vgl. 1999: 331 ff.). VERTOVA kann bei einer Patentanalyse von acht Ländern über die letzten 25 Jahre die Pfadabhängigkeit ebenfalls empirisch belegen. Wird jedoch die analysierte Periode auf 50 Jahre ausgedehnt, sind nur noch bei dem größten Land (USA) und den beiden kleinsten Volkswirtschaften (Schweiz, Schweden) kumulative Effekte festzustellen. Bei einer weiteren Vergrößerung des Zeitraums auf 75 Jahre bleiben nur noch die beiden kleinsten Länder bei ihren Spezialisierungsprofilen, was angesichts der Konzentrationsthese von kleinen Ländern kein überraschendes Ergebnis ist (vgl. VERTOVA 1999: 331). Entscheidend bei den *technology trajectories* ist der kumulative Charakter der Wissensbestände und der angewandten Technologien, was aber in ihrer negativen Ausprägung zu *lock-in*-Effekten führen kann. Die Festlegung auf eine bestimmte Technologie kann zwar kurzfristig vorteilhaft sein, langfristig aber zu suboptimalen Ergebnissen führen.[35]

2.2.2.3 Kritik an der ökonomischen Evolutionstheorie

Auch wenn die evolutorischen Ansätze zur Wirtschaftsentwicklung und Innovationsgenerierung infolge der realitätsnäheren Erfassung eine äußerst attraktive Alternative zu den

---

[33] Es sei darauf hingewiesen, dass die Begriffe „*technological regimes, paradigms, trajectories, salients, guideposts, dominant designs*“ sich sehr stark überlappen. Für weitere Ausführungen zu den *technological paradigms* vgl. CIMOLI / DOSI (1996: 63 ff.).

[34] Dieser Ansatz steht im Gegensatz zu den neoklassischen Ansätzen, die davon ausgehen, dass Innovationen und die historische Zeit vollständig reversibel ist (vgl. PYKA 1999: 145).

[35] Das klassische Beispiel ist die bewusst ergonomisch ungünstige Anordnung der Buchstaben auf der Schreibmaschinentastatur nach QWERT-Prinzip, die ein zu schnelles Schreiben und damit ein Verhaken der Typenhebel verhindert. Trotz neuer Technologien (PC) wird am alten System festgehalten, da die Umstellungskosten zu hoch wären. Andere Beispiele sind das im Vergleich zu dem Betamax-System technisch unterlegene VHS-System bei Videorekordern oder die Dominanz des Windows-Systems, die beide in der Lage waren, schnell den Standard für den spezifischen Bereich zu schaffen und so infolge des Auftretens von *sunk costs* nicht einfach abgelöst werden konnten. Gründe für die volkswirtschaftlich suboptimale Technologieauswahl liegen in Unterschieden in den *learning-by-doing*-Kurven und aufgrund von Netzwerk-Externalitäten (vgl. KLODT 1995: 101 ff.).

neoklassischen Gedankengebäuden darstellen, sind einige Kritikpunkte dieser Betrachtung anzufügen.

Schwere Kritik rankt sich um die enge Analogie zur Biologie wie beispielsweise bei HODGSON, die erstens nicht eine genaue Entsprechung der sozioökonomischen Evolution abzubilden vermag und daher zweitens Besonderheiten wirtschaftlicher und behavioristischer Natur vernachlässigt. Nachdem sich die Neoklassik an der Mechanik anlehnt, wird nun angezweifelt, warum es überhaupt einer Analogie wie zur Biologie für die Bildung einer sozioökonomischen Theorie bedarf (vgl. WITT 1987: 28). Zugleich wird der Paradigmenwechsel von der neoklassischen zur evolutorischen Sichtweise nur über die Kritik an den neoklassischen Annahmen und über die Aufzählung von Analogien zwischen ökonomischer und biologischer Evolution begründet. Zwar weisen einige Merkmale offensichtliche Gemeinsamkeiten wie die Irreversibilität und Pfadabhängigkeit auf, andere werden jedoch aufwändig konstruiert, wie die ausführliche Diskussion um die Rolle der Gene bei HODGSON zeigt (vgl. SCHNABL 1990: 239).

Während HODGSON (vgl. 1993: 18 ff.) eine enge Analogie zur Biologie verteidigt, kritisieren verschiedene Autoren eine zu enge Interpretation der Analogie zur biologischen Evolutionstheorie. Die Kritikpunkte manifestieren sich an der Verkürzung der biologischen Evolution auf die Formel „Mutation + Selektion = Evolution": Während Innovationen mindestens einen Schöpfer aufweisen, ist die biologische Evolution sinnleer, da sie keinen Schöpfer benötigt (vgl. KIRCHGÄSSNER 1991: 216 ff.). Des Weiteren wird die Neuerungsrate in Anlehnung an die Mutation einem blinden und unabhängigen Zufallsmechanismus überlassen, und damit werden wichtige Aspekte des Innovationsprozesses wie die Gründe für die Suche nach Neuerungen sowie der Umgang mit Innovationen ausgeblendet. Genauso wäre bei einer starren Übernahme des Darwinismus in die Ökonomie die autogenen Fähigkeiten (Lernen) der Genotypen unmöglich, die „phänotypischen" Erscheinungsformen zu variieren: In der Biologie ergibt sich eine Adaption der genetischen Basis einer Population ausschließlich aus dem Reproduktionserfolg der Phänotypen mit Wirkung auf die nächste Generation. Damit ist auch die Analogie zur Vererbungslehre in der Ökonomie umstritten (vgl. WITT 1987: 89). Daher weisen auch DOSI / NELSON (vgl. 1994: 155) darauf hin, dass eine reine Analogie zu der Biologie nicht zu einem befriedigenden ökonomischen Konstrukt führen kann. Die genannten Aspekte können lediglich als Hilfsstützen bei der Konstruktion einer ökonomischen Evolutionstheorie dienen.

NELSON / WINTER (1982) gehen daher – wie auch von DOSI / NELSON (1994) gefordert – nicht so weit wie HODGSON und integrieren lediglich Merkmale der biologischen Evolutionstheorie in ihren Ansatz, ohne apodiktisch an der Analogie festzuhalten. Ihr Ansatz gilt als eine wesentliche Weiterentwicklung der ökonomischen Evolutionstheorie (vgl. GERYBADZE 1982: 116, WITT 1987: 93 f., PYKA 1999: 138). Jedoch wird in der SCHUMPETER-Tradition die Nachfrage bei ihrer Analyse ausgeklammert, die – wie auch NELSON / WINTER selbst anerkennen – einen Effekt auf das Innovationsverhalten der Unternehmen hat. Präferenzverschiebungen und steigende Realeinkommen bei den Konsumenten dynamisieren das Marktgeschehen auch von der Nachfrageseite. Ähnlich verhält es sich mit der Vernachlässigung von Lerneffekten, möglichen Strategiewechseln, Fusionen, den Eintritts- und Austrittsbarrieren von Märkten (vgl. NELSON / WINTER 1982: 408). GERYBADZE weist ferner darauf hin, dass der Innovationserfolg durch eine Wahrscheinlichkeitsverteilung gegeben ist, ohne dass das spezifische Suchverhalten oder Umweltfaktoren berücksichtigt werden oder eine Veränderung dieser Wahrscheinlichkeitsfunktion zugelassen wird. Damit bleiben aber wichtige Faktoren zur Erklärung der technologischen Entwicklung nach wie vor modellexogen (vgl. GERYBADZE 1982: 150 ff.).

Trotz der Kritik trägt das Modell von NELSON / WINTER zu einer deutlichen Erweiterung des Verständnisses der Innovationsgenerierung bei, was auch in den Konzepten zum Innovationssystem ihren Niederschlag gefunden hat:

- Die Suche nach Innovationen findet unter Unsicherheit, beschränkter Rationalität und *satisfycing behaviour* mit Hilfe von Routinen und Programmen statt, die dann ausgelöst werden, wenn das angestrebte Anspruchsniveau unterschritten wird.
- Die Innovationsgenerierung wird endogen aus den die Suchroutinen treibenden Kräften der Marktprozesse erklärt, die in temporären Monopolsituationen münden.
- Eine wichtige Rolle bei der Innovationsgenerierung spielen Information und Lernprozesse.
- Spillover- und *cross-fertilization*-Effekte zwischen Unternehmen resultieren aus der Heterogenität der Unternehmen und sind bei der Innovationsgenerierung zu beachten.
- Der kumulative Charakter des Wissensbestandes ist für die Pfadabhängigkeit verantwortlich, die es erforderlich macht, die Vergangenheit in die Analyse zur Innovationsgenerierung zu integrieren.
- Dynamik, Ungleichgewichtigkeit und Suboptimalität bei der Innovationsgenerierung sind weitere Merkmale des Innovationsprozesses.

2.2.3 Diffusion und Technologietransfer

Neben der Relevanz der Innovationsgenerierung als Quelle des technologischen Wandels ist auch die schnelle Adaption von Innovationen im eigenen System (z. B. Unternehmen, Region, Nation) ebenfalls ausschlaggebend für den wirtschaftlichen Erfolg (vgl. KORTMANN 1995: 4 ff., CERVANTES 1997: 27 ff., WIEßMEIER 1998: 170). Diffusion wird dabei von ROGERS (1983: 5), der als Begründer der Diffusionstheorie gilt, definiert als ein „process by which an innovation is communicated through certain channels over time among the members of a social system." Die große Leistung der Konzepte der Innovationssysteme ist die Überwindung der Trennung von Innovation und Diffusion, da die Generierung von neuem Wissen und dessen Assimilation Teil eines einzigen Prozesses ist. Unternehmen, Regionen und Volkswirtschaften zeichnen sich durch ihre Fähigkeit aus, Wissen zu absorbieren und wertsteigernd einzusetzen (vgl. FISCHER 2001: 204).

Dementsprechend kann im Gegensatz zu einer innovationsorientierten Strategie auch eine gezielt imitations- bzw. diffusionsorientierte Strategie für das spezifische System vorteilhaft sein. Dies gilt insbesondere dann, wenn das eigene System nicht über die notwendigen Ressourcen für eine erfolgsversprechende F&E verfügt sowie dementsprechend eine ökonomisch rationale und auf *free-rider*-Effekten beruhende *beggar-my-neighbour-policy* anstrebt. Aber auch der Umstand, dass kein subglobales System in der Lage ist, in allen Bereichen der Innovationsaktivität führend zu sein, verdeutlicht die Wichtigkeit eines funktionierenden Diffusionssystems. Daraus resultiert die Notwendigkeit, die aktuellen Entwicklungstendenzen und Neuerungen jeglicher Art zu erfassen (*screening* von *benchmarks*), auf Relevanz für das eigene System zu überprüfen und dann gegebenenfalls in das eigene System zu integrieren. Damit entspricht die Absorption von Neuerungen der subjektiven Dimension einer Innovation. Mit Hinblick auf die Konzepte der Innovationssysteme kann somit konstatiert werden, dass die Merkmale der Offenheit und die Adaptionsfähigkeit die Qualität des nationalen Innovationssystems determinieren.

Um ein System bezüglich seiner Diffusionseigenschaften beurteilen zu können, ist es notwendig, die für die Diffusion relevanten Determinanten zu kennen. So identifiziert ROGERS vier Aspekte, welche die Adaption von Innovationen beeinflussen[36] (vgl. 1995: 206 ff.): Als vorrangiger Einflussfaktor sind die diversen Charakteristika der Innovation zu nennen: Dazu zählen die relativen Vorteile der Innovation gegenüber existierenden Lösungen, die Kompatibilität mit den herrschenden Normen und Werten, der Grad der Komplexität, das Schwierigkeitsniveau der Erprobbarkeit und die Leichtigkeit der Beobachtbarkeit. Weiterhin ist die Verfügbarkeit von Kommunikationskanälen wie Massenmedien oder interpersonellen Netzwerken von Bedeutung, die jedoch in verschiedenen Phasen des Diffusionsprozesses unterschiedlich wichtig sind. Während Massenmedien in den frühen Phasen relevant sind (Informationsaspekt), bilden interpersonelle Netzwerke bei der Überzeugung und der tatsächlichen Implementierung die Haupttriebkraft. Der Diffusionsprozess kann durch so genannte *change agents* unterstützt werden. Allgemein ist ein *change agent* nach ROGERS / SHOEMAKER (1971: 35) „a professional who influences innovation-decisions in a direction deemed desirably by a change agency." Konkret ist der Change Agent ein Individuum, der über Kommunikation zwei oder mehr soziale Systeme miteinander verbindet und so Innovationen von einem in das andere System transferiert (vgl. ROGERS / SHOEMAKER 1971: 228 ff.). Als letzter Einflussfaktor ist das soziale System aufzuführen, welches einerseits über die existierenden Werte, Normen und Glauben den Diffusionsprozess tangiert. Andererseits wirkt sich das soziale System auch über die Existenz eines ausreichend qualifizierten Humankapitals (*absorptive capacity*), die Kaufkraft, die soziale Mobilität, die Einstellung zu Risiko und Ehrgeiz auf die Verbreitung von Neuerungen aus.

Gerade der letzte Aspekt der *absorptive capacity* ist in Verbindung mit zahlreichen Untersuchungen zu sehen, deren gemeinsames Resultat es ist, dass von länderspezifischen Adaptionsgeschwindigkeiten ausgegangen werden muss. Begründet wird dies aus den *technological trajectories* und dem damit einhergehenden Kumulationsaspekt von Wissen. Diffusion ist demnach grundsätzlich als ein Lernprozess aufzufassen (vgl. DREHER 1997: 58). Dieser Umstand ist als ein weiteres Indiz dafür zu werten, dass nicht von einem linearen und rein ökonomisch basierten Prozess der Innovationsgenerierung und Diffusion auszugehen ist, sondern dass diese vielmehr in Verbindung mit den länderspezifischen Determinanten als ein dynamischer und exponentiell wachsender Prozess zu betrachten sind[37] (vgl. KINDLEBERGER 1996: 49 ff.). Zur Unterlegung dieser These wird häufig die Durchsetzung von Mobiltelefonen und PC in verschiedenen Ländern im Zeitablauf herangezogen. Problematisch ist diese Auswahl insofern, als es sich gerade im Fall der Mobiltelefone um klassische Netzwerkgüter handelt[38]. Damit ist ein exponentieller Effekt der Verbreitung solcher Güter fast zwangsläufig gegeben. Dennoch kann Abbildung 6 die unterschiedlichen länderspezifischen Durchsetzungsraten bei den selektierten modernen Produkten demonstrieren:

---

[36] Ein alternatives Modell zum Diffusionsprozess und seinen Determinanten ist bei MANSFIELD (z. B. 1968) zu finden, der jedoch bezüglich der Themenstellung dieser Arbeit zu recht ähnlichen Ergebnissen wie ROGERS kommt (vgl. DREHER 1997: 54 ff.).

[37] KINDLEBERGER belegt dies mit einer historischen Betrachtung der Diffusion britischer Technologien nach Europa während der industriellen Revolution (vgl. 1996: 49 ff.).

[38] Netzwerkgüter erhöhen ihren Nutzen, wenn sich immer mehr Menschen demselben Netzwerk anschließen.

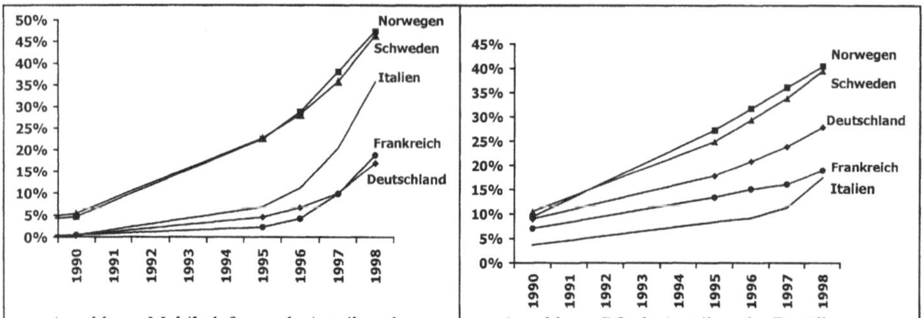

Anzahl von Mobiltelefonen als Anteil an der Bevölkerung

Anzahl von PC als Anteil an der Bevölkerung

Abbildung 6: Diffusion von Mobiltelefonen und PC in verschiedenen Ländern im Zeitablauf
Quelle: International Telecommunication Union (2000b)

Schweden und Norwegen weisen bei beiden Technologien eine deutliche höhere Absorptionsgeschwindigkeit als die Länder Deutschland, Frankreich und Italien auf. So besaß Norwegen 1998 einen 2,8fach höheren Anteil bei den Mobiltelefonen gegenüber Deutschland und einen 2,3fach höheren Anteil an PC gegenüber Italien. Gleichwohl sind bei Italien aufholende Tendenzen in beiden Bereichen auszumachen, wenn auch bei den PC von einem schwachen Niveau ausgehend. Frankreich erwies sich bis 1997 als sehr resistent gegenüber den neuen Technologien, was jedoch 1998 bei den Mobiltelefonen durch eine annähernde Verdopplung leicht korrigiert werden konnte. Bei den PC pro Einwohner kann Deutschland 1998 einen Mittelplatz belegen, während der Anteil der Mobiltelefonbesitzer an der Gesamtbevölkerung der niedrigste von den fünf angeführten Ländern war und auch unter dem Durchschnitt der Eurostat-Länder lag.

Die Bedeutung der Diffusion von Innovationen über die gesamte Gesellschaft wurde inzwischen auch von der Politik erkannt, die nun ihrerseits über Förderprogramme versucht neue Technologien oder Prozesse zu etablieren (vgl. KORTMANN 1995: 270 ff., CERVANTES 1997: 20 ff.). In den Förderprogrammen ist meist der Technologietransfer – als ein Sonderfall des Oberbegriffes der Diffusion – Ansatzpunkt staatlicher Intervention: Beim Technologietransfer wird primär das Ziel verfolgt, neue technische Ideen durch den interinstitutionellen Transfer zur Marktreife zu bringen. Aus staatlicher Sicht ist vor allem der Transfer von Information, Wissen und anderen Ressourcen aus staatlichen Forschungseinrichtungen zu Unternehmen von Relevanz. Als Transferkanäle können auf der Informationsebene die Weitergabe von Dokumenten, Patentauswertungen sowie Referenzen, auf der Wissensebene Personaltransfers, Weiterbildungsveranstaltungen sowie formelle und informelle Kooperationen angesehen werden (vgl. KOSCHATZKY 1996: 4 f.).

Die bisher beschriebenen Theorien der Innovationsgenerierung und der Diffusion haben die agierenden Akteure und Regeln mit ihren Zielen weitgehend als exogen gegeben behandelt. Um diese auch in die Theoriebildung zu integrieren, werden die Theorien der Neuen Institutionenökonomie herangezogen. Mit deren Hilfe wird die Relevanz von Institutionen im Kontext der Innovationsgenerierung verdeutlicht.

2.2.4 Neue Institutionenökonomie im Innovationskontext

Obwohl der institutionelle Rahmen in den meisten Wachstumstheorien vorausgesetzt bzw. in den exogenen Datenkranz verbannt wurde, ist die Relevanz der Institutionen für die wirtschaftliche Entwicklung allgemein anerkannt[39] (vgl. HELD / NUTZINGER 1999: 7, GÖHLER / KÜHN 1999: 23, KASPER / STREIT 1999: 1 ff., KOBLER 2000: 75 ff.). Einen besonderen Beitrag für diesen Wissenschaftsfortschritt haben in diesem Kontext die Theorien der Neuen Institutionenökonomie geleistet, die sich in eine Vielzahl von Forschungsperspektiven und -ansätzen auffächert[40]. Aus ökonomischer Sicht bilden die Theorie der Verfügungsrechte (COASE 1937), die Theorie der Transaktionskosten (WILLIAMSON 1975, 1991) und die Vertragstheorie bzw. die *Principal-Agent*-Theorie die Basis der Neuen Institutionenökonomie (vgl. KOBLER 2000: 4). Neben der verstärkten Verbindung mit den Theorien der Neuen Politischen Ökonomie (*Public Choice*) ist eine Annäherung der evolutionären Theorien zu der Institutionenökonomik zu bemerken (vgl. CORIAT / DOSI 1998: 3 ff., GÖHLER / KÜHN 1999: 23, HODGSON 1999: 199 ff.).

RICHTER / FURUBOTN (1996: 7) haben das vorherrschende Verständnis einer Institution als ein „System formgebundener (formaler) und formungebundener Regeln einschließlich der Vorkehrungen zu deren Durchsetzung" beschrieben. Die Etablierung von Verfügungsrechten und die Senkung der Transaktionskosten sind u. a. die Triebkräfte bei der Entstehung von Institutionen[41] (vgl. KOBLER 2000: 21 ff.). Wichtig ist die Unterscheidung zwischen Institutionen und Organisationen, wenn auch eine exakte Trennung nicht möglich ist, da Organisationen dem Grunde nach Institutionenkonstrukte sind (vgl. NORTH 1995: 4 f.). Während Institutionen Regeln darstellen, sind Organisationen Märkte, Unternehmen und der Staat (vgl. KOBLER 2000: 10 ff.). NORTH verweist in diesem Kontext auf die Pfadabhängigkeit der Institutionen und des institutionellen Wandels, da die existierenden Regeln aus früher gemachten Erfahrungen und der generationenübergreifenden Weitergabe durch kollektive Lernprozesse resultieren. Werte, Sitten und Normen, die sich in der Kultur manifestieren, sind für NORTH der Schlüssel zur Erklärung des institutionellen Wandels. Länderunterschiede in der wirtschaftlichen Prosperität ergeben sich demnach aus der Effizienz und Qualität der vorherrschenden Institutionen, die durch die Pfadabhängigkeit und die kulturellen Eigenarten mit beeinflusst werden (vgl. NORTH 1995: 42 ff., 92 ff.).

Im Zusammenhang mit der Innovationsgenerierung üben Institutionen auf mindestens sechs verschiedenen Ebenen Einfluss aus: Erstens können Institutionen die mit der Innovationsgenerierung inhärent einhergehende Unsicherheit abmildern. Institutionen reduzieren aufgrund eines eingeschränkten Optionsraums (*constraints*) und der verlässlichen Entwicklungsprognosen in ihrem spezifischen Gebiet die Unsicherheit im Innovationsprozess (vgl. HELD / NUTZINGER 1999: 25). Zweitens greifen Institutionen über die Lerntheorie in Verbindung mit der selektiven Informationsaufnahme, mit bestehenden Urteilen und mit Werten in den Innovationsprozess ein. Individuen und Organisationen sind bei ihren

---

[39] „Good games depend on good rules more than they depend on good players" (BRENNAN / BUCHANAN 1985: 150).

[40] „Economics (Williamson, 1975, North, 1981), political science (Evans, 1985, Wildavsky, 1987), sociology (Scott, 1994), business sciences (March, 1989), and anthropological sciences (Douglas, 1986) all have their particular representatives of institutional thought" (CHRISTIAANSE / HUIGEN 1997: 77).

[41] Mit anderen Worten sind gesellschaftliche Regeln dann notwendig, wenn Knappheit von Ressourcen (Etablierung von Verfügungsrechten), nichtpreisliche Externalitäten (Kombination von Verletzung von Verfügungsrechten und zu hohen Transaktionskosten) sowie die beschränkte Rationalität der Akteure (Transaktionskosten) vorliegen (vgl. KOBLER 2000: 14 ff.).

kollektiven Lernprozessen in die institutionalisierten Zusammenhänge eingebettet (*embeddedness*-Konzept von GRANOVETTER und POLANYI) (vgl. GÖHLER / KÜHN 1999: 27 f.). FOUNTAIN spricht in diesem Kontext von *social capital*[42] und macht darauf aufmerksam, dass erst die Existenz von Netzwerken, Normen und Vertrauen das Innovationspotenzial ausschöpfen lässt (vgl. FOUNTAIN 1998: 85 ff.). Auch die Innovationstheorie ist sich dieser innovationsfördernden Kräfte bewusst und betont die Wichtigkeit der Interaktion zwischen aus Institutionen gebildeten Organisationen bei der Innovationsgenerierung. Organisationen und Institutionen dienen deshalb drittens als Orte, in denen Wissen kreiert, gespeichert, verteilt, genutzt und auch vernichtet wird (vgl. NIELSEN / JOHNSON 1998: xvii). Doch auch Formen der Speicherung und der Produktion von verlässlichen Informationen in Institutionen führen zu einem verbesserten Umfeld zur Innovationsgenerierung, was auch die sinkenden Transaktionskosten der Informationsbeschaffung für Entwicklungen umfasst (vgl. BRÜGGELAMBERT 1999: 120). Damit verknüpft sind viertens die von Institutionen ausgehenden Anreize zur Innovationsgenerierung[43]. Zudem wird die Bildung von Vertrauen[44] erleichtert, die in Verbindung mit der Initiierung von interorganisationellen Kontakten die Etablierung von Netzwerken ermöglicht. Als fünfter Aspekt kann die Etablierung von Verfügungsrechten in Form von Patent-, Design-, Marken- und Urheberschutzrechten genannt werden, die die Kosten der Innovationsgenerierung dem Nutzen gegenüberstellt (vgl. NIELSEN / JOHNSON 1998: xv). Letztendlich können sechstens aber auch die Institutionen selbst einem Veränderungsprozess unterliegen und so selbst zum Gegenstand der Innovation werden.

Aus den Ausführungen wurde deutlich, dass auch die Ansätze der Neuen Institutionenökonomie bei der Innovationsgenerierung zu berücksichtigen sind. Bezugspunkt der Konzepte der Innovationssysteme sind die in diesem Kapitel vorgestellten Theorien. Die Leistung der Ansätze zu Innovationssystemen liegt in der Integration der bislang unverbunden nebeneinander stehenden Theoriegebäude mit Hilfe einer systemischen Betrachtung. Aus Sicht der Vertreter der Innovationssysteme kann nur so ein vollständiges und dem dynamischen Prozess der Innovationsgenerierung gerecht werdendes Bild gezeichnet werden.

---

42 Nach der WELTBANK bezieht sich *social capital* „to the institutions, relationships, and norms that shape the quality and quantity of a society's social interactions. Increasing evidence shows that social cohesion is critical for societies to prosper economically and for development to be sustainable. Social capital is not just the sum of the institutions which underpin a society – it is the glue that holds them together." (Zitiert nach http://www.worldbank.org/poverty/scapital/whatsc.htm [17.09.02]).

43 Von besonderer Bedeutung hierfür sind die Arbeiten zur *Principal-Agent*-Theorie, die Aussagen zur Vermeidung von Informationsasymmetrien durch anreizkompatible Systeme treffen.

44 FUKUYAMA (1995: 7) geht sogar so weit, dass er die wirtschaftliche Entwicklung von Nationen an einem einzigen kulturellen Charakteristikum festmacht: „the level of trust inherent in society."

3 DIE KONZEPTE DER INNOVATIONSSYSTEME

Der Ansatz des nationalen Innovationssystems hat seit Ende der 1980er Jahre eine weite und schnelle Verbreitung als Analyseinstrument von nationalen Differenzen in Wachstum, Innovation und Lernprozessen gefunden. LUNDVALL / JOHNSON ET AL. (vgl. 2001: 4 ff.) führen den großen Erfolg dieses Konzepts auf die gescheiterten Versuche der makroökonomischen Theorie und Politik zurück, die Faktoren zu identifizieren, die hinter Wettbewerbsfähigkeit und wirtschaftlicher Entwicklung liegen. Zwar wurden die verschiedenen, länderspezifischen Forschungssysteme als ein Erklärungsfaktor herangezogen, aber „[f]or researchers who tried to combine general economics with innovation studies such explanations seemed just to scratch the surface of the issue“ (LUNDVALL / JOHNSON ET AL. 2001: 6). Diesbezügliche Studien konzentrierten sich nur auf das Forschungssystem und vernachlässigten andere wichtige Quellen der Innovationsgenerierung wie Kunden oder Zulieferer.

Die Konzepte der Innovationssysteme ermöglichen es, die in den Innovationstheorien aufgeworfenen Faktoren in einem System in Zusammenhang zu bringen. Mittlerweile wird dieser Ansatz von nationalen Regierungen und internationalen Organisationen wie dem BMBF (1999), der EUROPÄISCHEN KOMMISSION, der UNCTAD, der OECD (1997a, 1999a) und neuerdings auch der WELTBANK als analytisches Werkzeug zum Verstehen des Innovationsprozesses sowie der Produktion und Verteilung von Wissen in Volkswirtschaften eingesetzt (vgl. EDQUIST 1997: 1 ff., LUNDVALL / JOHNSON ET AL. 2001: 3).

Innovationen entstehen nicht aus dem abstrakten Wunsch, sondern aus einer Situation, welche die Kreativität treibt und ein Durchbrechen der bisherigen Routinen fördert. Hauptantriebskraft der Innovationsgenerierung ist der Markt und die allgemeinen Anreize zur unternehmerischen Tätigkeit. Damit greifen u. a. sowohl die Wettbewerbsintensität als auch die Präferenzen der Nachfrage beeinflussend in den Innovationsprozess ein. Aus diesen Gründen kann in einem kapitalistischen System der rasche technische Wandel nur aus den bestehenden Technologien, den kognitiven Wahrnehmungsmustern sowie dem komplexen sozioökonomischen System inklusive der Interaktionsmuster heraus erklärt werden. Eine rein auf das Unternehmen beschränkte Betrachtung würde der Komplexität des Innovationsprozesses nicht gerecht werden.

Gleichzeitig heben die Konzepte der Innovationssysteme den bisher vernachlässigten Faktor Raum im Innovationsprozess hervor, der durch die soziale und räumliche Einbettung zu einer realistischen Erfassung der Innovationsgenerierung führt (vgl. MORGAN / NAUWELAERS 1999: 5). Dabei sind die Konzepte zum nationalen Innovationssystem keineswegs als eine Theorie der Innovation aufzufassen, da sie für eine Falsifizierung zu umfassend sind. Vielmehr besitzen Innovationssysteme den Charakter eines Ordnungsrahmens, in den die einzelnen Elemente der Innovationstheorien eingeordnet werden können (vgl. SPIELKAMP 1997: 8, FISCHER 2001: 207).

Da der Ansatz zu nationalen Innovationssystemen einen inhärent dualen Charakter hat, der einerseits aus der wirtschaftlichen Entwicklung und Wettbewerbsfähigkeit von Nationen und andererseits aus der Innovationsgenerierung resultiert, sind aus beiden Forschungsrichtungen Ansätze zu Innovationssystemen entstanden.

3.1 Ansätze aus der Diskussion um Wettbewerbsfähigkeit

Das Wettbewerbsmodell der Nationen von PORTER und die systemische Wettbewerbsfähigkeit des Deutschen Instituts für Entwicklungspolitik (DIE) werden beispielhaft für die aus der Wettbewerbsfähigkeitsdiskussion entstandenen Ansätze vorgestellt (vgl. LUNDVALL 1992: 17, PENEDER 1994: 628).

3.1.1 Diamantenkonzept von PORTER (1991)

Ausgehend von der Beobachtung, dass Branchen in einigen Ländern bemerkenswerte wirtschaftliche Erfolge verzeichnen können, haben internationale Forschungsteams zehn Länder und hundert Branchen bezüglich nationaler Erklärungsfaktoren für die länderspezifische, sektorale Wirtschaftskraft untersucht. PORTER extrahierte aus den Länderstudien vier Determinanten, welche die Wettbewerbsfähigkeit einer nationalen Industrie beeinflussen: Dazu zählen die Faktorbedingungen, die Nachfragebedingungen, verwandte und unterstützende Branchen sowie die Unternehmensstrategie, Struktur und Wettbewerb, die zusammen ein systemisches Wirkungsgefüge – den Diamanten – bilden. Die größte Wirkungskraft des Diamanten entfaltet sich – entgegen der Globalisierungstendenzen – auf der nationalen Ebene. Hinter diesen vier Determinanten verbergen sich nach PORTER folgende konkrete Aspekte:

Determinanten des Diamanten	Förderliche Faktoren für Innovation und Wettbewerbsfähigkeit
Faktorbedingungen	Verfügbarkeit und Qualität spezialisierter Produktionsfaktoren (Humankapital, Infrastruktur) Selektive Faktornachteile unter Umständen innovationsfördernd
Nachfragebedingungen	Anspruchsvolle inländische private und öffentliche Nachfrage Inlandsnachfrage antizipatorisch für Weltmarkt Größe und Wachstum des Inlandmarktes (Skaleneffekte)
Verwandte und unterstützende Branchen	Existenz von leistungsfähigen heimischen Zulieferern und verwandte Branchen Existenz von Clustern (räumliche Nähe)
Unternehmensstrategie, Struktur und Wettbewerb	Intensiver Inlandswettbewerb Langfristige Unternehmensziele Geringe Markteintrittsschranken

Tabelle 3: Determinanten des PORTER-Diamanten
Quelle: PORTER 1991: 93 ff.

Der Staat wird von PORTER als zusätzliche Variable neben dem Zufall in die Erklärung der länderspezifischen Unterschiede in der Wettbewerbskraft miteinbezogen. Dabei spielt die staatliche Regulation eine beeinflussende, partielle und indirekte Rolle, die auf den Diamanten positiv wie negativ wirken kann. Der Staat kann sowohl die Dynamik als auch die Aufwertung der Volkswirtschaft anregen. Die Schaffung eines Wettbewerb fördernden Umfeldes reicht aber alleine nicht aus, um einen Wettbewerbsvorteil für die einheimischen Unternehmen zu kreieren (vgl. PORTER 1991: 152).

Entscheidend bei dem Konzept ist, dass zwei verschiedene Arten von Wettbewerbsvorteilen differenziert werden können: Die Wettbewerbsvorteile niedrigerer Ordnung beruhen auf Arbeitskosten, Rohmaterialien oder *economies of scale*, die von Wettbewerbern leicht zu kopieren und erodieren sind. In einer Welt von niedrigen Transport- und Imitationskosten ist insbesondere die zweite Art von Wettbewerbsvorteilen von Dauer, die auf Produktinnovationen, Prozesstechnologien, Markenstärke, Kunden-Produzentenbeziehungen oder überlegenen Organisationsformen und -kulturen basiert. Dauerhafte Wettbewerbsvorteile benötigen einen größeren Anteil an höherwertigen Fähigkeiten und hängen von permanenten Investitionen in F&E und Marketing ab. Dadurch initiierte Lernprozesse erzielen durch eine neue Kombination der Wissensressourcen einen einzigartigen Wettbewerbsvorteil (vgl. PORTER 1991: 72 ff.).

Ähnlichkeiten zu den nationalen Innovationssystemen bestehen insofern, als PORTER Innovationen als Haupteinflussfaktor wirtschaftlicher Entwicklung betont, die Faktoren Wissen und Humankapital hervorhebt und die weitere ökonomische Struktur eines Landes (Nachfragebedingungen und verwandte Branchen) in seine Analyse integriert (vgl. LUNDVALL 1992: 17). Weiterhin sind in der Erfassung der Unternehmensstrategie auch die Elemente Kooperation und Wettbewerb thematisiert. Die Bedeutung der Unternehmensnetzwerke ist bei PORTER jedoch sehr differenziert: Einerseits charakterisieren die Wissensübertragung fördernde Unternehmensnetzwerke seinen Cluster-Ansatz; andererseits interpretiert er Zusammenschlüsse infolge ihrer wettbewerbsreduzierenden Wirkung negativ. Dagegen wird in den Ansätzen zu Innovationssystemen die Existenz von Kooperationsformen ausschließlich positiv bewertet (vgl. PORTER 1991: 146, 680 ff.).

PORTER stellt zwar im Gleichklang mit den nationalen Innovationssystemen die Bedeutung der nationalen Ebene für weltwirtschaftliche Differenzen in der Wettbewerbsfähigkeit heraus. Dennoch ist die Sichtweise unterschiedlich: Für PORTER ist die nationale Ebene lediglich das Umfeld für die einzelnen Branchen, während Vertreter der nationalen Innovationssysteme eine spezifische Verfasstheit auf der Länderebene annehmen (vgl. LUNDVALL 1992: 17).

Die Leistung von PORTER liegt in der Identifizierung von relevanten Aspekten der Wettbewerbsfähigkeit, die sich auch in einem großen Teil der weiter unten dargestellten Ansätze zu nationalen Innovationssystemen wiederfinden. Darüber hinaus ist die Strukturierung der einzelnen Aspekte im Diamanten positiv hervorzuheben.

3.1.2 Systemische Wettbewerbsfähigkeit

Das Konzept der systemischen Wettbewerbsfähigkeit des DEUTSCHEN INSTITUTS FÜR ENTWICKLUNGSPOLITIK (DIE) baut auf dem PORTER'SCHEN Diamanten, den Ergebnissen der neueren evolutions- und innovationstheoretischen Forschung sowie dem OECD-Ansatz der strukturellen Wettbewerbsfähigkeit auf. Auch bei der systemischen Wettbewerbsfähigkeit stehen Innovationen als Motor der wirtschaftlichen Entwicklung im Mittelpunkt der Analyse. Besonders interessant ist der Ansatz aus dem Grund, da das Zusammenspiel von kulturellen, politischen und wirtschaftlichen Faktoren zum Kernbestandteil dieses Modells wird.

Dabei wird Wettbewerbsfähigkeit durch ein ebenenübergreifendes Interagieren unterschiedlicher Institutionen geschaffen, wobei zwischen der Makro-, der Meso-, der Mikro- und der Metaebene unterschieden wird: Das Parlament, die Zentralbank, die nationale Regierung und die Organe der Rechtspflege repräsentieren auf der Makroebene die politische Dimension und sollen eine stabilisierende Wirkung der ökonomischen Aktivitäten erreichen. Auf der Mesoebene sollen subnationale Regierungen, Wirtschaftsverbände, Gewerkschaften, Verbraucherorganisationen sowie private und öffentliche F&E-Institutionen das Unternehmensumfeld aktiv durch selektive Politiken gestalten. Auf dieser Ebene wird insbesondere die Implementierung gesellschaftlicher Organisationsmuster unterstützt, die den raschen Informationsfluss, die offene Kommunikation und die Vernetzung zu leistungsstarken Clustern ermöglichen. Die Unternehmen sind für das richtige Management des steigenden Wettbewerbsdrucks, der verkürzten Produktlebenszyklen und der richtigen Unternehmensstrategie für eine wettbewerbsfähige Mikroebene verantwortlich, was auch die Interaktion mit den Kunden und Lieferanten mit einschließt. Schließlich erfasst die Metaebene das gesellschaftliche und kulturelle Umfeld in einem Land: Die Lernbereitschaft, der Leistungswille, die Organisationsfähigkeit und die Anpassungsfähigkeit an veränderte Bedingungen gelten als typische soziokulturelle und länderspezifische Determinanten, welche die Wettbewerbsfähigkeit direkt beeinflussen (vgl. EßER / HILLEBRAND ET AL. 1996: 77 ff., MESSNER 1996: 105 ff.):

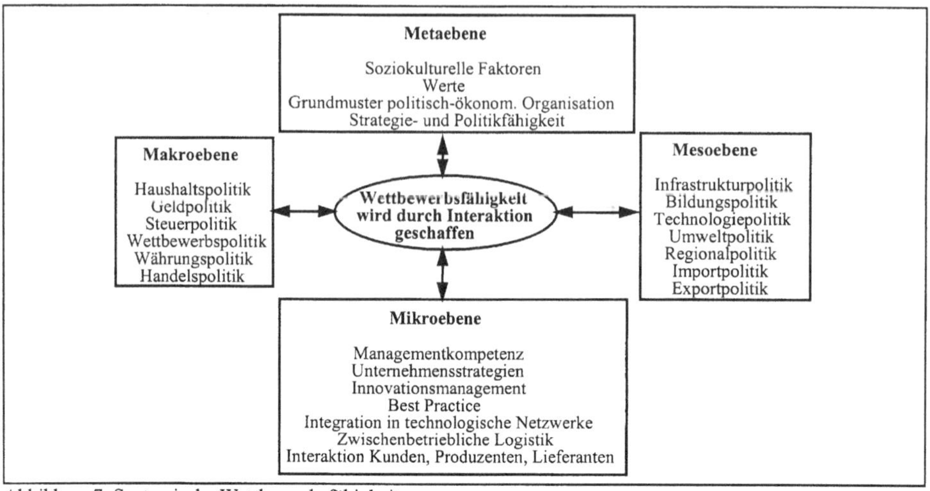

Abbildung 7: Systemische Wettbewerbsfähigkeit
Quelle: in Anlehnung an EßER / HILLEBRAND ET AL. 1996: 77

Der Ansatz des DIE impliziert, dass eine simplifizierte Reduzierung auf die Kontroverse Plan versus Markt nicht zielführend ist. Die Wettbewerbsfähigkeit nationaler Unternehmen hängt auch von den gesellschaftlichen Such- und Lernprozessen ab, die durch neoliberale Politiken nur in unzureichendem Maße initiiert und koordiniert werden können. Vielmehr sind mehrdimensionale Steuerungskonzepte anzustreben, die den verschiedenen gesellschaftlichen Akteuren den Wissensaustausch ermöglichen und kollektive Lernprozesse etablieren. Im Kontext dieser Arbeit ist die fehlende Thematisierung der Innovationsgenerierung problematisch, wobei die systemische Wettbewerbsfähigkeit nochmals verdeutlicht, dass es nicht nur einen Idealweg zur Gestaltung nationaler Rahmenbedingungen gibt. Weiterhin macht der DIE-Ansatz auf die Wichtigkeit einer ebenenübergreifenden Betrachtung der Analyse von Volkswirtschaften aufmerksam, was bei der Entwicklung des eigenen Untersuchungsansatzes beachtet wird. Die Ausgestaltung eines sich über mehrere Ebenen ausdehnenden Innovationssystems ist von vielen länderspezifischen Faktoren wie der Kultur, dem Rechtssystem oder den historisch gewachsenen Strukturen geprägt.

3.2 Ansätze zu den nationalen Innovationssystemen

Bei den Ansätzen zu nationalen Innovationssystemen handelt es sich um kein monolithisches Konzept. Vielmehr prägen mehrere Ausprägungen dieses Konzept, weshalb in einer kleinen Synopse die prominentesten Ansätze vorgestellt werden, um die theoretische Grundlage des eigenen Untersuchungsansatzes zu legen. Zwei grobe Richtungen sind festzustellen: Bei der Innovationssystem-Forschung in den USA ist der Fokus von NELSON, FREEMAN, PATEL / PAVITT und der OECD auf die enge Definition der nationalen Innovationssysteme mit F&E als Kern sowie auf einen ländervergleichenden Ansatz gerichtet. Daneben entwickelte sich parallel eine AALBORG-Version der nationalen Innovationssysteme (LUNDVALL), die – ausgehend von der Ressource Wissen – den Prozess des Lernens und die Einbettung der Akteure in den Mittelpunkt rückt (vgl. SMITH 2000: 76 f., THOMI / WERNER 2001: 207). Des Weiteren wird das von EDQUIST herausgegebene Werk *„Systems of Innovation“* mit verschiedenen Konzepten und Blickwinkeln zum nationalen Innovationssystem zur Gewährleistung der umfassenden Betrachtung der wichtigsten Ansätze reflektiert.

3.2.1 Die amerikanische Version des nationalen Innovationssystems

3.2.1.1 Freeman (1987): Technology Policy and Economic Performance

Die erste explizite Verwendung des Begriffes „nationales Innovationssystem" geht auf FREEMAN zurück, der 1987 den wirtschaftlichen Aufstieg Japans aus dessen technologischen Wandel und der Fähigkeit zur Innovationsgenerierung erklärte. Ansatzpunkt seiner Untersuchung ist die Theorie der langen Wellen: Wenn radikale Innovationen mit grundlegenden organisatorischen Neuerungen zusammenfallen und zugleich alle traditionellen Branchen davon beeinflusst werden (Halbleiter), kann von einem Wechsel des techno-ökonomischen Paradigmas gesprochen werden. Die Nutzung dieser techno-ökonomischen Entwicklung hängt maßgeblich von der sozialen, institutionellen und politischen Veränderungsbereitschaft ab (vgl. FREEMAN / PEREZ 1988: 45 ff.).

Volkswirtschaften können dann einen Wettbewerbsvorteil generieren, wenn die technologischen Innovationen mit einem adäquaten institutionellen Umfeld korrespondieren. In den Vordergrund des nationalen Innovationssystems[45] stellt FREEMAN einerseits die Institutionen und andererseits das existierende Netzwerk zwischen den einzelnen Akteuren (vgl. FREEMAN 1988: 330). Die relevante räumliche Analyseebene ist die nationale, da dort wesentliche Rahmenbedingungen gesetzt werden. Subnationale Räume und die dort spezifisch existierenden Cluster oder Institutionen spielen nach FREEMAN bei der betrieblichen Innovationsgenerierung keine Rolle. Vielmehr unterscheidet die Untersuchung drei Ebenen: die betriebliche Ebene, die Mesoebene, worunter Konglomerate von mehreren Unternehmen verstanden werden (Keiretsu), und die Makroebene, die sich speziell mit den politischen Institutionen auseinander setzt. Das japanische Innovationssystem wird insbesondere durch die vier Faktoren staatliche Regierungspolitik (Ministerium für internationalen Handel und Industrie), F&E-Einheiten auf Unternehmensebene, Erziehungs- und Bildungssystem sowie allgemeine Industriestruktur (Keiretsu) positiv beeinflusst (vgl. FREEMAN 1987: 4).

Beschränkt bleibt der FREEMAN-Ansatz auf den Zusammenhang zwischen sozioökonomischer Entwicklung und der Entdeckung neuer radikaler Technologien. Obwohl der technologische Paradigmenwechsel im Mittelpunkt seines Ansatzes steht, wird der Prozess der Technologieentwicklung als gegeben angenommen. Entscheidend bei diesem Ansatz ist die Wechselwirkung zwischen den nationalen Institutionen und der techno-ökonomischen Entwicklung eines Landes. Damit liefern vorrangig die Institutionenökonomie und die Evolutionstheorie die theoretischen Grundlagen dieses Ansatzes.

3.2.1.2 Nelson (1993): National Innovation Systems

Der NELSON'SCHE Ansatz geht von der engen Definition des nationalen Innovationssystems und einem evolutionären Innovationsprozess[46] aus. NELSON präsentiert 15 empirisch-deskriptive Länderstudien, die in große Hocheinkommensländer, kleine Hocheinkommensländer mit einer landwirtschaftlichen Basis und weniger einkommensstarke Länder eingeteilt werden. Kern dieser Länderstudien ist die Beschreibung der Forschungsaktivitäten von privaten Unternehmen, staatlichen Institutionen und Universitäten. Im Unterschied zu FREEMAN liegt der Schwerpunkt nicht auf der Verknüpfung von Produktionssystem und Innovationsprozess, sondern eindeutig auf der Generierung von Wissen und Innovation innerhalb des nationalen Innovationssystems (vgl. NELSON 1993: 3 ff.). Innovationen werden

---

[45] Vgl. 1.1 zur FREEMAN-Definition des nationalen Innovationssystems.

[46] "Technical change clearly is an evolutionary process, the innovation generator keeps on producing entities superior to those earlier in existence, and adjustment forces work slowly" (NELSON 1987: 16).

in einem weiten Kontext interpretiert, da die Innovationsfähigkeit mit der ökonomischen Leistungsfähigkeit verbunden wird. Die Innovationskraft der nationalen Unternehmen wird durch das nationale Bündel von Institutionen determiniert (vgl. NELSON 1993 4 f.). Problematisch ist jedoch die Abgrenzung der auf die Innovationsgenerierung wirkenden Institutionen, wie der Arbeitskräftemarkt, die Fiskalpolitik oder Handelspolitiken (vgl. NELSON 1996: 401 f.).

Die Ergebnisse der Länderstudien können folgendermaßen zusammengefasst werden (vgl. NELSON 1993: 506 ff., NELSON 1996: 387 ff.):

- In allen Ländern übernimmt die öffentliche Hand den größten Teil des Bildungsangebots. Zugleich sind die Organisation der Bildung und die Schaffung von Humankapital wichtige Einflussfaktoren im nationalen Innovationssystem.
- Grundlagenforschung ist Aufgabe des Staates, wenn auch die Aufmerksamkeit der Länder sehr unterschiedlich ist.
- Bevölkerungsgröße und Wohlstand beeinflussen das nationale Innovationssystem.
- F&E-intensive Wirtschaftszweige sind tendenziell in großen und reichen Ländern zu finden (Skaleneffekte und Mindestbetriebsgrößen).
- Ein Mangel an Ressourcen fördert die Exportorientierung der Industrie eines Landes, was die Innovationskraft unterstützt. Länder mit einer starken Ressourcenbasis importieren dagegen Industriegüter.
- Der Einfluss nationaler Sicherheitsaspekte auf das nationale Innovationssystem ist in manchen Ländern sehr stark ausgeprägt (USA, Frankreich, Israel, Großbritannien).
- Die Aussagen über den Aktivitätsgrad der Industriepolitik variieren, wobei vor allem die Aufsteigerländer ein hohes Aktivitätsmaß aufweisen.
- Die Geschichte eines Landes ist bei der Betrachtung eines nationalen Innovationssystems mit einzubeziehen.
- Hochlohnländer sind noch mehr zum Innovieren gezwungen, während die relativen Niedriglohnländer Besonderheiten in der Diffusion von Neuerungen im nationalen Innovationssystem beachten müssen.
- Die Unternehmensgröße spiegelt weder die Stärke des Unternehmens noch dessen Innovationskraft wider.
- Der von PORTER thematisierte harte Inlandswettbewerb wirkt in der Tat in großen Ländern positiv auf die Wettbewerbsfähigkeit, in kleinen Ländern wird dieser durch eine Weltmarktorientierung der Unternehmen ersetzt.
- Die Studien bestätigen die Bedeutung der netzwerkartigen Verbindungen und Kooperationen mit nationalen Zulieferern hinsichtlich der betrieblichen Innovationskraft.
- Ein länderdifferenzierender Einfluss auf die Innovativität geht von der Fiskal-, Geld- und Handelspolitik aus.

Die Stärke des Ansatzes liegt in der Darstellung des von der Historie beeinflussten Wechselspiels sozialer, institutioneller und kultureller Faktoren. Weniger überzeugend ist hingegen die Aufarbeitung der theoretischen Grundlage der Innovationssysteme.

3.2.1.3 Patel / Pavitt (1994): The Nature and Economic Importance of National Innovation Systems

Nach PATEL / PAVITT lässt sich ein nationales Innovationssystem anhand der Institutionen, der Anreize und der Kompetenzen charakterisieren. PATEL / PAVITT (1994: 12) vertreten einen weiten Ansatz und verstehen unter einem nationalen Innovationssystem „the national institutions, their incentive structures and their competences, that determine the rate and direction of technological learning (or the volume and composition of change-generating activities) in a country."

Unter Institutionen subsumieren sie private Unternehmen, die besonders in Wandel einleitende Aktivitäten investieren, Universitäten und ähnliche Institutionen, die Grundlagenforschung betreiben, private und öffentliche Institutionen, die allgemeine Bildung und Berufausbildung anbieten, sowie staatliche Institutionen, die technischen Wandel finanzieren und fördern. Entscheidend für das technologische Lernen in einer Volkswirtschaft sind die Anreizstrukturen für Aktivitäten und Institutionen. Gelöst werden muss der Zielkonflikt zwischen dem Ermöglichen von temporären monopolartigen Situationen infolge innovativen Handelns und dem dadurch reduzierten Wettbewerbsdruck. Auch bei diesem Ansatz wird PORTER herangezogen: Einerseits wird auf den vom Wettbewerbsdruck ausgehenden Anreiz zur Innovationsgenerierung verwiesen; andererseits wird eine spezifische lokale Nachfrage als Antrieb für die Entstehung von Neuerungen betont. Darüber hinaus sind Anreize für Fortbildungsmaßnahmen und höhere Bildung vom Staat auszusenden. Ferner machen PATEL / PAVITT auf den Zusammenhang zwischen Wachstum und Exportleistungsfähigkeit infolge von *technology gaps* aufmerksam, die auf Unterschiede in den Kompetenzen beruhen. Kompetenz wird in diesem Ansatz mit der Höhe der Forschungsausgaben und der sektoralen Verteilung gleichgesetzt, wenngleich die beiden Forscher die Rolle von organisatorischen und führenden Dimensionen auf die Kompetenz anerkennen (vgl. PATEL / PAVITT 1994: 12 f.).

Insgesamt wird mit diesem Konzept die Messung und ein Vergleich unterschiedlicher Innovationssysteme angestrebt, wobei einige wichtige Aspekte des nationalen Innovationssystems wie Kultur und Netzwerke nicht berücksichtigt werden. Im Zentrum der Betrachtung steht die länderspezifische Ausprägung des Anreizsystems bezüglich der Innovationsgenerierung. Deutlich wird dabei, dass sich die Organisation des Innovationssystems an dessen Anreizkompatibilität zum Hervorbringen von Neuerungen messen lassen muss.

3.2.2 Die AALBORG-Version des nationalen Innovationssystems

Ausgangspunkt des LUNDVALL'schen nationalen Innovationssystems ist die weite Definition, bei der „a system of innovation is constituted by elements and relationships which interact in the production, diffusion and use of new and economically useful, knowledge" (LUNDVALL 1992: 2). Dabei wird über eine reine Betrachtung der nationalen Strukturen in der Technologie- und Forschungspolitik hinausgegangen. Das Marketing-, das Produktions- sowie das Finanzsystem sind ebenfalls wichtige Determinanten bei der Innovationsgenerierung in nationalen Räumen (vgl. LUNDVALL 1992: 12).

Zentrale Elemente in der AALBORG-Version des Innovationssystems sind – aufbauend auf den spezifischen Charakteristika von Innovationen – Interaktion und Institution. Innovation ist bei diesem Ansatz als Lernen konzeptionalisiert, welches mit Hilfe der drei Basiskonzepte organisierter Markt, interaktives Lernen und institutioneller Rahmen besser verstanden werden kann: So liegt ein organisierter Markt zwischen Produzenten und Lieferanten vor, der jedoch einen Spielraum für gemeinsame Aktivitäten und Kooperationen lässt. Dadurch sind beide Seiten in der Lage, mehr über die Bedürfnisse des anderen zu lernen und Innovationen zu generieren. Am Ende der Wertschöpfungskette steht die *user-producer*-Beziehung[47], die –

[47] In diesem Kontext verbindet GERYBADZE in seinem neueren Arbeiten das Konzept des *lead-markets* mit dem nationalen Innovationssystem. Dabei werden die von LUNDVALL betonten nachfrageseitigen Wirkungen bei der Innovationsgenerierung hervorgehoben (*demand-pull*, Bedarfsführerschaft) und einer reinen Fokussierung auf die Technologieführerschaft eine Absage erteilt (vgl. GERYBADZE 1999: 103 ff.).

wenn Vertrauen und ein ähnlicher kultureller Kontext herrschen – über das interaktive Lernen wertvolle Informationen und Erfahrungen der Kunden für das Unternehmen ermöglicht. LUNDVALL / JOHNSON ET AL. (vgl. 2001: 6) verweisen explizit auf den Einfluss der Nachfragestrukturtheorie von LINDER auf die AALBORG-Version der Innovationssysteme. Die Interaktion unterliegt den Gegebenheiten eines national einzigartigen institutionellen Rahmens, der die ökonomische, politische und kulturelle Sphäre umfasst. Dieser länderspezifische Hintergrund beeinflusst die Entstehung und die Art der Interaktion in diesen Netzwerken sowie die Qualität des Lernens. In der wissenschaftlichen Fundierung der Lernprozesse und dem Aufbau von Kompetenzen sieht die AALBORG-Schule die Hauptentwicklungsrichtung ihres Konzeptes.

Neben der Interaktion und den daraus resultierenden Lernprozessen wird die Bedeutung der Institutionen hervorgehoben. Institutionen nehmen im Sinne der Neuen Institutionenökonomie im Innovationssystem die Funktionen der Unsicherheitsreduktion, der Organisation von Routinetätigkeiten, der Wissenskoordination und der Generierung eines Anreizsystems wahr.

Das Konzept der nationalen Innovationssysteme ist im Zusammenhang der Annahme der AALBORG-SCHULE zu sehen, dass die größte Herausforderung von entwickelten Volkswirtschaften die Bewältigung des Wandels zur *learning economy* ist. Die wirtschaftliche Entwicklung hängt maßgeblich von der Lernfähigkeit der Individuen, Organisation und Regionen ab (vgl. LUNDVALL / JOHNSON 1994, FORAY / LUNDVALL 1998, ARCHIBUGI / LUNDVALL 2001, LUNDVALL / JOHNSON ET AL. 2001: 28 ff.).

Obwohl LUNDVALL nicht explizit auf die ökonomische Evolutionstheorie, ist EDQUIST der Auffassung, dass hinter dem für LUNDVALL zentralen Begriff des interaktiven Lernens ebenfalls die ökonomische Evolutionstheorie steht (vgl. EDQUIST 1997: 7). MOLINA / KINDER verweisen auf die Nähe sowohl des LUNDVALL'SCHEN als auch des NELSON'SCHEN Ansatzes zum Diamanten von PORTER. Explizit ordnen sie jeder Determinante des Diamanten einen wichtigen Faktor des LUNDVALL'schen Innovationssystems zu (vgl. MOLINA / KINDER 2001: 16 ff.):

Porters Diamant		**Lundvalls Innovationssystem**
Faktorbedingungen	≅	Institutionelles Set-up des Finanzsektors
Nachfragebedingungen	≅	Rolle des öffentlichen Sektors
Verwandte und unterstützende Branchen	≅	F&E-Intensität und Organisation
Unternehmensstrategie, Struktur und Wettbewerb	≅	Interne Organisation von Unternehmen und Beziehungen zwischen Unternehmen (Kooperation)

Tabelle 4: Beziehungen zwischen PORTERS Diamanten und LUNDVALLS Innovationssystem
Quelle: MOLINA / KINDER 2001: 19

Bei LUNDVALL wird jedoch die Diskussion um die Relevanz der subnationalen Ebene, die Existenz einer physischen Infrastruktur sowie die Selektionsfunktion des Marktes vernachlässigt.

Aus dem Ansatz von LUNDVALL fließen in das eigene, empirische Design insbesondere die Beachtung einer weit gefassten Definition des Innovationssystems, die Wichtigkeit der Institutionen und deren Vernetzung ein. Zudem werden Aspekte des Humankapitals wie die Migration, die Dynamik auf dem Arbeitsmarkt sowie die formale Aus- und Weiterbildung in den eigenen Untersuchungsansatz integriert.

3.2.3 Weiterentwicklungen des nationalen Innovationssystems

Die vorgestellten grundlegenden Ansätze zu Innovationssystemen fanden schnell Eingang in die Literatur und wurden vielfältig weiter entwickelt. Exemplarisch werden zwei wichtige Erweiterungen (EDQUIST 1997, OECD 1999a) reflektiert.

3.2.3.1 Edquist (1997): Systems of Innovation

In dem von EDQUIST herausgegebenen Werk betonen die einzelnen Autoren unterschiedliche Aspekte eines Innovationssystems und des Innovationsprozesses. Die daraus resultierende Vielfalt und teilweise auch Widersprüchlichkeit in Verbindung mit den anderen Innovationssystemansätzen wird als ein kennzeichnendes Merkmal für ein sehr junges Konzept anerkannt (vg. EDQUIST 1997: 26 f.). „In the history of science in general – and of economics in particular – the confrontation between different visions and concepts is a fundamental step before the emergence of a lakotasian hard core“ (CACCOMA 1998: 251).

So entsteht bei EDQUIST (1997) auch kein geschlossenes Innovationssystem, sondern der Pluralismus verschiedener Ansätze wird dargestellt. Eine Begrenzung des Ansatzes der Innovationssysteme wird mit Bezug auf LUNDVALL unterlassen. Kern der Definition des nationalen Innovationssystems ist die offene und flexible Handhabung, da sich das System stets entwickelt und die Grenzen einem permanenten Wandel unterliegen. Dies wird zum einen als eine Stärke der Konzepte der Innovationssysteme angesehen. Zum anderen hält es EDQUIST in einem so frühen Stadium der Forschung für notwendig, Raum für die verschiedensten Perspektiven zu schaffen, ohne eine Lösung von Anfang an auszuklammern (vgl. EDQUIST 1997: 13 ff.). So sind nach EDQUIST (1997: 29) folgende Elemente im Innovationssystem relevant: „It is important that the systems of innovation approach places innovations and learning at the very center of focus, makes a historical perspective possible, ensures that comparisons between systems are natural, emphasizes interdependence, includes product technologies and organizational innovation, accounts for institutions, etc.“

EDQUIST / JOHNSON (1997: 46) schlagen eine Unterscheidung des Begriffs der Institutionen und der Organisationen vor, da der Begriff der Institution zwar von allen Vertretern der innovationssystemischen Konzepte verwandt wird, aber sehr heterogen definiert ist. Institutionen sind „common habits, routines, established practices, rules or laws that regulate the relations and interactions between individuals and groups.“ Indessen sind Organisationen von Akteuren geplante Einheiten, die einem bestimmten Zweck dienen. Folglich sind Unternehmen den Organisationen zuzurechnen, während der Markt eine Institution ist. Entscheidend ist jedoch die Herausstellung der Wichtigkeit der Organisationen (Unternehmen, Universitäten und Forschungseinrichtungen) im Innovationssystem im Vergleich zu den Institutionen (vgl. EDQUIST / JOHNSON 1997: 41). Dennoch hängt die Innovativität der Organisationen sowohl von der einzelwirtschaftlichen Konstitution als auch von der Interaktion untereinander und mit dem öffentlichen Sektor wie auch von den ökonomischen Rahmenbedingungen sowie den organisationellen Spezialisierungsmustern ab (vgl. JOHNSON 1997: 37).

FORAY rückt den Begriff des Innovationssystems in ein anderes Licht, indem er den Fokus auf Wissen und die Existenz und Funktion von *knowledge systems*[48] legt. Unter Berücksichtigung

[48] *Knowledge systems* sind dabei als noch umfangreicher und vager als Innovationssysteme und als die Basis für den spezifischen Prozess der Innovationsgenerierung aufzufassen. Da sich diese Arbeit auf den Begriff der Innovationssysteme beschränkt, wird für weitere Ausführungen zu *knowledge systems* auf HOWELLS / ROBERTS (2000: 17 ff.) und FORAY (1997: 64 ff.) verwiesen.

von Institutionen und deren Persistenz verdeutlicht FORAY die Pfadabhängigkeit des *common knowledge* und die große Bedeutung der Offenheit von Systemen[49] (vgl. FORAY 1997: 64 ff.).

Die Relevanz der Infrastruktur wird von SMITH betont, wobei er sich hauptsächlich auf die Wissensinfrastruktur konzentriert. Unter Wissensinfrastruktur sind dabei Ressourcen zu verstehen, die den Wissenshintergrund einer Gesellschaft formen, wie dies in Universitäten, Forschungseinrichtungen, Berufsausbildungszentren und in Organisationen geschieht, die intellektuelle Verfügungsrechte managen (vgl. SMITH 1997: 86 ff.).

Insgesamt werden in dieser Arbeit die Differenzierung von Institution und Organisation, der Wissenstransfer in Netzwerken sowie die Ausführungen zur Infrastruktur bei der Untersuchung des neuseeländischen Innovationssystems aufgegriffen.

3.2.3.2 OECD (1999a): Managing National Innovation Systems

Die OECD führt Unterschiede zwischen nationalen Innovationssystemen neben der Größe der Länder und deren Entwicklungsstand auf die Rolle der Institutionen im Innovationsprozess sowie auf die Art, Qualität und Intensität der Interaktion der einzelnen Akteure zurück. Quelle der Innovationen sind die Unternehmen, die mit anderen Institutionen Beziehungen aufweisen und in einem einzigartigen nationalen Umfeld agieren. Für die Qualität eines nationalen Innovationssystems sind in erster Linie die drei Faktoren Muster der wissenschaftlichen, technologischen und industriellen Spezialisierung, institutionelle Profile und Strukturen der Wissensinteraktion verantwortlich. Die institutionellen Profile werden im Wesentlichen durch die Organisation der nationalen F&E-Aktivitäten abgedeckt, wobei die Verfolgung des Flusses von *tacit knowledge* innerhalb dieses nationalen Systems betont wird (u. a. durch die Mobilität der Arbeitskräfte). Weiterhin erkennt die OECD verschiedene Analyseebenen in einem Innovationssystem an: Auf der Mikroebene werden die internen Kapazitäten und die unmittelbaren Verbindungen der untersuchten Firma fokussiert. Die Analyse der Mesoebene umfasst sektorale, regionale und funktionale Cluster und deren Ausprägung mit Bezug auf den Wissenstransfer und die Netzwerkaktivitäten. Das gesamte Netzwerk der Institutionen und die dort stattfindenden Wissensinteraktionen werden auf der Makroebene untersucht. Der OECD-Ansatz überwindet die bloße Fokussierung von F&E beschreibenden Bestandsgrößen, indem Flussgrößen wie Personalmobilität, Technologiediffusion oder gemeinsame Aktivitäten zwischen staatlichen und privaten Akteuren im Innovationssystem eine höhere Bedeutung beigemessen wird. Damit wird die Betrachtung des Innovationssystems von einer statischen hin zu einer dynamischen Perspektive auch in der OECD vollzogen (vgl. OECD 1997, 1999a: 21 ff.).

Schematisch differenziert die OECD zwischen einer engen Definition, die alle unmittelbar am Innovationsprozess beteiligten Akteure Unternehmen, Hochschulen, Transfereinrichtungen und F&E-Institute umfasst und einer weiten Definition, welche die mittelbaren Einflussfaktoren auf den Innovationsprozess einfängt. Dazu zählen die Aus- und Weiterbildung, die Kommunikationsinfrastruktur, die Faktormärkte, die Produktmärkte sowie das Wirtschafts- und Rechtssystem. Auch beim OECD-Ansatz wird die Anlehnung an PORTER deutlich. Die effektive Funktionsweise des Gesamtsystems artikuliert sich über den Innovationsoutput in einer wettbewerbsfähigen, wachsenden Volkswirtschaft (vgl. Abbildung 8).

---

[49] NELSON / WRIGHT sehen die Absorptionsfähigkeit von ausländischem Wissen in einem nationalen Innovationssystem ebenfalls als ein wichtiges Charakteristikum an (vgl. 1992: 1931 ff.).

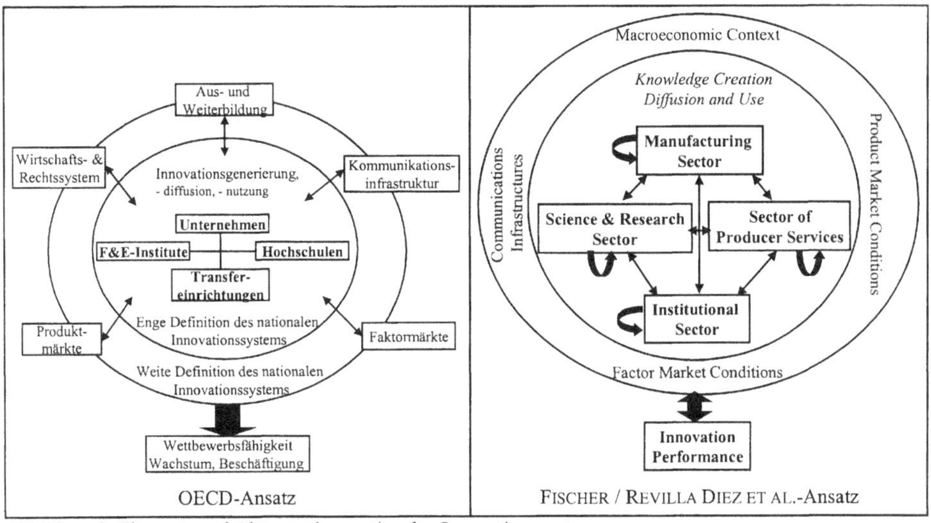

Abbildung 8: Elemente und Akteure eines nationalen Innovationssystems
Quelle: in Anlehnung an OECD 1999a: 23 und FISCHER / REVILLA DIEZ ET AL. 2001: 10

Der OECD-Ansatz steht trotz der Integration der weiten Fassung des Innovationssystems in der Tradition der amerikanischen Version. Lernprozesse, soziale Einbettung, Institutionen und kulturelle Einflüsse werden nur nachrangig betrachtet. Die Struktur der betrachteten Rahmenbedingungen und deren Wirkungen auf den Innovationsprozess sowie der skizzierte ebenenübergreifende Ansatz werden im eigenen empirischen Untersuchungsdesign berücksichtigt.

FISCHER entwickelt im Sinne der weiten Definition des nationalen Innovationssystems den OECD-Ansatz weiter, allerdings ohne sich auf diesen zu beziehen. FISCHER lehnt sich in seiner Definition von nationalen Innovationssystemen einerseits stark an FREEMAN an. Andererseits berücksichtigt er die weite Definition von LUNDVALL: „A system of innovation may be thought of as a set of actors such as firms, other organisations, and institutions that interact in the generation, diffusion and use of new – and economically useful – knowledge in the production process“ (FISCHER 2001: 200). In den engen Kreis stellt er den *manufacturing sector*, den *scientific sector*, den *institutional sector* (Art der Koordinationsmodi) und *sector of producer services*. Die im Kreis ablaufenden Verbindungen und Wissensaustauschprozesse werden von dem makroökonomischen Kontext, den Produkt-Markt-Bedingungen, den Faktormärkten und der Kommunikationsinfrastruktur beeinflusst (vgl. FISCHER 2001: 207 ff., Abbildung 8). Im Kontext dieser Arbeit ist insbesondere der Verweis auf die Ausweitung des inneren Kreises bei der Analyse hilfreich.

3.2.4 Kritikansätze an den nationalen Innovationssystemen

Nachdem verschiedene Ansätze zu nationalen Innovationssysteme vorgestellt wurden, werden diese Ansätze kritisch betrachtet. Dabei liefert die Kritik an der Systemtheorie erste wertvolle Hinweise für die Probleme, die sich auch bei den Ansätzen zu nationalen Innovationssystemen ergeben. In diesem Kontext ergibt sich auch die Frage nach der Existenz von sektoralen oder globalen Innovationssystemen und deren Relevanz für die nationale Ebene.

3.2.4.1 Kritik aus der systemtheoretischen Betrachtungsweise

Da die Systemtheorie in der wissenschaftlichen Literatur nicht nur auf widerspruchslose Zustimmung stößt, ist es vonnöten, sich auch mit der Kritik an der Systemtheorie auseinander zu setzen.

Aufgrund der allgemeinen Definition eines Systems als Gesamtheit der miteinander verbundenen Elemente ist es möglich, alles als ein System zu begreifen. Aus wissenschaftstheoretischer Sicht ist aber eine Theorie, die nichts ausschließt, empirisch nicht überprüfbar und deshalb sinnleer. Wenn die Systemtheorie als Theorie im engen Sinne aufgegriffen wird, ist dieser Vorwurf berechtigt. Wird die Systemtheorie jedoch als ein Verfahren zur Herstellung sprachlicher Figuren (Kalkül) und als Denkansatz aufgefasst, kann dieser Einwand entkräftet werden. Die Systemtheorie liefert vielmehr eine bestimmte Sichtweise auf den spezifischen Untersuchungsgegenstand mit dem Ziel, die Zusammenhänge zu verdeutlichen (vgl. BUTEWEG 1988: 41). Gleichzeitig stößt die Systemtheorie bei einer konkreten Untersuchung an ihre Grenzen. Um die Handhabbarkeit und Überschaubarkeit einer Studie zu gewährleisten, sind die Kappung von Interdependenzen, die Reduktion der Erklärungsfaktoren und der Zusammenhänge notwendig. Irgendwo sind die Grenzen der Untersuchung zu ziehen und die Arbeit aus den größeren Zusammenhängen zur Erlangung einer erforderlichen Tiefe des eigentlichen Untersuchungsgegenstands herauszulösen (vgl. BUTEWEG 1988: 43 f.). Dementsprechend besteht gerade bei der weiten Definition der Innovationssysteme prinzipiell die Gefahr sich in der Vielzahl innovationsrelevanter Interdependenzen und Strukturen zu verlieren. Zudem sind viele Aspekte des Innovationssystems ineinander verwoben und voneinander abhängig, so dass eine simultane, gleichwohl unmögliche Darstellung der einzelnen Elemente erfolgen müsste (vgl. auch WILLKE 1993: 12 f.). Daraus entsteht die Forderung nach einer klaren Offenlegung der Ziele und des Untersuchungsdesigns.

Grundsätzlicher Natur ist die Kritik des Dilettantismus bei der Anwendung der Systemtheorie, da die Grenzen einzelner Wissenschaftsdisziplinen überschritten werden. In die gleiche Richtung stößt der Einwand, dass sich Ergebnisse oder Terminologien aus einem Wissenschaftsbereich nicht ohne weiteres in eine andere wissenschaftliche Disziplin übertragen lassen. Diesen Kritikpunkt muss sich die Systemtheorie gefallen lassen, auch wenn es nicht Ziel der Systemtheorie ist, Spezialisierung anzustreben. Ziel ist es, Komplexität und wissenschaftsübergreifende Forschung zuzulassen, und der Frage nachzugehen, weshalb bislang keine einheitliche systemtheoretische Sprache entstanden ist. Je nach Forschungstradition werden unterschiedliche Begriffe und Inhalte unter der Systemtheorie verstanden. Missverständnisse und Schwierigkeiten sind deshalb vorprogrammiert, so dass die jeweilige systemtheoretische Arbeit gezwungen ist, ihr Verständnis der Systemtheorie offen zu legen (vgl. BUTEWEG 1988: 42, HOPFENBECK 1998: 36 f.).

Problematisch bei der Systemtheorie ist die Ziehung der Systemgrenzen: In der Literatur sind keine praktikablen Ansatzpunkte zur konkreten Systemabgrenzung zu finden. Angeführt wird lediglich das „Übergewicht der inneren Bindung“ im Vergleich mit dem externen Umsystem. Die Wahl der Grenzen hängt vom Modellzweck, vom Ermessen, den Erfahrungen und den individuellen Präferenzen des Beobachters ab (Gefahr der Willkür) (vgl. MEIER-KORTWIG 1998: 17). Bei den Innovationssystemen resultierte aus der schwierigen Systemabgrenzung eine große Diskussion um die Existenz von sektoralen und supranationalen Innovationssystemen.

Trotz berechtigter Kritik tritt die Systemtheorie als Denkansatz und Perspektive an, das Ganze im Auge zu behalten und die Zersplitterung der einzelnen Wissenschaftsdisziplinen wieder zu überwinden. Sie ist weniger Theorie als ein methodischer Weg, wie an Probleme herangegangen werden kann.

3.2.4.2 Konkrete Kritikpunkte an den nationalen Innovationssystemen

Den frühen Ansätzen der nationalen Innovationssysteme, insbesondere dem PORTER-Diamanten, wird vorgeworfen, lediglich eine Liste von Faktoren und Determinanten aufzustellen, ohne diese theoretisch zu begründen. Diese gerechtfertigte Kritik hat sich in den folgenden Arbeiten abgemildert, da sich immer mehr Forscher explizit auf die innovationstheoretischen Grundlagen des Ansatzes besinnen.

Innerhalb der Ansätze zu nationalen Innovationssystemen ist die Rolle von multinationalen Unternehmen umstritten. Während PORTER der Ansiedelung von ausländischen Unternehmen wegen des damit verbundenen Importstroms eher negativ eingestellt ist, begreifen dies die anderen Ansätze als Chance für den Technologie- und Wissenstransfer. Zugleich können einheimische, multinationale Unternehmen von der Existenz in anderen nationalen Innovationssystemen profitieren: Durch den Wissenstransfer aus anderen nationalen Innovationssystemen in unternehmensinternen Kanälen wird auch die Wettbewerbsfähigkeit des heimischen Innovationssystems gestärkt (vgl. CHO / MOON 2000: 98 ff.).

Des Weiteren besteht in verschiedener Hinsicht die Gefahr einer Missinterpretation der Konzepte der Innovationssysteme. Die Konzepte der Innovationssysteme fordern erstens keineswegs die exklusive Förderung von wissenschafts- und technologiebasierten Organisationen, sondern stellen die Notwendigkeit eines breiten Ansatzes heraus, der die Lernfähigkeit einer Bevölkerung unterstützt. Die Ansätze der Innovationssysteme haben gezeigt, dass die Innovationsgenerierung kein mechanistischer Prozess ist. Die Neuerung kann aus einer Vielzahl von Institutionen unter Berücksichtigung des spezifischen sozioökonomischen Umfeldes resultieren. Letztendlich zählt die Wertschöpfung in einem Sektor, die aber wiederum von dessen Innovationskraft abhängig ist (vgl. LUNDVALL / JOHNSON ET AL. 2001: 54). Damit ist eine ausdifferenzierte, facettenreiche Politik in den diskutierten Aspekten eines Innovationssystems einer ausschließlichen Orientierung der Politik auf die Stimulierung der Innovationsgenerierung bei Forschungsinstituten, Universitäten, High-Tech-Unternehmen und Technologieparks vorzuziehen. Zugleich helfen die vergleichenden, empirischen Studien zu Innovationssystemen, die Limitierungen politischen Handelns im Innovationsprozess besser zu verstehen, da sich Teilbereiche dem politischen Einfluss entziehen und spezifischen Trajektoren des Systems folgen[50]. Zudem wirkt die Politik oft konservierend auf den existierenden Entwicklungspfad, indem sie bewusst die starken Elemente des Innovationssystems unterstützt, was bei einem Verschlechtern der Zukunftsaussichten gewisser Sektoren im Rahmen des allgemeinen Strukturwandels zu nicht leicht auflösbaren *lock-in*-Effekten führen kann (vgl. LUNDVALL / JOHNSON ET AL. 2001: 37 ff.).

Eine zweite Gefahr der Fehldeutung der Konzepte der Innovationssysteme resultiert aus den vergleichenden, empirischen Studien, die ein *Benchmarking* von verschiedenen Innovationssystemen und deren Ausgestaltungen nahe legen. Dagegen steht allerdings, dass sich der *best-practice*-Gedanke nicht mit dem systemischen Ansatz vereinen lässt. Die in einem Land gut funktionierenden Regulierungen können nur aus dem jeweiligen Systemkontext erklärt werden. Ein Übertragen von Institutionen von einem Land in ein anderes im Rahmen eines *benchmarking*-Prozesses kann bei gewissen Institutionen funktionieren, bei anderen, die

[50] In Neuseeland kann als Beispiel die nach wie vor starke Abhängigkeit des Landes von Agrarprodukten und korrespondierenden *Producer Boards* und Forschungseinrichtungen dienen.

stärker aus der Logik des eigenen Innovationssystems entstanden sind, kann dies auch nicht zu den gewünschten Effekten führen. LUNDVALL / TOMLINSON (2001: 6) erwähnen in diesem Zusammenhang die Einführung von marktlichen Regulationsweisen in Russland, die „a worst possible combination of monstruous [sic!] inequality and inefficiencies" hervorgerufen haben. Die Ansätze der Innovationssysteme geben Raum für unterschiedliche Entwicklungen der Institutionen und verlangen keine Konvergenz der nationalen Innovationssysteme infolge von transnationalen Lernprozessen. Zum einen steht die Optimierung des eigenen Systems unter den spezifischen sektoralen, kulturellen, historischen, politischen, demographischen und institutionellen Gegebenheiten auf der Agenda. Zum anderen sind vergleichende Studien zu Innovationssystemen dahingehend zu interpretieren: „'Learning by comparing' national innovation systems is a promising alternative to 'naive benchmarking'" (LUNDVALL / TOMLINSON 2001: 6). Die Reflexion über das eigene System wird durch einen Kontrastvergleich erleichtert, da so die durch differierende Funktionsweisen hervorgerufenen, unterschiedlichen Systemkonturen deutlich werden, wodurch Impulse zu Systemverbesserungen infolge eines vergleichenden Lernens erzielt werden können. Insgesamt ist die Ableitung politischer Handlungsschablonen aus den Innovationssystemen schwierig, da sie keine Patentrezepte oder *benchmarks* für die Entwicklung territorialer Gebietseinheiten bieten. Vielmehr stellen die nationalen Innovationssysteme einen Analyserahmen zur Wettbewerbsfähigkeit der räumlichen Betrachtungsebene. Dieser kann jedoch als eine profunde Grundlage für politische Empfehlungen dienen, die aber nur situativ, individuell und kreativ bezüglich des Untersuchungsgegenstands erfolgen können. Selbst PORTER fokussiert das Besinnen auf die eigenen Stärken und Entwicklungspotenziale und fordert nicht eine Anpassung an globale Standards (vgl. CHO / MOON 2000: 98 ff.).

Die größte Debatte entsteht jedoch aus den Problemen der Grenzziehung bei systemtheoretischen Ansätzen. Im Folgenden werden aus diesem Grund die Diskussionen um sektorale und globale Innovationssystemen dargestellt.

3.2.4.3 Die Diskussion um sektorale Innovationssysteme

Einige Autoren sprechen basierend auf dem WINTER'schen Konzept (vgl. 1984: 287 ff.) des technologischen Regimes von sektoralen Innovationssystemen. Es kann definiert werden als „that system (group) of firms active in developing and making a sector's products and in generating and utilising a sector's technologies; such a system of firms is related in two different ways: through processes of interaction and cooperation in artefact-technology development and through processes of competition and selection in innovation and market activities" (BRESCHI / MALERBA 1997: 130). Dieser sektorale Ansatz nimmt an, dass die branchenbedingten Einflüsse auf die Innovativität von Unternehmen im spezifischen Sektor größer als die von der nationalen Ebene ausgehenden Wirkungen sind. PAVITT geht auch davon aus, dass ein Großteil des technologischen Wissensbestandes spezifisch an Unternehmen, Anwendungsbereiche und somit an Sektoren gebunden ist und sich im Zeitablauf aufgrund von Spezialisierungen kumuliert (vgl. 1984: 343 ff.). Zwar erkennen die sektoralen Innovationssysteme den Einfluss der nationalen Gegebenheiten auf den Hauptakteur private Unternehmen an, machen aber darauf aufmerksam, dass der räumliche Horizont im Innovationsprozess sektorspezifisch variiert. Eine empirische Untersuchung von BRESCHI / MALERBA (vgl. 1997: 149 ff.) zeigt den Einfluss sowohl länder- als auch technologiespezifischer Determinanten auf den Innovationsprozess, wenn auch in BRESCHI (vgl. 2000: 223 f.) die industriespezifischen Faktoren in den räumlichen Mustern des Innovationsprozesses hervorgehoben werden.

Aus Sicht der nationalen Innovationssysteme stehen die Ergebnisse der Studien nicht im Gegensatz zu ihrem Forschungsanliegen: Die Bedeutung sektoraler Spezialisierungen wird bei den Konzepten der nationalen Innovationssysteme keineswegs negiert, was beispielsweise der OECD-Ansatz explizit betont. ANDERSEN / LUNDVALL gehen davon aus, dass sektoral beschränkte Interaktionen bei der Erfassung der Innovationsgenerierung zu beachten sind. Die sektorale Konkretisierung der Institutionenlandschaft ist aber von dem jeweiligen nationalen Innovationssystem abhängig (vgl. ANDERSEN / LUNDVALL 1997: 242 ff.). Das Gewicht der nationalen Ebene verdeutlichen CARLSSON / JACOBSSON in ihrer Analyse der Sektoren Elektronik und Genetik in den USA und Schweden: Danach ist die staatliche Politik bei der Emergenz neuer Technologien von großer Bedeutung (vgl. CARLSSON / JACOBSSON 1997: 266 ff.). In die gleiche Richtung geht die Untersuchung von COSTELLO, die das Produktivitätswachstum von fünf Branchen in sechs Ländern vergleicht. Ihre Ergebnisse demonstrieren eine stärkere Korrelation über die Branchen in einem Land als über die Länder in einer Branche (vgl. COSTELLO 1993: 207 ff.). Eine weitere Untersuchung von PATEL / PAVITT kommt ebenso zum Schluss, dass die technologische Kompetenz von Unternehmen stark von dem nationalen Innovationssystem abhängt (vgl. 1999: 94 ff.). PIANTA unterstreicht in seiner Studie den Zusammenhang zwischen der Ausgestaltung des nationalen Innovationssystems und der jeweiligen sektoralen Spezialisierung für entwickelte Volkswirtschaften (vgl. 1999: 49 ff.). ARCHIBUGI / MICHIE (1997: 130) fassen die Diskussion um die Interaktion sektoral- und landesspezifischer Determinanten im Innovationsprozess treffend zusammen: „it appears to be the case, rather, that both technology-specific and nation-specific factors shape the innovative process. The organization of industry tends to be technology-specific, while the impact of innovation is heavily influenced by the overall national economic environment. [...] What differentiates countries is not their methods of production in certain industries, but their relative strengths and weaknesses across industries."

Insgesamt ist die Thematisierung von sektoralen Innovationssystemen nicht als ein Substitut der nationalen Betrachtung anzusehen, sondern die beiden Betrachtungsweisen stehen komplementär zueinander und sind je nach Forschungsansatz in der einen oder anderen Ausprägung zu wählen (vgl., GUERRIERI / TYLECOTE 1997: 107 ff., HOWELLS 1999: 76, SCHOSER 1999: 34 ff., FRITSCH 2000a: 105).

3.2.4.4 Die Diskussion um globale Innovationssysteme

Gerade in Zeiten der Globalisierung ist es denkbar, dass die globale und die supranationale Ebene größere Relevanz für den Innovationsprozess als die nationale Ebene haben. Die Globalisierung führt durch eine schnelle Diffusion von Wissen zu einer fortschreitenden Konvergenz der nationalen Innovationssysteme, was die Redundanz der nationalen Innovationssysteme zur Folge hat (vgl. SAVIOTTI 2000: 20).

Diese These wird auch von Vertretern der nationalen Innovationssysteme anerkannt: „It is a safe bet that there will be increasing internationalization of these aspects of technology" und weiter „[i]t is also a good bet that differences across firms stamped into them by national policies, histories, and cultures will diminish in importance" NELSON (1996: 402 f.). Mit dem gleichen Tenor kann auch LUNDVALL (1992: 15) zitiert werden: „the process of innovation has increasingly become multinational and transnational". Als Gründe für die Emergenz eines supranationalen Innovationssystems werden neben dem Entstehen einer *global culture* und der höheren Aufmerksamkeit der Manager zur Internationalisierung ihrer Unternehmen auch die wachsende Anzahl an F&E-Kooperationen herangezogen (vgl. NELSON 1996: 403).

Um die Bedeutung der globalen Dimension im Innovationsprozess besser analysieren zu können, bietet sich die Einteilung nach ARCHIBUGI / MICHIE an (vgl. 1997: 131). Dabei wird die Techno-Globalisierung in die drei Kategorien globale Ausnutzung der Technologie, globale technologische Kooperationen und globale Technologiegenerierung eingeteilt.

Durch Exporte, technische Hilfestellungen, Lizenzen oder durch die weltweite Patentierung kann die Technologie in einem globalen Umfang monetär verwertet werden. HUMBERT sieht die globale Ausnutzung der Technologie als weltwirtschaftliche Realität an: Nach den diesbezüglichen Statistiken kann zumindest in den Triaderegionen von einer grenzüberschreitenden Diffusion von Technologie und einer universellen Verfügbarkeit der Technologien ausgegangen werden (vgl. HUMBERT 1998: 84 ff.).

Ähnliches gilt für die internationale Zusammenarbeit bei der Innovationsgenerierung. So weist die Anzahl internationaler, strategischer Technologieallianzen auf einen zunehmend globalen Charakter des Innovationsprozesses hin. Wurden 1980 noch 209 solcher Kooperationen registriert, waren es im Jahr 1998 bereits 564. Gleiches gilt für internationale Kollaborationen im wissenschaftlichen Bereich, die sich – gemessen an den Veröffentlichungen von zwei Forschern unterschiedlicher Nationalität – von 1986 bis 1997 um fast 114 % von 35.700 auf 76.200 Artikel erhöhten (vgl. NATIONAL SCIENCE BOARD 2000: 6-48, A-119). ARCHIBUGI / MICHIE fassen zusammen, dass es bezüglich der Existenz der ersten beiden Arten der technologischen Globalisierung kaum mehr wissenschaftliche Kontroversen gibt (vgl. 1997: 131).

Die dritte Kategorie, die globale Technologiegenerierung, bezieht sich hauptsächlich auf diesbezügliche Aktivitäten multinationaler Unternehmen (vgl. MCKELVEY 1991: 119). Wird sich diesem Themenkreis über die amerikanischen F&E-Ausgaben im Ausland (1985–1996: +384 %) bzw. den ausländischen F&E-Investitionen in den USA (1985–1996: +327 %) angenähert, so unterstützen diese Indikatoren die These der Globalisierung des Innovationsprozesses:

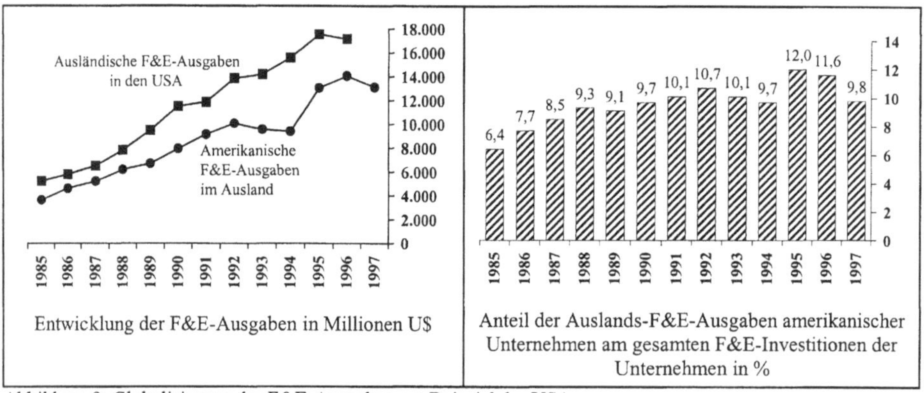

Abbildung 9: Globalisierung der F&E-Ausgaben am Beispiel der USA
Quelle: NATIONAL SCIENCE BOARD 2000: A-122, A-123 und A-125

Fraglich ist nur, ob es durch diese Steigerungsraten bereits gerechtfertigt ist, von weltweiten Forschungsaktivitäten der Unternehmen auszugehen. Bei einer Relativierung der amerikanischen F&E-Ausgaben im Ausland mit den im Inland getätigten Investitionen in F&E zeichnet sich ein modifiziertes Bild ab: Dieser Anteil erhöhte sich zwischen 1985 und 1997 von 6,4 % auf 9,8 %. Statt eines konstanten Aufwärtstrends dieses Indikators sind seit 1995 wieder rückläufige Anteile zu verzeichnen (vgl. Abbildung 9). Insgesamt bedeutet dies, dass 90 % der Forschung von amerikanischen Unternehmen im Inland betrieben wird. Der

Anteil ausländischer F&E-Ausgaben in den USA zeigt ähnliche Tendenzen. Dies steht im Einklang mit den Ergebnissen von PATEL: Eine Untersuchung der 500 größten Unternehmen zeigte eine dominierende Lokalisation der F&E im Heimatland des Unternehmens (vgl. PATEL 1995: 141 ff.). Damit kann bei einer relativierten Betrachtung keineswegs eine Globalisierung der Forschungsaktivitäten abgeleitet werden.

Im Zuge der Globalisierungsthese des Innovationsprozesses wird auch auf den Niedergang des Staates als Regulationsinstanz verwiesen. Im Gegensatz dazu führen BERNAUER (vgl. 1997: 49 ff.) und PORTER[51] (vgl. 1991: 635 ff.) aus, dass nicht von einem Verschwinden der nationalen Ebene in absehbarer Zeit auszugehen ist. Innovationsfördernde Determinanten werden nach wie vor durch die nationale Ebene beeinflusst. Darüber hinaus existiert sogar die These, dass sich mit dem Bedeutungsaufschwung von Wissen und Innovation der nationale Einfluss auf das Innovationsverhalten national ansässiger Unternehmen infolge der Pfadabhängigkeit und der Wichtigkeit kodifizierten Wissens vergrößert. Die Intervention des Staates in die Innovationsgenerierung geht weit über direkte Subventionen für F&E hinaus, da sich dieses Förderinstrument von Ländern ähnlicher Finanzkraft leicht imitieren lässt. Unlenkbarer zu adaptieren sind länderspezifische Ausprägungen der Bildungsinfrastruktur, der Industriestruktur, der Infrastruktur oder der Beziehungen zwischen den Akteuren im nationalen System. Dadurch kann eine innovative und dynamische Industrieumwelt kreiert werden, die einen dauerhaften Vorteil darstellt (vgl. ARCHIBUGI / MICHIE 1997: 133).

NELSON / ROSENBERG (1993: 18) unterstreichen die existierenden Differenzen zwischen den Ländern, die das jeweilige Innovationsverhalten determinieren: „Japanese firms in the semiconductor business tend to be different than American, German, or French firms. The university systems are different and play different roles in the national R&D systems." Als Gründe für diese länderspezifischen Unterschiede in der Innovativität werden die Kultur, Traditionen, Sprache, gemeinsames Wissen und Problemlösungsverhalten, etablierte Routinen, Gesetze, formale Institutionen und Geschichte angeführt[52] (vgl. NELSON 1996: 408, HUMBERT 1998: 96). In der weiteren Definition der Innovationssysteme sind die verschiedenen Ausprägungen des Finanzsystems, der Arbeitgeber-Arbeitnehmer-Beziehung (Gewerkschaften), der allgemeinen wirtschaftlichen Situation, der Handelspolitik, der Staatsaktivität oder der Nachfrage in die Analyse mit einzuschließen, die in der zeitlichen Perspektive als „geronnene Form" informeller Institutionen anzusehen sind. So kommt SCHOSER zum Ergebnis, dass zwar internationale Einflüsse auf das formelle, nationale Institutionensystem (Finanzmarkt) bestehen, es aber dennoch vornehmlich national geprägt ist (vgl. 1999: 8 ff.).

Die regionalen Integrationsbestrebungen in Europa gelten weltweit als die am weitesten fortgeschrittenen, so dass diese Region hinsichtlich des Verhältnisses der nationalen und supranationalen Ebene als ein besonderer Forschungsraum gilt. Unzweifelhaft ist es inzwischen durch die zahlreichen EU-Institutionen zu einer Entstehung eines europäischen Innovationssystems gekommen (vgl. CARACOSTAS / SOETE 1997: 395 ff.). PAVITT / PATEL

---

51 „Der Wettbewerbsvorteil wird durch einen stark ortsbedingten Vorgang geschaffen und erhalten. Unterschiede in den nationalen Wirtschaftsstrukturen, Wertvorstellungen, Kulturen, Institutionen und geschichtlichen Gegebenheiten tragen entscheidend zum erfolgreichen Wettbewerb bei. Die Rolle des Heimatlandes ist dabei anscheinend so stark wie eh und je. Es könnte den Anschein haben, als machte die Globalisierung das Land unwichtiger, doch offenbar wertet sie es noch auf" (PORTER 1991: 39).

52 Dazu bemerkt NELSON (1996: 402): „nationhood matters and has a persuasive influence. In all these cases, a distinctive national character pervades the firms, the educational system, the law, the politics, and the government, all of which have been shaped by a shared historical experience and culture."

beurteilen das europäische Innovationssystem jedoch als rudimentär ausgeprägt, da das F&E-Budget der EU sehr klein und die F&E-Netzwerke sowie die private F&E zum großen Teil auf das Heimatland beschränkt sind (vgl. PAVITT / PATEL 1999: 114 f.). Dennoch ist bei einer fortschreitenden Integration in der EU eine Konvergenz der nationalen Innovationssysteme möglich (vgl. LUNDVALL / TOMLINSON 2000: 27).

SAVIOTTI entgegnet der Konvergenzthese der nationalen Innovationssysteme, indem er darauf aufmerksam macht, dass Innovationen als Basis des kapitalistischen Systems nicht räumlich gleichmäßig verteilt auftreten. Vielmehr kommt es infolge der Bedeutung von *tacit knowledge* zu unterschiedlichen Entwicklungen einzelner räumlicher Einheiten. Des Weiteren weisen die Netzwerke von Institution in den nationalen Innovationssystemen eine gewisse Persistenz und einen nationalen Charakter auf. Beides kann durch Kräfte der Globalisierung nicht ohne weiteres erodiert werden; Kulturen können sich zudem nur sehr langsam verändern. Gleichzeitig wird sich nach SAVIOTTI im Zuge der Globalisierung der Spezialisierungsgrad der Volkswirtschaften erhöhen. Dies führt durch die variierenden Anforderungen der Spezialisierung zu einzigartigen Entwicklungspfaden und Institutionen und damit zu divergierenden nationalen Innovationssystemen[53] (vgl. SAVIOTTI 2000: 20 ff.).

Die bisherigen Argumentationen gegen ein Verschwinden der nationalen Ebene zielen auf eine Relativierung der Bedeutung der Globalisierung bzw. der Konvergenzthese ab. Ein zweiter Ansatzpunkt, wie mit diesem Einwand umgegangen wird, ist eine Integration dieser These in die Konzepte der nationalen Innovationssysteme:

Die Globalisierung des Innovationsprozesses wird von den Vertretern des nationalen Innovationssystems nicht negiert, sondern integriert, indem beispielsweise BELLON / NIOSI von offenen Innovationssystemen sprechen (vgl. 1994: 173 ff.). NELSON verweist in diesem Kontext auf das Lernen oder Kopieren von dominanten Organisationsdesigns im Institutionenaufbau aus anderen Ländern (vgl. 1993: 18). „All NSIs [National Systems of Innovations, A. d. V.] are open to a different degree, and [...] the links between national systems and the dynamics of their interdependence are keys to understand their national characteristics" (BELLON / NIOSI 1994: 190). In die gleiche Richtung argumentiert FREEMAN, der trotz Kompetenzverlagerung auf die supra- und subnationale Ebene die Bedeutung der nationalen Ebene hervorhebt. Dennoch sollte das spezifische nationale Innovationssystem mit anderen nationalen Innovationssystemen und multinationalen Unternehmen interagieren (vgl. FREEMAN 1997: 35 ff.). LUNDVALL / JOHNSON ET AL. (2001: 8) kommen in diesem Kontext zum pragmatischen Ergebnis, dass „[a]s long as nation states exist as political entities with their own agendas related to innovation, it is *useful* to work with *national* systems as analytical objects."

Dementsprechend ist ein nationales Innovationssystem kein monolithischer und durch die nationalen Grenzen abgeschlossener Block. Vielmehr sind poröse Grenzen und internationale Einflüsse zur Belebung des nationalen Innovationssystems erwünscht, um so seine Flexibilität und Innovationskraft zu erhöhen. Hierin liegt auch die große Stärke der Ansätze zu nationalen Innovationssystemen, welche die Offenheit und Interaktion mit dem Umsystem verarbeiten können. Dies stellt eine wichtige Weiterentwicklung des PORTER'SCHEN Diamanten dar, der infolge der unklaren räumlichen Dimension und der vernachlässigten gegenseitigen

---

[53] „In the real world the state and public sector are rooted in national states, and their geographical sphere of influence is defined by national borders. The focus upon national systems reflects the fact that national economies differ regarding the structure of the production system and regarding the general institutional set-up" (LUNDVALL 1992: 13).

Beeinflussung der länderspezifischen Diamanten scharf kritisiert wird (vgl. CHO / MOON 2000: 99 ff.). HUMBERT ist der Auffassung, dass gerade die zwischen nationalen Innovationssystemen stattfindenden Interdependenzen mehr Wandel und radikale Innovationen hervorbringen als unabhängige, eigenzentrierte Innovationssysteme (vgl. 1998: 102 ff.). Obwohl die sektoralen und globalen Verflechtungen eine Rolle im Innovationsprozess spielen, ist es dennoch die nationale Ebene, die eine überragende Beeinflussungsfunktion ausübt. So kommen auch GREGERSEN / JOHNSON ET AL. (1994) in ihrer Analyse zum Schluss, dass „[n]ational boundaries still matter for defining innovation systems because they reflect entities where specific learning processes and institutional building takes place and evolves" (zitiert nach CARACOSTAS / SOETE 1997: 413). Zu einem ähnlichen Schluss kommt auch MONTRESOR bei seiner Analyse des Verhältnisses von technologischen Systemen und deren räumlicher Ausdehnung (vgl. 2001: 399 ff.). Kongruent dazu sind auch die Analysen von PAVITT / PATEL (1999: 111), die technologische Wettbewerbsfähigkeit von Unternehmen mit den nationalen Innovationssystemen verbinden: „Private firms' innovative activity will not become globalised, state functions and activities will continue to be essential, national systems of innovation will not converge, and the European systems of innovation will be slow to emerge."

Nach diesen Ausführungen ist zu konstatieren, dass die globale Ebene im Innovationsprozess aktuell noch nicht eine die nationale Ebene verdrängende Bedeutung erlangt hat. Die supranationale Ebene ist wie eine sektorale Betrachtungsweise als komplementär zu den nationalen Innovationssystemen zu interpretieren.

Neben diesen Innovationssystemen entwickelte sich noch ein *bottom-up*-Ansatz zur Innovationsgenerierung, der die (subnationale) Region in den Fokus stellt. DE LA MOTHE / PAQUET begründen dies damit, dass auf der einen Seite die nationale Perspektive zu makroskopisch angelegt ist, um die ablaufenden Interaktionen zwischen Unternehmen und Umwelt zu erfassen. Innovativität[54], ökonomisches Wachstum[55] oder positive Beschäftigungseffekte sind nicht gleichmäßig über die Volkswirtschaft verteilt, sondern konzentrieren sich aus verschiedenen Gründen in gewissen Regionen. Auf der anderen Seite ist nach Meinung der Autoren eine Analyse auf der Ebene der Unternehmen zu mikroskopisch (vgl. DE LA MOTHE / PAQUET 1998A: 107 ff., DE LA MOTHE / PAQUET 2000: 33). Im Folgenden gilt es, diese pauschalen Argumente für die Notwendigkeit einer regionalen Perspektive theoretisch zu fundieren und die wesentlichen Aspekte eines regionalen Innovationssystems herauszustellen.

---

[54] PACI / USAI kommen bei ihrer Patentanalyse in der EU zum Ergebnis, dass die Innovationsaktivität in den 109 untersuchten Regionen stark konzentriert ist. Die Unterschiede in einem spezifischen Land bei den Patenten pro Einwohner weisen signifikante Differenzen auf: In Baden-Württemberg sind es 189 Patente pro eine Million Einwohner, während es in Bremen nur 42 pro Jahr sind. In Holland betragen die beiden Extrema 163 und 37, in Frankreich 156 und 17, in Italien 55 und 1 sowie in Großbritannien 81 und 8 (vgl. PACI / USAI 2000: 97 ff.). Vgl. zu interregionalen Innovationsunterschieden auch FRITSCH (2000a: 409 ff.).

[55] Eine Analyse des Pro-Kopf-BIP relativ zum EU-Durchschnitt ergibt, dass sich die Spannweite der Länder in der EU von Griechenland mit 66 % bis zu 114 % in Belgien erstreckt (ohne Luxemburg). Werden die EU-Regionen auf der NUTS-III-Ebene untersucht, vergrößern sich die Disparitäten auf 353 % (Frankfurt am Main) und einer griechischen Region, die unterhalb von 40 % des europäischen Durchschnitts liegt. Aber auch innerhalb von Deutschland sind ähnlich starke Unterschiede festzustellen, da auch hier Regionen existieren, die weniger als 50 % des EU-Durchschnittseinkommens haben (vgl. DUNFORD / SMITH 2000: 169 ff.).

3.3 Die regionale Dimension von Innovationssystemen

Unter dem Eindruck der Globalisierungsprozesse konstatieren einige Autoren das „Ende der Geographie", da der Raum durch die vom Strukturwandel initiierte Raum-Zeit-Kompression keine Rolle mehr spielt. Unternehmen agieren zusehends standortlos (*disembedding*) und tragen zu einem Bedeutungsverlust des Lokalen bei (vgl. LÄPPLE 1999: 11 ff.). Jedoch gilt diese einfache Fortschreibung der auf der Globalisierung basierenden Entwicklungen in der Literatur als überholt. Vielmehr setzt sich eine differenzierte Diskussion zur „Glokalisierung" durch, die neben der globalen Ausdehnung der Interdependenzen auch eine lokale Komponente bemerkt (vgl. BAUMANN 1996: 658, KRÄTKE 1995: 217, KUJATH 1998: 18 ff., LÄPPLE 1998: 69 ff., AUDRETSCH / WEIGAND 1999: 129 ff.). Folglich kommt OHMAE zum Schluss, dass Regionen mit fünf bis zwanzig Millionen Einwohnern die eigentliche Betrachtungsebene für wirtschaftliche Aktivitäten seien (vgl. 1993: 78 ff.). Ein Inwertsetzen lokaler Besonderheiten führt zu einer „Rückbettung" der Ökonomie ins Lokale, woraus die dort angesiedelten Unternehmen Wettbewerbsvorteile generieren können (vgl. LÄPPLE 1999: 11 ff.).

Folgerichtig etablierten sich in der jüngeren Vergangenheit Ansätze zum regionalen (subnationalen) Innovationssystem, die konzeptionell und theoretisch auf den nationalen Innovationssystemen und regionalökonomischen Ansätzen basieren (vgl. COOKE 1998: 2 ff., DE LA MOTHE / PAQUET 1998a: 106 ff., EGELN / SPIELKAMP 1998: 78, MULLER 2001: 42, KOSCHATZKY 2001a: 184 ff.). Die Wiederentdeckung der *Industrial Districts* von MARSHALL (1920, MAILLAT 1998), die Theorie der flexiblen Spezialisierung von PIORE / SABEL (1989), die Cluster von PORTER (1999, 2000A), der Ansatz der neuen soziologischen Ökonomie (*social embeddedness*) von GRANOVETTER, die innovativen Milieus der GREMI (CAMAGNI 1991), der regionale Netzwerkansatz[56], die lernende Region von FLORIDA (1995) und der Technopol-Ansatz von CASTELLS / HALL (1994) ließen in den vergangenen Jahren die Region als eigenständige Untersuchungseinheit des Innovationsprozesses in den Fokus rücken[57] (*„regions matter"*). Diese aufgeführten regionalökonomischen Ansätze können als partielle Elemente eines regionalen Innovationssystems interpretiert werden und begründen gleichsam die Bedeutung der Region als Untersuchungseinheit (vgl. EGELN / SPIELKAMP 1998: 78).

Empirisch ist die Bedeutung von subnationalen Einheiten im Innovationsprozess dadurch begründet, dass Wissensexternalitäten nach einer Untersuchung von ZUCKER / DARBY ET AL. räumlich auf einen 50 bis 100 Kilometer großen Umkreis beschränkt bleiben (vgl. 1998: 290 ff.). Dies steht im Einklang mit der Analyse von ANSELIN / VARGA ET AL., bei der sich universitäre Forschungs-Spillover 75 Meilen ausdehnen können, während es bei der privaten Forschung nur 50 Meilen sind (vgl. 1997: 11). Beispiele solcher Regionen mit einer besonderen großen Innovationskraft sind die von SAXENIAN (1994) untersuchten Regionen Silicon Valley und Route 128 in den USA, Cambridge in Großbritannien (vgl. KEEBLE / LAWSON ET AL. 1999: 319 ff.), Sophia-Antipolis in Frankreich (vgl. LONGHI 1999: 333 ff.) oder München in Deutschland (vgl. STERNBERG / TAMÁSY 1999: 367 ff.).

---

[56] Die folgende Betrachtung beschränkt sich ausschließlich auf organisatorische Netzwerke, die von den physischen Netzwerken (Infrastrukturnetzwerke) zu differenzieren sind.

[57] Daneben existieren noch weitere regionalwissenschaftliche Ansätze wie die Theorie der Entwicklungspole von PERROUX, die von LASUÉN in seiner regionalen Ausprägung weiterentwickelt wurde und dem PORTER'SCHEN Cluster-Ansatz sehr ähnelt, die Ausführungen von MYRDAL zur regionalen Polarisation oder die an MYRDAL anschließenden Erklärungen zur regionalen Konzentration von KRUGMAN (vgl. SCHÄTZL 1996: 154 ff., 175 ff.).

Im Zuge der empirischen Ergebnisse der innovationsorientierten Regionalwissenschaften ist in einem zunehmenden Maß eine Reaktion der Politik in Form von Programmen zur regionalen Innovationsförderung zu konstatieren (vgl. auch GENOSKO 1999: 97 ff.). Aufbauend auf den Erfahrungen des 1999 initiierten BMBF-Wettbewerbs „InnoRegio“ wurde im März 2001 die Förderrichtlinie zu „innovativen regionalen Wachstumskernen“ erlassen (vgl. BMBF 2001b). Eine weitere Maßnahme der regionalen Förderung mit jährlich 30 Millionen DM stellt der EXIST-Wettbewerb und der 1996 durchgeführte BioRegio-Wettbewerb dar. Die Gewinnerstädte des EXIST-Wettbewerbs Dresden, Ilmenau / Jena / Schmalkalden, Karlsruhe / Pforzheim, Stuttgart und Wuppertal / Hagen zeichnen sich dabei durch eine besondere Kooperationsdichte zwischen Universitäten, Unternehmen und anderen Partnern aus. Die öffentliche Förderung und Errichtung von Technologiezentren sind als eine weitere Implementierung regionalwissenschaftlicher Forschungsarbeiten zu interpretieren. Auf europäischer Ebene etablieren sich ähnliche Regionen unterstützende Projekte (*Regional Innovation and Technology Transfer Strategies and Infrastructures* oder *Regional Innovation Strategies*) (vgl. KOSCHATZKY 2001b: 12 ff.).

3.3.1 Regionalwissenschaftliche Ansätze als Erklärungsvariablen im regionalen Innovationssystem

Die regionalwissenschaftlichen Ansätze repräsentieren sowohl eine detaillierte theoretische Begründung für das Aufkeimen der Regionen und der dort spezifisch ablaufenden Prozesse als auch die Basis für den Ansatz der regionalen Innovationssysteme. Grob können sie in die drei verschiedenen Kategorien regionalökonomische, sozialräumliche und handlungsbasierte Ansätze unterteilt werden.

3.3.1.1 Regionalökonomische Ansätze: Industrial District und Cluster

Bei der Untersuchung der Zusammenhänge zwischen Globalisierung und gleichzeitiger Aufwertung des subnationalen Raums kann bis auf den Standorttheoretiker ALFRED WEBER zurückgegangen werden, der Agglomerationseffekte – neben Transportkosten und räumlich differenzierten Lohnkosten – in seine Analyse der optimalen Standortwahl mit einbezog. Die Ansiedelung von mehreren Betrieben derselben Branche führt zum Erreichen der kritischen Menge und einem verbesserten Zugang zu einem speziellen Arbeitskräftereservoir und spezialisierten Zuliefer- und Vertriebsnetzen, was den Unternehmen externe Ersparnisse (*localisation economies*) ermöglicht. Daneben existieren *urbanisation economies*, die aus dem Vorhandensein von Unternehmen verschiedener Branchen resultieren, was eine gut funktionierende, materielle und institutionelle Infrastruktur nach sich zieht sowie branchenübergreifende Kooperationen ermöglicht (vgl. SCHÄTZL 1996: 32). Aus den aufgezählten Effekten wird deutlich, dass sich dahinter nicht nur kostenwirksame Ersparnisse ergeben: Wie in den Innovationstheorien gezeigt, sind auch die innovationsfördernden Elemente Humankapital, Institutionen, Infrastruktur und Kooperationen in der räumlichen Nähe von Unternehmen inhärent enthalten. Im Einklang dazu vermutete MARSHALL, dass sich in einem urbanen Raum aufgrund der räumlichen Konzentration ein interdependentes Wirkungssystem von Betrieben bildet, welches die Innovationsfähigkeit der dort beheimateten Unternehmen tangiert (vgl. HAUSMANN 1996: 35 f.). So wird die Existenz von innovationsförderlichen Agglomerationsvorteilen von FRITSCH (vgl. 2001b) empirisch nachgewiesen.

MARSHALLS Arbeiten haben den Grundstein für die moderne, räumlich orientierte Innovationsforschung gelegt und haben das zeitgenössische Denken wie das der räumlichen Innovationssysteme befruchtet. Bereits MARSHALL hat implizit die Bedeutung von Innoation, Diffusion, Lernprozessen und deren räumlicher Dimension erkannt: „Die Geheimnisse der Industrie sind nicht länger Geheimnisse, sie liegen sozusagen in der Luft und die Kinder erlernen unbewußt viele von ihnen. Gut gemachte Arbeit wird sofort anerkannt und man diskutiert unverzüglich über die Verdienste der Erfindungen und der an Maschinen, Verfahren und an der allgemeinen Organisation der Industrie vorgenommenen Verbesserungen: wenn jemand eine Idee hat, wird sie sofort von anderen übernommen und mit ihren eigenen Anregungen verbunden, sie wird somit zur Quelle weiterer neuer Ideen“ (zitiert nach MAILLAT 1998: 5). Gebietsgebundene Ressourcen in Verbindung mit „a complex and tangled web of external economies and diseconomies [...] of historical and cultural vestiges, which envelops both inter-firm and interpersonal relationships" fasst MARSHALL mit der Bezeichnung *Industrial District* zusammen (zitiert nach HAUSMANN 1996: 35). Neben der kulturellen Verwurzelung mit einem Gebiet und den Lokalisationsvorteilen sind Industriedistrikte durch kleine Betriebe[58] mit flexiblen Produktionsstrukturen und einem hohen Grad an Spezialisierung charakterisiert. PIORE / SABEL postulieren das Paradigma der flexiblen Spezialisierung infolge der computertechnischen Möglichkeiten bei der Produktion, der Sättigung der Massenmärkte in Verbindung mit einer Individualisierung der Nachfrage in einem dynamischen Umfeld, was schnelle Reaktionszeiten und Veränderungsfähigkeit seitens der Unternehmen bedingen. Um diese flexible Spezialisierung zu erreichen, sind neben Unternehmenskollaborationen, vertikaler Desintegration, Vertrauen und soziale Solidarität auch typisch MARSHALL'SCHE *external economies* die Voraussetzung, so dass die Region hundert Jahre nach den *Industrial District* wieder die Basis der Logik der postfordistischen Produktion ist (vgl. PIORE / SABEL 1989: 286 ff.). Als Beispiele für Industriedistrikte können das Dritte Italien (Emilia Romagna) oder Reutlingen mit dem Textilsektor genannt werden (vgl. SCHÄTZL 1996: 210 f., STABER 2001: 329 ff.).

Der Cluster-Ansatz steht in der gleichen Tradition wie die Industriedistrikte, da er ebenfalls auf primär ökonomischen Erklärungsfaktoren basiert, die eine betriebsexterne, industrielle Atmosphäre mit einer begrenzten räumlichen Reichweite generieren. „Clusters are networks of independent firms, knowledge-producing institutions (universities, research institutes, technology-providing firms), bridging institutions (e. g. provider of technical or consultancy services) and customers, linked in a production chain which creates added value" (OECD 1999a: 56). Cluster repräsentieren insofern eine entscheidende Erweiterung der *Industrial Districts*, als sie explizit auf den wertschöpfungssteigernden Effekt durch die unternehmensextern begründete Innovationsgenerierung abheben und nicht nur auf der Kostenminimierung verharren. Ferner werden sowohl verschiedene Institutionen als auch die Interaktion mit den Kunden in den Vordergrund gestellt. Damit geht eine zunehmende Komplexität der Beziehungen und Verflechtungen in einer Region einher, weil sich die Anzahl der innovationsrelevanten Akteure weiter erhöht. Nach PORTER ist ein Cluster eine räumliche Konzentration von Unternehmen in einem bestimmten Wirtschaftszweig, die durch einen besseren Zugang zu Mitarbeitern, Lieferanten, Kunden, speziellen Informationen, Institutionen und öffentlichen Leistungen eine höhere Motivation und bessere Vergleichsmaßstäbe besitzt: Aus diesen Gründen können Cluster-interne Unternehmen schnellere Produktivitätsfortschritte und Innovationen als Firmen außerhalb des Clusters generieren. Diese Prozesse werden durch innovative Unternehmensgründungen unterstützt, die von Clustern als dritter Erfolgsaspekt neben dem Produktivitätsfortschritt und der Innovationsgenerierung gefördert werden (vgl. PORTER 1998b: 7 ff., 1999: 51 ff.).

---

58 Kleine und mittlere Unternehmen werden in der regionalökonomischen Literatur häufig als Keimzellen von Innovationen angesehen, so dass eine differenzierte Betrachtungsweise des Zusammenhangs Unternehmensgröße und Innovationskraft angebracht ist (vgl. auch ELßER 1991, FRISCH 1993).

Während MARSHALL und PORTER den Informationsfluss und Wissenstransfer zwischen Betrieben gleicher Branchen hervorheben, kommt JACOBS bei ihrer empirischen Studie über die Entwicklung von nordamerikanischen Großstädten zum Schluss, dass hauptsächlich die Interaktion zwischen Betrieben unterschiedlicher Branchen zu Innovationen führt (vgl. JACOBS 1970: 55 ff.). Alle drei Forscher sind jedoch der Auffassung, dass die Region die relevante räumliche Dimension bei der Generierung von dauerhaften Wettbewerbsvorteilen infolge von Lokalisationsvorteilen, niedrigeren Transaktionskosten und Innovationen ist.

3.3.1.2 Sozialräumliche Ansätze: Social Embeddedness, innovatives Milieu und (regionale) Innovationsnetzwerke

Die sozialräumlichen Ansätze setzen an der bisherigen Ausklammerung von nicht-ökonomischen Faktoren an, obwohl gerade diese die Verzahnung und Wissensteilung von Unternehmen begünstigen. GRANOVETTER führt ausgehend von der Kritik an den neoklassischen Agglomerationsansätzen, welche die soziale Dimension im ökonomischen Prozess vernachlässigten, das Konzept des *embedding* ein. Ökonomisches Agieren wird durch die sozialen Strukturen determiniert, die von Partnerschaft, Loyalität, Ethik und gegenseitigem Vertrauen geschaffen werden. Räumliche Nähe ermöglicht infolge von *face-to-face*-Kontakten den Aufbau von Vertrauen und ist insbesondere bei Lernprozessen sowie der Weitergabe von *tacit knowledge* unersetzlich (vgl. GRANOVETTER 1985: 481 ff.).

Der von der GREMI entwickelte Ansatz des innovativen Milieus kann in diesem Kontext als eine räumliche Interpretation der *social embeddedness* betrachtet werden. Zudem integriert dieser Ansatz Elemente des evolutionsökonomischen Paradigmas, der räumlichen Dimension und der Innovationsnetzwerke[59] (vgl. CAMAGNI 1991b: 122). „An innovative 'milieu' may be defined as the set, or the complex network of mainly informal social relationships on a limited geographical area, often determining a specific external 'image' and a specific internal 'representation' and the sense of belonging, which enhance the local innovative capability through synergetic and collective learning processes" (CAMAGNI 1991a: 3). Ein entscheidender Unterschied zum *Industrial District* und Clustern ist, dass ein innovatives Milieu nicht durch staatliche Eingriffe oder den Institutionenaufbau kultiviert werden kann, sondern dass es nur sehr bedingt in Bezug auf seine Fähigkeit zur Innovationsgenerierung beeinflussbar ist. Eine regional ausgelegte Innovationspolitik würde nach der GREMI ins Leere laufen (vgl. AMIN / ROBINS 1991: 107).

Neben der bereits diskutierten evolutionsökonomischen Innovationstheorie konstituiert sich das innovative Milieu aus einem lokalen Milieu und der Existenz eines Innovationsnetzwerkes. Ein lokales Milieu kann definiert werden „as a set of territorial relationships encompassing in a coherent way a production system, different economic and social actors, a specific culture and a representation system, and generating a dynamic collective learning process" (CAMAGNI 1991b: 130). Zwar ist das lokale Milieu an das Lokale gekoppelt, besitzt jedoch keine festen Grenzen im geographischen Sinn. Die lokale Umgebung von Unternehmen verhilft den Firmen erstens zu einer kollektiven Suche und einem permanenten *screening* der Umwelt nach unternehmensrelevanten Informationen und Entwicklungen (*search function*). Die Region etabliert sich zweitens durch die Unternehmen und wird ihrerseits zu einem Qualitäts- und Reputationssignal für die lokalen Unternehmen (*signalling*). Der lokale Arbeitsmarkt und die Arbeitnehmermobilität sowie Kunden-Produzenten-Strukturen erhöhen drittens das Potenzial eines kollektiven Lernprozesses in

---

[59] Zu dem Unterschied zwischen Innovationsnetzwerken und dem Konzept des Innovationssystems vgl. Abbildung 2.

einem innovativen Milieu (*transcoding function*). Dadurch breiten sich in der Region viertens kollektive Managementstile und Entscheidungsroutinen aus, die vor allem bei der Entscheidung über die Durchführung und Identifizierung von Innovationsprojekten eine besondere Bedeutung haben (*selection function*). Als fünfte Funktion des lokalen Milieus ist die Überprüfung der getroffenen Entscheidung durch einen informellen Prozess aufgrund interpersoneller Beziehungen zu nennen (*control function*) (vgl. CAMAGNI 1991b: 130 f.). CAMAGNI / CAPELLO fassen die Funktionen eines lokalen Milieus in der folgenden Tabelle zusammen:

Functions **Conditions**	*Reduction of Uncertainty*	*Durable substratum for collective learning*
Geographical proximity	▪ Information collection ▪ Vertical integration with 'filierès' ▪ Local signalling (collective marketing)	▪ Labour turnover inside the milieu ▪ Imitation of innovation practices
Relational Proximity	▪ Trust, achieved among partners ▪ Co-operation in strategic decision-making ▪ Risk sharing among partners ▪ And, in some cases mutual assistance and consensual sharing of the value chain	▪ Co-operation in industrial projects ▪ Tacit transfer of knowledge ▪ Public / private partnership in complex development schemes

Tabelle 5: Funktionen des lokalen Milieus
Quelle: CAMAGNI / CAPELLO 2000: 123

Das lokale Milieu fungiert als Kollektiv von Akteuren, die endogen auf die Veränderungen im Marktumfeld reagieren und Innovationen dank der kognitiven Fähigkeiten des Milieus hervorbringen (vgl. MAILLAT 1998: 3). Deutlich wird bei diesem Prozess, dass im Gegensatz zu den geschlossenen, spezialisierten *Industrial Districts* das innovative Milieu „nach außen auf das Technologie- und Marktumfeld hin offen ist und Know-how, Regeln, Normen und Werte sowie ein Beziehungskapital integriert" (MAILLAT 1998: 7). Das innovative Milieu resultiert aus mehr als der endogenen Logik, da es auch Ergebnis der Interaktion mit der Außenwelt ist, was zu einem permanenten Anpassungs- und Evolutionsprozess führt[60]. Aus diesem Grund betont das innovative Milieu die dynamische, evolutionäre Rolle des Lokalen als Generator von innovativem Verhalten infolge kollektiver Lernprozesse, der Bewältigung der der Innovationsgenerierung inhärenten Unsicherheit und der Existenz eines innovationsförderlichen Klimas in der Region. Dagegen betonen die ökonomisch basierten Ansätze Transaktionskosten und die auf der räumlichen Nähe beruhenden *external economies* aus einem statischen Kontext heraus (vgl. CAMAGNI 1991a: 2 f.).

Trotz des Vermögens des lokalen Milieus, Unsicherheit im Innovationsprozess zu reduzieren, reicht dies alleine nicht aus, sich dem turbulenten Umfeld zu stellen, so dass in das innovative Milieu der Netzwerkansatz als weiterer Operator eingeführt wird. Ein Netzwerk ist dabei „a closed set of selected and explicit linkages with preferential partners in a firms's space of complementary assets and market relationships, having as a major goal the reduction of static and dynamic uncertainty" (CAMAGNI 1991b: 135). Im GREMI-Ansatz existieren Netzwerke einerseits im lokalen Milieu und andererseits zur Erhaltung der Offenheit des Systems in Form von transnationalen Netzwerken, deren Basis hauptsächlich Unternehmen sind, die recht formalisierte Beziehungen wie strategische Allianzen und Joint Ventures aufgebaut

---

60 GRABHER führt den Niedergang des jahrzehntelang prosperierenden Ruhrgebietes auf verschiedene *lock-in*-Effekte zurück (vgl. 1993: 255 ff.).

haben. Die Beziehungen im innovativen Milieu selbst sind jedoch wenig formalisiert und haben vorwiegend informellen Charakter (*weak ties* nach GRANOVETTER) (vgl. CAMAGNI 1991b: 135, FRITSCH 2000a: 107). Das innovative Netzwerk ist im Ansatz zum innovativen Milieu die organisatorische Antwort auf die Komplexität des Innovationsprozesses und dient zur Bündelung der lokalen Ressourcen sowie Wissensbestände. Da sich die Diskussion um Netzwerke auch losgelöst von dem Ansatz des innovativen Milieus vollzieht, wird sich im Folgenden von den Autoren der GREMI abgewandt und der Netzwerkansatz als ein eigenständiges Konzept behandelt.

Allgemein bestehen Netzwerke aus sich gegenseitig vertrauenden Akteuren, die untereinander meist langfristige Beziehungen haben und miteinander kooperieren (vgl. KOSCHATZKY 1997: 98). Aus transaktionskostentheoretischer Sicht stellen Netzwerke eine mögliche Art der Koordination auf dem Kontinuum zwischen Markt und Hierarchie dar, die bei spezifischen Interaktionscharakteristika in der Lage sind, Risiko zu teilen, Unsicherheit zu reduzieren sowie die sozialen und ökonomischen Transaktionskosten zu mindern (vgl. GENOSKO 1999: 44 ff.). Die Transaktionen finden innerhalb des Netzwerkes in einer spezifischen Atmosphäre statt, die durch eine bestimmte Kultur des Umgangs miteinander geprägt ist und sich in ungeschriebenen Regeln oder Interpretationen von weichen Verträgen äußert. Häufig übernimmt eine der partizipierenden Institutionen eine Broker-Funktion, die zur Informationsbündelung und Organisation des Netzwerkes dient. Die Broker-Leistungen können in Zusammenhang mit Ausbildung, Finanzierung, Technologieberatung oder der Vermarktung von Produkten stehen. Generelles Problem von Netzwerken ist die Gefahr des opportunistischen Verhaltens einzelner Akteure, welches mit Hilfe der *Principal-Agent*-Theorie analysiert werden kann (vgl. FRITSCH 2000a: 108 ff.).

HÅKANSSON sieht die Haupterklärungsvariable zur Entstehung von Netzwerken in der Notwendigkeit der schnellen Wissensakkumulation von Unternehmen: Diese kann zum einen durch unternehmensexterne Akteure unterstützt werden. Zum anderen entstehen durch die Interaktion mit unternehmensexternen Ressourcen neue Wissenskombinationen. Die so für Unternehmen vorteilhaft gewordenen Netzwerke können durch die drei Basisvariablen Akteure, Aktivitäten und Ressourcen definiert werden. Die Beziehung zwischen den drei Variablen ist in die Dimensionen Macht, Zeit und Wissen eingebettet. Die Aktivitäten und die Ressourcen werden von den Akteuren über die Machtstrukturen im Netzwerk kontrolliert. Die Akkumulation von Wissen ist im Zeitablauf zu sehen, wobei das Netzwerk in der temporalen Entwicklung auch einem Veränderungsprozess unterliegt. Die Interdependenzen zwischen den drei Dimensionen und der dynamische Ansatz bewirken im Netzwerk ein permanentes Fließgleichgewicht zwischen Stabilität und Entwicklung. Für die vorliegende Arbeit ist allerdings die Vernachlässigung der räumlichen Komponente im HÅKANSSON-Netzwerkansatz problematisch (vgl. HÅKANSSON 1989: 15 ff.). OERLEMANS / MEEUS ET AL. bestätigen in ihrer auf HÅKANSSON aufbauenden empirischen Studie den positiven Zusammenhang zwischen der Einbettung in ein Netzwerk und der Innovativität von Unternehmen (vgl. 1998: 298 ff.).

Nach KOSCHATZKY (2001b: 5) können Innovationsnetzwerke definiert werden als „all organizational forms between market and hierarchy which serve for information, knowledge and resources exchange and which help to implement innovations by mutual learning between the network partners." Die Teilnahme von Unternehmen an Innovationsnetzwerken ist einerseits wegen des Zugangs zu Information von großer Bedeutung. Andererseits sind Innovationen das Ergebnis einer Interaktion mehrer Personen (*learning-by-interacting*). Bei dem Konzept des *learning-by-interacting* und dem Transfer von implizitem Wissen wird darauf aufmerksam gemacht, dass die Nähe ein entscheidender Faktor bei der Effizienz des Transferprozesses ist. Nähe begünstigt die Existenz und Akzeptanz von kommunikationsfördernden Aspekten wie Regeln, Normen und Routinen. Der Faktor Nähe kann in eine räumliche, soziale und organisatorische Dimension aufgegliedert werden. Ähnliche persönliche Attribute, Ansichten und Werte, die gleiche regionale Verwurzelung und Identität sowie die Kontakthäufigkeit erleichtern die Übertragung des im Innovationsprozess bedeutenden *tacit knowledge*. Zwar kann durch den *proximity effect* soziale in räumliche Einbettung umgewandelt werden. Dennoch gilt, dass ein „*just being there*" lediglich eine notwendige Voraussetzung für die Interaktion ist und alleine zur Etablierung von Netzwerken und Lernprozessen nicht ausreicht (vgl. HAUSMANN 1996: 99 ff., LAGENDIJK 2001: 141 ff.).

Dementsprechend ist auch der empirische Zusammenhang zwischen räumlicher Nähe und Kooperation äußerst umstritten. In Abhängigkeit von den ausgewählten Regionen und Branchen sind die Ergebnisse heterogen, so dass nicht von einem allgemein gültigen Zusammenhang ausgegangen werden kann. Realität ist vielmehr die Pluralität von regionalen ökonomischen Strukturen, die in der räumlichen Distribution der Interaktionsmuster ihren regionsspezifischen Niederschlag finden. Kritik an diesem Zusammenhang manifestiert sich auch an der Auswahl der Untersuchungsregionen, da meist High-Tech-Regionen mit einem hohen Besatz an F&E durchführenden Institutionen ausgewählt werden, die nicht mit einer „Normalregion" hinsichtlich der ökonomischen Funktionsweisen zu vergleichen sind. Wichtig ist ferner die Beachtung der regional spezifischen Sektoralstrukturen, die sehr unterschiedliche Kooperationsreichweiten zur Folge haben. So relativieren Untersuchungen sowohl im Bereich Biotechnologie- und Genforschung als auch bei der Forschung von Immunsystemkrankheiten den Faktor räumliche Nähe bei der Kooperation (vgl. DEBRESSON / AMESSE 1991, EDQUIST 1998, NORDHAUSE-JANZ / WIDMAIER 1999: 97). BEISE / STAHL (1998) weisen in der vom ZEW durchgeführten Innovationserhebung in Deutschland darauf hin, dass die räumliche Nähe bei der F&E-Kooperation lediglich eine geringe Rolle spielt. Bei der Untersuchung des *outsourcing* im Innovationsprozess kommen LOVE / ROPER (2001: 332) zum Schluss, dass „our analysis provides little evidence supporting the idea that locational factors play a very significant role in determining the level of outsourcing in the innovation process." Die Einbeziehung anderer Partner in den Innovationsprozess bzw. die Teilnahme an einem Innovationsnetzwerk wird von strategischen und organisatorischen Faktoren und nicht von regionalen Charakteristika bestimmt (vgl. LOVE / ROPER 2001: 317 ff.). Nach ALDERMAN (2000) sind vielmehr interne Ausprägungen als die lokale Umgebung im Innovationsprozess von entscheidender Relevanz[61]. Zum gleichen Ergebnis kommen STERNBERG / ARNDT (2001: 364 ff.) sowie FRENKEL / SHEFER ET AL. (2001: 415 ff.), die in ihren empirischen Untersuchungen betriebsinterne Strukturgrößen und nicht regionsspezifische Variablen als dominanten Erklärungsfaktor für die Innovationskraft der Unternehmen ausmachen. Gleichzeitig sind die existierenden Netzwerkbeziehungen kaum regional begrenzt. Die Ergebnisse dieser teilweise von Wirtschaftsgeographen bzw. Regionalforschern durchgeführten Studien weisen stark in die Richtung des STORPER-WALKER-Modells der geographischen Industrialisierung, in dem angenommen wird, dass Unternehmen in der Lage sind, sich ihr eigenes, betriebsnotwendiges, regionales Umfeld zu schaffen (vgl. SCHÄTZL 1996: 209 f.).

---

[61] Für weitere empirische Studien, die eine kritische Haltung zum *proximity effect* einnehmen, vgl. LAGENDIJK (2001: 143 ff.).

Im Gegensatz dazu hebt AGNES für den global agierenden Derivathandel die Wichtigkeit der *local embeddedness*, der Interaktion auch mit Konkurrenten, und der räumlichen Nähe bei der Produktion von Swaps als Ergebnis seiner qualitativ geführten Interviews hervor (vgl. 2000: 347 ff.). OERLEMANS / MEEUS ET AL., die in den Niederlanden branchenübergreifend Unternehmen mit mehr als fünf Angestellten untersuchten, konstatieren ebenfalls eine räumliche Konzentration des Innovationsnetzwerks bei regional eingebetteten Unternehmen (vgl. 2001: 337 ff.). Das Gleiche ist für öffentliche Forschungseinrichtungen in Deutschland festzustellen, die nach FRITSCH / SCHWIRTEN einen relativ hohen Anteil an lokalen Kooperationspartnern aufweisen, wenngleich auf die Gefahr der Abkopplung regional-exogener Trends hingewiesen wird (vgl. 2000: 13 f.). Grundsätzlich bestätigt auch KOSCHATZKY den Einfluss von Innovationsnetzwerken auf den betrieblichen Innovationsprozess, wenn auch dieser in Abhängigkeit von der Branche, Größe, Technologie- und Marktorientierung variiert (vgl. 2001b: 9). In einer jüngeren Analyse von elf europäischen Regionen stellen FRITSCH (2001A) und FRITSCH / FRANKE (2000) für drei deutsche Regionen zwar regionale F&E-Spillover fest, die jedoch mit einem negativen Zusammenhang zwischen F&E-Kooperation und Effizienz der Innovationsaktivitäten korrespondieren. Die Rolle der F&E-Kooperation im regionalen Innovationssystem sowie bei der Übertragung von F&E-Spillovern ist nach diesen Untersuchungen nur von untergeordneter Bedeutung, so dass die Frage unbeantwortet bleibt, wie die registrierten regionalen Wissens-Spillover ablaufen. Spekulativ bleibt nach FRITSCH, ob informelle Netzwerke und die im innovativen Milieu vage beschriebene „Atmosphäre" Kanäle für die Wissens-Spillover sein können (vgl. FRITSCH 2001a: 22).

Für die eigene Untersuchung bedeuten die hier diskutierten Aspekte, dass trotz der Einhelligkeit der regionaltheoretischen Ansätze der Erklärungsfaktor räumliche Nähe einer näheren Untersuchung bei der Untersuchung des neuseeländischen Innovationssystems bedarf (vgl. auch NORDHAUSE-JANZ / WIDMAIER 1999: 103). Weiterhin sind die Aspekte der informellen und formellen Interaktion, das regionale Innovationsklima und die Bedeutung des regionalen Arbeitsmarktes zu beachten.

3.3.1.3 Handlungsorientierte Ansätze: Technopols und die lernende Region

Die handlungsorientierten Ansätze sind lokale, zielgerichtete Versuche, die regionale Wirtschaftsentwicklung mit Hilfe der Aspekte Innovation, Wissen und Lernen zu planen und zu fördern. Die Innovationsdeterminanten Nähe, Milieu oder regionale Netzwerke sollen durch politische Maßnahmen im Sinne der Region positiv beeinflusst werden, was mit der Tendenz zur politischen Dezentralisierung und dem politischen Aufschwung subnationaler Gebietskörperschaften einhergeht (vgl. LAGENDIJK 2001: 139 ff.).

CASTELLS / HALL (1994: 8) liefern in diesem Kontext mit dem Konzept der Technopols einen engen und von einem technokratischen Verständnis geprägten Ansatz, unter dem „various deliberate attempts to plan and promote, within one concentrated area, technologically innovative, industrial-related production: technology parks, science cities, technopolises and the like" verstanden wird. Aus der Analyse von Erfolgsregionen wie Silicon Valley, Bostons Highway 128, Sophia-Antipolis, Cambridge, dem japanischen Technopolis-Programm sowie einiger Metropolen (London, Paris, Tokio, München, Südkalifornien) leiten CASTELLS / HALL Erfolgsfaktoren ab und geben eine Anleitung zur Bildung von Technopolen. Während PREER (1992: 29) den Technopol-Ansatz verkürzt auf „a world-class university, an affiliated science park where research can be commercialized, and a stimulating social milieu", wird der Ansatz von CASTELLS / HALL in Form von vier Elementen weiter ausgeführt. Das Zentrum des Technopols wird durch eine technologisches Wissen generierende Institution (Universitäten, private oder öffentliche Forschungsanstalten) gebildet. Zweites Merkmal ist die Interaktion zwischen öffentlichen und privaten Akteuren mit dem Ziel, die in der Stadt gegebenen Rahmenbedingungen für die Innovationsgenerierung zu verbessern, was drittens zu einer hochwertigen Infrastruktur und viertens zu einem attraktiven Arbeits- und Wohnumfeld führen soll (vgl. HAUSMANN 1996: 47). Trotz der klaren Handlungsempfehlungen ist der Technopol-Ansatz nur bedingt als Vorbild für „Normal-Regionen" verwendbar, da die Ableitung der Entwicklungsstrategien alleine auf High-Tech-Regionen basiert sowie sich das stark technokratische Verständnis nicht auf jede Region übertragen lässt.

Eine umfassendere Hilfe für die Entwicklung von Regionen ist das Konzept der lernenden Region, welches auf FLORIDA (1995) zurückgeht. Lernende Regionen sind das räumliche Ergebnis der wirtschaftlichen und gesellschaftlichen Systemveränderung (*knowledge-based economy*) sowie der damit interdependenten Entwicklungen auf der Mikroebene („lernendes Unternehmen") (vgl. HASSINK 1997: 159 f.). Gemäß FLORIDA (1995: 534) setzt sich eine lernende Region aus „a manufacturing infrastructure of interconnected vendors and suppliers, a human infrastructure that can produce knowledge workers, facilitates the development of a team orientation, and which is organized around life-long learning, a physical and communication infrastructure which facilitates and supports constant sharing of information, electronic exchange of data and information, just-in-time delivery of goods and services, and integration into the global economy, and capital allocation and industrial governance systems attuned to the needs of knowledge-intensive organizations" zusammen. In einer weniger enumierenden Form charakterisiert die OECD (2001a: 24) die lernende Region mit „regional institutions, which facilitate individual and organisational learning through co-ordination of flexible networks of economic and political agents." Diese Definition wird von HASSINK bezüglich der Perspektive präzisiert, indem er die lernende Region mit einer Innovationsstrategie der Region gleichsetzt (vgl. 2001: 226).

Die Abgrenzung zu anderen Konzepten der Regionalwissenschaften ist umstritten. FÜRST konstatiert enge Verbindungen zwischen dem innovativen Milieu und der lernenden Region (vgl. 2001: 73), während HASSINK darauf aufmerksam macht, dass die lernende Region zwar Aspekte des Industriedistrikts, des innovativen Milieus und des Cluster-Ansatzes integriert, aber auch signifikante Erweiterungen enthält (vgl. 2001: 222 ff.). War bei den anderen regionalwissenschaftlichen Ansätzen der *entropic death* von Regionen infolge von *lock-in*-Effekten möglich (vgl. FRITSCH 2000a: 108), eröffnet die lernende Region (wie auch beim innovativen Milieu) die Option, durch *learning-by-interacting* und den kollektiven, impliziten Wissensbestand die Pfadabhängigkeit der Region zu durchbrechen. Weiterhin basiert die lernende Region nicht auf der empirischen Untersuchung ausgewählter, besonders erfolgreicher Regionen, sondern ist von der einzelnen Region losgelöst entstanden, wodurch sie auch für „Normal-Regionen" und strukturschwache Regionen anwendbar wird. Darüber hinaus können durch die lernende Region „gute" von „schlechten" industriellen Agglomerationen differenziert werden, was in den traditionellen Ansätzen der Regionalforschung nicht möglich war (vgl. HASSINK 2001: 228).

Problematischer ist die Unterscheidung von den regionalen Innovationssystemen, die auch als eklektische, systemische und interdisziplinäre Ansätze zur Erfassung regionaler Innovationsaktivität aufzufassen sind und deren Nähe zur lernenden Region bei einem Vergleich der Definitionen[62] deutlich wird. Vielfach werden die beiden Konzepte gleichgesetzt (vgl. FÜRST

---

62 Vgl. Kapitel 3.3.2 für die Definition des regionalen Innovationssystems.

2001: 72, OECD 2001a: 21 ff.), wenngleich HASSINK auf drei Differenzen aufmerksam macht (vgl. 2001: 224 f.):

Der erste Unterschied liegt in der Zielsetzung und der Entstehungsgeschichte. Während die lernende Region ein konzeptionelles Modell ist, besitzt das regionale Innovationssystem ein operationelles und empirisch orientiertes Design. Daraus resultiert auch, dass die lernende Region besser als das regionale Innovationssystem als Entwicklungshilfe zu gebrauchen ist. Bei dem regionalen Innovationssystem steht die Erklärung regionaler Differenzen in der Innovativität im Vordergrund, wohingegen die lernende Region explizit als Unterstützungswerkzeug für Regionalplaner entwickelt wurde (vgl. auch SCHEFF 1999: 47 ff.).

Auch wenn beide Konzepte systemischen Charakter besitzen, ist zweitens die Anzahl an einbezogenen Akteuren und Determinanten im Konzept der regionalen Innovationssysteme höher als bei der lernenden Region, welche nur die unmittelbar innovationsunterstützenden Institutionen fokussiert.

Drittens betonen diese zwei Konzepte unterschiedliche Untersuchungsaspekte, indem die lernende Region das Lernen fokussiert und das regionale Innovationssystem die Innovation in den Mittelpunkt des Erkenntnisinteresses stellt. Demzufolge sind die empirischen Untersuchungsdesigns von unterschiedlicher Natur (vgl. HASSINK 2001: 224).

Auf eine vertiefende Betrachtung der lernenden Region wird in dieser Arbeit verzichtet, da hier der Begriff der Innovation im Vordergrund steht und die Analyse der Innovationsentstehung Ziel des Erkenntnisinteresses ist. Dies ist auch insofern möglich, als mannigfaltige Überschneidungen zwischen der lernenden Region[63] und dem regionalen Innovationssystem bestehen.

3.3.2 Konzept des regionalen Innovationssystems

Die Ansätze der regionalen Innovationssysteme sind einerseits im Zuge der nationalen Innovationssysteme (*top-down*) und andererseits eklektisch durch die regionalwissenschaftlichen Ansätze (*bottom-up*) entstanden. Die Einbeziehung der regionalen Ebene führt gemäß den Vertretern des regionalen Innovationssystems zu einem Erkenntnisfortschritt über den Innovationsprozess. Wenn sich auch die Definitionen des regionalen und nationalen Innovationssystems ähneln, sind dennoch eigenständige, aus den regionalwissenschaftlichen Theorien abgeleitete, innovationsrelevante Erklärungsfaktoren zu identifizieren. Bezüge werden zu den Netzwerkansätzen, der sozialen und institutionellen Einbettung, dem innovativen Milieu, der evolutorischen Innovationsforschung sowie den Cluster-Ansätzen hergestellt (vgl. HOWELLS 1999: 67 ff., FISCHER / REVILLA DIEZ ET AL. 2001: 14 f., KOSCHATZKY 2001a: 173).

3.3.2.1 Definitorische Grundlagen und Charakteristika

Die Grundannahme des regionalen Innovationssystems kann mit COOKE / MORGAN (1994: 26) dergestalt formuliert werden: „Innovation is first and foremost a collective social endeavour, a collaborative process in which the firm, especially the small firm, depends on the expertise of a wider social constituency than is often imagined (workforce, suppliers, customers, technical institutes, training bodies etc.)." Als Basis für die Konzepte der regionalen Innovationssysteme gelten die Veröffentlichungen von DE LA MOTHE / PAQUET (1998b) sowie BRACZYK / COOKE ET AL. (1998). Insgesamt ist jedoch im Einklang mit

[63] Eine ausführliche Beschreibung der lernenden Region bieten FLORIDA (1995), SCHEFF (1999), OECD (2001) und HASSINK (2001: 219 ff.).

THOMI / WERNER anzumerken, dass eine weit geringere Auseinandersetzung mit der Definition und den Dimensionen der Region bei Vertretern der regionalen Innovationssysteme aufgrund des empirischen Charakters und des frühen Stadiums der Forschung stattfindet (vgl. 2001: 208). Vielmehr erfolgt eine Enumeration von innovationsrelevanten, regionalen Determinanten, um das regionale Innovationssystem zu charakterisieren.

NAUWELAERS / REID (1995: 13) definieren in einer frühen Fassung ein regionales Innovationssystem als „the set of economic, political and institutional relationships occurring in a given geographical area which generates a collective learning process leading to the rapid diffusion of knowledge and best practice." Diese wird von COOKE / URANGA ET AL. erweitert, indem das Konstrukt der *embeddedness* sowie des Milieus, neben den Institutionen, ihren lokalen Beziehungen und den daraus resultierenden Lernprozessen in die Definition inkludiert wird[64] (vgl. 1998: 1581). HEIDENREICH (2001: 89) fasst diese Extension wie folgt zusammen: „Daher können regionale Innovationssysteme – d. h. Wirtschaftsregionen, deren Institutionen und Vernetzungsstrukturen sich dauerhaft positiv auf die Innovationsfähigkeit der dort ansässigen Unternehmen auswirken – definiert werden als räumlich konzentrierte, soziokulturell, eingebettete und institutionell stabilisierte Unternehmensnetzwerke, die über besondere Vorteile bei der Akkumulierung, Neukombination und Nutzung technischen Wissens in spezifischen Feldern verfügen."

Konkret bedeutet dies, dass neben den am kollektiven Innovationsprozess beteiligten Institutionen die regionalen Interaktionen, die Nähe, das Milieu, die regionale *Governance*-Struktur sowie die regionalspezifische Evolution, Historie und Spezialisierung als konstituierende Elemente eines regionalen Innovationssystems zu beachten sind (vgl. COOKE 1998: 4 ff., DE LA MOTHE / PAQUET 1998b: 2 ff.).

Ein hohen Besatz an regionalen Institutionen inklusive auftretender Synergien zwischen den Institutionen in einer Region haben AMIN / THRIFT als innovationsfördernde *institutional thickness* beschrieben (vgl. 1995: 102), wenngleich die bloße Zählung der Institutionen einer Region als zu oberflächlich kritisiert wird. Räumliche Nähe ist das bestimmende Element eines regionalen Netzwerks, wodurch häufige *face-to-face*-Kontakte Vertrauen schaffen sowie den impliziten Wissenstransfer durch eine gleiche regionale Identität und ein besonderes regionales Milieu erleichtern. Die regionale Einbettung der Institutionen sowie der damit verbundene Austausch untereinander wird idealerweise von einem qualifizierten Arbeitskräftepotenzial unterstützt, welches zwischen den regionalen Institutionen mobil ist, womit der Transfer von *embodied knowledge* und die Bildung von informellen Kontakten ermöglicht wird. Diese Beziehungen dürfen sich aber nicht ausschließlich auf die Region konzentrieren; Befruchtungen von außen sind für die Innovationsgenerierung von ähnlicher Relevanz (vgl. COOKE 1998: 19, ZENKER 2001: 209 f.). Ferner spielt bei der Analyse des regionalen Innovationssystems die historische Entwicklung der Region eine Rolle, da infolge des evolutionären Aufbaus von Kompetenzen (*absorptive capacity*) und den daraus resultierenden Spezialisierungen regionsspezifische Wettbewerbsvorteile generiert werden können (vgl. DE LA MOTHE / PAQUET 1998b: 3 f., HOWELLS 1999: 73 f.).

Nach einer Aggregation der einzelnen Ausgestaltungen der Interaktionen zwischen den Institutionen in Verbindung mit der politischen Komponente können Regionen hinsichtlich

---

[64] Nach COOKE / URANGA ET AL. (1998: 1581) ist ein regionales Innovationssystem ein System, „in which firms and other organisations [such as research institutes, universities, innovation support agencies, chambers of commerce, banks, government departments] are systematically engaged in interactive learning through an institutional milieu characterized by embeddedness."

ihres Koordinationsmodus differenziert werden. Zu der *regional governance* gehören die Organisation der staatlichen Verwaltung, die regionsspezifische rechtliche, konstitutionelle, steuerliche sowie bildungsrelevante Arrangements bilden, *public-private-partnerships* und die Ausprägung des privaten Sektors (vgl. HOWELLS 1999: 72 f.). Der Spielraum für die Ausgestaltung regionsspezifischer Regulationsmodi ist dabei signifikant, wobei DE LA MOTHE / PAQUET unter der *regional governance* auch Faktoren wie Vertrauen und geteilte Werte subsumieren (vgl. 1998b: 4).

3.3.2.2 Klassifikationen von regionalen Innovationssystemen

Die *regional governance* ist für COOKE von überragender Bedeutung für das regionale Innovationssystem, so dass er den regionalen Koordinationsmodus als Basis für seine Typologie von Regionen in eine *government dimension* und eine *business dimension* unterteilt (vgl. COOKE 1998: 19). Die erste Dimension orientiert sich hauptsächlich am Ablauf, der Organisation und der Finanzierung des Technologietransfers innerhalb einer Region, die einer der drei Ausprägungen *grassroot*, *network* oder *dirigiste* zugeordnet werden:

Typ **Merkmal**	**Grassroot**	**Network**	**Dirigiste**
Initiierung des Technologie-transfers	lokal organisiert	erfolgt im Zusammenspiel lokaler, regionaler und nationaler Ebenen	erfolgt durch Impulse von außerhalb der Region, oft über zentral gesteuerte Programme
Koordinations-mechanismen	erfolgt überwiegend durch lokale Institutionen	systemisch angelegt zwischen vielen *stakeholder*	einheitlich hoher Koordinationsgrad zentral lokalisiert
Finanzierung	vielfältig, aber lokal verankert	in organisierter Form auf Basis von Vereinbarungen zwischen Banken, staatlichen Institutionen und Unternehmen	zentral gesteuerte und einheitliche Handhabung
Spezialisierung und Wissenschafts-kompetenz	hoher Anteil angewandter Forschung bei relativ niedriger technischer Spezialisierung	gemischte Forschung, Mix aus angewandter und Grundlagenforschung eher flexible Spezialisierung als pfadabhängige	betont Grundlagenforschung

Tabelle 6: Typen von regionalen Innovationssystemen aus Perspektive der *government dimension*
Quelle: COOKE 1998: 20 f., Darstellung übernommen von THOMI / WERNER 2001: 212

Bei der *business dimension* steht die Struktur der Unternehmen, ihr Kooperationsverhalten hinsichtlich staatlicher Institutionen, die räumliche Reichweite und die Formen der Zusammenarbeit im Vordergrund. Dabei wird zwischen *localist*, *interactive* und *globalized* differenziert (vgl. Tabelle 7). Zusammengenommen spannen diese beiden Dimensionen mit ihren jeweils drei Ausprägungen eine Neun-Felder-Matrix auf, in die einzelne untersuchte Regionen eingeordnet und gegeneinander abgegrenzt werden können.

Typ Merkmal	Localist	Interactive	Globalized
Struktur der Unternehmensgrößen	Dominanz durch große Unternehmen	ausgewogenes Verhältnis von großen und kleinen Unternehmen	Dominanz von multinationalen Unternehmen, häufig in Verbindung mit abhängigen KMU
Zusammenarbeit mit der staatlichen Institutionen	einige größere staatliche F&E Einrichtungen aber auch kleine private F&E	Mix von staatlicher und privater F&E	einheitlich, hoher Koordinationsgrad, zentral lokalisiert
„Reichweite" der F&E, Teilhabe am Wissen	intraregional Zugang erleichtert durch Institutionen, die innerhalb der Region Transfer zur Industrie organisieren	sowohl inter- als auch intraregional zugänglich für Mitglieder des Netzwerkes	zu großen Teilen innerhalb des multinationalen Unternehmens schwieriger Zugang für Akteure außerhalb des Unternehmensnetzwerks
Formen der Zusammenarbeit „associationalism"	enge Zusammenarbeit zwischen jungen Entrepreneurs sowie lokalen und regionalen Policy-Makers	überdurchschnittliche Zusammenarbeit in Form von regionalen Netzwerken, Foren und Verbänden	Zusammenarbeit orientiert sich an Interessen der dominierenden Unternehmen und wird größtenteils durch diese gesteuert

Tabelle 7: Typen von regionalen Innovationssystemen aus Perspektive der *business dimension*
Quelle: COOKE 1998: 20 f., Darstellung übernommen von THOMI / WERNER 2001: 213

Eine andere Art der Typologie von Regionen wird von ASHEIM / ISAKSEN vorgeschlagen, die die Regionen nach dem Wissensfluss, dem Stimulus für Kooperation sowie dem Standort der „Wissensinstitution" klassifizieren und dadurch das Entwicklungsstadium des regionalen Innovationssystems ableiten[65] (vgl. 2000: 177 ff.).

Zur Beurteilung des regionalen Clusters werden von PADMORE / GIBSON sechs Innovationsdeterminanten eingeführt, die auf einer Skala von eins bis zehn bewertet und anschließend durch verschiedene Rechenschritte zu einer Bewertungszahl aggregiert werden. Diese sechs Innovationsdeterminanten resultieren aus dem GEM-Modell, welches die drei Kategorien ***groundings***, ***enterprises*** und ***markets*** als konstituierende Dimensionen eines regionalen Innovationssystems ansieht. Die *groundings* setzen sich aus den Ressourcen (Arbeitskraft, Rohstoffe) und der Infrastruktur (physische Infrastruktur, öffentliche Einrichtungen) sowie der gesellschaftlichen Organisationen der Politik zusammen (*supply determinants*) zusammen. Auf PORTER (1991) gehen die strukturbeschreibenden Determinanten der *enterprises* zurück, die mit einer vertikalen Komponente (Zulieferer) sowie der Unternehmensstruktur und Strategie beschrieben werden. Der Aspekt der Nachfrage wird in der Kategorie *markets* beurteilt, in der bewertet wird, inwieweit der lokale Markt eine qualifizierte Nachfrage aufweist und Zugang zu regionsexternen Märkten besteht (vgl. PADMORE / GIBSON 1998: 57 ff.). Der Vorteil des GEM-Modells liegt in der expliziten Quantifizierung innovationsrelevanter Charakteristika und der damit einhergehenden

---

[65] Für weitere Typologie-Ansätze von Regionen sei exemplarisch auf GORDON (1996: 103 ff.) oder ANTONELLI / QUÈRÈ (2001) verwiesen. GORDON teilt innovative Regionen in *high technology aggregations, science ghettoes, state-facilitated high technology complexes, state-dependent high technology complexes, innovative milieux* sowie *network regions* ein. ANTONELLI / QUÈRÈ (2001: 10) identifizieren in Abhängigkeit von der Governance-Struktur fünf verschiedene Typen von regionalen Innovationssystemen: „A) Innovation systems where geographic space play [sic!] a key role; B) Innovation systems centred upon large corporations; C) Innovation systems centred upon knowledge intensive business services; D) Innovation systems centred upon financial markets; E) Innovation systems based upon long term contracts."

Vergleichbarkeit von Regionen. Neben der Anwendungsfreundlichkeit zeigt es in der Nomenklatur die Nähe zu PORTER (1991) oder der OECD (1996b) auf, so dass davon ausgegangen werden kann, dass die verwendeten drei Kategorien wesentliche Teile eines regionalen Innovationssystems abdecken. Explizit verbinden PADMORE / GIBSON ihr GEM-Modell mit den möglichen Innovationsquellen, welche die OECD (1996b) identifizierte:

OECD Innovation Source	GEM-Determinant	Example for an Indicator
In-House	Resources Firms Structure, Strategy, Rivalry	Skilled Workforce R&D Intensity
Suppliers	Supplier and Related Firms	Embodied Technology
Peers	Firms Structure, Strategy, Rivalry	Know-How Trading
Customers	Local Markets Access to External Markets	Government Technology Procurement Favoured-Nation Status
Public Sector	Infrastructure Resources	University-Industry Liaison University Researchers

Tabelle 8: Verknüpfung des OECD-Ansatzes mit dem GEM-Modell
Quelle: PADMORE / GIBSON 1998: 75

Kritisch ist im GEM-Modell jedoch die Punktbewertung der spezifischen Innovationsdeterminanten zu sehen, die ohne Angabe von festgelegten Indikatoren und Schwellenwerten der Einschätzung des jeweiligen Forschers überlassen wird. Damit leidet die Vergleichbarkeit von Regionen durch die Beurteilung verschiedener Experten. Weiterhin können durch die anschließende Aggregation der Bewertungen strukturelle Unterschiede zwischen Regionen nivelliert werden. Solchermaßen ist es fraglich, ob eine derartige Aggregation bei einem Regionenvergleich zielführend sein kann. Gleichzeitig werden wichtige Aspekte eines regionalen Innovationssystems in Form von dessen *regional governance* in der Betrachtung vernachlässigt. Aus diesem Grund wird in dieser Arbeit zur Beurteilung der beiden Untersuchungsregionen sowohl das GEM-Modell als auch die COOKE-Typologie angewendet.

3.3.2.3 Anwendungsbezogene Problemfelder von regionalen Innovationssystemen

Erstes Problemfeld bei der Untersuchung von regionalen Innovationssystemen ist die Auswahl einer Region. Die grundlegenden Studien in BRACZYK / HEIDENREICH ET AL. (1998) analysieren sehr heterogene Regionen, so dass eine Vergleichbarkeit der einzelnen Regionen sehr zweifelhaft und ein Konsens über die relevante räumliche Reichweite des Innovationsprozesses nicht erreicht ist. Dadurch schwebt die Kritik der willkürlichen Auswahl über den regionalen Innovationssystemen. Einerseits werden ganze Länder wie Dänemark oder Singapur als regionales Innovationssystem interpretiert, obwohl sie auch als nationales Innovationssystem aufgefasst werden können. Andererseits orientieren sich die Untersuchungen an subnationalen, politischen Grenzen wie Baden-Württemberg, Nordrhein-Westfalen, Kalifornien oder Ontario. Fraglich ist auch, ob politische Grenzen die richtige Regionsabgrenzung liefern. Dies ist gerade in grenzüberschreitenden Verdichtungsräumen wie dem Rhein-Neckar-Dreieck bedenklich. Zudem variiert die Größe der untersuchten Regionen sowohl hinsichtlich der Bevölkerungsgröße als auch der Fläche. Die größte in BRACZYK / HEIDENREICH ET AL. (1998) untersuchte Region Kalifornien hat über 31 Millionen Einwohner, während Tampere (Finnland) nur 433.000 Einwohner zählt. Das zentrale Element der räumlichen Nähe wirkt in einem regionalen Innovationssystem wie Kalifornien mit einer Fläche von über 420.000 km^2 in einer anderen Weise als in Singapur mit lediglich 647 km^2. FISCHER / REVILLA DIEZ ET AL. verweisen in diesem Kontext darauf, dass städtische Regionen wie Wien, Barcelona oder Stockholm Wachstumsmotoren der nationalen Ökonomien seien. In Verdichtungsräumen lokalisieren sich innovationssystemisch wichtige Produktionsfaktoren (beispielsweise Humankapital, Venture-Capital) und Infrastrukturen (Forschungsinstitute, Universitäten, Kommunikation). Zudem ermöglichen Großstädte die vollständige Nutzung der technologischen Möglichkeiten durch die Arbeitsteilung von großen und kleinen Unternehmen sowie der Existenz von spezialisierten Dienstleistungsunternehmen. Demzufolge sehen die drei Autoren zusammenhängende Agglomerationsräume als die richtige Analyseeinheit des Innovationsprozesses an und sprechen von *metropolitan innovation systems* (vgl. FISCHER / REVILLA DIEZ ET AL. 2001: 8 ff., so auch COOKE / DAVIES ET AL. 2001: 5 ff.). Gleichwohl sind auch Teile von Großstädten, in denen ein besonderes Milieu sowie eine Branchenspezialisierung vorliegt, als lokale Innovationssysteme denkbar. Insgesamt gilt jedoch, dass insbesondere auf der regionalen Ebene bislang ungelöste Probleme bei der Grenzziehung des Untersuchungsraums bestehen.

Das zweite Problemfeld bei einer Anwendung von regionalen Innovationssystemen dreht sich um die Frage, ob jede Region ein regionales Innovationssystem besitzt oder ob dieses Konzept nur exklusiv für spezielle High-Tech-Regionen anwendbar ist. Letzteres wird von COOKE / MORGAN (1998: 71) vertreten, nach denen eine Region „the full panoply of innovation organizations set in an institutional milieu, where systemic linkage and interactive communication among the innovation actors is normal" aufweisen muss, um als regionales Innovationssystem anerkannt zu werden. COOKE (1998: 17) ist dementsprechend der Auffassung, dass „very few regions have all attributes of an [sic!] RIS [regional system of innovation]." Nach HEIDENREICH sind regional vernetzte Unternehmen nicht per se innovativer als andere Unternehmen, womit nicht in jeder Agglomeration ein regionales Innovationssystem entsteht (vgl. 2001: 89). Demgemäß knüpft HOWELLS die Existenz eines regionalen Innovationssystems an drei Voraussetzungen: Es muss neben einer von der nationalen Ebene abweichenden regionalen *Governance*-Struktur im Sinne der institutionellen Ausprägung auch eine regionale Spezialisierung vorliegen, die sich aus der historischen Entwicklung der Region ergeben hat. Zudem ist nach HOWELLS ein Zentrum-Peripherie-Gefälle innerhalb des nationalen Raums notwendig, um eine subnationale Betrachtung zu rechtfertigen (vgl. 1999: 72 ff.). KOSCHATZKY hebt auf finanz- und steuerliche Kompetenzen als Grundlage eines regionalen Innovationssystems ab. Dazu zählen die Existenz eines lokalen Kapitalmarktes, eines öffentlichen Haushaltes sowie die Verantwortung für den Aufbau klassischer Infrastruktureinrichtungen (Straßen, Telekommunikation, Hochschulen, Technologiezentren). Alle diese Kriterien sind jedoch in zahlreichen Regionen vorhanden und zielen insgesamt auf eine gewisse Autonomie der Region ab (vgl. KOSCHATZKY 2001: 177). Allerdings setzen diese Kriterien an den politischen Grenzen an und negieren somit grenzüberschreitende Regionen.

Im Gegensatz dazu argumentieren WIIG / WOOD, dass jede Region ein Innovationssystem besitzt (vgl. 1997: 67). Regionale Unterschiede im Innovationssystem manifestieren sich lediglich in der Struktur, den Funktionsweisen und der Qualität, nicht aber in deren Existenz. Mit diesem Ansatz geht auch der Vorteil einher, dass eine reine Fokussierung auf Erfolgsregionen überwunden wird und die Idee der innovationsorientierten Regionalentwicklung für sämtliche Regionen, wie sie vom EU-Projekt „*Regional Innovation Project for Less-Favoured Regions*" vertreten wird, wieder in den Vordergrund tritt. Ein solch universeller Einsatz vergrößert nicht nur die empirische Basis, sondern wird auch dem Charakter eines systemischen Ansatzes besser gerecht, wenn auch Gefahren einer unreflektierten Übertragung des *best-practice* in eine andere Region bestehen (vgl. MORGAN / NAUWELAERS 1999, THOMI / WERNER 2001: 214 f.).

Generell gilt jedoch, dass die Anwendung des regionalen Innovationssystems als Untersuchungswerkzeug einer Region von der Problemstellung abhängig ist. Während die Suche nach *best-practice*-Ansätzen verständlicherweise in erfolgreichen Innovationsregionen stattfinden sollte, kann das regionale Innovationssystem bei der Analyse der wirtschaftlichen Entwicklung von Regionen im FREEMAN'SCHEN Sinne eingesetzt werden. In dieser Arbeit wird der amerikanischen Tradition der nationalen Innovationssysteme entsprechend das regionale Innovationssystem als Analyseinstrument der subnationalen Ebene Neuseelands eingesetzt, so dass die Einschränkungen von COOKE / MORGAN sowie HOWELLS bei der Regionenauswahl nur bedingt zu beachten sind.

3.4 Ableitung des empirischen Untersuchungsdesigns

Aus den bisherigen Ausführungen wird nach einer kurzen Darlegung einer Basis der eigene Untersuchungsansatz für das neuseeländische Innovationssystem abgeleitet.

3.4.1 Das eigene Innovationssystem-Modell

3.4.1.1 Grundlagen des Innovationssystem-Modells

Die sich verändernden Rahmenbedingungen infolge eines weitreichenden Strukturwandels führen zu einer grundlegenden Refokussierung von Unternehmen und Volkswirtschaften auf den Faktor Innovation, um die Wettbewerbsfähigkeit mit Konzepten wie dem lernenden Unternehmen oder der Wissensgesellschaft langfristig zu sichern. Die Relevanz der Schaffung neuer Wissenskombinationen rückt bei der Erhaltung der Wettbewerbsfähigkeit in den Vordergrund, so dass auch der Forschung zur Innovationsgenerierung ein aufgewerteter Stellenwert beigemessen wird. Im Rahmen der modernen Innovationsforschung wird das lineare Innovationsmodell durch ein evolutionäres und systemisches Verständnis des Innovationsprozesses ersetzt. Basis und Annahme dieser Substitution ist die Einsicht, dass Lern- und Innovationsprozesse vor allem durch Interaktion und Interdependenzen zwischen Institutionen stattfinden (vgl. TÖDTLING / KAUFMANN 2000: 425 ff., ZENKER 2001: 208). Stellvertretend für diesen Ansatz in der Innovationsforschung kommt CREVOISIER (2001: 251) zum Schluss: „Innovationsprozesse können nur verstanden werden, wenn der multidimensionale (wirtschaftliche, politische, kulturelle) und multiskalare (lokale, nationale, globale) Kontext berücksichtigt wird, in denen sie stattfinden." Der dadurch implizierte systemische und interaktive Charakter des Innovationsprozesses korrespondiert mit der Entwicklung der Innovationssysteme, die als ein holistisches und interdisziplinäres Konzept und nicht als Theorie interpretiert werden. Innovationssysteme sind soziale Systeme, die durch soziale Akteure wie Institutionen und Organisationen entstanden sind. Dabei macht das Zusammenspiel dieser Elemente sowie die Art und Weise ihrer Vernetzung einen wesentlichen Teil des Innovationssystems aus und stellt einen entscheidenden Faktor für seine Funktionsweise dar. In der Natur von sozialen Systemen liegt ihr dynamischer und offener Charakter für externe Interaktion, wodurch sich das spezifische System bei einer gegebenen inneren Kohäsion entwickeln und verändern lässt. Dennoch weisen Innovationssysteme im Zeitablauf eine Irreversibilität von gewissen Entwicklungen auf, die zu einer Pfadabhängigkeit des Systems führen können (vgl. FARINA / PREISSL 2000: 2).

3.4.1.2 Konzeption des Innovationssystem-Modells

Da in der Literatur zahlreiche Ansätze und Auffassungen zu Innovationssystemen vorliegen, ist es unentbehrlich, den eigenen Ansatz darzulegen, um Willkür und Konzeptionslosigkeit vorzubeugen. Diese konzeptionelle Vielfalt ist insofern gerechtfertigt und wünschenswert, als Innovationssysteme je nach Problemstellung und untersuchtem räumlichem Maßstab in der Lage sein müssen, unterschiedliche Aspekte und Faktoren bei der Innovationsgenerierung zu erfassen. In dieser Arbeit liegt der Fokus auf Innovationssystemen als Analyseinstrument der Fähigkeit Neuseelands, Innovationen hervorzubringen und damit die Wettbewerbsfähigkeit des Landes zu erhöhen, was dem amerikanischen Ansatz des nationalen Innovationssystems entspricht. Ferner wird sich der weiten Definition der Innovationssysteme angeschlossen.

Aus einer Synthese der einzelnen Ansätze wird ein eigener, eklektischer Untersuchungsansatz abgeleitet, der die für diese Arbeit relevanten und zentralen Elemente eines Innovationssystems umfasst. Im eigenen Untersuchungsansatz wird ein Innovationssystem aus den vier Elementen Ebenen, Akteure, Kanäle und Determinanten aufgespannt, die nur aus dem jeweiligen historisch geprägten (Evolution) und sozialen Umfeld (Milieu) heraus interpretiert werden können. Die <u>Elemente</u> können über vier Grundthesen miteinander verknüpft werden[66] (vgl. Abbildung 10):

1. Im Innovationsprozess sind verschiedene räumliche <u>Ebenen</u> (globale, supranationale, nationale, regionale, lokale einzelinstitutionelle oder individuelle) zu berücksichtigen, die diesbezüglich einen spezifischen Einfluss besitzen.
2. Auf den unterschiedlichen Ebenen sind verschiedene direkt beteiligte <u>Akteure</u> (Organisationen) des Innovationsprozesses beheimatet.
3. Diese Akteure sind über <u>Kanäle</u> miteinander verknüpft (Netzwerk, Lernen und Diffusion), wobei diese Interaktion auch ebenenübergreifend erfolgen kann (Offenheit) und das jeweilige System in der Lage ist, den Wert des systemexogenen Inputs systemendogen zu steigern.
4. Die <u>Determinanten</u> sind als Anreize, Regulationsweisen oder Koordinationsmodi (*Governance*, Institutionen) zu werten, die den Innovationsprozess positiv wie negativ beeinflussen und teilweise von den Akteuren gestaltet werden können.

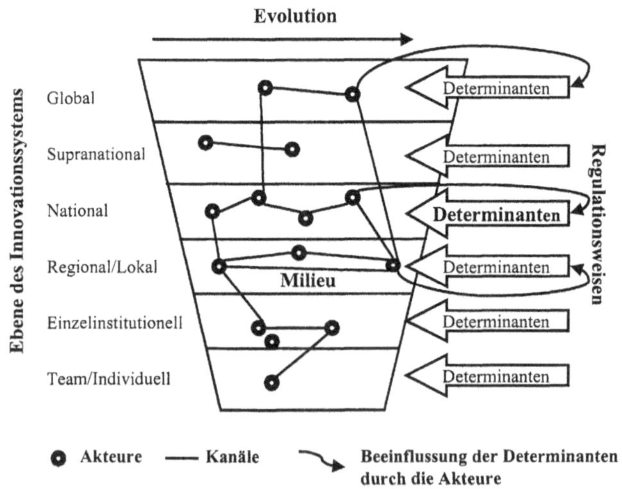

Abbildung 10: Innovationssystem-Modell des eigenen Untersuchungsansatzes

[66] Dieser Ansatz baut den neueren Ansatz zu Innovationssystemen von ANDERSEN / METCALFE ET AL. aus, indem über die dort konstituierenden Elemente Akteure (Organisationen), Verbindungen (Interaktionen) und begrenzte Interaktionen im Sinne der Systemgrenzen hinausgegangen wird und andere wichtige Elemente eines Innovationssystems wie Ebenen oder Regulationsweisen in das Rahmenwerk eines Innovationssystems integriert werden (vgl. 2000: 20 ff.).

Das hier dargestellte System der Innovationsgenerierung ist selbst wieder Teil des allgemeinen Wettbewerbs- und Gesellschaftssystems (vgl. PADMORE / GIBSON 1998: 46 f.). Nach diesem Modell unterteilt sich das Innovationssystem in weitere, durch die Ebenen begrenzte Subsysteme.

Generell gilt jedoch, dass die Wahl der in die Analyse einzubeziehenden Ebenen stark von der Problemstellung abhängt. In dieser Arbeit wird sowohl die nationale Ebene mit den neuseelandspezifischen Determinanten und Akteuren als auch die regionale Ebene als die zentralen Untersuchungssysteme gewählt. Aus der Perspektive zweier regionaler Innovationssysteme erfolgt eine Annäherung an die Beantwortung der Frage nach dem räumlichen Bezug des Innovationsprozesses in Neuseeland. Insgesamt soll durch ein derartiges Vorgehen sichergestellt werden, dass – basierend auf der Analyse zweier regionaler Innovationssysteme und der Strukturen des nationalen Innovationssystems – ein schlüssiges Bild des neuseeländischen Innovationssystems und dessen Ebenen gezeichnet wird. Gleichzeitig sind Verknüpfungen zur globalen und einzelinstitutionellen Ebene zu beachten.

Im obigen Innovationssystem-Modell können auch andere Untersuchungen eingeordnet werden. So analysiert GREILING (1998) die Innovationsgenerierung aus der Perspektive eines Unternehmens. Andere versuchen globale Interaktionen und Koordinationsmodi nachzuzeichnen (vgl. CARACOSTAS / SOETE 1997, EDQUIST 1998). Denkbar ist als Ansatz auch ein methodologischer Individualismus, der die Beziehungen und Einflüsse eines Teams oder einer Person aufgreift (vgl. ALBACH 1993: 91 ff.). Vertikal und ebenenübergreifend zu diesem vorgestellten Modell liegen die sektoralen Innovationssysteme.

Dieser ebenenübergreifende Systematisierungsrahmen für die innovationssystemische Forschung wird auch von KUHLMANN (vgl. 1999: 25 f.) vertreten. Im Gegensatz dazu lehnt QUÉRÉ eine komplementäre Betrachtung verschiedener Ebenen im Innovationssystem ab. In seiner Argumentation ist aufgrund des dynamischen Charakters der Innovationssysteme, der Abhängigkeit von der spezifischen Situation sowie einem aus beidem resultierenden permanenten Verschieben der geographischen Grenzen des Innovationssystems das nationale nicht notwendigerweise mit dem regionalen Innovationssystem in Beziehung zu setzen (vgl. QUÉRÉ 2000: 143 f.). Infolge dieses Einwands wird explizit betont, dass der Innovationsprozess im vorgestellten Modell keinesfalls alle Ebenen berühren muss, was auch die direkten Verbindungen von der regionalen zur globalen Ebene demonstrieren. Dieser Ansatz erkennt im Sinne von QUÉRÉ (vgl. 2000: 131 ff.) die Möglichkeit unterschiedlich weitreichender Innovationsprozesse an, differiert aber insofern, als zwei Annahmen getroffen werden: Erstens sind bestimmte Muster der regions- oder länderspezifischen Interaktion, der Struktur und der geographischen Extension im Innovationsprozess zu identifizieren. Zweitens besitzen die unterschiedlichen Ebenen schwerpunktmäßig ebenenspezifische Funktionen im Innovationsprozess. So sind beispielsweise auf der regionalen Ebene der Faktor räumliche Nähe (Interaktionsqualität, Arbeitnehmermobilität, innovatives Milieu) sowie regionalspezifische Strukturen (Universitäten, Wirtschaftsstruktur) hervorzuheben, während auf der nationalen Ebene grundlegende Entscheidungen wie für die nationale Konkretisierung des Bildungs- und Forschungssystems getroffen werden (vgl. auch OECD 1999b: 8).

Folglich erscheint eine ebenendifferenzierte Betrachtung der Subsysteme zur Strukturierung der einzelnen innovationsbeeinflussenden Prozesse und Determinanten gerechtfertigt. Konkret bedeutet dies, dass kleine Länder wie Neuseeland (3,9 Millionen Einwohner) mit ihrem nationalen Innovationssystem nicht mit Regionen von großen Ländern verglichen werden können. Erstens verfügen kleine Länder über einen gewissen Autonomieanteil bei ihrer makroökonomischen Politik. Zweitens können sie den Faktorimport und -export innerhalb ihres Territoriums im Unterschied zu den Regionen kontrollieren. Allerdings ist bei kleinen Ländern mit einer hohen Bevölkerungsdichte wie vor allem bei Singapur oder ehemals Hongkong von einem Zusammenwachsen des regionalen und nationalen Innovationssystems auszugehen (vgl. BIBBY / DAVENPORT 1999: 436 f.).

3.4.2 Konkretisierungen des Innovationssystem-Modells

Nach diesen abstrakten Ausführungen wird das Innovationssystem-Modell im Folgenden mit konkreten Inhalten zu den Akteuren, Transferkanälen und Determinanten gefüllt.

3.4.2.1 Die Akteure im Innovationssystem

Akteure im Innovationssystem sind private, öffentliche und semi-öffentliche Organisationen. Enumeriert sind produzierende Unternehmen, Zulieferer, Kunden, Wettbewerber, Unternehmen anderer Branchen, wissensbasierte, unternehmensbezogene Dienstleistungen (KIBS[67]), private und öffentliche F&E-Institute, Universitäten, Technologietransferstellen, sektorale Zusammenschlüsse, Aus- und Fortbildungseinrichtungen, Gewerkschaften, öffentliche Autoritäten, militärische Einrichtungen sowie finanzierungsunterstützende Organisationen als potenzielle Akteure mit sehr differenzierten Rollen im Innovationsprozess zu identifizieren (vgl. ACS / DE LA MOTHE ET AL. 2000: 37 ff., TÖDTLING / KAUFMANN 2000: 426, BERTEIT 2001: 225 ff.).

Die *user-producer-interaction* gilt als eine der Wurzeln für die Entstehung des LUNDVALL'SCHEN Konzeptes des nationalen Innovationssystems. Gruppen von Produzenten und Nutzern von Gütern kreieren Komplexe technologischer Fähigkeiten infolge interaktiver Lernprozesse in einem nationalen System (vgl. LUNDVALL 1988: 349 ff.). Diese Interaktion beschränkt sich aber nicht nur auf die vertikale Ebene, sondern auch direkte Wettbewerber schließen sich zu F&E-Kooperationen und Lerngruppen zusammen. Um neue Märkte zu erschließen sowie um branchenfremdes Wissen zu benutzen, werden bei Innovationsprozessen auch traditionelle Branchengrenzen überschritten (*cross-fertilization*). Nach den Untersuchungen von BORENSZTEIN / GREGORIO ET AL. (vgl. 1998: 115 ff.) sowie CRONE / ROPER (vgl. 2001: 535 ff.) nehmen multinationale Unternehmen eine besondere Stellung beim Technologietransfer unter der Bedingung ein, dass ein ausreichendes Potenzial an *absorptive capacity* im jeweiligen nationalen Innovationssystem gegeben ist. Generell zählen multinationale Unternehmen zu den technologisch hoch entwickelten Unternehmen, die durch die Zusammenarbeit mit lokalen Zulieferern Lernprozesse bei diesen initiieren. Allgemein wird die zentrale Stellung von Unternehmen im Innovationssystem anerkannt, so dass bei der eigenen, empirischen Untersuchung die Unternehmen in den Mittelpunkt der empirischen, quantitativen Befragung gestellt werden (vgl. beispielsweise NELSON 1988: 309).

Nach STRAMBACH sind KIBS sehr wichtige Akteure im Innovationssystem, da dieser Unternehmenstyp sowohl zu der Diffusion von bestehendem Wissen als auch zu der Generierung von neuem Wissen beiträgt. In Anlehnung an STRAMBACH wird bei der empirischen Untersuchung eine weitere Differenzierung dieser Art von Unternehmen in buchhalterische, finanzbezogene, rechtliche, managementbezogene, technische, EDV-bezogene, werbebezogene und recruitingorientierte Dienstleister erfolgen (vgl. STRAMBACH 2001: 53 ff., FARINA / PREISSL 2000: 6 ff., METCALFE / MILES 2000).

---

[67] Abkürzung nach dem etablierten englischen Begriff der *knowledge-intensive business services*.

Universitäten haben ebenfalls eine Vielfalt an Funktionen: Erstens sorgen sie für die Ausbildung des nationalen Humankapitals (*absorptive capacity*) und dienen zweitens als Kooperationspartner von Unternehmen bei Forschungsprojekten. Drittens generieren Hochschulen neues (Grundlagen-)Wissen, welches infolge der Charakteristika von Wissen durch die Privatwirtschaft nicht produziert wird. Auf der regionalen Ebene stellt VARGA in den USA Wissens-Spillover von Universitäten und deren Relevanz für das lokale Innovationssystem fest. Für Deutschland stellte eine ZEW-Studie eine steigende Bedeutung der Universität bei der Innovationsgenerierung im Zeitablauf sowie deren Bedeutung insbesondere als Inputgeber (Informationsquelle, Kooperationspartner) in den Innovationsprozessen heraus (vgl. STERNBERG 2000: 89 ff., VARGA 2000: 139 ff., BECKER / PETERS 2000: 80, FRITSCH / LUKAS 2001: 297 ff.).

Die Aufnahme von staatlichen Forschungsinstituten in den relevanten Institutionenkranz im Innovationssystem basiert auf den öffentlichen Gut-Charakteristika der Grundlagenforschung. Ferner unterstützen sie die Privatwirtschaft hauptsächlich in den frühen Phasen des Innovationsprozesses. Dennoch muss nach REVILLA DIEZ der Stellenwert von öffentlichen Forschungsinstituten bei der Innovationsgenerierung von Unternehmen relativiert werden. Andere Kooperationspartner weisen höhere Anteile auf, was auch von FRITSCH / LUKAS bestätigt wird. Die empirische Validität von durch öffentlichen Forschungsinstituten generierten Spillovern auf die Innovativität der Unternehmen ist jedoch nach Ansicht von FARINA / PREISSL abgesichert (vgl. FARINA / PREISSL 2000: 14, FRITSCH / LUKAS 2001: 297 ff., REVILLA DIEZ 2001: 93 ff.).

Während Aus- und Fortbildungseinrichtungen durch die Veredelung des Humankapitals den Innovationsprozess unterstützen, sorgen Technologietransferstellen für eine Inwertsetzung und Diffusion von gewonnenen Erkenntnissen. Gewerkschaften beeinflussen die Innovationsgenerierung beispielsweise über ihre Haltung zu innovativen Arbeitsformen (Sozialinnovationen) und zur Aushandlung über Sozialstandards sowie zu Arbeitsschutzmaßnahmen, was gerade bei Vorwegnahme von weltweiten Trends in diesen Bereichen zu innovativem Verhalten in den betroffenen Unternehmen führen kann. Dadurch etabliert sich eine einheimische, auf die Lösung von diesbezüglichen Problemen orientierte Industrie, die aufgrund ihrer nationalen Erfahrungen bei internationalisierten Arbeitsstandards Weltmarktanteile erringen kann. Durchgesetzte Lohnforderungen bewirken eine Veränderung in den Kostenrelationen, so dass bisher unrentable Innovationsprojekte ihre Legitimation erlangen. Eine unterstützende Rolle bei der Innovationsgenerierung kommt Venture-Capital-Organisationen sowie Banken bei der Finanzierung von Innovationsprojekten und innovativen Unternehmensgründungen zu. Öffentliche Autoritäten haben einen vielfältigen Einfluss auf die Determinanten des Innovationsprozesses, was in Kapitel 3.4.2.3 ausführlich dargestellt wird. Das Militär als Quelle von Innovationen ist bei der Betrachtung gewisser nationaler Innovationssysteme (USA, Israel) besonders zu würdigen (vgl. ALBACH 1993: 333 ff., TÖDTLING / KAUFMANN 2000: 426).

Tabelle 9 fasst die Rolle der einzelnen Akteure im Innovationsprozess zusammen. Dabei können aus Sicht von produzierenden Unternehmen drei Gruppen identifiziert werden: marktnahe Innovationen unterstützende Akteure, Grundlagenforschung betreibende Akteure sowie Akteure mit einer unterstützenden Funktion im Innovationsprozess. Zudem wird für einen ersten Eindruck eine Untersuchung von FRITSCH / LUKAS (2001) dargestellt, die die Wichtigkeit der einzelnen Akteure als Kooperationspartner bei der F&E zum Gegenstand hat.

Institution	Hauptsächliche Rolle im Innovationsprozess	Nähe der Inwertsetzung der Innovation	Bedeutung als Kooperations-partner in %
Kunden	Kooperation	Marktnah	61,6 %
Zulieferer	Kooperation	Marktnah	49,5 %
KIBS	Diffusion, Kooperation	Marktnah	Nicht erhoben
Wettbewerber	Bildung von branchenspezifischem Humankapital und Clusterbildung	Marktnah	32,5 %
Unternehmen anderer Branchen	Cross-fertilization	Marktnah	
Universitäten	Humankapital, Grundlagenforschung	Marktfern	33,8 %
Öffentliche Forschungsinstitute	Grundlagenforschung	Marktfern	
Venture-Capital-Unternehmen	Finanzierung	Unterstützend	-
Technologietransferstellen	Diffusion	Unterstützend	-
Aus- und Fortbildungsinstitute	Humankapital	Unterstützend	-
Öffentliche Autoritäten	Koordinationsmodi, Infrastruktur, Recht, Finanzierung	Unterstützend	-
Gewerkschaften	Art der Arbeitskoordination und innovative Arbeitsformen	Unterstützend	-

Tabelle 9: Charakterisierung der Akteure im Innovationssystem
Quelle: FRITSCH / LUKAS 2001 für Bedeutung als F&E-Kooperationspartner

3.4.2.2 Die Kanäle im Innovationssystem

Die Kanäle repräsentieren die sehr unterschiedlichen, möglichen Kontakte zwischen den einzelnen Akteuren im Innovationssystem. Über die Kanäle laufen die für den Innovationsprozess entscheidenden Interaktionen, die das existierende Netzwerk, den Informationsfluss, die Lernprozesse und somit die Diffusion im Allgemeinen sichtbar werden lassen. Gleichzeitig kann bei einer ebenendifferenzierten Abfrage hinsichtlich der Verbindung des spezifischen Transferkanals der Grad der Offenheit des Systems sowie dessen innere Kohäsion erkannt werden. Als Kanäle von innovationsrelevanten Interaktionen sind der informelle Kontakt, formelle Kooperationsformen, die Veröffentlichungen in den Medien, das Internet, die Nutzung von Datenbanken, Tagungen, Messen, Kongresse, Patentberichte, Fortbildungen, der Lizenzkauf, die externe Vergabe von F&E-Aufträgen oder Spin-Offs zu differenzieren (vgl. FRITSCH / LUKAS 2001: 298 ff., CORREA 2001: 156 ff.).

Zudem ist die Mobilität des Humankapitals als Transporteur des *embodied knowledge* sowie der Ausweitung des *know-who* als Transferkanal von großer Bedeutung. Dazu zählt die Mobilität der Personen zwischen und innerhalb der Forschungsinstitute, Universitäten und Unternehmen. Gleichsam ist die nationale und internationale Migrationsbilanz des Humankapitals (*brain drain / brain gain*) zu beachten. Demzufolge ist die Personalrekrutierung der Unternehmen in die Analyse mit einzubeziehen. Neben den Aussagen des behavioristischen Ansatzes der Standorttheorie sind Studienaustausche zum internationalen Erfahrungsgewinn sowie der Aufbau eines länderübergreifenden Netzwerkes innovationssystemisch relevant. Gerade dieser Aspekt verdeutlicht den Einfluss der Ausgestaltung der Determinanten auf das strukturelle Funktionieren dieses Transferkanals: Die internationale Mobilität des Humankapitals wird u. a. durch die Immigrationspolitik, die makroökonomischen Bedingungen, die Steuern, das Lohnniveau, die relativen Studiengebühren, die soziale Stabilität der Volkswirtschaft, politische Abkommen oder das Prestige des neuen Arbeitgebers beschränkt bzw. gefördert (vgl. MAHROUM 2000: 23 ff.).

3.4.2.3 Determinanten im Innovationssystem

Determinanten beeinflussen die Innovativität der jeweiligen Betrachtungsebene, indem sie die Rahmenbedingungen für die Innovationsgenerierung manifestieren. Die Determinanten sind zwar meist einer Ebene zuzurechnen, greifen aber auf darunter liegende Ebenen des Innovationssystems durch.

Im globalen Innovationssystem werden vor allem die innovationsrelevanten Determinanten Zinsen und Wechselkurse bestimmt, die auf den globalen Finanzmärkten ohne Autonomie von den nationalen Autoritäten gebildet werden. Die Höhe der Zinsen wirkt sich auf die Investitionsentscheidungen von F&E-Projekten aus, während die Wechselkurse den Handel von Unternehmen erleichtern oder erschweren. Nach PORTER ist ein den Handel erschwerender Wechselkurs für die Innovativität der nationalen Unternehmen von Vorteil, da so keine Kostenvorteile entstehen, sondern der Wettbewerbsvorteil auf der Konkurrenz überlegenen Produkten beruhen muss (vgl. PORTER 1991: 659 ff.). Die internationalen Gütertransaktionen verschärfen den Wettbewerb und zwingen die Unternehmen, sich mit anderen Produktionsweisen und Problemlösungen auseinander zu setzen. Der Rahmen für den Güteraustausch wird für einige Länder auf der supranationalen Ebene gebildet. Zudem werden sich in fortgeschrittenen Integrationsräumen wie der EU in zunehmendem Maße weitere Determinanten von der nationalen auf die europäische Ebene verlagern.

Als die wichtigste Ebene bei der Setzung der Rahmenbedingungen und der Anreize für die Innovationsgenerierung ist das nationale Innovationssystem zu identifizieren. Diese Ebene kann in eine politische, kulturelle und wirtschaftliche Dimension aufgespalten werden (vgl. BUSCH 1987: 77 ff.). Sind die drei Dimensionen innovationsfördernd ausgeprägt, so wird in der Literatur von einem guten Innovationsklima in einem Land gesprochen. Makroökonomische Zusammenhänge beeinflussen die wirtschaftliche Dimension über Handel, Sparquote, Marktgröße, Kaufkraft, *terms of trade* sowie sektorale Strukturen und Unternehmenscharakteristika (Größe, Alter, Anzahl) den Innovationsprozess in Volkswirtschaften. Konkret wirken auf den Innovationsprozess die aus den makroökonomischen Strukturen abgeleiteten Determinanten Wettbewerbsintensität, Marktstrukturen, Investitionen in F&E-Projekte, spezifische F&E-Intensität einzelner Branchen und Unternehmenscharakteristika. Die kulturelle Dimension der Innovationsdeterminanten äußert sich über das vorherrschende Wertesystem, die Einstellung zu Neuerungen und Technik, die Religion, die Erfahrungen, die Bevölkerungsstrukturen, das Machtsystem sowie die Außenbeziehungen (vgl. BUSCH 1987: 81). Mit dieser Dimension vermischt sich basierend auf historischen Entwicklungen das Nachfrageverhalten der nationalen Privatpersonen, die nach ALBACH durch hohe Anforderungen an die Produkte und eine Vorwegnahme der Bedürfnisse des Weltmarktes Innovationen herausfordern (*lead-users / lead-markets*) (vgl. ALBACH 1993: 255 ff.). Zusätzlich greift die politische Dimension auf der nationalen Ebene in die Innovationsgenerierung ein, wobei sich bei den Zusammenhängen auf die Untersuchung von PORTER explizit und implizit auf ALBACH, BMBF und die OECD bezogen wird (vgl. PORTER 1991: 95 ff., ALBACH 1993: 398 ff., OECD 1997b, BMBF 1999: 40):

PORTERS Diamant	Politische Dimension der Innovationsdeterminante
Faktorbildung	
Aus- / Fort- / Weiterbildung	Bildungspolitik, Hochschulbildung
Moderne Infrastruktur	Infrastrukturpolitik, Informationspolitik
Wissenschaft & Forschung	Forschungspolitik
Kapitalzugang	Banken- / Börsenregulierung, Venture-Capital-Engagement
Nachfrage	
Anspruchsvolle private Nachfrage	-
Anspruchsvolle staatliche Nachfrage	Beschaffungspolitik
Normen, Regulierung, Umweltschutz	Standardisierungen (DIN-Normen), Umweltschutz
Beschwerdemöglichkeiten, Haftung	Haftungsrecht, Aufsichtsbehörden
Wettbewerb & Strategien	
Neugründungen	Gründungs- und Mittelstandspolitik
Unternehmensstrategien	-
Wettbewerbsintensität	Wettbewerbs-, Kartellrecht, öffentliche Unternehmen, Handelspolitik
Offenheit / Internationalisierung	Handels-, Migrationspolitik, internationale Abkommen, Haltung zu ausländischen Direktinvestitionen
Verwandte & unterstützende Branchen	
Medienrestriktionen	Werbegesetze
Clusterbildung	Wirtschaftsförderung
Allgemeine Wirtschaftsstruktur	Historische Entwicklung, Trajectories

Tabelle 10: Nationale Innovationsdeterminanten
Quellen: in Anlehnung an PORTER 1991: 95 ff., ALBACH 1993: 398 ff., OECD 1997b, BMBF 1999: 40

In der innovationssystemischen Literatur wird die Bedeutung der Faktorbildung durch die Bildungs- und Forschungspolitik hervorgehoben, die von Staat und Industrie getragen werden muss. PORTER plädiert in diesem Kontext für Interaktionen zwischen Forschungsinstituten und der Industrie, die Immigration von Fachkräften, die Erleichterung von Spin-Offs aus staatlichen Labors sowie die Kongruenz von der betriebenen öffentlichen Forschung mit den Mustern des nationalen Wettbewerbsvorteils. Leicht erringbare Vorteile wie Steuererleichterungen sollen den Unternehmen nicht gewährt werden, sondern die Innovationsanreize sollen aus einer anspruchsvollen Nachfrage und einem harten Inlandswettbewerb resultieren. Dementsprechend sollte das Innovationstempo tendenziell durch staatliche Eingriffe erhöht und nicht verlangsamt werden. Eine moderne Infrastruktur verbessert und verbilligt durch den raschen Informationsfluss innerhalb einer Volkswirtschaft den Austausch der Wirtschaftssubjekte. Zu der Finanzierung von Innovationsprojekten ist ein gutes Bankensystem und die Bereitstellung von Venture Capital auf nationaler Ebene unabdingbar, wobei es auch einer sinnvollen Allokation der finanziellen Ressourcen bedarf (vgl. PORTER 1991: 644 ff., ALBACH 1993: 450 ff., EDQUIST 1996: 141 ff., DAVID / FORAY 1996: 87 ff.).

Die Erfüllung staatlicher Beschaffungsaufträge und die militärische Nachfrage nach innovativen Produkten beeinflussen die Orientierung ganzer Wirtschaftszweige, so dass eine bewusste, öffentliche Beschaffungspolitik lenkend auf die Innovationsrichtung der Unternehmen einwirkt. Eine die Weltmarktbedürfnisse vorwegnehmende Nachfrage (*lead markets*), strenge Produktanforderungen und innovationsorientierte Beschaffungsverfahren zwingen die heimischen Unternehmen zu innovativem Verhalten, was durch strenge Normen (Umweltschutz, technische Normen), Haftungsrecht sowie Aufsichtsbehörden (Beschwerdemöglichkeit) unterstützt werden kann (vgl. PORTER 1991: 662 ff., EDQUIST 1996: 141 ff., OECD 1997a: 22 ff., GERYBADZE 1999: 106 ff.).

Der Einfluss des Staates auf Unternehmensstrategie, Struktur und Wettbewerb artikuliert sich über Regelungen zu ausländischen Direktinvestitionen, Kapitalexporten und -importen, Güterhandel sowie internationaler Migration von Humankapital. Diesbezügliche liberale Verfahrensweisen begünstigen die Internationalisierung heimischer Unternehmen und die Partizipation an Wissensressourcen ausländischer Konzerne, wodurch sich das Innovationsklima im Land verbessert. Ein starker Inlandswettbewerb sollte durch Unternehmensgründungen, das Kartellrecht und die Abschaffung der Staatsmonopole sichergestellt sein, um so den Anreiz für Unternehmen zu setzen, durch Innovationen nach Nischen im Wettbewerb zu suchen (vgl. PORTER 1991: 675 ff., OECD 1997b: 16 ff.).

Als letzter Aspekt des Diamanten spielen die verwandten und unterstützenden Branchen im Innovationsprozess eine Rolle. Eine fortschrittliche und innovative Medienlandschaft sorgt für die zeitnahe Verteilung relevanter Informationen und erleichtert das Auffinden von innovativen Vertriebswegen und Werbeformen (Informationsaspekt der Werbung). Des Weiteren ist die Bildung von Clustern durch entsprechende Organisationen und eine unterstützende Regionalpolitik zu kräftigen (vgl. PORTER 1991: 672 ff.).

Daneben sind die durch die Innovation hervorgerufenen Gewinnpotenziale zu nennen, die durch die Steuergesetze (Gewinnbesteuerung und -begünstigung von F&E-Aufwendungen) und Patentregelungen beeinflusst werden (vgl. ALBACH 1993: 445 ff., CORNELLI / SCHANKERMAN 1999: 197 ff., AOKI / HU 1999: 133 ff.).

Auf der regionalen Ebenen existieren weitere, spezifische Innovationsdeterminanten: Dazu zählen die Intensität der regionalen Interaktionen und die Ausprägung eines spezifischen innovativen Milieus, was beides durch eine regionale Politik unterstützt werden kann. Gerade das regionale Vorhandensein von *institutions of technological infrastructure*, die Input für den Innovationsprozess durch Netzwerke initiierende Maßnahmen, das Management der lokalen Wissensbasis sowie beratende Funktionen liefern, sind in diesem Kontext näher zu beleuchten. In diesem Zusammenhang ist die Struktur und Integration von bestehenden Forschungsorganisationen sowie Universitäten ins regionale Wirtschaften unter Berücksichtigung der jeweiligen sektoralen Struktur zu beobachten (vgl. BURETH / HÉRAUD 2001: 69 ff.).

Auf der Ebene der Unternehmen beeinflussen die F&E-Budgets, die Anreizsysteme zur Innovationsgenerierung, Weiterbildungsmaßnahmen, die Unternehmenskultur, die Personalführung, das Schnittstellenmanagement zwischen Funktionsbereichen im Unternehmen sowie zu den Kunden und Lieferanten die Innovativität des betreffenden Unternehmens (vgl. ALBACH 1993: 170 ff., GREILING 1998).

Als maßstablich kleinste Betrachtungsebene bietet sich im vorgestellten Innovationssystem-Modell die Analyse einzelner Teams oder gar Einzelpersonen an. Die Verbindung von Individuen und Teams auf einer Ebene reflektiert die konträren Ansichten in der Sozialforschung, ob ein Team einen besseren Output als das beste Individuum der Gruppe zu leisten vermag. Nach ALBACH ist es vom Engagement zur Wissensteilung der einzelnen Personen, der Integration in die Gruppe (Homogenität, Interdisziplinarität, Internationalität, Informationsteilung, Kommunikationsbarrieren), der Kompetenz der einzelnen Teammitglieder, dem zeitlichen und finanziellen Spielraum der Gruppe sowie der Wissensorganisation der Gruppe abhängig, inwieweit Innovationen im Team generiert werden können. Zu der Untersuchung der Determinanten für innovatives Verhalten von Einzelpersonen muss auf psychologische Arbeiten zurückgegriffen werden. Eine innovative Persönlichkeit resultiert aus einem Verbund von Faktoren, die im Kern auf Kreativität und Durchhaltevermögen reduziert werden können. Die Kreativität schafft neue Ideen, die mit Hilfe des Durchhaltevermögens trotz Hindernissen durchgesetzt werden. Beide Facetten sind sowohl erblicher Natur und deshalb über die Lebenszeit relativ stabil als auch von den Erfahrungen des Individuums abhängig. Die Erfahrungen werden maßgeblich beeinflusst von der Kultur (individualistisch vs. kollektivistisch, Risikoeinstellung, Prozess- oder Ergebnisorientierung, lang- oder kurzfristige Orientierung), dem familiären Hintergrund, dem Bildungsweg, den beruflichen Stationen, dem sozialen Umfeld und dessen Organisation sowie von der rechtlichen Ausgestaltung (Drohsystem, freiheitliches System) (vgl. ALBACH 1993: 125 ff.). Insbesondere die Nennung der rechtlichen Ausgestaltung schließt den Kreis der Konzepte zum Innovationssystem: Demnach sind auch aus der individuellen Perspektive die Effekte des Umsystems für die Innovationsgenerierung von zu beachtender Bedeutung.

3.4.3 Die empirische Methodik und Implementierung

Im Kern beruht die empirische Implementierung auf einem Forschungsaufenthalt von September 1999 bis März 2000 in Neuseeland und wurde durch den Aufenthalt bedingte Kontakte bis Juni 2002 aktualisiert. Die Untersuchung der nationalen Ebenen des neuseeländischen Innovationssystems erfolgt zum einen durch das Heranziehen von relevanten Sekundärstatistiken, die auch in den internationalen Kontext zu setzen sind, um eine sachgerechte Interpretation zu gewährleisten. Zum anderen wurde auf bestehende Studien und Einschätzungen zurückgegriffen.

Um die Forderung nach einer Integration qualitativer Elemente in die Untersuchung zu gewährleisten, wurden 51 Experten- und Tiefeninterviews mit bedeutenden Akteuren der jeweiligen Innovationssysteme durchgeführt, zu denen neben Unternehmern auch Vertreter des MoRST, des FRST, von staatlichen Forschungseinrichtungen, lokalen Institutionen oder Technologietransfereinrichtungen zählen. Nebenziel dieser Interviews war die Vorbereitung von drei separaten schriftlichen Befragungen von Industrieunternehmen, die dem quantitativen Element der innovationssystemischen Forschung Rechnung tragen.

Die erste Befragung richtete sich an multinationale Unternehmen, da diese insbesondere bei kleinen Ländern einen ausgeprägten Einfluss auf den internationalen Technologietransfer sowie die Stimulierung von lokalen Lernprozessen besitzen. Dazu wurden 242 Fragebögen an im ausländischen Besitz befindliche Unternehmen versandt. In Ermangelung einer Zusammenstellung von in Neuseeland aktiven, internationalen Konzernen wurde zur Identifikation der zu befragenden Industrieunternehmen die Gesamtmenge der 500 größten Unternehmen der Welt des Forbes-Magazins (1998: F 15 ff.) sowie der Industryweek (1999) zu Grunde gelegt. In einem zweiten Schritt wurden die selektierten Unternehmen bezüglich einer Niederlassung in Neuseeland überprüft, was zu 242 ausländischen Unternehmen führte. Die Statistik weist für das Jahr 1998 570 ausländische Industrieunternehmen in Neuseeland aus. Da nicht in Neuseeland produzierende, internationale Industrieunternehmen statistisch unter Großhandel subsumiert werden, muss der Bestand an potenziell zu befragenden Unternehmen um 1.360 auf insgesamt 1.930 erhöht werden. Damit wurden 12,5 % des Bestandes an ausländischen Unternehmen in Neuseeland angeschrieben. Die Rücklaufquote von 28,9 % oder 70 Antworten kann als sehr zufrieden stellend eingestuft werden. Nach der vereinfachten Kontrollformel für die „Endlichkeitskorrektur“ streuen die ermittelten Häufigkeiten und Durchschnittswerte im Rücklauf bei einer Sicherheit von 95 % um 11,7 % im Vergleich mit dem „wahren“ Wert der Grundgesamtheit (vgl. Tabelle 12, SACHS 1969: 336 ff.).

Neben strukturbeschreibenden Merkmalen wie Umsatz, Branche, Standort, Mitarbeiterzahl und Jahr der Niederlassungsgründung wurden auch die Motive für die Gründung, die funktionale sowie lokale Integrationstiefe des Tochterunternehmens erhoben. Die Innovativität wurde mit den Gründen für eine (Nicht-)Einrichtung einer F&E-Einheit, einer Charakterisierung der F&E-Einheit, dem Umsatzanteil der in den letzten drei Jahren neu eingeführten Produkte, den Ausgaben für F&E und Weiterbildung des Personals sowie der Interaktionsbereitschaft mit anderen Organisationen erfasst. Mit drei Fragen wurde der Hypothese nachgegangen, ob sich Neuseeland als Testmarkt für internationale Konzerne eignet. Zum Abschluss des 23 Fragen umfassenden Fragebogens wurden ausgewählte Determinanten hinsichtlich ihres Einflusses auf die Innovativität des Unternehmens beurteilt (vgl. Fragebogen Multinationale Unternehmen im Anhang).

Um die regionale Ebene im neuseeländischen Innovationssystem zu erfassen, wurden zur Vermeidung von singulären Zufälligkeiten zwei Regionen näher untersucht. Als Ausgangsbasis dienten die vom statistischen Amt abgegrenzten 24 *Main Urban Areas*[68] *(MUA)*, die durch Expertengespräche, den Besatz an Institutionen, das Humankapital, die wirtschaftliche Bedeutung für Neuseeland sowie die Abgrenzbarkeit und Überschaubarkeit beurteilt wurden. In einem ersten Schritt wurde in Abstimmung mit den Experteninterviews die Zahl der potenziellen Untersuchungsregionen durch Zusammenlegung entsprechend ihrer wirtschaftlichen Integration auf 15 reduziert. So lassen sich die vier *Main Urban Areas* Central, North, South und West Auckland bei einer empirischen Untersuchung aufgrund ihrer räumlichen Nähe und wirtschaftlichen Verflechtung kaum separiert betrachten. Gleiches gilt für die Großräume Wellington (Wellington, Lower Hutt, Upper Hutt, Porirua), Napier / Hastings sowie Hamiliton / Cambridge / Te Awamutu. In einem zweiten Schritt wurden die teilweise aggregierten *Main Urban Areas* mit vier Indikatoren beurteilt: Dazu wurde, um einen ausreichenden Institutionenbesatz zu gewährleisten, die Anzahl an staatlichen Forschungsinstitutionen (Universitäten, *Crown Research Institutes*) in der spezifischen Region eruiert. Die Qualität des regionalen Humankapitals wurde mit dem Anteil der Bevölkerung mit einem universitären Abschluss an der regionalen Gesamtbevölkerung gemessen. Da eine gewisse Repräsentativität der beiden Regionen für das neuseeländische Innovationssystem angestrebt wird, wurde die wirtschaftliche Aktivität mit Hilfe innovationssystemisch relevanter Sektoren abgebildet. In diesem Sinne wurde der regionale Anteil der Beschäftigten des Manufacturing-Sektors und der „höheren" Dienstleistungen[69] an den Gesamtbeschäftigten der Region summiert. Als Erfolgsgröße der Region wurde das Wachstum zwischen Januar 1987 (= 100) und Juni 1999 herangezogen. Problematisch hierbei ist jedoch, dass das Wachstum nur auf der Ebene der *Regional Councils* erfasst wird. Dennoch können wegen der starken Bedeutung der *Main Urban Areas* für das jeweilige *Regional Council* die Wachstumsraten annäherungsweise gleichgesetzt werden. Abschließend wurden die vier Indikatoren mit einem Punktbewertungssystem, bei dem der höchste Wert bei einem Indikator mit 100 und der niedrigste Wert mit 0 eingestuft wird, bewertet. Die Summe der vier Indikatoren ergab die folgende Prioritätenreihenfolge der Regionen:

---

[68] Whangarei, Northern Auckland Zone, Western Auckland Zone, Central Auckland Zone, Southern Auckland Zone, Hamilton Zone, Cambridge Zone, Te Awamutu Zone, Tauranga, Rotorua, Gisborne, Napier Zone, Hastings Zone, New Plymouth, Wanganui, Palmerston North, Upper Hutt Zone, Lower Hutt Zone, Porirua Zone, Wellington Zone, Nelson, Christchurch, Dunedin, Invercargill.

[69] Die höheren Dienstleistungen wurden nach der 2-stelligen Industrieklassifikation des Statistischen Amtes Neuseelands als *Communication Services, Finance, Insurance, Services to Finance and Insurance, Property Services, Business Services* und *Education* definiert.

Main Urban Areas	Institutionen		Universitärer Abschluss		Wirtschaftliche Aktivität		Wachstum		*Summe*
	Anzahl	*Punkte*	% der Bev.	*Punkte*	In %	*Punkte*	Index (1987 = 100)	*Punkte*	***Punkte***
Christchurch	10	*100*	9,7	*43*	44,0	*67*	148,0	*97*	***307***
Wellington Zone	5	*50*	16,4	*100*	47,3	*98*	134,5	*54*	***301***
Auckland Zone	5	*50*	11,0	*55*	47,5	*100*	142,9	*81*	***285***
Hamilton Zone	6	*60*	9,5	*42*	41,8	*47*	149,0	*100*	***249***
Palmerston	5	*50*	12,0	*63*	41,9	*47*	125,9	*26*	***186***
Dunedin	2	*20*	11,9	*62*	42,9	*57*	128,2	*34*	***172***
Nelson	2	*20*	7,0	*21*	38,4	*15*	143,1	*81*	***137***
New Plymouth	0	*0*	6,2	*14*	41,9	*48*	134,0	*52*	***114***
Whangarei	0	*0*	4,5	*0*	38,4	*15*	146,1	*91*	***106***
Rotorua	1	*10*	5,7	*10*	36,8	*0*	142,2	*78*	***98***
Napier-Hastings	1	*10*	5,3	*6*	39,7	*27*	134,0	*52*	***95***
Tauranga	0	*0*	5,1	*5*	37,0	*2*	142,2	*78*	***84***
Wanganui	0	*0*	4,7	*1*	41,9	*47*	125,9	*26*	***75***
Invercargill	0	*0*	5,2	*6*	37,7	*8*	125,2	*24*	***37***
Gisborne	0	*0*	4,7	*1*	38,3	*13*	117,7	*0*	***14***

Tabelle 11: Indikatoren zur Auswahl der beiden Untersuchungsregionen
Quelle: Census 1996, Anfrage bei der NATIONAL BANK in Neuseeland

Nach dieser Berechnung eignen sich insbesondere die ersten drei Regionen Christchurch, Wellington und Auckland als Untersuchungsgegenstand. In einem letzten Schritt wurde die Durchführbarkeit und das Erreichen einer repräsentativen Untersuchung des regionalen Innovationssystems kontrolliert. Infolge der gegebenen Rahmenbedingungen und Ressourcen hätte bei einer Auswahl Aucklands, der mit einer Million Einwohnern mit Abstand größten Stadt Neuseelands, auf die Untersuchung einer weiteren Region verzichtet werden müssen. Um einerseits das selektierte regionale Innovationssystem ausreichend analysieren zu können und andererseits singuläre regionale Zufälligkeiten zu vermeiden, wurde Auckland aus der Liste eliminiert. Aus diesen Gründen wurden die auf Platz eins und zwei liegenden Regionen Christchurch (331.000 Einwohner) und Wellington (335.000 Einwohner) selektiert. Ferner haben sie den Vorteil, aufgrund ihrer ähnlichen Größe grundsätzlich miteinander vergleichbar zu sein. Insgesamt arbeitet fast jeder fünfte Neuseeländer in einer dieser beiden Agglomerationen, die zudem vorteilhafterweise auf beiden Hauptinseln lokalisiert sind, so dass Besonderheiten aus der räumlichen Lage eingefangen werden können.

Die Entwicklung zur Wissensgesellschaft bedeutet nicht gleichzeitig ein Verschwinden des Industriesektors, sondern bedeutet vielmehr eine auf Innovation und Wissen ausgerichtete Produktion, die sich letztendlich in dem Paradigma einer sich erhöhenden Produktivität niederschlagen muss. Infolgedessen kann der Manufacturing-Sektor auch unter den neuen Gegebenheiten – in Übereinstimmung mit dem Innovationssystem-Modell von FISCHER / REVILLA DIEZ ET AL. (2001) – als Untersuchungsgegenstand dienen.

Neben qualitativen Interviews und informellen Treffen mit lokalen Akteuren des regionalen Innovationssystems wurden zur Quantifizierung in beiden Regionen Manufacturing-Unternehmen schriftlich befragt. In Christchurch wurden 624 Unternehmen angeschrieben, von denen 380 Mitglieder der bei der Befragung kooperierenden *Canterbury Manufacturers' Association* (*CMA*) waren. Zur Vermeidung einer nicht zu rechtfertigen Verzerrung wurden als Kontrollgruppe weitere 244 Unternehmen, die nicht CMA-Mitglied waren, aus dem *Universal Business Directory 1998 – South Island* per Zufallsstichprobe ausgewählt. Bei einem Manufacturing-Unternehmensbestand von 3.084 wurden somit 20,1 % der in Frage kommenden Unternehmen in Christchurch angeschrieben, von denen 143 Antworten zu verwerten waren (Rücklaufquote: 23,1 %). In Anlehnung an die obige Formel von SACHS kann der „wahre“ Mittelwert mit einer 95%igen Signifikanz um 8,2 % um den ermittelten Wert pendeln. In Wellington wurden mit dem *Universal Business Directory 1998 – Lower North Island* infolge des geringeren Bestandes an Manufacturing-Unternehmen (1979) in der Region 476 Fragebogen und damit an 24,1 % des Bestandes verschickt. Die Rücklaufquote lag mit 20,1 % leicht unter der von der Untersuchung in Christchurch. Dennoch wurde mit einem effektiv befragten Anteil von 4,9 % an den Manufacturing-Unternehmen in Wellington ein höherer Wert als in Christchurch (4,6 %) erreicht. In Wellington ergibt sich eine Schwankungsbreite der ermittelten Mittelwerte um den „wahren“ Wert von 10,0 %, so dass in beiden Regionen von repräsentativen Ergebnissen auszugehen ist (vgl. Tabelle 12). Da bei der Fragebogengestaltung bewusst ein relativ langer Fragebogen (8 Seiten) konzipiert wurde, um eine ausreichende Tiefe und Differenzierung des Sachverhalts zu erlangen, können die erreichten Rücklaufquoten als sehr zufrieden stellend interpretiert werden.

	Christchurch-Unternehmen		**Wellington-Unternehmen**	**Multinationale Unternehmen**
Quelle	*CMA*	*UBD*	*UBD*	*Forbes, Industryweek*
Unternehmensbestand	3.084		1.979	1.930
Versandte Fragebogen	380	244	476	242
Nicht angekommen oder verwertbar	2	4	14	5
Angeschriebener Bestand	20,1 %		23,3 %	10,2 %
Auswertbarer Rücklauf	143		96	70
Rücklauf-Quote	23,1 %		20,1 %	28,9 %
Befragter Bestand	4,6 %		4,9 %	3,0 %
Relative Abweichung nach SACHS	8,2 %		10,0 %	11,8 %

Tabelle 12: Zusammenfassung der Strukturmerkmale der postalischen Befragung
Bemerkung: UBD = Universal Business Directory der betreffenden Region

Ausgehend von einem Fragenkomplex um strukturbeschreibende Elemente des Unternehmens wie Gründungsjahr, Branche, Umsatz, Mitarbeiteranzahl wurde der Grad der Integration in die lokale Ökonomie (*local embeddedness*) sowie die Entwicklung der Mitarbeiterzahlen und des Umsatzes als Erfolgsgrößen erfragt. Im Zentrum des Fragebogens steht jedoch der Innovationsprozess, der über Art der Innovation, deren Konsequenzen und die Impulsquellen spezifiziert wurde. Neben der allgemeinen Benutzung von innovationsrelevanten Transferkanälen wurden auch die Leistungen der KIBS beleuchtet. Sowohl bei den Transferkanälen als auch den Kontakten zu anderen Akteuren wurde die räumliche Dimension des Innovationsprozesses erfasst. Wiederum abschließend war der Einfluss ausgewählter Determinanten auf die Innovativität des Unternehmens zu beurteilen (vgl. Fragebogen Wellingtoner Unternehmen im Anhang). Die Gestaltung des Fragebogens und des dahinter liegenden Messinstrumentariums orientierte sich konzeptionell an die Empfehlungen von NAUWELAERS / REID (1995). Dabei wurden auch bewusst subjektive Dimensionen in den Fragestellungen ausgewählt, da ein „measurement only of frequencies of formal collaborative links between local SMEs [small and medium enterprises, A. d. V] and universities may seriously undervalue the wider and very important role played by many such knowledge centres in shaping and enabling cluster growth“ (KEEBLE / WILKINSON 2000: 13).

4 EINFÜHRUNG IN DAS NEUSEELÄNDISCHE INNOVATIONSSYSTEM

Dieses Kapitel dient der ersten Annäherung an das neuseeländische Innovationssystem. Dazu wird der Untersuchungsraum zunächst charakterisiert, um dann anhand der sozialen Innovation des neoliberalen Reformprozesses grundsätzliche Funktionsweisen des neuseeländischen Innovationssystems kennen zu lernen. Danach wird die Entwicklung der Wettbewerbs- und Innovationsfähigkeit Neuseelands mit traditionellen Messansätze beleuchtet. Abschließend wird das neuseeländische Innovationssystem mit Hilfe von strukturabbildenden Indikatoren mit anderen Innovationssystemen von OECD-Ländern verglichen.

4.1 Kurzcharakterisierung des Untersuchungsraums Neuseeland

Neuseeland liegt antipodisch im Südwestpazifik und erstreckt sich zwischen 34° und 47° südlicher Breite und 166° und 179° östlicher Länge. Für 97 % der neuseeländischen, lang gestreckten Landmasse zeichnen die beiden Hauptinseln, *South Island* (150.437 km²) und *North Island* (113.729 km²), verantwortlich. Die Größe Neuseelands entspricht ungefähr 75% der Fläche der Bundesrepublik Deutschland (vgl. LUTZ 1999: 389).

Die Besiedelung Neuseelands setzte vermutlich vor 1.000 bis 1.200 Jahren von den polynesischen Inseln aus durch die Maori ein. Die europäische Entdeckung Neuseelands begann mit dem Holländer ABEL TASMAN im Jahre 1642, wenn auch erst JAMES COOK 1769 Neuseeland wieder entdeckte, kartographierte und für Großbritannien in Besitz nahm. Die weißen Einwanderer kontrollierten recht bald das Land, was aufgrund der teilweise auch unwissentlichen Missachtung von Tabu-Geboten der Maori zu kriegerischen Auseinandersetzungen zwischen Weißen und Maori führte. Seit 1840 ist Neuseeland durch den *Treaty of Waitangi* Kolonie des britischen Imperiums. Die seit 1853 bestehende konstitutionelle Verfassung Neuseelands erfuhr in den 1870er Jahren durch die einsetzende Wirtschaftskrise infolge fallender Weltmarktpreise für Agrarprodukte ihre erste Bewährungsprobe. Um die Auswirkungen der verschlechterten ökonomischen Situation abzufedern, begann die Regierung mit einem Ausbau der Sozialgesetzgebung, einem Interventionismus in die Landwirtschaft und einer engeren wirtschaftlichen Bindung an Großbritannien.

Seit 1907 hat Neuseeland den Status eines Dominions im britischen Empire und ist damit faktisch unabhängig. Nach der Teilnahme an beiden Weltkriegen an der Seite der Briten erhielt Neuseeland 1947 auch formal seine Souveränität. Weltpolitisch sichtbar wurde Neuseeland ab 1960 durch seine landesweiten Proteste gegen die französischen Atomtests im Südpazifik. Mit Beginn der 1990er Jahre setzte eine Aufarbeitung des während der Kolonialzeit an den Maori begangenen Unrechts ein, die auch heute noch die politische Diskussion bestimmt (vgl. SINCLAIR 1997, THE ECONOMIST INTELLIGENCE UNIT 1998: 4 ff.).

Die Staatsform Neuseelands ist eine konstitutionelle Monarchie mit einem parlamentarischen Regierungssystem, das auf der Verfassungsgrundlage von 1986 beruht (*Consitution Act* 1986). Darin wird dem König / der Königin des Vereinten Königreichs die Rolle als formelles Staatsoberhaupt zugewiesen sowie die Gewaltenteilung geregelt. Generell orientiert sich Neuseeland am Westminster-System, bei dem der Monarchie letztendlich nur eine symbolische Funktion gegenüber den politischen Vertretern zukommt (vgl. KAISER 2000: 157 ff., GRÜNENFELDER 1997: 107 ff.).

Durch das relative Mehrheitswahlsystem waren seit 1946 lediglich – mit drei Ausnahmen[70] – die zwei Parteien *Labour Party* und *National Party* im Parlament vertreten, wobei diejenige mit den meisten Sitzen den Premierminister stellt (vgl. THORNS / SEDGWICK 1997: 175 ff.). Die zunehmende Kritik an diesem Wahlsystem („gewählte Diktatur") führte zu zwei Referenda zur Änderung des Wahlsystems in den Jahren 1992 und 1993. Bei den Wahlen am 12. Oktober 1996 wurde erstmals ein *mixed-member-proportional*-System angewendet, das dem deutschen Wahlmodus ähnlich ist. HELEN CLARK von der *Labour Party* regiert Neuseeland seit den Wahlen 1999.

Neben der Zentralregierung besitzt Neuseeland eine ausgeprägte kommunale Verwaltungsebene: 15 *City Councils* und 59 *Districts* bilden dabei die 74 *Territorial Authorities* auf der lokalen Ebene. Auf der mittleren Ebene nehmen 14 *Regional Councils* übergreifende Aufgaben wie die der Infrastrukturbereitstellung wahr (vgl. THE ECONOMIST INTELLIGENCE UNIT 1998: 4 ff., Lutz 1999: 410, KAISER 2000: 166 ff.).

Von den 3,793 Millionen in Neuseeland lebenden Menschen sind 75,1 % auf der Nordinsel ansässig. Zwar hat sich die Bevölkerungszahl seit Ende des Zweiten Weltkriegs verdoppelt. Dennoch nimmt die jährliche Wachstumsrate der Bevölkerung in Neuseeland tendenziell ab und liegt seit 1981 unter 1,5 %. Nach der OECD erhöhte sich die Bevölkerungszahl Neuseelands zwischen 1989 und 1999 um 1,3 %, die der gesamten OECD lediglich um 0,9 % (vgl. OECD 2001b: 6 f.).

Neuseeland ist mit 13,9 Einwohner pro Quadratkilometer im OECD Kontext nur gering besiedelt (vgl. Tabelle 32). Innerhalb Neuseelands ist die Verteilung der Bevölkerung stark unterschiedlich: Unter den *Regional Councils* kann allein in Auckland mit einem Wert von 291 und in Wellington (52) von höher verdichteten Räumen gesprochen werden (vgl. Abbildung 11). Wird jedoch eine tiefere, statistische Differenzierungsebene herangezogen, wird deutlich, dass Neuseeland von einer starken Verstädterung geprägt ist (vgl. auch LUTZ 1990: 140 ff.): 70 % der Einwohner leben in den so genannten *Main Urban Areas*, von denen Auckland mit nahezu einer Million Menschen (27,4 % der Gesamtbevölkerung) im Jahr 1996 die größte Agglomeration ist. Der zweitgrößte Ballungsraum befindet sich ebenfalls auf der Nordinsel und umfasst die Hauptstadt Wellington, Lower Hutt, Upper Hutt und Porirua mit insgesamt über 335.000 Bewohnern. Christchurch auf der Südinsel folgt mit einer nahezu identischen Einwohnerzahl (331.000 im Jahr 1996). Allein diese drei Agglomerationen beheimaten fast 44 % der neuseeländischen Bevölkerung. Den stärksten Bevölkerungszuwachs zwischen 1991 und 2001 haben die Regionen Auckland (22,1 %), Nelson-Marlborough (16,9 %) und Bay of Plenty (16,7 %) zu verzeichnen.

Die nach dem Zweiten Weltkrieg durch Zuwanderung junger Menschen und natürlichen Bevölkerungszuwachs erreichte günstige Bevölkerungsstruktur blieb durch den anhaltenden Zustrom junger Immigranten aufrechterhalten. So waren 1996 23,0 % der Gesamtbevölkerung unter 15 Jahre, während lediglich 11,7 % über 65 Jahre alt waren. Stellten die Europäer mit weit über 90 % aller Neuseeländer bis in die Nachkriegsjahre die dominierende ethnische Gruppe, sank ihr Anteil bis 1996 auf 74,9 %. Gleichzeitig stieg der Anteil der Maori auf 14,5 %, der der Asiaten auf 4,8 % und der von ehemaligen Bewohnern pazifischer Inseln auf 4,8 %. Das Wachstum bei nichteuropäischen Bevölkerungsgruppen liegt an den Migrationsbilanzen und dem höheren natürlichen Bevölkerungszuwachs. Zudem veränderte sich die statistische Erfassung und Abgrenzung der Maori: Vor 1971 wurde ein Maori lediglich dann

---

[70] *Social Credit* konnte 1984 zwei Sitze, *New Labour* 1990 einen Sitz sowie *Alliance* und *New Zealand First* 1993 jeweils zwei Sitze erringen (vgl. THORNS / SEDGWICK 1997: 175 ff.).

als ein solcher erfasst, wenn er mindestens ein halber Maori („half caste") war. Heute wird diese Frage nicht mehr über den Verwandtschaftsgrad bestimmt, sondern mit einer Selbsteinschätzung über die eigene Identifikation erhoben. Maori ist kein eindimensionaler, rassistischer Begriff mehr. Vielmehr hat sich daraus ein soziokultureller Begriff in Neuseeland entwickelt, der den Prozess der Neudefinition der Maori und einen gesellschaftlichen Wandel in Neuseeland ausdrückt: Die neuseeländische Gesellschaft unterstreicht zunehmend die kulturelle Vielfalt und die Identifikation ihres Landes als eine pazifische und nicht mehr europäische Nation (vgl. LUTZ 1999: 403 ff.).

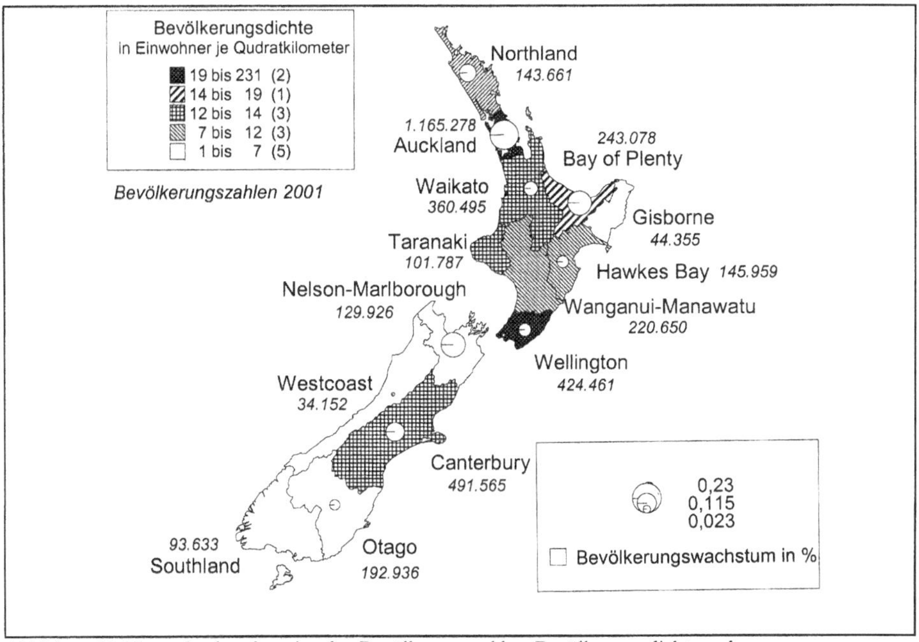

Abbildung 11: Neuseeland nach regionalen Bevölkerungszahlen, Bevölkerungsdichte und Bevölkerungswachstum zwischen 1991 und 2001
Quelle: STATISTICS NEW ZEALAND: Census 2001

Neuseeland zählt mit einem BIP von 49,2 Milliarden U$ und einem Anteil von 0,19 % am BIP der OECD-Länder auch bei diesem Indikator zu einem der kleinsten Länder in der entwickelten Welt. Lediglich die OECD-Länder Ungarn, Island, Luxemburg und Slowakei erwirtschafteten im Jahr 2000 ein geringeres BIP. Das Pro-Kopf-Einkommen liegt in Neuseeland mit 12.800 U$ deutlich unter dem OECD-Durchschnitt von 22.600 U$. Damit belegt Neuseeland lediglich Platz 21 unter den 30 OECD-Ländern. Demgemäß ist es mit Portugal (10.400 U$), Spanien (14.100 U$) und Griechenland (10.600 U$) zu vergleichen. In der sektoralen Aufteilung des BIP werden 7,8 % der Wertschöpfung im Primärsektor, 27,7 % in der Industrie und 64,5 % im Dienstleistungssektor erzeugt. Verglichen mit den anderen OECD-Ländern ist insbesondere der Wert des primären Sektors auffällig, der nur von zwei Ländern (Türkei, Island) übertroffen wird (vgl. OECD 2001b: 22 f.).

Die Handelsbilanz war mit Importen im Wert von 17,9 Milliarden U$ und Exporten von 17,5 Milliarden U$ weitgehend ausgeglichen (vgl. OECD 2001b: 60 f.). Der einfache Durchschnitt von Zöllen ist in Neuseeland mit 2,8 % weltweit der drittniedrigste Wert (vgl. WELTBANK

2001: 336 ff.). Hauptexportgüter sind landwirtschaftliche Produkte wie Milchpulver, Butter und Käse (17,1 % aller Exporte), Fleisch und Innereien (12,5 %), Holz (6,6 %), Meerestiere (5,2 %) sowie Früchte und Nüsse (4,7 %). Importiert werden hauptsächlich elektrische und mechanische Maschinen (24,6 % aller Importe), Fahrzeuge (12,3 %), mineralische Brennstoffe (5,6 %), Textilien (5,6 %) und Plastikartikel (4,1 %). Die drei wichtigsten Handelspartner für Neuseeland sind in der Reihenfolge für Exporte und Importe Australien (21,4 % der Exporte, 22,1 % der Importe), USA (13,3 %, 17,7 %) und Japan (12,7 %, 12,6 %), die zusammen 50 % des neuseeländischen Außenhandels auf sich vereinen (vgl. STATISTICS NEW ZEALAND, New Zealand Official Yearbook 2000).

Rund 1,88 Millionen Neuseeländer werden zur Arbeitnehmerschaft gezählt, so dass 48,3 % zur arbeitsfähigen Bevölkerung zählen. Die standardisierte Arbeitslosenquote wird für 2000 mit 6,0 % beziffert. Die *consumer prices* stiegen im Jahr 2000 moderat um 2,6 % (vgl. OECD Economic Outlook Juni 2001).

Zusammenfassend ist Neuseeland als eine kleine, offene Wirtschaft zu charakterisieren, die bei den Exporten – vor allem im Vergleich zu anderen OECD-Ländern – stark von landwirtschaftlichen Produkten abhängt. Obwohl der Primärsektor direkt nur für 7,8 % des BIP verantwortlich ist, gilt es zu bemerken, dass zahlreiche landwirtschaftliche Produkte in die verarbeitende Produktion als Inputfaktoren eingehen (THE ECONOMIST INTELLIGENCE UNIT 15 ff.).

4.2 Fallstudie: Der Reformprozess als soziale Innovation

Ohne Berücksichtigung des im Jahre 1984 einsetzenden Reformprozesses des Staates und seiner Aufgaben ist kaum ein Bereich der neuseeländischen Gesellschaft und Wirtschaft ausreichend zu erfassen (vgl. DALZIEL / LATTIMORE 1999: 10). Gleichzeitig kann die Veränderung der neuseeländischen Regulationsweisen in der Zeit bis 1994 von einem der am stärksten durch den Staat regulierten OECD-Länder in die freieste Volkswirtschaft unter den entwickelten Ländern als eine äußerst weit reichende soziale Innovation interpretiert werden (vgl. BRASH 1996: 15 ff., GOLDFINCH 1998: 177).

Damit ist die Darstellung des Reformprozesses zugleich eine Fallstudie über die Strukturen und Funktionsweisen der Innovationsgenerierung im neuseeländischen Innovationssystem unter Berücksichtigung der evolutionären Entwicklung. Darüber hinaus wird dadurch das Verständnis für die grundsätzlichen Ausgangsbedingungen und Grundprinzipien des neuseeländischen Regulationssystems nach den Reformen gelegt, welche in mittelbarer und unmittelbarer Weise die innovationssystembeschreibenden Elemente Akteure, Determinanten und Kanäle transformierten.

4.2.1 Die evolutorische Komponente der Reformen: Neuseeland vor 1984

Ausgehend vom *Treaty of Waitangi*, der feste Abnahmequoten Großbritanniens von neuseeländischen Produkten garantierte und eine offensive Einwanderungspolitik bedeutete, entwickelte sich Neuseeland in den Jahren bis 1950 zu einem vermögenden Wohlfahrtsstaat. Die hoch motivierten und mit landwirtschaftlichem Know-how versehenen Immigranten nutzten die fruchtbaren Böden Neuseelands, die anderen natürlichen Ressourcen sowie die bereits bestehenden Subventionen für die Erzeugung landwirtschaftlicher Produkte, was zu einem hochmodernen Agrarstaat führte. Dieser Ressourcenmix generierte bereits 1860 ein im Vergleich zur restlichen industrialisierten Welt überdurchschnittliches neuseeländisches Pro-Kopf-Bruttoinlandsprodukt (vgl. LUTZ 1990: 136 f.). Zusätzlich gilt, dass die Pro-Kopf-BIP-Wachstumsraten in Neuseeland bis 1950 im Durchschnitt höher als in der restlichen Welt waren:

Jahr	Neuseeland	Industrialisierte Welt	Entwicklungsländer	Welt
1860	420	324	174	220
1913	800	662	192	364
1928	1.060	781	194	405
1950	1.895	1.054	203	490

Tabelle 13: Pro-Kopf-BIP Neuseelands, der industrialisierten Welt, der Entwicklungsländer und der Welt 1860–1950 in neuseeländischen Dollar
Quelle: BERGER 2000: 14

Diese wirtschaftliche Prosperität fand in einem extensiven Ausbau staatlicher Aufgaben seinen Niederschlag. Die Einführung eines staatlichen Rentensystems 1898 war der Beginn staatlicher Intervention, die nach der Weltwirtschaftskrise in den 1930er Jahren in einer umfassenden sozialen Sicherung mündete. Zuwendungen für Familien sowie staatliche Unterstützung für Kleinkinder, Bildung, Gesundheitsfürsorge wie auch Subventionen in viele Infrastrukturbereiche, die Energieproduktion und die Finanzdienstleistungen wurden durch den Staat bereitgestellt, um der Präferenz der homogenen, aus Englands weißer, unterer Mittelschicht stammenden Bevölkerung nach Sicherheit und Vorhersehbarkeit Rechnung zu tragen. In den 1950er Jahren war Neuseeland ein nach innen gerichtetes, selbstzufriedenes Land, das sich selbst als „Paradies“ ansah sowie Importen und ausländischen Devisen den Zugang sehr erschwerte (vgl. BERTELSMANN STIFTUNG 1996: 17 ff.).

In der Folgezeit leiteten zwei Entwicklungen auf der supranationalen Ebene den ökonomischen Abstieg Neuseelands ein: Zum einen wurde die bevorzugte Stellung Neuseelands im britischen Markt durch den Beitritt Großbritanniens zu der Europäischen Gemeinschaft untergraben.[71] Neben dieser jahrelangen, gewinnbringenden Abhängigkeit vom britischen Markt beeinflussten zum anderen die Ölpreisschocks von 1973 / 74 und 1979 / 80 Neuseelands wirtschaftliche Entwicklung (vgl. ROPER 1997: 5 f., MESTER / VAN SUNTUM 1998: 31). Diese beiden exogenen Schocks offenbarten die internen strukturellen Schwächen der neuseeländischen Wirtschaftsordnung, die zudem von dem schnellen Wachstum der Maori-Bevölkerung und der starken Immigration von den pazifischen Inseln in Frage gestellt wurde. Die Erhöhung des nichteuropäischen Bevölkerungsanteils von 6,2 % im Jahr 1951 auf 15,6 % im Jahr 1981 erodierte die Exklusivität der vorherrschenden, britisch bestimmten Kultur. Kernproblem der neuseeländischen Wirtschaft war der hinter dem OECD-Durchschnitt zurückbleibende Zuwachs in der Produktivität, der den bestehenden Schutz der neuseeländischen Industrien vor Importen durch Handelshemmnisse[72] reduzierte.

Hauptursachen für die problematische neuseeländische Wirtschaftsentwicklung waren die sinkenden Preise für Agrarprodukte und Rohmaterialien sowie die starken Lohnerhöhungen durch die von den Gewerkschaften dominierten Lohnverhandlungen[73]. Das reale Wachstum in Neuseeland verlangsamte sich und fiel unter den OECD-Durchschnitt[74]. Zwischen 1975

---

[71] Gingen 1950 noch zwei Drittel der neuseeländischen Erzeugnisse nach Großbritannien, waren es 1980 nur noch 36 % und 1990 gar unter 10 % (vgl. STATISTICS NEW ZEALAND, New Zealand Official Yearbook, verschiedene Jahrgänge).

[72] Anfang der 1970er Jahre betrugen die Schutzzölle bis zu 60 % des Eigenwertes und die industriellen Fertigprodukte wurden mit 18 % subventioniert (vgl. FELLMETH / ROHDE 1999: 28).

[73] Die BERTELSMANN STIFTUNG stellt dazu fest, dass während der gesamten 1970er Jahre die nominalen Lohnerhöhungen die Inflation sowie den Produktivitätsfortschritt überstiegen (vgl. 1996: 21).

[74] Im Zuge dieses Produktivitätstrends verschlechterte sich sukzessive die relative Pro-Kopf-BIP-Position Neuseelands im Vergleich mit anderen OECD-Ländern von dem 3. (1953) über den 12. (1970) bis auf den 19. Rang im Jahr 1980 (vgl. EASTON 1997: 27).

und 1982 wuchs die neuseeländische Wirtschaft real mit 0,4 %. Die negative Entwicklung der *terms of trade* induzierte eine sinkende Wettbewerbsfähigkeit, die – in einem Land, in dem bis 1973 Vollbeschäftigung herrschte – die Arbeitslosenquote bis 1983 auf 5,6 % anstiegen ließ. Kann bis 1973 von einer ausgeglichenen Leistungsbilanz gesprochen werden, spiegelt danach ein zunehmendes Leistungsbilanzdefizit die prekäre ökonomische Situation Neuseelands wider (vgl. DALZIEL / LATTIMORE 1999: 120, STATISTICS NEW ZEALAND: Official Yearbook, diverse Jahrgänge).

Diese negativen Trends von wichtigen makroökonomischen Indikatoren sind im untersuchten Zeitraum zwar auch in anderen OECD-Ländern zu bemerken, erreichen in Neuseeland jedoch größere Tiefpunkte[75]. Infolgedessen wurde der Stolz auf die breite und sichere Wohlfahrt der einheimischen Bevölkerung angegriffen; es entstand ein hohes Problem- und Krisenbewusstsein, womit die psychologische Grundlage des Reformprozesses geschaffen wurde. Dieser Wirkungsaspekt verdeutlicht die wichtige Stellung der neuseeländischen Kultur als Determinante des Reformprozesses (vgl. BERTELSMANN STIFTUNG 1996: 23). Dementsprechend stark waren die politischen Reaktionen der 1975 an die Macht gelangten konservativen *New Zealand National Party* unter Ministerpräsident ROBERT MULDOON: In seiner Regierungszeit stieg die Staatsquote von 34,7 % (1975) bis auf 40,7 % (1983), die einerseits durch den Ausbau des Sozialstaates[76] und dem Festhalten an der politischen Verpflichtung zur Vollbeschäftigung mit Hilfe von rigiden Arbeitsmarktinterventionen induziert wurde. Andererseits wurden zur Unterstützung der Wirtschaft „*think-big*"-Projekte im Sinne des Keynesianismus angeschoben, die im Kern den Umbau der dezentralen neuseeländischen Landwirtschaft sowie den Aufbau einer Großindustrie mit staatlichen Mitteln zum Ziel hatten[77] (vgl. CROCOMBE / ENRIGHT ET AL. 1991: 21, DALZIEL / LATTIMORE 1999: 21). Von den damals 1,3 Millionen Erwerbstätigen sollten durch diese Projekte 400.000 in neuen Branchen Arbeit finden. Dafür wurden unter MULDOON insgesamt neun Milliarden N$ ausgegeben, die zu einem großen Teil durch Auslandskredite finanziert wurden. Problem war jedoch, dass sich dadurch weder die makroökonomische Situation signifikant verbesserte, noch die Projekte eine ausreichende Kapitalrendite zur Tilgung der Verbindlichkeiten erwirtschafteten. Die OECD stellt hierzu fest, dass sich die öffentliche Verschuldung von 1975 mit vier Milliarden N$ bis 1984 versiebenfachte und sich das Haushaltsdefizit auf 9 % vergrößerte. In Verbindung mit der steigenden Verschuldung im Ausland sank das Vertrauen der internationalen Kapitelmärkte in Neuseeland, was zu einer Herabstufung der Kredit-

---

[75] Wird das Jahr 1965 als Indexjahr mit 100 bewertet, wuchs die neuseeländische Wirtschaft bis 1984 lediglich auf 156,3 Punkte, während der OECD-Durchschnitt auf 182,9 und die kleinen OECD-Länder (inklusive Neuseeland) auf 186,6 Punkte kletterten. Im selben Zeitraum lag die Entwicklung der neuseeländischen *consumer prices* lediglich in den Jahren 1966 und 1974 unter dem OECD-Durchschnitt, während die neuseeländischen *consumer prices* in den Jahren 1975 bis 1984 teilweise mehr als doppelt so stark wie der OECD-Durchschnitt anstiegen. Die neuseeländischen Exporte stiegen zwischen 1970 und 1980 mit 3,7 % p. a. nur halb so stark an wie der OECD-Durchschnitt (7,5 %). Auch die Zahlungsbilanz weist einen erheblich schlechteren Wert als der OECD-Durchschnitt auf. Das Zahlungsbilanzdefizit relativ zum BIP betrug 1984 im OECD-Durchschnitt gerade mal -0,6 %, das von Neuseeland -8,9 % (vgl. OECD Economic Outlook, diverse Jahrgänge).

[76] Unter MULDOON wurde beispielsweise das Rentenalter von 65 auf 60 Jahre bei einer gleichzeitigen Anhebung der Rentensätze abgesenkt.

[77] Beispiele solcher Großprojekte sind als direkte Reaktion auf die Ölpreisschocks die staatlichen Bemühungen zum Aufbau einer vom Ausland unabhängigen Energieversorgung, beispielsweise Petrocorp (Ammoniak-Fabrik), Motonui (Fabrik für synthetischen Treibstoff), die Erweiterung der Ölraffinerie am Marsen Point oder die Waitara Menthol-Fabrik, oder das 3 Milliarden N$ teure Stahlwerk, das später für 357 Millionen N$ verkauft wurde (vgl. DALZIEL / LATTIMORE 1999: 18).

würdigkeit[78] führte und so die Kapitalkosten weiter erhöhte (vgl. CROCOMBE / ENRIGHT ET AL. 1991: 23 ff.).

Anfang der 1980er Jahre spitzte sich die ökonomische Situation weiter zu, indem erste Gerüchte vom Staatsbankrott und einer drohenden Verwaltung Neuseelands durch den IMF publiziert wurden. Zudem stieg der innenpolitische Druck, da zum einen die Protestbereitschaft gegen die Wirtschaftspolitik von MULDOON stieg und sich zum anderen die Streikbereitschaft der Gewerkschaften erhöhte (vgl. BERGER 2000: 23). Die Inflationsentwicklung war ein weiteres Problemfeld, mit dem sich die *National Party* auseinander zu setzen hatte. Die 1982 / 83 anstehenden Lohnverhandlungen waren in diesem Kontext kritisch, da die Löhne aufgrund ihrer quasi-automatischen Indexierung durch die hohen Öl- und Importpreise stark steigen und so die Inflation weiter anheizen würden („importierte Inflation"). MULDOON begegnete diesen Gefahren mit einem weiteren zentralistischen Staatseingriff und verhängte am 22. Juni 1982 einen „*freeze*" für alle Preise der inländischen Wirtschaft, was Löhne, Gehälter, Zinsen und Wechselkurse inkludierte. Ursprünglich sollte diese Preisfestschreibung ein Jahr gelten; sie wurde aber bis Februar 1984 verlängert (vgl. CROCOMBE / ENRIGHT ET AL. 1991: 21, DALZIEL / LATTIMORE 1999: 15 ff.).

Zwar konnte durch die Preisfestschreibung der Inflation Einhalt geboten werden, verursachte aber durch die Entziehung der Fähigkeit des Marktes, sich über den Preismechanismus zu regulieren, volkswirtschaftliche Kosten. Makroökonomische Folgen waren nicht nur eine steigende Arbeitslosigkeit sowie ein höheres Leistungsbilanzdefizit, sondern auch insofern ein starker Druck auf die Geldpolitik, als diese die Geldmenge über Zinsanpassungen nicht mehr regeln konnte. Des Weiteren verschwand das Vertrauen in die neuseeländische Währung, so dass die Zentralbank infolge des starren Wechselkursregimes zur Stützung der neuseeländischen Währung gezwungen war. Die sinkenden Devisenreserven der neuseeländischen Zentralbank veranlassten diese, sich öffentlich kritisch zur Wirtschaftspolitik zu äußern. Dadurch, dass zu dieser Zeit Aussagen der Zentralbank stets intern erfolgten, erfuhr dieses öffentliche Statement höchste Beachtung und Glaubwürdigkeit. Neben dem makroökonomischen Versagen der MULDOON-Regierung waren für das Finanzministerium die Sklerose der neuseeländischen Wirtschaft durch Überprotektion, die starke Regulation des Finanzsektors, die Beschränkungen im Arbeitsmarkt mit extrem gewichtigen Gewerkschaften, der unverhältnismäßig große und ineffiziente Staatssektor, die hohen Spitzensteuersätze mit schädlicher Wirkung auf die Sparquote und Investitionen sowie die starke Regulierung der Wirtschaft bezüglich Umweltschutz und Verbraucherschutz für die Krise verantwortlich (vgl. ROPER 1997: 3 ff.).

Angesichts der sich stetig verschlechternden Stimmung in der Bevölkerung verkündete MULDOON am 15. Juni 1984 vorzeitige Neuwahlen (*snap election*). Dieser Schritt schwächte die neuseeländische Währung weiter, da die Kapitalmärkte auf eine Abwertung des neuseeländischen Dollars nach einem Regierungswechsel setzten und in ausländische Währungen investierten.

4.2.2 Determinanten, Akteure und Leitlinien der Reformen

Bei den Wahlen am 14. Juli 1984 kam es zum Regierungswechsel, nachdem die *Labour Party* 56 der 95 Parlamentssitze gewonnen hatte (vgl. THORNS / SEDGWICK 1997: 181). Dieser

[78] Am 30. April 1983 wertete beispielsweise Standard & Poor's Corporation Neuseelands Kreditwürdigkeit von AAA auf AA+ ab. Obwohl es immer noch das zweitbeste Rating war, war es eine weitere negative Entwicklung und Nachricht mit symbolischem Charakter für Neuseelands Bürger.

Wechsel war gleichbedeutend mit einem Bruch der interventionistischen und protektionistischen Wirtschaftspolitik von MULDOON. Die in der ersten Legislaturperiode der *Labour Party* einsetzenden Reformen galten hauptsächlich dem Rückzug des Staates aus dem Wirtschaftsablauf, während sich in der zweiten Legislaturperiode von 1987 bis 1990 die Reformbestrebungen auf die Reorganisation des öffentlichen Sektors konzentrierten. Nach dem Regierungswechsel 1990 konzentrierte sich die *National Party* auf den Abbau des Wohlfahrtsstaates:

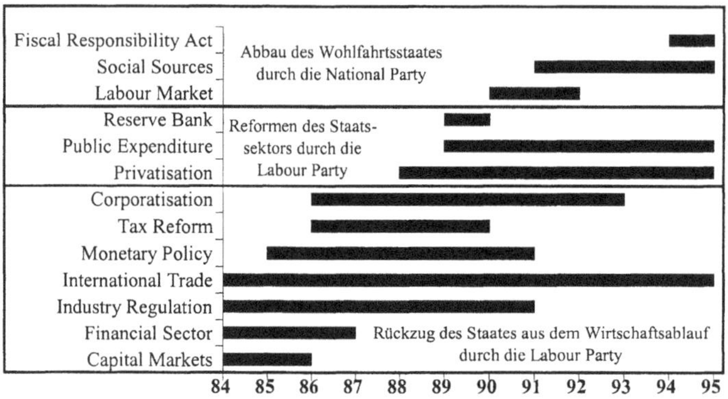

Abbildung 12: Neuseeländische Reformen im Zeitablauf
Quelle: in Anlehnung an BOLLARD / LATTIMORE ET AL. 1996: 10

Begünstigt wurden diese seit 1984 schnell implementierten, auch „*big bang*" genannten Reformen durch mindestens vier Determinanten. Erstens sind die Reformen im Kontext des zu dieser Zeit weltweiten Paradigmenwandels vom Keynesianismus zum Monetarismus zu sehen, der mit Deregulierung und neoliberalen Politikvorstellungen die öffentliche Diskussion prägte. Das Krisenbewusstsein der Neuseeländer war zweitens durch den öffentlich beschriebenen Niedergang von zentralen makroökonomischen Indikatoren ausreichend geschärft. Dennoch war dies nach Ansicht von MULGAN[79] nicht der entscheidende Punkt, sondern dass sich drittens eine kleine Gruppe[80] von Entscheidungsträgern in strategisch wichtigen Positionen nach den Wahlen wiederfand und sich gegenseitig mit veröffentlichten Schriften unterstützten. So entstand der Eindruck von unumstößlichen wissenschaftlichen Fakten der Überlegenheit des Neoliberalismus. Zu diesen Akteuren zählen auch der *New Zealand Business Round Table*[81], der sich aus marktwirtschaftlich denkenden Großunternehmern zusammensetzte, sowie die Zentralbank. Die theoretischen Grundlagen der

79 „[T]he most important point about Labour's conversion is, that policies of market liberalism were in no way a response to pressure from the public" (MULGAN 1995: 87).

80 Nach GOLDFINCHS empirischer Untersuchung lässt sich ein kleiner Kreis von Personen bestimmen, die maßgeblich an den Reformschritten von 1984 bis 1993 beteiligt waren. Angeführt wird diese Liste von KERR und SCOTT, gefolgt von CAYGILL, DEANE, DOUGLAS, LANGE, MYERS, PALMER und PREBBLE (vgl. 1998: 196 f.).

81 In diesem Zusammenhang sei besonders der Vorsitzende des BRT ROGER KERR erwähnt.

Reformen entstanden aber hauptsächlich durch Briefing-Papiere des *Treasury*[82], deren Basis der Glaube an die Kraft des Marktes als Regulationsinstanz sowie die modernen Theoriekonzepte der *Principal-Agent*-Theorie, der *Public Choice*-Theorie und des *New Public Managements* waren (vgl. SCOTT 1996: 10 ff., GOLDFINCH 1997: 60 ff., GOLDFINCH 1998: 177 ff.). ROGER DOUGLAS[83] als *Minister of Finance* brachte die Reformvorschläge ins Parlament ein, wobei ihm viertens sowohl die institutionell-strukturellen Voraussetzungen als auch das Desinteresse des Premierministers LANGE und großer Teile der *Labour Party* an wirtschaftlichen Fragestellungen[84] halfen, die Reformen politisch durchzusetzen (vgl. FELLMETH / ROHDE 1999: 35). Da man sich bei den Reformen zunächst auf die Kapital- und Finanzmärkte, den internationalen Handel sowie auf die Geldpolitik konzentrierte, konnten aufgrund des Nichtantastens des Arbeitsmarktes Mehrheiten innerhalb der *Labour Party* gewonnen werden. Des Weiteren war die neuseeländische Wirtschaftselite von Veranstaltungen und Ideologien der OECD, Weltbank und IMF beeinflusst. Die relativ geringe Anzahl an neuseeländischen Experten ließ keine öffentliche Diskussion von verschiedenen Meinungen einsetzen, welche auch durch die gegenseitige Bestätigung über die Richtigkeit ihrer Diagnosen zur neuseeländischen Krise sowie der geeigneten Maßnahmen unterdrückt wurde (*group think effects*) (vgl. EASTON 1997: 32).

Ausgehend von der Währungskrise waren viele der ersten Reformschritte von außen vorgegeben, so dass unmittelbar nach der Wahl eine 20%ige Abwertung und die Entlassung des neuseeländischen Dollar ins Floaten veranlasst wurde. Ferner waren Liberalisierungen in der Finanzwelt für die Aufrechterhaltung der neuseeländischen Zahlungsfähigkeit unerlässlich (vgl. MASSEY 1995: 113). Im Zuge dieses ersten Reformschwungs wurden die Interventionen des Staates in die Märkte minimiert (*light-handed-regulation*), indem Produktmärkte dereguliert, der Außenhandel liberalisiert, Subventionen vor allem für Agrarprodukte gestrichen[85], Importzölle sukzessive gesenkt und ausländische Direktinvestitionen erleichtert wurden (vgl. EVANS / GRIMS 1996: 1856 ff.). Bald darauf folgte eine Steuerreform, um das bis dahin komplexe Steuersystem zu vereinfachen und mit weniger Allokationsverzerrungen auszugestalten. Darüber hinaus wurden mit dem *State-Owned Enterprises Act* 1986 (*corporatisation*) zahlreiche Staatsdienstleistungen zu Staatsunternehmen umgewandelt, die sich nach betriebswirtschaftlichen Zielsetzungen zu richten hatten. Damit ging eine Trennung zwischen der politischen Ebene und dem Management dieser Unternehmen (*purchaser-provider-split*[86]) einher (vgl. BOLLARD / LATTIMORE ET AL. 1996: 9 ff., BRASH 1996: 22 ff.).

Auch wenn ROGER DOUGLAS 1988 infolge einer bröckelnden Allianz seiner „Rogernomics" zurücktrat, wurden die weiteren Reformen in seinem Sinne von CAYGILL und PREBBLE

---

[82] Gerade die beiden Papiere vom TREASURY „*Economic Management*" (1984) und „*Government Management*" (1987) lesen sich in der Retrospektive wie ein Fahrplan für die darauf folgenden Reformschritte.

[83] Nach ihm wurden auch die Reformen benannt: „*Rogernomics*".

[84] So fanden sich auf dem ersten Parteitag nach dem Wahlsieg fast ausschließlich außen-, sicherheits-, umwelt- und sozialpolitische Themen wieder. GOLDFINCH (1998: 177 ff.) und ATKINSON (1997: 47) sind jedoch der Meinung, dass die Rolle von LANGE im Reformprozess unterschätzt wird.

[85] Die effektive Unterstützungsrate für die Industrie sank von 37 % im Jahr 1984 auf 19 % fünf Jahre später. Im landwirtschaftlichen Bereich sank diese Rate sogar innerhalb von zwei Jahren von 100 % auf 5 % im Jahr 1986 und beträgt nur ein Zehntel des OECD-Durchschnitts (vgl. MASSEY 1995: 108).

[86] Bei diesem Organisationsprinzip werden die staatlichen Agenturen, die Güter und Dienstleistungen bereitstellen, von den staatlichen Agenturen getrennt, die Aufträge verteilen. Damit soll erreicht werden, dass erstens Zielkonflikte innerhalb von staatlichen Stellen vermieden werden und dass zweitens ein Wettbewerb der staatlichen Stellen um Aufträge – auch mit privatwirtschaftlichen Anbietern – mit effizienzsteigernden Wirkungen entsteht (vgl. ORMSY 1998: 357 ff.).

fortgeführt. Noch 1988 begann die Privatisierung vieler Staatsbetriebe[87], die bis 1995 insgesamt 12,2 Milliarden N$ in die Staatskasse brachte. Daneben wurde der Staat im *State Sector Act* 1988 und *Public Finance Act* 1989 grundlegend neuorganisiert mit dem Resultat, „one of the most rigorous and comprehensive reorganisations of the public sector initiated anywhere in the West in the post-war period" geschaffen zu haben (MASSEY 1995: 129). Verträge der ehemaligen Behördenleiter (nun: *chief executives*) sind an Ziele gekoppelt (Outputorientierung) und auf fünf Jahre befristet. Da nur Ziele vorgegeben werden und nicht die genaue Umsetzung, stieg die Verantwortung und die Motivation in den dezentralen Einheiten. Folglich wurde die faktische Unkündbarkeit, der garantierte Aufstieg nach Dienstalter sowie die gleiche Bezahlung bei gleichen Verhältnissen (Position, Seniorität) abgeschafft (vgl. SCOTT 1996: 50 ff., DUNCAN 1996: 389 ff., KNORR 1998: 251 ff.). Insgesamt verschlankte sich der Staat in diesem Reformprozess, so dass sich die Staatsquote von 1984 bis 1990 von 40,7 % um 4,7 Prozentpunkte auf 36,0 % senkte (vgl. OECD Economic Surveys, diverse Jahrgänge).

Auch die subnationale Ebene wurde reformiert, indem die Zahl der regionalen Behörden (*Regional Councils*) von 22 um mehr als ein Drittel auf 12 sowie die Ebene darunter (*Local Authorities*) von 219 auf 70 reduziert wurde. Gleichzeitig wurde die Aufgabe von vormals 500 Zweckorganen auf sechs neugegründete *Special-Purpose-Authorities* sowie auf die *Regional Councils* und *Local Authorities* verlagert. Trotz der Verlagerung von Kompetenzen vom *Central Government* auf die *Local Governments* geht die lokale Autonomie nicht so weit wie im deutschen, föderalen System. Die Regionalbehörden übernehmen hauptsächlich Planungsaufgaben mit übergreifendem Charakter, wie z. B. Küstenplanung, Wassergewinnung, Transportwesen und Seuchenbekämpfung. Die *Local Authorities* nehmen dagegen konkrete öffentliche Dienstleistungen in Form von Museen, Flughafen, Zoos, Wirtschaftsförderung und Verkehrswesen wahr (vgl. BUSH 1995: 111 ff., ANDERSON 1997: 18 ff.).

Zudem wurde das Bildungswesen ab 1988 umstrukturiert, wobei der Konsument dieser staatlichen Leistung nunmehr die Entscheidungsfreiheit über die Stelle der Bedürfnisbefriedigung hat. Um den wettbewerblichen Gedanken auf der Angebotsseite zu fördern, erhielten die Schulen nicht nur dezentrale Entscheidungskompetenzen über die Ausgestaltung der Bildungspolitik, sondern auch direkte finanzielle Anreize, da sich das staatlich bereitgestellte Budget allein an der Akzeptanz der Bildungseinrichtung orientiert. Der Staat verpflichtete sich in Verträgen mit Kommunen und privaten Bildungsorganisationen nur noch zu einem Minimum an Bildung, da davon ausgegangen wurde, dass Eltern, Unternehmen und Kommunen ein Interesse an guten Bildungseinrichtungen haben und diese auch finanzieren (vgl. KELSEY 1995a: 220).

Um die Inflation in den Griff zu bekommen, wurde die Zentralbank in die Unabhängigkeit (*Reserve Bank Act* 1989) geführt. Besonders bemerkenswert ist dabei die auf die *Public Choice Theory* zurückgehende Klausel, dass der Zentralbankchef seinen Posten aufgeben muss, wenn das Inflationsziel überschritten wird[88] (vgl. DALZIEL 1993: 74 ff., BRASH 1996: 40 ff., EVANS / GRIMES 1996: 1856 ff.).

---

[87] In den privatisierten Staatsunternehmen kam es in der Folge zu tiefgreifenden Anpassungsprozessen: Die staatlichen Handelsunternehmen CoalCorp, Electricorp, Forestrycorp, NZ Post, Railways und Telecom verloren von den 66.000 Beschäftigten im Jahr 1987 bis 1994 42.000 (vgl. DUNCAN 1996: 403). Weiterhin wurden beispielsweise auch Air New Zealand oder die Bank of New Zealand privatisiert.

[88] Dennoch ist festzuhalten, dass trotz großer operativer Unabhängigkeit die neuseeländische Zentralbank nicht den gleichen Autonomiestatus wie beispielsweise die Deutsche Bundesbank erreicht, da die Regierung prinzipiell eine lockerere Geldpolitik vorgeben kann.

Unter dem Eindruck der beiden Wahlniederlagen 1984 und 1987 veränderte sich die Position der *National Party* von einem kollektivistischen Staatsverständnis hin zu ebenfalls liberalen, marktwirtschaftlichen Prinzipien, die das Gedankengut der *Labour Party* in ihrer Radikalität noch übertrafen. Nachdem sich innerhalb der *Labour Party* die Uneinigkeiten über den weiteren Reformprozess verstärkten[89] und Premierminister DAVID LANGE nur acht Monate vor der Wahl 1990 zurücktrat, konnte die *National Party* mit JIM BOLGER an der Spitze die Wahlen klar für sich entscheiden[90]. Die *National Party* setzte den Reformprozess in einem dritten Schritt fort, der den Abbau des Wohlfahrtsstaates zum Ziel hatte. Im Kern wurden die zentralen Pfeiler eines Wohlfahrtsstaates durch die Deregulierung des Arbeitsmarktes und der Sozialsysteme angegriffen.

Dem *Employment Contract Act* (1991) liegt die Vorstellung zu Grunde, dass es keine unfreiwillige Arbeitslosigkeit gibt, wenn der Preis am Markt für das Gut Arbeit verzerrungsfrei aushandelbar ist. Demzufolge wurde die Zwangsmitgliedschaft in Gewerkschaften abgeschafft; Gewerkschaften wurden auf den Status von privaten Vereinen zurückgestuft und Flächentarifverträge waren nicht mehr zulässig. Streiks waren nur noch auf Unternehmensebene zulässig. Jeder Arbeitsvertrag war grundsätzlich individuell auszuhandeln, wobei einzig eine Vorgabe für Mindestlöhne existierte. Gleichzeitig darf die Regierung nicht mehr als Schlichter bei Lohnverhandlungen auftreten, sondern Arbeitsgerichte sind anzurufen. Insgesamt wurde die Stellung der Gewerkschaften als Verhandlungsführer der Arbeitnehmer stark geschwächt. 1995 waren nur noch 17 % der Arbeitsverträge kollektiv vereinbart worden. Die Zahl der Streiktage ist von 331.000 im Jahr 1990 auf 38.000 im Jahr 1994 gesunken. Zudem wurde der Kündigungsschutz reduziert (vgl. EVANS / GRIMES 1996: 1856 ff., KNORR 1998).

Parallel dazu wurden die Sozialleistungen auf die wirklich bedürftigen Menschen konzentriert und in einem sehr reduzierten Umfang gewährt, damit sich die Spanne zwischen den Mindestlohn- und den Sozialhilfeempfängern vergrößert[91]. Im Gesundheitsbereich sollte ebenfalls die Selbstverantwortung betont und Wettbewerb eingeführt werden, indem die Bereitstellung von Sozialleistungen auch auf private, konkurrierende Anbieter übertragen werden konnte. Zugleich wurde ein umfassendes *user-pays*-System eingeführt, bei dem jeder Arzt-Besuch bezahlt werden muss.

Mit dem *Fiscal Responsibility Act* (1994) wurde der bislang letzte Schritt des Staatsumbaus vollzogen. Der Staatshaushalt wird seitdem streng nach unternehmerischen Gesichtspunkten geführt, was die Transparenz und die Aussagekraft der Daten erhöhte. Die Buchhaltung erfasst nun die Vermögenssituation und die Schulden (Bilanz) der staatlichen Stellen.

Zusammenfassend ist der Grundsatz der neuseeländischen Reformen die Einführung effizienter Anreizsysteme, was hauptsächlich die Implementierung von marktlichen Regulationsweisen bei gleichzeitigem Abbau staatlicher Regulierung und Unterstützung beinhaltet. Dazu wurden Funktionen des staatlichen Sektors unter private Kontrolle und Eigentum gebracht (Privatisierung) bzw. durch die Ausgabe von Aktien eine Miteigen-

---

89 Nach seiner Entlassung 1988 kehrte ROGER DOUGLAS über die Parlamentsfraktion 1989 wieder ins Kabinett zurück, wobei es 1990 zu einer Spaltung der Labour Party kam. JIM ANDERTON gründete mit einem Teil des linken Flügels der *Labour Party* die *New Labour Party* und Anhänger um ROGER DOUGLAS separierten sich in die neoliberale Bewegung ATC.

90 Nach dieser Wahl am 27. Oktober 1990 erhielt die *National Party* 67 der inzwischen 97 Sitze.

91 Ersatzlos gestrichen wurden die Familienbeihilfe und die Kindergeldpauschale, während alle anderen Sozialleistungen (außer der Invalidenrente) pauschal um 10 %, die Arbeitslosenunterstützung gar um 30 % gekürzt wurden (vgl. BOSTON 1993: 70).

tümerschaft an staatlichen Institutionen ermöglicht (Semi-Privatisierung). *State-Owned Enterprises* (Korporatisierung) entstanden sowohl zur Verminderung des verdeckten politischen Einflusses auf die öffentliche Verwaltung als auch um die positiven Anreize privatwirtschaftlichen Handelns zu nutzen. Um einerseits den Wert staatlicher Leistungen transportieren zu können und andererseits die übermäßige Nutzung zu verhindern, wurden Marktpreise für staatliches Agieren und ein *user-pays*-System (Kommerzialisierung) eingeführt. Dabei dürfen staatliche Stellen im Wettbewerb mit anderen öffentlichen Stellen und privatwirtschaftlichen Angeboten weder bevorteilt noch benachteiligt werden[92] (kompetitive Neutralität). Desgleichen darf ein entstehendes (privates) Angebot nicht durch die Politik unterdrückt werden, wenn der Vorteil eines Monopols nicht unumstritten zu erkennen ist (Kontestabilität). Außerdem sind Prozesse, finanzielle und politische Verantwortungen eindeutig und klar darzustellen (Transparenz). Als letztes Grundprinzip ist die Devolution zu nennen, durch die der Transfer von Verantwortungen und Befugnissen auf die subnationale Ebene erfasst wird (vgl. GRÜNENFELDER 1997: 115 f., KNORR 1998: 246 ff.).

4.2.3 Eine kritische Bewertung der sozialen Innovation

Die Auswirkungen dieser umfassenden sozialen Innovation werden in der Literatur äußerst heterogen reflektiert. Die Kritikpunkte an den Reformen können in die vier Gruppen soziale, demokratische, kulturelle und wirtschaftliche Defizite unterschieden werden (vgl. KELSEY 1995a: 243 ff.).

Zu den sozialen Defiziten zählen EASTON (1996: 101 ff.) und die JOHN ROWNTREE FOUNDATION (1995) die negativen Veränderungen der Einkommensunterschiede in Neuseeland: Im Vergleich zu achtzehn anderen entwickelten Ländern weist Neuseeland im Verlauf der 1980er Jahre nicht nur den größten Zuwachs bei der Ungleichheit auf, sondern besitzt inzwischen auch absolut die größte Einkommensdivergenz vor den USA und Großbritannien[93]. Grund dafür sind die real gesunkenen verfügbaren Einkommen für die unteren Lohngruppen, da sie erstens infolge individuell aushandelbarer Arbeitsverträge erhebliche Lohneinbußen hinnehmen mussten und zweitens in besonderem Maße von den Kürzungen in den Sozialtransfers zur Sanierung des Staatshaushalts betroffen sind. Hinzu kommen gestiegene Ausgaben für die indirekten Steuern, Versicherungen und ehemals staatliche Leistungen (*user-pays*). Als größter Einflussfaktor sind aber die überproportionalen Steuerkürzungen für Menschen mit hohem Einkommen zu nennen (vgl. EASTON 1996: 101 ff.). Nach HAZELDINE wurde durch den *Employment Contracts Act* die soziale Kohäsion und Teamwork am Arbeitsplatz mit der Folge erodiert, dass die Produktivität nur auf der individuellen Ebene, nicht aber auf der Unternehmensebene erhöht wurde (vgl. 1998: 110 ff.). Die Last der Kürzungen betraf nicht nur die ehemals neuseeländische, weiße Mittelschicht, sondern verschlechterte nochmals die Situation der traditionell marginalisierten Gruppen (v. a. Maori[94]). Die Konsequenzen für die älteren Bevölkerungsschichten sind neben den finanziellen Einbußen und dem höheren Alter zum Renteneintritt insbesondere psychologische Effekte, die aus der durch die radikalen Reformen gewachsenen Unsicherheit

---

[92] Dies geht sogar so weit, dass Gefängnisse und Insassentransporte von privatwirtschaftlichen Unternehmen betrieben werden (vgl. THOMAS 1998: 15).

[93] Nach STEVENS / WALDEGRAVE ET AL. hat sich der Anteil der in absoluter Armut lebenden Bevölkerung in Neuseeland von 4,3 % auf 10,8 % zwischen 1984 und 1993 mehr als verdoppelt (vgl. 1997: 181 ff.).

[94] Überproportional verloren Maori Arbeitsplätze, so dass im Dezember 1994 ein Drittel der jungen erwachsenen Maori arbeitslos war. Die Einkommen der Maori waren im Durchschnitt ein Drittel geringer als die der Nicht-Maori-Bevölkerung (vgl. MESTER / VAN SUNTUM 1998: 46 ff).

resultieren. Ein anderer sozialer Negativindikator ist die weiter gestiegene Kriminalität[95]. Die Selbstmordrate stieg insgesamt von 1974 bis 1990 um 288 %, wobei die neuseeländische Selbstmordrate von jungen Frauen (15–24 Jahre) sogar als die weltweit höchste in allen entwickelten Ländern gilt. GLEESON kommt zum Ergebnis, dass die Lasten des Reformprozesses eindeutig die Nicht-Pakehas[96] zu tragen haben und dass im Zuge der neoliberalen Revolution aus einer egalitären Gesellschaft eine instabile und stark fragmentierte Gesellschaft entstanden ist (vgl. KELSEY 1995a: 283 ff., GLEESON 1997: 253, 461 ff.).

Aus mindestens drei Gründen wird das Vorgehen bei der Reformeinführung und -durchsetzung von verschiedenen Autoren aus demokratischer Perspektive als bedenklich beurteilt. Erstens sprechen Kritiker der Reformen von einer herbeigeredeten ökonomischen Krise in der Zeit vor 1984, die sich sehr stark bei einem internationalen Vergleich relativiert (vgl. GODOY 1997: 838 ff.). Zweitens wird die Schnelligkeit der Reformen[97] sowie die mangelnde öffentliche Diskussion kritisiert, infolgedessen der Eindruck entstand, dass es zu den von DOUGLAS verordneten Reformen keine Alternative gäbe, obwohl gewiss nicht nur ein einziger Wachstumspfad existiert (vgl. HAZELDINE 1998: 52 ff., GOLDFINCH 1998: 177). Die Schnelligkeit der Reformen war bewusst so angelegt, wie ROGER DOUGLAS (1993: 220 f.) wie folgt begründet: „Do not try and advance a step a time. Define your objectives clearly and move them in quantum leaps. Otherwise the interests groups will have time to mobilise and drag you down. [...] The fire of opponents is much less accurate if they have to shoot at a rapidly moving target." EASTON stuft ein solches Vorgehen als antidemokratisch ein (vgl. 1997: 33). Als weiterer flankierender Faktor des schnellen Reformprozesses kann das bis 1996 geltende relative Mehrheitswahlrecht herangezogen werden, da dieses zu einer Machtkonzentration und zur Berücksichtigung nur weniger Denkrichtungen führte. Aus heutiger Sicht wird das Zwei-Parteien-System in Verbindung mit der leichten Modifizierung der Gesetze durch eine einfache Mehrheit im Parlament verantwortlich für die schnellen und radikalen Reformen gemacht. Faktisch konnte die Legislative auch aufgrund der starken Stellung der Kabinettsmitglieder gegenüber der eigenen Fraktion die Exekutive nur unzureichend kontrollieren (vgl. GOLDFINCH 1998: 178 ff., BERGER 2000: 27 ff.). Als undemokratisch wird dieses Wahlsystem auch deshalb bezeichnet, weil es einen Teil der abgegebenen Stimmen nicht berücksichtigt und im Extremfall 1993 sogar dazu führte, dass die National Party mit 35,1 % aller Stimmen die absolute Mehrheit im Parlament erreichen konnte und damit zur Gesetzesänderung befugt war (vgl. THORNS / SEDGWICK 1997: 181). Das Fehlen eines wissenschaftlichen Dienstes oder eines Referentensystems, wie es der Bundestag kennt, führt drittens zu einer Berücksichtigung nur weniger, gut organisierter Interessensgruppen im politischen Prozess (beispielsweise *New Zealand Business Roundtable*). In diesem Zusammenhang wird auch der große Einfluss der OECD sowie der Doktrin der *Chicago School* auf die enge Reformergruppe im *Treasury* und deren Seilschaften bei der Vergabe von lukrativen Positionen in den privatisierten Staatsunternehmen kritisiert (vgl. EASTON 1988: 69 ff, GODOY 1997: 842 f.).

---

95 Wurden 1986 noch 22.172 Gewalttaten registriert, so waren es 1995 doppelt so viele (45.454). Dabei stiegen in diesem Zeitraum vor allem die schweren Gewalttaten um 603 % auf 2.185 und die mittelschweren Gewalttaten um 413 % auf 17.191 an (vgl. STATISTICS NEW ZEALAND 1996: 10).

96 Als Pakeha bezeichnen die Maori die weißen, meist aus Europa stammenden Neuseeländer. Teilweise bezieht sich Pakeha auch auf alle Gruppen (z. B. Asiaten), die nicht maorischer oder polynesischer Abstammung sind.

97 Anstatt von „*big-bang*"-Reformen sprechen die Kritiker vom „Blitzkrieg" (vgl. EASTON 1997: 33, KELSEY 1995: 299).

Die durch die Reformen bewirkten Veränderungen gingen über die bloße Neuordnung der wirtschaftlichen oder politischen Regulation hinaus. Die strukturellen Anpassungsmaßnahmen bedingen eine grundlegende Veränderung der Ideologie und des Wertesystems der neuseeländischen Bürger und hinterlassen ein kulturelles Defizit der Reformen. Nationale Identitäten sind jedoch nicht kurzfristig verformbar, so dass viele Neuseeländer glauben, dass sie ihre Demokratie an das „*big business*" verkauft hätten. Die psychologische Komponente der Annahme des individuellen Wohlbefindens wurde durch die schnelle Transformation von einem ausgeprägten Wohlfahrtsstaat hin zu einem neoliberalen Staat empfindlich gestört (vgl. KELSEY 1995a: 323 ff.).

Als vierter Kritikpunkt wird das Nichterreichen der gesteckten ökonomischen Ziele genannt. HAZELDINE kritisiert die apodiktische Gläubigkeit an die Privatwirtschaft als dem Staat überlegenes Regulationsinstrument und die damit verbundene Annahme des Homo Oeconomicus. Gleichzeitig prangert HAZELDINE die zu niedrigen Verkaufspreise von *State-Owned-Enterprises* an (vgl. 1998: 42 f., 81 ff.). KELSEY ist der Überzeugung, dass Neuseeland in einem Wachstums-Rezessions-Karussell gefangen ist, das durch den schlanken Staat und seine daraus resultierende höhere Instabilität erzeugt wurde (vgl. 1995b: 169). So sind – trotz der zu Anfang dieses Kapitels aufgeführten wirtschaftlichen Erfolge – einige Entwicklungen zu bemerken, die nicht in das Bild von erfolgreichen Anpassungsprozessen im „Wirtschaftswunderland[98]" Neuseeland passen. Aus diesem Grund werden die neueren Entwicklungen einiger grundlegender makroökonomischer Indikatoren verfolgt (vgl. Abbildung 13). Obwohl die neuseeländische Wirtschaft seit 1993 wieder signifikant wächst, hat das Land bei einer Betrachtung des Zeitraums 1985 bis 1992 im Vergleich zum OECD-Durchschnitt starke Wachstumseinbußen hinnehmen müssen. In den Jahren 1993 bis 1996 wurden die über dem OECD-Durchschnitt liegenden Wachstumsraten als ein Anschlagen der Reformen und ein Aufholen der wirtschaftlichen Entwicklung Neuseelands gewertet. Seit 1997 ist jedoch wieder Ernüchterung eingekehrt, da sich die Wachstumslücke zwischen Neuseeland und dem OECD-Durchschnitt erneut vergrößert. Bis 1997 entwickelte sich die Arbeitslosenquote in Neuseeland reziprok zu der Wachstumsrate. Danach konnte die Arbeitslosenquote ihren Abwärtstrend fortsetzen, so dass gerade die Arbeitsmarktreformen und ihre Erfolge international große Aufmerksamkeit geweckt haben[99]: So konnte die bis auf 10,3 % im Jahr 1992 im Zuge der Umstrukturierungen in Unternehmen und dem Staat (Privatisierung) angestiegene Arbeitslosenquote im Jahr 2000 wieder auf 6,0 % gesenkt werden. Allerdings haben die Arbeitsmarktreformen auch eine negative Seite, die nicht nur die Abkehr vom Ziel der Vollbeschäftigung, sondern vor allem die hohe Arbeitslosenquote von Nicht-Pakehas, die hohe Zahl an Langzeitarbeitslosen und Jugendarbeitslosigkeit umfasst. Zusätzlich stellen viele der neu geschaffenen Arbeitsplätze lediglich Teilzeitarbeitsplätze[100] dar, die aber dennoch die Arbeitslosenstatistik entlasten (vgl. MASSEY 1995: 194, MESTER / VAN SUNTUM 1998: 46 ff.).

---

[98] So bezeichnete der STERN (1996, Nr. 38) Neuseeland. Die WIRTSCHAFTSWOCHE (HAUSER 1995: 42 ff., SCHÜTTE 1996: 30 ff.) spricht von einem Musterland, das Vorbildcharakter für ein erstarrtes Europa hat. Daneben werden in der konservativ-liberalen Presse wie beispielsweise THE ECONOMIST oder FINANCIAL TIMES die neuseeländischen Reformen als Modell für andere Nationen gepriesen.

[99] Deutsche Studien, die sich explizit mit den Reformen des neuseeländischen Arbeitsmarktes befassen, sind Veröffentlichungen der BERTELSMANN STIFTUNG (1996), KNORR (1997), MESTER / VAN SUNTUM (1998: 25 ff.) und BERGER (2000).

[100] Von den erfassten 1.558.000 Arbeitsplätzen im November 1997 entfielen 30 % auf Teilzeitjobs. Die BERTELSMANN-STUDIE kommt zu dem Ergebnis, dass zwischen 1987 und 1995 die Zahl der Teilzeitarbeitsplätze von 76.000 auf 341.000 anstieg, während im gleichen Zeitraum die Zahl der Vollbeschäftigten leicht zurückging (-46.000) (vgl. BERTELSMANN-STIFTUNG 1996, DAUDERSTÄDT 1998).

Nach anfänglichen Problemen sind insbesondere die Reformen, welche die Geldwertstabilität und die Geldmengensteuerung betreffen, positiv zu beurteilen. Die chronisch defizitäre Zahlungsbilanz Neuseelands erholte sich in den ersten fünf Jahren nach Reformbeginn schnell, um dann bis 1999 wieder auf ein Defizit von -6,6 % bezogen auf das BIP anzuwachsen (vgl. Abbildung 13).

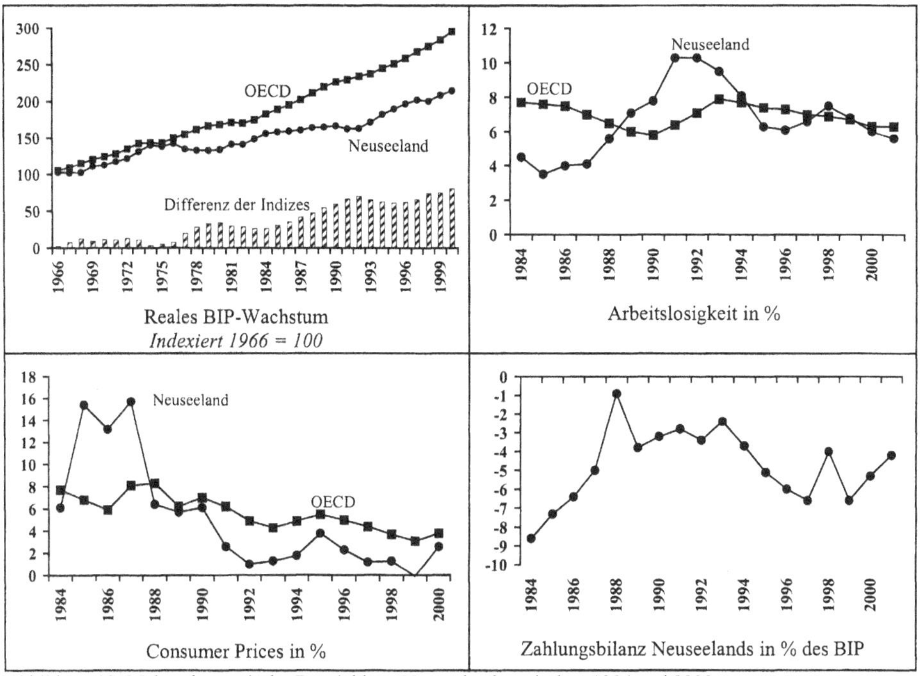

Abbildung 13: Makroökonomische Entwicklung Neuseelands zwischen 1984 und 2000
Quellen: Wachstum: OECD (Economic Outlook, verschiede Jahrgänge); Arbeitslosigkeit: OECD (Economic Outlook Juni 2001: 251); Consumer Prices: OECD (Economic Outlook Juni 2001: 246), Zahlungsbilanz: OECD (Economic Outlook Juni 2001: 280)

Negative Zahlungsbilanzsalden sind in Wachstumsphasen einer Volkswirtschaft keine atypische Begleiterscheinung, wenn dies aus Investitionen in sich selbst refinanzierende Objekte (Kapazitätserweiterungen, produktivitätssteigernde Maßnahmen) resultiert. Im Falle Neuseelands geht das Zahlungsbilanzdefizit hauptsächlich auf einen Kapitalimport zurück, der überwiegend in die wenig produktiven Bereiche des privaten Konsums und des Immobiliensektors fließt. Dadurch läuft die neuseeländische Wirtschaft Gefahr in Zahlungsschwierigkeiten zu geraten (vgl. BIRKS / CHATTERJEE 1997: 288 ff.). Damit verbunden ist eine insgesamt steigende Auslandsverschuldung, die aber heute von der Privatwirtschaft initiiert wird. Die Gesamtverschuldung im Ausland relativiert mit dem BIP hat sich zwischen 1984 und 2001 mehr als verdoppelt und liegt auch im internationalen Vergleich mit über 100% des BIP auf einem sehr hohen Niveau. Gleichzeitig zeigt die sinkende Auslandsverschuldung des öffentlichen Sektors und die Überschüsse im Staatshaushalt seit 1994 eine finanzielle Gesundung des Staates an (vgl. FEDERAL RESERVE BANK OF NEW ZEALAND: Financial Statistics June 1999, OECD: Economic Surveys, diverse Jahrgänge).

Insgesamt werden die Reformen entweder stark positiv (EVANS / GRIMES 1996, BRASH 1996, ATKINSON 1997) oder stark negativ (KELSEY 1995a, EASTON 1997, HAZELDINE 1998) beurteilt. Das Gesamtrteil über den Erfolg der Reformen hängt in einem hohen Maße von der Auswahl der Indikatoren, der einbezogenen Zeiträume, den eigenen Wertvorstellungen sowie der passenden Relativierung durch weltwirtschaftliche Trends ab. Aktuell ist seit der Rückkehr der *Labour Party* im Jahr 1999 an die Regierung ein partielles Zurücknehmen der Reformen und ein Ausbau des Staates zu beobachten.

Im Rahmen dieser Arbeit zeigen sich eine Vielzahl von Einflussfaktoren auf diese sozial Innovation, die sich durch eine innovationsystemische Betrachtung systematisieren lassen. Übersichtsartig können die entscheidenden Wirkungszusammenänge bezüglich ihrer evolutionären Komponente, den Akteuren und den Determinanten wie folgt dargestellt werden:

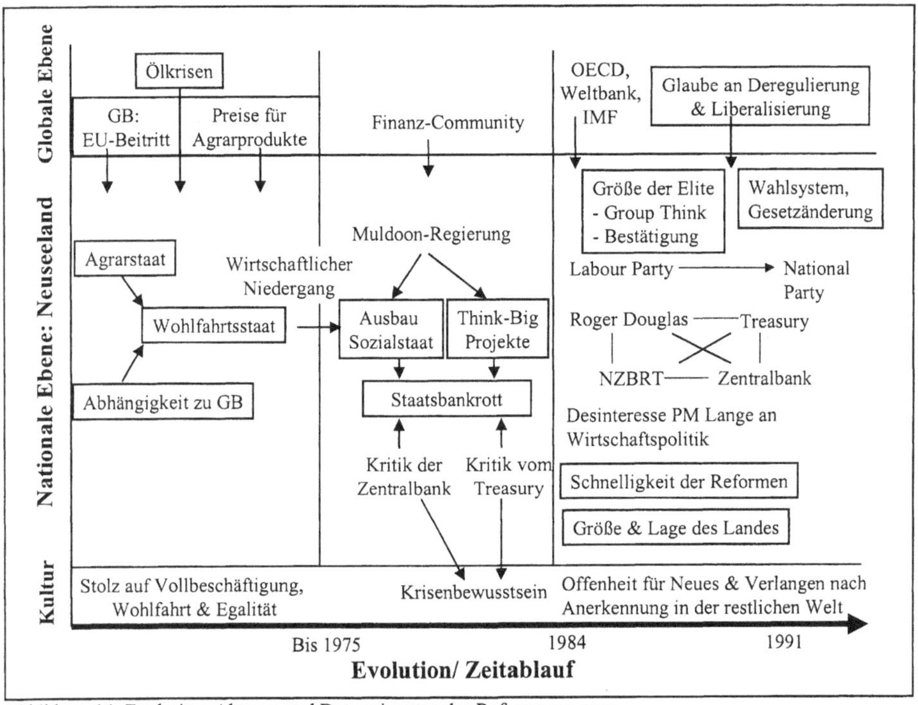

Abbildung 14: Evolution, Akteure und Determinanten des Reformprozesses
Quelle: eigene Darstellung
Legende: Akteure, Determinanten
Bemerkung: NZBRT = New Zealand Business Round Table

Diese Darstellung der Fallstudie verdeutlicht den systemischen Charakter einer Innovation. Keiner der Akteure oder Determinanten kann für sich alleine gesehen eine Innovation solchen Ausmaßes induzieren. Für ein Verständnis des gesamten Innovationsprozesses bedarf es einer gesamtheitlichen Betrachtung, die durch den Ansatz der Innovationssysteme strukturiert wird. Häufig wird ROGER DOUGLAS als der Architekt der neuseeländischen Reformen genannt. Übersehen werden die historischen Wurzeln der Reformen, die supranationalen Einflüsse sowie die institutionell-strukturellen Gegebenheiten in Neuseeland. Neben DOUGLAS sind vor allem die Akteure *New Zealand Business Roundtable*, Zentralbank und *Treasury* und deren informelle Treffen zu nennen. Dadurch wurde gleichsam das Krisenbewusstsein der Neuseeländer geschärft, was in Verbindung mit dem in der Kultur verwurzelten Drang nach Neuem, Anerkennung und Aufmerksamkeit durch die Weltöffentlichkeit den Boden für die Reformen bestellte. Infolge dieser Offenheit für Einflüsse von außen konnte sich die in der Weltbank und der OECD verbreitete Doktrin des Neoliberalismus in Neuseeland leicht durchsetzen. Die zu dieser Zeit von der OECD veröffentlichten Schriften zu Neuseeland fanden große Aufmerksamkeit und unterstützten so die *Labour Party* am Anfang der Reformen. Daneben spielte die geringe Größe der neuseeländischen Wirtschaftselite mit einem sehr homogenen Bildungshintergrund eine Rolle, die sich in der schnellen Implementierung der Reformen niederschlug.

4.3 Beurteilung der Wettbewerbs- und Innovationsfähigkeit Neuseelands aus traditioneller Sicht

Die Entwicklung der Wettbewerbsfähigkeit Neuseelands in der jüngeren Vergangenheit und damit eine weitere Beurteilung der Reformbestrebungen wird in diesem Kapitel mit Hilfe verschiedener traditioneller Indikatoren der Leistungsfähigkeit nachgezeichnet. Dabei wird zur Vermeidung eines Vorgriffs auf innovationssystemisch relevante Indikatoren verzichtet. Dies gilt insbesondere für die *ability to attract* und ihre Indikatoren Migration und ausländische Direktinvestitionen, die aus dem Blickwinkel der Innovationssysteme wichtige Transferkanäle repräsentieren. Gleichzeitig wird die *ability to adjust* hier nicht behandelt, da bislang kein geeignetes Bewertungssystem entwickelt worden ist. Infolge dieser Ausklammerung wird sich hier auf die *ability to earn* und die *ability to sell* in ihrer preislichen und technologischen Ausprägung beschränkt.

4.3.1 Ability to Earn und andere Globalindikatoren der Wettbewerbsfähigkeit

Die *ability to earn* kann neben der bereits beschriebenen Entwicklung des realen Pro-Kopf-Einkommens mit verschiedenen aggregierten Indikatorensystemen nachgezeichnet werden.

Nach dem IMD-Report verbesserte sich Neuseeland seit 1992 kontinuierlich vom 19. Rang bis auf den 8. Rang im Jahr 1996. Danach wurde die Entwicklung der Wettbewerbsfähigkeit Neuseelands wieder kritisch gesehen, was mit dem Absteigen auf dem Länder-Ranking bis auf den 21. Platz im Jahr 2001 korrespondiert. Positiv wird das Ranking von Neuseeland im Jahr 2001 durch den 17. Rang in der Kategorie *Government Efficiency* beeinflusst. Die *Business Efficiency* (Rang 21) und die *Infrastructure* (Rang 22) entsprechen dem aggregierten Wert. Am schlechtesten von den vier Teilindizes schneidet Neuseeland bei der *Economic Performance* mit einem 34. Platz ab.

Neuseeland entwickelte sich bei der Bewertung durch das WEF ähnlich. Nach einem 16. Rang (1999) wird Neuseeland aktuell (2001) auf Rang 20 bei dem *Current Competitiveness Index*-Ranking eingestuft. Dieses Ranking orientiert sich an den Ausprägungen von die Produktivität beeinflussenden Determinanten. Der zweite vom WEF erstellte, zukunftsgerichtete Index, der *Growth Competitiveness Index*, lehnt sich an Faktoren an, die ein hohes Wachstum des BIP pro Kopf fördern. Neuseeland rangiert 2001 bei diesem Index auf einem guten 10. Platz. Von den drei Teilindizes des *Growth Competitiveness Index* beeinflussen wiederum die *Public Institutions* (Rang 4) positiv und das makroökonomische Umfeld (Rang 14) negativ diesen Wachstumsindikator. Der Technologieindex (Rang 11) korrespondiert in etwa mit dem aggregierten Wert. PORTER kommt zum Ergebnis, dass Neuseelands gegenwärtige Verfassung der Wettbewerbsfähigkeit ein höheres BIP pro Kopf ermöglichen wird (vgl. PORTER 2000b: 54).

Gemäss den neoliberalen Reformen zählt Neuseeland nach dem *Economic Freedom of the World Report* des CATO INSTITUTES und des FRASER INSTITUTES nach Hongkong und Singapur zu den drei „freiesten" Ländern. Der dramatische Wandel im Zuge des Reformprozesses in Neuseeland wird deutlich, wenn berücksichtigt wird, dass Neuseeland 1985 noch an 32. Stelle geführt wurde (vgl. CAMERON-JONES 2000: 15).

Der *Human Development Index* erweitert die bisher rein ökonomische Betrachtung der Entwicklung Neuseelands um Bereiche, welche die Lebensqualität und damit auch die Wohlfahrt in einem Land mitbestimmen. Auch hier verschlechtert sich Neuseeland kontinuierlich von einem 10. (1975) über den 15. (1985) und 17. (1995) auf den 18. Rang im Jahr 1999.

Nachdem Neuseeland in den Jahren des Reformprozesses von den Wettbewerbsfähigkeits-Reporten euphorisch beurteilt wurde, ist inzwischen wieder Ernüchterung eingekehrt und Neuseeland bezüglich seiner Wettbewerbsfähigkeit wieder auf dem Vor-Reform-Niveau eingestuft. Dennoch ist nicht zu leugnen, dass zahlreiche Zukunftsindikatoren wie Wachstumspotenziale nach wie vor sehr positiv beurteilt werden.

4.3.2 Ability to Sell: Preisliche Wettbewerbsfähigkeit

Regelmäßig wird die preisliche Wettbewerbsfähigkeit mit der Entwicklung der *terms of trade*, dem realen Wechselkurs, den relativen Exportpreisen oder dem realen Lohnniveau operationalisiert (vgl. Abbildung 15).

Waren die *terms of trade* in der Periode 1963 bis 1983 stark abgesunken, konnten sie sich seit Reformbeginn bis 1990 drastisch verbessern und in der Folgezeit relativ stabil gehalten werden. Die Entwicklung der *terms of trade* ist daher als ein positives Anzeichen für die Wettbewerbsfähigkeit Neuseelands zu bewerten.

Die Schwankungen des realen Wechselkurses waren zwischen 1960 und 1979 von der staatlichen Intervention, dem Leistungsbilanzdefizit, der Inflation sowie den Ölpreisschocks maßgeblich beeinflusst worden. Das danach eingeführte *crawling-peg*-System hielt den realen Wechselkurs trotz einer nominalen Abwertung um 23 % infolge der hohen Inflation relativ stabil. Nach der 20%igen Abwertung im Jahr 1984 ist der durch den freien Markt gebildete reale Wechselkurs sehr volatil. So sind nach diesem Indikator seitdem drei Phasen der preislichen Wettbewerbsfähigkeit zu unterscheiden. Von 1985 bis 1989 verlor die neuseeländische Ökonomie durch den steigenden realen Wechselkurs an Wettbewerbsfähigkeit, wovon sie sich bis 1993 wieder erholen konnte. Danach sank die preisliche Wettbewerbsfähigkeit wieder um rund 20 Indexpunkte.

Dagegen sind die relativen Exportpreise in der Post-Reformzeit weniger volatil. Nach diesem Indikator gewann Neuseeland zunächst an preislicher Wettbewerbsfähigkeit (bis 1986), um nach einem Hoch (1988) bis 1992 wieder auf den für die Wettbewerbsfähigkeit besten Wert von 89 Indexpunkten abzusinken. In Analogie zum realen Wechselkurs ergab sich die Zeit bis 1997 wieder ein Verschlechtern der preislichen Leistungsfähigkeit. Im Jahr 2000 zeigt der Trend nach einer kurzen Verbesserungsphase wieder in Richtung Erosion der Wettbewerbsfähigkeit.

Das reale Lohnniveau stellt aufgrund seiner Kostenwirksamkeit bei den Unternehmen einen weiteren Indikator zur Beurteilung der preislichen Wettbewerbsfähigkeit dar. Die starken Gewerkschaften und die Vollbeschäftigung trugen mit dazu bei, dass das reale Lohnniveau in Neuseeland bis 1975 und damit bis zu den Ölpreisschocks stetig anstieg, um dann wieder auf das Niveau von 1971 zurückzufallen. Seit 1984 ist die Entwicklung relativ stabil und nach wie vor auf dem Niveau von 1971. Aus Sicht der Unternehmen wirkt sich diese Entwicklung bei einem gleichzeitigen Ansteigen der Produktivität positiv auf die Wettbewerbsfähigkeit aus. Die Erhöhung der Löhne lag dementsprechend seit 1989 in jedem Jahr teilweise erheblich unter dem OECD-Durchschnitt (vgl. OECD: Economic Outlook 2001: 242).

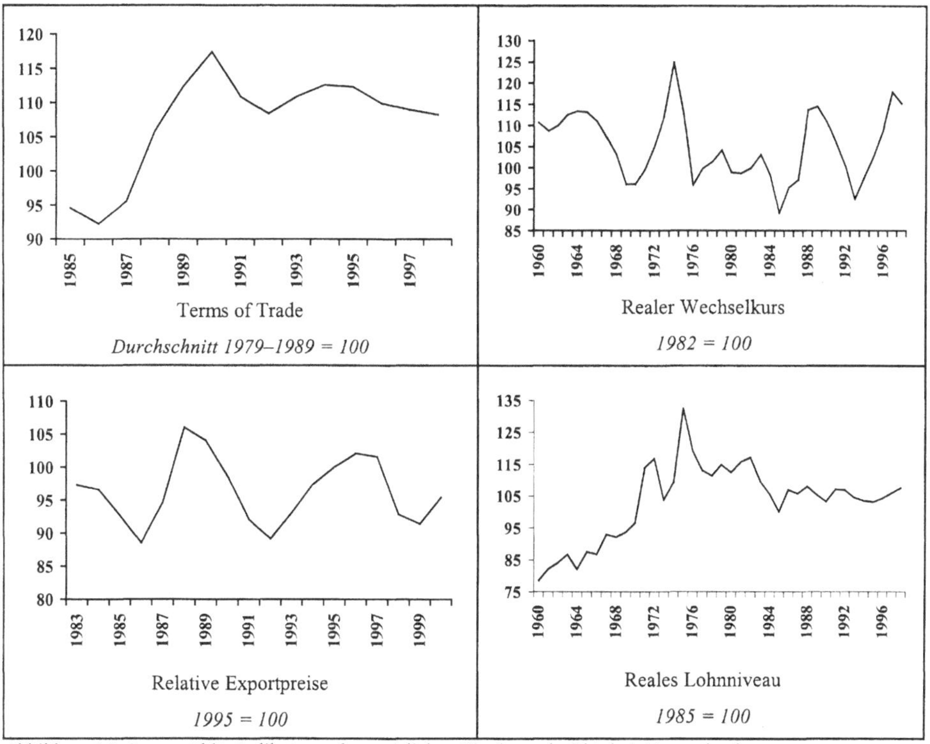

Abbildung 15: Ausgewählte Indikatoren der preislichen Wettbewerbsfähigkeit Neuseelands
Quellen: Terms of Trade: DALZIEL / LATTIMORE (1999: 120); Relative Exportpreise: OECD: Economic Outlook (2001: 273); Realer Wechselkurs: DALZIEL / LATTIMORE (1999: 123); Reales Lohnniveau: DALZIEL / LATTIMORE (1999: 128)

Die partiellen Indikatoren der preislichen Wettbewerbsfähigkeit zeigen im Zeitablauf ein heterogenes Bild: Der reale Wechselkurs wie auch die relativen Exportpreise oszillieren zwar, verhalten sich aber im betrachteten Zeitraum im Durchschnitt relativ neutral. Eine für die preisliche Wettbewerbsfähigkeit günstige Entwicklung in der Nachreformzeit nehmen dagegen die Indikatoren *terms of trade* und das reale Lohnniveau.

Eine statische Darstellung von Elementen der preislichen Wettbewerbsfähigkeit bestätigt im Vergleich mit den Referenzländern[101] die sehr gute Stellung Neuseelands (vgl. Tabelle 14). Als relevante Kostenblöcke von Unternehmen können der Arbeitslohn, die Mietkosten, die steuerlichen Abgaben und die Energiekosten herangezogen werden.

---

[101] STATISTICS NEW ZEALAND und das MORST sehen die Länder Australien, Däenmark, Finnland, Irland, Norwegen und Schweden aufgrund ihrer ähnlichen Strukturen (Sektoren, Größe, Entwicklungsstand) als geeignete Vergleichsländer für die neuseeländische Volkswirtschaft an. Dem wird sich im Rahmen dieser Arbeit angeschlossen.

Mit einem Stundenlohn inklusive aller Nebenkosten von 7,8 U$ schneidet Neuseeland nicht nur besser als die Referenzländer ab, sondern liegt innerhalb der OECD auf dem sechsten Platz. Innerhalb der vom IMD betrachteten Länder liegt Neuseeland auf dem 24. Rang. Günstigere jährliche Büromieten als in Neuseeland sind nur in Estland, Südafrika, Thailand und Slowenien zu finden. Unternehmen in den Referenzländern müssen erheblich mehr für die Büromiete einplanen. Im Sinne eines neoliberalen Staates sind die eingenommenen Steuern bezogen auf das BIP in Neuseeland am zweitniedrigsten unter den Referenzländern. Dennoch sind die steuerlichen Belastungen in Neuseeland mit dem 24. Rang höher als in Japan und den USA. Die Kosten für die Elektrizität sind in Neuseeland mit 0,030 U$ pro Kilowattstunde die viertgünstigsten. Insgesamt zeigt gerade der Vergleich mit den Referenzländern die außerordentlich gute Position Neuseelands in der preislichen Wettbewerbsfähigkeit.

	Neuseeland	**Australien**	**Dänemark**	**Finnland**	**Irland**	**Norwegen**	**Schweden**
Stundenlohn	7,8	14,3	19,8	18,3	11,7	22,5	19,5
in U$	(24)	(31)	(43)	(38)	(28)	(46)	(41)
Büromiete	116	223	287	335	450	329	579
U$ / m^2 im Jahr	(5)	(11)	(16)	(23)	(32)	(22)	(41)
Steuereinnahmen	32,7	29,4	48,8	46,0	37,5	43,6	51,0
% des BIP	(24)	(21)	(48)	(47)	(36)	(42)	(49)
Elektrizität	0,030	0,056	0,058	0,039	0,050	0,052	0,034
U$ pro Kwh	(4)	(25)	(29)	(11)	(17)	(21)	(6)

Tabelle 14: Ausgabenbelastung der Unternehmen in Neuseeland und in den Referenzländern
Quelle: IMD 2001: 397, 405, 449, 486
Bemerkung: in Klammern: Rang unter 49 Ländern

4.3.3 Ability to Sell: Technologische Wettbewerbsfähigkeit

Die technologische Wettbewerbsfähigkeit orientiert sich häufig an den nationalen Erfolgen technologieintensiver Branchen und der Wertschöpfung je Arbeitnehmer im Zeitablauf. Technologieintensive Branche werden mit einem hohen Anteil von F&E-Ausgaben am Umsatz identifiziert: Übersteigt dieser Wert 8,5 %, wird von Spitzentechnik gesprochen, während die Spanne von 3,5 % bis 8,5 % als höherwertige Technik bezeichnet wird.

Die neuseeländische Performance in diesen technologieintensiven Sektoren wurde für die Jahre 1989 und 1999 mit der ANZSIC-3-Branchenklassifikation analysiert (vgl. Tabelle 15, Tabelle 16). Bei der Spitzentechnik weist Neuseeland zwar weder 1989 noch 1999 bei einer der 15 selektierten Branchen[102] einen Exportüberschuss auf; dennoch sind einige positive Tendenzen zu erkennen: So konnten sich erstens die Exporte im betrachteten Zeitraum von 312 Millionen N$ auf 1,1 Milliarden N$ steigern. Zweitens zeigt die RCA-Analyse, dass sich die Wettbewerbsfähigkeit in diesem Sektor um 95 Indexpunkte verbessert hat, wenn auch der negative Wert von -129 (1999) nach wie vor einen Wettbewerbsnachteil anzeigt. Die Wettbewerbsfähigkeit Neuseelands hat sich im betrachteten Zehn-Jahreszeitraum lediglich in vier Klassen verschlechtert, während Neuseeland in elf Zweigen besser abschneidet. Absolut gesehen haben sich die neuseeländischen Exporte in den Bereichen *Aircraft and Associated Equipment* (+268,1 Millionen N$) sowie bei dem *Telecommunications Equipment* (+154,9 Millionen N$) am stärksten erhöht.

[102] Die selektierten Branchen wurden gemäß der Liste des NIW nach SITC3 übernommen und in Kooperation mit STATISTICS NEW ZEALAND an das ANSIC-System harmonisiert.

Sitc3 Code & Description	1999 in Mill. N$ EX	IM	1989 in Mill. N$ EX	IM	RCA 1999	1989	Diff.
516 Other Organic Chemicals	5,6	28,0	12,2	26,6	-153	-96	-57
525 Radio-Active and Associated Materials	0,2	2,0	0,0	2,4	-208	-442	233
541 Medicinal and Pharmaceutical Products	66,3	124,0	37,8	63,6	-56	-70	14
575 Other Plastics in Primary Forms	21,5	133,8	3,1	85,6	-176	-348	173
591 Insecticides, Fungicides, Herbicides	116,5	135,0	6,9	47,1	-8	-210	202
714 Engines and Motors	22,7	192,2	16,9	95,5	-207	-191	-16
718 Other Power Generating Machinery & Parts	11,2	29,9	2,9	10,5	-91	-146	55
752 Automatic Data Processing Machines	37,4	872,2	42,1	497,1	-308	-264	-44
764 Telecommunications Equipment	211,9	1.065,8	57,0	505,9	-154	-236	82
774 Electro-Diagnostic Medical Apparatus	7,7	62,2	2,4	24,6	-202	-249	47
776 Transistors and Similar Semi-Conductor	26,5	116,4	1,0	38,0	-141	-381	240
778 Electrical Machinery and Apparatus NES	123,1	319,2	43,5	196,4	-88	-168	80
792 Aircraft and Associated Equipment	314,1	1.062,1	46,0	636,2	-115	-280	166
871 Optical Instruments and Apparatus, NES	2,1	19,2	2,5	9,5	-214	-151	-63
874 Measuring, and Controlling Instruments	164,6	231,9	37,9	202,9	-27	-186	158
Summe Spitzentechnik	**1.131**	**4.393**	**312**	**2.442**	**-129**	**-223**	**95**

Tabelle 15: Ex-, Importe und RCA-Analyse im Bereich der Spitzentechnik
Quelle: Anfrage bei STATISTICS NEW ZEALAND, eigene Auswertung

Die neuseeländische Wettbewerbsfähigkeit hat sich nach der RCA-Analyse ebenfalls bei der höherwertigen Technik verbessert, wenn auch nicht so stark wie in den Bereichen der Spitzentechnik. Dabei ist in 30 der 41 untersuchten Branchen eine Verbesserung des Wertes festzustellen. Die höchsten absoluten Exportzuwächse erreichten die Sektoren *Electrical Apparatus For Switching or Protecting* (126 Mill. N$) und *Medical Instruments and Appliances* (84 Mill. N$). Die größte RCA-Wertsteigerung besitzen die Klassen *Other Inorganic & Organic Chemicals* und *Railway Vehicles*, bei denen sich in den letzten 10 Jahren ein Wettbewerbsnachteil in einen Vorteil umwandelte. Bei einer Aggregation der beiden Bereiche Spitzentechnik und höherwertige Technik konnten sich die Exporte fast verdreifachen (2,8), während sich die Importe lediglich um das 1,8fache erhöhten. Mit einem RCA-Wert von -157 ist die technologische Wettbewerbsfähigkeit nach wie vor deutlich negativ, obwohl sie sich seit 1989 um 68 Indexpunkte erhöhte.

	1999 in Mill. N$		1989 in Mill. N$		RCA		
Sitc3 Code & Description	**EX**	**IM**	**EX**	**IM**	**1999**	**1989**	**Diff.**
266 Synthetic Fibres Suitable For Spinning	0,2	17,7	0,6	19,2	-454	-359	-94
277 Natural Abrasives	0,1	1,6	0,1	0,9	-250	-202	-49
515 Organo-Inorganic & Heterocyclic Compounds	0,9	126,6	1,2	51,5	-490	-390	-100
522 Inorganic Chemical Elements & Oxides	1,6	95,9	1,0	70,9	-403	-440	37
524 Other Inorganic & Organic Chemicals	7,3	7,0	0,4	18,4	11	-410	422
531 Synthetic Organic Colouring Matter	1,4	48,1	0,9	33,9	-348	-378	30
533 Pigments, Paints and Related Materials	28,4	198,8	9,4	60,0	-188	-203	16
542 Medicaments (incl. Veterinary Medicaments)	62,7	615,8	20,2	292,6	-221	-285	64
551 Essential Oils, Perfume and Flavour Materials	7,2	41,4	0,9	19,0	-168	-321	152
574 Polyacetals, Polycarbonates and Other Polyesters	13,6	81,9	15,0	44,3	-172	-126	-46
598 Miscellaneous Chemical Products	22,6	206,2	16,9	83,4	-214	-177	-37
663 Mineral Manufactures	11,8	75,0	4,6	43,0	-178	-240	62
689 Miscellaneous Non-Ferrous Base Metals	0,0	3,7	0,1	3,1	-463	-326	-137
724 Textile and Leather Machinery	22,3	38,5	29,2	47,2	-47	-66	18
725 Paper Mill & Cutting and Pulp Mill Machinery	10,8	49,5	9,0	68,5	-145	-220	75
726 Printing and Bookbinding Machinery	12,9	76,7	15,3	88,3	-171	-193	22
727 Food-Processing Machines (excl. Domestic)	23,8	43,9	9,0	20,6	-54	-101	46
728 Other Machinery and Equipment	78,1	222,7	44,5	113,8	-98	-111	14
731 Machine-Tools Working by Removing Metal	13,1	26,1	6,4	14,7	-62	-101	39
733 Machine-Tools for Working Metal / Cermets	17,4	11,3	11,4	7,2	50	29	21
735 Parts & Accessories for Machines 731&733	5,8	12,8	1,1	6,7	-72	-196	124
737 Metalworking Machinery	5,5	24,7	2,1	20,4	-144	-245	101
741 Heating and Cooling Equipment	129,7	192,5	55,9	69,3	-32	-39	7
744 Mechanical Handling Equipment	45,5	175,2	43,5	103,2	-128	-104	-24
745 Other Non-Electrical Machinery & Tools	64,5	165,3	14,7	90,6	-87	-200	113
746 Ball or Roller Bearings	1,0	36,1	1,2	31,4	-350	-343	-7
751 Office Machines	5,3	105,7	6,0	98,0	-293	-297	4
759 Parts & Accessories for Machines 751&752	101,1	421,7	33,8	195,1	-136	-193	57
761 Television Receivers (incl. Video Monitors)	1,0	127,8	0,9	77,3	-476	-461	-15
762 Radio-Broadcast Receivers	2,3	92,0	0,8	56,1	-362	-439	77
763 Sound & TV Recorders or Reproducers	1,7	76,4	1,3	112,2	-373	-465	92
772 Electrical Apparatus for Switching Electrical	161,8	226,3	36,0	131,6	-27	-147	121
773 Equipment for Distributing Electricity, NES	64,9	84,1	48,7	63,9	-19	-45	26
781 Motor Cars and Other Motor Vehicles	26,1	2.448,0	8,8	1.282,3	-447	-516	69
782 Motor Vehicles for the Transport of Goods	19,0	491,4	3,9	243,4	-318	-430	112
791 Railway Vehicles (Including Hovertrains)	8,6	7,1	0,8	3,1	25	-154	179
872 Medical Instruments and Appliances	105,7	168,3	21,9	55,7	-40	-111	71
873 Meters and Counters, NES	1,4	17,8	1,3	14,4	-249	-256	7
881 Photographic Apparatus and Equipment, NES	16,9	70,4	3,0	45,0	-135	-287	152
882 Photographic and Cinematographic Supplies	5,3	154,5	4,4	97,2	-330	-326	-3
884 Optical Goods, NES	4,8	75,6	6,7	32,8	-268	-176	-92
Summe höherwertige Technik	**1.113**	**7.162**	**493**	**3.930**	**-179**	**-225**	**46**
Summe F&E-intensive Güter	**2.245**	**11.556**	**805**	**6.372**	**-157**	**-224**	**68**

Tabelle 16: Ex-, Importe und RCA-Analyse im Bereich der höherwertigen Technik
Quelle: Anfrage bei STATISTICS NEW ZEALAND, eigene Auswertung

In der Produktivitätsentwicklung – gemessen am realen Output pro Beschäftigten – konnte sich Neuseeland mit einer Steigerung 6,2 % zwischen 1991 und 1999 nur mäßig verbessern (vgl. Tabelle 17). Die größten Produktivitätszuwächse konnten in von den Reformen durch Privatisierung und Reorganisation direkt beeinflussten Bereichen wie *Electricity, Gas &*

Water (+85,2 %), *Transport & Communications* (+73,4 %) sowie *Central Government Services* (+66,2 %) erreicht werden. Indessen sank sogar in sechs Industriezweigen die Wertschöpfung pro Mitarbeiter. Dies gilt vor allem für *Other Manufacturing* (-34,5 %), *Finance, Insurance, Real Estate & Business Services* (-20,3 %) und *Construction* (-15,3 %). Aber auch der Einzel- und Großhandel sowie die eigentlich sehr exportstarke Landwirtschaft weisen eine negative Entwicklung auf.

Der in dieser Arbeit besonders betrachtete Manufacturing-Sektor setzte im Jahr 1999 9.115 N$ pro Beschäftigten (+20,7 %) mehr um als im Jahr 1991. Während neben dem *Other Manufacturing* auch die *Pulp & Paper Products, Printing, Publishing Industrie* sich leicht negativ veränderte, konnten die stärksten Zuwächse im *Basic Metal Product Manufacturing* (+53,7 %) und dem *Non-Metallic Mineral Product Manufacturing* (+39,1 %) erzielt werden. Zusätzlich wurden auch deutlich überdurchschnittliche Fortschritte in *Petroleum, Chemicals, Plastics & Rubber Products* (+33,1 %), *Wood & Wood Products Manufacturing* (+28,1 %), *Food, Beverage & Tobacco Manufacturing* (+23,7 %) und *Textile & Apparel Manufacturing* (+23,1 %) erzielt.

	Reale Wertschöpfung je Mitarbeiter in N$		**Produktivitäts-fortschritt**	**in %**	**in %**
	1991	*1999*		*1991–1999*	*Pro Jahr*
Agriculture, Forestry, Fishing	238.684	220.572	-18.112	-7,6%	-1,0%
Mining	219.259	289.433	70.174	32,0%	3,5%
Food, Beverage & Tobacco Manufacturing	72.477	89.647	17.169	23,7%	2,7%
Textile & Apparel Manufacturing	27.944	34.413	6.469	23,1%	2,6%
Wood & Wood Products Manufacturing	32.503	41.625	9.122	28,1%	3,1%
Pulp & Paper Products, Printing, Publishing	73.101	71.576	-1.526	-2,1%	-0,3%
Petroleum, Chemicals, Plastics & Rubber	73.397	97.674	24.277	33,1%	3,6%
Non-Metallic Mineral Product Manufacturing	64.858	90.222	25.363	39,1%	4,2%
Basic Metal Product Manufacturing	72.918	112.059	39.141	53,7%	5,5%
Fabricated Metal Products & Machinery Equip.	43.454	50.027	6.573	15,1%	1,8%
Other Manufacturing	32.983	21.606	-11.378	-34,5%	-5,2%
Electricity, Gas & Water	154.735	286.632	131.897	85,2%	8,0%
Construction	33.546	28.414	-5.132	-15,3%	-2,1%
Wholesale	67.285	65.012	-2.273	-3,4%	-0,4%
Retail	27.665	27.278	-387	-1,4%	-0,2%
Restaurants & Hotels	23.755	26.315	2.560	10,8%	1,3%
Transport & Communications	68.391	118.593	50.201	73,4%	7,1%
Finance, Real Estate & Business Services	73.255	58.401	-14.854	-20,3%	-2,8%
Community, Social & Personal Services	16.728	18.266	1.538	9,2%	1,1%
Central Government Services	118.164	196.338	78.175	66,2%	6,6%
Local Government Services	51.088	66.232	15.143	29,6%	3,3%
Total all Production Groups	**54.163**	**57.549**	**3.340**	**6,2%**	0,8%
Total Manufacturing	*44.103*	*53.218*	*8.123*	*20,7%*	*2,4%*

Tabelle 17: Entwicklung der Wertschöpfung pro Beschäftigten 1991 und 1999
Quelle: STATISTICS NEW ZEALAND: New Zealand Official Yearbook, diverse Jahrgänge, eigene Berechnungen

Als Resümee ist ein positiver Trend in der Entwicklung der neuseeländischen technologischen Wettbewerbsfähigkeit zu zeichnen, wenngleich sich dieser von einem sehr niedrigen Niveau aus entfaltet. Bereits für den Zeitraum 1983 bis 1993 kommt das MoRST zu dem Resultat, dass nur drei OECD-Länder höhere Wachstumsraten bei den Exporten im High-Tech- und Medium-Tech-Sektor als Neuseeland aufweisen, wodurch in diesen

Bereichen Marktanteile gewonnen werden konnten (vgl. MORST 1998a: 35). Die RCA-Analyse konstatiert eine sich weiter verbessernde neuseeländische Position in den F&E-intensiven Wirtschaftszweigen, wenngleich es aufgrund der meist negativen Werte noch nicht als ein typisches Hochtechnologie-Land aufzufassen ist. Unterstützt wird dieser positive Trend durch die einheimischen Patente, die zwischen 1991 und 1997 in keinem anderen OECD-Land so stark wie in Neuseeland zunahmen (vgl. Tabelle 1). Die Produktivitätsentwicklung zeigt dagegen einen im Vergleich zu anderen Ländern mäßigen Zuwachs. Insgesamt scheint Neuseeland bei der technologischen Wettbewerbsfähigkeit auf einem guten Pfad zu sein: Das WEF stuft Neuseeland unter die Kernländer der Innovationsgenerierung ein und sieht Neuseeland bei dem Indikator *Technology* als elftbeste Nation beispielsweise vor Dänemark, der Niederlande und Deutschland positioniert (vgl. 2001: 31).

Aus dieser Analyse der traditionellen Messung der Wettbewerbsfähigkeit wird deutlich, dass sich Neuseeland sowohl bei der preislichen als auch der technologischen Wettbewerbsfähigkeit verbessert hat. Zur Aufdeckung der dahinter liegenden Gründe ist eine präzisere Analyse der Strukturen und Funktionsweisen des neuseeländischen Innovationssystems vor dem Hintergrund der neoliberalen Reformen von Interesse.

4.4 Statische Einordnung des neuseeländischen Innovationssystems in die OECD-Welt

Um das neuseeländische Innovationssystem mit dem anderer OECD-Länder zu vergleichen, wird – basierend auf sechs Kernindikatoren eines Innovationssystems – eine hierarchische Clusteranalyse bezüglich der Länder durchgeführt. Als strukturbeschreibende Elemente eines vereinfacht dargestellten Innovationssystems können der Input, die *absorptive capacity*, die Diffusion, die Offenheit und die Leistungsfähigkeit identifiziert werden[103].

Um den Inputstrom in das Innovationssystem abschätzen zu können, werden die F&E-Ausgaben eines Landes herangezogen und mit dem jeweiligen BIP relativiert, um die Vergleichbarkeit unterschiedlich großer Länder herzustellen (GERD / BIP). Weiterhin wird der Anteil der privatwirtschaftlich finanzierten F&E zur Integration der Komposition und Struktur der F&E-Aufwendungen miteinbezogen (GERD_IND). Die *absorptive capacity* wird mit dem Indikator des Anteils der Bevölkerung zwischen 25 und 64 Jahren mit tertiärer Bildung abgebildet (TERT_EDU). Die ausländischen Direktinvestitionen pro BIP reproduzieren die Offenheit eines Landes und den Zustrom von ausländischem Know-how (FDI_INFLOW). Die Diffusion von Informationen und Wissen sowie die Einstellung der Bevölkerung gegenüber Neuerungen werden oft durch die Anzahl der Internet-Hosts pro 1.000 Einwohner eingefangen (INTERNET). Zuletzt zählt auch die Leistungsfähigkeit eines Innovationssystems zu den strukturbeschreibenden Variablen, die mit den lokalen Patenten je 10.000 Einwohner beschrieben wird (PATENT)[104].

Aufgrund der Vielzahl von Einstellungsfaktoren bei der Clusteranalyse wird in der Literatur eine Offenlegung der verwendeten Verfahren gefordert. Da nicht die Ähnlichkeitsniveaus der einzelnen Indikatoren hier relevant sind, wurde ein Distanzmaß gewählt (quadrierte Euklidische Distanz), um die Distanz im geometrischen Raum auszudrücken. Als Clusteralgorithmus wurde das Ward-Verfahren verwendet, wobei zunächst durch eine

---

[103] Für eine methodische Diskussion der Anwendung, Auswahl und Limitierungen von Innovationsindikatoren sei auf NAUWELAERS / REID (1995) und KLEINKNECHT (2000: 169 ff.) verwiesen.

[104] Prinzipiell könnten noch andere Indikatoren, wie Anzahl der Wissenschaftler, Ausgaben für Universitäten, Prozent der Produktion von forschungsintensiven Industrien, Anteil der Bevölkerung mit *secondary education* oder Technologiezahlungsbilanzen zu einer Analyse herangezogen werden. Darauf wurde wegen der hohen Korrelation der Indikatoren untereinander und der sich daraus ergebenden Redundanz verzichtet.

Z-Transformation die unterschiedlichen Skalierungsniveaus eliminiert wurden. Um der Vielfalt der nationalen Innovationssysteme gerecht zu werden, scheint eine Einteilung der OECD-Länder in acht Cluster sinnvoll, da experimentelle Ergebnisse mit weniger Clustern zu sehr heterogenen Gruppen und mit mehr Clustern nur zu marginal besseren Ergebnissen geführt haben.

In der ersten Gruppe befinden sich die acht Länder Mexiko, Griechenland, Türkei, Portugal, Ungarn, Polen, Italien und Spanien mit generalisierend sehr niedrigen Werten über alle Innovationssystem-Indikatoren (vgl. Tabelle 18). Im Gegensatz dazu weist das Cluster 8 mit Finnland und Schweden sehr hohe Werte bei den ausgewählten Indikatoren mit Ausnahme des Anteils der Bevölkerung mit tertiärer Bildung auf. Die USA bildet ein eigenes Cluster (7), wenngleich es dem nordischen Cluster ähnlich ist. Es unterscheidet sich von diesem in Bezug auf eine hohe tertiäre Bildung und sehr niedrige FDI_INFLOWS. Trotz hoher Werte bei den anderen vier Innovationsindikatoren sind bei dem asiatischen Cluster 6 (Japan, Korea) der Offenheitsgrad und die Anzahl der Internet-Hosts weit unterdurchschnittlich ausgeprägt. Deutschland und die Schweiz (Cluster 5) haben im OECD-Kontext zumeist durchschnittlich ausgeprägte Werte bei den einzelnen Indikatoren. Belgien (Cluster 4) hat mit Ausnahme eines hohen Anteils von Direktinvestitionen im Unterschied zu Cluster 5 schwächere Innovationssystem-Indikatoren. Das mitteleuropäische Cluster 3 mit den Ländern Frankreich, Österreich, Dänemark, Tschechien und Irland besitzt den geringsten Bevölkerungsanteil mit tertiärer Bildung. Das Cluster ist durchschnittlich offen und die Industrie ist relativ wenig in F&E engagiert. Zudem kommen nur Belgien (Cluster 4) und das innovationsschwache Cluster 1 bei den Patenten pro Einwohner auf einen geringeren Wert.

Das für diese Arbeit interessanteste Cluster 2 enthält neben Neuseeland die Länder Island, Niederlande, Großbritannien, Australien, Kanada und Norwegen. Die Aufnahme Neuseelands in dieses Cluster kann bereits als ein Erfolg für die neuseeländischen Bemühungen, den Übergang zur Wissensgesellschaft zu vollziehen, bewertet werden, da die neuseeländischen BIP pro Kopf-Anteile eher auf eine Einordnung in Cluster 1 hindeuten. Das neuseeländische Innovationssystem weist aufgrund dieser Analyse Ähnlichkeiten mit anderen britischen und von liberalen Regulationsweisen geprägten Ländern auf. Überraschend dabei ist jedoch der niedrige Anteil der industriefinanzierten F&E in diesem Cluster, was sich auch in einer relativ niedrigen Quote des gesamten F&E-Budgets am BIP niederschlägt. Indessen kann aber auf ein sehr gut ausgebildetes Humankapital zurückgegriffen werden, welches zusammen mit dem relativ hohen Offenheitsgrad dieses Clusters und einem hohen Anteil an Internet-Hosts die Realisierung von *free-rider*-Effekten bei der Innovationsgenerierung ermöglichen. Der Leistungsindikator lokale Patente pro 10.000 Einwohner ist im Verhältnis zu den Investitionen in F&E dementsprechend hoch. Cluster 3 bringt es bei annähernd gleich hohen F&E-Ausgaben nur zu 1,96 Patenten je 10.000 Einwohner, während das britisch orientierte Cluster 2 auf einen Wert von 2,53 kommt.

Werden die einzelnen Indikatoren für Neuseeland näher analysiert, bestätigt sich das grundsätzliche Resultat der Ausführungen zu Cluster 2 (vgl. Tabelle 18). Noch klarer tritt jedoch die Schwäche in der Finanzierung von F&E zu Tage, die mit 1,13 % des BIP nur die Hälfte des OECD-Durchschnitts beträgt. Zu einem gewissen Teil ist dies auf das sehr geringe Engagement der Industrie in F&E-Investitionen zurückzuführen (Rang 25 aus 28 Ländern). Im internationalen Vergleich unterscheidet sich die Struktur bei der Finanzierung von F&E deutlich. Während im OECD-Durchschnitt 63,1 % aus privatwirtschaftlichen Quellen stammen, investiert die neuseeländische Wirtschaft lediglich 30,5 % der gesamten nationalen F&E-Aufwendungen. Infolgedessen ist das relative Engagement des neuseeländischen Staates in F&E (54,1 %) im internationalen Vergleich hoch[105]. Als Prozentsatz des BIP ist die staatliche Investition in F&E mit 0,59 % zwar nur knapp unter dem OECD-Durchschnitt (0,62 %), aber deutlich unter dem Anteil der Länder Australien (0,8 %), Finnland (0,9 %) und Schweden (1,0 %) (vgl. MoRST 1999: 19).

	GERD / BIP		**GERD_IND**		**TERT_EDU**		**FDI_INFLOW**		**PATENT**		**INTERNET**	
Einheit	in %	Rang	in % BIP	Rang	In % Bev. 25-64 Jahre	Rang	In % BIP	Rang	je 10 TSD EW	Rang	je 1000 EW	Rang
Finnland (8)	3,11	2	63,9	8	12,7	14	9,73	1	4,6	5	122,8	1
Schweden (8)	3,70	1	67,7	5	12,6	16	8,33	3	4,7	4	96,2	4
Cluster 8	*3,41*		*65,8*		*12,6*		*9,03*		*4,7*		*109,5*	
USA (7)	2,84	4	68,5	4	26,6	1	2,30	17	4,5	6	118,6	2
Südkorea (6)	2,52	6	72,5	2	17,0	6	1,73	21	15,0	2	8,6	23
Japan (6)	3,06	3	72,6	1	17,7	5	0,08	28	27,7	1	18,2	18
Cluster 6	*2,79*		*72,6*		*17,4*		*0,91*		*21,4*		*13,4*	
Deutschland (5)	2,29	7	61,7	9	14,0	11	0,93	25	5,5	3	25,5	16
Schweiz (5)	2,73	5	67,5	6	14,0	11	1,81	20	3,7	9	59,5	10
Cluster 5	*2,51*		*64,6*		*14,0*		*1,37*		*4,6*		*42,5*	
Belgien (4)	1,57	17	64,2	7	11,8	18	8,34	2	0,9	19	36,5	13
Tschechien (3)	1,26	19	60,2	10	10,4	23	4,62	6	0,6	23	9,4	22
Irland (3)	1,41	18	69,4	3	10,6	21	2,69	14	2,2	14	29,9	15
Österreich (3)	1,63	15	52,1	12	6,2	26	2,79	13	2,3	13	35,2	14
Dänemark (3)	2,00	10	53,4	11	5,4	28	3,69	9	2,5	12	73,7	7
Frankreich (3)	2,18	8	50,3	13	10,5	22	1,96	18	2,2	14	22,7	17
Cluster 3	*1,70*		*57,1*		*8,6*		*3,15*		*2,0*		*34,2*	
Neuseeland (2)	1,13	20	30,5	25	12,7	14	3,63	10	4,2	7	61,3	8
Kanada (2)	1,61	16	49,2	16	18,6	4	2,84	12	1,1	18	95,3	5
Australien (2)	1,64	14	47,5	17	16,6	7	1,85	19	4,2	7	60,8	9
Norwegen (2)	1,75	13	49,4	15	23,7	3	2,46	15	2,7	11	94,0	6
Island (2)	1,82	12	41,7	22	15,9	8	1,37	24	0,8	20	108,4	3
Großbritannien (2)	1,83	11	47,3	18	15,4	9	4,68	5	3,1	10	44,0	12
Niederlande (2)	2,04	9	45,6	19	24,2	2	5,96	4	1,6	16	56,8	11
Cluster 2	*1,69*		*44,5*		*18,2*		*3,26*		*2,53*		*74,4*	
Mexiko (1)	0,34	28	16,9	28	12,2	17	2,46	15	0,0	27	2,8	27
Griechenland (1)	0,49	26	20,2	27	11,3	19	3,08	11	0,4	25	8,1	24
Türkei (1)	0,49	26	41,8	21	6,1	27	0,48	26	0,0	27	2,7	28
Portugal (1)	0,63	25	21,2	26	6,5	25	1,67	22	0,1	26	8,1	24
Ungarn (1)	0,68	24	36,1	24	13,2	13	4,08	8	0,7	21	10,4	21
Polen (1)	0,73	23	37,8	23	10,9	20	4,24	7	0,6	23	4,4	26
Spanien (1)	0,90	22	49,8	14	14,0	11	1,57	23	0,6	23	16,2	19
Italien (1)	1,05	21	43,9	20	8,7	24	0,10	27	1,2	17	12,7	20
Cluster 1	*0,66*		*33,5*		*10,4*		*2,21*		*0,5*		*8,2*	
Total OECD	**2,23**		**63,1**		**13,6**		**n.a.**		**5,3**		**47,3**	

Tabelle 18: Ausprägungen von 28 OECD-Ländern nach sechs Innovationssystem-Indikatoren
Quelle: eigene Analyse basierend auf Daten der OECD: Main Science and Technology Indicators
Bemerkung: in Klammern: Zuordnung zu Cluster

Im Zeitablauf ist dennoch eine positive Entwicklung der unternehmerischen F&E-Investitionen zu bemerken, die im Jahr 2000 51 % mehr für F&E als im Jahr 1991 ausgaben

[105] Beispiele für staatliches Engagement in F&E: Irland 22,6 %, OECD-Durchschnitt 32,3 %, Schweden 33,0 %, Finnland 35,1 % und Australien 47,5 %.

(vgl. Tabelle 19). Im Staatssektor wurden im selben Zeitraum die F&E-Budgets um 26 % erhöht. Die größte Steigerung mit 122 % ist bei den übrigen Quellen auszumachen, zu denen Universitäten, ausländische Investoren und Non-Profit-Organisationen zählen.

Jahr	Gesamt		Staat		Unternehmen		Andere Quellen	
	in Mill. N$	*in % des BIP*	*in Mill. N$*	*in % des BIP*	*in Mill. N$*	*in % des BIP*	*in Mill. N$*	*in % des BIP*
1991	724,7	1,00 %	436,9	0,60 %	212,6	0,29 %	75,2	0,10 %
1992	714,2	0,99 %	441,8	0,61 %	195,6	0,27 %	76,8	0,11 %
1993	755,3	1,01 %	445,7	0,60 %	224,2	0,30 %	85,4	0,11 %
1994	824,8	1,02 %	451,6	0,56 %	279,2	0,35 %	94,0	0,12 %
1996	889,3	0,97 %	465,0	0,51 %	300,0	0,33 %	124,3	0,14 %
1998	1.107,4	1,13 %	579,1	0,59 %	337,5	0,34 %	190,8	0,19 %
2000	1.092,3	1,05 %	552,4	0,58 %	372,1	0,31 %	166,8	0,11 %

Tabelle 19: Entwicklung des neuseeländischen Investments in F&E nach Finanzierungsquellen
Quelle: MoRST (1999: 5, 2001a)

Der Anteil der neuseeländischen Bevölkerung mit tertiärer Ausbildung (12,7 %) ist leicht unter dem OECD-Durchschnitt von 13,6 %. Der durch die Reformen induzierte Zustrom an ausländischen Direktinvestitionen sowie die Zahl der Internet-Hosts pro 1.000 Einwohner lässt Neuseeland unter den Top Ten der OECD-Länder rangieren. Gerade wegen der geringen Investitionen in F&E ist der Anteil der lokalen Patente mit 4,2 je 10.000 Einwohner beträchtlich und spricht für den effizienten Einsatz der F&E-Mittel.

Die Einordnung des neuseeländischen Innovationssystems in das britisch orientierte Cluster und die teilweise beachtlichen Ausprägungen der Innovationssystemindikatoren können als ein erster Erfolg für das im Zuge der Reformen verbesserte neuseeländische Innovationssystem gewertet werden. Dies gilt insbesondere, wenn die lange Historie Neuseelands als Agrarstaat, der seinen Wettbewerbsvorteil aus seinen natürlichen Ressourcen zog, und die düsteren Aussagen[106] im CROCOMBE / ENRIGHT ET AL.-Report zu der Innovationsgenerierung im Jahr 1991 berücksichtigt werden. Gleichwohl ist Neuseeland im OECD-Vergleich kein führendes Land bei der Innovationsgenerierung. Vielmehr liegt der Anreiz einer Untersuchung des neuseeländischen Innovationssystems in den Transformationsprozessen und der konsequenten Implementierung theoretischer Aussagen und neoliberaler Regulationsweisen sowie deren Implikationen für die Innovativität des Systems.

Insgesamt verdeutlicht die durchgeführte Clusteranalyse, dass einerseits trotz ähnlicher Entwicklungsniveaus der Länder deutliche Strukturunterschiede in den nationalen Innovationssystemen zwischen den einzelnen Ländergruppen auftreten. Andererseits bestehen gerade innerhalb der Cluster 1 bis 3 länderübergreifende Ähnlichkeiten in den Ausprägungen der verwendeten Indikatoren. Dessen ungeachtet zeigen die empirischen Untersuchungen zu den jeweiligen Innovationssystemen der Länder innerhalb eines Clusters signifikante Unterschiede in der Ausgestaltung und der Funktionsweise des jeweiligen Innovationssystems auf (vgl. Studien in Tabelle 53), so dass diese Analyse nur einer ersten groben Einteilung des neuseeländischen Innovationssystems in die OECD-Welt dient und die nun folgende Detailanalyse des neuseeländischen Innovationssystems nicht ersetzen kann.

---

[106] „Our economic system does not drive forward the creation of new technologies, products and strategies" (CROCOMBE / ENRIGHT ET AL. 1991: 155). Ferner werden die niedrige Industriedynamik und das schwach ausgebildete Humankapital bemängelt (vgl. CROCOMBE / ENRIGHT ET AL. 1991: 155).

5 DAS NATIONALE INNOVATIONSSYSTEM NEUSEELANDS

Kern dieses Kapitels ist die Analyse des nationalen Innovationssystems Neuseelands gemäß dem skizzierten Untersuchungsansatz mit Hilfe der Akteure (Kapitel 5.1), Transferkanäle (Kapitel 5.2) und Determinanten (Kapitel 5.3).

5.1 Die Akteure des neuseeländischen Innovationssystems im engen Sinne

In Anlehnung an den Innovationssystem-Ansatz der OECD werden unter Kernakteuren Organisationen verstanden, die dem engen Begriff des nationalen Innovationssystems zuzurechnen sind[107] (vgl. Abbildung 8). Die forschungstreibenden Akteure können in staatliche Organisationen, die Privatwirtschaft und sonstige relevante Organisationen differenziert werden.

Zu einer ersten Übersicht wird die Entwicklung der in den Bereichen Privatwirtschaft, Staat und Universität beschäftigten Forscher beleuchtet. Dabei wird deutlich, dass im Jahr 2000 rund 57 % der insgesamt 8.768 neuseeländischen Forscher in einer Universität arbeiten. 2.141 Personen (24 %) forschen in Unternehmen und 1.631 (19 %) in staatlichen Institutionen. Seit 1991 erhöhte sich die Zahl neuseeländischer Forscher um 79 %, was durch die Steigerungsraten in den Universitäten (+167 %) getragen wurde. Während die Unternehmen ebenfalls signifikant mehr Forscher in diesem Zeitraum einstellten (+43 %), veränderte sich die Zahl der Forscher in staatlichen Organisationen nur wenig (+7 %).

Im internationalen Vergleich ist in Neuseeland jedoch nach wie vor eine unterdurchschnittliche Ressourcenausstattung an Forschern zu konstatieren: Bezogen auf 10.000 Arbeitskräfte ergibt sich in Neuseeland für das Jahr 1998 ein Wert von 44, was deutlich unter dem OECD-Durchschnitt von 61 und den Werten der Referenzländer Australien (67), Dänemark (61), Finnland (94), Irland (51), Norwegen (76) und Schweden (84) liegt (vgl. OECD 2001b: 72 f.).

5.1.1 Staatliche Akteure im neuseeländischen Innovationssystem

Zu den Hauptakteuren des öffentlichen Forschungssystems zählen das die Regierung beratende *Ministry of Research, Science and Technology* (MoRST), die die von der Regierung bewilligten Forschungsbudgets hauptsächlich verteilende *Foundation for Research, Science and Technology* (FRST) und die die Forschung ausführenden öffentlichen Forschungsinstitute (*Crown Research Institute,* Universitäten). Im Folgenden werden die ersten beiden Institutionen in das Gesamtsystem der öffentlichen Forschung unter Berücksichtigung weiterer Akteure eingebettet, um dann die *Crown Research Institutes* und Universitäten zu analysieren. Im letzten Abschnitt dieses Kapitels erfolgt eine Beurteilung des öffentlichen Forschungssystems.

5.1.1.1 Organisation des neuseeländischen Forschungssystems

Zweifelsohne sind die zwischen 1989 und 1992 implementierten Veränderungen des neuseeländischen Forschungssystems die weitreichendsten seit der Einführung des *Department of Scientific and Industrial Research* im Jahr 1926 (vgl. PETERS 1994: 317): Vor 1989 wurde neben dem *Department of Scientific and Industrial Research*, das knapp die Hälfte der neuseeländischen staatlichen Forschung ausführte, Forschung in den Agenturen des *Ministry of Agriculture and Fisheries* (MAF Technology), im *Forest Research Institute* als Teil des

---

[107] Die anderen relevanten Akteure werden unter den Ausführungen zu Determinanten und Transferkanälen behandelt.

Ministry of Forestry und dem *NZ Meteorological Service* als Teil des *Ministry of Transport* betrieben. Im Jahr 1985 verteilten sich die Ausgaben und Personalressourcen auf diese *Departments* wie folgt:

Department	**Personal in der Forschung**		**Ausgaben für Forschung**	
	Anzahl	In %	In Tsd. N$	In %
DSIR	2.230	45,3	91.999	46,2
Ministry of Agriculture & Fisheries	1.419	28,8	52.681	26,4
Ministry of Forestry	480	9,8	18.496	9,3
Ministry of Transport	387	7,9	16.642	8,3
Andere	407	8,2	19.517	9,8
Summe	4.923	100,0	199.335	100,0

Tabelle 20: Verteilung der staatlichen Forscher und Forschungsausgaben im Jahr 1985 auf die Departments
Quelle: BOLLARD 1986: 128

Die Probleme, die das neuseeländische Forschungssystem zu der Vorreformzeit hatte, können an der großen Bürokratie und den verkrusteten Strukturen, insbesondere des *Department of Scientific and Industrial Research,* festgemacht werden. Es herrschte das Gefühl bei den Forschern vor, dass die individuellen mit den kollektiven Präferenzen korrespondieren – eine (internationale) Kommerzialisierung der Forschungsergebnisse zugunsten weiterer Bevölkerungskreise wurde nicht in Betracht gezogen. Die Mittelallokation für die einzelnen Forschungsbereiche war festgeschrieben und bedurfte kaum einer Begründung. Gleichzeitig reichten die Budgets nicht aus, um notwendige Gerätschaften und Apparaturen anzuschaffen, wobei infolge der jährlichen Befristung der Budgets ein „Dezemberfieber" zu bemerken war. Des Weiteren kam es durch die geringe Koordination des Informationsaustausches zwischen neuseeländischen Forschungseinrichtungen sowie einer Isolation von der ausländischen Forschungs-*Community* zu unnötigen Doppelforschungen (vgl. DEVINE 1997: 70 f.). Insgesamt ergab sich für die Politiker das Bild, dass die staatlichen Investitionen in die Forschung nicht die erwünschten positiven Effekte für Neuseeland brachten. Auch wenn ernst zu nehmende Kritikpunkte am bisherigen Forschungssystem bestanden, war die veränderte Vorstellung der Rolle des Staates für die Reformen im Forschungssektor ausschlaggebend. Mit der desolaten Haushaltslage wurden Mitte der 1980er Jahre die staatlichen Forschungsbudgets nicht nur pauschal um 30 % gekürzt, sondern auch das gesamte neuseeländische Forschungssystem im Einklang mit den Prinzipien der übrigen Reformen reorganisiert (vgl. PALMER 1994: 21 ff.).

Im Kontext des neuseeländischen Forschungssystems setzten sich ab 1989 folgende fünf Prinzipien der Regulation durch: Erstens ist eine klare Trennung zwischen der politischen Beratung in Fragen der Forschung, der Allokation der öffentlichen Förderung sowie der Durchführung der F&E-Projekte zu erkennen. Die staatliche Budgetierung von Forschungsgeldern beschränkt sich zweitens auf Bereiche, die ausschließlich Charakteristika eines öffentlichen Gutes aufweisen. Wenn F&E-Projekte private Renten erwirtschaften, so werden diese selbst bei der Existenz von sozialen Spillovern privatwirtschaftlich finanziert. Drittens ist bei der Förderung öffentlicher F&E-Projekte darauf zu achten, dass die Mittel zu denjenigen Projekten transferiert werden, die den höchsten Wert für die kollektive Wohlfahrt versprechen. Zu der Erreichung der ex-ante von der Regierung festgelegten Resultate (*outcomes*) der Forschungsprojekte ist viertens gleichsam auf eine kosteneffiziente Implementierung der Forschung zu achten. Öffentliche Forschungsinstitute sind fünftens lediglich ihren Anteilseignern und somit ihrer finanziellen Leistungsfähigkeit verantwortlich. Damit ergibt sich für die öffentlichen Forschungsinstitute die Freiheit, sowohl staatliche als auch privatwirtschaftliche Forschungsaufträge gleichberechtigt zu akquirieren (vgl. JACOBSEN / SCOBIE 1991: 4).

Bei der Umsetzung der Prinzipien entstand aus einem Forschungssystem mit einer kleinen Zahl von großen Regierungsabteilungen mit sich überschneidenden Kompetenzen und direkter Budgetierung ein System von fokussierten Agenturen mit stärkeren und transparenten Anreizen für exzellente wissenschaftliche Leistungen (vgl. MoRST 1994: 2). Das 1989 gegründete MoRST übernimmt in diesem System die Rolle der Beratung der entscheidenden Politiker bezüglich Prioritäten und Budgetierung. Die Vergabe der Mittel erfolgt hauptsächlich durch die FRST, bei der sich unterschiedliche Forschungsorganisationen um die Forschungsgelder bewerben und somit in Konkurrenz zueinander um die Ressourcen stehen (*contestable funding*). Alle drei Jahre gibt die Regierung strategische Forschungsprioritäten vor, nach denen die Mittel durch die FRST in siebzehn definierte sozioökonomische und ökologische Outputklassen verteilt werden (vgl. DAVENPORT / BIBBY 1999: 448). Die Mittelallokation durch die FRST wird anhand von Indikatoren auf deren Effektivität, Effizienz und Erreichungsgrad der vorgegebenen Forschungsziele jährlich überprüft. Als Anteilseigner der neu geschaffenen öffentlichen Forschungsinstitute (*Crown Research Institutes*) fungieren der Finanzminister und der Minister für die *Crown Research Institutes*, die von der *Crown Company Monitoring Advisory Unit* beraten und überwacht werden (vgl. MoRST 1994: 2 ff.). Übersichtsartig lässt sich die Organisation des neuseeländischen Forschungssystems dergestalt darstellen:

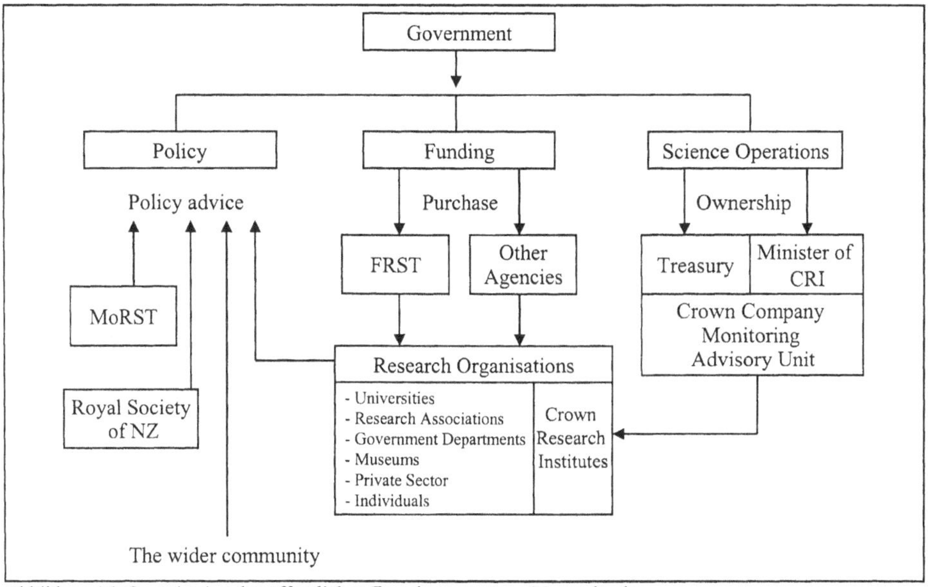

Abbildung 16: Organisation des öffentlichen Forschungssystems Neuseelands
Quelle: MoRST 1994: 2

Erklärungsbedürftig in der Abbildung 16 bleibt die *Royal Society of New Zealand* (RSNZ), die seit 1933 als Nichtregierungs-Organisation mit den Zielen existiert, Forschung in Neuseeland auf einem hohen Standard zu halten, die Kommunikation zwischen Forschern und Forschungsorganisationen im In- und Ausland zu fördern sowie wissenschaftliche Resultate zu veröffentlichen und zu verbreiten. Diese Gesellschaft verteilt zudem Forschungsmittel, die aus dem *Marsden Fund* der Regierung stammen. Forschungsgelder werden zusätzlich von dem *Health Research Council (*HRC*)*, dem *Animal Health Board* und dem *Agricultural and Marketing Research and Development Trust* alloiziert. Im Jahr 2001 verteilten die FRST 80,8 %, das HRC 9,8 % und die RSNZ 9,3 % der Mittel.

5.1.1.2 Budgets und Schwerpunkte der öffentlichen Förderung

Das neuseeländische Forschungssystem wird mit dem *„Science Envelope"* von der Regierung budgetiert. Den Mittelpunkt bildet der *Vote Research, Science and Technology*, welcher sich aus dem *Public Good Science Fund* (PGSF), dem *Health Research Fund*, dem *Technology New Zealand Fund*, dem *Marsden Fund* sowie dem *Non-Specific Output Fund* zusammensetzt[108]. Mit 75,9 % im Jahr 1996 entfällt der größte Teil des Budgets des *Vote Research, Science and Technology* auf den PGSF. Allerdings wurde dieser im Zuge des Regierungswechsels 1999 weiter differenziert: Der PGSF wurde in die Bereiche *Research for Industry, Environmental Research, Social Research, Maori Knowledge and Development Research, Health Research* sowie teilweise in den *New Economy Research Fund* übergeleitet und somit in seiner Verwendung präzisiert (vgl. THOMPSON 2000).

Im neuen Schema subsumieren sich diese Bereiche unter den fünf Forschungszielen *Social Goals, Knowledge Goals, Economic Goals, Environmental Goals und Shaping the System,* die in Tabelle 21 näher beschrieben werden.

Goal	**Description**
Knowledge	To accelerate knowledge creation and develop people, learning systems and networks to enhance New Zealand's capacity to innovate
Economic	To increase the contribution of knowledge to the competitiveness of New Zealand enterprises
Environmental	To increase knowledge of the environment and factors that affect it, and to establish and maintain a healthy environment
Social	To increase knowledge of determinants of well-being, to build a society in which all New Zealanders enjoy health and independence with a strong sense of identity and partnership.
Shaping the System	The work undertaken by MoRST, the FRST and the Science & Innovation Advisory Council to manage the publicly funded research and innovation system

Tabelle 21: Ziele der Regierung bei der Budgetierung von Innovationssystem fördernden Mitteln
Quelle: MoRST 2001a: 8 f.

Dabei wurden im Jahr 2001 von den zur Verfügung stehenden 485 Millionen N$ die meisten Ressourcen für wirtschaftliche Ziele (43 %) verwendet. Die *Knowledge Goals* kamen auf 25 %, die *Environmental Goals* auf 18 %, die *Social Goals* auf 10 % und die Unterstützung des Innovationssystems auf 4 %. Größte Einzelposten waren *Research for Industry* (171 Millionen N$), die *Environmental Research* (85 Millionen N$) und der *New Economy Research Fund* (53 Millionen N$). Insgesamt wurden 17 verschiedene Budgets verabschiedet, deren Höhe, Ziele, Verteiler und Hauptadressaten in Abbildung 17 zusammengefasst sind.

[108] Ebenfalls zum *Science Envelope* zählen die *Other Votes*, die der Finanzierung von Forschungsaktivitäten in staatlichen *Departments* dienen, sowie die *Vote Education*, die den Universitäten gemäß ihrer Studentenanzahl Gelder bereitstellt.

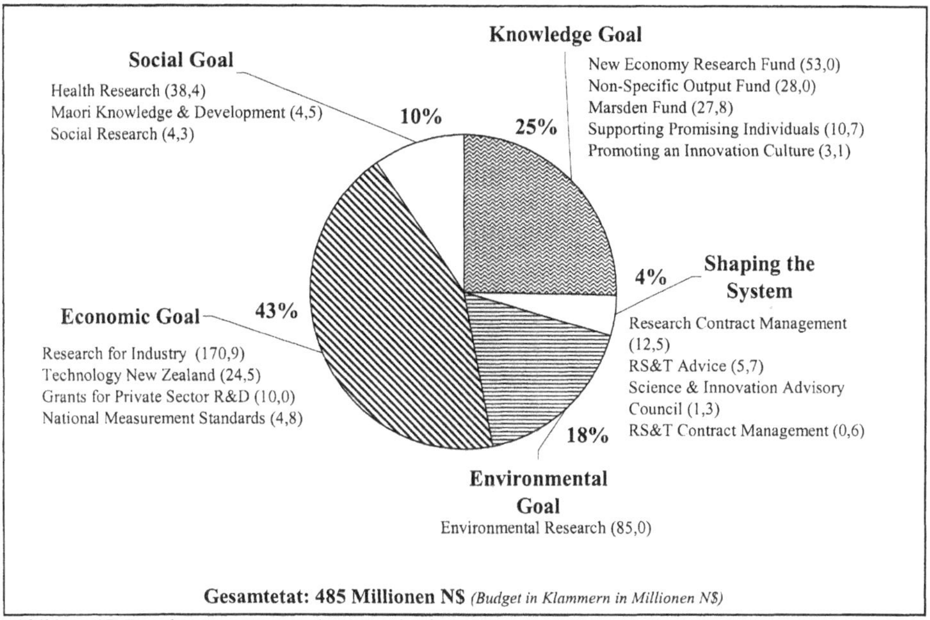

Abbildung 17: Forschungsprogramme in Neuseeland
Quelle: FRST 2001, MoRST 2001a

Der PGSF bzw. die Nachfolge-Fonds bilden neben den *Non Specific Output Funds* die Grundlage für die Finanzierung der *Crown Research Institutes*. Im Jahr 2001 gingen 81,5 % dieser Mittel an *Crown Research Institutes*. Universitäten erhielten 10,0 %, *Research Associations* 2,5 %, Museen 0,3 % und andere Quellen 5,6 % der vom FRST insgesamt verteilten 307 Millionen N$ (nur PGSF).

Nach diesem ersten Eindruck über die einzelnen Forschungsprogramme wird sich in einem zweiten Schritt der Forschungsschwerpunkte zugewendet. Dazu wird die Verteilung der Gelder in den siebzehn Forschungs-Outputklassen ausgehend von Tabelle 22 aus Basis der Verteilung des PGSF 2000 analysiert: Die traditionelle Basis der neuseeländischen Wirtschaft, der primäre Sektor (Outputklassen 1 bis 6), wird als Hauptempfänger von Forschungsmitteln mit mehr als der Hälfte der investierten neuseeländischen Dollar unterstützt (156 Mill. N$). Outputklassen von übergeordnetem, allgemeinem Interesse (13 bis 17) vereinen knapp 30 % der Mittel auf sich (89 Mill. N$). Die Industrie (Outputklasse 7) und der tertiäre Sektor inklusive der Versorgungswirtschaft (Outputklasse 8 bis 12) sind mit 11 % (32 Mill. N$) bzw. 7 % (20 Mill. N$) bei der Mittelvergabe eindeutig unterrepräsentiert.

Ein modifiziertes Bild zeichnet sich, wenn die Steigerungsraten der Mittel der Outputklassen zwischen 1996 und 2000 betrachtet werden: Die Outputklassen 8 bis 12 des tertiären Sektors stiegen mit 69 % deutlich stärker als der Durchschnitt aller PGSF-Gelder mit 14 %. Hingegen entwickelten sich Outputklassen (1 bis 6) mit landwirtschaftlichem Bezug bei der Vergabe von monetären Ressourcen zur Forschung nur unterdurchschnittlich. Während die Outputklasse der Industrie (Outputklasse 7: 16 %) im fast gleichen Maße wie das gesamte Budget des PGSF zunahm, erhöhte sich das Budget für Outputklassen (13 bis 17) mit übergeordnetem, allgemeinem Interesse um 25 %. Damit ist eine aufholende Entwicklung bei den übergeordneten, allgemeinen Interessen und dem tertiären Sektor zu verzeichnen. Auf der

Ebene der einzelnen Outputklassen werden ähnliche Trends sichtbar: Die drei höchsten Steigerungen an Forschungsmitteln – allerdings von einem sehr niedrigen Niveau aus – weisen die drei dem tertiären Sektor zurechenbaren PGSF-Outputklassen *„Tourism, Commercial and Other Services"*, *„Information and Communications Networks and Services"* sowie *Transport and Distribution Systems* auf. Die Forschungsressourcen in den landwirtschaftlichen Outputklassen 1, 3 und 4 wurden seit 1996 kaum aufgestockt.

Wird das Ranking der Outputklassen nach den PGSF-Zuwendungen mit einem von neuseeländischen Forschern nach deren Prioritäten gebildeten Ranking verglichen, fallen gravierende Unterschiede auf. Trotz der imponierenden Steigerungsraten müssten – nach Ansicht der Forscher – noch sehr viel mehr Ressourcen in *Information and Communications Networks and Services* und *Tourism, Commercial and Other Services* investiert werden. Die Investitionen in die Bereiche *Forage, Marine Environments, Climate & Atmosphere* und *Land and Freshwater Ecosystems* halten sie für zu hoch.

	Output-Klasse	**PGSF 2000 in Tsd. N$**	**Anteil an Gesamt PGSF**	**Steigerung 1996–2000**	**Ranking nach PGSF**	**Ranking[109] der Forscher**
1	Animal Industries	36.770	12,4 %	0,7 %	2	6
2	Dairy Industries	14.134	4,8 %	20,8 %	9	5
3	Forage	21.490	7,2 %	5,9 %	7	15
4	Horticulture, Arable & Other Food & Beverage	51.300	17,3 %	0,0 %	1	1
5	Forestry and Forest Product Industries	24.449	8,2 %	12,2 %	6	2
6	Fishing and Aquaculture Industries	8.263	2,8 %	35,5 %	10	7
7	Manufacturing Industries & Industrial Technology	32.135	10,8 %	16,0 %	4	3
8	Tourism, Commercial and Other Services	1.860	0,6 %	365,0 %	17	9
9	Information, Communications Networks, Services	4.341	1,5 %	141,2 %	14	4
10	Construction	5.469	1,8 %	40,2 %	13	16
11	Energy	6.424	2,2 %	33,8 %	12	8
12	Transport and Distribution Systems	1.873	0,6 %	108,1 %	16	14
13	Society and Culture	7.774	2,6 %	49,5 %	11	13
14	Earth Resources and Processes	17.714	6,0 %	24,7 %	8	11
15	Land and Freshwater Ecosystems	35.223	11,9 %	19,0 %	3	10
16	Marine Environments, Climate & Atmosphere	25.433	8,6 %	29,1 %	5	12
17	Antarctic Research	2.415	0,8 %	27,1 %	15	17
	Total	**297.067**	**100,0 %**	**14,3 %**		

Tabelle 22: Verteilung der PGSF-Mittel auf die 17 Outputklassen im Jahr 2000
Quelle: FRST (2001): Annual Report 2000, SOMMER / SOMMER (1997), eigene Berechnungen

Das Jahr 2001 stellt neben der Umbenennung des PGSF einen weiteren Wendepunkt bei der staatlichen Bereitstellung von F&E-Mitteln dar: So können nach Jahren der staatlichen Förderung von Projekten mit ausschließlich sozialen Renten nun wieder F&E-Projekte mit privaten Erträgen finanziert werden. Die Neuauflegung des *New Economy Research Funds* (NERF) kann aufgrund seiner signifikanten Höhe die Relationen für Zukunftsindustrien günstiger gestalten. Der NERF unterstützt exklusiv neue, aufkeimende und wissensintensive Unternehmen bei ihren Forschungsvorhaben. Die Höhe des Budgets von 53 Millionen N$

[109] Vgl. SOMMER / SOMMER (1997: 24), die Forscher nach ihrer Prioritätensetzung bezüglich der Outputklassen befragten.

oder 16,3 % an den ehemals dem PGSF zurechenbaren Forschungsgeldern ist als eine klare Bekennung zum Weg in die Informationsgesellschaft und gleichzeitig als eine Abkehr von der Dominanz der Forschungsförderung des primären Sektors anzusehen.

In einem Interview mit Dr. PETER WINSLEY von der FRST sowie in einer Rede vom *Chief Executive* des FRST Dr. STEVE THOMPSON (2000) wurde die neue Rolle des FRST deutlich. Die Foundation ist nicht mehr allein Investor von Forschungsprojekten, sondern versteht sich explizit als Unterstützer des neuseeländischen Innovationssystems. Das vom FRST gesteuerte Programm *Technology New Zealand* (TechNZ) zielt genau in diese Richtung: Darin wird die Kooperation von Post-Graduierten mit Unternehmen (Technologietransfer, Netzwerkbildung) und der Einsatz von Technologieberatern gefördert, um neue Technologien und Wissensressourcen im Unternehmen einzuführen. Der größte Teil der Mittel von TechNZ (74 %) wird jedoch für die Beteiligung an technologieintensiven Forschungsprojekten und die Hilfe bei der Akzeleration von Lernprozessen (Technologietransfer) eingesetzt. Dieses *Technology for Business Growth*-Programm steht allen Unternehmen offen, wobei die Beteiligung bis zu 50 % der gesamten Kosten der F&E oder des Technologietransfers betragen kann. Durch den Einsatz privater Gelder in diese *public-private-partnership*-Projekte wird eine Risikobeteiligung der Privatwirtschaft sichergestellt und die Fehlallokation öffentlicher Ressourcen reduziert. Ferner wird im Programm explizit darauf hingewiesen, dass eine Kooperation mit *Crown Research Institutes*, Universitäten und *Polytechnics*[110] erwünscht ist.

Nachdem sich der grundsätzlichen Organisation und Finanzierung des neuseeländischen Innovationssystems gewidmet wurde, wird sich nun den ausführenden Agenturen, den *Crown Research Institutes* zugewandt, die einen Großteil der vom FRT verteilten Gelder konsumieren (vgl. MoRST 1999: 20).

5.1.1.3 Crown Research Institutes

Im Zuge der Entscheidung der Regierung im November 1990, die einzelnen forschungstreibenden *Departments* in unabhängige Forschungsinstitute umzuwandeln, entwickelte die SCIENCE TASK GROUP das bis heute geltende Konzept der *Crown Research Institutes,* welches im *Crown Research Institutes Act* 1992 manifestiert wurde. Nach den massiven Kürzungen im Forschungssektor vor 1990 bedeutete diese Reorganisation die finale Implementierung der neuen Grundsätze des öffentlichen Sektors im Bereich der Forschung[111] (vgl. DAVENPORT / BIBBY 1999: 449).

Jedes *Crown Research Institute* konzentriert sich auf einen klar abgegrenzten Bereich. Dabei soll es aber die ganze Bandbreite seines spezifischen Bereichs abdecken und vollkommen vertikal integriert sein. Klares Ziel jeglicher Forschung ist der Nutzen für Neuseeland und die marktliche Verwertbarkeit der Ergebnisse. Überlappungen von Forschungsarbeiten zwischen den *Crown Research Institutes* werden vermieden. Vielmehr ist eine Konzentration auf die Kernkompetenzen anzustreben und bei Bedarf mit anderen Forschungsinstituten zu kooperieren. Eine Mindest- oder eine Maximalgröße wird nicht angegeben, da dies als ein Eingriff in die marktliche Regulation anzusehen wäre (vgl. SCIENCE TASK GROUP 1991: 6). In diesem Sinne steht der Staat weder für Verbindlichkeiten der *Crown Research Institutes* ein, noch können die *Crown Research Institutes* irgendeinen Vorteil aus den *shareholdern*, dem

[110] *Polytechnics* entsprechen in etwa den deutschen Fachhochschulen.

[111] Die konsequente Umsetzung zeigt sich auch daran, dass 92 % der im staatlichen Sektor beschäftigten Forscher in den *Crown Research Institutes* arbeiten. Damit spielen die *Governmental Departments* nur noch eine untergeordnete Rolle (vgl. MoRST 2002: 23).

Finanzminister und dem Minister für die *Crown Research Institutes* bei der Vergabe von Aufträgen erwarten (kompetitive Neutralität). Die Finanzierung im neuen Forschungssystem ist das Ergebnis einer ausgeprägten Transformation von einer automatischen Finanzierung hin zu einem unter Wettbewerb ablaufenden und outputorientierten Budgetierungssystem (vgl. PETERS 1994: 323 f.). Diesen Grundsätzen entsprechend wurden zehn Institute gegründet, wovon das *Institute for Social & Economic Development* im Jahr 1994 wieder geschlossen wurde. Tabellarisch lassen sich die verbleibenden neun Institute – der Größe nach sortiert – wie folgt charakterisieren:

Crown Research Institutes *Nach Größe sortiert*	**Forschungs-schwerpunkt**	**Umsatz 2000** *in Mill. N$*	**FRST Anteil am Umsatz**	**Umsatzanteil am gesamten CRI-Umsatz**	**FTE 2001**
New Zealand Pastoral Agriculture Research Institute (AgResearch)	Primärer Sektor: Weidewirtschaft	109,2	53 %	23,0 %	897
National Institute of Water and Atmospheric Research [112] (NIWA)	Natürliche Ressourcen: Meer- und Wassersysteme	64,8	54 %	14,0 %	561
Horticulture & Food Research Institute of New Zealand (HortResearch)	Primärer Sektor: Dauerkulturen	53,7	64 %	13,7 %	492
Industrial Research (IRL)	Sekundärer Sektor: herstellende und verarbeitende Industrie	50,9	64 %	12,9 %	362
New Zealand Forest Research Institute (ForestResearch)	Primärer Sektor: Forstwirtschaft	41,3	57 %	9,3 %	357
Landcare Research New Zealand (Landcare)	Natürliche Ressourcen: Management von Landressourcen	39,8	63 %	9,9 %	340
New Zealand Institute for Crop & Food Research (Crop&Food)	Primärer Sektor: einjährige Pflanzen	31,2	67 %	8,3 %	309
Institute of Environmental Science and Research (ESR)	Tertiärer Sektor: Gesundheit, Umweltforschung	30,4	6 %	0,7 %	304
Institute of Geological & Nuclear Sciences Ltd (GNS)	Natürliche Ressourcen: Geologie und Atomforschung	28,9	72 %	8,3 %	248
Summe		**450,2**	-	**100 %**	**3.870**

Tabelle 23: Charakterisierung der Crown Research Institutes
Quelle: CCMAU (2001)
Bemerkung: FTE = Full Time Equivalent

Die Prioritäten der Outputklassen spiegeln sich auch bei der Ressourcenverteilung der *Crown Research Institutes* wider. Das AgResearch ist mit fast einem Viertel aller in *Crown Research Institutes* Beschäftigten das größte Institut. Die vier *Crown Research Institutes* im primären Sektor vereinigen über die Hälfte aller FTE (53,1 %), aller Umsätze (52,3 %) und aller Förderungen des FRST (54,3 %) auf sich. Rund 30 % der Forschungsmittel stehen *Crown Research Institutes* zur Verfügung, die sich mit der Erforschung natürlicher Ressourcen auseinander setzen und die historisch gewachsene Beziehung der Neuseeländer mit ihrer

[112] Das NIWA erhielt im Jahr 2000 neben den Zuwendungen des FRST (35,1 Mill. N$) und kommerziellen Einnahmen (23,2 Mill. N$) auch Gelder vom Ministry of Fisheries (11,3 Mill. N$), so dass der kommerzielle Anteil des NIWA bei 33 % liegt.

Umwelt dokumentieren. Auf den sekundären und tertiären Sektor verteilen sich mit 9,4 % und 7,9 % die restlichen bei *Crown Research Institutes* Beschäftigten (vgl. Tabelle 23).

Im Zeitablauf erhöhten sich die Einnahmen der *Crown Research Institutes* von 336 Millionen N$ im Jahr 1993 auf 479 Millionen N$ im Jahr 2001, was einer aggregierten, jährlichen Wachstumsrate von 4,5 % entspricht (vgl. Abbildung 18). Über dieser durchschnittlichen Wachstumsrate liegen allerdings nur drei Institute, zu denen auch die beiden größten AgResearch und NIWA zählen. Dies hat zur Folge, dass ein Großteil (56,1 %) des Wachstums von diesen beiden Instituten getragen wird. Die Institute im sekundären und tertiären Sektor weisen eine unterdurchschnittliche Entwicklung auf (vgl. Abbildung 19). Im Sinne der exogenen Impulsgenerierung und als Anerkennung der Qualität der Forschung ist die wachsende Erschließung ausländischer Gelder zu interpretieren, die sich von 4,1 Millionen N$ (1993) um mehr als 170 % auf 11,1 Millionen N$ (2000) steigerten (vgl. MoRST 2002: 22).

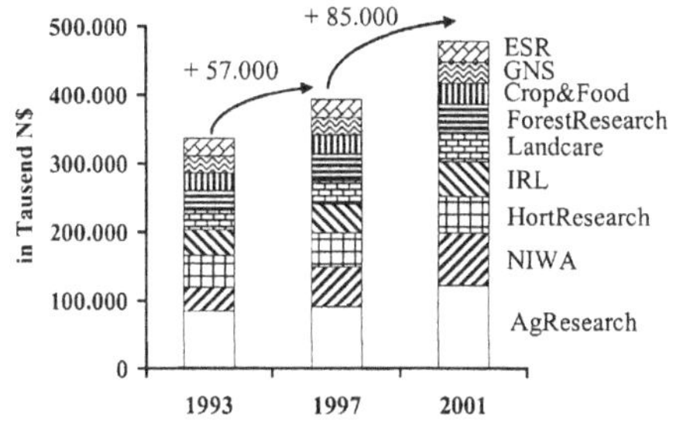

Abbildung 18: Entwicklung der Einnahmen der Crown Research Institutes 1993–2001

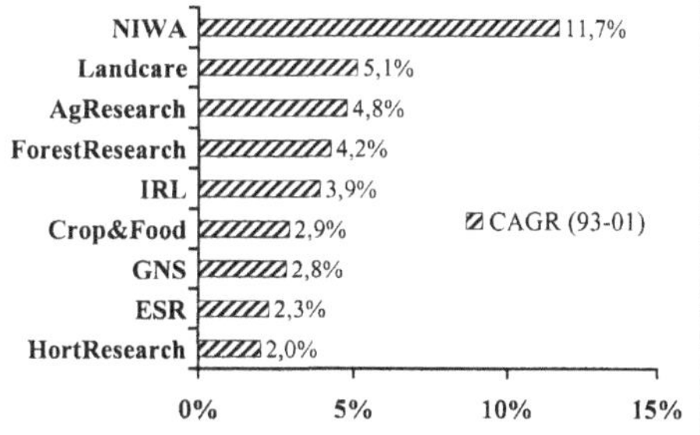

Abbildung 19: Jährliche Wachstumsraten der Einnahmen der Crown Research Institutes 1993–2001

Quelle: diverse Annual Reports der Crown Research Institutes, eigene Berechnungen
Bemerkung: Bei IRL, Crop&Food und ESR wurden die Einnahmen des Jahres 2000 verwendet.

Die interne Organisation der *Crown Research Institutes* ist insgesamt ein Kompromiss zwischen einer privatwirtschaftlichen und einer an öffentlichen Interessen orientierten Struktur. Zu den kommerziellen Komponenten zählen die Unternehmensform, die eigenverantwortliche Finanzierung und die operativen Bedingungen. Dadurch hat ein neues Kostenbewusstsein und eine verstärkte Marktorientierung der Forschung bei den öffentlichen Forschungsinstituten Einzug gehalten, die gleichsam von intensiven Überlegungen über die strategischen Forschungsrichtungen des gesamten Instituts begleitet werden. Mit der Entscheidungsfreiheit seitens der *Crown Research Institutes*, ob zu deren Finanzierung private (Aufträge, Kredite) oder öffentliche Mittel akquiriert oder Überschüsse des Vorjahres herangezogen werden, geht auch eine Dezentralisierung der Entscheidungskompetenzen einher. Dementsprechend unterschiedlich sind die Anteile der öffentlichen Gelder (FRST) bei der Finanzierung der spezifischen *Crown Research Institutes*: Neben dem ESR erhält das AgResearch mit 47 % der Gelder den höchsten Anteil aus der Privatwirtschaft, während das GNS lediglich 28 % seiner Mittel aus kommerziellen Quellen akquirieren konnte. Dieser niedrige Anteil ist jedoch nicht durch den Forschungsbereich „Natürliche Ressourcen“ und das dort geringe marktliche Interesse bedingt, wie das Beispiel Landcare mit einem kommerziellen Anteil von 37 % zeigt (vgl. Tabelle 23). Zudem sind die bei der FRST beantragten Mittel nicht zweckgebunden, sondern können von dem Forscherteam autonom im Sinne des Forschungsprojektes eingesetzt werden. Ein einsetzendes „Dezemberfieber“ wird durch die fast ausschließlich projektbezogene Finanzierung ebenfalls verhindert. Um das

Kostenbewusstsein der Forscher gerade in der Anfangszeit der neuen Strukturen zu etablieren, setzte sich der Aufsichtsrat, der den Vorstand des *Crown Research Institutes* kontrolliert, zur Hälfte aus Vertretern des Finanzsektors zusammen. Diese Fokussierung auf Outputs und privatwirtschaftliche Anreizsysteme findet in der Liberalisierung der Personalpolitik ihre Fortsetzung, mit der Folge, dass Forscher nicht mehr den Beamtenstatus erlangen können.

Im Gegensatz dazu existieren Strukturen wie die öffentliche Eigentümerschaft und die damit einhergehende Nichthandelbarkeit der Anteile, was gerade bei der Rekrutierung von Humankapital als Nachteil angesehen wird. Daneben haben die *Crown Research Institutes* den Auftrag, langfristige Forschungsziele mit öffentlichem Gut-Charakter auszuführen (vgl. Gespräch mit MATTHEWS 1999, JACOBSEN 1991: 14 ff., DUNCAN / BOLLARD 1992: 167).

Wird die räumliche Verteilung der *Crown Research Institutes* betrachtet, so fällt einerseits die starke Bedeutung von Christchurch / Lincoln als Standort auf: Neben den zwei Hauptsitzen des Landcare und des Crop&Food hat jedes *Crown Research Institute* bis auf das GNS eine Niederlassung in Christchurch / Lincoln. Andererseits fällt die relativ gleichmäßige Dispersion der Lokalisationen auf der Nordinsel auf: Sowohl die Agglomerationen Wellington, Auckland, Hamilton als auch Palmerston North beheimaten jeweils vier öffentliche Forschungsinstitute. Einzelstandorte von *Crown Research Institutes* befinden sich in Rotorua, Wairaki, Pukekohoe, Ruakura, Walleceville, Invermay und Havelock North. Auf der Südinsel hat allein noch Nelson zwei öffentliche Forschungseinrichtungen aufzuweisen. Der ehemalig starke Forschungsstandort Dunedin ist nur noch mit einer Außenstelle des AgResearch auf der Forschungslandkarte vertreten:

Legende: H = Hauptsitz, N = Nebensitz	Christchurch / Lincoln	Wellington / Lower Hutt	Auckland	Hamilton	Palmerston North	Nelson	Rotorua	Wairakei	Pukekohoe	Ruakura	Wallaceville / Upper Hutt	Mosgiel / Dunedin	Havelock North
IRL	N	N	H	-	-	-	-	-	-	-	-	-	-
ESR	N	H	N	-	-	-	-	-	-	-	-	-	-
GNS	-	H	-	-	-	-	-	N	-	-	-	-	-
Landcare	H	-	-	N	N	-	-	-	-	-	-	-	-
NIWA	N	N	H	N	-	N	-	-	-	-	-	-	-
ForestResearch	N	-	-	-	-	-	H	-	-	-	-	-	-
Crop&Food	H	-	-	-	N	N	-	-	N	-	-	-	-
AgResearch	N	-	-	H	N	-	-	-	-	N	N	N	-
HortResearch	N	-	N	N	H	-	-	-	-	-	-	-	N

Tabelle 24: Räumliche Verteilung der Crown Research Institutes
Quelle: CCMAU (2001)

5.1.1.4 Universitäten

In den sieben neuseeländischen Universitäten – der *University of Auckland,* der *University of Waikato (Hamilton),* der *Massey University (Palmerston North),* der *Victoria University (Wellington),* der *University of Canterbury (Christchurch),* der *Lincoln University (Christchurch)* und der *University of Otago (Dunedin)* – wurden im Jahr 1998 F&E-Projekte

für 403,6 Millionen N$ oder 36,4 % der gesamten neuseeländischen F&E durchgeführt[113] (vgl. Abbildung 20). Seit 1991 hat sich das F&E-Volumen in den Universitäten verdoppelt, während sich der Anteil an den gesamten neuseeländischen Forschungsausgaben von 27,9 % um 8,5 Prozentpunkte steigerte. Die Bedeutung der universitären Forschung zeigt sich auch daran, dass sich der Anteil der in Universitäten beschäftigten Forscher von 38 % (1991) auf 57 % (2000) erhöhte.

Verglichen mit anderen OECD-Ländern spielt die universitäre F&E in Neuseeland relativ zu den gesamten F&E-Ausgaben eine sehr große Rolle. Wird die universitäre Forschung jedoch mit dem BIP relativiert, zeigt sich ein eher durchschnittlicher Wert. Diese Diskrepanz bei diesen beiden Indikatoren resultiert zu einem großen Teil aus den geringen privatwirtschaftlichen Forschungsbemühungen, so dass nicht von einer übersteigerten Fokussierung der universitären Forschung gesprochen werden kann.

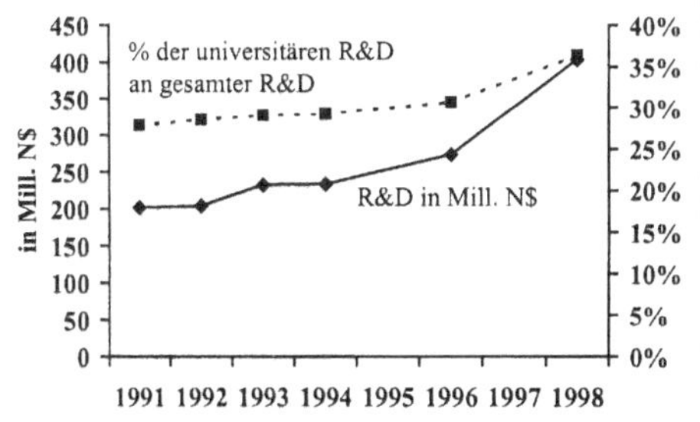

Volumen und Anteil der universitären F&E an der gesamten F&E

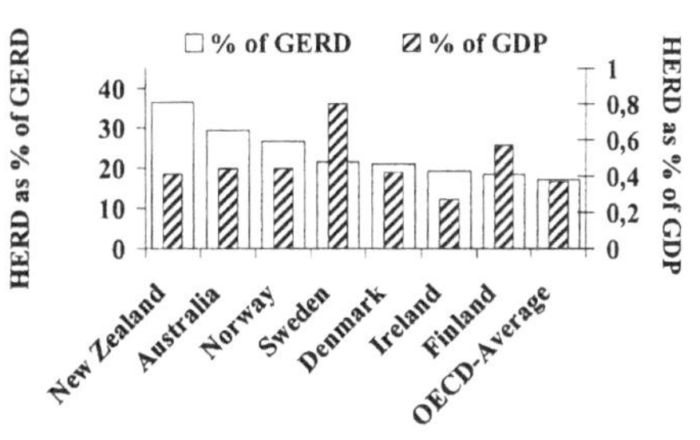

Universitäre Forschung als Prozentsatz des GERD und BIP im internationalen Kontext

Abbildung 20: Ausgaben für universitäre Forschung in Neuseeland
Quelle: MoRST 2002: 24, OECD 2001b: 72 f.

Universitäten finanzieren sich im Wesentlichen aus *General University Funds* (28 %) und den Studiengebühren (26 %) im Jahr 2000. Hinzu kam in den letzten Jahren ein stark steigendes Volumen an staatlichen Forschungsaufträgen aus den Mitteln des PGSF, die nun erstmalig den größten Finanzierungsposten (31 %) stellen. Zwei Jahre zuvor waren es lediglich 25 % (vgl. MoRST 2002: 24 f.). Zugleich ist der Anteil der PGSF-Mittel, den Universitäten akquirieren konnten, von 5,8 % im Jahr 1995 auf 10,0 % (2001) beachtlich gestiegen, so dass DEVINE in dieser Entwicklung eine Gefahr für die Einnahmen der *Crown Research Institutes* sieht (vgl. DEVINE 1997: 72). Die durch die Reformen etablierten Prinzipien ermöglichen es den Universitäten, weitere Finanzierungsquellen zu erschließen: Die Anteile der Privatwirtschaft, der Einnahmen aus Übersee sowie sonstiger Quellen liefern mit 5,8 %, 4,9 % und 4,1 % des gesamten universitären Budgets im Jahr 2000 nicht nur signifikante Beiträge, sondern weisen ebenfalls hohe Steigerungsraten in den letzen Jahren auf. 1998 waren die korrespondierenden Werte 4,6 %, 3,3 % und 3,1 %, was den Einzug marktwirtschaftlichen Denkens und die Erschließung kreativer Mittelzuflüsse belegt (vgl. MoRST 2002: 24 f.). Dies kann ferner als eine erhöhte Kooperation zwischen den Universitäten und sowohl der Privatwirtschaft als auch dem Ausland interpretiert werden.

[113] Daneben existieren noch 25 *Polytechnics*, die aber nur einen marginalen Anteil an der universitären Forschung haben.

Bei der Analyse der Schwerpunkte universitärer Forschung nach den PGSF-Outputs fallen die vier Outputklassen *Society and Culture* (13) mit 27,4 %, *Space, Fundamental* (18) mit 16,6 %, *Health* (19) mit 16,5 % sowie *Information and Communication* (9) mit 8,4 % der gesamten universitären F&E-Ausgaben auf. Die restlichen 31,1 % verteilen sich relativ gleichmäßig auf die übrigen Outputklassen. Universitäten konzentrieren sich demnach auf übergeordnete Interessen der neuseeländischen Gesellschaft und führen einen hohen Anteil der Grundlagenforschung durch. Da die drei bei den Universitäten dominierenden Outputklassen bei den *Crown Research Institutes* fast keine Rolle spielen, ist dementsprechend von einer spezifischen Arbeitsteilung der beiden großen staatlichen Forschungsorganisationen auszugehen. Dennoch unterhalten einige Universitäten formale Verbindungen zu *Crown Research Institutes* (vgl. MoRST 2002: 26).

Als ein Performanceindikator für wissenschaftliche Leistungen gilt die Anzahl der Veröffentlichungen eines Landes. Im Durchschnitt wurden in den Jahren 1995–97 2.260 wissenschaftliche Abhandlungen publiziert, was eine 12,5%ige Erhöhung gegenüber dem Zeitraum 1986–88 bedeutet. Weltweit erhöhte sich der Output an *Science & Engineering*-Artikeln in diesem Zeitraum nur um 11,0 %. Obwohl in Neuseeland lediglich 0,438 % der gesamten Artikel veröffentlicht werden, nimmt Neuseeland bei einer Relativierung des Artikeloutputs mit dem jeweiligen BIP im weltweiten Vergleich einen ausgezeichneten sechsten Platz ein: Nur die Länder Israel, Schweden, Schweiz, Finnland und Dänemark haben einen höheren Anteil. Neuseeland liegt unter anderem vor England, Deutschland, Japan und den USA, was die Qualität des neuseeländischen Anreizsystems zur Publikation dokumentiert (vgl. NATIONAL SCIENCE BOARD A-416 ff.).

Bezüglich der disziplinären Verteilung der Artikel können als Schwerpunkte *Clinical Medicine* und *Biology* identifiziert werden. Im Bereich der *Biology* kann insofern von einem Kompetenzzentrum Neuseelands gesprochen werden, als der gebildete Quotient von veröffentlichen neuseeländischen zu den weltweit publizierten Artikeln auf eine starke Fokussierung dieses Bereichs hinweist: Der neuseeländische Anteil der *Biology*-Artikel ist dreimal so hoch wie bei der weltweiten Verteilung. Dagegen entsprechen die neuseeländischen *Clinical Medicine*-Artikel dem weltweiten Durchschnitt. Überproportional vertreten sind auch Veröffentlichungen in den Disziplinen *Psychology* und die *Earth & Space Science.* Einen ersten Hinweis auf die relativ geringe Konzentration Neuseelands auf naturwissenschaftliche Felder geben die unterrepräsentierten Artikel in den Bereichen *Physics, Engineering* und *Chemistry* (vgl. NATIONAL SCIENCE BOARD 2000: A-430 ff.).

Es gilt demnach zu konstatieren, dass die neuseeländischen Universitäten zunehmend als Akteur für Forschung in den Vordergrund treten, wodurch sie in Konkurrenz zu den *Crown Research Institutes* um die kompetitiv vergebenen Ressourcen stehen. Bei einer Analyse der Publikationen kann nicht nur eine steigende Entwicklung des neuseeländischen Outputs festgestellt werden, sondern auch eine im Verhältnis zum BIP hervorragende Effizienz des Artikeloutputs beobachtet werden. Dabei forschen die Universitäten in Disziplinen, die sich sowohl von den *Crown Research Institutes* als auch der weltweiten Fokussierung teilweise erheblich unterscheiden.

5.1.1.5 Eine kritische Beurteilung des öffentlichen Forschungssystems

Trotz der stringenten Ausrichtung der Reformen im Forschungssektor auf Transparenz, klare Verantwortlichkeiten, Rechnungslegung und Einführung privatwirtschaftlicher Anreizsysteme sind einige Kritikpunkte zu bemerken:

Der erste Block der Kritik setzt an der Vergabe der Mittel an, die PETERS als Paradoxon ansieht: Einerseits soll durch die öffentliche Förderung der Forschung ein Marktversagen geheilt werden; andererseits werden die Mittel jedoch über marktliche Mechanismen vergeben. Ein solches Prozedere würde aber die Vorhersehbarkeit der sozialen Renten bei den beantragten Forschungsprojekten voraussetzen. Gleichzeitig ist die ex-ante-Bewertung der Qualität der Forschung problematisch. Unter marktlichen Regulationsweisen würde eine bessere Forschungsleistung mit einem höheren Preis belohnt werden. Dies unterbleibt aber infolge der Unvorhersehbarkeit, so dass davon kein Anreiz für eine überdurchschnittliche Forschungsqualität ausgeht (vgl. PETERS 1994: 333 ff.).

Darüber hinaus herrscht bei der Vergabe eine Kompetenzasymmetrie zwischen der beurteilenden FRST und den einreichenden Forschungsteams. Dieses Problem wird durch die geringe Größe Neuseelands und die daraus resultierende Anzahl an Forschern in einem spezifischen Gebiet verschärft (vgl. JACOBSEN / SCOBIE 1991: 7 ff.). Wenn andere Forscher zur Beurteilung eines Antrags herangezogen werden, können Konkurrenzverhältnisse und informelle Kontakte zwischen Forschern eine Rolle bei der Entscheidung über die Vergabe spielen. Zur Abmilderung solcher Tendenzen werden von der FRST teilweise auch ausländische Experten zu Rate gezogen. Hinzu kommt, dass sich durch die Trennung von Beratung, Festlegung und Verteilung der Gelder die Transaktionskosten des Vergabeprozesses erhöhen. Im Jahr 2000 wurden allein innerhalb der FRST Mittel in Höhe von 6,1 Millionen N$ verbraucht, was 1,7 % der verteilten Mittel entspricht (vgl. FRST 2000: 40). Weiterhin umfasst der Posten *Shaping the System* für die Finanzierung der beratenden Organisationen rund 4 % des F&E-Budgets Neuseelands. Gleichwohl ist DEVINE der Ansicht, dass die alten Strukturen von einer größeren Bürokratie geprägt waren, ohne dass es den Forschern aufgefallen ist. Erst die Transparenz des neuen Fördersystems und der hohe Grad an Eigenverantwortlichkeit ließ die Forscher das gesamte bürokratische Prozedere überschauen (vgl. DEVINE 1997: 70).

Befürchtet wird auch, dass die Kooperation infolge des Konkurrenzverhältnisses der *Crown Research Institutes* um die Mittel leidet, indem die Weitergabe von Informationen und Forschungsergebnissen unter strategischen Gesichtspunkten verläuft (vgl. AITKEN-CHRISTIE 1999: 16 f.). Dies wird auch im Jahresbericht des *Landcare* (1999: 24) ausdrücklich angesprochen: „[W]e are still concerned at the slowness with which other CRIs are reciprocating on collaborative research.“ Das *Landcare* vergibt Forschungsaufträge mit einem Volumen von 3,6 Millionen N$ (8 % ihrer Einnahmen) an andere *Crown Research Institutes*, was einen doppelt so hohen Betrag wie bei anderen *Crown Research Institutes* darstellt und die insgesamt geringe Kooperationsbereitschaft dokumentiert (vgl. LANDCARE RESEARCH INSTITUTE 2001: 26). In diesem Zusammenhang wird von den Forschern bemängelt, dass die Förderung von interdisziplinärer Forschung durch das FRST – wahrscheinlich infolge der strikten Trennung der Aufgabengebiete und der Transparenz – sehr gering sind[114] (vgl. SOMMER / SOMMER 1997: 28).

Daneben ist zu berücksichtigen, dass Marktlösungen nur dann effizient sind, wenn eine große Menge von Nachfragern einer großen Menge an Anbietern gegenübersteht. Da die FRST der mit Abstand größte Anbieter von Forschungsgeldern ist, kommt es auf der Anbieterseite zu einer Monopolsituation und einer Machtasymmetrie (vgl. JACOBSEN / SCOBIE 1991: 12 f.). Die von der FRST verteilten Gelder bilden die Grundlage für die Existenz der *Crown*

[114] 76,1 % der Forscher stimmen mit dem Statement „[c]ross disciplinary research that involves multiple categories of the PGSF is unlikely to be funded“ überein (SOMMER / SOMMER 1997: 28).

Research Institutes, gewähren ihnen – außer dem *Non Specific Output Fund* – lediglich projektbezogene und damit relativ kurzfristige Mittel (bis zu drei Jahren), was diametral zum Auftrag und den langfristigen Zielen der *Crown Research Institutes* steht[115]. Werden die PGSF-Daten der FRST für das Jahr 1999 nach Beantragung und Genehmigung verschiedener Organisationen ausgewertet, sind höhere Erfolgswahrscheinlichkeiten der Anträge von *Crown Research Institutes* im primären Sektor zu bemerken. Am unteren Ende liegen die Quoten des IRL (sekundärer Sektor) und des ESR (tertiärer Sektor). Verglichen mit den Genehmigungsquoten der *Crown Research Institutes* (Ausnahme: ESR) erscheinen die Bemühungen der *Research Associations*, Universitäten und des privaten Sektors um PGSF-Mittel nur von geringem Erfolg zu sein:

	Beantragte PGSF-Mittel	**Genehmigte PGSF-Mittel**	**Genehmigungsquote**
Forest Research	30.974	23.422	76 %
AgResearch	74.693	54.289	73 %
Crop & Food	28.748	20.883	73 %
Landcare	34.428	24.685	72 %
NIWA	53.632	36.042	67 %
HortResearch	50.889	33.588	66 %
GNS	30.435	19.830	65 %
IRL	42.697	26.660	62 %
ESR	5.488	2.171	40 %
Total Crown Research Institutes	**351.984**	**241.570**	**69 %**
Research Associations	50.136	23.441	47 %
Universities	67.482	20.119	30 %
Private Sector	28.349	5.593	20 %
Total	**497.951**	**290.723**	**58 %**

Tabelle 25: Beantragte und genehmigte PGSF-Mittel nach Organisationen im Jahr 1999
Quelle: FRST 1999: 7

Die Erklärungsversuche für diese signifikant unterschiedlichen Erfolgsquoten reichen von einer höheren Professionalisierung bei der Beantragung der Mittel über eine bessere Entsprechung der *Crown Research Institutes* in Bezug auf die vorgegebenen Outputs bis hin zu einer Bevorzugung der *Crown Research Institutes*. Letzteres würde sich auch aus der Verpflichtung und Verantwortung des FRST gegenüber den *Crown Research Institutes*, deren Finanzierung und deren Mitarbeitern erklären, die trotz dieses kompetitiven Systems mit einem relativ stabilen Fluss von Mitteln aus dem FRST rechnen können. Würden relativ stabile Genehmigungsquoten bei Anträgen der jeweiligen *Crown Research Institutes* bestehen, würde dies den Anreiz für die Beantragung weiterer Mittel bei den Forschern auslösen. Die Antizipation einer gewissen Ablehnungsquote würde die Zahl der Einreichungen erhöhen, was einerseits einen Teil der Differenz zwischen Beantragung und Genehmigung erklären kann. Andererseits werden dadurch Kapazitäten der Forscher in Antragsformulierungen gebunden, die die Transaktionskosten des Vergabeprozesses weiter erhöhen würden. Untermauert wird diese Vermutung durch die im Zeitablauf steigende Lücke zwischen beantragten und genehmigten Geldern. Die Differenz zwischen beantragten und genehmigten

[115] Den nicht kontinuierlichen Fluss von Forschungsgeldern sehen Forscher nach der hohen Bürokratie der Mittelzuteilung und -verwaltung als zweitgrößtes Problem an. Das geringe Verständnis der Bevölkerung von Wissenschaft, die Betonung der angewandten Forschung sowie die Überpolitisierung der Forschung folgen nach der Umfrage von SOMMER / SOMMER als weitere Kritikpunkte (vgl. 1997: 14).

PGSF-Geldern könnte aber auch als ein Zeichnen einer Unterfinanzierung der staatlichen Forschung in Neuseeland gedeutet werden[116].

Ein weiterer Kritikpunkt rankt sich um die Prioritätensetzung der Outputklassen, die nach wie vor auf dem primären Sektor liegt und somit einen strukturkonservierenden Charakter hat. Erst mit der Auflegung des NERF kam es zu einer signifikanten Verschiebung hin zu neuen Wirtschaftszweigen, die aber im Vergleich zu anderen Ländern mit ähnlichem Entwicklungsstand immer noch unterrepräsentiert sind. Zudem partizipieren der sekundäre und tertiäre Sektor in Relation zu deren Anteil an der heutigen Wirtschaftsleistung nur wenig vom öffentlichen F&E-Fördersystem.

Bei einer Analyse der Einnahmequellen der *Crown Research Institutes* wird die steigende Bedeutung privatwirtschaftlicher Mittelzuflüsse deutlich, während die staatlichen Mittel nahezu stabil bleiben. Der aggregierte Anteil der kommerziellen Mittel an den staatlichen Mitteln bei sechs *Crown Research Institutes* nahm innerhalb der letzten vier Jahre von 50,3 % auf 73,6 % zu[117]. Kritiker werten dies als eine Vernachlässigung ihrer eigentlichen Aufgabe, in Gebieten zu forschen, in denen die Privatwirtschaft nicht investieren würde, und als eine Zukehr zu privatwirtschaftlichen Forschungsinteressen.

Gleichsam ist Neuseeland als kleines Land nur bedingt in der Lage, auf breiter Basis Grundlagenforschung zu betreiben[118]. Es könnte vielmehr in Analogie zu kleinen Unternehmen über eine *free-rider*-Strategie, eine Entwicklung einer *absorptive capacity*, einem Forschen in Nischen sowie über eine marktnahe Forschung zu volkswirtschaftlich effizienten Resultaten gelangen. Auch aus Sicht der Konzepte der Innovationssysteme ist das im Zuge des neuen Systems entwickelte unternehmerische Denken in den *Crown Research Institutes* sowie die daraus resultierende Interaktion zwischen öffentlichen Forschungsinstituten und der Privatwirtschaft positiv zu beurteilen, wenngleich AXFORD als *Chairman* des *Marsden Fund Committee* (1999) zu bedenken gibt, dass Grundlagenforschung keineswegs leicht aus Büchern adaptierbar ist. Um die notwendige *absorptive capacity* aufzubauen und die Ergebnisse nutzen zu können, bedarf es auch in einem kleinen Land eines gewissen Anteils an Grundlagenforschung (vgl. AXFORD 1999: 31 ff., SOMMER / SOMMER 1997: 21 f.).

---

[116] So weist TROW (vgl. 2000: 1) darauf hin, dass die Ablehnungsquote im *Marsden Fund* von 92 % noch gravierender ist und auf Kapazitätsengpässe hindeutet.

[117] In die Analyse sind lediglich sechs von neun Crown Research Institutes einbezogen, da bei dem Crop&Food, ESR und dem IRL die Daten nicht in ausreichender Differenzierung vorlagen.

[118] So liegen mindestens sechs Gründe vor, die es einem kleinen Land erschweren, sich in R&D-intensiven Sektoren zu etablieren. Dies wird in Analogie zu der Diskussion der F&E von kleinen und mittleren Unternehmen abgeleitet und basieren überwiegend auf Größen-Überlegungen: F&E-intensive Industrien sind erstens eng mit einem hohen Risiko und zweitens hohen Kosten verbunden, die ein kleines Land nur bedingt tragen bzw. absorbieren kann. Zugleich ist drittens die Nachfrage nach technologieintensiven Produkten im Heimatmarkt klein, wenngleich hier länderspezifische Besonderheiten existieren können (*lead-markets*). Häufig steht viertens in diesen kleinen Ländern ein spezialisiertes Humankapital nicht in ausreichender Menge zur Verfügung. Fünftens können die F&E-Anstrengungen in kleinen Ländern wegen Kapazitätsengpässen weniger oft durch die betreffende Volkswirtschaft genutzt werden. Zudem entsteht eine starke Verbindung zwischen der Wissenschaft und der Wirtschaft, wenn in F&E-intensiven Industrien ein kontinuierlicher Wissensaustausch stattfindet. In kleinen Ländern kann dieser Wissensstrom infolge der wenigen in dem spezifischen Bereich forschenden Organisationen abreißen. Einschränkend gilt bei dem letzten Argument, dass die Existenz von nur wenigen Akteuren die Grundlage für einen intensiven Austausch bietet, der von gegenseitigem Vertrauen und langjähriger Bekanntschaft geprägt ist (vgl. MASKELL / TÖRNQVIST 2001: 53 ff.).

Weiterhin positiv ist die Entwicklung der Karrieremöglichkeiten in den *Crown Research Institutes* aufgrund des Einzugs von unternehmerischem Denken und die Option zu einer Kommerzialisierung der eigenen Forschungen durch ein Spin-Off einzuschätzen. Im Resultat führte dies dazu, dass die *Crown Research Institutes* prozentual 2,5-mal mehr Forscher unter 35 Jahren als die Universitäten beschäftigten (vgl. STEELE 1999: 88 f.). Die Größe Neuseelands erleichtert die Überprüfung des Einsatzes der genehmigten Mittel und die Messung von deren Wirkungen. In diesem Sinne wurde von der Regierung im Rahmen des *Research Contract Management*-Programms gefordert, die Resultate der PGSF-Projekte hinsichtlich ihrer Zielerreichungsgrade zu evaluieren und Hinweise für zukünftige Förderbereiche zu geben (vgl. FRST 2001). Damit wird ein weiterer Grundstein für ein leistungsbezogenes und transparentes Fördersystem gelegt.

Das neuseeländische öffentliche Forschungssystem ist wie die gesamten Reformen stark von marktwirtschaftlichen Anreizsystemen durchzogen. Forschung wird nicht pauschal budgetiert, sondern wird als ein Investitionsprozess gesehen, der auf der volkswirtschaftlichen Ebene eine positive Rendite erbringen muss. Dieses marktbezogene Denken hält in den *Crown Research Institutes* immer mehr Einzug und führt dazu, dass trotz aller diskutierten Inkonsistenzen im System ein effizientes Forschungssystem entstanden ist (vgl. STEELE 1999: 91). Als Hauptproblem kann die sektorale Ausrichtung auf den primären Sektor gesehen werden, der infolge traditioneller Trajektoren einen großen Teil der Gelder bindet. In diesem Kontext muss allerdings berücksichtigt werden, dass infolge der jahrzehntelangen Erfahrungen die Wissensbasis in Neuseeland in diesem Sektor sehr stark ausgeprägt ist und dass Innovationen in Form von neuen Anbausorten und Verarbeitungsprozessen einen wichtigen Beitrag zum Erhalt der Wettbewerbsfähigkeit leisten[119] (vgl. WHITE 1999: x). Problematisch sind jedoch die sinkenden Margen in diesem Sektor, so dass es für eine entwickelte Volkswirtschaft unerlässlich ist, nach Sektoren mit höheren Gewinnpotenzialen zu suchen.

Die Auflegung des NERF ist als ein erster Schritt der öffentlichen Förderung zukunftsträchtiger Sektoren und der als Beginn einer Wandlung hin zu einer Wissensgesellschaft zu interpretieren. Desgleichen sind im FRST und im MORST Tendenzen zu erkennen, welche die Aussagen der Konzepte implementieren und Programme zur Entwicklung des Humankapitals, des besseren Technologietransfers, der Kooperationsförderung sowie der allgemeinen Einstellung zu Wissenschaft und Technologie initiieren (vgl. BUWALDA[120] 1999: 12, FRST 2000, MORST 2001b, WILLIAMS / CAMBELL ET AL.[121] 2001). Die neuseeländische Innovationspolitik hat sich in diesem Sinne erfolgreich von dem traditionellen linearen Modell hin zu einem holistischen Ansatz der Innovationsförderung gewandelt (vgl. DAVENPORT / BIBBY 1999: 449).

5.1.2 F&E der Privatwirtschaft Neuseelands

In diesem Kapitel geht es darum, die Rolle der Privatwirtschaft im neuseeländischen Innovationssystem zu erfassen. Dabei wird zwischen der Privatwirtschaft im Allgemeinen und den ansässigen, multinationalen Unternehmen differenziert.

---

[119] Zu den hohen Produktivitätssteigerungen in der neuseeländischen Landwirtschaft vgl. BEZAR (1999: 115 f.). Gleichzeitig untermauern die hohen Exportanteile von Produkten aus dem landwirtschaftlichen Sektor die hohe Wettbewerbsfähigkeit der neuseeländischen Landwirtschaft.

[120] JAMES BUWALDA war zu diesem Zeitpunkt *Chief Executice* des MORST und steht als Mitinitiator für die Einführung zahlreicher Programme (Foresight; Wow, It's Science!), die das neuseeländische Innovationssystem stärken sollen.

[121] Alle Autoren sind Mitarbeiter des MORST.

5.1.2.1 Die Struktur der Privatwirtschaft und die Konsequenzen für die Innovationsgenerierung

Grundlage der Analyse der neuseeländischen Privatwirtschaft ist deren geringes Engagement in F&E: Unter den Referenzländern liegt Neuseeland mit einem BERD-Wert von 0,31 % des BIP abgeschlagen auf dem letzten Platz und deutlich unter dem OECD-Durchschnitt von 1,53 % (vgl. MoRST 2002: 11).

Ein Ansatzpunkt zur Erklärung der geringen BERD kann ein aus einem mangelhaften Patentsystem resultierender geringer Anreiz zur Innovationsgenerierung sein. Dies muss jedoch klar verneint werden, da Neuseeland mit dem dritten Rang nach den USA und der Schweiz hinsichtlich seines Patentsystems als weltweit vorbildlich einzustufen ist (vgl. IMD 2001: 503). Vielmehr scheinen strukturelle Gründe die Hauptverantwortung für die unterdurchschnittlichen F&E-Ausgaben der Unternehmen zu tragen.

Länderspezifische F&E-Ausgaben können sich aus Besonderheiten in der sektoralen Zusammensetzung sowie der Unternehmensgröße der Privatwirtschaft ergeben. Die sektorale Komposition ist insofern bedeutend, als die einzelnen Sektoren eine charakteristische F&E-Quote aufweisen. Im Jahr 2001 waren 73,0 % der Beschäftigten im Dienstleistungssektor, 16,5 % im Manufacturing-Sektor, 8,0 % in Gas, Wasser, Elektrizität und Bauwesen sowie 2,6 % im primären Sektor angestellt. Im internationalen Vergleich fällt erstens der Anteil des neuseeländischen Manufacturing-Sektors unterdurchschnittlich aus. Zweitens ist sowohl ein absoluter als auch ein relativer Rückgang der in diesem Sektor Beschäftigten in einem Zehn-Jahresvergleich zu bemerken (-1,6 Prozentpunkte). Generell ist der Manufacturing-Sektor für einen großen Anteil der F&E-Ausgaben eines Landes verantwortlich. In der OECD entfallen bei einem Beschäftigtenanteil von 27 % rund 77 % der F&E-Investitionen auf diesen Sektor (vgl. OECD 2001b: 16 f., MoRST 2002: 12). Trotz seiner geringen Größe und der Schrumpfungstendenzen zeichnet in Neuseeland das Manufacturing für 58 % aller privatwirtschaftlichen F&E-Aufwendungen im Jahr 1998 verantwortlich (vgl. MoRST 2002: 12). Dadurch kann ein Teil des geringen Engagements der Privatwirtschaft in F&E auf die sektoralen Besonderheiten zurückgeführt werden.

Bei einer tieferen Analyse des Manufacturing-Sektors fällt im internationalen Vergleich die starke F&E-Konzentration der neuseeländischen Wirtschaft auf wenig technologieintensive Bereiche auf. Bemerkenswert ist jedoch die Steigerung der F&E-Ausgaben im Hochtechnologiebereich innerhalb von zwei Jahren um zehn Prozentpunkte, die hauptsächlich auf dem Beitrag der Elektronikindustrie beruht.

	High Tech	Medium High Tech	Medium Low Tech	Low Tech
New Zealand 1998	*22 %*	*25 %*	*4 %*	*49 %*
New Zealand 1996	*12 %*	*25 %*	*5 %*	*59 %*
Australia	27 %	32 %	30 %	11 %
Denmark	40 %	39 %	14 %	7 %
Finland	44 %	34 %	11 %	11 %
Ireland	46 %	22 %	10 %	22 %
Norway	38 %	30 %	19 %	13 %
Sweden	49 %	41 %	6 %	5 %
OECD Average	44 %	44 %	9 %	4 %

Tabelle 26: Struktur der F&E im Manufacturing nach Technologieintensität im Jahr 1998
Quelle: MoRST 1999: 14

Innerhalb des Manufacturing-Sektors nehmen die Bereiche *Food, Beverages and Tobacco* sowie *Fabricated Metal and Machinery* eine absolute Sonderstellung ein. Rund 80 % der gesamten neuseeländischen BERD im Manufacturing-Sektor gehen auf das Konto dieser beiden Sektoren. Im internationalen Vergleich stehen allerdings nur die *Food, Beverages and Tobacco*-Industrie und die *Textiles, Fur and Leather*-Industrie gut da, der F&E-Anteil der *Fabricated Metal and Machinery*-Industrie sowie der chemischen Industrie sind dagegen relativ schwach:

	New Zealand			**OECD**
	R&D *in Mill. N$ 2000*	**R&D** *in % of total NZ-BERD*	**R&D** *in % of Manufacturing-R&D*	**R&D** *in % of Manufacturing-R&D*
Food, Beverages and Tobacco	60,3	19	33,0	2,0
Textiles, Fur and Leather	17,1	5	9,4	0,6
Wood, Paper, Printing, Publishing	1,6	1	0,9	1,7
Petroleum, Coal, Chemicals	13,4	4	7,4	21,6
Non-Metallic Mineral Products	2,7	1	1,5	1,1
Basic Metals	0,9	0	0,5	1,8
Fabricated Metal and Machinery	85,0	27	46,6	71,0
Other Manufacturing	1,5	0	0,8	0,6
Total Manufacturing	182,5	56	100,0	100,0

Tabelle 27: Manufacturing-F&E in Neuseeland und der OECD
Quelle: MoRST 2002: 12 f.

Ferner hängt die Fähigkeit von Unternehmen zur Investition in F&E auch von deren Größe ab (vgl. ELßER 1991: 19 ff.). Im Jahr 2001 arbeiteten durchschnittlich 5,1 FTE in einem Unternehmen. 99,5 % der Unternehmen haben weniger als 100 Beschäftigte. Obwohl 1.307 Unternehmen im Jahr 2001 mehr als 100 Angestellte hatten und sie 38,0 % aller Beschäftigten bezahlen, sind die meisten dieser Unternehmen im internationalen Vergleich eher den mittleren Unternehmen (bis 1.000 FTE) zuzurechnen. Damit unterscheidet sich Neuseeland signifikant in der Unternehmensgröße von anderen OECD-Ländern: In Australien haben nur 60,6 %, in den USA 38,9 %, in Großbritannien 39,1 % und in Deutschland 45,6 % der Unternehmen weniger als 100 Beschäftigte (vgl. STATISTICS NEW ZEALAND: Business Activity Statistics 2001).

Kleine und mittlere Unternehmen haben aber weder die finanziellen noch die personellen Ressourcen, um eine institutionalisierte F&E im Unternehmen betreiben zu können: So gehen 57 % der Forschungsausgaben von Unternehmen auf das Konto von Unternehmen mit mehr als 100 Beschäftigten. Mit 40 % der gesamten neuseeländischen BERD geben Unternehmen mit einer Größe von 100 bis 500 Beschäftigten am meisten für F&E aus. Viele Unternehmen in Neuseeland forschen infolge der Größenproblematik gar nicht. Dennoch ist das F&E-Engagement der neuseeländischen kleinen Unternehmen im internationalen Vergleich überdurchschnittlich. Insgesamt sorgt die von kleinen Unternehmen geprägte Unternehmensgrößenstruktur für ein weiteres Erklärungspotenzial, warum die neuseeländische BERD einen so geringen Wert annimmt (vgl. JOHNSTON 1991: 4, MORST 1999: 13 f., MORST 2002: 13 f.).

Somit sind Innovationen in der Privatwirtschaft nicht über kostenintensive Forschungsprojekte zu erwarten, sondern alternative Innovationswege in Entsprechung der Vorteile von kleinen und mittleren Unternehmen müssen gefunden werden. Die im Zeitablauf steigenden

Investitionen der Privatwirtschaft in F&E sind neben der Steigerung der F&E-Ausgaben um 66 Millionen N$ auf 248 Millionen N$ zwischen 1991 und 1998 auch auf die Erschließung anderer Finanzierungsquellen zurückzuführen. Der Anteil der ausländisch finanzierten, privaten F&E stieg in diesem Zeitraum von 4,8 % auf 11,2 %. Diese sich erhöhenden Investitionen überseeischer Quellen in die neuseeländische private F&E sind zum einen als eine zunehmende internationale Integration der neuseeländischen F&E zu deuten. Zum anderen ist dies auch ein Indikator für eine wachsende Kooperation der Privatwirtschaft mit dem Ausland, um Betriebsgrößennachteile zu kompensieren. Die Interaktion beschränkt sich nicht nur auf ausländische Partner, sondern findet auch im Inland mit *Crown Research Institutes* und Universitäten statt. Kein OECD-Land hat einen größeren Anteil an von Unternehmen finanzierter staatlicher Forschung als Neuseeland[122]. Ein weiteres Anzeichen einer funktionierenden *public-private-partnership* im Bereich der F&E ist der steigende Anteil der staatlich finanzierten F&E in Privatunternehmen von 6,2 % auf 8,7 %, so dass insgesamt der eigenfinanzierte Anteil der neuseeländischen Wirtschaft von 89 % im Jahr 1991 auf 79 % im Jahr 1998 sank (vgl. MoRST 1999: 6 f.). Als weiteres Zeichen des sich öffnenden Landes und der Chancen für einen ins Land gerichteten Technologie-Transfer sind die wachsenden Besitzanteile ausländischer Eigner an neuseeländischen Unternehmen zu interpretieren: Arbeiteten 1986 lediglich 9,7 % der Beschäftigten in Unternehmen in hauptsächlich ausländischem Besitz, waren es zwölf Jahre später bereits 17,5 %. Die Zahl der Unternehmen mit einem mehr als 50%igen Auslandsanteil stieg in diesem Zeitraum von 1,7 % auf 2,0 %.

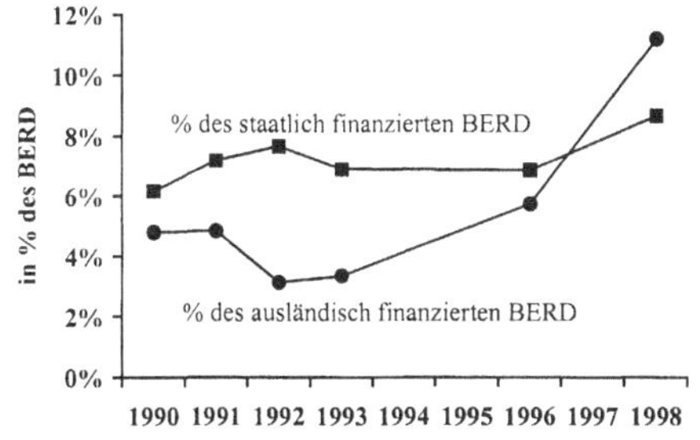

Abbildung 21: Anteil der ausländisch und staatlich finanzierten F&E an BERD in Neuseeland
Quelle: MoRST 1999: 11

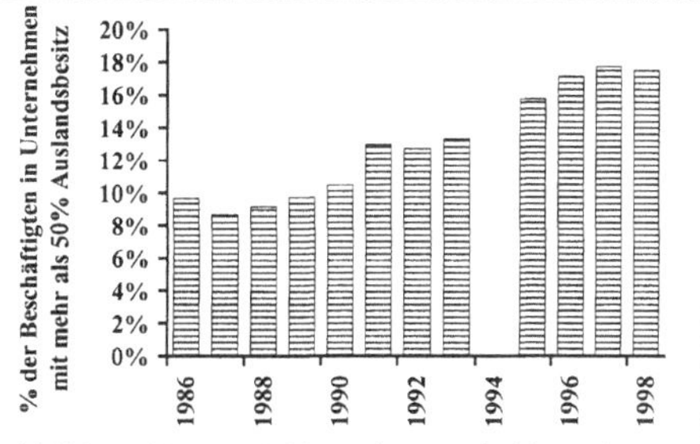

Abbildung 22: Entwicklung der Beschäftigten in Unternehmen im ausländischen Besitz
Quelle: STATISTICS NEW ZEALAND: New Zealand Business Activity Statistics, verschiedene Jahrgänge
Bem.: 1994 keine Erhebung

Prinzipiell gilt für den Akteur Privatwirtschaft im Innovationssystem, dass sich die Unternehmen nur in einem geringen Umfang monetär der F&E widmen. Dies lässt sich zu einem Teil aus der besonderen Unternehmensgrößen- und sektoralen Struktur in Neuseeland erklären. Positiv sind dagegen die Ausprägungen der im Innovationssystem wichtigen Faktoren Offenheit und Interaktion zu beurteilen. Da Neuseeland aufgrund seiner Größe auf den Wissenstransfer von außen angewiesen ist, wird im Folgenden der Rolle der multinationalen Unternehmen im neuseeländischen Innovationssystem betrachtet.

[122] So werden 18,1 % der privatwirtschaftlichen Mittel für F&E in den *Crown Research Institutes* ausgeführt. Neuseeländische Unternehmen geben rund 4,6 % ihrer F&E-Mittel an Universitäten, was in etwa dem OECD-Durchschnitt entspricht.

5.1.2.2 Ausländische Unternehmen im neuseeländischen Innovationssystem

Im Zuge der Privatisierung von Staatsbetrieben und der Liberalisierung der Investitionsmöglichkeiten in Neuseeland erhöhten sich sukzessive die ausländischen Direktinvestitionen von 2,4 Milliarden N$ (1980) auf 29,7 Milliarden N$ (1994) (vgl. ROSENBERG 1998: 26). STATISTICS NEW ZEALAND kommt für 1994 sogar auf einen Bestandswert der ausländischen Direktinvestitionen von 40,1 Milliarden N$, der sich bis 1999 auf 62,5 Milliarden N$ erhöhte. Diese positive Entwicklung ist insbesondere deshalb bemerkenswert, da durch die neoliberale Haltung der Regierung kaum finanzielle Investitionsanreize gesetzt werden (vgl. IMD 2001: 434).

Mit einem Bestand von ausländischen Direktinvestitionen bezogen auf das BIP von über 60 % ist Neuseeland im internationalen Vergleich stark von ausländischen Investitionen dominiert[123] (vgl. ROSENBERG 1998: 30 f.). Dabei stammen 30,7 % der Investitionsbestände aus Australien, 27,7 % aus den USA und 12,4 % aus Großbritannien. Von den zweihundert umsatzstärksten Unternehmen Neuseelands befanden sich 1999 knapp 40 % in mehrheitlich ausländischem Besitz. Räumlich konzentrieren sich diese in ausländischem Besitz befindlichen Unternehmen auf Auckland, das 60 % dieser Unternehmen den Hauptsitz bietet. Wellington ist immerhin noch für jedes vierte ausländische Unternehmen der Hauptstandort; die restlichen 15 % der Unternehmen verteilen sich relativ gleichmäßig auf die übrigen großen Städte Neuseelands (Lower Hutt 3,8 %, Christchurch 2,5 %, Dunedin 1,3 %, Palmerston North 1,3 %) (vgl. eigene Auswertung von MANAGEMENT 1999: 36 ff.).

Erweitert werden die bisherigen Ausführungen zu multinationalen Unternehmen durch die eigene schriftliche Befragung, welche die Strukturen und die Rolle dieser Unternehmen im neuseeländischen Innovationssystem besser zu beleuchten vermag. Bei der Befragung von multinationalen Manufacturing-Unternehmen in Neuseeland ergibt sich eine sehr ähnliche Verteilung der Standorte wie in der Grundgesamtheit. Zwei Drittel der befragten Unternehmen lokalisieren sich in Auckland, im Großraum Wellington 18,2 % sowie in Christchurch und Hamilton jeweils 3,0 %. Der größte Teil der Unternehmen ist in amerikanischem oder japanischem Besitz, die mit 24,2 % bzw. 21,2 % fast die Hälfte der ausländischen Unternehmen beherrschen. Signifikante Anteile haben auch britische Unternehmen mit 12,1 %, während Unternehmen mit australischen, deutschen, französischen sowie schwedischen Eigentümern jeweils 6,1 % der befragten Unternehmen ausmachen. Im Vergleich mit den ausländischen Investitionsbeständen ist damit eine unterschiedliche Befragungspopulation erzielt worden, was einerseits an verschiedenartigen Betriebsgrößen und andererseits an spezifischen sektoralen Ausprägung mit der Konzentration auf dem Manufacturing-Sektor liegen kann.

60 % der befragten Unternehmen wurden vor 1984 und damit vor der Liberalisierung des Kapitalverkehrs gegründet. In Verbindung mit der Entwicklung der Bestände von ausländischem Kapital kann dies dahingehend interpretiert werden, dass der große Schwerpunkt der Unternehmen in ausländischem Besitz in Übernahmen ehemals neuseeländischer Unternehmen liegt und nicht in originären Neugründungen ausländischer Gesellschaften. Der Medianwert der Gründungen liegt im Jahr 1972, wenn auch ein signifikanter Anteil der Unternehmen nach der Öffnung des Landes gegründet wurde.

---

[123] Abgesehen von Singapur mit einer Quote von 91 % ausländischer Direktinvestitionen / BIP liegen die Werte von anderen Ländern wie Australien (22,2 %), Niederlande (22,2 %) oder Kanada (20,5 %) deutlich unter dem neuseeländischen Wert (vgl. ROSENBERG 1998: 30 f.).

Durch die Umfrage wird die signifikant höhere Betriebsgröße von Unternehmen in ausländischem Vergleich zu neuseeländischem Besitz bestätigt. Bei den befragten Unternehmen sind durchschnittlich 101 Mitarbeiter beschäftigt, wobei die Spannbreite von 7 bis 550 Angestellten reicht. Bei der Verteilung der Umsätze generieren lediglich 9,1 % der Unternehmen weniger als 5 Millionen N$, während zwei Drittel der Unternehmen mehr als 25 Millionen N$ jährlich einnehmen.

Im Einklang mit ROSENBERG (vgl. 1998: 41 ff.) ist für ausländische Unternehmen die gute Profitabilität ihrer neuseeländischen Niederlassungen der Hauptgrund für ein Engagement in Neuseeland (44 %). Daneben spielen Marktgesichtspunkte die Hauptrolle: Die Abwicklung der Distribution zählt für 38 % der Unternehmen, die Umsetzung der Konzernstrategie für 22 %, die Markenpräsenz für 19 % und die Kundennähe für 13 % der Unternehmen zu den Hauptgründen für die neuseeländische Niederlassung. Gründe, die sich auf das spezifische Land Neuseeland beziehen, sind von eher nachrangiger Bedeutung: Die Faktoren Erschließung der lokalen Wissensressourcen (14,1 %), Lage im asiatisch-pazifischen Raum (12,5 %), neuseeländische Regulationsweisen und Gegebenheiten (9,3 %) sowie das Wachstumspotenzial Neuseelands (6,3 %) attrahieren ausländisches Kapital nur bedingt.

Der Autonomiegrad der Unternehmen in ausländischem Besitz ist stark nach den Funktionsbereichen im Sinne der unternehmensinternen Gründe für einen Standort in Neuseeland differenziert. Einfluss wird von den ausländischen Eignern vor allem in den marktfernen Funktionsbereichen wie der F&E (bei 85 % der Unternehmen) und der Produktion (47,7 %) genommen. Größte Autonomie herrscht hingegen bei der Administration (bei 83,9 % der Unternehmen), dem Personalmanagement (80,0 %), dem Vertrieb (78,1 %) und den *after-sales*-Dienstleistungen (72,4 %). In den Bereichen Beschaffung (63,0 %), Marketing und Finanzen (jeweils 59,4 %) können die neuseeländischen Unternehmen meist autonom entscheiden. Kooperationen mit anderen Unternehmen derselben Gesellschaft in Neuseeland sind generell wenig ausgeprägt, wenn auch bei 10,3 %, 9,5 % bzw. 9,4 % der Unternehmen eine Koordination der *after-sales*-Dienstleistungen, der Produktion bzw. der Finanzen innerhalb von Neuseeland stattfindet (vgl. Abbildung 23).

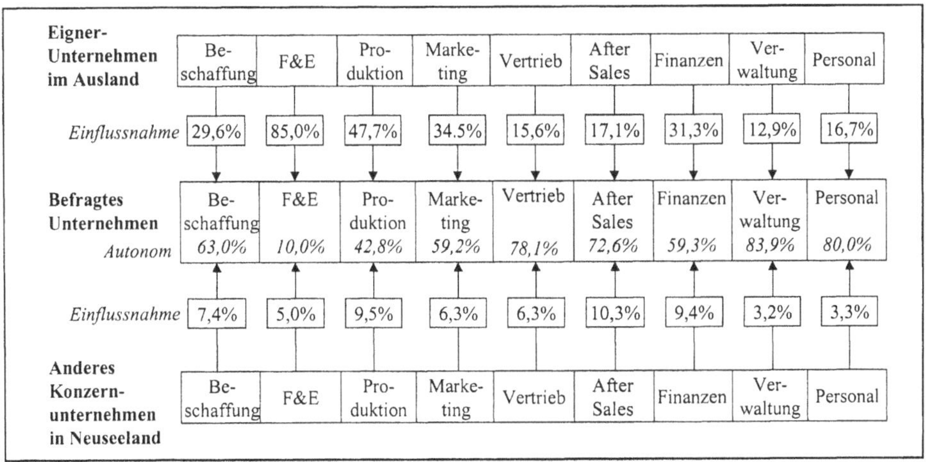

Abbildung 23: Anteil der Einflussnahme von ausländischen Unternehmen bzw. anderen Unternehmen des gleichen Konzerns auf die befragten ausländischen Unternehmen
Quelle: eigene Befragung

In Analogie zu den absatzgerichteten Gründen für eine neuseeländische Niederlassung und den Autonomiegraden in den verschiedenen Funktionsbereichen generieren die befragten Unternehmen 85,5 % ihres Umsatzes innerhalb der Grenzen Neuseelands und beschaffen nur 40,3 % der Kosten von in Neuseeland lokalisierten Zulieferern.

Aus den bisherigen Ausführungen lässt sich vermuten, dass Unternehmen in ausländischem Besitz nur mäßig in die neuseeländische Wirtschaft integriert sind und sie Neuseeland hauptsächlich als Absatzmarkt sehen. Dieses Bild bestätigt sich bei einer Analyse der Antworten nach den Innovationsquellen dieses Unternehmenstyps auf einer Skala[124] von 1 (unwichtig) bis 5 (sehr wichtig). Den größten Einfluss auf die Innovationsgenerierung hat dabei die ausländische Gesellschaft (∅ 3,85), gefolgt von der internen Entwicklung (∅ 3,28) und der partnerschaftlichen Kooperation mit anderen Unternehmen der gleichen Gesellschaft in Neuseeland (∅ 2,84). Konzernexogene Quellen werden vor allem in Form von regional (∅ 2,71) und national (∅ 2,62) ansässigen Beratern (KIBS) sowie anderen Unternehmen, die national (∅ 2,28), weltweit (∅ 2,44) und regional (∅ 2,21) ihren Standort haben, im Innovationsprozess herangezogen. Während nationale Universitäten (∅ 2,20) und global agierende Berater (∅ 2,12) noch eine gewisse Rolle spielen, sind die Verbindungen zu regionalen und ausländischen Universitäten, zu staatlichen Stellen sowie zu den *Crown Research Institutes* von untergeordneter Bedeutung als Quellen oder Kooperationspartner bei der Innovationsgenerierung (alle ∅ < 2,00).

Im Kontext des neuseeländischen Innovationssystems wirken die im ausländischen Besitz befindlichen Unternehmen insofern, als sie in einem hohen Maße Neuerungen in Neuseeland einführen. 87,9 % dieser Unternehmen haben im Zeitraum von 1997 bis 1999 Produktinnovationen auf den Markt gebracht, die im Durchschnitt für 33,5 % des Umsatzes dieser Unternehmen verantwortlich sind. Einen besonders hohen Stellenwert nehmen bei den ausländischen Unternehmen Innovationen in der Organisation und in den Managementprinzipien ein, die bei 81,8 % bzw. 78,8 % der befragten Unternehmen implementiert wurden. Bei der Suche nach neuen Märkten waren 72,7 % der Unternehmen erfolgreich. Dagegen sind Prozessinnovationen nur bei 48,5 % der Betriebe entwickelt worden und im Vergleich mit den neuseeländischen Unternehmen unterrepräsentiert (vgl. Kapitel 6.4.1).

Des Weiteren werden in Unternehmen in ausländischem Besitz überproportional viele Wissenschaftler beschäftigt: Von den 6.444 Beschäftigten der ausländischen Unternehmen sind 8,6 % dem Bereich der Wissenschaftler zugeordnet worden. Die starke Zentrierung der befragten Unternehmen auf ein gutes Humankapital wird auch durch den 25,8%igen Anteil an Technikern sowie den 43,6%igen Anteil an qualifiziertem Personal dokumentiert. Auch in der Weiterbildung zeigen sich die multinationalen Unternehmen engagiert und investierten im Jahr 1999 durchschnittlich 1.273 N$ pro Beschäftigten für das Training ihrer Mitarbeiter. Darüber hinaus ist bei den befragten Unternehmen im Zeitablauf eine Steigerung der Budgets für Training von 5,8 Millionen N$ im Jahr 1999 um 25,9 % auf 7,3 Millionen N$ im Jahr 2002 geplant. Gleichzeitig muss für das neuseeländische Innovationssystem berücksichtigt werden, dass Unternehmen in ausländischem Besitz Mitarbeiter nach Neuseeland entsenden. In den befragten Unternehmen arbeiten rund 200 ausländische Beschäftigte als Teil eines „*embodied*" Wissenstransfers, der das neuseeländische Innovationssystem mit ihrem Humankapital bereichert sowie starke Verbindungen zu anderen Ländern, deren Errungenschaften und Informationen eröffnet.

---

[124] Diese Skala gilt bei allen Durchschnittswerten der eigenen Befragung, wenn nichts anderes erwähnt wird.

Wie bereits der hohe Einfluss der ausländischen Mutter auf die F&E des in Neuseeland lokalisierten Unternehmens andeutete, unterhält der größte Teil der Unternehmen keine F&E-Abteilung in Neuseeland (81,8 %). Hauptgrund hierfür Zentralisationstendenzen in international agierenden Unternehmen (∅ 4,23). Die geringe Größe des neuseeländischen Marktes und die damit einhergehende, im Konzernvergleich geringe Größe der Niederlassung in Neuseeland rechtfertigen keine eigene F&E-Abteilung (∅ 3,86). Zudem wird infolge der Zugehörigkeit zum britischen Kulturkreis und der liberalen Bestimmungen keine nationale Adaption der Produkte durchgeführt (∅ 3,36). Dagegen werden die Abwesenheit von qualifiziertem Personal in Neuseeland (∅ 1,53) und die Sicherstellung der kritischen Mindestgröße einer eigenen neuseeländischen F&E-Einheit (∅ 2,26) nicht als Erklärungsfaktoren für die Nichtexistenz einer F&E-Einheit angesehen. Ferner bleibt die Fremdvergabe von F&E-Aufträgen bei diesen Unternehmen gering: Die 44 Auskunft gebenden Unternehmen kommen zusammen lediglich auf eine Summe von 600.000 N$ im Jahr 1999, die sich auf 1,7 Millionen N$ im Jahr 2002 steigern soll.

Indessen investierten die in Neuseeland F&E betreibenden ausländischen Unternehmen signifikante Beträge in Höhe von 11,3 Millionen N$ im Jahr 1999. Für das Jahr 2002 wird eine moderate Erhöhung auf 12,3 Millionen N$ erwartet. Bei einer Analyse der Gründe für eine F&E-Einheit in Neuseeland wird die Nähe zum Kunden als wichtigster Aspekt genannt. Auf den zweiten und dritten Rang platzieren sich aus defensiven Innovationsstrategien resultierende Faktoren: die Anpassung von Produkten an den neuseeländischen Markt sowie die Unterstützung der eigenen Produktion. Kostenvorteile durch günstiges und sehr gut ausgebildetes Humankapital unterstützen eine Errichtung einer F&E-Einheit in Neuseeland. Die Korrelation von 0,903 auf dem 5-%-Signifikanzniveau des Faktors Existenz von qualifiziertem Personal mit der Beurteilung der Attraktivität des wissenschaftlichen Umfeldes dokumentiert die Wichtigkeit des Humankapitals für die Beurteilung des F&E-Standorts Neuseeland. Weniger oft entspringt die F&E-Einheit eines multinationalen Unternehmens aus Gründen, die in Verbindung mit der Forschungsqualität neuseeländischer Institutionen zusammenhängen. Wird das Klima für Wissenschaft in Neuseeland noch leicht förderlich beurteilt (∅ 3,17), haben Faktoren wie der informelle Zugang zur wissenschaftlichen Community (∅ 2,83), die Nähe zu Forschungsinstituten, das rechtliche Umfeld für Forschungsaktivitäten (jeweils ∅ 2,50) sowie die Einrichtung eines Horchpostens (∅ 2,17) nur eine begrenzte Erklärungskraft für eine F&E-Einheit in der neuseeländischen Niederlassung. Die Unterstützung des Technologietransfers nimmt mit einem Durchschnittswert von 3,00 eine neutrale Stellung ein. Von den 14 aufgeführten Aspekten für eine F&E-Einheit in Neuseeland werden die Faktoren Etablierung von F&E-Abteilungen in verschiedenen Zeitzonen (∅ 1,83), um eine 24-Stunden-Forschung zu ermöglichen, sowie die Nähe zu Zulieferern (∅ 1,83) einheitlich als wenig bedeutsam beurteilt. Zudem sind interne Dezentralisierungsbestrebungen nicht der Grund für ein F&E-Engagement in Neuseeland (∅ 2,00).

Um ein tieferes Verständnis über die Motive der einzelnen Unternehmen zu erlangen, werden die Unternehmen zunächst in die GERPOTT-Matrix (vgl. GERPOTT 1991: 49 ff.) anhand der beiden Kriterien Wichtigkeit der Nähe zu Kunden und Marktnähe der Forschung eingeordnet.

Abbildung 24 zeigt, dass kein Unternehmen eine F&E-Einheit in Neuseeland unterhält, um radikale Innovationen nach den neusten wissenschaftlichen Ergebnissen zu generieren und in die lokale wissenschaftliche Gemeinschaft einzutauchen (Quadrant I). Dies kann als ein erster Hinweis gewertet werden, dass das neuseeländische Innovationssystem von den multinationalen Unternehmen hinsichtlich seiner Fähigkeit zum Hervorbringen von inkrementalen und nicht zu radikalen Neuerungen geschätzt wird. Die meisten Unternehmen haben eine reife Technologie, die in der neuseeländischen F&E-Abteilung zum einen nur der kundenfernen Prozess- oder Produktverbesserung und der Unterstützung der Produktion dient (Quadrant II). Zum anderen existieren F&E-Einheiten in neuseeländischen Niederlassungen multinationaler Unternehmen aufgrund des Kundenbedarfs und der Anpassung der Produkte unter Einbeziehung der Kunden an die lokalen Gegebenheiten (Quadrant III). Der letzte Quadrant IV reflektiert die Nutzung Neuseelands als Testmarkt von einigen Unternehmen. Diese Gruppe von Unternehmen betreibt anwendernahe F&E in der Nähe von Schlüsselkunden (*lead-user*), um aus deren ersten Erfahrungen zu lernen und die wenig ausgereifte Technologie weiter zu entwickeln.

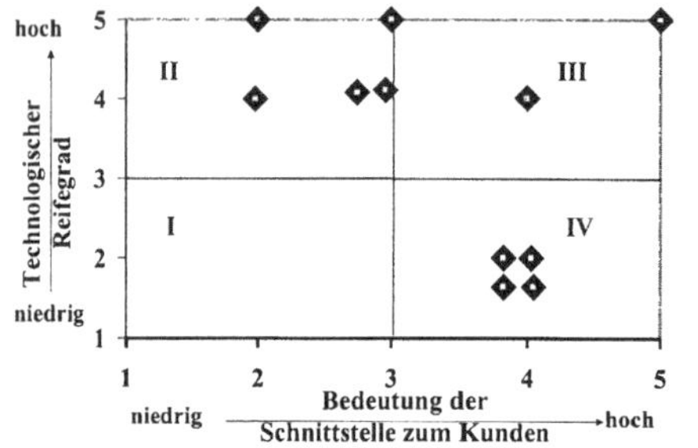

Abbildung 24: GERPOTT-Matrix für F&E betreibende Unternehmen in Neuseeland in ausländischem Besitz
Quelle: eigene Befragung
1 Raute = 1 Unternehmen, das eine F&E-Einheit in Neuseeland hat

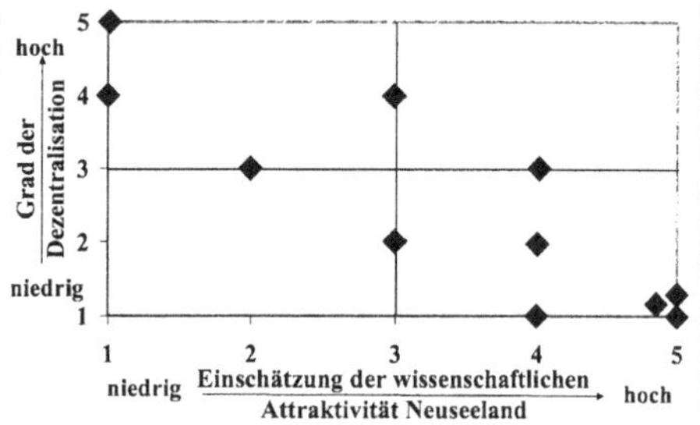

Abbildung 25: Zusammenhang des Zentralisationsgrads und der Einschätzung der Attraktivität des wissenschaftlichen Umfeldes
Quelle: eigene Befragung
1 Raute = 1 Unternehmen, das eine F&E-Einheit in Neuseeland hat

Eine weitere Analyse dokumentiert darüber hinaus, dass die Entscheidung über die Einschätzung der Qualität des neuseeländischen Forschungsumfelds vom Grad der F&E-Zentralisation im spezifischen Unternehmen abhängt (vgl. Abbildung 25). Dabei beurteilen Unternehmen, die eine zentralisierte F&E im Konzern aufweisen, die Attraktivität des wissenschaftlichen Umfeldes in Neuseeland als sehr gut. Zudem können diese Unternehmen genügend qualifiziertes Personal zu akzeptablen Löhnen für ihre F&E-Abteilung finden. Dagegen schätzen Unternehmen mit dezentral organisierten F&E-Einheiten das neuseeländische Forschungssystem signifikant schlechter ein. Personalkostengesichtspunkte spielen im Unterschied zu zentral geführten Unternehmen eine wichtige Rolle.

Erklärbar wird dieser Zusammenhang, wenn die Ziele der jeweiligen F&E-Einheiten miteinbezogen werden. Dezentral gesteuerte F&E-Abteilungen unterstützen mit ihrer Forschung hauptsächlich die eigene Produktion und betreiben marktfernere Forschung. Je zentralisierter die F&E im Konzern ist, desto marktnäher wird die Forschung in den lokalen F&E-Einheiten. Folglich kann dieses Ergebnis wiederum dahingehend interpretiert werden, dass die Stärke des neuseeländischen Innovationssystems bei geringfügigen Produkt- und Prozessveränderungen liegt, während Unternehmen, die originäre Innovationen in Neuseeland generieren wollen, sich mit den landesspezifischen Unterstützungsmöglichkeiten im Innovationsprozess unzufrieden zeigen.

Zusammenfassend ist infolge der wachsenden Zahl von Unternehmen im ausländischen Besitz, deren weit überdurchschnittlichen Betriebsgrößen sowie der hohen Zahl an eingeführten Innovationen von einer signifikanten Beeinflussung des neuseeländischen

Innovationssystems durch ausländische Quellen auszugehen. Weiterhin veredeln die ausländischen Unternehmen durch relativ hohe Weiterbildungsbudgets das neuseeländische Humankapital, welches zudem durch ausländische Arbeitskräfte gestärkt wird. Da Innovationen hauptsächlich durch konzernendogene Quellen entstehen, haben diese Unternehmen für Neuseeland eine mit anderen Innovationssystemen verknüpfende Rolle (Offenheit) und transferieren Wissen in das neuseeländische Innovationssystem. Problematisch ist jedoch die geringe Interaktionsaktivität dieser Unternehmen im neuseeländischen Innovationssystem, womit der weiter gehende Wissenstransfer zu neuseeländischen Unternehmen, Zulieferern, Universitäten und Forschungsorganisationen unterbleibt.

Im Zuge der Ausrichtung der Unternehmensstrategie auf den Vertrieb und die Kunden hat nur jedes fünfte ausländische Unternehmen eine eigene F&E-Einheit in Neuseeland, in der entweder sehr marktnahe Forschung betrieben wird oder die Interaktion mit dem Kunden im Vordergrund steht. In beiden Fällen wird das neuseeländische Forschungsumfeld als sehr gut beurteilt, während in den Bereichen der Grundlagenforschung und bei der Generierung von radikalen Innovationen das neuseeländische Forschungssystem keine besonderen Stärken aufzuweisen scheint.

5.1.3 Sonstige F&E-relevante Organisationen

Um die Betrachtung der Akteure des neuseeländischen Innovationssystems zu komplettieren, bedarf es einer kurzen Zusammenstellung von bisher aufgrund ihrer relativ geringen Relevanz noch nicht erwähnten F&E treibenden Organisationen.

So besitzen trotz der Reformen im Forschungssektor einige Government Departments wie die *New Zealand Defence Force*, das *Department of Conservation*, das *Ministry of Agriculture* sowie das *Ministry of Fisheries* gewisse, ihrem spezifischen Zweck dienende Forschungskapazitäten, die abteilungsintern finanziert werden.

Im Bereich der Sozialwissenschaften werden die stark in dieser Disziplin engagierten Universitäten durch die zwei Non-Profit-Organisationen *New Zealand Council for Educational Research* und *New Zealand Institute for Economic Research* unterstützt. Museen und das *Carter Observatory* können ebenfalls als Akteure des neuseeländischen Forschungssystems angesehen werden.

Privatwirtschaftlich organisiert sind das sich dem Gesundheitssektor widmende *Malaghan Institute of Medical Research* und das *Cawthron Institute*, das mit einem 80-köpfigen Team wasserbiologische Forschung betreibt und kommerzielle Dienstleistungen für die Meeresfrüchteindustrie anbietet[125].

Eine neuseeländische Besonderheit sind die *Research Associations*, die ursprünglich aus dem primären Sektor mit dem Ziel hervorgingen, die Marktgängigkeit und die Wertschöpfung von Produkten neuseeländischer Wälder und Farmen zu verbessern. Auch heute sind die zehn *Research Associations* zumeist dem primären Sektor im weiteren Sinne zuzurechnen (vgl. Tabelle 28). Allgemein sind *Research Associations* nichtstaatliche, sektorbezogene Organisationen, die Kapazitäten und Fähigkeiten für Forschung und Technologietransfer bereitstellen, die sich für die spezifischen Mitgliedsfirmen meist aus Größengründen oder singulären Forschungsereignissen nicht rechtfertigen würden. Dennoch sind sie mehr als reine Forschungsorganisationen, da sie unter den Mitgliedsunternehmen einen Netzwerk

---

[125] Aus den Mitteln des FRST konnte das *Cawthron Institute* immerhin Mittel in Höhe von 2 Millionen N$ akquirieren (vgl. FRST 1999).

initiierenden Charakter haben, Informationen verbreiten, Schulungen organisieren sowie internationale Kontakte unterhalten. Die FRST alloizierte im Jahr 2001 einen Betrag von 7,6 Millionen N$ oder 2,5 % der gesamten Mittel zu Gunsten der zehn *Research Associations*. Im Rahmen dieser Arbeit, die sich insbesondere dem Manufacturing-Sektor widmet, unterbleibt eine weitere Betrachtung der *Research Associations*, die sich nach wie vor stark auf den primären Sektor konzentrieren. Tabelle 28 gibt lediglich einen kurzen Eindruck über die aktiven *Research Associations* sowie deren grundsätzliche Strukturen und Ziele:

Research Association	**Description**	**Size Indicators**
Building Research Association of New Zealand	▪ Established 1969 ▪ Goal: to be the leading resource for the development of the building and construction industry ▪ Based in Porirua / Judgeford ▪ Research, testing & consultancy services ▪ International research links	▪ Staff: 80 ▪ Revenue: 10,8 Mill. N$ (1999) ▪ FRST: 1,7 Mill. N$ (2001)
Cement and Concrete Association of New Zealand	▪ Goal: to develop, promote and encourage the competitive, safe and innovative use of cement and concrete products, and to improve public product awareness ▪ Based in Porirua ▪ Close partnership with the Building Research Association ▪ Members: 2 Full, 23 Associate (1999)	▪ Revenue: 1,4 Mill. N$ (1994) ▪ Research Share on Revenues: 7 % (1999)
Coal Research Association of New Zealand	▪ Established 1967 ▪ Goal: to advance the use of NZ coal by providing research, science, technology, and information services to the industry, to the nation, and the clients ▪ Based in Lower Hutt ▪ Members 24 Producer, 50 Associate	▪ Revenue: 2,1 Mill. N$ (1999) ▪ FRST: 581.000 N$
New Zealand Dairy Research Institute	▪ Established: 1927 ▪ Goal: Research into dairy production, processing and products ▪ Based in Palmerston North ▪ Close research contacts to CRI and universities	▪ Staff: 300 (1994) ▪ FRST: 9 % der Revenues
Heavy Engineering Research Association	▪ Goal: to provide member companies with direct assistance in the areas of research, design, steel structure fabrication and maintenance, welding and welding inspection, and management assistance ▪ Based in Manukau City ▪ Members: 377 Ordinary, 151 Associate (1999)	▪ Revenue: 1,6 Mill. N$ (1999) ▪ FRST: 253.000 N$ (1999)
New Zealand Logging Industry Research Association	▪ Established 1991 ▪ Goal: to improve the efficiency, productivity, safety and profitability of the logging industry by carrying out research and development work and works to extend technological knowledge to logging organisations ▪ Based in Rotorua ▪ Extensive contacts to industry, universities and CRI	▪ Staff: 27 (1994) ▪ Revenue: 2,1 Mill. N$ (1994)

Research Association	Description	Size Indicators
New Zealand Leather and Shoe Research Association	▪ Established 1928 ▪ Leather research and technology, product testing, complaints arbitration ▪ Based in Palmerston North	▪ Staff: 18 (1999)
Meat Research Institute of New Zealand	▪ Goal: to be the centre of excellence in meat science and technology, develop and transfer profitable technology to clients ▪ Providing technical and marketing information and consultancy ▪ Based in Hamilton ▪ Members: 4 Voting, 64 Subscribing	▪ Staff: 120 (1994) ▪ Revenue: 9,3 Mill. N$ (1996) ▪ FRST: 2,1 Mill. N$
Research Institute of Textile Services	▪ Based in Lower Hutt ▪ No information available	▪ No information available
Wool Research Organisation of New Zealand	▪ Established 1968 ▪ Goal: to be the premier laboratory concerned with the science and technology of NZ wool ▪ Close links to Lincoln University ▪ Based in Lincoln / Christchurch	▪ Staff: 130 (1994) ▪ Revenue: 14,3 Mill. N$ (1999) ▪ FRST: 3,7 Mill. N$ (1999)

Tabelle 28: Charakterisierung der Research Associations
Quelle: diverse Annual Reports der betreffenden *Research Associations*

5.2 Dominante Transferkanäle im neuseeländischen Innovationssystem

Ziel dieses Kapitels ist es, die wesentlichen Transferkanäle des neuseeländischen Innovationssystems anhand geeigneter Indikatoren zu erfassen. Dabei ist es sinnvoll, zwischen Zuflusskanälen, die das neuseeländische Innovationssystem mit dem Umsystem verbinden sowie der Interaktion innerhalb des Landes zu differenzieren.

5.2.1 Zur Offenheit des neuseeländischen Innovationssystems

Die Offenheit des nationalen Innovationssystems ist gerade für kleine Volkswirtschaften wie Neuseeland eine äußerst wichtige Eigenschaft: In Neuseeland werden weniger als 0,1 % der globalen Investitionen in F&E ausgegeben. Um an einem Teil der 99,9 % systemexogenen Gelder zu partizipieren, ist Neuseeland stark auf die Qualität der Verbindungen mit Wissensressourcen in anderen Ländern angewiesen (MoRST 2001b: 2 f.). Der Grad der internationalen Offenheit des neuseeländischen Innovationssystems kann mit Hilfe der wirtschaftlichen Offenheit Neuseelands, der internationalen Dimension des Technologietransfers, den Forschungskooperationen und der Migration abgeschätzt werden.

5.2.1.1 Wirtschaftliche Offenheit Neuseelands

Neuseeland ist zwar in allen wichtigen supranationalen Organisationen wie der UN, der OECD, der ILO, der Weltbank, dem GATT und dem IMF vertreten, spielt aber wegen der geringen Kaufkraft und Größe des Landes keine signifikante Rolle auf der Bühne der internationalen Politik. Gleichzeitig sind im asiatisch-pazifischen Raum keine der EU oder der NAFTA vergleichbaren Integrationsbestrebungen zu bemerken, die den Austausch zwischen den Staaten erleichtern würden. Lediglich die Mitgliedschaft in der APEC sorgt für eine gewisse Abstimmung und Harmonisierung in den Bereichen Infrastruktur, Energie, Telekommunikation, Meeresressourcen und Statistiken. Daneben existieren einige bilaterale Handelsabkommen wie mit Australien (CER) oder neuerdings mit Südkorea, die eine Reduktion der Zollschranken und der nichttarifären Handelshemmnisse zum Ziel haben (vgl.

BIBBY / DAVENPORT 1999: 448). Mit dem südpazifischen Raum ist Neuseeland durch das *South Pacific Regional Trade Cooperation Agreement* (SPARTECA 1981), die Südpazifik-Konferenz (SPC) und das Südpazifik-Forum (SPF) verbunden. Das SPARTECA gewährt den pazifischen Inselstaaten den nichtreziproken Zugang zu den beiden größten Märkten der Region, Neuseeland und Australien. Die SPC und das SPF dienen der Förderung des wirtschaftlichen und sozialen Fortschritts in den von den Gründungsmitgliedern verwalteten Territorien. Dabei geht es um eine Intensivierung des regionalen Handels, einen Erfahrungsaustausch auf wirtschaftlicher, technischer und kultureller Ebene sowie die Durchsetzung einer nuklearfreien Zone.

Durch die sinkenden Transportkosten in einer sich globalisierenden Weltwirtschaft besteht für Neuseeland zunehmend die Chance, sich ins globale Agieren der Ökonomie zu integrieren. Ein erster Indikator hierfür ist, dass sich die Ankünfte von Geschäftsreisenden in Neuseeland innerhalb der letzten neun Jahre von 99.000 (1991) auf 201.000 (2000) verdoppelt haben (STATISTICS NEW ZEALAND auf Anfrage). Die mit Ausnahme der Asienkrise im Zeitablauf steigende neuseeländische Außenhandelsquote sowie die sich erhöhenden Ex- und Importe unterstreichen diesen Trend.

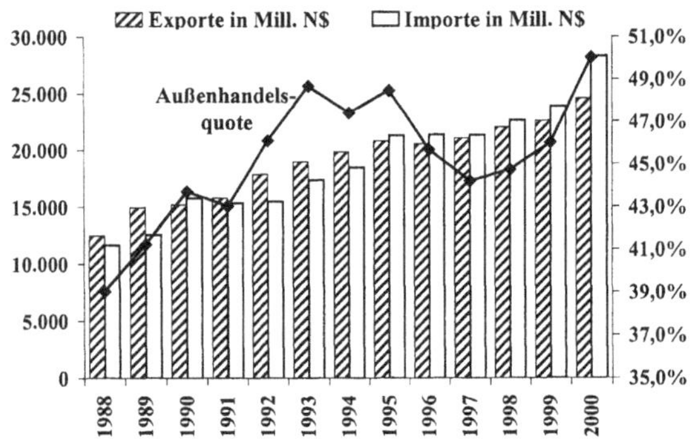

Abbildung 26: Ex-, Importe und Außenhandelsquote Neuseelands 1988–2000
Quelle: Statistics New Zealand: Official Yearbook Of New Zealand, diverse Jahrgänge

Insgesamt unterliegt das neuseeländische Innovationssystem seit der Liberalisierung des Staates und der Wirtschaft prinzipiell keinen die Offenheit behindernden Barrieren oder Regulierungen. Zusätzlich existieren nichttarifäre Handelshemmnisse und Importgebühren nur in einem sehr geringen Umfang. Neuseeland zählt bei den beiden letztgenannten Indikatoren zu den zehn „offensten" Ländern. Nach dem IMD ist der Protektionismus des heimischen Markts lediglich in Hongkong und Finnland weniger ausgeprägt als in Neuseeland (vgl. WEF 2000: 179, IMD 2001: 424). Damit legten die Reformen die Grundlage, dass das neuseeländische Wirtschaftssystem grundsätzlich zu einer erhöhten Interaktion mit dem Ausland fähig ist.

5.2.1.2 Technologietransfer aus dem Ausland

Der Technologietransfer aus dem Ausland kann mit den ausländischen Direktinvestitionen, dem Import-Export-Verhältnis von High-Tech-Industriegütern, der Technologiebilanz sowie der Herkunft der Patente abgeschätzt werden, welche in Tabelle 29 mit den Referenzländern verglichen werden.

Wie bereits angeführt, ist der mit dem BIP relativierte Bestand an ausländischen Direktinvestitionen in Neuseeland im Vergleich zu den Referenzländern ungefähr doppelt so hoch, so dass diese aufgrund der in Kapitel 5.1.2.2 diskutierten Wirkungsweisen einen signifikanten Zustromkanal für ausländisches Know-how repräsentieren.

Als ein weiterer Indikator für den Zufluss von *embodied-technology* gilt das Import-Export-Verhältnis von High-Tech-Industriegütern, welches in Neuseeland mit 6,67 den höchsten Wert unter den Referenzländern einnimmt (vgl. DARROCH / ENGELBRECHT 1998: 13). Für Neuseeland dokumentiert dies einerseits die schwache Position beim Export hochtechnologischer Güter und bedeutet andererseits, dass eine sehr große Menge wissensintensiver Produkte ins neuseeländische Innovationssystem eingeführt wird. In einer auf dem HECKSCHER-OHLIN-Modell basierenden Analyse zu Handel und Faktorintensitäten kommen DEARDORFF / LATTIMORE zu dem Ergebnis, dass Neuseeland in der Tat ein Netto-Exporteur von Land, Kapital und niedrig qualifizierter Arbeit und ein Netto-Importeur von hoch qualifizierter Arbeit ist (vgl. DEARDORFF / LATTIMORE 1999).

Die neuseeländische Rolle eines Technologienehmerlandes wird auch durch die Technologiebilanz unterstrichen, in der die Zahlungen die Einnahmen für Technologien um 75 % übersteigen. Während dies für die meisten der Referenzländer gilt, gibt Neuseeland jedoch bezogen auf das BIP am wenigstens für neue Technologien aus.

Problematisch ist die Interpretation der Patententwicklung und deren Herkunft infolge des internationalen *Patent Co-Operation Treaty* und der damit einhergehenden sprunghaften Entwicklung ausländischer Patente in Neuseeland. Es bleibt damit unklar, ob die enorme Erhöhung ausländischer Patentanmeldungen in Neuseeland mit einer realen Erhöhung des in Neuseeland nutzbaren Wissens korrespondiert[126]. Mit Ausnahme Australiens (86,1 %) liegt der Anteil von ausländischen Patenten an den gesamten Patenten in den Referenzländern zwischen 96,4 % und 99,1 % (Neuseeland: 97,0 %) und übersteigt dementsprechend den Anteil der nationalen Errungenschaften bei weitem:

	FDI-Bestand *% des BIP*	**High-Tech Industries** *Import-Export Ratio*	**Technologie-bilanz** *Zahlungen pro Einnahmen*	**Technologie-zahlungen** *% des BIP*	**Ausländische Patente** *% von gesamt*
Neuseeland	*45,0*	*6,67*	*1,75*	*0,13*	*97,0*
Australien	20,5	4,17	2,18	0,45	86,1
Dänemark	n. a.	1,03	n. a.	n. a.	98,6
Finnland	12,8	0,75	3,84	3,21	97,8
Irland	n. a.	0,56	n. a.	n. a.	99,1
Schweden	23,5	0,68	0,11	0,21	96,4
Norwegen	19,7	2,94	1,35	9,38	97,0
Österreich	10,8	1,54	1,09	12,09	98,7
Kanada	16,6	1,54	0,74	1,18	94,0
Niederlande	n. a.	1,04	n. a.	n. a.	97,7
Schweiz	32,3	1,05	1,27	8,98	98,0

Tabelle 29: Neuseelands Transferkanäle im internationalen Vergleich
Quelle: OECD (2001b); OECD: Main Science and Technology Indicators

[126] Von 1991 mit 3.350 ausländischen Patenten stieg die Zahl bis 1997 auf 33.402 Patente sehr stark an (vgl. OECD: Main Science and Technology Indicators 2000: 50).

Die hier angeführten Indikatoren belegen zum einen Neuseelands Abhängigkeit von territoriumsexogen hergestellten Technologien. Zum anderen signalisieren sie eine gewisse Offenheit speziell durch den FDI-Bestand, die Exporte von High-Tech-Gütern sowie die Technologiebilanz. Kritisch sind allerdings die geringen Zahlungen für Technologien pro BIP, so dass eine Abkopplung Neuseelands von den neuesten Technologien zu befürchten ist.

5.2.1.3 Internationale Forschungskooperationen und universitäre Verbindungen

Ein Maßstab zur Messung der Absorption internationalen Wissens kann auf universitärer Seite der Zahl der internationalen, in Kooperation erstellten Publikationen zukommen: Sind im Vergleich zum Weltdurchschnitt die neuseeländischen Verbindungen zum Ausland bezüglich der gemeinsamen Publikationen weit überdurchschnittlich, ist dies bei einer Gegenüberstellung mit den Referenzländern einzuschränken: Zwar wurde in Neuseeland fast jeder dritte Artikel im Zeitraum 1995–1997 mit einem Autor aus einem anderen Land verfasst. Dies ist jedoch innerhalb der Referenzländer, die Werte bis 44,3 % (Dänemark) aufweisen, ein sehr niedriger internationaler Interaktionswert (vgl. Abbildung 27). Hierbei ist in Neuseeland eine nachholende Entwicklung bei einer dynamischen Betrachtung wenig ausgeprägt, was sicherlich auch in der räumlichen Lage Neuseelands sowie den damit einhergehenden Transportkosten und -zeiten begründet liegt. In Neuseeland erhöhten sich die Publikationen mit einem ausländischen Co-Autor zwischen 1986–88 und 1995–97 nur um 84,4%, während Länder wie Finnland und Österreich sogar von einem höheren Niveau aus größere Steigerungsraten erzielen konnten (vgl. Abbildung 27).

Neuseeländische Forscher gehen bei ihren Publikationen vorrangig – gemäß ihrer sprachlichen Korrespondenz – Verbindungen zu Forschern aus den USA (36,7 % aller neuseeländischen Artikel mit internationalem Co-Autor), Australien (22,1 %) und Großbritannien (19,3 %) ein. Im Zeitablauf kam es jedoch zu einer Diversifikation der Länderanteile, wobei beispielsweise die Anteile der Kooperationen mit deutschen Autoren von 4,7 % (1986–88) auf 8,0 % (1995–97), mit Japan von 3,7 % auf 5,0 % und mit Frankreich von 3,2 % auf 4,5 % angestiegen sind (vgl. NATIONAL SCIENCE BOARD 2000: A-453).

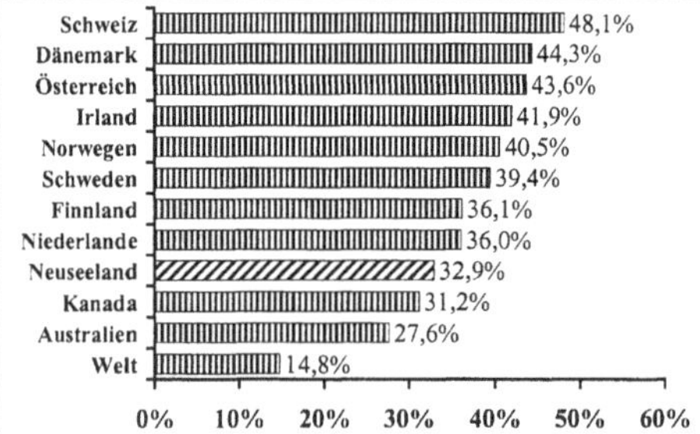

Anteil der Publikationen mit einem ausländischen Co-Autor 1995–1997

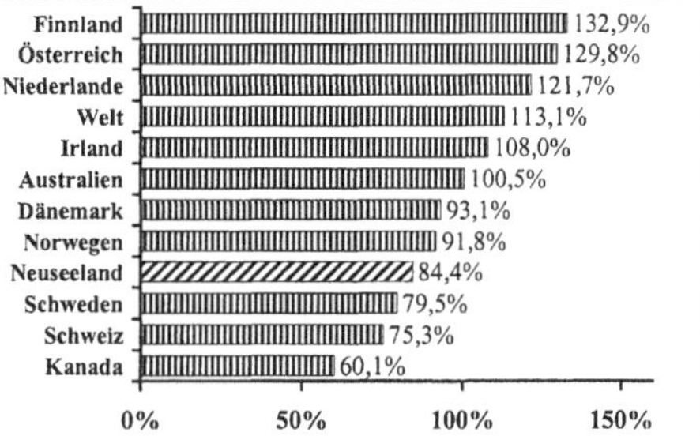

Steigerung der Publikationen mit einem ausländischen Co-Autor zwischen 1986–88 und 1995–97

Abbildung 27: Publikationen mit einem ausländischen Co-Autor
Quelle: NATIONAL SCIENCE BOARD (2000): A-438 ff

Internationale Forschungskooperationen und die Teilnahme an überseeischen wissenschaftlichen Veranstaltungen fördert die *Royal Society of New Zealand* gemeinsam mit dem MoRST seit 1994 unter dem Programm *International Science and Technology Linkages*, das sich aus dem *Bilateral Research Activity*-Programm (insbesondere Südamerika und Asien), dem *New Zealand / USA Cooperative Science*-Programm, dem Deutsche-Forschungsgemeinschaft-Programm und dem *NZ / FRG Scientific and Technological Cooperation Agreement*-Programm zusammensetzt. Im Jahr 2000 standen für Reisekosten und Konferenzgebühren insgesamt 1,04 Millionen N$ bereit, was insgesamt 100 Wissenschaftler nutzten. Den größten Anteil haben dabei mit 29 % die Forschungskooperationen mit Deutschland, welche als einzige von einem eigenen Beauftragten (ANDREW MATHEWS) für die Wissenschaftskooperation betreut werden. Dagegen weisen Kooperationen und Reisen in die USA (24 %) und Australien (11 %) – trotz der relativen Nähe – geringere Werte auf. Jeweils 5 % betrafen Kontakte zu japanischen bzw. chilenischen Kollegen. Obgleich der historischen Verbindungen erhielten lediglich 4 % der Forscher eine Unterstützung für eine englische Forschungskooperation. Insgesamt sind die Forschungsaustausche mit Europa und Nordamerika am intensivsten, während die Einbettung in das unmittelbare räumliche Umfeld Südamerika und Asien relativ schwach erscheint[127].

Jedoch kann vermutet werden, dass sich der Austausch mit dem asiatischen Raum aufgrund der hohen Anzahl von asiatischen Studenten an neuseeländischen Universitäten in Zukunft intensivieren wird. Im Jahr 2000 waren 13.326 ausländische Studenten in Neuseeland an öffentlichen, tertiären Einrichtungen eingeschrieben (4,6 % der gesamten Studenten), von denen 71,6 % aus dem asiatischen Raum stammen[128]. Die Länder China (30,5 %), Japan (17,4 %) und Malaysia (12,7 %) vereinen insgesamt über 60 % der asiatischen Studenten auf sich (vgl. MINISTRY OF EDUCATION 2001: 30). Im zeitlichen Verlauf ist die Zahl der Full-Fee-Studenten – mit Unterbrechung durch die Asienkrise 1998 – von 1994 bis 2000 um fast 90 % auf 11.498 angestiegen (vgl. TRADE AND ECONOMIC ANALYSIS DIVISION 2000: 9). Die Entsendung von neuseeländischen Studenten ist hingegen statistisch weniger gut erfasst; das MINISTRY OF EDUCATION schätzt den Anteil der temporär im Ausland Studierenden auf 1 % der Gesamtzahl, was 2.900 Studenten im Jahr 2000 bedeuten würde (vgl. MINISTRY OF EDUCATION 2000: 33). Werden noch die privaten Bildungseinrichtungen, bei denen im Jahr 2000 3.306 ausländische Studenten eingeschrieben waren (6,3 % der gesamten Studenten), in die Analyse miteinbezogen, verstärkt sich das Bild von Neuseeland als Netto-Bildungsexporteur (vgl. TRADE AND ECONOMIC ANALYSIS DIVISION 2000).

5.2.1.4 Internationale Migrationsbilanz Neuseelands

Ein weiterer Faktor, der den Wissenszufluss ins neuseeländische Innovationssystem beeinflusst, ist die Bilanz des Migrationstroms. Die Entwicklung der Migration von 1979 bis 1999 lässt sich zu einem hohen Maße durch die Veränderungen in der Einwanderungspolitik und der ökonomischen Situation erklären. In den Krisenjahren 1982 bis 1985 ließ der Zustrom von Nicht-Neuseeländern nach, um dann nach einer Lockerung der Einwanderungsgesetzgebung bis zum Höhepunkt 1995 und 1996 stark anzusteigen: Dieser Anstieg wurde überwiegend durch asiatische Einwanderer induziert und ebbte infolge der Asienkrise abrupt ab. Für einen erneuten Aufschwung sorgt die Erhöhung der angestrebten Immigrantenzahlen von 35.000 auf 38.000 Personen und eine Lockerung ihrer erforderlichen Sprachkenntnisse seit 1998. Die andere den Wanderungssaldo beeinflussende Größe ist der Saldo der

---

[127] 43 % der Forschungskooperationen durch *International Science and Technology* im Jahr 2000 bestehen mit europäischen, 24 % mit nordamerikanischen, 11 % mit australischen, 10 % mit asiatischen, 9 % mit südamerikanischen Forschern, wobei 3 % nicht zugeordnet werden konnten (vgl. Homepage ROYAL SOCIETY OF NEW ZEALAND, eigene Auswertung).

[128] Berücksichtigt werden hier nur die Studenten an öffentlichen, tertiären Einrichtungen, was alle *Polytechnics* und Universitäten erfasst, da bei privaten tertiären Einrichtungen Studenten auch mit einer Aufenthaltsdauer von einer Woche erfasst werden und dadurch der nachhaltige Effekt zu einer höheren Bindung zu Neuseeland geringer ausfällt.

Neuseeländer, die Neuseeland mindestens für ein Jahr verlassen bzw. nach mindestens einem Jahr im Ausland wieder in ihr Heimatland zurückkehren. Hierbei ist zu konstatieren, dass seit 1979 in jedem Jahr mehr Neuseeländer aus- als einwanderten. Dadurch ergibt sich im gesamten betrachteten Zeitraum 1979 bis 2000 für Neuseeland ein negativer Migrationssaldo in Höhe von 76.200 Personen.

Die Aufspaltung der Migrationsströme nach Herkunftsländern und Destinationen von Neuseeländern zeigt die traditionell enge Verknüpfung mit Australien und England. Der Humankapitalaustausch mit Australien[129] ist allerdings mit einem massiven Abfluss von Neuseeländern (-27.670) verbunden. Zudem sind langjährige Einwanderungsströme von den pazifischen Inseln zu verzeichnen (vgl. LIDGARD / BEDFORD ET AL. 1998: 56). Als neuer Einwanderungsraum kam Asien hinzu, durch den Neuseeland im Jahr 2000 im Saldo 19.600 Menschen hinzugewann. Im Zeitraum von 1990 bis 2000 kamen 32.800 Personen aus Japan, 25.700 aus Hongkong und 20.400 aus Taiwan, was den bei den ausländischen Studenten angesprochenen Trend zu einer zunehmenden asiatischen Verbindung Neuseelands unterstreicht (vgl. STATISTICS NEW ZEALAND 2001). Dabei handelt es sich keineswegs nur um temporäre Zuzugströme, wie die hohen Studentenzahlen aus asiatischen Ländern vermuten ließen, da sich ein ähnliches Bild bei den *residence approvals* abzeichnet. Zwischen 1993 und 2000 wurden von den insgesamt 300.000 gewährten dauerhaften Aufenthaltsgenehmigungen rund die Hälfte (47,3 %) Asiaten gewährt. Damit erreichen die in diesem Zeitraum eingereisten Asiaten – bezogen auf die heutige Bevölkerung – rund 3,7 %. Der größte Teil wanderte dabei aus China (32.000 Personen), Taiwan (27.000), Indien (22.000), Südkorea (15.000), Hongkong (12.000) und den Philippinen (7.000) ein.

Problematisch ist allerdings, dass trotz der durch ausländische Studenten induzierten Zuwanderungsströme im Bereich der 20- bis 24-Jährigen ein Saldo von fast 6.000 mehr ausgewanderten Personen besteht, was über die Hälfte des negativen Migrationsgesamtsaldos von 11.312 im Jahr 2000 bedeutet. Ferner verließen über 2.000 Menschen im Alter von 25 bis 29 Jahren das Land[130], was durch einen positiven Saldo von 1.700 in der Alterskategorie der 15- bis 19-Jährigen abgemildert wird, der vor allem durch 2.300 einwandernde junge Chinesen erreicht wurde (vgl. STATISTICS NZ 2001).

Die Interpretation dieser Migrationtrends in Bezug auf das neuseeländische Innovationssystem ist nicht ohne weiteres möglich, da sich Fragen nach dem Grad des Engagements der ausländischen Immigranten im nationalen Innovationssystem, der Art der Tätigkeit der Neuseeländer im Ausland und nach deren Rückkehrbereitschaft sowie dem Qualifikationsgrad der ein- und auswandernden Personen stellen.

Hier kann sich der Frage nach der Qualität der Migrationsströme anhand der Angabe über den ausgeübten Beruf angenähert werden. Für den Zeitraum 1982 bis 1991 stellen ROBERTSON / COPE einen starken *brain drain* über alle Berufsklassen mit wissenschaftlichen und technologischen Fähigkeiten mit der Ausnahme einiger Kategorien im *Engineering* fest. Dabei verlor Neuseeland über 800 Menschen mit naturwissenschaftlicher Ausbildung und 766 Ingenieure ans Ausland (vgl. ROBERTSON / COPE 1993: 19). In der Folgezeit konnte sich der Trend bedingt durch eine auf qualifizierte Einwanderer abzielende Immigrationspolitik

[129] Am 30.6.2000 lebten beispielsweise 375.000 Neuseeländer in Australien, was 60.000 mehr als im Jahr 1996 waren und fast 10 % der Gesamtbevölkerung Neuseelands entspricht. Für das Jahr 1991 kommt der britische Zensus auf 41.000 in England lebende Neuseeländer (vgl. STATISTICS NEW ZEALAND 2001).

[130] REIDY sieht in den Schulden nach sich ziehenden Studiengebühren und der leichteren Refinanzierung im Ausland einen Hauptgrund, warum junge, studierte Neuseeländer das Land verlassen (vgl. 2000: A13).

umkehren, die im Jahr 1996 ihren Höhepunkt erreichte. Die stetig ansteigenden Zahlen bei der Emigration von hoch qualifizierten Arbeitskräften bei einem gleichzeitigen Absinken der Immigrantenzahl machten Neuseeland ab 1998 wieder zu einem Nettoexporteur von hoch qualifizierter Arbeit (vgl. Abbildung 28). Zu berücksichtigen ist, dass insbesondere junge, hoch ausgebildete Menschen das Land verlassen, die nur zu einem kleineren Teil wieder nach Neuseeland zurückkehren (vgl. MoRST 1998b: 22).

Für den gesamten Zeitraum 1992 bis 2000 kann bislang noch ein positiver Migrationssaldo von hoch qualifizierter Arbeit (+13.442) verzeichnet werden (vgl.Abbildung 29). Dieser positive Saldo ist ursächlich auf den starken Zuwachs in der Kategorie der *Professionals* zurückzuführen, zu der Naturwissenschaftler, Ingenieure, Life Scientists, Ärzte und Lehrer zählen. Dagegen entwickelte sich die Bilanz bei den Berufen *Administrators and Managers* (Saldo: +607) und *Technicians* (-2.203) nur schwach positiv bzw. negativ. Berufe mit niedrigeren Qualifikationen mussten zwischen 1992 und 2000 einen Abfluss von 12.900 Personen hinnehmen. Einschränkend wirkt aber, dass die hoch ausgebildeten Immigranten aufgrund von Sprachbarrieren vielfach nicht in ihren angestammten Feldern arbeiten können und so den durch die neuseeländischen *high potentials* verursachten *brain drain* nur bedingt ausgleichen können (vgl. MoRST 1998b: 22). In Verbindung mit der negativen Entwicklung in den letzten Jahren bei den hoch qualifizierten Personen sehen sowohl das WEF (Rang 45 von 59) als auch das IMD (Rang 46 von 49) im neuseeländischen *brain drain* eine starke Gefährdung der neuseeländischen Wettbewerbsfähigkeit (vgl. WEF 2000: 280, IMD 2001: 458).

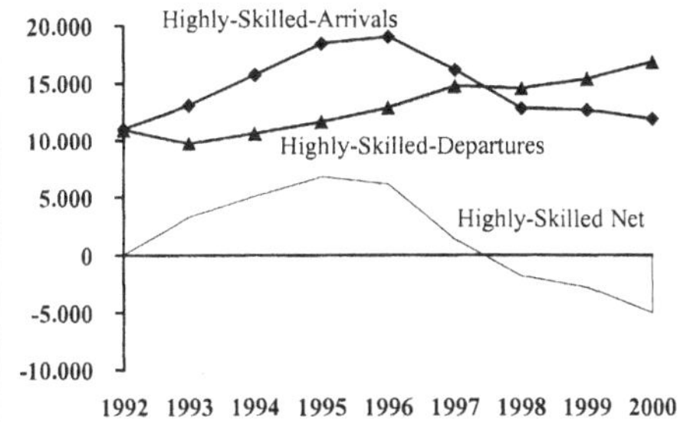

Abbildung 28: Entwicklung der Wanderungsströme von hoch qualifizierten Arbeitskräften
Quelle: Statistics New Zealand (2001)

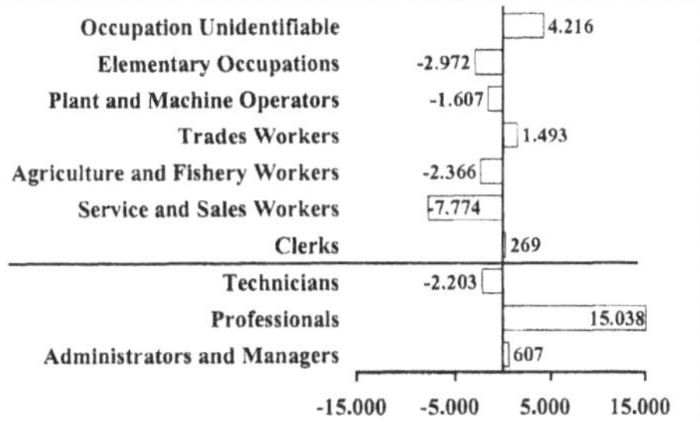

Abbildung 29: Migrationssaldo in Neuseeland nach Berufsgruppen 1992–2000
Quelle: Statistics New Zealand (2001)

Die vorangegangenen Analysen zu den internationalen Transferkanälen zeigen Neuseeland in einem sehr unterschiedlichen Licht: Wirtschaftlich bestehen alle Freiheiten, um sich international zu engagieren und internationale Impulse zu absorbieren, was sich in den (High-Tech-)Exporten, den FDI-Bestand und der Technologiebilanz artikuliert. Die unterdurchschnittliche Bereitshaft, in Technologie zu investieren und internationale wissenschaftliche Kooperationen einzugehen, gefährdet allerdings den Wissenszufluss und könnte zu einem Abkoppeln Neuseelands von den neuesten technologischen und wissenschaftlichen Trends führen. Die internationale Migration hat sich gerade in den letzten Jahren äußerst ungünstig für Neuseeland entwickelt. Zwar können signifikante Einwanderungszahlen von qualifizierten Personen verzeichnet werden. Gleichwohl kann dieser Humankapitalzufluss die Auswanderung junger, qualifizierter Neuseeländer nicht ausgleichen.

5.2.2 Nationale Transferkanäle und nationale Interaktion

Um die verschiedenen Aspekte der nationalen Transferkanäle und Interaktionsbeziehungen im neuseeländischen Innovationssystem zu erfassen, sind wiederum unterschiedliche Indikatoren wie die Infrastruktur, die nationalen Forschungskooperationen und die nationalen Wanderungsbewegungen heranzuziehen.

5.2.2.1 Neuseelands interaktionsdeterminierende Infrastrukturausstattung im internationalen Vergleich

Eine der Grundvoraussetzungen für die Ermöglichung einer Interaktion der Akteure auf nationaler Ebene ist das Vorhandensein einer ausreichend ausgebauten physischen Infrastruktur. Sowohl bei den motorisierten Wagen pro 1.000 Einwohner (540, Rang 7) als auch bei den Wagen pro Straßenkilometer (22, Rang 7) gehört Neuseeland zu den zehn am besten ausgestatteten Volkswirtschaften in der OECD[131]. Unterstützt wird die Mobilität durch die auch im Verhältnis zur Wirtschaftskraft niedrigen Spritpreise (Rang 8), wenn auch die räumliche Verteilung der drei großen Wirtschaftszentren Auckland, Wellington und Christchurch gewisse Nachteile in sich birgt. So beträgt nicht nur die Entfernung von Wellington zu Auckland 650 km, sondern auch die Südinsel (Christchurch) ist nur mit einer zwei- bis dreistündigen Fährübersetzung zu erreichen, was die Kosten und die Fahrtzeiten erhöht[132]. Das von *Trans Rail* betriebene Schienennetz umfasst rund 4.000 Kilometer, auf denen im Jahr 1999 Güter mit einem Gewicht von insgesamt 12,8 Millionen Tonnen transportiert wurden. Zum Personenverkehr dient die Schiene lediglich in den Zentren Auckland und Wellington als Nahverkehrsmittel. Für größere Distanzen kann die gute Vernetzung der Städte durch die nationale Fluggesellschaft *Air New Zealand* genutzt werden. Des Weiteren entsprechen die Häfen in einem hohen Maße den Erfordernissen der neuseeländischen Wirtschaft. Jeweils 99 % des Volumens und 75 % des Werts der Ex- und Importe wird über einen der elf großen Häfen in Neuseeland abgewickelt (vgl. STATISTICS NEW ZEALAND: New Zealand Official Yearbook 2000). Unter 59 Ländern wird die neuseeländische physikalische Infrastruktur auf den achten Rang eingeschätzt (vgl. WEF 2000: 258).

Bei einer Indexierung von sechs die Verkehrsinfrastruktur beschreibenden Indikatoren (Individualverkehr und Luftfahrt) kommt Neuseeland unter den OECD-Ländern auf einen ausgezeichneten zweiten Platz (vgl. Tabelle 30). Aus all dem kann geschlossen werden, dass die neuseeländische physische Infrastruktur kein Interaktionshemmnis darstellt.

	INDEX[133]	**Motor Vehicles** *per 1.000 people*	**Motor Vehicles** *per km road*	**Fuel Price** *per GDP per head*	**Aircraft Departures** *per 1.000 people*	**Air Passengers** *per 1.000 people*	**Air Freight** *tons-km per population*
Norway	375	505	25	36	84	3.755	50
New Zealand	*374*	*540*	*22*	*34*	*57*	*2.223*	*211*
Switzerland	373	527	53	20	39	2.316	268
USA	371	760	32	15	31	2.282	98

[131] In diesem Kapitel wird Singapur infolge fehlender statistischer Werte von der Betrachtung ausgeschlossen.

[132] Die Entfernung von Wellington nach Christchurch beträgt auf der Straße 320 Kilometer.

[133] Der Indexwert berechnet sich aus der Summe der einzelnen Punktebewertungen der Indikatoren. Das Land mit dem besten Wert bei einem Indikator erhält den Wert 100, die anderen Länder prozentual bezogen auf den Maximalwert in der Ausprägung ihres Wertes. So erhält die USA in der Kateorie *Motor Vehicles* den Wert 100, während Neuseeland auf 71 Punkte (= 540/760*100) kommt.

	INDEX[133]	Motor Vehicles *per 1.000 people*	Motor Vehicles *per km road*	Fuel Price *per GDP per head*	Aircraft Departures *per 1.000 people*	Air Passengers *per 1.000 people*	Air Freight *tons-km per population*
Australia	332	601	12	27	18	1.579	94
Ireland	316	305	12	34	33	2.987	35
Netherlands	257	427	58	41	14	1.234	253
Canada	248	581	19	29	10	801	62
Sweden	247	478	20	35	26	1.437	32
Austria	226	536	22	32	16	757	43
Belgium	213	497	34	39	23	997	54
Denmark	212	411	31	32	22	1.194	40
France	211	564	37	41	13	842	84
Finland	211	462	31	43	22	1.210	50
Japan	190	560	61	33	5	834	65
Germany	187	529	66	36	9	665	81
England	182	418	67	50	15	1.137	82
Italy	162	591	52	48	6	484	28
Spain	158	472	53	49	11	860	21
Korea Rep.	144	238	120	108	4	666	178
Portugal	142	348	34	70	10	733	22
Greece	142	348	28	59	8	570	9
Hungary	134	272	15	175	3	194	4
Turkey	110	85	14	303	2	158	5
Czech Republic	109	363	29	153	4	185	3
Poland	90	286	29	187	1	55	2
Mexico	68	151	44	137	3	199	3

Tabelle 30: Verkehrsinfrastruktur im internationalen Vergleich
Quelle: WORLDBANK 2001: 298 ff.

Daneben hängt in wachsendem Maße die Fähigkeit zur Interaktion von der IuK-Infrastruktur eines Landes ab. Wird aus den unten aufgeführten neun Indikatoren zur IuK-Infrastruktur ein Index gebildet, kommt Neuseeland unter den OECD-Ländern auf Rang 9. Hierbei schneidet Neuseeland besonders günstig bei den IuK-Ausgaben als Prozent des BIP mit dem höchsten OECD-Wert und bei den Minuten bei Auslandsminuten pro Teilnehmer mit dem vierthöchsten OECD-Wert ab. Ebenfalls günstig sind die niedrigen Kosten für Auslandsgespräche, gemessen an einem dreiminütigen Gespräch in die USA. Relativ schlecht ist dagegen die Lesedichte von Zeitungen (Rang 14), die Zugänge zum Internet (Rang 15) und die Telefonanschlüsse sowohl von Festapparaten (Rang 15) als auch Mobiltelefonen (Rang 14).

Auffällig ist bei einer Betrachtung der modernen Infrastruktur der Zusammenhang mit dem BIP des jeweiligen Landes. Bei der Ermittlung einer Regressionsgleichung für den Indexwert als abhängige und dem BIP als unabhängige Variable ergibt sich für den Koeffizienten und die Konstante eine statistische Signifikanz von 1 %. Das Bestimmtheitsmaß dieser Gleichung liegt bei einem R^2 von 0,699:

$$\text{Index} = 0{,}01235 * \text{BIP pro Kopf in U\$} + 154{,}192$$

Aus diesem Zusammenhang ist es nun möglich, den aufgrund des BIP zu erwartenden Indexwert für die moderne Infrastrukturausstattung zu berechnen. Dabei weist Neuseeland die höchste positive Diskrepanz zwischen dem realen Indexwert und dem errechneten Indexwert auf. Bezogen auf das BIP pro Kopf wäre für Neuseeland ein Indexwert von 327 zu erwarten, der um 157 Indexpunkte vom realen neuseeländischen Wert (484) übertroffen wird.

Dementsprechend ist Neuseeland auch bei der modernen Infrastruktur – absolut gesehen gut und relativ betrachtet – weit überdurchschnittlich ausgestattet (vgl. Tabelle 31).

	INDEX	**Diff. Index zu BIP Index**	**Tägl. Zeitungsleser**	**PC**	**Internet Hosts**	**Internet User**	**IuK-Ausgaben**	**Telefonanschlüsse**	**Mobiltelefone**	**Auslandsgespräche**	**Kosten 3 Min. nach USA**
			pro 1.000 EW	*pro 1.000 EW*	*pro 10.000 EW*	*pro 1.000 EW*	*% des BIP*	*Pro 1.000 EW*	*pro 1.000 EW*	*Minuten pro Teilnehmer*	*in U$*
Norwegen	647	80	588	446	1.121	500	6,93	709	613	178	1,05
USA[134]	637	89	215	510	2.419	267	8,87	664	312	155	-
Schweden	615	131	445	451	703	407	9,28	665	583	257	0,90
Finnland	562	103	455	360	1.358	429	5,88	557	651	151	1,75
Schweiz	542	-86	337	461	582	204	7,48	699	411	481	1,00
Niederlande	540	75	306	359	679	188	7,13	607	436	224	0,30
Australien	509	96	293	469	683	316	8,85	520	343	112	0,60
Dänemark	503	-47	309	414	692	300	6,94	685	495	180	1,77
Neuseeland	*484*	*157*	*216*	*328*	*807*	*175*	*10,54*	*496*	*366*	*397*	*0,90*
Kanada	465	62	159	360	590	367	8,52	655	226	266	1,20
England	462	17	329	302	348	208	9,35	567	457	180	1,10
Irland	445	26	150	404	227	170	6,48	478	447	573	1,54
Japan	441	-109	578	286	269	213	7,06	558	449	28	2,10
Österreich	417	-51	296	256	431	230	4,82	472	514	305	1,60
Deutschland	392	-79	311	297	233	176	5,27	590	286	152	0,80
Belgien	365	-94	160	315	352	140	5,88	502	314	312	2,00
Korea Rep.	356	97	393	181	100	231	4,42	438	500	43	1,80
Frankreich	348	-104	218	221	167	91	5,96	582	366	129	1,00
Italien	319	-84	104	191	272	121	4,72	462	528	117	1,40
Tschechei	274	58	254	107	134	70	8,49	371	189	96	2,00
Griechenland	268	-35	153	60	100	68	5,51	528	367	130	2,59
Portugal	265	-25	75	93	117	70	5,31	423	467	129	1,88
Spanien	245	-92	100	119	136	119	4,03	410	306	117	1,88
Ungarn	228	17	186	74	129	60	6,42	371	162	61	1,68
Polen	160	-45	113	62	37	54	4,9	263	102	61	3,65
Mexiko	129	-80	97	44	50	19	4,2	112	79	143	3,00
Türkei	118	-72	111	33	16	23	1,47	278	125	39	3,31

Tabelle 31: Indikatoren einer modernen Infrastruktur in den OECD-Ländern
Quelle: WORLDBANK (2001): World Development Indicators: 302 ff.
Bem.: EW = Einwohner

Die im internationalen Vergleich sehr gute Infrastrukturausstattung kann auf die Deregulierungen sowie Privatisierungen in den Bereichen der physischen Infrastruktur und des Telekommunikationssektors, auf die damit einhergehenden signifikanten Investitionen sowie auf das Informationsbedürfnis der Neuseeländer zurückgeführt werden (vgl. BOLES DE BOER / EVANS 1996: 24 ff., BIBBY / DAVENPORT 1999: 450). Nach einer Studie zählt die

134 Aus methodischen Gründen wäre die USA aus der Liste zu eliminieren, da keine Beurteilung hinsichtlich eines dreiminüntigen Telefongesprächs in die USA möglich ist. Um aber einen Einduck zu vermitteln, wird die USA in der Liste aufgeführt.

neuseeländische Telekommunikationsindustrie im asiatisch-pazifischen Raum zu den fünf wettbewerbsfähigsten. Neuseelands Telekommunikationsindustrie rangiert zwar hinter Australien, Japan, Hongkong und Singapur, lässt aber in dieser Branche Länder wie Südkorea, Taiwan, Malaysia, Philippinen, Indien und China hinter sich (vgl. o. V. 2000: 13).

Bemerkenswert ist in diesem Kontext auch, dass nach einer MoRST-Studie 7,3 % der Befragten regelmäßig ein Wissenschaftsmagazin lesen. Eine weitere signifikante Informationsquelle für die neuseeländische Bevölkerung ist das gut ausgebaute Bibliothekensystem, das von 32,1 % der Bevölkerung zwischen einem und fünf Mal und von 62,8 % mehr als fünf Mal pro Jahr besucht wird. Bei durchschnittlich 19,6 Besuchen werden 47,6 Bücher von jedem Nutzer pro Jahr ausgeliehen (vgl. WALKER / LIU 1998a: Appendix 1).

Nach der PISA-Studie erzielten die neuseeländischen 15-Jährigen nach ihren amerikanischen, kanadischen und australischen Altersgenossen beim Umgang mit Computern das viertbeste Resultat (vgl. OECD 2001c: 117). Der Grund hierfür dürfte im frühen Engagement und den Investitionen der Schulen in Computer und Internetanschlüsse zu sehen sein. Bereits 1998 teilten sich lediglich sieben Schüler einer *secondary school* einen Computer und 94 % der Schulen waren an das Internet angeschlossen (vgl. MARCH 1999: 36 ff.). Aber auch die Unternehmen zeigen im Vergleich zu Australien eine höhere Bereitschaft zur Integration von Computer und Internet in die Geschäftsprozesse: 68 % der neuseeländischen Unternehmen sind Internet-Benutzer (Australien: 56 %), 33 % haben ihre eigene Website (Australien: 26 %) und nur 7 % nutzen keinen Computer (Australien 15 %). 54 % verwenden das Internet zur Informationsrecherche, 31 % bestellen Güter und Dienstleistungen und 27 % der Unternehmen betreiben aktiv den Verkauf von Leistungen über das Internet (vgl. INFORMATION TECHNOLOGY POLICY GROUP 2000: 5 ff.). Folglich kommt Neuseeland auch beim E-Commerce im IMD-Ranking auf einen beachtlichen achten Rang (vgl. IMD 2001: 492).

5.2.2.2 Nationale Forschungskooperationen von Universitäten und Unternehmen

Die Interaktionsbereitschaft unter und in den Universitäten kann am besten mit den Publikationen bewertet werden, die mit mindestens zwei Autoren erscheinen. Weltweite Grundtendenz ist eine zunehmende Kooperationsbereitschaft bei wissenschaftlichen Publikationen. Zwischen 1995 und 1997 wurden weltweit 35,3 % der Veröffentlichungen von nationalen Autorenteams durchgeführt, was von keinem der Referenzländer Neuseelands übertroffen wird. Trotzdem ist in Neuseeland im Vergleich zu den Referenzländern mit einem Wert von 20,2 % eine klar unterdurchschnittliche Kooperationsneigung festzustellen, die sich zudem seit 1986–88 nur um 20,9 % erhöhte:

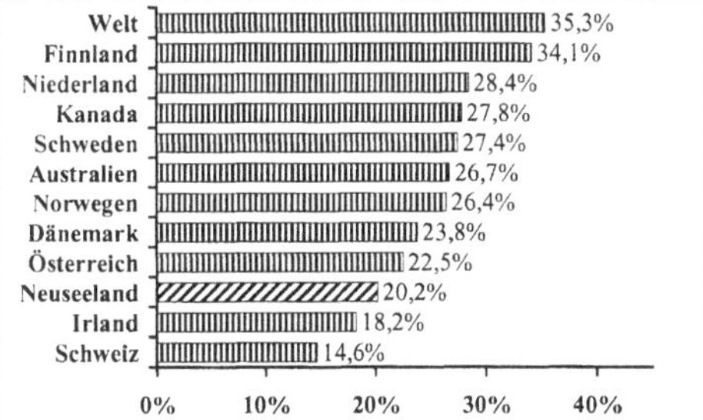

Abbildung 30: Anteil der Publikationen mit einem nationalen Co-Autor 1995-97
Quelle: NATIONAL SCIENCE BOARD (2000): A-438 ff.

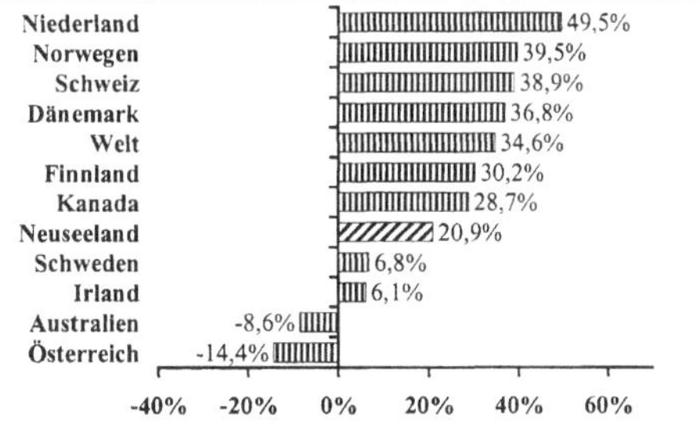

Abbildung 31: Steigerung der Publikationen mit einem nationalen Co-Autor zwischen 1986–88 und 1995–97
Quelle: NATIONAL SCIENCE BOARD (2000): A-438 ff.

Infolge fehlenden statistischen Materials ist es – abgesehen von den in den Kapiteln 5.1.1.3 sowie 5.1.1.4 dokumentierten Interaktionen zwischen *Crown Research Institutes*, Universitäten und der Privatwirtschaft – problematisch, auf nationaler Ebene Forschungskooperationen und Informationsaustauschprozesse in Neuseeland zwischen verschiedenen Organisationen nachzuvollziehen[135] (vgl. WALKER / LIU 1998a: 48). Jedoch führen mehrere Autoren an, dass die neuseeländischen Unternehmensnetzwerke sowohl zu internationalen als auch anderen nationalen Unternehmen nur unterentwickelt sind (vgl. CAMPBELL-HUNT 2001: 34, DAVENPORT / BIBBY 1999: 447 ff., HARPER 1994: 52 f.). Demgemäß registrieren das IMD und das WEF einen unzureichenden Technologietransfer zwischen Universitäten und Unternehmen[136]. Die Interaktionen zwischen Unternehmen außerhalb der normalen Geschäftstätigkeit sind meist informell, ad hoc und ohne institutionelle oder staatliche Hilfe organisiert. Als Gründe werden die kulturelle Antipathie gegen Kooperationen, die isolierte Lage Neuseelands sowie die disperse Verteilung der städtischen Gebiete genannt. Die geringe Größe der meisten Unternehmen fördert eher autonom handelnde Generalisten, welche die sehr heterogenen Bereiche Marketing, Finanzen, Produktion und Beschaffung im Unternehmen managen müssen. Generalisten halten schneller zufrieden stellende Lösungen für ausreichend und weisen im Unterschied zu Spezialisten – auch aus Zeitgründen – eine geringere Kooperationsneigung auf (vgl. HARPER 1994: 52 f., DAVENPORT / BIBBY 1999: 447 ff., CAMPBELL-HUNT 2001: 34). Ferner riefen die Reformen „concerns about violating legal limits to cooperative behaviour" hervor (CAMPBELL-HUNT 2001: 34). Immerhin wird die Intensität der neuseeländischen Unternehmenskooperationen in der IMD-Studie auf den 18. Rang eingestuft (vgl. IMD 2001: 493).

Zum Abbau der konstatierten Schwächen bei der Interaktion initiierte die Regierung das *Foresight Project*, welches in einem offenen und zahlreiche Institutionen sowie Individuen umfassenden Planungsprozess die Prioritäten und Notwendigkeiten der neuseeländischen F&E für die nächsten Jahre festlegen soll. Ziel ist es „to encourage an ongoing process of strategic thinking across diverse communities, as a basis for developing a coherent and forward-looking view of needs and opportunities for new knowledge and technological change" (MORST 1998c: 5). Darüber hinaus sollte durch dieses Projekt die Interaktion von Anspruchsgruppen und der neuseeländischen Forschungsgemeinschaft stimuliert werden. Mit dem *Foresight Project* sollten gerade die einzelnen privatwirtschaftlichen Anspruchsgruppen angehalten werden, über ihre zukünftigen technologischen Anforderungen und ihr benötigtes Humankapital mit staatlichen Forschungsinstituten und Universitäten zu diskutieren (vgl. DAVENPORT / BIBBY 1999: 452). Wegen des dezentralen Charakters des Projekts, welches durch den Regierungswechsel in *Blueprint for Change* umbenannt wurde, sind Beurteilungen über den Erfolg des Projektes indes nur schwer möglich.

5.2.2.3 Nationale Migrationsströme

Sowohl zwischen den Jahren 1986 und 1991 als auch zwischen 1991 und 1996 zog rund die Hälfte der Neuseeländer um. Knapp die Hälfte von denen, die ihren Wohnsitz zwischen 1991 und 1996 veränderten, tat dies allerdings nur im engen räumlichen Maßstab und blieb im gleichen *Territorial Authority* erfasst. Gleichwohl ist von einer hohen Mobilität der

---

[135] Dies ist ein weiterer Grund, warum eine eigene Erhebung über die Netzwerkaktivitäten notwendig ist und im Rahmen der Untersuchung zweier regionaler Innovationssysteme durchgeführt wurde (vgl. Kapitel 6.3).

[136] Nach der Bewertung durch neuseeländische Manager kommt Neuseeland bei diesem Kriterium lediglich auf Platz 24 (vgl. IMD 2001: 441). Noch schlechter stuft das WEF Neuseeland bei den Forschungskooperationen von Unternehmen mit Universitäten ein. Unter 59 untersuchten Ländern belegt Neuseeland sogar nur den 41. Rang (vgl. WEF 2000: 281).

Neuseeländer auszugehen, da in diesem Fünf-Jahres-Zeitraum jeder Zehnte in ein anderes *Regional Council* zog. In der Altergruppe der 20- bis 39-Jährigen wechselten zwischen 1991 und 1996 sogar 73,7 % ihre Wohnadresse, wobei insgesamt 14,7 % mit ihrem Umzug auch den *Regional Council* verließen.

Seit 1986 haben sich erstmals in der neuseeländischen Geschichte die Wanderungsbewegungen zwischen der Süd- und der Nordinsel zugunsten der Südinsel entwickelt: Zwischen 1986 und 1996 gewann die Südinsel im Saldo 6.300 Menschen von der Nordinsel hinzu (vgl. BEDFORD / GOODWIN ET AL. 1997: 22). In den zehn Jahren 1986 bis 1996 profitierten die Regionen Bay of Plenty (+17.071), Canterbury (+11.268) und Auckland (+8.943) am meisten von den Migrationsbewegungen. Die größten Bevölkerungsverluste haben die Regionen Wellington (-12.957), Southland (-10.353) und Taranaki (-6.951) zu verzeichnen.

Insgesamt ist der Trend der Nordwärtsbewegung innerhalb der beiden Inseln der neuseeländischen Bevölkerung nach wie vor intakt. Auf der Südinsel sind signifikante Wanderungsbewegungen von den südlichsten *Regional Councils* Otago und Southland nach Canterbury auszumachen, während auf der Nordinsel der dominanteste Trend die Wohnverlagerung von Wellington nach Auckland (+8.316) sowie von Waikato nach Bay of Plenty (+6.447) darstellt. Die Dynamik der Migration (In-Migration) zwischen den *Regional Councils* ist in der Bay of Plenty, der West Coast und Nelson-Marlborough ungefähr doppelt so hoch wie in Auckland, Southland und Canterbury. Einerseits sind die Befruchtungen durch regionalexogenes Humankapital der drei letztgenannten *Regional Councils* nicht so hoch, wobei andererseits hier infolge der geringeren Bevölkerungsaustauschprozesse von stabileren Gesellschaftsbedingungen und damit einhergehenden besseren regionalendogenen Austauschprozessen auszugehen ist (vgl. BEDFORD / GOODWIN ET AL. 1997: 17 ff.).

Bei den nationalen Transferkanälen kann Neuseeland auf eine sehr gut entwickelte Infrastruktur zurückgreifen, welche die im Innovationsprozess wichtige Interaktion fördern dürfte. Die regen nationalen Migrationsbewegungen stellen zudem einen dynamischen Transfer von *embodied knowledge* sicher. Trotz dieser guten Ausgangsbedingungen zeigen sich in der konkreten Kooperation Schwächen: Weder die Universitäten noch die Unternehmen können als besonders interaktionsaktiv eingestuft werden.

5.3 Determinanten des neuseeländischen Innovationssystems

Im Folgenden werden die für die Innovationsgenerierung relevanten Faktoren in Anlehnung an den PORTSCHER'SCHEN Diamanten vorgestellt. Da auch die Kultur eine beeinflussende Wirkung auf das spezifische nationale Innovationssystem hat, werden zunächst Tendenzen in der neuseeländischen Kultur beleuchtet.

5.3.1 Ausprägungen der neuseeländische Kultur

Um sich dem Phänomen der neuseeländischen Kultur anzunähern, wird diese auf der Grundlage der Studie von HOFSTEDE allgemein charakterisiert. Anschließend wird dann auf die spezifischen Ausprägungen neuseeländischer kollektiver Verhaltensweisen und Einstellungen bezüglich Technologie, Innovation und Wissenschaft eingegangen.

5.3.1.1 Allgemeine Aussagen zur neuseeländischen Kultur

Kultur – im Sinne von gemeinsam geteilten Werthaltungen einer Gesellschaft – wirkt über Normen, Regeln und Verhaltenskodizes verhaltenssteuernd und hat somit einen direkten Einfluss auf sowohl die Einstellung zu Neuerungen als auch das Potenzial, Innovationen zu generieren. Grundsätzlich ist Kultur durch einen langen Prozess der internen Annahme und

Weitergabe auf Kontinuität sowie Stabilität ausgerichtet. Dennoch können rasche Umweltveränderungen (neoliberale Reformen) auftreten, bei denen die Kultur mit neuen Gegebenheiten konfrontiert ist und sich langfristig verändert.

Die Wurzeln der neuseeländischen Kultur liegen in Großbritannien. Ziel der vor gerade einmal 150 Jahre aus Großbritannien immigrierten Siedler war es, Neuseeland als Abbild ihres Heimatlands zu errichten. Äußere Zeichen dieses Bestrebens sind die Anerkennung der britischen Königin als Landesoberhaupt und die Integration der britischen in die neuseeländische Nationalfahne. Die intensiv gepflegten Kontakte zwischen dem Ursprungsland der ersten Siedler und Neuseeland ließ eine sehr britisch orientierte Kultur in Neuseeland entstehen (vgl. WILLMOTT 1990: 2 ff.). Ferner ist in den Schulen stets die Auffassung vertreten worden, dass Neuseeland ein britischer Außenposten sei. Die Lehrplaninhalte richten sich an Großbritannien und nicht am pazifischen Raum aus. So ist es wenig verwunderlich, dass eine Initiative der *Labour Party* 1990 wenig Beachtung fand, Neuseeland als Teil des Pazifiks oder nun aktuell von Asien aufzufassen. Infolge der räumlichen Lage ist das Gefühl, auf einer kleinen, isolierten Insel zu leben, die im täglichen Weltgeschehen keine Aufmerksamkeit findet, tief in der Bevölkerung verwurzelt (vgl. BELL 1996: 7 ff.). Dies wird als Begründung herangezogen, warum sich die Neuseeländer nach internationaler Anerkennung sehnen und sich durch die Doktrinen des Washingtoner Konsensus[137] zu so radikalen Reformen bewegen ließen, die inzwischen von der neuseeländischen Bevölkerung als das größte soziale Experiment interpretiert werden (vgl. MULGAN 1998: 13).

Problematisch ist die empirische Messung und Klassifikation von Kultur insofern, als bei der Messung auf sichtbare Surrogate wie Riten, Sprache, Kleidung, Kunst und Architektur zurückgegriffen werden muss, um die dahinter liegenden Werte, Normen und Denkweisen aufzudecken (vgl. PERLITZ 1995: 301 ff.). Die bedeutendste Studie in diesem Kontext stammt von HOFSTEDE, der aus 116.000 Fragebögen in 50 Ländern und drei Regionen mit jeweils mehr als 100 Fragen die vier Kulturdimensionen Machtdistanz, Individualismus, Maskulinität und Unsicherheitsvermeidung zur Charakterisierung der Kultur eines Landes herausfilterte (vgl. HOFSTEDE 2001: 372 ff.). Ausgehend von dieser ersten quantitativen Annäherung werden die einzelnen Dimensionen und deren neuseeländische Bewertungen durch andere Forschungsarbeiten qualitativ angereichert.

Die Machtdistanz ist das Ausmaß, bis zu welchem die weniger mächtigen Mitglieder von Organisationen erwarten und akzeptieren, dass Macht ungleich verteilt ist. In dieser Dimension hat Neuseeland den viertniedrigsten Indexwert der untersuchten Länder, was die hohe Bedeutung von Gleichheit innerhalb der Bevölkerung unterstreicht (vgl. HOFSTEDE 2001: 25 ff.). Die Ausprägungen der Reformen stehen diametral zu den Gleichheits-Vorstellungen der Neuseeländer und haben dadurch eine hohe – auch heute noch spürbare – Bürde auf das neuseeländische Identitätsverständnis gelegt. Bislang haben sich die neuen Wert- und Leistungsvorstellungen kaum in die neuseeländische Kultur integrieren können. Im Kontext der Innovationsgenerierung ist die auf Gleichheit beruhende Kultur wegen des fehlenden Anreizes, sich durch Innovationen finanziell besser zu stellen, wenig dienlich. Aus

---

[137] Der Washingtoner Konsensus umfasst den IWF, die Weltbank und die EBRD und kann mit „Haushaltsdisziplin, Steuerreform, Liberalisierung des Finanzsektors und des Außenhandels, Öffnung für ausländische Direktinvestitionen, Privatisierung und Deregulierung, klare Ordnungspolitische Vorgaben" charakterisiert werden (KLEIN 2000: 2). Eine Auseinandersetzung der Rolle des IWFs im Kontext des russischen Transformationsprozesses, die auch für das Verständnis der neuseeländischen Reformen dienlich ist, ist bei KLEIN (2000) zu finden.

diesem Grund dürften die Reformen und eine langfristige Integration der dahinter liegenden Wertvorstellungen die Innovationskraft Neuseelands verbessern (vgl. HARPER 1994: 57 ff.).

Der Individualismus beschreibt als zweite Dimension Gesellschaften, in denen die Bindungen zwischen den Individuen locker sind. Hingegen beschreibt der Kollektivismus Gesellschaften, in denen der Mensch von Geburt an in starke, geschlossene Wir-Gruppen integriert ist, die ihn ein Leben lang schützen, dafür aber bedingungslose Loyalität verlangen. Mit dem sechsthöchsten Wert zeigt Neuseeland eine deutliche Ausprägung in Richtung einer individualistisch geprägten Gesellschaft: Die Identität ist im Individuum begründet; die Wichtigkeit der Aufgabe steht über der Beziehung, und die eigene Meinungsäußerung wird gefördert. Des Weiteren ist die mit Diplomen und Ausbildung verbundene Steigerung der Selbstachtung leistungsfördernd (vgl. HOFSTEDE 2001: 63 ff.).

Die dritte Dimension, Maskulinität, kennzeichnet eine Gesellschaft, in der die Rolle der Geschlechter klar gegeneinander abgegrenzt sind und typisch maskuline Charakteristika dominieren. Die neuseeländische Kultur kann nach der HOFSTEDE-Studie tendenziell als maskulin (Rang 17) eingestuft werden. Dazu zählen beispielsweise materielle Erfolgskomponenten, der Ehrgeiz auf Fortkommen, die Austragung von Konflikten und die Sympathie mit den Starken (vgl. HOFSTEDE 2001: 108 ff.). BELL bestätigt die Dominanz typisch maskuliner Eigenschaften, wie sie ihren Ausdruck in der neuseeländischen Leidenschaft Rugby findet, und führt sie auf den harten Kampf der Siedler gegen die Elemente und die Natur zurück (vgl. BELL 1996: 35 ff.). Nach Einschätzung von HARPER (vgl. 1994: 59 f.) und BIBBY / DAVENPORT (vgl. 1999: 450) steht diese Einordnung allerdings im klaren Widerspruch zur realen Ausprägung der neuseeländischen Kultur, da diese Bewertung selbst im Spannungsverhältnis zu Ergebnissen der anderen Dimensionen für Neuseeland steht. Mit Ausnahme des Sports ist der Anreiz zur Leistung in anderen Bereichen wie Wirtschaft oder Wissenschaft niedrig bis durchschnittlich ausgeprägt. Unternehmen schauen eher auf die Leistung anderer neuseeländischer Unternehmen, als sich im Kontext des Weltmarktes zu messen. Generell pflegen die Neuseeländer einen *easy-going-lifestyle* und sind wenig bereit auf Freizeit sowie materiellen Komfort zur Erreichung eines höheren Leistungsniveaus zu verzichten, wenn auch hier die Reformen durch die Öffnung des Landes und den damit einhergehenden verschärften Wettbewerb verändernd wirken. Im IMD-Bericht werden die gesellschaftlichen Werte Neuseelands indes nach wie vor mit dem 31. Platz von 49 Ländern als Hinderung für die Wettbewerbsfähigkeit beurteilt (vgl. IMD 2001: 514).

Ein hoher Unsicherheitsvermeidungsindex bedeutet, dass sich die Mitglieder dieser Kultur in einem hohen Maße durch ungewisse oder unbekannte Situationen bedroht fühlen. Neuseeland gehört bei dieser Kategorie zu den Ländern, die einen relativ niedrigen Indexwert aufweisen (Rang 40). Neuseeländer nehmen demnach die der Innovationsgenerierung inhärenten Charakteristika Unsicherheit und Ungewissheit – korrespondierend zu ihrer positiven, relaxten Lebensauffassung – als normale Erscheinungen im Leben hin. Für die Innovationsgenerierung ebenfalls förderlich ist die Toleranz gegenüber abweichenden und neuen Gedanken und Verhaltensweisen, die sich in der Präferenz von *Open-End*-Lernsituationen sowie guten Diskussionen niederschlägt. Verbunden ist mit dieser Bewertung allerdings auch, dass sich Wohlbefinden bei Müßiggang einstellt und harte Arbeit nur bei unbedingter Erfordernis geleistet wird (vgl. HOFSTEDE 2001: 153 ff.).

Trotz dieser Einordnung sind einige Aspekte der neuseeländischen Kultur noch verhüllt geblieben, was beispielsweise die Nichtexistenz einer homogenen neuseeländischen Kultur miteinschließt. Die Nation aus Pakeha, Maori, Asiaten und Zuwanderern von den südpazifischen Inseln wird lediglich durch sportliche Ereignisse, wie insbesondere dem Rugby-Team der All-Blacks geeint. Ansonsten ist eher von einzelnen, von den anderen abgegrenzten Kulturtraditionen auszugehen, die neuerdings durch die wachsende Zahl an Asiaten um eine weitere Subkultur bereichert werden. Während es bei den Maori eine zunehmende Rückbesinnung auf alte Werte und Normen in den Familien und Stämmen gibt, herrscht unter den Pakehas eine intensive Diskussion über die Ausprägung einer eigenen neuseeländischen Identität, die nicht von ausländischen Strömungen determiniert werden sollte[138] (vgl. WILLMOTT 1990: 2 ff.). Die Reformen und die damit verbundene Aufgabe des Ziels einer egalitären Gesellschaft sowie das historische Bewusstseins eines „Lebens im Paradies" aufgrund eines ausgebauten Wohlfahrtsstaates unter Abschottung gegenüber der harten Außenwelt tragen zu einer Identitätskrise der Neuseeländer bei (vgl. BELL 1996: 17 ff.).

5.3.1.2 Einstellung zu Technologie, Innovation und Wissenschaft

Historisch gesehen entwickelte sich aus der Siedlergemeinschaft, die in vielen Situationen auf sich allein gestellt war, eine ausgesprochene *„do-it-yourself"*-Mentalität[139], die auch heute noch zu spüren ist. Dieser pragmatische Einfallsreichtum (*„Kiwi Ingenuity"*) könnte oberflächlich betrachtet als Indikator für herausragende individuelle Genialität und Innovativität der Neuseeländer gewertet werden (vgl. EISEN 1995: 1 ff.). Dagegen verweist HARPER darauf, dass mit dieser pragmatischen Denkhaltung eher inkrementale Verbesserungen mit geringen ökonomischen Renditen einhergehen. Entrepreneure im SCHUMPETER'SCHEN Sinne werden durch eine solche Haltung nicht gefördert. Zudem wird auf den Expertenrat – im Bewusstsein, das Problem alleine zu lösen – verzichtet (vgl. HARPER 1994: 53). Dadurch behindert das Bedürfnis der 100%igen Kontrolle über die Prozesse die Netzwerkbildung, was auch zu den angesprochenen Problemen beim Technologietransfer führt. Vielmehr ist von einer Mentalität auszugehen, dass „Kiwis are improvisators, not innovators"[140] (vgl. FREDERICK / CARSWELL 2001: 13 ff.).

Dennoch ist im internationalen Vergleich das Interesse und Wissen an wissenschaftlichen Frage- und Problemstellungen sehr hoch. Auf einer Indexskala von 0 (desinteressiert) bis 100 (sehr interessiert) erzielt Neuseeland unter 14 OECD-Ländern den höchsten Wert. Das gestiegene Bewusstsein der Neuseeländer über die Wichtigkeit von Technologie und Wissenschaft demonstriert ein intertemporaler Vergleich der Jahre 1990 und 1997. Waren 1990 noch 38 % der Befragten an den beiden Themenbereichen Technologie und Wissenschaft sehr interessiert, waren es 1997 bereits 48,9 % (vgl. WALKER / LIU 1998b: 7.3). Auch wenn sich nur 7,9 % als sehr informiert und sehr interessiert in den beiden Bereichen bezeichnen, belegt Neuseeland in einer Studie zum Verständnis wissenschaftlicher und technologischer Zusammenhänge den zweiten Rang.

Die Einstellung der Bevölkerung gegenüber den Auswirkungen von Wissenschaft und Technologie auf das tägliche Leben veränderte sich ebenfalls positiv: Nach 56 % im Jahr 1990 stimmten 1997 86 % der Befragten zu, dass die Wissenschaft einen direkten Einfluss auf das Leben der Bevölkerung hat. Zugleich verdoppelte sich fast die Zahl derer, welche die Nutzenstiftungen aus Wissenschaft und Technologie größer als die Risiken einschätzen, von

---

[138] LEAFLAND (1988) beschreibt kritisch den dominanten Einfluss der USA über Fernsehen, Kino und die Musik auf Neuseeland.

[139] Ein häufig anzutreffendes Beispiel, um die Erfindungsgabe der Neuseeländer zu dokumentieren, ist der berühmte „No. 8 Wire", mit dem die meisten Probleme im Siedlungsalltag durch den universellen Einsatz dieses Drahts gelöst wurden (vgl. FREDERICK / CRASWELL 2001: 13).

[140] „English culture has had strong influence in America, Canada, Australia, New Zealand and even Hong Kong as well as in the British Isles themselves. Yet these countries have vastly different track records in innovation – with America top and New Zealand probably bottom" (IT ADVISORY GROUP 1999: 27).

25 % auf 45,6 % (vgl. WALKER / LIU 1998b: 7.4). Berühmte Persönlichkeiten unter den neuseeländischen Wissenschaftlern und Erfindern sind die aus Christchurch stammenden LORD ERNEST RUTHERFORD (Atomphysiker) und SIR WILLIAM HAMILTON, der 1953 das erste moderne Düsenantriebssystem für Jetboote erfand, was heute in über 20.000 Booten weltweit zu finden ist. Weiterhin wird immer wieder auf die Leistungen von EDMUND HILLARY (Erstbesteigung Mount Everest) hingewiesen. Alle drei prägen in ihrer Vorbildfunktion das nationale Innovationssystem auch heute noch.

Die neuseeländische Kultur unterstützt die Innovationsgenerierung durch ein hohes Interesse an technologischen und wissenschaftlichen Fragestellungen. Der Umgang damit ist allerdings pragmatisch, so dass sich das neuseeländische Innovationssystem insbesondere durch inkrementale Innovationen auszeichnen dürfte.

5.3.2 Faktorbildung im neuseeländischen Innovationssystem

Nachdem zwei Elemente der Faktorbildung, das Wissenschafts- und Forschungssystem (vgl. Kapitel 5.1) sowie die Infrastruktur (vgl. 5.2.2.1), bereits abgehandelt worden sind, konzentriert sich dieses Kapitel auf die Beölkerungsstrukturen, die Humankapitalbasis sowie den Zugang zu finanziellen Ressourcen für innovative Unternehmen in Neuseeland.

5.3.2.1 Bevölkerungsstrukturen und der Einfluss auf die Innovativität in Neuseeland

Tabelle 32 verdeutlicht, dass es sich bei der neuseeländischen Bevölkerung um eine im OECD-Kontext relativ junge und schnell wachsende Population handelt, die in einem relativ dünn besiedelten Raum lebt. Zwar findet der für alle entwickelte Volkswirtschaften typische Prozess der Alterung der Gesellschaft auch in Neuseeland statt, wenn auch sich dieser Trend in Neuseeland seit 1960 weniger deutlich entwickelt hat.

	Bevölkerungsdichte *in Einwohner pro km²*	**Jährliches Bevölkerungswachstum** *1989–1999 in %*	**Bevölkerung unter 15 Jahre** *1960 in %*	**Bevölkerung unter 15 Jahre** *1999 in %*	**Bevölkerung über 65 Jahre** *1960 in %*	**Bevölkerung über 65 Jahre** *1999 in %*
Neuseeland	14	1,4	32,9	23,0	8,7	11,7
Australien	2	1,2	30,2	20,7	8,5	12,2
Dänemark	123	0,4	25,2	18,3	10,6	14,9
Finnland	15	0,4	30,4	18,2	7,3	14,8
Irland	53	0,6	30,5	22,1	9,0	17,4
Norwegen	14	0,5	25,9	19,9	10,9	15,4
Schweden	20	0,4	22,4	18,0	11,8	17,8
OECD Total	**32**	**0,9**	**28,6**	**20,6**	**8,5**	**13,0**

Tabelle 32: Die neuseeländischen Bevölkerungsstrukturen im OECD-Vergleich
Quelle: OECD (2001b: 6 f.): OECD in Figures

STEINMANN weist auf den Zusammenhang hin, dass ein Bevölkerungswachstum und eine damit einhergehende höhere Bevölkerungsdichte die Bereitschaft der Bevölkerung steigert, neue Technologien einzuführen, um sich den neuen räumlichen Gegebenheiten besser anpassen zu können. Eine bestimmte Bevölkerungsdichte kann als notwendige Voraussetzung interpretiert werden, die Infrastruktur auszubauen sowie eine effiziente Arbeitsteilung zu ermöglichen. So kann nachgewiesen werden, wenn auch in abgeschwächter Form in Vergleich zu der Phase der Industrialisierung, dass das technologische Niveau an die Bevölkerungsdichte gekoppelt ist (vgl. STEINMANN 1984: 26 ff.). Damit fördert das relativ hohe Bevölkerungswachstum die Innovativität Neuseelands, während die geringe Bevölkerungsdichte als Druck auf die Einführung neuer, Effizienz steigernder Technologien tendenziell hemmend wirkt.

Wird unterstellt, dass junge Arbeitskräfte über das neueste Wissen und die größte Bereitschaft zur Erlernung neuer Technologien verfügen, besteht in alternden Gesellschaften die Gefahr einer sinkenden Akzeptanz neuer Wissensbestände. Zugleich wird bei einem Vorliegen eines Senioritätsprinzips in Unternehmen bezüglich der Karrieremöglichkeiten die jüngere Bevölkerung in Ermangelung an ausreichenden Positionen benachteiligt und demotiviert. Ferner reduziert ein höherer Bevölkerungsanteil der älteren Generation – durch die vermutete höhere Risikobereitschaft der jüngeren Bevölkerung – das Angehen neuer, innovativer Projekte (vgl. STEINMANN 1999: 87 f.). Dementsprechend ist der neuseeländische Aufbau der Alterspyramide als relativ günstig für die Innovationsbereitschaft der Bevölkerung zu beurteilen.

5.3.2.2 Die neuseeländische Humankapitalbasis

Die Humankapitalbasis eines Landes determiniert das nationale Innovationssystem in ihrer Fähigkeit der originären Innovationsgenerierung sowie der potenziellen und zeitnahen Absorption von Wissen. Das Niveau des Formalbildungsgrads spielt für die entwickelten Länder unter der Prämisse einer Entwicklung zur Wissensgesellschaft eine zentrale Rolle.

Im Zuge der Reformen wurde ausgehend von dem PICOT- (1987) und dem HAWKE-Report (1988) das gesamte Bildungssystem Neuseelands an die Grundsätze neoliberalen Denkens und des *New Public Management* angepasst[141]. Die Bildungseinrichtungen wurden zu eineinander im Wettbewerbs stehenden *providern*, die sich vor allem an den Erfordernissen des Arbeitsmarktes und an den Bedürfnissen ihrer Kunden, den Studenten, auszurichten haben. Abgelöst wurde ein sehr zentrales, vom DEPARTMENT OF EDUCATION geleitetes System, welches sehr unstrukturierte und obsolete Kurse anbot, die zudem nicht nur zwischen neuseeländischen Universitäten, sondern auch teilweise innerhalb einer Universität zu anderen Studienleistungen inkompatibel waren (vgl. MINISTRY OF EDUCATION 1997: 7). Zur Absicherung der Qualität von Forschung und Lehre überprüft die 1993 eingeführte ACADEMIC AUDIT UNIT die neuseeländischen Universitäten (vgl. WOODHOUSE 1998: 39 ff.). Neben der Reformierung der internen Strukturen des Bildungssystems wurde die Wichtigkeit von hoch qualifiziertem Humankapital explizit anerkannt: Die niedrigen Partizipationsraten an tertiären Bildungsangeboten sollten angehoben werden (vgl. ROBERTS 1999: 72 f.). Die innerhalb von sechs Jahren gestiegenen Studentenzahlen an tertiären Organisationen von 196.000 auf 344.348 im Jahr 2001 können als Erfolg der Verbesserungsbestrebungen des Humankapitals gewertet werden (vgl. MINISTRY OF EDUCATION 2001: 100).

Zur Zielerreichung ist unter den Restriktionen eines hoch verschuldeten Staats und eines *user-pays*-Systems die Beteiligung der Studenten an der Finanzierung des Bildungssystems nicht zu umgehen. Der Zahlungsfluss der signifikanten Studiengebühren kann aber über ein *student-loan*-System intertemporal in die Zukunft verschoben werden. Dennoch übertrafen – trotz eines wachsenden privaten Engagements – die öffentlichen Ausgaben für Bildung in jedem Jahr die des Vorjahres (vgl. BUTTERWORTH / BUTTERWORTH 1998: 245). Neuseeland stellt 6,2 % des BIP im öffentlichen Haushalt für Bildung bereit, was unter den OECD-Ländern den fünfthöchsten Wert repräsentiert (vgl. Tabelle 33).

---

[141] Damit wurde „the replacement of academic professionalism with the canons of business management" auch in den Bildungseinrichtungen vorangetrieben (PETERS / MARSHALL / PARR 1993: 36).

Die öffentlichen tertiären Bildungseinrichtungen, zu denen sieben Universitäten, 25 *Polytechnics*, vier *Colleges of Education* (Lehrerausbildung) und drei Wanagas (in Maori-Tradition geführte Universitäten) gehören, vereinen 84,7 % der 344.348 Studenten auf sich, wobei die Universitäten (48 %) und die Polytechnics (45 %) 93 % der Studenten an öffentlichen tertiären Einrichtungen ausbilden. Daneben existieren über 800 registrierte, private Einrichtungen, von denen 223 von der öffentlichen Hand unterstützt werden und im Jahr 2001 rund 52.000 Studenten akquirieren konnten.

Der beliebteste Studiengang in Neuseeland ist mit rund einem Fünftel der Studenten *Commercial & Business*. Ebenso kommen *Education* (11,8 %) und *Humanities* (9,0 %) auf signifikante Studentenzahlen. Im internationalen Kontext weist Neuseeland im für die Innovativität wichtigen Bereich *Science & Technology* mit 20 % der Studierenden unter den Referenzländern Australien (24 %), Dänemark (25 %), Norwegen (26 %), Irland (31 %), Schweden (38 %) und Finnland (39 %) – im Einklang mit den niedrigen Werte für Publikationen in diesem Bereich – den geringsten Wert auf (vgl. Tabelle 33, CROCOMBE / ENRIGHT ET AL. 1991: 103). So sind auch die neuseeländischen Manager der Meinung, dass das neuseeländische Bildungssystem und die Universitäten nur unzureichend den Anforderungen der Wirtschaft gerecht werden[142] (vgl. IMD 2001: 438).

Bei der räumlichen Verteilung der Studenten an öffentlichen tertiären Einrichtungen dominiert Auckland (25,6% der Studierenden), gefolgt von Palmerston North (13,7%), Christchurch (10,6%), Wellington (8,9%), Dunedin (8,3%) und Hamilton (7,5%). Einen signifikanten Anteil an den tertiären Studiengängen hat die Fernuniversität mit 15,2 % der Studierenden (vgl. MINISTRY OF EDUCATION 2001). Unter den *Main Urban Areas* weist bei einer Relativierung der Studentenzahlen mit den Einwohnern Palmerston North den mit Abstand höchsten Wert auf. Dunedin, Hamilton und Christchurch liegen ebenfalls über dem durchschnittlichen Wert von 77 Studenten je 1.000 Einwohner; Wellington und Auckland liegen leicht darunter.

Für das Humankapital prägend wirken sich die Entwicklung und die Situation der formalen Bildung der Bevölkerung sowie die Initiativen für Fortbildungsmaßnahmen in der Privatwirtschaft aus.

In Neuseeland besitzen 12,7 % der Bevölkerung zwischen 25 und 64 Jahren einen tertiären Bildungsabschluss[143], womit lediglich Norwegen und Australien unter den Referenzländern einen höheren Anteil aufweisen. Gleichwohl liegt Neuseeland mit diesem Indikator leicht unter dem OECD-Durchschnitt. Unterdessen schneidet Neuseeland im Bereich des Bevölkerungsanteils mit *upper secondary*-Ausbildung mit 60,0 % deutlich besser als der OECD-Durchschnitt ab und liegt im Mittelfeld unter den Referenzländern. Zusammengenommen haben 72,7 % der Neuseeländer eine höhere Ausbildung, die somit eine gute Basis für eine ausreichend große *absorptive capacity* sowie formalbildungstechnisches Wissen zur Innovationsgenerierung darstellt (vgl. Tabelle 33). Die eigene Befragung von multinationalen Unternehmen bestätigt die gute Qualität des neuseeländischen Humankapitals, in der die Unternehmen angaben, mit der Rekrutierung von ausreichend qualifiziertem Personal kaum Schwierigkeiten zu haben.

---

[142] Im IMD-Report landet das neuseeländische Bildungssystem auf Rang 27, die Universitäten auf Rang 24 von 49 beurteilten Ländern (vgl. IMD 2001: 438).

[143] Für die Definition und internationale Klassifikation der Bildungsabschlüsse liegt die Einteilung der ISCED-97 der OECD zu Grunde (vgl. OECD 1999c).

Bezogen auf die relevante Altergruppe für eine potenzielle Immatrikulation in einer tertiären Bildungsinstitution ist in allen OECD-Ländern der Prozentsatz derjenigen mit dem Ziel einer tertiären Qualifikation klar gestiegen. Für Neuseeland demonstriert der zwischen 1980 und 1997 um 36 Prozentpunkte auf 63 % überdurchschnittlich gestiegene Partizipationsanteil an einem tertiären Bildungsgang eine aufholende Entwicklung. Dadurch konnte sich Neuseeland bei diesem Indikator innerhalb der OECD vom achten auf den sechsten Rang vorschieben. Durch die vierthöchste Steigerungsrate bei den tertiären Partizipationsanteilen eines Jahrgangs innerhalb der OECD-Länder erhöhte sich die erwartete Zahl an Bildungsjahren von 14,5 auf 16,5 Jahre. Im Vergleich mit den Referenzländern ist lediglich die australische Ausbildungsdauer mit 17 Jahren länger. Negativ ist jedoch die von McCutcheon festgestellte Verschlechterung des Verhältnisses Studenten zu Lehrbeauftragten an den Universitäten von 12 (1980) auf knapp 17 im Jahr 1994 zu beurteilen (vgl. McCutcheon 1995: 16 f.). In den folgenden Jahren entwickelte sich das Verhältnis zugunsten der Studenten und beträgt im Jahr 2000 15,9 (vgl. Ministry of Education 2001: 111). Für das Jahr 1997 gibt die OECD für den tertiären Bildungssektor Neuseelands einen Wert von 15,5 Studenten je Lehrenden an, welcher den achten Rang innerhalb von 12 berichtenden Ländern bedeutet. Im Bereich der *secondary education* erreicht Neuseeland einen noch schlechteren 14. Rang von 16 berichtenden OECD-Ländern. Wenn die Studenten-Lehrbeauftragten-Relation als Indikator für die Leistungsfähigkeit und Effektivität eines Bildungssystems herangezogen wird, ist die qualitative Ausbildung des neuseeländischen Humankapitals als unterdurchschnittlich anzusehen.

Im Gegensatz dazu stehen die positive Einschätzung über die Erfolge der Schulreformen von Butterworth / Butterworth (vgl. 1998: 234) sowie die hervorragenden Ergebnisse der 15-jährigen Neuseeländer bei der von der OECD durchgeführten PISA-Studie. Sowohl beim Leseverständnis als auch bei dem mathematischen Verständnis erlangte Neuseeland einen dritten Platz, wobei auch der sechste Platz beim wissenschaftlichen Verständnis aus 31 untersuchten Ländern deutlich für das neuseeländische Schulsystem nach den Reformen spricht (vgl. OECD 2001c: 33 ff.).

	Öffentl. Bildungsausgaben	**Science & Engineering Studenten 1987-1997**	**Tert. Abschluss**	**Sekund. Abschluss**	**Tertiäre Partizipationsrate 1980**	**Tertiäre Partizipationsrate 1997**	**Erwartete Schulzeit 1990**	**Erwartete Schulzeit 1997**	**Studenten zu lehrendes Personal**	**Schüler-Lehrer Ratio**
	% des BIP	*% von allen Studenten*	*% der 25- bis 64-Jährigen*	*% der 25- bis 64-Jährigen*	*%*	*%*	*in Jahren*	*in Jahren*	*Tertiary*	*Secondary*
Neuseeland	6,2	20	12,7	60,0	27	63	14,5	16,5	15,5	21,0
Irland	4,5	31	10,6	40,7	18	41	12,5	14,0	16,6	16,3
Dänemark	6,5	25	5,4	73,0	28	48	14,5	14,5	n.a.	n.a.
Schweden	6,8	38	12,6	63,5	31	50	13,0	15,5	9,0	15,3
Norwegen	6,6	26	23,7	59,3	26	62	14,5	15,5	13,0	n.a.
Finnland	6,3	39	12,7	55,6	32	74	15,5	16,0	n.a.	n.a.
Australien	4,3	24	16,6	39,4	25	80	13,0	17,0	n.a.	15,5
OECD	**5,1**	**n.a.**	**13,6**	**47,6**	**n.a.**	**n.a.**	**n.a.**	**n.a.**	**14,6**	**15,2**

Tabelle 33: Humankapital Neuseelands im internationalen Vergleich

Quellen: OECD (2001: 67 ff.): OECD in Figures, Worldbank (2001: 86 ff.): World Development Indicators 2001

Ebenfalls positiv hat sich die Partizipation an Weiterbildungsprogrammen in neuseeländischen Unternehmen entwickelt: Die Zahl der in der Industrie Beschäftigten, die an

Trainingsprogrammen teilnahmen, hat sich im Zeitraum von 1993 bis 1998 verdreifacht. Lediglich 24 % der Beschäftigten im Manufacturing-Sektor partizipierten im Jahr vor der Befragung nicht an einem formalen Weiterbildungsprogramm (vgl. KNUCKEY / LEUNG-WAI ET AL. 1999: 43). Ein Grund für diesen Entwicklungstrend ist sicherlich die Liberalisierung des Bildungsmarktes in Neuseeland, wodurch seit 1992 die Weiterbildung der Arbeiter stark in die Hände der einzelnen Sektoren gelangte und bis heute 52 so genannte *Industry Training Organisations* (ITO) gegründet wurden. Über die Hälfte von diesen hat sich in der Wellingtoner Region lokalisiert. Auckland und Christchurch spielen mit fünf bzw. vier ITO lediglich eine untergeordnete Rolle als Standort. Des Weiteren dürfte die Etablierung einer *Industry Training Federation* im Jahr 1995, die heute 39 Industriefortbildung anbietende Organisationen als Mitglieder hat, die Inanspruchnahme von Weiterbildungsmaßnahmen in der Industrie steigernd beeinflusst haben. Durch diese in Wellington ansässige *Federation* wird in diesem Markt die Transparenz erhöht, die Qualität der Anbieter sichergestellt, die Kontakte zur Politik und die Legitimation von anerkannten Abschlüssen gepflegt.

Dennoch sind beim Training der Arbeitnehmerschaft in Neuseeland einige Probleme festzustellen: Zwar haben nach einer Befragung der NEW ZEALAND MANUFACTURERS' FEDERATION 60,5 % der Industriearbeiter sechs Monate vor der Befragung eine Fortbildungsmaßnahme erhalten. 72,5 % der Teilnehmer hielten diese ihren Fähigkeiten nicht angemessen und konstatierten einen sehr geringen Lernerfolg (vgl. NEW ZEALAND MANUFACTURERS' FEDERATION 1997). Weiterhin problematisch ist der im intersektoralen Vergleich niedrige Anteil an Qualifizierungsmaßnahmen im Manufacturing-Sektor, der nach MORST mit einer Partizipationsrate für 1996 mit 32,7 % zudem signifikant niedriger ist als der von der NEW ZEALAND MANUFACTURERS' FEDERATION angegebene Wert.

Den höchsten Partizipationswert weisen – nach der MORST-Studie – die Sektoren Elektrizität, Gas, Wasser (63,6 %), soziale und persönliche Dienstleistungen (56,4 %), unternehmensbezogene Dienstleistungen und Finanzdienstleistungen (48,2 %), Bergbau (47,5 %), Handel (44,0 %) sowie Transport, Logistik und Kommunikation (36,8 %) auf. Zu den Sektoren mit den drei niedrigsten Anteilen an Beschäftigten mit Fortbildungsmaßnahmen zählen das produzierende Gewerbe (32,7 %), der Bausektor (26,6 %) und die Land- und Forstwirtschaft (21,7 %) (vgl. MORST 1998b: 19 f.).

Nachdem die Analyse von CROCOMBE / ENRIGHT ET AL. im Jahr 1991 ein düsteres Bild vom neuseeländischen Humankapital gezeichnet hat[144], sind durch die Reformen im Bildungssektor erste Erfolge unübersehbar: Heute hat Neuseeland den Anschluss an die Referenzländer gefunden und kommt auf durchschnittliche Werte bei den Humankapital-Indikatoren. Zudem deuten die in die Zukunft weisenden Indikatoren wie die PISA-Studie, die relativ junge Bevölkerung oder die tertiäre Partizipationsquote auf eine weitere Erholung der neuseeländischen Wissensbasis hin. Wenn die klare Strategie zur Wissensgesellschaft konserviert wird, kann Neuseeland eine diesbezüglich gute Rolle im internationalen Kontext spielen.

5.3.2.3 Der Kapitalzugang in Neuseeland

In empirischen Arbeiten wird häufig die Unterfinanzierung der innovativen Untergründungen oder des Innovationsprozesses als einer der Hauptfaktoren für eine schwache Innovativität genannt (vgl. HEINRICH / LETTMAYR 1997: 73 ff.). In diesem Zusammenhang ist die

[144] „In a world where the nation's productivity and standard of living are more and more dependent on the quality of its skill base, New Zealand has cause for grave concern" (CROCOMBE / ENRIGHT ET AL. 1991: 108).

Konstitution des Kapitalmarkts, der Bankenorganisation, der Börsenlandschaft, der Venture-Capital-Bereitstellung sowie der steuerlichen Behandlung der F&E-Ausgaben relevant.

Die Kapitalzuführung durch hohe Sparquoten der privaten Hauhalte gilt in den asiatischen Erfolgsländern als einer der wichtigsten Gründe für den wirtschaftlichen Aufschwung dieser Länder (vgl. OPITZ 1997: 11 ff.). In diesem Kontext ist die in Neuseeland seit 1983 fast kontinuierlich sinkende Sparquote als problematisch zu bezeichnen. Seit 1995 (bis 2001) entziehen die privaten Haushalte durch Entsparen dem Kapitalmarkt Gelder. Entlastend für den Kapitalmarkt wirkt dagegen die positive Entwicklung des staatlichen Budgets, das seit 1995 keine Ursache für eine staatliche Neuverschuldung war. Unterdessen sind die Bedingungen für fremdfinanzierte Projekte infolge der unter den Referenzländern am höchsten liegenden, langfristigen Realzinsen in Neuseeland seit 1996 am ungünstigsten. Zur Verteuerung des Kapitals trägt die zurückhaltende Bewertung Neuseelands durch internationale Kreditrating-Agenturen bei, was bei drei verschiedenen Bewertungen jeweils den schlechtesten Wert unter den Referenzländern bekommt. Im Zuge der Deregulierung des Finanzsektors stieg die Anzahl der in Neuseeland engagierten Banken von vier auf siebzehn, wodurch sich die Wettbewerbsintensität erhöhte und die Effizienz des Bankensystems steigerte (vgl. GRIMES 1998: 291 ff.). Die Qualität des Bankensystems kann durch die Differenz zwischen dem Kredit- und Sparzins gemessen werden: Neuseeland erreicht zu den Zeitpunkten 1990 und 1999 innerhalb der Referenzländer mit 4,4 bzw. 3,9 Prozentpunkten einen jeweils durchschnittlichen Abstandswert (vgl. Tabelle 34).

	Neuseeland	**Australien**	**Dänemark**	**Finnland**	**Irland**	**Schweden**	**Norwegen**
Durchschnittliche Sparquote (1983–2001) in %	2,7	6,5	6,3	3,5	8,4	4,2	3,4
Composite International Country Risk Rating (0–100)	77,5	80,5	86,3	87,0	84,3	84,0	90,5
Institutional Investor Credit Rating (0–100)	78,7	82,1	88,9	89,1	88,5	87,2	90,1
Euro-Money Country Creditworthiness Rating (0–100)	85,3	88,0	92,8	91,4	89,7	91,1	94,2
Realer langfristiger Zinssatz 2000 in %	4,3	1,8	2,7	2,1	-0,1	4,1	3,2
Bankeneffizienz 1990	4,4	4,5	6,2	4,1	5,0	6,8	4,6
Bankeneffizienz 1999	3,9	4,0	4,7	3,5	3,2	3,9	2,8

Tabelle 34: Indikatoren des Finanzsystems Neuseelands und der Referenzländer
Quelle: OECD (2001): Economic Outlook 60: 254 ff., WORLDBANK (2001): World Development Indicators 274 ff.

Im Gegensatz zu dieser eher verhaltenen Beurteilung sieht das WEF den Bankenmarkt in Neuseeland insgesamt in einer ausgezeichneten Verfassung. Durch die Deregulierung besteht nicht nur der freieste Zugang zu ausländischen Kapitalmärkten, sondern auch der inländische Bankenwettbewerb wird als am schärfsten unter allen untersuchten Ländern beurteilt. Der Markteintritt ausländischer Banken unterliegt im Sinne des Neoliberalismus nur sehr geringen Beschränkungen. Kritisch ist insbesondere die Einstufung Neuseelands durch die Kreditrating-Agenturen sowie das geringe Investitionsniveau (vgl. WEF 2000: 179).

Die neuseeländische Börse kommt für Unternehmen aufgrund ihres absoluten Volumens mit einer Marktkapitalisierung von 28 Milliarden U$ nur bedingt als Finanzierungsinstrument in Frage. So sind im Jahr 1999 lediglich 114 Unternehmen an der neuseeländischen Börse gelistet, während es in Australien (1217), in Schweden (277), in Dänemark (233), in Norwegen (195) und in Finnland (147) deutlich mehr börsennotierte Unternehmen gibt

(Ausnahme: Irland mit 84). Werden die Marktkapitalisierungen der Börsen der Referenzländer jedoch mit dem BIP relativiert, sind lediglich die Börsen Australiens, Schwedens und Finnlands signifikant größer. Problematisch ist daher eher die schwache Liquidität der neuseeländischen Börse, die nur von Australien unterboten wird:

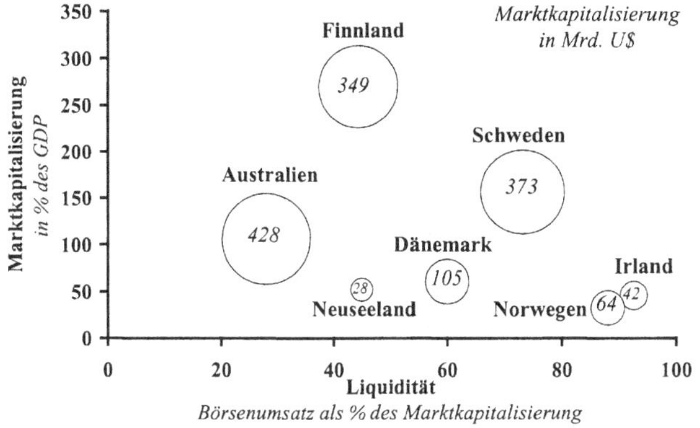

Abbildung 32: Börsenstrukturgrößen in Neuseeland und den Referenzländern
Quelle: WORLDBANK 2001: 278 ff.

Venture Capital Funds entwickelten sich in Neuseeland[145] ab 1985, wobei durch den globalen Börsencrash von 1987 diese Funds fast vollkommen zerstört wurden. Regierungsstellen wollten sich angesichts der damaligen hohen Haushaltsdefizite sowie der strikt neutralen Haltung des Staats zur Privatwirtschaft nicht in diesem Bereich engagieren (vgl. BROWN / CAMERON 1995: 59 ff., SOLE 1999: 10 ff.). Dies änderte sich erst mit dem Budget 2001 / 2002, indem ein 100 Millionen N$ Venture Capital Fund in den Haushalt eingeplant wurde. Ende 2000 waren 14 Venture-Capital-Unternehmen in Neuseeland tätig, die von den bereitgestellten Mitteln 151 Millionen U$ an 108 Unternehmen alloizierten. Mit 1,4 Millionen U$ pro Unternehmen liegt das Engagement der neuseeländischen Venture-Capital-Industrie nur knapp unter dem internationalen Durchschnitt von 1,7 Millionen U$. Neuseelands Mangel an formalem Venture Capital wird bei einer Relativierung mit dem BIP sichtbar, bei der Neuseeland den viertletzten Platz unter 28 OECD-Ländern erreicht. Sowohl das WEF als auch das IMD sehen in der geringen Bereitstellung von Venture Capital ein fundamentales Problem für die Wettbewerbsfähigkeit der Volkswirtschaft (vgl. WEF 2000: 179, IMD 2001: 462).

Insgesamt ist zu konstatieren, dass der Venture-Capital-Markt trotz aufholender Tendenzen nach wie vor rudimentär entwickelt ist. Aufgefangen wird dieses strukturelle Finanzierungsdefizit durch die weltweit höchste Beteiligung privater Personen an Unternehmensgründungen. So stellen 6,2 % der Neuseeländer zwischen 18 und 64 Jahren im Median 20.000 N$ für Unternehmensaktivitäten zur Verfügung und erreichen damit, dass 98 % der zum Start-up benötigten Gelder aus informellen Quellen kommen (vgl. WELLS 2000: 6, FREDERICK / CARSWELL 2001: 23 ff.).

[145] Im Jahr 1985 wurden 20 Millionen N$ und im folgenden Jahr 90 Millionen N$ von Mitgliedern der NZ Venture Capital Association bereitgestellt (vgl. BROWN / CAMERON 1995: 62).

Nachteilig wirkt sich allerdings die im internationalen Vergleich ungünstige steuerliche Behandlung von Investitionen in F&E aus. Wenn auch einige Länder wie Norwegen, Deutschland, Finnland, Dänemark oder Irland keine steuerlichen Begünstigungen für Investitionen in diesem Bereich gewähren, muss in Neuseeland sogar für jeden aufgewendeten US-Dollar 1,13 U$ gezahlt werden[146]. Für Unternehmen in F&E subventionierenden Ländern liegen die Aufwendungen vor allem bei den kleinen und mittleren Unternehmen erheblich darunter. Dazu zählen beispielsweise Kanada (0,50$ pro 1 U$), die Niederlande (0,61$) oder Australien (0,89$) (vgl. IT ADVISORY GROUP 1999: 25 ff.).

5.3.3 Innovationsrelevante Charakteristika der neuseeländische Nachfrage

Wie im *demand-pull*-Ansatz und den LUNDVALL'SCHEN Ursprüngen des nationalen Innovationssystems diskutiert wird, kann die Nachfrage bei der Innovationsgenerierung eine wichtige Triebfeder sein. Im Folgenden wird zwischen der privaten und der staatlichen Nachfrage Neuseelands differenziert.

5.3.3.1 Besonderheiten und Ausprägungen der privaten Nachfrage der Neuseeländer

Generell ist in Neuseeland eine im Maßstab des Weltmarkts wenig sophistizierte private Nachfrage zu bemerken, was auch am britischen Erbe der Widerwilligkeit zur Beschwerde liegt. In der britischen Einstellung wird eine Beschwerde als mangelhaftes Verhalten sowie als Reflexion eines schwachen Charakters interpretiert und nicht auf ungenügende Produkt- oder Serviceleistungen zurückgeführt („*stiff upper lip*") (vgl. CROCOMBE / ENRIGHT ET AL. 1991: 117). Hinzu kommen das jahrelang begrenzte Angebot an Waren durch die protektionierte Wirtschaft und der dadurch sehr geringe Druck für inländische Produzenten, den Nachfragepräferenzen eine bessere Entsprechung zu bieten.

Trotzdem haben sich einige Unternehmen in Nischen entwickelt, die durch die Nachfrageseite zum Innovieren angeregt wurden, wozu vor allem der Sport- und der Freizeitsektor zählen. Die nationale Passion Rugby hat eine hohe und anspruchsvolle Nachfrage nach Rugby-Jerseys induziert, so dass beispielsweise das Unternehmen Canterbury in diesem Sektor auf dem Weltmarkt eine sehr gute Rolle spielen kann. Die neuseeländischen Siege im *America's Cup* 1995 und 2000 (Segeln) – trotz eines im Vergleich mit den anderen Konkurrenten minimalen Budgets – demonstrieren die Bedeutung der Nachfrage beim Einsatz innovativer Materialien und der Verbesserung von Produkten. Die Erfolge in diesem High-Tech-Wettbewerb sind auf ein sehr hohes Niveau von Booten je Einwohnern in Neuseeland sowie auf die sehr vielen Regatten in Neuseeland zurückzuführen, die in einem sehr peniblen Nachfrageverhalten der Neuseeländer beim Bootskauf und der Ausstattung münden. Gleiches gilt auch für Segel- und Feuchtwetterbekleidung, was dem Unternehmen Line 7 zu internationalem Ansehen und Erfolgen verholfen hat. Ferner hat Neuseeland in der zweiten Leidenschaft der Neuseeländer, den Outdoor-Aktivitäten, eine äußerst international kompetitive Industrie (Zelte, Schlafsäcke, Rucksäcke etc.). Diese wird von Innovationen im Fun-Sport-Bereich begleitet, der ausgehend vom Bungee-Jumping ständig um neue Spielarten wie Fly-By-Wire, Zorbing, Inverse-Bungee-Jumping oder Speed-Boat-Racing erweitert wird.

Des Weiteren entwickelte sich aus den tektonischen Gegebenheiten Neuseelands und dem daraus resultierenden Schutzbedürfnis eine weltweit anerkannte Erdbebenforschung. Exemplarisch dafür steht die Unterzeichnung eines Abkommen dreier neuseeländischer Unternehmen mit einer türkischen Baufirma, das den Know-how-Transfer von

---

[146] Die Autoren machen weder Angaben, wie sie zu diesem Wert kamen, noch dazu, was die dahinter liegenden Gründe sind.

Ingenieurwissen zur Abmilderung von Erdbeben zum Gegenstand hat (vgl. WELLINGTON EARTH QUAKE CLUSTERS 2001). Darüber hinaus entstand in Verbindung mit der ablehnenden Haltung der Gesellschaft gegenüber der Atomenergie eine bemerkenswerte Energiegewinnung durch die Nutzung der Erdwärme.

Ein reger Austausch zwischen den Landwirten und der Industrie schuf bei der elektrischen Einzäunung von Weiden (z. B. Gallagher), das unter „*the New Zealand fencing system*" zu einem stehenden Begriff für Qualitätszäune geworden ist, sowie der Identifikation von Tieren (z. B. Allfex) eine global wettbewerbsfähige Industrie.

Eine interessante Möglichkeit, die Qualität der neuseeländischen Nachfrage zu eruieren, bietet eine Befragung multinationaler Unternehmen über die Rolle Neuseelands als Testmarkt[147] in der Konzernstrategie. Von den 64 befragten internationalen Unternehmen sehen 76 % Neuseeland als geeigneten Testmarkt an, von denen die Hälfte ihn auch bereits genutzt hat. Als Gunstfaktoren für einen Testmarkt sehen die Unternehmen die hohe Bereitschaft bei der Aufnahme von Innovationen, das offene und innovationsfreundliche Regulationsklima sowie die ausgeprägte Nachfrage der Privatwirtschaft an. Auch BIBBY / DAVENPORT soutentieren eine starke Bereitschaft der Neuseeländer an Neuerungen, was insbesondere für technische Entwicklungen gilt (vgl. 1999: 450). In dieses Bild passt auch, dass nach Aussagen des amerikanischen Prof. FREDERICK die ersten Tests für das drahtlose Internet aus einem Automobil in Wellington durchgeführt wurden. Des Weiteren ist Neuseeland Testmarkt für Ericsson und ihr Konzept von „*deskless office*". IBM hat das nun in 30 Ländern eingesetzte *Integrated Customer Management System* in Neuseeland entwickelt und zuerst eingeführt. BankDirect testete ihr *Online Banking System* ebenfalls in Neuseeland, bevor es in anderen Ländern in ihr Geschäftsmodell integriert wurde.

Die wirtschaftliche Schwäche Neuseelands zeigt sich jedoch in der Preissensibilität beim Kauf neuer Produkte, die als relativ neutraler Faktor für einen neuseeländischen Testmarkt gewertet wird. Einschränkend auf die Nutzung Neuseelands als Erstmarkt wirken die nicht ausreichenden Evaluierungsmöglichkeiten der Innovationseinführung durch einheimische Marketing-Agenturen sowie das geringe Antizipationspotenzial der neuseeländischen Nachfrage für Trends auf dem Weltmarkt. Am kritischsten werden jedoch der geringe Einfluss neuseeländischer Standards auf Regulierungen in anderen Ländern sowie die Forschungseinrichtungen bei der Unterstützung einer Markteinführung angesehen. Die Eignung Neuseelands als Testmarkt wird in regionalem Hinblick auf die Ähnlichkeit der lokalen Nachfrage mit vor allem Australien, Nordamerika (USA, Kanada) sowie Großbritannien gesehen.

[147] Die Einführung auf einem Testmarkt erfolgt vor dem globalen Marktauftritt in einem kleinen, abgrenzbaren und möglichst repräsentativen Markt. Diese Strategie soll dem Kennenlernen von Schwächen des Produktes, der begleitenden Marketingstrategie sowie der generellen Akzeptanz des Produktes dienen, um so einer Ressourcenverschwendung bei einer internationalen Etablierung vorzubeugen.

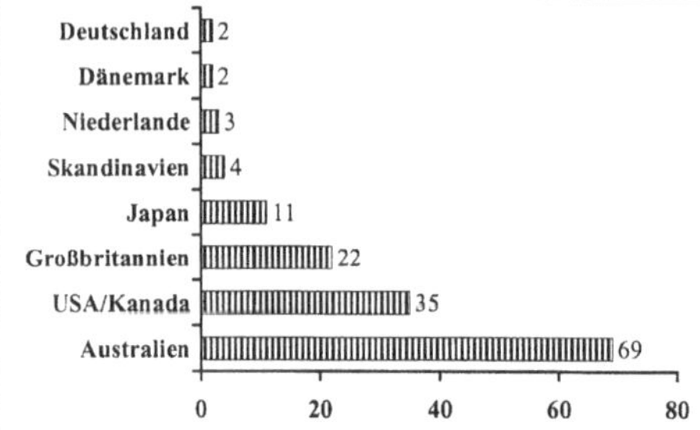

Regionale Eignung Neuseelands als Testmarkt
Bem.: Punktbewertungssystem aus Ranking der Unternehmen, Rang 1 = 4 Punkte, Rang 2 = 3 Punkte etc.

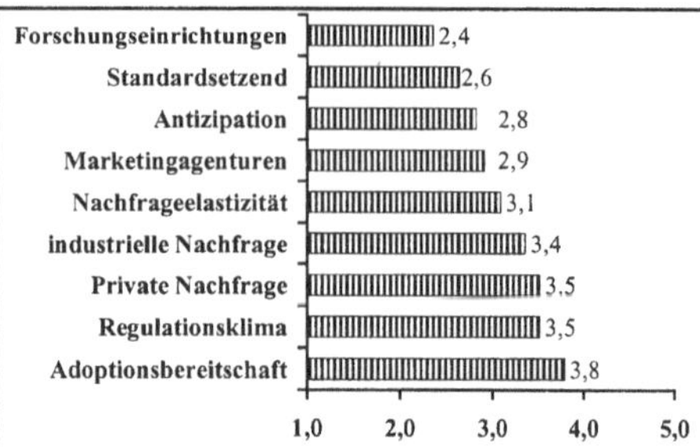

Bewertung der Eignung Neuseelands als Testmarkt durch multinationale Unternehmen
Bem.: 5 = hervorragend geeignet, 1 = nicht geeignet

Abbildung 33: Neuseelands Eignung als Testmarkt
Quelle: eigene Befragung

5.3.3.2 Staatliche Einflussnahme auf die Nachfrage

Der Staat kann über sein allgemeines Beschaffungsverhalten, die Ausgaben im Verteidigungssektor sowie durch die geschaffenen Regulierungen und Standards die Nachfrage und damit die Innovativität der Unternehmen beeinflussen.

Der Beschaffungsprozess von staatlichen Stellen wurde im Reformprozess vollkommen dezentralisiert und wird von der die Beschaffung benötigenden Behörde durchgeführt. Die betreffende staatliche Stelle ist lediglich dem im Budget vereinbarten Output der spezifischen Einrichtung verpflichtet. Die Entscheidung zur Beschaffung soll unter kompetitiver Neutralität zwischen allen staatlichen, privaten und internationalen Bewerbern verlaufen: „Fair and effective competition among suppliers is seen as the best means of ensuring departments/agencies obtain value for money in the inputs they need for the cost-effective delivery of the outputs the Government requires from them" (MINISTRY OF COMMERCE 1998: 5). Dies hat zur Folge, dass sich nach einem Erfahrungsprozess die Beschaffung von staatlichen Stellen nicht von der der Privatwirtschaft unterscheidet[148]. Dieses offene und flexible Beschaffungssystem sorgt einerseits durch den gestiegenen Wettbewerb zwischen den Bewerbern, die Dezentralisation und die direkten Verantwortlichkeiten der Entscheidung tendenziell für eine Erhöhung der Nachfrageansprüche der staatlichen Stellen. Andererseits sind bei der dezentralen Vergabe der Aufträge die Behörden in ihrer Marktmacht beschnitten, die eine größere Entsprechung der Nachfragewünsche beim Lieferanten der Leistung bewirken könnten.

Während im amerikanischen Innovationssystem das Militär und die Raumfahrt signifikante Impulsgeber bei der Innovationsgenerierung sind, sind Innovationen aus diesen beiden Bereichen in Neuseeland kaum zu erwarten. In Neuseeland wurden 1997 gerade mal 3,7 % der Ausgaben der Regierung für die Verteidigung aufgewendet, was zu einem großen Teil lediglich der Aufrechterhaltung der Funktionsfähigkeit der Truppe dient und weniger der Forschung für neue Materialien, Kommunikationssysteme oder ähnlich kommerziell verwertbarer Errungenschaften. Im Vergleich dazu beträgt das Engagement der USA trotz zu

---

[148] Da die Behörden nicht zur Erfassung der getätigten Aufträge verpflichtet sind, existieren keine Statistiken zur staatlichen Beschaffung und dementsprechend keine öffentlich zugänglichen Studien über die Effizienz sowie Nachfragequalität des staatlichen Beschaffungswesens in Neuseeland (vgl. APEC 2001).

vermutender *economies of scale* 16,3 %, das von Israel 20,9 %, das von Australien 8,6 % oder das von England 7,1 % des staatlichen Haushalts.

PORTER vermutet ferner, dass strenge Industrie- und Emissionsauflagen die Wettbewerbsfähigkeit von im Umweltschutz engagierten Unternehmen steigern sowie bei Vorwegnahme von Umweltschutzstandards einen Wettbewerbsvorsprung für die eine umweltschonende Technologie einsetzende Industrie kreieren (vgl. PORTER 1991: 662 ff.). Zur Konservierung des „*clean and green*"-Images gelten nach RATNAYAKE (1996) in Neuseeland im internationalen Vergleich strenge Umweltschutzstandards. Demgemäß werden im internationalen Kontext gute Platzierungen bei der Recyclingquote (Rang 3 von 49), der Wasseraufbereitung (Rang 8 von 49) und den generellen Umweltproblemen im Land (Rang 6 von 49) erreicht (vgl. IMD 2001: 509 ff.). Gleichwohl konnte in der ökometrischen Analyse von RATNAYAKE (1996) der Einfluss dieser Regulation auf die Wettbewerbsfähigkeit von einzelnen Branchen nicht festgestellt werden. Dies könnte darauf zurückzuführen sein, dass bei genauerer Betrachtung die Umweltschutzgesetze in Neuseeland als weniger hart zu beurteilen sind: So existieren beispielsweise weder strikte Emissionsgesetze für Kraftfahrzeuge, noch kann die Energienutzung als effizient bezeichnet werden (vgl. DE FREITAS 2000: A17, WILLIAMS 2000: 12). Zudem führt das günstige Verhältnis von Ressourcen zur Bevölkerungszahl in Verbindung mit der Wahrnehmung Neuseelands als Anti-Atom- und Umweltschutzmacht zu guten Einstufungen bei diesbezüglichen Indikatoren und Bewertungen.

Daneben setzt das *Ministry of Consumer Affairs* Mindeststandards für die Leistungen der Unternehmen, die aber im internationalen Maßstab keineswegs als hart einzustufen sind (vgl. CROCOMBE / ENRIGHT ET AL. 1991: 141).

Zusammenfassend scheint lediglich die direkte Beschaffung von Produkten und Dienstleistungen das Potenzial zu haben, die Innovativität der Unternehmen von der Seite der staatlichen Nachfrage zu beeinflussen. Dies gilt, obwohl – anders als in anderen Ländern – keine staatliche Strategie existiert, über das staatliche Nachfragesystem betriebliche Innovationen zu unterstützen. Das Potenzial, über Gesetze Innovationen anzuregen, ist hingegen durch die Konzentration auf die marktliche Regulierung stark begrenzt.

5.3.4 Unternehmensstrategie, Internationalisierung und Wettbewerb neuseeländischer Unternehmen

5.3.4.1 Strategischer Fokus und internationale Ausrichtung

Nach Jahrzehnten der Protektion, staatlicher Eingriffe in die Wirtschaft sowie der Existenz von monopolartigen Situationen stellt sich die neuseeländische Industrie zunehmend auf die neuen Gegebenheiten in der deregulierten Umwelt ein. Doch „[w]hilst the rules may change overnight, the informal norms usually change only gradually" (BATES 2001: 17). Lange Zeit hatten erfolgreiche Unternehmer in Neuseeland ein eher schlechtes Image, da in der Gesellschaft angenommen wird, dass der Wohlstand der Unternehmer auf den Kosten anderer ginge. Rivalitäten auf dem einheimischen Markt, die PORTER trotz Globalisierung als die signifikanteste Variable einer wettbewerbsfähigen Wirtschaft herausstellt, wurden mit den Hinweisen auf die besondere Situation in einem kleinen Land mit nur inhärent wenigen Wettbewerbern in einem Sektor, auf das Erschließen von *economies of scale*-Effekten sowie die Vermeidung von Doppelanstrengungen vermieden. Dadurch entstand eine statische Wettbewerbsauffassung, die nur auf den einheimischen Markt gerichtet war. Insgesamt versuchten die Unternehmen eher komplementär zu anderen Firmen zu agieren, als in Wettbewerb mit ihnen zu treten. Kostenbasierte Strategien waren in den meisten Unternehmen anzutreffen, die sich dementsprechend in einer Konzentration auf das Controlling und die Produktion artikulierten (vgl. STUART / MCCULLOCH 1980: 10, CROCOMBE / ENRIGHT ET AL. 1991: 123 ff.).

In neueren Studien sind jedoch Veränderungen in den Unternehmen festzustellen: Die neuen Strategieprioritäten liegen nach einer Studie von CORBETT bei Manufacturing-Unternehmen auf der Qualität der Produkte, der verlässlichen und schnellen Lieferung sowie im *after-sales-Service*. Damit geht erstens eine Veränderung von einer produktions- zu einer marketingorientierten Unternehmensführung einher[149], wobei der Preis nach wie vor eine bedeutende Rolle als Wettbewerbsfaktor im Denken der neuseeländischen Unternehmer spielt. In diesem Zusammenhang sind die ausgezeichneten Platzierungen Neuseelands bei der Kundenorientierung der Unternehmen (Rang 6 von 49) sowie die geringste staatliche Einflussnahme auf die Preise (Rang 1 von 49) zu erwähnen (vgl. IMD 2001: 428, 470).

Bedenklich ist aber die niedrige Bewertung von Innovationskriterien bezüglich Priorität sowie der eigenen diesbezüglichen Stärken. Das durchschnittliche Unternehmen sieht sich innerhalb von 28 Wettbewerbsvorteilen bei den drei Fähigkeiten „Entwicklung neuer Märkte", „Entwicklung neuer Technologien" sowie „Generierung von Patenten" am schwächsten positioniert[150] (vgl. CORBETT 1998: 10 ff.). Dementsprechend haben wenige Unternehmen weder ein grundlegendes Verständnis über die Inhalte einer Technologiestrategie noch eine formalisierte Ausarbeitung, wenn auch sich dieser Sachverhalt im Zeitablauf merklich verbessert hat (vgl. JOHNSTON 1991: 25 ff.). Indessen ist der Wandel zu einer langfristigeren Ausrichtung des Unternehmens positiv einzuschätzen, die bei zwei Dritteln der Manufacturing-Unternehmen auch als formalisierter Prozess dokumentiert wird (vgl. KNUCKEY / LEUNG-WAI ET AL. 1999: 34).

Während nach einer Studie von STUART / MCCULLOCH (vgl. 1980: 8) aus dem Jahr 1980 lediglich ein Drittel der Manufacturing-Unternehmen exportieren, kommen aktuelle Studien zu Werten von klar über 50 %. Dessen ungeachtet beschreiben CAMPBELL-HUNT / CORBETT – entgegen der im Zuge der Reformen einsetzenden Öffnung des Landes – den Internationalisierungsprozess neuseeländischer Firmen nach wie als *„toe in the export water"*. Nach einem siebenstufigen Klassifikationsmodell der Internationalisierung verharren 75 % der Unternehmen auf dieser ersten Stufe; lediglich 25 % der Unternehmen kontrollieren ausländische Distributionsbasen (vgl. CAMPBELL-HUNT / CORBETT 2001: 25 ff.). Zudem ist die Internationalisierung stark auf den australischen Markt ausgerichtet, der für 83 % der exportierenden Unternehmen als Hauptabsatzgebiet außerhalb Neuseelands genannt wird (vgl. KNUCKEY / LEUNG-WAI ET AL. 1999: 96). Des Weiteren sind die Unternehmen gegenüber den Folgen der Globalisierung der Wirtschaft pessimistisch eingestellt. Die Verlegung von Produktions- und F&E-Standorten wird stärker als in anderen Ländern als eine Gefahr für die Zukunft der neuseeländischen Ökonomie gesehen (vgl. IMD 2001: 473 f.).

Im Kontext der Innovationsgenerierung ist die fehlende Präsenz in ausländischen Märkten insofern problematisch, als damit keine Impulse von der Nachfrageseite durch die direkte

---

[149] So messen 44 % der Manufacturing-Unternehmen alle sechs Monate die Kundenzufriedenheit und weitere 15 % einmal im Jahr. Anders als die Ergebnisse einer Studie von 1994 werden die Kunden bei Routinearbeiten sowie bei der Produktentwicklung in die Geschäftsprozesse zu einem deutlich höheren Grad miteinbezogen (vgl. KNUCKEY / LEUNG-WAI ET AL. 1999: 50).

[150] KNUCKEY / LEUNG-WAI ET AL. kommen zu einem ähnlichen Ergebnis, bei dem 41 % der Unternehmen das Hauptaugenmerk auf die Qualität ihrer Produkte legen, während die Innovationsgenerierung lediglich 20 % und damit hinter der zeitgerechten Lieferung (41 %), Flexibilität des Produktionsprozesses (32 %) und den Produktionskosten (23 %) auf den letzten Platz werten (vgl. 1999: 105).

Interaktion zwischen Unternehmen und ausländischen Kunden für die eigenen Produkte ausgehen. Gerade in *lead markets* ist die Vermarktung über Allianzen und Joint Ventures aus finanz- und risikotechnischen Gründen rational. Für neuseeländische Unternehmen unterbleibt aber ein Profitieren und ein Ingangsetzen von Lernprozessen aus den Erfahrungen der Produktbenutzung von anspruchsvollen Kunden.

5.3.4.2 Die Wettbewerbsverschärfung im Zuge der Reformen

PORTER sieht in einem harten inländischen Wettbewerb den Schlüssel für Produktivitätssteigerungen und anschließende Erfolge auf dem Weltmarkt. In diesem Zusammenhang induzierten die einzelnen Reformen einen verschärften Wettbewerb im neuseeländischen Markt, der auf fünf verschiedene Ursachen zurückgeführt werden kann:

Erstens bewirkte die Reduktion der Einfuhrzölle, die eine lange Tradition in Neuseeland hatten[151], in Verbindung mit der Senkung der Subventionen in sehr kurzer Zeit eine für die neuseeländische Industrie vollkommen neue Wettbewerbssituation. Unternehmen mussten ihre Erlösstrukturen verändern und mit Exportgütern auf dem heimischen Markt konkurrieren (vgl. DUNCAN / LATTIMORE ET AL. 1992: 4 ff.). Zweitens erhöhte sich der Wettbewerbsdruck über die sich nun ansiedelnden ausländischen Unternehmen, die erprobte Geschäftskonzepte in Neuseeland einführten. Gerade diese Offenheit eines kleinen Landes wirkt nach PORTER positiv auf die Innovativität der einheimischen Unternehmen, die bereits im eigenen Land mit den Weltmarkterfordernissen konfrontiert werden (vgl. PORTER 1991: 145). Drittens wurde mit dem *Commerce Act* ein Gesetz geschaffen, das trotz der neoliberalen Grundhaltung der Reformen die alleinige Regulation des wirtschaftlichen Austausches nicht dem Markt überlässt, sondern intervenierend eingreift, wenn es zu wettbewerbsmildernden Absprachen oder Zusammenschlüssen kommt[152]. Allerdings wird bei der Beurteilung einer Fusion die effizienzsenkende Wirkung des reduzierten Wettbewerbs den effizienzsteigernden Größeneffekten gegenübergestellt. Dies ist ein Reflex auf die besondere Situation in einem kleinen Land, womit der Wettbewerb nicht unter allen Umständen aufrechterhalten wird (vgl. BURDON 1995: 20 f.). Viertens haben die zahlreichen Privatisierungen zu einer Intensivierung des Wettbewerbs in Sektoren gesorgt, die zuvor dem Markt verschlossen blieben. Die daraus resultierenden Produktivitätssteigerungen deuten einerseits auf das Erschließen von brachliegenden Innovationspotenzialen hin. Andererseits kommt dies sowohl der Bevölkerung als auch der Wettbewerbskraft der neuseeländischen Unternehmen zugute, die bessere Leistungen erhalten und ihre Ressourcen effizienter alloizieren können[153]. Die fünfte Ursache der erhöhten Wettbewerbsintensität liegt in der mit den Reformen verbundenen Aufwertung ökonomischer Verhaltensweisen und der daraus entstehenden Stimulierung von Neugründungen, die als Zeichen für einen funktionierenden Selektionsprozess im Markt der Unternehmen gewertet werden können.

Um diesen wichtigen Bereich für die Umsetzung innovativer Unternehmenskonzepte beleuchten zu können, wird sich zunächst an die temporale Entwicklung des Bestands an

---

[151] Bereits 1888 war jedes importierte Gut mit einem 20%igen Aufschlag versehen (vgl. DUNCAN / LATTIMORE ET AL. 1992: 4 ff.).

[152] Gleichwohl ist die Abgrenzung des relevanten Markts sehr weit gefasst, da auch eine potenzielle Importkonkurrenz in die Analyse miteinbezogen wird. Dementsprechend gestattet die neuseeländische Wettbewerbskommission Fusionen, die zu einem Marktanteil von über 70 % führen, wenn die Marktzutrittsschranken nicht als „hoch" eingestuft werden (vgl. ERB / JAHRAUS ET AL. 2000: 136 f.).

[153] Als Beispiele für die produktivitätssteigernden Entwicklungen in priavtisierten Unternehmen können die Untersuchungen der BOLES DE BOER / EVANS (1996) über den Telekommunikationssektor sowie von KUNG / FOO (1996) über die *New Zealand Post* dienen.

Unternehmen angelehnt, da im Zeitablauf die Unternehmensgründungen und Konkurse nicht veröffentlicht werden. Die Zahl an Unternehmen wuchs zwischen 1988 und 2001 von 173.000 auf über 306.000; dies belegt die neu entfachte Dynamik in der neuseeländischen Wirtschaft. Im Jahr 2000 wurden 60.025 Unternehmen gegründet, so dass jedes fünfte Unternehmen eine Unternehmensgründung darstellt. Gemindert wird der Unternehmensbestand allerdings um über 39.000 aus dem Markt ausscheidende Unternehmen. Der größte Teil der Unternehmensgründungen (93,4 %) wie auch der Abmeldungen (92,4 %) hatte dabei zwischen null und fünf Beschäftigte (vgl. MINISTRY OF ECONOMIC DEVELOPMENT 2001: 11 f., STATISTICS NEW ZEALAND: Business Activity Statistics, verschiedene Jahrgänge).

Einen internationalen Vergleich der Gründungsaktivitäten bietet das *Global Entrepreneurship Monitor*-Projekt, an dem Neuseeland im Jahr 2001 zum ersten Mal teilnahm und in das Studien von 28 Ländern eingehen. Neuseeland erreicht bei einer Relativierung der Unternehmensgründungen der letzten 42 Monate mit der Bevölkerung zwischen 18 und 64 Jahren hinter Mexiko den zweithöchsten Wert und liegt somit beispielsweise vor den USA und den Referenzländern. Dabei handelt es sich nicht um Gründungen mangels besserer Alternative (Platz 10), sondern vielmehr um Gründungen aus den Chancen heraus (Platz 1). Unterstützt wird dieses hohe Gründungsaufkommen durch die höchste Zahl an Business Angels sowie das hinter Norwegen, Finnland, Italien und Spanien fünftbeste allgemeine Gründungsklima. Positiv wirken sich die guten infrastrukturellen Gegebenheiten, die Reformen mit Deregulierung und Liberalisierung[154] und der informelle Sektor für Venture Capital aus. Als größtes Hindernis einer Unternehmensgründung in Neuseeland werden neben der fehlenden Unterstützung durch staatliche Stellen sowie der unzureichenden Rolle der Schule zur Förderung von Unternehmeraktivitäten die kulturellen und sozialen Normen eingestuft. Im Vergleich mit den anderen Ländern wird das negative Image der Entrepreneure in den Medien und der Öffentlichkeit kritisiert, so dass Arbeitssuchende etablierte Firmen jungen Unternehmen überproportional vorziehen. Das schwache soziale Netz bei Misserfolg, die nach wie vor existierende geringe Toleranz von Einkommensungleichheiten sowie die damit einhergehende geringe Bewertung von Autonomie, Selbstversorgung und persönlicher Initiative sind dagegen als Hemmfaktoren auf der kulturellen Ebene zu identifizieren (vgl. FREDERICK / CARSWELL 2001: 20 ff.).

Im Sinne der Reformen wird keine spezielle Politik betrieben, die kleine und mittlere Unternehmen unterstützt, eine solche wurde bis 1984 von der *Small Business Agency* betrieben. Die reformierten staatlichen Stellen wie das BIZ bieten keine direkte Hilfestellung für kleine Unternehmen an. Vielmehr agieren diese als Informationsbroker, die die Unternehmen an private Dienstleistungsunternehmen weitervermitteln (vgl. NYAMORI / LAWRENCE 1997: 73 ff.).

5.3.5 Unterstützende Branchen in Neuseeland

In diesem Kapitel werden nach einer Betrachtung der Entwicklung der KIBS in Neuseeland die Bestrebungen der Regierung zur Förderung der Clusterbildung und die heutige Ausprägung von neuseeländischen Clustern dargestellt.

---

[154] Der neueste WEF-Report demonstriert die geringe Regulierungstiefe bei der Unternehmensgründung in Neuseeland: Nur in drei Ländern können die notwendigen Lizenzen und behördlichen Genehmigungen zur Gründung eines Unternehmens schneller als in Neuseeeland beschafft werden. Sind hierfür in Neuseeland durchschnittlich zehn Tage notwendig, beträgt die Zeitspanne beispielsweise in Finnland 23 Tage, in Dänemark, USA und Deutschland 30 Tage (vgl. WEF 2001: 412).

5.3.5.1 Die Entwicklung der wissensintensiven, unternehmensbezogenen Dienstleistungen in Neuseeland

In allen entwickelten Volkswirtschaften steigt der Anteil der in KIBS Beschäftigten bezogen auf die gesamten Arbeiter eines Landes in den letzten zehn Jahren stark an (vgl. WOOD 2002). Als Gründe werden neben dem Trend zur Dienstleistungsgesellschaft das Nutzen von *outsourcing*-Potenzialen sowie die Rückbesinnung auf die Kernkompetenzen in Verbindung mit einer höheren Flexibilität angeführt. Als weitere Ursache wird die zunehmende Wissensintensität der Ökonomie und eine damit einhergehende notwendige Professionalisierung genannt. Nicht unerwähnt bleiben soll auch, dass die höhere Aufmerksamkeit der Statistik auf diesen Sektor mit dementsprechend höheren Erfassungsquoten zu einer statistisch steigenden Bedeutung beiträgt. In WOOD (2002) werden die ökonomisch basierten Erklärungsansätze als dominant für den Trend angesehen und die Bedeutung der Berater für die Innovationsgenerierung in Unternehmen für die analysierten europäischen Länder herausgestellt. Ein profunder Bestand an KIBS ist als eine wichtige Grundbedingung für das Hervorbringen von Innovationen sowie für den Wissenstransfer zu interpretieren:

	Full-Time Equivalents in KIBS					
Description	**1995**	**1997**	**1999**	**2001**	**2001 ./. 1995**	**Increase** *in % 95-01*
Higher Education	21.443	23.190	24.280	23.160	1.717	8,0 %
Scientific Research	6.181	5.730	5.540	5.520	-661	-10,7 %
Architectural Services	3.414	3.910	3.990	4.330	916	26,8 %
Consultant Engineering Services	8.044	9.970	10.820	11.960	3.916	48,7 %
Technical Services	2.166	2.150	2.250	2.410	244	11,3 %
Data Processing Services	1.520	1.580	1.890	1.760	240	15,8 %
Information Storage and Retrieval Services	1.120	400	430	1.690	570	50,9 %
Computer Maintenance Services	320	530	840	1.100	780	243,8 %
Computer Consultancy Services	5.880	8.770	12.230	16.700	10.820	184,0 %
Legal Services	13.316	13.700	14.120	14.250	934	7,0 %
Accounting Services	12.578	13.410	14.160	14.980	2.402	19,1 %
Advertising Services	5.843	6.200	5.670	4.420	-1.423	-24,4 %
Commercial Art and Display Services	3.201	3.760	4.000	4.320	1.119	35,0 %
Market Research Services	1.669	2.060	1.810	2.940	1.271	76,2 %
Business Administrative Services	2.407	3.710	5.060	4.930	2.523	104,8 %
Business Management Services	8.095	11.730	16.590	20.620	12.525	154,7 %
Employment Placement Services	2.107	4.280	6.030	7.360	5.253	249,3 %
Contract Staff Services	559	850	1.250	2.320	1.761	315,0 %
Summe	**78.420**	**92.740**	**106.680**	**121.610**	43.190	55,1 %
Anteil der KIBS an FTE	**6,2 %**	**6,8 %**	**7,7 %**	**8,5 %**		

Tabelle 35: Entwicklung der wissensintensiven unternehmensbezogenen Dienstleistungen in Neuseeland
Quelle: STATISTICS NEW ZEALAND: Business Activity Statistics, diverse Jahrgänge

In Neuseeland stiegen im Zeitraum 1995 bis 2001 die in diesem Sektor Beschäftigten um 43.200 oder 55,1 % an. Heute sind 8,5 % der Arbeitnehmer bei einem KIBS angestellt (vgl. Tabelle 35). Den größten absoluten Zuwachs verzeichneten die *Business Management Consultants* (+12.500) sowie die *Computer Consultancy Services* (+10.800), die die Zahl der Arbeitskräfte mehr als verdoppeln konnten. Die höchste relative Steigerung erreichten die personalbezogenen Dienstleistungen (*Contract Staff Services*: +315 %, *Employment*

Placement Services: + 249 %) sowie *Computer Maintenance Services* (+244 %). Entgegen des durchweg positiven Trends für die KIBS ergaben sich in zwei Kategorien Personalverluste: Fast jeder vierte Arbeitsplatz wurde in den *Advertising Services* gestrichen, wodurch sich die Basis zur Informationsverbreitung von Neuerungen sowie das damit zusammenhängende Potenzial zur Kommerzialisierung der Innovation verkleinert hat, was im Einklang mit der Befragung der multinationalen Unternehmen und deren Unzufriedenheit bezüglich der Eruierung des Marktes steht. Ebenfalls negativ und für das nationale Innovationssystem bedenklich ist die Entwicklung der Beschäftigtenzahlen in der Grundlagenforschung, die auch als *absorptive capacity* relevant ist. Waren 1995 noch 6.181 Personen in der *Scientific Research* tätig, sind es 2001 mit 5.520 rund 11 % weniger.

Input erfährt diese Branche nicht nur durch nationale Berater, sondern auch durch sich in Neuseeland niederlassende, international agierende Dienstleister: 1999 waren fünf der acht größten Unternehmensberatungen und 14 der 25 größten Werbeagenturen in Neuseeland vertreten.

5.3.5.2 Clusterinitiierende Maßnahmen der Regierung

In der Bestandsaufnahme des PORTER-Projekts (vgl. CROCOMBE / ENRIGHT ET AL. 1991) wird im Jahr 1991 eine sehr schwache Ausprägung von funktionierenden Clustern in Neuseeland konstatiert, was in der Folge Maßnahmen zur Unterstützung der Clusterbildung vor allem durch das *New Zealand Trade Development Board* (TradeNZ)[155] induzierte. Im Zentrum von TradeNZ stand allerdings weniger die systematische Förderung von Clustern, als vielmehr die Etablierung von Unternehmensnetzwerken, wozu auch die Intensivierung und Neupositionierung des bereits bestehenden Konzepts der *Joint Action Groups* (JAG) zählt (vgl. WILLIAMS / SU'A-HUIRUA ET AL. 1995: 7 ff.). JAGs sind Gruppen von exportierenden Unternehmen des gleichen Sektors, die sich gegenseitig bei der Entwicklung ausländischer Märkte in Kooperation mit TradeNZ unterstützen. Hauptziel der meist acht bis zwölf Mitglieder großen JAGs ist die Erhöhung der im Ausland erzielten Umsätze durch die Realisierung von Synergieeffekten in Form der Informations- und Erfahrungsteilung, durch gemeinsame Marketingaktivitäten im Ausland, die Erhöhung der Kohäsion im Sektor sowie das allgemeine Kombinieren von Ressourcen, um gewisse Größenschwellen zu überschreiten. Die auf Mitgliedschaften und Beiträge in Höhe von 1.500–3.000 N$ p. a. beruhenden JAGs besitzen lose Organisations- und eher informell angelegte Kommunikationsstrukturen. Die Unterlassung eines räumlichen Fokus im JAG-Konzept trägt zudem dazu bei, dass Treffen unregelmäßig und ungefähr vier- bis sechsmal jährlich stattfinden. Bereits 1994 waren in 27 JAGs rund 1.100 Unternehmen organisiert, was aber wiederum auch ein deutliches Überschreiten der ursprünglich angestrebten Obergrenzen der Mitgliederzahlen bedeutet (vgl. GOLDFINCH / PERRY 1997: 44, SUTTON 1998: 1 f.).

Ferner wurde unter dem Eindruck der PORTER-Forderung nach Clustern und den Erfolgen von netzwerkinitiierenden Aktivitäten in Dänemark das Konzept der *Hard Business Networks* adaptiert, die ausgehend von einem Pilotprojekt in Christchurch ab September 1994 auf ganz

---

[155] Das *New Zealand Trade Development Board* (TradeNZ) wurde im Dezember 1988 aus der Zusammenlegung des *Market Development Boards* und von *Tradecom* gegründet, um den neuseeländischen Außenhandel zu unterstützen (vgl. WILLIAMS / SU'A-HUIRUA ET AL. 1995: 3 ff.). Die Vision von TradeNZ "*Leading New Zealand Businesses to the World*" soll durch ein internationales Netzwerk von TradeNZ-Mitarbeitern implementiert werden, von denen rund die Hälfte der 350 Mitarbeiter in 50 ausländischen Büros arbeitet. Dennoch fällt die neuseeländische Exportförderung im internationalen Vergleich sehr gering aus (vgl. WEF 2000: 179).

Neuseeland ausgedehnt werden sollten. Diese formellen Netzwerke haben mit dem weicheren Ansatz der JAGs die Notwendigkeit eines Vorstands, das Profitieren von einem unabhängigen Broker sowie den zeitverbrauchenden Aspekt des Aufbaus von Vertrauen innerhalb des Netzwerks gemein. Unter *Hard Business Networks* ist das formale Zusammenschließen von vier bis sechs Unternehmen in einer Region mit dem Ziel der Neugenerierung von zusätzlichen Umsätzen zu verstehen. Die aus dem gleichen oder verschiedenen Sektoren stammenden Unternehmen bilden meist ein Joint Venture, welches von speziell ausgebildeten Brokern durch teilweise wöchentliche Treffen koordiniert wird. Im Juni 1995 waren mit der Unterstützung lokaler Wirtschaftsförderungsorganisation wie der staatlichen *Canterbury Development Corporation* und den privaten Unternehmensvereinigungen (*Canterbury Employers Chamber of Commerce*, *Canterbury Manufacturers' Association* und dem *Canterbury Tourism Council*) von den insgesamt 25 initiierten *Hard Business Networks* mit 150 Unternehmen, die von elf Brokern betreut worden, zehn noch in der Explorationsphase, neun in der Feasibility-Phase, eins in der Phase der Geschäftsplanung und fünf bereits in der Implementierungsphase. Während 64 % der Unternehmen in den *Hard Business Networks* sehr zufrieden bis enthusiastisch über das Mitwirken in ihrem Netzwerk waren, waren die Broker zu diesem Zeitpunkt desillusioniert über die Aufwands-Ertrags-Situation ihrerseits in diesem Pilot-Projekt. Trotzdem entschied sich TradeNZ 1996 für eine Ausdehnung des Projektes auf ganz Neuseeland mit der Ausbildung von 150 weiteren Brokern (vgl. FFOWCS WILLIAMS 1996: 30 ff., VARGO / CRAGG 1995: 2 ff.).

Ende der 1990er wurde die netzwerkbildende Strategie bei TradeNZ hinsichtlich ihrer Kosten-Nutzen-Relation – besonders wegen der Mitnahmeeffekte seitens der Unternehmen – überdacht. TradeNZ gab zuerst das *Hard Business Networks*-Projekt auf, da die Unternehmen zunehmend lediglich an den Fördermitteln interessiert waren und Zweifel an der Wirksamkeit der Unternehmensnetzwerke auch bei den beteiligten Institutionen in Christchurch aufkamen. Dabei wurde der große personelle und finanzielle Aufwand der Bildung und Aufrechterhaltung der *Hard Business Networks* sowie deren Künstlichkeit bemängelt. Zugleich verstanden die Unternehmen in den Zusammenschlüssen das eigentliche, langfristige Wesen der *Hard Business Networks* nicht und sahen in ihnen hauptsächlich die Überwindung von eigenen, kurzfristigen Problemen. Dennoch konstatieren CRAGG / VARGO einen impulsgebenden Effekt durch die *Hard Business Networks* für netzwerkinitiierende Aktivitäten anderer Firmen in Christchurch, so dass das PORTER-Projekt sowie die TradeNZ-Aktivitäten in Christchurch eine Sensibilisierung für Unternehmenskooperationen auch bei nicht teilnehmenden Unternehmen schufen (vgl. VARGO / CRAGG 1995: 8 f.). Die JAGs waren zu einem Teil sehr erfolgreich und steigerten den Exportanteil am Gesamtumsatz signifikant. Dagegen waren andere JAGs lediglich Subventionsempfänger von TradeNZ-Geldern. TradeNZ unterstützte Unternehmen mit bis zu 50 % an Messeauftritten und Promotionsaktionen, ohne dass sich das unternehmerische Auslandsengagement entscheidend erhöhte. Gleichzeitig setzte sich im TradeNZ die neoliberale Einstellung durch, dass, wenn es positiv für die Unternehmen sei, sie sich zusammenschließen würden. In der Tat florieren einige der damals gegründeten JAGs auch heute noch[156]. In den Programmen von TradeNZ trat an die Stelle der JAGs ein weicheres und lediglich das Exportmarketing unterstützendes Programm der *Export Networks*, bei dem sich mindestens drei Unternehmen gemeinsam um die Mittel von TradeNZ bewerben müssen.

---

[156] Heute sind einige JAGs wie beispielsweise die *New Zealand Marine Export Group* auf 155 Mitglieder angewachsen.

Das dadurch entstandene Vakuum an Cluster-initiierenden Aktivitäten wird teilweise durch die 2001 neu gegründete Agentur *IndustryNZ* aufgefangen, welche die Entwicklung nationaler Managementfähigkeiten, Wachstumsindustrien und Export-Cluster zur Aufgabe hat. Als weitere strategische Stoßrichtung hat die Regierung ein Inkubator-Programm aufgelegt, das verschiedene Technologieparks in Verbindung mit universitären Einrichtungen, beispielsweise in Auckland (Januar 2001, Auckland University of Technology), Wellington und Christchurch unterstützt. Dessen ungeachtet muss hinzugefügt werden, dass die Ausbildung an Clustern in Neuseeland nach wie vor als unterentwickelt gilt (vgl. WEF 2000: 313), wenn auch einige leistungsstarke Cluster existieren.

5.3.5.3 Clusterbildung in Neuseeland

Zur Identifizierung von potenziellen Clustern werden die sektoralen Beschäftigtenzahlen der einzelnen Regionen, die Lokalisation von *Crown Research Institutes* und anderer innovationsrelevanter Organisationen, die Exporterfolge in den spezifischen Branchen sowie das in Expertengesprächen generierte Wissen herangezogen.

Um Auffälligkeiten bei den Beschäftigtenzahlen festzustellen, werden zunächst die in einem Sektor arbeitenden Personen einer Region mit den gesamten regionalen Beschäftigen relativiert. In einem zweiten Schritt wird dieser Wert mit dem Verhältnis aus den neuseeländischen Beschäftigten in einem Sektor und der gesamten Arbeiterschaft Neuseelands normiert. Somit deuten sektorspezifische Werte einer Region von größer eins auf eine überdurchschnittliche Konzentration dieser Branche in dieser Region hin. Grundlage dieser Untersuchung bildet die regionale Beschäftigungsverteilung nach den 16 *Regional Councils* sowie den 24 *Main Urban Areas* auf Basis des Census von 1996 und der 4-Digits tiefen sektoralen Klassifikation des neuseeländischen statistischen Amtes mit 456 Klassen.

Im primären Sektor ist ein um die Holzwirtschaft entstandenes Cluster in der Region zwischen Rotorua und Taupo festzustellen (vgl. Abbildung 34). In Rotorua liegen die Beschäftigtenzahlen in der Forstwirtschaft mit 9,1 und beim Holzeinschlag (*Logging*) mit 15,3 deutlich über dem Durchschnitt. Branchenbedeutende Unternehmen wie Fletcher Woods Panels (Taupo), Carter Holt Harvey Timber (Tokoroa), NZFP Pulp and Paper (Kinleith) sowie Caxton Paper (Rotorua) haben ihren Standort in dieser Region. Ergänzt werden diese Unternehmen durch eine Vielzahl von unterstützenden und lokal ansässigen Organisationen wie dem *ForestResearch,* der *New Zealand Logging Industry Research Association* und der *Forest Industry Training Organisation.*

Nördlich davon, in der Bay of Plenty, wird der größte Teil der neuseeländischen Kiwis angebaut, wodurch 70 % der in Neuseeland in diesem Sektor Beschäftigten in der Bay of Plenty leben.

Westlich der Bay of Plenty fallen die eng zusammenliegenden *Main Urban Areas* Hamilton, Cambridge, Te Awamutu als landwirtschaftliches Zentrum inklusive der dazugehörigen Dienstleistungen mit einer Betonung auf der milchverarbeitenden Industrie auf. Institutionell sind dort der Hauptsitz des *AgResearch*, eine Nebenstelle des *HortResearch* sowie das *Meat Research Institute of New Zealand* verankert. Das Training des in diesem Sektor tätigen Personals kann über die *New Zealand Dairy Industry Training Organisation* erfolgen (vgl. auch AKOORIE 2001: 66 ff.).

An der Ostküste dominiert in der Hawke's Bay der Anbau von Kern- und Steinfrüchten sowie Wein mit einer Nebenstelle des *HortResearch.* Die Exporterfolge bei Fleisch stammen bei Rindfleisch hauptsächlich aus Northland, welches 24 % der 5.500 in diesem Bereich Beschäftigten beheimatet und mit einem Wert von 7,7 klar über der Norm liegt.

Bei einem Wechsel auf die Südinsel ist in Nelson ein Cluster des Tiefseefischens und der fischverarbeitenden Industrie in Verbindung mit einer Niederlassung des *NIWA*, des *Seafood Research Institute* und mit dem *Cawthron Institute* festzustellen (vgl. auch FFOWCS WILLIAMS 1997: 26). Mit dem hohen Besatz an im primären Sektor tätigen *Crown Research Institutes* in Christchurch und Lincoln wird die infolge der klimatischen und naturräumlichen Gegebenheiten auf Getreide spezialisierte Landwirtschaft unterstützt. Zudem sind die drei *Regional Councils* Southland, Otago und Canterbury schwerpunktmäßig für die Exporterfolge bei der Kommerzialisierung der Schafzucht in Form von Wolle und Fleisch verantwortlich, was durch die in Christchurch ansässige *Wool Research Organization* und *Lincoln University* begleitet wird. Besonders große Bedeutung hat die Schafzucht allerdings in Southland, wo jeder neunte Arbeitende diesem Sektor direkt zugerechnet wird.

Im Industriesektor ist im Zuge der neuseeländischen Erfolge im *America's Cup* und der dadurch bedingten Austragung der Segelregatten in Auckland ein Cluster in der Schiffs- und Bootsbauindustrie entstanden, in dem über die Hälfte der in diesen Branchen Beschäftigten arbeiten.

In Christchurch ist ein Cluster um die Elektronikindustrie entstanden, welches durch die international agierende und über 1.000 Angestellte habende Firmen Tait Electronics und PDL Holdings getragen sowie durch Spin-Offs vitalisiert wird. Darüber hinaus liegt ein Forschungs- und Ausbildungsschwerpunkt der *Canterbury University* auf dieser Branche. Zudem sind rund die Hälfte aller neuseeländischen Elektroingenieure in Christchurch zu Hause. Diese Spezialisierung Christchurchs wird auch in den normierten Werten deutlich, bei denen in den Bereichen *Aircraft Manufacturing* sowie bei *Machinery & Equipment* die höchsten Konzentrationswerte in Neuseeland erreicht werden. Zudem ist eine Konzentration der *Textile & Clothing Manufacturing* (v. a. Jersey-Produktion) in Christchurch durch die normierten Beschäftigtenzahlen festzustellen.

Seit 1998 verfolgt das *Wellington City Council* die Strategie der Clusterbildung, die ausgehend von der Film- und Fernsehindustrie[157] auf die damit in Verbindung stehende Content-Industrie wie Bildung, Entertainment und Kultur ausgedehnt wurde. Um auch Filme bearbeiten und verbreiten zu können, bedarf es Kompetenzen in der Informationstechnologie-, Telekommunikations- und Softwareindustrie, die durch die Förderung eines eigenen Clusters angeregt werden soll. Dabei wird explizit der Fokus nicht eng auf Wellington gelegt, sondern die anderen angrenzenden *Main Urban Areas* Lower Hutt, Upper Hutt und Porirua werden miteinbezogen. Neben der Gründung von netzwerkinitiierenden Gesellschaften werden die Cluster mit der Einrichtung von korrespondierenden Bildungsorganisationen wie dem *Central Institute of Technology* (Upper Hutt), *The Film School*[158] oder der *Avalon Film & Television School* (Lower Hutt) versorgt. Daneben wird das Cluster der erdbebenpräventiven Industrie

---

[157] In den letzten Jahren ist auch Hollywood zunehmend auf die Produktionsmöglichkeiten in Wellington aufmerksam geworden. Nicht nur die amerikanischen TV-Serien Xena und Hercules werden auf den Hügeln der Hauptstadt gedreht, sondern auch Kinofilme wie die Triologie Herr der Ringe (Weta Ltd.) oder Heavenly Creatures. Ferner bearbeiten neuseeländische *Special Effect*-Unternehmen Hollywood-Filme (Bsp. Herr der Ringe oder Contact mit Jodie Foster). Nach Angaben des Film-Clusters werden in der Region jährlich vier Kinofilme und zehn Fernsehserien produziert, wenngleich der Einfluss des neuseeländischen Regisseurs Peter Jackson nicht zu ignorieren ist. So erhöhte sich der der Anteil Wellingtons an der neuseeländischen Filmindustrie zwischen 1997 und 1999 von 20 % auf 43 % oder von 43,7 Millionen N$ auf 379 Millionen N$ (vgl. WELLINGTON REGIONAL COUNCIL 2000: 6).

[158] Die Film School ist in der City von Wellington lokalisiert und öffnete am 31. August 2000. Sie wird von der lokalen Filmindustrie finanziell und personell unterstützt, wobei auch das Wellington City Council ein Darlehen von 300.000 N$ gewährte.

von der Stadt unterstützt. In der Wellingtoner Region lokalisieren sich rund 90 % der 110 in diesem Sektor tätigen Unternehmen (vgl. Tabelle 36, FFOWCS WILLIAMS 1997: 26, CAMPBELL-HUNT / CORBETT 2001: 33 ff., www.cluster.org.nz).

Ort	Branche	Normierung	In % der Branche in NZ	Anteil an den regionalen Beschäftigten
Auckland	Boat- & Shipbuilding	1,80	54,7 %	
Lower Hutt	Telecommunication, Broadcasting & Transceiving	2,69	9,1 %	
Lower Hutt	Film and Video Production	1,75	6,0 %	3,4 %
Lower Hutt	Television Services	4,26	14,5 %	
Upper Hutt	Telecommunication, Broadcasting & Transceiving	12,18	10,7 %	0,9 %
Wellington	Telecommunication Services	2,62	24,8 %	
Wellington	Film and Video Production	1,99	18,9 %	9,5 %
Wellington	Radio Services	2,68	25,4 %	
Wellington	Telecommunication, Broadcasting & Transceiving	1,68	15,9 %	
Christchurch	Aircraft Manufacturing	2,14	30,2 %	
Christchurch	Computer & Business Machine Manufacturing	1,55	21,9 %	
Christchurch	Electronic Equipment Manufacturing	1,13	15,9 %	
Christchurch	Automotive Electrical and Instrument Manufacturing	3,19	45,0 %	14,1 %
Christchurch	Household Appliance Manufacturing	1,97	27,8 %	
Christchurch	Electric Cable and Wire Manufacturing	4,57	64,5 %	
Christchurch	Electrical Equipment Manufacturing, nec	1,51	21,4 %	
Christchurch	Telecommunication, Broadcasting & Transceiving	3,54	49,9 %	
Christchurch	Wool Textile Manufacturing	1,64	18,4 %	
Christchurch	Made-Up Textile Product Manufacturing	2,04	28,8 %	
Christchurch	Textile Floor Covering Manufacturing	2,84	40,1 %	
Christchurch	Textile Product Manufacturing, nec	1,84	26,0 %	14,1 %
Christchurch	Cardigan and Pullover Manufacturing	2,05	28,9 %	
Christchurch	Clothing Manufacturing	1,47	20,7 %	
Christchurch	Leather Tanning and Fur Dressing	2,31	32,6 %	

Tabelle 36: Manufacturing-Cluster in Neuseeland
Quelle: Census 1996, eigene Berechnungen

Im Dienstleistungssektor hat sich speziell Queenstown und Umgebung als Agglomeration der *Adventure Tourism*-Industrie etabliert (vgl. FFOWCS WILLIAMS 1997: 26). Relative Schwerpunkte im Bereich der Bildung liegen in den beiden kleineren universitären Standorten Palmerston North und Dunedin. Wellington als Hauptstadt zieht neben dem selbstverständlich überproportionalen Bestand an staatlichen Einrichtungen insbesondere die höheren Dienstleistungen wie Finanzdienstleister, Banken, Versicherungen und Unternehmensberater an. Insgesamt sind infolge der notwendigen Integration des Kunden in die Leistungserfüllung die Dienstleistungen gleichmäßiger auf die Zentren in Neuseeland verteilt.

Abschließend rekapituliert die folgende Karte die Existenz von Clustern in Neuseeland:

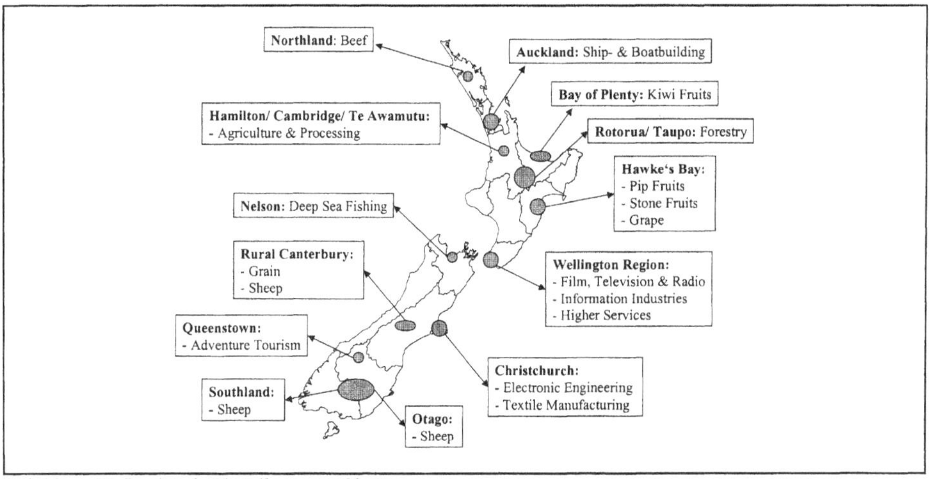

Abbildung 34: Regionale Verteilung von Clustern
Quelle: eigene Analyse und FFOWCS WILLIAMS 1997: 26

5.4 Zusammenfassung des nationalen Innovationssystems Neuseelands

Um das neuseeländische Innovationssystem in den wesentlichen Aspekten zusammenzufassen, werden die wichtigsten Determinanten in einem ersten Schritt durch lokale und multinationale Unternehmen beurteilt (vgl. Abbildung 35).

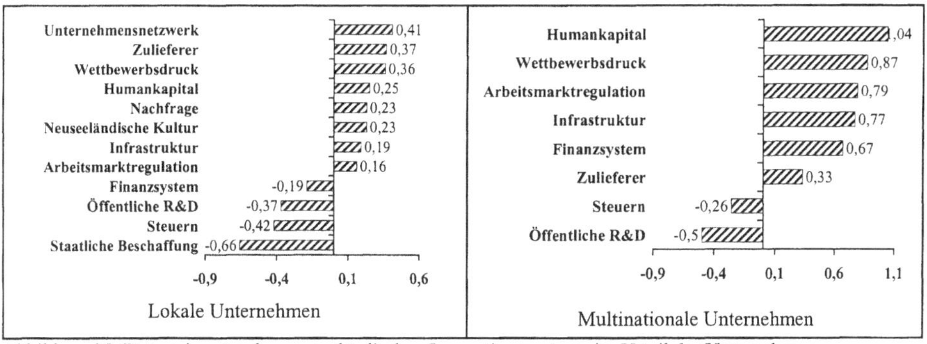

Abbildung 35: Determinanten des neuseeländischen Innovationssystems im Urteil der Unternehmen
Quelle: eigene Befragung
X-Achse zeigt Abweichung vom Neutralwert 3

Von beiden Unternehmensgruppen werden das Humankapital, die Wettbewerbsintensität, die Infrastruktur, die Arbeitsmarktregulation sowie die Zulieferer als unterstützend für ihre Innovationskraft eingestuft. Wenig förderlich sind dagegen die Ausgestaltungen in der Steuergesetzgebung und die Unterstützung durch öffentliche Forschungsinstitute. Unterschiedliche Auffassungen ergeben sich bezüglich des Finanzsystems, das für die multinationalen Unternehmen einen positiven und für die lokalen Firmen einen negativen Einfluss auf die Innovationsgenerierung hat. Zusätzlich werden von den lokalen Unternehmen die Unternehmensnetzwerke als stärkster innovationsfördernder Faktor identifiziert. Eine leicht positive Rolle spielen die neuseeländische Kultur und das private Nachfrageverhalten beim Hervorbringen von Neuerungen. Im Gegensatz dazu ist das Beschaffungsverhalten der öffentlichen Hand nahezu ohne Bedeutung im neuseeländischen Innovationssystem. Die Ergebnisse der Bewertungen der Unternehmen decken sich weitgehend mit den eigenen Analysen in den vorangegangenen Kapiteln. Insgesamt fällt aber bei einem Vergleich des Antwortverhaltens von lokalen und multinationalen Unternehmen auf, dass die ausländischen Firmen die Anreizstrukturen und Funktionsweisen des neuseeländischen Innovationssystems im Schnitt besser als die lokalen Unternehmen beurteilen.

In Tabelle 37 wird in einem zweiten Schritt das gesamte nationale Innovationssystem Neuseelands hinsichtlich der innovationsfördernden und -hemmenden Faktoren gemäß der vorausgegangenen Gliederung resümiert. Deutlich wird dadurch, dass sich das neuseeländische Innovationssystem in seinen Strukturen und Anreizen durch den Reformprozess stark verbessert hat. Es zeichnet sich insbesondere durch eine hohe Flexibilität und Offenheit aus, wobei es tendenziell inkrementale Innovationen generiert.

Innovationsfördernd	**Innovationshemmend**
Akteure	
Staat	
▪ Transparenter, kompetitiver, theoriegeleiteter Vergabeprozess der staatlichen Mittel ▪ Klare Verantwortlichkeiten ▪ Hoher staatlicher Anteil an den F&E-Ausgaben ▪ Große Rolle der universitären Forschung ▪ Hoher und überdurchschnittlich wachsender Artikel-Output ▪ Schwerpunkt auf *Biology, Psychology* und *Earth & Space Science* ▪ Marktwirtschaftliches Denken in den Crown Research Institutes, geringe Bürokratie und Autonomie ▪ Innovationssystemischer Denkansatz im MoRST & FRST	▪ Sehr wenige Forscher je 10.000 Einwohner im internationalen Kontext ▪ Leicht unterdurchschnittliches F&E-Engagement ▪ Starke F&E-Förderung des Primärsektors ▪ Paradoxon in den Crown Research Institutes: Grundlagenforschung und Zukehr zur Akquisition privatwirtschaftlicher Mittel ▪ Paradoxon in der Mittelvergabe: Marktversagen soll durch marktlichen Mechanismus geheilt werden ▪ Als kleines Land Probleme im Vergabeprozess der F&E-Ressourcen hinsichtlich Kompetenz, Vergabe und Kosten ▪ Asymmetrie im Vergabeprozess: Monopolsituation ▪ Kompetitives Anreizsystem unterdrückt Interaktionen untereinander ▪ Geringer Artikel-Output in *Physics, Engineering* und *Chemistry*
Privatwirtschaft	
▪ Gute Entwicklung des High-Tech-Sektors ▪ Überdurchschnittliches Engagement von kleinen Unternehmen in F&E im internationalen Kontext ▪ F&E-Mittelzufluss aus dem Ausland signifikant gesteigert ▪ Höchster Anteil unter den OECD-Ländern von privaten F&E-Aufträgen an öffentliche F&E-Institute (an Universitäten durchschnittlich) ▪ Multinationale Unternehmen beschäftigen überdurchschnittlich viele Wissenschaftler / Ingenieure ▪ Hohe Investitionen in die Mitarbeiter-Weiterbildung in multinationalen Unternehmen	▪ Geringes privatwirtschaftliches F&E-Engagement ▪ Wenig Engagement in High-Tech-Sektoren ▪ Viele sehr kleine Unternehmen (kritische Größe) ▪ Wenig Autonomie bei der lokalen F&E von multinationalen Unternehmen ▪ Geringe Interaktion der multinationalen Unternehmen mit nationalen Organisationen (Vertriebsstätten) ▪ Multinationale Unternehmen betreiben nur sehr marktnahe Forschung

Innovationsfördernd	Innovationshemmend
Sonstige Akteure	
▪ Research Associations: Unterstützung des sektoralen Innovationssystems durch interaktionsinitiierende Maßnahmen	▪ Research Associations haben nur sehr geringen Anteil an der F&E
Transferkanäle	
Offenheit	
▪ Sehr hoher Bestand an ausländischen Direktinvestitionen ▪ Technologienehmerland nach Technologiebilanz und Import-Export-Verhältnis von High-Tech-Industriegütern ▪ Hoher Anteil asiatischer Studenten in Neuseeland ▪ Positiver Trend der ausländischen Geschäftsreisenden und des Außenhandels ▪ Hohe Zuwanderung aus Asien und dem Pazifik ▪ Frühe Penetration des Internets bei kostengünstigem Zugang ▪ Sehr gute wirtschaftliche und wissenschaftliche Verbindungen zu USA, Australien und Großbritannien	▪ Räumliche Lage Neuseelands (Isolation) ▪ Unterdurchschnittliche Interaktion bei grenzüberschreitenden Veröffentlichungen zweier Autoren im Vergleich mit den Referenzländern, keine aufholende Entwicklung festzustellen ▪ *Brain drain*: Auswanderung hoch qualifizierter Neuseeländer ▪ Geringe Bereitschaft, für Technologielizenzen zu zahlen
Nationale Transferkanäle	
▪ Gute physische Infrastrukturausstattung ▪ Gute IuK-Infrastrukturausstattung, insbesondere IuK-Ausgaben / BIP, internationale Telefongespräche und deren Kosten, ist sogar mit sehr gut zu beurteilen bei einer Relativierung mit dem BIP ▪ Wettbewerbsintensität und Deregulierung in der IuK-Industrie ▪ Hohe Nutzung des nationalen Bibliothekensystems ▪ Programm: *Technology for Business Growth* zielt auf Interaktion der Unternehmen ab ▪ Hohe Migration innerhalb von Neuseeland: Jeder Zehnte ändert sein Regional Council innerhalb von fünf Jahren	▪ Entfernung und Lage der Wirtschaftszentren ▪ IuK-Infrastruktur: nur durchschnittlich bei Zeitungslesern, Internetzugängen, Festnetzanschlüssen und Mobiltelefonen ▪ Geringe Anzahl an gemeinsamen Veröffentlichungen zweier neuseeländischer Wissenschaftler im Kontext der Referenzländer ▪ Unternehmensnetzwerke eher rudimentär und informell: Generalisten ziehen Spezialisten kaum zu Rate
Determinanten	
Kultur	
▪ Individualistische Gesellschaft: Aufgabenorientierung, Meinungsvertretung ▪ Guter Umgang mit Unsicherheit und Risiko ▪ *Kiwi Ingenuity*, *do-it-yourself*-Mentalität ▪ Informationsbedürfnis der Neuseeländer ▪ Wunsch nach internationaler Anerkennung ▪ Sehr hohes Interesse an wissenschaftlichen Fragestellungen	▪ *easy-going-lifestyle* ▪ Hohe Bedeutung einer egalitären Gesellschaft ▪ Gefahr einer fragmentierten Gesellschaft mit Pakehas, Maori, Asiaten → Identitätskrise

Innovationsfördernd	Innovationshemmend
Faktorbildung	
▪ Schulengagement in die PC-Kenntnisse der Schüler: viertbester Wert bei der PISA-Studie ▪ Qualitätssicherung durch *Academic Audit Unit* ▪ Inter-universitäre Kompatibilität der Kurse ▪ Hohes staatliches Engagement in Bildung ▪ Enorme Steigerung der Studentenzahlen ▪ Sehr gute Ergebnisse bei der PISA-Studie ▪ Private Weiterbildungsangebote und deren Nutzung ▪ Informeller Venture-Capital-Markt ▪ Staat engagiert sich wieder mehr und lindert die Probleme neoliberaler Regulationsweisen: Beispiel ist der Venture Capital Fund ▪ Entlastung des Kapitalmarktes durch sehr geringe staatliche Neuverschuldung ▪ Effizientes Bankensystem durch hohe Wettbewerbsintensität	▪ Relativ wenige Studenten in Science & Technology ▪ Verschlechterung des Verhältnisses Studenten zu Lehrbeauftragten ▪ Bestand an Humankapital (noch) durchschnittlich ▪ Keine Steuererleichterungen für F&E ▪ Niedrige Sparquote stellt wenig Kapital für Kapitalmarkt bereit ▪ Lediglich junger Venture-Capital-Markt vorhanden ▪ Schwache Liquidität der neuseeländischen Börse
Nachfrage und Standards	
▪ Anspruchsvolle Nachfrage im Freizeit- und Sportsektor (Outdoor, Boote, Fun-Sport, Rugby), bei der Erdbebensicherung und im primären Sektor ▪ Nutzung als Testmarkt für multinationale Unternehmen ▪ Offene, neutrale und kompetitive Beschaffung des Staates ▪ Großes Umweltbewusstsein und strenge Umweltauflagen zur Konservierung des „*clean and green*“-Images	▪ Geringes Beschwerdeverhalten ▪ Generell wenig anspruchsvolle Nachfrage ▪ Keine militärische Nachfrage ▪ Umweltschutz erscheint nur infolge des günstigen Bevölkerungs-Ressourcen-Verhältnisses streng. Viele Regulierungen sind unter denen des Weltstandards in entwickelten Volkswirtschaften ▪ Geringe Mindeststandards für Unternehmens-leistungen
Unternehmensstrategie und Wettbewerb	
▪ Erhöhung der Wettbewerbsintensität durch Öffnung und Privatisierung ▪ Sehr hohe Gründungsaktivität ▪ Weg von kostenbasierten zu marketingorientierten Strategien ▪ Zunehmende Etablierung einer Technologiestrategie in den Unternehmen ▪ Commerce Act schränkt den Missbrauch von Marktmacht ein	▪ Zwar marktorientierte Unternehmensführung, aber keine Innovationsführerschaft: schwache Positionierung und kaum Wettbewerbsvorteile der Unternehmen bei der Innovationsgenerierung ▪ Weltmarktzuwendung hat begonnen, ist aber noch ein „*toe in the export water*“ ▪ Schwaches soziales Netz kann Risikobereitschaft einschränken ▪ Eher negatives Image der Entrepreneure
Unterstützende Branchen	
▪ Positive Entwicklung der KIBS ▪ Sehr effiziente staatliche Regulation und Organisation ▪ Sensibilisierung für *Networking* durch Projekte wie *Joint Action Groups* und *Hard Business* Networks ▪ Wettbewerbsfähige Cluster in Christchurch (Elektronikindustrie), Auckland (Bootsbau), Rotorua (Forstwirtschaft), Wellington (Filmindustrie, ichkeit einen tiefen Einblick in die ▪ Hohe Zufriedenheit mit den Zulieferern	▪ Beschäftigtenrückgang in Marktforschungs- und Marketingunternehmen sowie von Wissenschaftlern und Forschern ▪ Netzwerkinitiierende Maßnahmen gescheitert ▪ Wenige wettbewerbsfähige Cluster

Tabelle 37: Zusammenfassung des nationalen Innovationssystems Neuseelands
Quelle: eigene Zusammenstellung

6 REGIONALE INNOVATIONSSYSTEME IN NEUSEELAND: DIE BEISPIELE CHRISTCHURCH UND WELLINGTON

Nach einer einführenden Charakterisierung der Untersuchungsregionen Christchurch und Wellington sowie einer Einordnung der befragten Manufacturing-Unternehmen werden die einzelnen Aspekten eines regionalen Innovationssystems betrachtet. Dabei werden ausgehend von den subnationalen Determinanten die auf der regionalen Ebene als dominant im Innovationsprozess erachteten Akteure und Transferkanäle in einer Netzwerkanalyse betrachtet. Im Anschluss an die Strukturen und Funktionsweisen der regionalen Innovationssysteme wird die Zielvariable, das Innovationsverhalten der Unternehmen untersucht. Zusammenfassend werden beide Regionen mit der Typologie nach COOKE sowie dem GEM-Ansatz eingeordnet und beurteilt.

6.1 Kurzcharakterisierung der Regionen Christchurch und Wellington

Dieses Kapitel analysiert die beiden Untersuchungsregionen anhand einer allgemeinen Einführung, ihrer wirtschaftlichen Entwicklung sowie ihren sektoralen Strukturen.

6.1.1 Allgemeines

Christchurch liegt im *Regional Council* Canterbury und ist mit einer Bevölkerungszahl von 322.188 (= 65 % des *Regional Councils* Canterbury) im Jahr 2001 die größte Stadt der Südinsel, womit es auch das wirtschaftliche und kulturelle Zentrum der Südinsel ist. Das städtische Gebiet, welches 45.249 Hektar umfasst, wird im Osten durch den pazifischen Ozean und im Süden von einem Bergkamm vulkanischen Ursprungs, den Port Hills, begrenzt. Ab 1850 wurde das Gebiet um das heutige Christchurch durch englische Immigranten besiedelt. Die *Canterbury Association*, eine Siedlungsgemeinschaft der anglikanischen Kirche in England, selektierte die Auswanderer nach einem Zeugnis des Gemeindepfarrers (gute Sitten, Frömmigkeit und Klassenbewusstsein). Christchurch gilt heute noch hinsichtlich Architektur, Konservatismus und Kultur als Ebenbild einer britischen Stadt. Abzulesen ist dies auch daran, dass der Anteil der Bewohner Christchurchs, die der ethnischen Gruppe der Europäer zugerechnet werden, mit 93,1 % (1996) deutlich über dem nationalen Durchschnitt und Wert für Wellington von jeweils 83,1 % liegt (vgl. STATISTICS NEW ZEALAND 1999a: 9 ff.). Der im britischen Stil gestaltete Hagley Park, der sich westlich des Stadtzentrums über mehr als 200 Hektar erstreckt, ist ein weiteres Kennzeichen der englischen Wurzeln. In infrastruktureller Hinsicht ist Christchurch im neuseeländischen Kontext sehr gut ausgestattet. Der jenseits der Port Hills mit einem Straßentunnel verbundene Hafen Lyttelton ist der bedeutendste Hafen der Südinsel und der drittwichtigste Hafen Neuseelands. Im Jahr 2001 wurden Güter mit einem Gewicht von 2,4 Millionen Tonnen und einem Wert von 2,9 Milliarden N$ aufgeladen. Dies entspricht jeweils ungefähr 11 % des in neuseeländischen Häfen beförderten Warenwerts und -gewichts. Ferner besitzt Christchurch einen internationalen Flughafen, der zusätzlich Waren im Wert von 1,3 Milliarden N$ ins Ausland befördert und als zweitgrößter Frachtflughafen nach Auckland gilt. Gleichzeitig stellt dieser im Jahr 1999 mit 21,2 % der insgesamt 1,6 Millionen ausländischen Besucher den Zielflughafen mit den zweitmeisten Ankünften in Neuseeland dar (vgl. STATISTICS NEW ZEALAND 1999c).

Die zweite Untersuchungsregion, Wellington, liegt im Süden der Nordinsel und schließt neben der Hauptstadt Wellington (165.945 Einwohner) auch die städtischen Zentren Lower Hutt (94.719), Upper Hutt (36.600) und Porirua (46.833) ein. Die insgesamt 344.097 Einwohner in der Untersuchungsregion repräsentieren 81 % der Bevölkerung des *Regional Councils* Wellington. Rund 91 % *des* BIP des *Regional Councils* werden im untersuchten

Großraum erwirtschaftet. Die eigene Befragung ergab eine enge Verflechtung zwischen den einzelnen städtischen Zentren, so dass die Aggregation zu einer Region gerechtfertigt ist.

Die Besiedlung Wellingtons durch weiße Bevölkerungsschichten begann 1837 mit der Gründung einer Siedlungsgesellschaft (*New Zealand Company*) durch EDWARD GIBBON WAKEFIELD in England. Ziel war es, Neuseeland als landwirtschaftlichen Ergänzungsraum zu Australien zu erschließen sowie für den Pazifik erkundende Abenteurer als Zwischenstation dienen zu können. Wellington wurde von den ersten Siedlern 1840 nach dem DUKE OF WELLINGTON benannt, der sich stark für die Interessen der *New Zealand Company* eingesetzt hatte. Probleme bereiten seit den ersten Siedlungstagen die vier Hauptverwerfungslinien, die sich durch die Region ziehen und für episodisch auftretende Erdbeben sorgen (vgl. STATISTICS NEW ZEALAND 1999b: 9 ff.). Wellington liegt wie die anderen „alten" Städte Neuseelands – Auckland, Christchurch und Dunedin – an einem großen natürlichen Hafen, der heute die Fährverbindung zwischen der Nord- und der Südinsel ermöglicht. Die städtebauliche Entwicklung der Wellingtoner Region ist stark von dem gebirgigen Charakter der Südspitze der Nordinsel determiniert worden, der auch dazu geführt hat, dass der Flughafen fast ausschließlich nationale Bedeutung hat. (vgl. LUTZ 1999: 483). Lediglich 90.000 ausländische Besucher (8,1 % der gesamten ausländischen Besucher) sind im Jahr 1999 über Wellington nach Neuseeland eingereist. Bei der Warenausfuhr ist die Relevanz des Wellingtoner Flughafens noch geringer: So wurden im Jahr 2001 lediglich Waren im Wert von 113 Millionen N$ oder 2,3 % der gesamten Ausfuhren neuseeländischer Flughäfen in Wellington abgewickelt. Auch der Hafen weist eine im Verhältnis zur Wirtschaftskraft stark unterdurchschnittliche Leistung auf: Im Wellingtoner Hafen werden lediglich 5,1 % des Warenwertes aller neuseeländischen Häfen aufgeladen (vgl. STATISTICS NEW ZEALAND 1999c).

Trotz ähnlicher Bevölkerungszahlen der beiden Untersuchungsregionen gehörten 1996 mit 177.400 Arbeitskräften in Wellington 14.100 Personen mehr zu den potenziellen Erwerbstätigen als in Christchurch. Dementsprechend liegt der Anteil der Erwerbstätigen an der Bevölkerung in Wellington mit 54,5 % deutlich über der von Christchurch (49,5 %).

In beiden Untersuchungsregionen ist im Zeitraum 1986 bis 1996 ein zunehmendes Durchschnittsalter zu bemerken, wobei die Bevölkerung von Christchurch älter und die von Wellington jünger als der Landesdurchschnitt ist. Sowohl 1986 als auch 1996 war das Pro-Kopf-Einkommen in der Region Wellington das höchste in Neuseeland. Dagegen lag das Pro-Kopf-Einkommen in Christchurch zu beiden Zeitpunkten sogar unter dem nationalen Durchschnitt. Bei der Bevölkerungsentwicklung schneidet Christchurch insbesondere durch den Zuzug von asiatischen Bevölkerungsschichten besser als Wellington ab. Generell wird die Lebensqualität in Neuseeland, die auch als Attraktionsfaktor für internationales Humankapital gilt, sehr hoch bewertet: Neuseeland wurde bei einem internationalen Vergleich der Lebensqualität auf dem zweiten Platz hinter Australien eingestuft (vgl. IMD 1997: 463). Darüber hinaus fühlen sich die Bewohner von Christchurch und Wellington unter sechs anderen neuseeländischen Großstädten in ihrer Umgebung am wohlsten (vgl. AUCKLAND CITY COUNCIL ET AL. 2001: 90). Die Mieten sind infolge der höheren Pro-Kopf-Einkommen in Wellington (174 N$ pro Woche) eindeutig höher als in Christchurch (155 N$ pro Woche).

6.1.2 Die wirtschaftliche Entwicklung und Strukturen

Canterbury entwickelte sich im Zeitraum von 1987 bis 2000 von allen *Regional Councils* wirtschaftlich am besten: Mit einem Indexwert des Wachstums von 153,3 ist Canterbury vor Waikato (152,1), Nelson-Marlborough (148,6) sowie Auckland (147,8) Neuseelands Wachstumsregion Nummer eins. Wellington kommt nur auf einen Indexwert von 141,6.

Gleichwohl hat sich der Abstand von Canterbury zum nationalen Indexwert vor allem im Zeitraum bis 1994 aufgebaut, um danach nur noch leicht über dem nationalen Durchschnitt zu liegen:

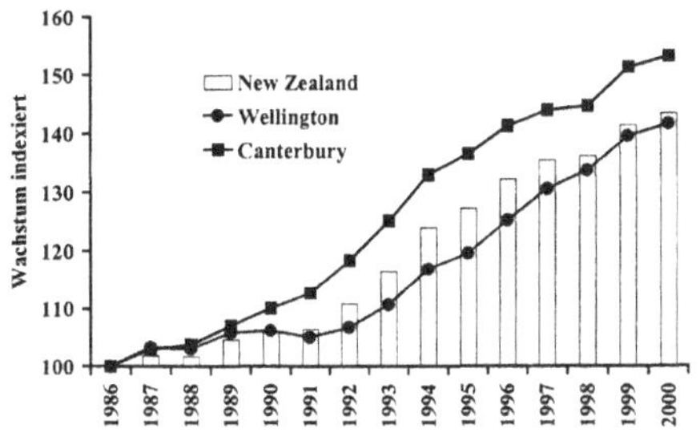

indexiert: 1986 = 100

Abbildung 36: Wirtschaftliches Wachstum der Regionen in Neuseeland
Quelle: NATIONAL BANK: Regional Trends, auf Anfrage

Wellington litt in der Anfangszeit der Betrachtungsperiode als Hauptstadt unter den im Zuge des Reformprozesses einsetzenden Einschnitten im Staatssektor. Die gleichzeitige Abwanderung multinationaler Unternehmen nach Auckland sorgte dafür, dass Wellington sogar unter die nationale Wachstumskurve fiel. Erst im Juni 1996 konnte Wellington wieder stärker als der nationale Durchschnitt wachsen und durchläuft seitdem eine aufholende Entwicklung. Nachdem staatliche, lokale Stellen in Wellington lange Zeit dem neoliberalen Einfluss der nationalen Politik unterlagen, entwickelten sich ab 1995 zahlreiche Aktivitäten zur Rückbesinnung auf die endogenen Potenziale der Region. Ausgehend von einer detaillierten Analyse der sektoralen Struktur (vgl. PATTERSON 1991) wurde mit Erfolg versucht, eine unternehmensfreundliche Atmosphäre in der Region zu generieren. Dazu wurde von der staatlichen *Capital Development Agency* (seit Juli 2001: *Wellington Regional Development Agency*) nicht an den Stadtgrenzen Wellingtons angehalten, sondern eine Kooperation mit den Städten bzw. deren Wirtschaftsförderungsagenturen von Lower Hutt, Upper Hutt und Porirua eingegangen. Das sich daraus ergebende *Invest-Wellington-Region*-Programm inkludierte aber auch private Unternehmen sowie das *Wellington Regional Council*. Dieses Projekt stellt einen umfassenden Ansatz zur Realisierung von Synergiepotenzialen bei der Vermarktung der Region dar. Zudem setzt es durch die Kongruenz von organisationaler Reichweite und räumlichem Kontext der lokalen Wirtschaft den richtigen Ansatzpunkt für politische Entscheidungen. Unter dem Überbegriff *Invest-Wellington* entwickelten sich drei Initiativen:

- das bereits vorgestellte Cluster-Projekt seit 1998,
- das *SmartWellington Programme*, das die IT-Industrie in der Region fördert, und
- das sich noch in der konzeptionellen Phase befindliche *Technology Incubator Programme* mit der WestpacTrust Bank als Kooperationspartner.

Außerdem wurden zentrale Infrastruktur verbessernde Maßnahmen in Angriff genommen, wozu die Modernisierung des Tiefseehafens und des lediglich zehn Minuten von der City Wellingtons entfernten Flughafens zählt. Zur Erhöhung der Lebensqualität und der Attraktivität der Stadt wurde die Waterfront grundlegend neugestaltet, um im Sinne des behavioristischen Ansatzes der Standorttheorie Investoren anzuziehen[159]. All diese Maßnahmen haben mit dazu beigetragen, dass Wellington die Lücke zum nationalen Wachstumstrend fast wieder geschlossen hat.

Im Gegensatz zur Wellingtoner Region haben die in Christchurch ansässigen wirtschaftsfördernden Institutionen wie die *Capital Development Corporation* (Gründung 1984) früh mit netzwerkinitiierenden Maßnahmen begonnen. Wenn auch die zwei ressourcenintensivsten Projekte fehlschlugen, zu denen die Eröffnung des ersten Technologieparks Neuseelands im Jahr 1988 und das bereits erwähnte *Hard Business Network*-Projekt im Jahr 1994 zählen, gingen von ihnen positive Effekte bezüglich der Sensibilisierung zur Kooperation auf die regionalen Unternehmen aus.

Beide lokalen Ökonomien Wellington und Christchurch tragen jeweils 13 % zum nationalen BIP bei (vgl. WELLINGTON REGIONAL COUNCIL 2000: 4). Die sektorale Komposition unterscheidet sich in den beiden Untersuchungsregionen jedoch deutlich. Canterbury liegt im Sektor *Manufacturing* über dem Landesdurchschnitt, während die *Property & Business Services* eher schwach ausgeprägt sind. In der Region der Hauptstadt dominieren neben *Government, Administration & Defence* die höherwertigen Dienstleistungen wie *Communication Services, Finance & Insurance* sowie *Property & Business Services*. Der Anteil der im *Manufacturing* arbeitenden Personen ist in Wellington im Vergleich zu Canterbury nur halb so hoch (vgl. Tabelle 38).

	Sektoraler Anteil an den Beschäftigten der Region			**Anteil an den nationalen Beschäftigten im Sektor**	
Klassifikation ANZSIC 1	Wellington	Canterbury	NZ	Wellington	Canterbury
Grundgesamtheit	*187.940*	*185.450*		*1.426.190*	
Agriculture Forestry & Fishing	0,6 %	1,6 %	2,3 %	3,7 %	8,9 %
Mining	0,1 %	0,1 %	0,3 %	4,6 %	7,0 %
Manufacturing	9,3 %	19,6 %	16,5 %	7,5 %	15,5 %
Electricity, Gas & Water Supply	0,4 %	0,3 %	0,4 %	12,7 %	10,0 %
Construction	6,5 %	7,0 %	7,5 %	11,4 %	12,1 %
Wholesale Trade	5,8 %	6,7 %	7,2 %	10,6 %	12,1 %
Retail Trade	10,8 %	12,9 %	12,6 %	11,2 %	13,2 %
Accommodation, Cafes & Restaurants	4,2 %	5,4 %	4,9 %	11,3 %	14,5 %
Transport & Storage	3,6 %	4,7 %	4,5 %	10,6 %	13,6 %
Communication Services	3,5 %	2,4 %	2,0 %	23,5 %	15,4 %
Finance & Insurance	5,8 %	2,2 %	3,0 %	25,6 %	9,5 %
Property & Business Services	18,2 %	11,3 %	13,3 %	18,0 %	11,0 %
Government, Administration & Defence	8,8 %	3,1 %	3,6 %	31,9 %	11,0 %
Education	6,6 %	7,0 %	7,1 %	12,2 %	12,8 %
Health & Community Services	8,2 %	9,8 %	8,8 %	12,4 %	14,5 %
Cultural & Recreational Services	3,2 %	2,7 %	2,6 %	16,4 %	13,7 %
Personal & Other Services	4,4 %	3,3 %	3,5 %	16,5 %	12,2 %
Total	**100,0 %**	**100,0 %**	**100,0 %**	**13,2 %**	**13,0 %**

Tabelle 38: Sektorale Strukturen der Untersuchungsregionen 2001
Quelle: STATISTICS NEW ZEALAND (2001): Business Activity Statistics 2001

[159] Das dort lokalisierte *Museum of New Zealand* (Te Papa) war mit mehr als einer Million Besuchern im ersten halben Jahr nach Eröffnung eine der kulturellen Attraktionen Neuseelands. Ferner wurde die *Waterfront* um eine Anlagemöglichkeit für Kreuzfahrtschiffe mit Erfolg erweitert (vgl. WELLINGTON REGIONAL COUNCIL 2000: 17).

Bei einer tieferen Analyse[160] der sektoralen Strukturen mit Hilfe einer Normierung werden die bisher erzielten Ergebnisse im Wesentlichen bestätigt. Die 15 Branchen mit dem höchsten Normierungswert vereinen in Wellington 59 % und in Christchurch 41 % der Gesamtbeschäftigten auf sich:

Wellington *(N = 114.726)*	**Norm**	**Reg. Anteil**	**Christchurch** *(N = 110.019)*	**Norm**	**Reg. Anteil**
Government Administration	2,19	9,8 %	Air and Space Transport	1,97	1,2 %
Insurance	1,96	1,9 %	Textile, Clothing, Footwear and Leather Manufacturing	1,61	3,5 %
Libraries, Museums and the Arts	1,95	1,1 %	Machinery and Equipment Manufacturing	1,33	5,0 %
Finance	1,85	5,2 %	Road Transport	1,29	2,0 %
Services to Finance and Insurance	1,74	1,6 %	Sport and Recreation	1,27	1,1 %
Defence	1,68	1,2 %	Services to Transport	1,24	2,0 %
Communication Services	1,58	2,8 %	Other Manufacturing	1,23	1,7 %
Other Services	1,54	3,5 %	Food, Beverage and Tobacco	1,20	3,5 %
Motion Picture, Radio and Television Services	1,53	1,0 %	Petroleum, Coal, Chemical and Associated Product Manufacturing	1,16	2,2 %
Business Services	1,39	14,6 %	Accommodation, Cafes and Restaurants	1,15	4,0 %
Petroleum, Coal, Chemical and Associated Product Manufacturing	1,03	1,9 %	Construction Trade Services	1,10	3,2 %
Education	1,02	6,9 %	Communication Services	1,07	1,9 %
Machinery and Motor Vehicle Wholesaling	0,99	3,0 %	General Construction	1,06	2,5 %
Printing, Publishing and Recorded Media	0,99	2,0 %	Health Services	1,06	5,6 %
Property Services	0,97	2,7 %	Personal Services	1,06	1,6 %
Summe		**59,2 %**			**40,9 %**

Tabelle 39: Die Top 15 der Branchen nach der Normierung
Quelle: STATISTICS NEW ZEALAND: Census 1996, eigene Auswertung
Norm = Normierung

Wellington hat im Vergleich mit den anderen *Main Urban Areas* doppelt so viele im Staatsdienst Beschäftigte, die fast 10 % der gesamten Beschäftigten in Wellington ausmachen. Deutlich werden auch die Clusterbestrebungen in Wellington mit der überproportionalen Existenz der Filmindustrie und den Kommunikationsdienstleistungen. Absolut dominierende Bereiche in der Region Wellington sind die *Business Services*- und der *Education*-Sektor. Im Manufacturing-Sektor sind lediglich *Petroleum, Coal, Chemical and Associated Product Manufacturing* sowie *Printing, Publishing and Recorded Media* mit überdurchschnittlichen Werten auffällig.

Innerhalb der Region Wellington nehmen die einzelnen Städte teilweise klare Funktionen ein: So agglomerieren sich in der Wellington City die höherwertigen Dienstleistungen (KIBS) und Regierungsstellen, während Lower Hutt besonders durch das *Manufacturing*, die IT- und Filmindustrie geprägt ist. In Upper Hutt sind die Beschäftigtenanteile für Verteidigung, *Petroleum, Coal, Chemical and Associated Product Manufacturing* sowie Bildung und Forschung (*Central Institute of Technology, AgResearch*) besonders ausgeprägt. Darüber

[160] Die folgenden Analysen beruhen auf der 54 Branchen unterscheidenden Klassifikation (ANZSIC 2) aus dem Census 1996.

Forschung (*Central Institute of Technology, AgResearch*) besonders ausgeprägt. Darüber hinaus schätzt die *Upper Hutt Economic Development Agency*, dass rund 20 % der weltweit produzierten Schaf- und Viehimpfstoffe aus Upper Hutt stammen. In Porirua sind überproportional viele Arbeitskräfte in Bildungseinrichtungen (15,3 % der gesamten Beschäftigten Poriruas), Gesundheitsdienstleistungs-Unternehmen (11,3 %) sowie *Machinery and Equipment Manufacturing*-Unternehmen (7,7 %) beschäftigt.

In Christchurch liegt der sektorale Schwerpunkt einerseits auf dem Transportsektor (*Air & Space Transport, Road Transport, Services to Transport*) und andererseits auf dem *Manufacturing*-Sektor, der mit der Textilbranche, dem *Machinery and Equipment Manufacturing*, dem *Other Manufacturing, Food, Beverage and Tobacco Manufacturing* sowie dem *Petroleum, Coal, Chemical and Associated Product Manufacturing* in den 15 Branchen mit dem höchsten Normierungswert vertreten ist. Im Gegensatz zu der Wellingtoner Region sind die höherwertigen Dienstleistungen unterrepräsentiert. Nur die *Communication Services* weisen mehr Beschäftigte als der Durchschnitt der *Main Urban Areas* auf (vgl. Tabelle 39).

6.1.3 Der Manufacturing Sektor und die Struktur des Rücklaufs der Befragung

Wird sich dem Manufacturing-Sektor über seinen Anteil am realen BIP angenähert, wurde dieser in den ersten Reformjahren bis auf 24,5 % (1989) ausgebaut. Danach fiel der Beitrag zum BIP bis 1991 auf 17,4 %. Seitdem erholte sich der Sektor leicht und pendelt zwischen 18 % und 19 % (vgl. STATISTICS NEW ZEALAND: Official Yearbook of New Zealand, diverse Jahrgänge). Bereits in Kapitel 4.3.3 wurde die relativ positive Entwicklung der Arbeitsproduktivität des neuseeländischen Manufacturing-Sektors angesprochen. Im Wellingtoner *Regional Council* sind im Jahr 2001 rund 17.500 Personen und in Canterbury rund 36.350 Personen im Manufacturing-Sektor beschäftigt, während in Gesamt-Neuseeland rund 238.000 Menschen diesem Sektor zugeordnet werden können (vgl. STATISTICS NEW ZEALAND: Business Activity Statistics 2001).

Zur Überprüfung des Rücklaufs der Befragung mit den realen Strukturen der Grundgesamtheit wird ein Vergleich über die Unternehmensgröße und die sektorale Komposition durchgeführt.

Im nationalen Durchschnitt beschäftigten Manufacturing-Unternehmen im Jahr 2001 10,5 Personen, womit im Wellingtoner *Regional Council* kleinere (9,0 Personen) und in Canterbury größere Unternehmen (11,7 Personen) zu bemerken sind[161]. Bei der eigenen Befragung kam es zu einer deutlichen Verzerrung in Richtung größerer Unternehmensgrößen, was am unterschiedlichen Antwortverhalten aufgrund einer gewissen Ehrfurcht vor dem Innovationsbegriff liegen mag (vgl. auch HAUSMANN 1996: 135). Die durchschnittliche Betriebsgröße von Wellingtoner Unternehmen in der Befragung mit 48,0 und die von Unternehmen in Christchurch mit 74,2 Angestellten erfordert infolge größenspezifischer Verhaltensweisen und Strukturen eine entsprechende Betrachtung bei der Auswertung. Abgemildert wird diese Verzerrung erstens durch die Bezugnahme zur internationalen Forschung: Im internationalen Kontext wären fast alle Unternehmen nur den zwei Klassen kleinste und kleine Unternehmen zuzuordnen, da in Christchurch 83 % und in Wellington fast 94 % der befragten Unternehmen weniger als 25 Millionen N$ Umsatz generieren. Zweitens

---

[161] Manufacturing-Unternehmen sind in Neuseeland im Durchschnit mehr als doppelt so groß wie der Durchschnitt aller Sektoren, der im Februar 2001 4,7 FTE betrug (vgl. STATISTICS NEW ZEALAND: Business Activity Statistics 2001).

wiegen die größeren Unternehmensgrößen in der Befragung nicht so schwer, da der Medianwert der Betriebsgröße in Wellington bei 9 und in Christchurch bei 18 liegt. Bei einer gleichgewichtigen Betrachtung der Unternehmen korrespondieren die Unternehmensgrößen der befragten Manufacturing-Unternehmen weitgehend mit den realen Ausprägungen.

Die sektorale Zusammensetzung der Grundgesamtheit kann über den Census 1996 mit Hilfe der Beschäftigtenzahlen annäherungsweise mit der Befragungspopulation verglichen werden. In Wellington wurden durch die Unternehmensbefragung 3.070 der insgesamt rund 13.300 Mitarbeiter erfasst, was einen Anteil von 23 % repräsentiert. Dieser sehr gute Wert wird vom Christchurcher Anteil noch übertroffen, da hier Unternehmen mit rund 38 % der regionalen, im Manufacturing-Sektor Beschäftigen befragt werden konnten. Implizit bedeutet das aber auch, dass mit der Befragung ein großer Teil der wirtschaftlichen Aktivität im Manufacturing-Sektor der jeweiligen Region erfasst wurde. Jedoch führen die größeren Unternehmensstrukturen in der Befragung auch bei der sektoralen Komposition zu Verzerrungen, da einzelne Unternehmen mit über 500 Beschäftigten ihre spezifische Manufacturing-Klasse überproportional beeinflussen. Dies gilt insbesondere für das *Metal Product Manufacturing* in Wellington und das *Textile, Clothing, Footwear and Leather Manufacturing* in Christchurch (vgl. Tabelle 40). Wird von ähnlichen durchschnittlichen Unternehmensgrößen in den differenzierten Manufacturing-Klassen ausgegangen, ist eine erstaunlich gute Anpassung von dem Rücklauf an die Grundgesamtheit erzielt worden: So entspricht die sektorale Verteilung der befragten Unternehmen in etwa der Zusammensetzung der Beschäftigten nach dem Census 1996. Folglich ist bei einer gleichgewichtigen Durchschnittsbetrachtung der befragten Unternehmen die Verzerrung des Rücklaufs als nicht gravierend einzustufen.

	Wellington			**Christchurch**			**NZ**
	Mitarbeiter 1996	Befragung Mitarbeiter	Befragung Unternehmen	Mitarbeiter 1996	Befragung Mitarbeiter	Befragung Unternehmen	Mitarbeiter 1996
Grundgesamtheit	*N = 13.284*	*N = 3070*	*N = 93*	*N = 23.742*	*N = 8.999*	*N = 143*	*N = 141.330*
Food, Beverage and Tobacco	10,2 %	7,4 %	12,5 %	16,2 %	9,4 %	10,0 %	16,1 %
Textile, Clothing, Footwear and Leather Manufacturing	7,8 %	1,8 %	6,3 %	16,1 %	36,3 %	15,0 %	11,9 %
Wood and Paper Product Manufacturing	5,0 %	20,8 %	6,3 %	6,7 %	1,0 %	5,0 %	7,8 %
Printing, Publishing and Recorded Media	17,1 %	2,0 %	9,4 %	8,9 %	1,5 %	8,3 %	11,0 %
Petroleum, Coal, Chemical and Associated Product Manufacturing	16,7 %	3,6 %	18,8 %	10,1 %	9,9 %	11,7 %	10,4 %
Non-Metallic Mineral Product Manufacturing	2,4 %	0,1 %	3,1 %	2,1 %	2,8 %	1,7 %	2,5 %
Metal Product Manufacturing	12,3 %	46,9 %	9,4 %	8,8 %	2,5 %	6,7 %	12,0 %
Machinery and Equipment Manufacturing	22,2 %	15,8 %	25,0 %	23,4 %	15,5 %	21,7 %	20,9 %
Other Manufacturing	6,2 %	1,2 %	6,3 %	7,7 %	7,3 %	11,7 %	7,5 %
Not defined	-	0,4 %	3,1 %	-	13,9 %	8,3 %	-

Tabelle 40: Vergleich der sektoralen Strukturen der Befragung mit der Grundgesamtheit
Quelle: Census 1996

Weiterhin können die befragten Unternehmen hinsichtlich ihres Alters, ihres rechtlichen Besitzverhältnisses sowie ihres Umsatzes charakterisiert werden, jedoch ist es wegen der fehlenden statistischen Grundlagen nicht möglich, Bezüge zur Grundgesamtheit herzustellen.

Die befragten Unternehmen in Christchurch wurden im Durchschnitt 1961 gegründet und sind dadurch 10 Jahre länger am Markt tätig als Unternehmen in Wellington. In Wellington wurden 50 % der Unternehmen nach 1982 gegründet, während der Medianwert der Christchurcher Unternehmen 1974 ist.

In beiden Regionen sind mehr als die Hälfte Einzelunternehmen ohne Anteile an anderen Firmen. Rund 16 % der Unternehmen besitzen Anteile an anderen Unternehmen. Wellingtoner Unternehmen sind im Unterschied zu denen in Christchurch (23,3 %) nur zu 18,8 % im Besitz von anderen Unternehmen. Ferner wird in beiden Regionen der Einfluss Aucklands deutlich, da ungefähr 10 % der Unternehmen Tochtergesellschaften einer Gesellschaft aus Auckland sind. In Wellington ist ebenfalls ein verstärkter Besitz von ausländischen Unternehmen (9,4 %) bemerkbar, der in Christchurch gerade in 3,3 % der befragten Unternehmen sichtbar wird.

Wie schon die höheren Betriebsgrößen in Christchurch andeuteten, ist auch die Verteilung der Umsätze auf sechs Umsatzklassen signifikant höher als die der in Wellington befragten Unternehmen. Die meisten Unternehmen generieren einen jährlichen Umsatz von einer bis fünf Millionen N$:

	Wellington (n = 96)	Christchurch (n = 143)
Umsatz: kleiner 100.000 N$	9,4 %	3,4 %
Umsatz: zwischen 100.000 und 1 Mill. N$	28,1 %	13,6 %
Umsatz: zwischen 1 Mill. Und 5 Mill. N$	40,6 %	49,2 %
Umsatz: zwischen 5 Mill. Und 25 Mill. N$	15,6 %	16,9 %
Umsatz: zwischen 25 Mill. Und 50 Mill. N$	3,1 %	10,2 %
Umsatz: größer 50 Mill. N$	3,1 %	6,8 %

Tabelle 41: Charakterisierung der Strukturen der befragten Unternehmen
Quelle: eigene Erhebung

6.2 Determinanten in den regionalen Innovationssystemen

Gemäß dem eigenen Untersuchungsmodell beeinflussen auf der regionalen Ebene die Determinanten lokale Kultur, die *local embeddedness,* die Offenheit der Unternehmen sowie die *absorptive capacity* das regionale Innovationssystem.

6.2.1 Einschätzung der regionalen Einstellung zu Innovation

Um die regionale Ausprägung der Einstellung zu Neuerungen eruieren zu können, wurden die befragten Unternehmen gebeten, diese jeweils für die Region und die Nation auf einer 5er Skala anzugeben (5 = sehr gut). Im Durchschnitt bewerten die Wellingtoner Unternehmen die lokale Haltung zu Innovationen relativ pessimistisch mit 2,85. Die befragten Unternehmen halten im Vergleich dazu die Einstellung zu Innovation auf der nationalen Ebene für leicht positiver (∅ 3,04). Nur 18,7 % der Unternehmen sind von positiven Effekten der lokalen Kultur auf das Innovationsverhalten der Unternehmen überzeugt. Angesichts des hoch qualifizierten und internationalen Humankapitals der Wellingtoner Region erscheint diese Bewertung überraschend. Zudem erreicht die eigentlich eher konservativ-britisch orientierte Christchurcher Kultur diesbezüglich bessere Werte. 59,3 % der Unternehmen fühlen sich in ihrem Innovationsverhalten durch die lokale Haltung gegenüber Innovationen unterstützt. Der Durchschnitt liegt dementsprechend mit 3,67 höher als in Wellington. Der nationale Durchschnitt wird von den Christchurcher Unternehmen zwar mit 3,32 besser als in Wellington bewertet, liegt aber immer noch unter dem regionalen Wert.

Aus dieser Annäherung an das Kulturphänomen kann vorsichtig abgeleitet werden, dass die Christchurcher Region aus kultureller Sicht einen besseren Boden für die

Innovationsgenerierung als die Hauptstadt-Region bereitet. Da die Messung von Kultur äußerst aufwändig ist und eines eigenen Untersuchungsansatzes bedarf, wurde sich im Rahmen dieser Arbeit mit dieser ersten Einschätzung zufrieden gegeben. Zugleich wurden die durch die Befragung gewonnenen Ergebnisse in den Experteninterviews weitgehend bestätigt.

6.2.2 Local Embeddedness und Offenheit der Unternehmen

Der Grad der *local embeddedness* der wirtschaftlichen Aktivitäten sowie die Offenheit der regional ansässigen Unternehmen sind nach den Theoriegebäuden der Regionalwissenschaften weitere wichtige Einflussfaktoren auf die Ausprägung des regionalen Innovationssystems. Als Indikatoren sind die Unabhängigkeit der einzelnen Funktionsbereiche der Unternehmen, die räumliche Distribution der Umsätze, die Herkunft der Mitarbeiter vor der Einstellung sowie die Existenz eines informellen Arbeitsmarktes von Bedeutung.

Die Funktionsbereiche in den Unternehmen können infolge der rechtlichen Ausgestaltung und einer multiplen Standortstruktur über mehrere Lokalisationen verteilt sein, wodurch Entscheidungen von raumexogenen Unternehmenseinheiten das lokale Wirtschaften beeinflussen. Dabei werden die Funktionsbereiche Beschaffung, F&E, Produktion, Marketing, Vertrieb, Finanzen, Verwaltung und Personalwesen nach dem Einfluss der räumlichen Ebenen Region, Nation und Welt in der eigenen Befragung untersucht. Wie bereits die Rechtsverhältnisse der Unternehmen gezeigt haben, bestehen beim größten Teil der befragten Unternehmen keine Beteiligungsverhältnisse mit anderen Firmen. Dementsprechend hoch ist die lokale Autonomie der Unternehmen bei Entscheidungen in den einzelnen Funktionsbereichen. Grundsätzlich können die Christchurcher Unternehmen in den einzelnen Funktionsbereichen freier als die Wellingtoner agieren. Eine Ausnahme hiervon bildet lediglich das Marketing.

Kooperationsbeziehungen zu anderen neuseeländischen Unternehmen des eigenen Konzerns sind bei den Wellingtoner Unternehmen durchgängig stärker als in Christchurch. Lediglich bei den Funktionsbereichen Verwaltung und Vertrieb kommen Christchurcher Unternehmen auf höhere nationale Kooperationswerte. Der internationale Einfluss ist in beiden Regionen nur in einzelnen Funktionsbereichen ausgeprägt. So spielt die internationale Ebene insbesondere bei der Beschaffung in Wellington (15 % der Unternehmen) sowie bei der F&E in beiden Regionen eine Rolle. In Wellington haben internationale Unternehmen auf 19 % und in Christchurch auf 18 % Einfluss auf die F&E, weshalb ein positiver Systemzusammenhang zu international generierten Innovationen und Wissen vermutet werden kann.

Die räumliche Verteilung der Umsätze in den beiden Regionen zeichnet hinsichtlich des wirtschaftlichen Einbettungsgrades der Unternehmen ein ähnliches Bild. Christchurcher Unternehmen generieren – bei einer Gleichgewichtung der Unternehmen – mehr als die Hälfte ihres Umsatzes in der lokalen Ökonomie (52,5 %). Hingegen stammt in Wellington der größere Umsatzanteil von der nationalen Ebene (47,7 %) und nicht von der Region (42,3 %). Aus beiden Umsatzanteilen resultiert ein in Wellington durchschnittlich geringerer Exportanteil als bei den Christchurcher Unternehmen (vgl. Tabelle 43).

Allerdings sind zwei bislang vernachlässigte, konträre Wirkungszusammenhänge zu beachten: Einerseits ist in beiden Regionen ein Zusammenhang auf dem 1%-Signifikanzniveau zwischen der nach Umsatz gemessenen Unternehmensgröße und dem Exportanteilanteil (Ch: $K_{Pearson} = 0{,}410$, W: $K_{Pearson} = 0{,}474$) nachweisbar. Damit wird die *local embeddedness* der Unternehmen durch die höhere wirtschaftliche Bedeutung großer Unternehmen bei der gleichrangigen Durchschnittsbetrachtung überschätzt und die Verbindungen zum Ausland unterschätzt. Andererseits sind im Sample der befragten Unternehmen die durchschnittlichen Unternehmensgrößen deutlich größer als in der

Grundgesamtheit, was zu einem Unterschätzen der Bedeutung der lokalen Ökonomie führt. Wird die räumliche Umsatzverteilung nach Umsatzgrößen differenziert dargestellt, ergibt sich bei einem deutlichen Schwerpunkt der Christchurcher Unternehmen mit Umsätze unter 5 Millionen ein hoher Anteil an regional erzielten Einnahmen (vgl. Tabelle 42). Erst beim Überschreiten dieser Größenschwelle nimmt die Region als Umsatzbringer in ihrer Bedeutung ab. Für die größeren Unternehmensklassen sind aufgrund der geringen Anzahl an antwortenden Unternehmen keine statistisch signifikanten Aussagen möglich.

Unternehmensgröße Umsatz in N$	Umsatzgenerierung in Wellington *In % der Unternehmen*			Umsatzgenerierung in Christchurch *In % der Unternehmen*		
	Regional	national	Global	Regional	national	global
kleiner als 100.000	42,5	57,5	0,0	45,0	55,0	0,0
100.000 bis 1 Mill.	50,0	49,7	0,3	60,0	29,0	9,6
1 bis 5 Mill.	43,5	49,6	6,9	61,7	31,7	7,9
5 bis 25 Mill.	24,6	36,3	45,5	32,5	42,6	29,1
25 bis 50 Mill.	70,0	30,0	0,0	48,0	21,0	29,0
größer als 50 Mill.	20,0	50,0	30,0	27,0	42,0	40,0

Tabelle 42: Räumliche Verteilung der generierten Umsätze nach Unternehmensgröße
Quelle: eigene Erhebung
Bemerkung: Die Werte lassen sich infolge von Rundungsdifferenzen und fehlerhaften Angaben der Unternehmen nicht immer auf 100 % summieren.

Werden die Unternehmen in Christchurch nach der Herkunft der Beschäftigten vor der Einstellung in die Unternehmen befragt, ist festzustellen, dass fast neun von zehn der Beschäftigten aus der Region stammen. In Wellington liegt dieser Integrationsindikator mit 55 % signifikant darunter. Infolgedessen rekrutieren Wellingtoner Unternehmen fast dreimal mehr Beschäftigte aus anderen neuseeländischen Regionen und sogar fast siebenmal mehr Beschäftigte aus dem Ausland als die Christchurch-Pendants (vgl. Tabelle 43). Dies bestätigt die allgemeine Aussage, dass in Wellington der höchste Anteil an ausländischen Beschäftigten in Neuseeland zu finden ist, auch für den Manufacturing-Sektor. Ein informeller Arbeitsmarkt gilt wegen der existierenden persönlichen Netzwerke als ein weiteres Kennzeichen für ein funktionierendes regionales Innovationssystem. Die negative Korrelation zwischen dem Umsatz und dem Anteil der vorher persönlich bekannten Arbeitnehmer zeigt, dass gerade kleine Unternehmen den informellen Arbeitsmarkt nutzen. So kennen zwar 28,7 % der Wellingtoner Unternehmen und 16,7 % der Christchurcher Unternehmen den Arbeitssuchenden bereits vor dessen Bewerbung. Dennoch bedeutet dieses Ergebnis nicht, dass der Wellingtoner Arbeitsmarkt stärker ausgeprägt ist, da bei einer Eliminierung der Größeneffekte bei diesem Indikator sehr ähnliche Werte erzielt werden. Unternehmen mit einem Umsatz bis einer Millionen N$ rekrutieren ihre Arbeitnehmer zu 50 % (44 %) in Wellington (Christchurch) meist aus dem Bekanntenkreis. Bei den Unternehmen mit einem Umsatz zwischen einer und 25 Millionen N$ sinkt diese Quote in Wellington (Christchurch) auf 17 % (15 %). Bei einem internationalen Vergleich von Regionen ist jedoch von einem sehr intensiven informellen Arbeitsmarkt in beiden Untersuchungsregionen auszugehen.

	Umsätze		**Herkunft der Beschäftigten**	
	Wellington	*Christchurch*	*Wellington*	*Christchurch*
Regional	42,3 %	54,5 %	55,4 %	87,4 %
National	47,7 %	33,0 %	28,2 %	10,2 %
International	10,3 %	14,8 %	16,2 %	2,4 %

Tabelle 43: Räumliche Verteilung der Umsätze und die Herkunft der Beschäftigten
Quelle: eigene Befragung

Im Ganzen zeigen die einzelnen Indikatoren eine sehr hohe lokale Einbettung der Unternehmen in Christchurch. Die dort lokalisierten Unternehmen besitzen in den einzelnen Funktionsbereichen einen hohen Grad an Autonomie, wenngleich – vor allem bei der F&E – Impulse von anderen, außerregionalen Teilen des Konzerns ausgesendet werden. Umsatz, Herkunft der Mitarbeiter und Existenz eines informellen Arbeitsmarkts belegen die hohe Bedeutung der Region für die Christchurcher Unternehmen. Wellingtoner Unternehmen haben im Vergleich zu Christchurch bei allen drei Indikatoren Funktionsbereiche, Umsätze und Rekrutierung eine deutlich nationalere Ausrichtung. Wenn auch Unternehmen in beiden Regionen vom Einfluss ausländischer Unternehmen auf ihre F&E profitieren, findet in Wellington ein stark ausgeprägter Transfer von *embodied knowledge* durch die hohe Anzahl an qualifizierten, regionsexogenen Arbeitskräften statt.

6.2.3 Potenziale des Regional Memories der beiden Untersuchungsregionen

Zweifelsohne spielt das vorhandene Humankapital in Verbindung mit dem vorherrschenden Institutionenbesatz eine zentrale Rolle sowohl bei der Konservierung und Aufnahme von existierenden Informationen und Wissen als auch bei der Generierung von neuen Wissenskombinationen.

Abbildung 37 demonstriert neben dem Wachstum an qualifizierten Bildungsabschlüssen in den Untersuchungsregionen und allen neuseeländischen *Main Urban Areas* die hohe formale Bildung der Wellingtoner Bevölkerung: 16,4 % der in der Hauptstadt-Region lebenden Bevölkerung besitzen 1996 einen Hochschulabschluss, während Christchurch mit 9,7 % sogar unter dem Durchschnitt der *Main Urban Areas* bleibt. Bei den anderen tertiären Bildungsabschlüssen liegen beide Regionen knapp unter dem Durchschnittswert von 26,2 %.

Nach dieser pauschalen Einschätzung wird eine tiefere Analyse auf Basis von 28 aus 228 Berufsgruppen ausgewählten Berufsgruppen durchgeführt, die als besonders wissensintensiv und innovationsfördernd gelten. Diese 28 Berufsgruppen werden in die vier Klassen Wissenschaftler[162], Ingenieure[163], Techniker[164] und unterstützende Dienstleistungen[165] eingeteilt. Insgesamt sind in den vier Klassen in Christchurch 6.213 (6,3 % der regionalen Beschäftigten) und in Wellington 8.379 (8,3 %) der Beschäftigten tätig, womit sie klar über dem Durchschnitt der *Main Urban Areas* von 5,5 % liegen. Ferner zeichnet sich die Region Wellington mit überdurchschnittlichen Werten in allen vier Klassen aus. In Christchurch ist die relativ hohe Anzahl an Ingenieuren und Technikern hervorzuheben, wohingegen Wellington bei den Wissenschaftlern und den unterstützenden Dienstleistungen einen klaren Bedeutungsschwerpunkt hat. Dementsprechend hat Wellington mit 996 Wissenschaftlern mehr als doppelt so viele wie Christchurch (435).

Bei einer Betrachtung der normierten Werte der den Wissenschaftlern zugerechneten Berufsgruppen fallen in Wellington besonders die Meteorologen (normierter Wert = 4,60), die

---

[162] Physicists and Astronomers, Meteorologists, Chemists, Geologists and Geophysicists, Mathematicians, Statisticians and Related Professionals, Biologists, Botanists, Zoologists and Related Professionals, Microbiologists and Related Professionals, Agricultural Scientists.

[163] Civil Engineers, Electrical Engineers, Electronic and Telecommunications Engineers, Mechanical Engineers, Chemical Engineers.

[164] Physical Science Technicians, Civil Engineering Technicians, Electrical Engineering Technicians, Electronic Engineering Technicians, Mechanical Engineering Technicians, Chemical Engineering Technicians, Draughting Technicians, Other Engineering Technicians.

[165] Computing Services Managers, Research and Development Managers, Computing Professionals, Tertiary Teaching Professionals.

Mathematiker und Statistiker (3,45), die Physiker und Astronomen (2,92) sowie die Geologen und Geophysiker (2,88) auf.

Indessen hat Christchurch mit 2.016 Ingenieuren und 2.028 Technikern gegenüber Wellington eine erhöhte Anzahl (1.575 und 1.809), was insbesondere auf die Berufsgruppe der *Mechanical Engineers* zurückzuführen ist, die in Christchurch mit 1.044 Arbeitskräften um 591 Ingenieure besser als in Wellington ausgestattet ist. Dadurch kommt Christchurch auf einen diesbezüglich normierten Wert von 1,51 und hat auch bei den *Electrical Engineers* (1,10) und *Electronic and Telecommunications Engineers* (1,17) überdurchschnittlich viele Ingenieure beschäftigt. Gleichwohl macht sich gerade in den letzten beiden Berufsfeldern die angestrebte Clusterbildung der IT-Branche in Wellington bemerkbar, welche mit den normierten Werten von 1,48 bei den *Electrical Engineers* sowie von 1,97 bei den *Electronic and Telecommunications Engineers* die Werte von Christchurch übertrifft. Bei den Technikern pendeln die normierten Werte in beiden Regionen mit Ausnahme der chemischen Techniker (W:0,53; Ch: 0,63) um den Durchschnittswert von 1.

Die Anzahl der Beschäftigten in unterstützenden Dienstleistungen von insgesamt 1.734 liegt in Christchurch in jeder Berufsgruppe teilweise erheblich unter dem Durchschnitt der *Main Urban Areas*. Wellington hat in dieser Klasse insgesamt 3.999 Beschäftigte, die knapp 25 % der gesamten nationalen Ressourcen darstellen. Besonders signifikant ist die Ausprägung von *Computing Professionals* (2.010 Beschäftigte; 2,52 normierter Wert) und von *Computing Services Managers* (552; 2,13) in Wellington. Christchurch weist lediglich 138 *Computing Services Managers* (0,54) und 537 *Computing Professionals* (0,69) auf. Gleichfalls übertrifft die Zahl der *Research and Development Managers* in Wellington (174) die von Christchurch (60) (vgl. STATISTICS NEW ZEALAND: Census 1996, Abbildung 38).

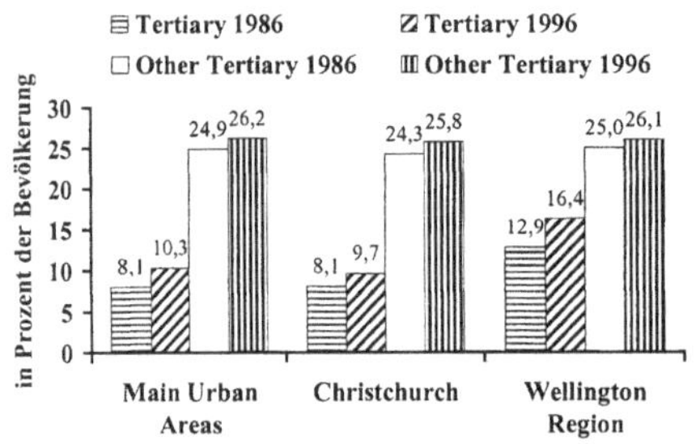

Abbildung 37: Höchster Bildungsabschluss in Prozent der Bevölkerung
Quelle: Statistics New Zealand: Census 1996

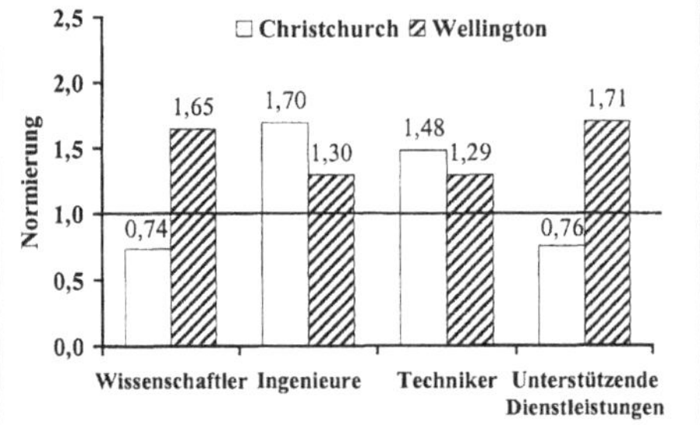

Abbildung 38: Normierung innovationsfördernder Berufe in den Untersuchungsregionen
Quelle: Statistics New Zealand: Census 1996

Die Darstellung der Determinanten in den beiden Untersuchungsregionen hat bei den meisten Indikatoren die Relevanz der Regionalwirtschaft für die Unternehmen herausgestellt. Zudem rechtfertigen die Existenz lokaler politischer Entscheidungsmöglichkeiten in Verbindung mit einem gut ausgebauten Potenzial an *absorptive capacity* sowie ein deutliches Zentrum-Peripherie-Gefälle der Regionen (vgl. Abbildung 36) in Neuseeland die Annahme von eigenständigen regionalen Innovationssystemen in Christchurch und Wellington.

6.3 Akteure und Transferkanäle in Christchurch und Wellington

Der Kern eines regionalen Innovationssystems setzt sich aus seinen Akteuren und deren Interaktionen über spezifische Transferkanäle zusammen. In dieser Arbeit wird das zentrale

Element des Netzwerks anhand der Beziehung der Manufacturing-Unternehmen zu anderen Unternehmen, Hochschulen, *Crown Research Institutes* sowie Non-Profit-Organisationen untersucht. Abschließend erfolgt eine Zusammenfassung der Netzwerkanalyse für beide Untersuchungsregionen.

6.3.1 Unternehmensnetzwerke und deren räumliche Dimension

Mindestens drei Arten von Unternehmenskooperationen können differenziert werden: Unternehmensnetzwerke können erstens mit Unternehmen der gleichen Branche oder mit branchenfremden Unternehmen entstehen. Zweitens können Interaktionen auch aus Spin-Offs resultieren, die gleichzeitig in ihrer allgemeinen Form als Unternehmensgründungen eine Inwertsetzung von Innovationen darstellen können. Ferner beeinflussen neue Unternehmen die Vitalität, Dynamik und Wettbewerbsintensität der regionalen Ökonomie positiv. Einen Spezialfall der Interaktion zwischen Unternehmen stellt drittens die Inanspruchnahme von Dienstleistungen von KIBS dar. Mit ihrer Hilfe können Unternehmen Dienstleistungen außerhalb der Kernkompetenzen des betreffenden Unternehmens fremdbeziehen und professionalisieren sowie unternehmensexogene Wissensquellen erschließen.

6.3.1.1 Brancheninterne und -externe Verknüpfungen der befragten Unternehmen

Grundsätzlich beurteilen die befragten Manufacturing-Unternehmen das lokale Unternehmensnetzwerk Christchurchs besser als das von Wellington: So sind 46,1 % der Unternehmen in Christchurch der Auffassung, dass das lokale Unternehmensgeflecht gut oder sehr gut ist; in Wellington sind nur 30,8 % der Unternehmen dieser Ansicht. Diese hohen Werte sind umso bemerkenswerter, als es aufgrund der negativen Korrelation zwischen der Beurteilung des Unternehmensnetzwerks und der Unternehmensgröße zu einem Unterschätzen der Bewertung des jeweiligen lokalen Unternehmensnetzwerkes kommt ($K_{Pearson} = -0{,}448$, 5 %).

Nach diesem ersten Eindruck der regionsspezifischen Unternehmensnetzwerke wird zur Verfeinerung der Erkenntnisse eine nach Funktionsbereichen differenzierte Betrachtung angeschlossen. Neben informellen Kontakten können Kooperationen auch in den Bereichen Beschaffung und Produktion, F&E, Marketing oder Vertrieb existieren.

In beiden Untersuchungsregionen haben rund 60 % der Unternehmen informelle regionale Kontakte zu anderen Betrieben der gleichen Branche (vgl. Abbildung 39). Während sich in Christchurch bei der Beschaffung und Produktion mit 35 % ein außerordentlich hoher Anteil an Unternehmen mit regionsinternen Kooperationen ergibt, arbeitet bei den anderen Funktionsbereichen in beiden Regionen ungefähr jedes zehnte Unternehmen mit einem anderen lokalen Unternehmen zusammen.

Werden diesen Ergebnissen die Verbindungen zu außerregionalen Unternehmen gegenübergestellt, zeigt sich im Wesentlichen ein ähnliches Bild. Die informellen Beziehungen der Unternehmen sind genauso stark wie auf der regionalen Ebene ausgeprägt. Christchurcher Unternehmen sind auch regionsübergreifend kooperationsfreudiger, wenngleich in den Bereichen Beschaffung und Produktion sowie Marketing mit 16,1 % ein signifikanter Anteil der Wellingtoner Unternehmen Beziehungen mit Betrieben außerhalb der Region pflegt. Bei der F&E sind wiederum ungefähr 10 % der Unternehmen in gemeinsame Aktivitäten involviert. Der höhere Wert an außerregionalen Vertriebspartnern der Christchurcher Unternehmen kann auf die Lage auf der bevölkerungsärmeren Südinsel zurückgeführt werden.

Insgesamt kommt die Analyse der Verflechtungen der Unternehmen zu dem Ergebnis, dass bei einer Addition der einzelnen Anteile erstens die regionalen Kooperationsbeziehungen mit der gleichen Branche in Christchurch (132 %) stärker als in Wellington (107 %) ausgeprägt sind. Zweitens sind auf der aggregierten Ebene die jeweiligen Anteile der Unternehmen mit Kooperationen außerhalb der Region gleich hoch wie die intraregionalen Beziehungen (Christchurch: 131 %, Wellington: 110 %), so dass hier konstatiert werden muss, dass die Region und damit die räumliche Nähe keinen Einfluss auf den Grad der Kooperationsneigung der Unternehmen in den beiden Regionen hat.

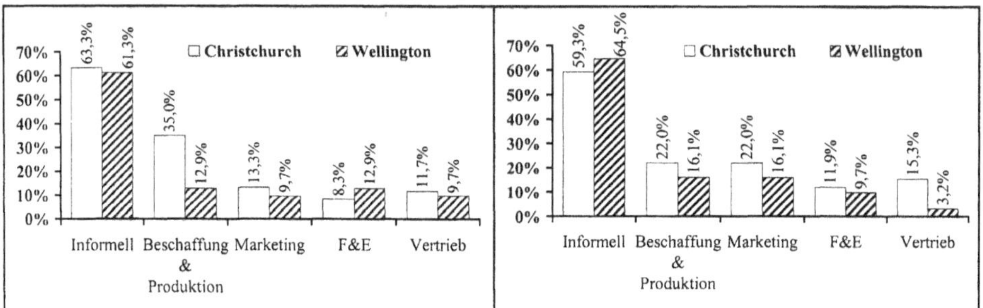

Anteil der Unternehmen mit regionalen Partnern der gleichen Branche

Anteil der Unternehmen mit außerregionalen Partnern der gleichen Branche

Abbildung 39: Anteil der Unternehmen mit Kooperationen zu Unternehmen der gleichen Branche in den Untersuchungsregionen
Quelle: eigene Befragung

Die aggregierten Ergebnisse der Beziehungen der befragten Manufacturing-Unternehmen zu branchenfremden Unternehmen bringen zwei – im Vergleich mit den Kooperationen zu Unternehmen der gleichen Branche – konträre Schlüsse. Im Ganzen liegt das Kooperationsniveau mit branchenfremden Unternehmen in beiden Regionen unter dem mit branchengleichen Betrieben. Dabei beträgt die aggregierte regionale Kooperationsneigung in Christchurch mit 77,5 % ungefähr die Hälfte von der mit Unternehmen der gleichen Branche, während die Wellingtoner Unternehmen in der lokalen Ökonomie mit einem Wert von 91 % nur leicht unter dem korrespondierenden Wert der Beziehungen zum gleichen Sektor (107 %) und über dem Christchurcher Wert liegen. Zudem ist die Region bei branchenfremden Verflechtungen von Relevanz, da mit Ausnahme der Vertriebskooperationen der regionsinterne Kooperationsanteil den mit außerregionalen Unternehmen übertrifft: Die summierten regionalen Beziehungswerte sind sowohl in Christchurch mit 77,5 % als auch in Wellington mit 91 % höher als die entsprechenden regionsexogenen Werte von 59,7 % (Christchurch) und 77,5 % (Wellington).

Informelle Kontakte zu Unternehmen anderer Branchen innerhalb der Region pflegen zwischen 50 % (Christchurch) und 58 % (Wellington) der Unternehmen. Außerregional sind es in Christchurch 42 % bzw. 48 % Wellington. Deutliche Unterschiede existieren bei den Vertriebskooperationen, die in Christchurch lediglich rudimentär vorhanden sind und in Wellington von immerhin 6,5 % (regional) bzw. 11,3 % (außerregional) der Unternehmen eingegangen werden. Bei der Beschaffung und Produktion, dem Marketing sowie der F&E schwanken die Anteile der Unternehmen mit regionalen Beziehungen von 3,5 % bis 11,3 %. Regionsexogene, formalisierte Verbindungen weisen zwischen 3,2 % und 9,7 % der Unternehmen in diesen Funktionsbereichen auf (vgl. Tabelle 44).

	Christchurch		Wellington	
	Regional	**Außerregional**	**Regional**	**Außerregional**
Informell	50,0 %	42,1 %	58,1 %	48,4 %
Beschaffung & Produktion	8,6 %	5,3 %	11,3 %	9,7 %
Marketing	10,3 %	7,0 %	8,1 %	4,9 %
F&E	6,9 %	3,5 %	6,5 %	3,2 %
Vertrieb	1,7 %	1,8 %	6,5 %	11,3 %
Summe	*77,5 %*	*59,7 %*	*90,5 %*	*77,5 %*

Tabelle 44: Anteil der befragten Unternehmen mit Kooperationen zu branchenfremden Unternehmen in den Untersuchungsregionen
Quelle: eigene Befragung

Die Untersuchung der Netzwerke der Manufacturing-Unternehmen zu Unternehmen der gleichen bzw. anderen Branchen deuten auf eine unterschiedliche Ausprägung der Unternehmenswerke in den beiden Untersuchungsregionen hin. Zugleich spielt der Raum in Abhängigkeit von der Branchenkongruenz eine differenzierte Rolle bei der Kooperationsneigung.

6.3.1.2 Unternehmensgründungen und Spin-Offs

Unternehmensgründungen sind integraler Bestandteil jedes marktwirtschaftlich orientierten Systems: Erstens tragen Neugründungen zum Erhalt eines funktionierenden Wettbewerbs der Unternehmen in einer Region / Volkswirtschaft bei. Die Etablierung neuer Unternehmen hat ferner eine innovative Komponente, die sich um die Manifestierung neuer Konzepte rankt. Dabei leisten Unternehmensgründungen zweitens einen Beitrag zum sektoralen Strukturwandel und sind ein Zeichen der Strukturflexibilität von Volkswirtschaften. Untersuchungen haben drittens die positiven Beschäftigungswirkungen von kleinen und mittleren Unternehmensgrößen aufgezeigt, zu denen Neugründungen zumeist zählen. In der Regionalpolitik spielen viertens neue Unternehmen im Rahmen der Erschließung endogener Entwicklungspotenziale eine große Rolle. Darüber hinaus ermöglichen die Neugründungen den Erhalt der vertikalen sozialen Mobilität in einer Volkswirtschaft (vgl. DÖRSCHUCK 1999: 21 ff.).

Da für Neuseeland bislang keine differenzierte Gründungs- und Konkursstatistik für Unternehmen existiert[166], muss wie bei der Betrachtung der nationalen Ebene auf das Surrogat und die Saldogröße Entwicklung des Unternehmensbestandes zurückgegriffen werden.

Der Unternehmensbestand erhöhte sich in der Wellingtoner Region von 22.640 (1990) auf 37.178 im Jahr 2001 um 64 %. In Canterbury stieg die Anzahl der Unternehmen in diesem Zeitraum zwar um 70 % auf 36.567, was aber immer noch unter der neuseeländischen Wachstumsrate von 72 % im Vergleichszeitraum liegt. Der Zuwachs geht in allen betrachteten Raumeinheiten zu rund 90 % auf kleine Unternehmen mit null bis fünf Beschäftigten zurück. Die Zahl der Unternehmen mit mehr als fünfzig Beschäftigten wuchs in Canterbury und in Wellington lediglich um 0,4 %. Die Beschäftigungseffekte sind über alle Betriebsgrößenklasse zwischen 1992 und 2001 durchweg positiv: In Neuseeland wurden 2001 22,7 % mehr Personen als 1992 beschäftigt. Das *Regional Council* Wellington schuf in diesem Zeitraum 24.630 neue Arbeitsplätze und hatte im Jahr 2001 187.950 FTE (+15,1 %). Im Gegensatz zu dem klar unterdurchschnittlichen Arbeitsplatzwachstum in Wellington liegt

[166] Nach Aussage des neuseeländischen statistischen Amtes ist erst ab dem Jahr 2002 eine regionalisierte Gründungsstatistik für Neuseeland zu erwarten.

die Steigerungsquote in Christchurch mit 23,7 % (2001: 185.450 FTE) über dem neuseeländischen Wert.

Im hier speziell betrachteten Manufacturing-Sektor entwickelte sich der Unternehmensbestand in Neuseeland von 19.938 (1992) auf 22.269 (2001) und damit als Zeichen des sektoralen Strukturwandels relativ betrachtet langsamer als die restliche Ökonomie. Mit dieser 11,7 %igen Erhöhung der Manufacturing-Unternehmen geht aber lediglich eine 2,6 %ige Steigerung der in diesem Sektor Beschäftigten einher. In Wellington schrumpfte die Anzahl der Manufacturing-Unternehmen in diesem Zeitraum um 0,6 % auf 1.950 Unternehmen. Die Zahl der FTE-Arbeitsplätze sank um 16,1 % (2001: 17.540 FTE), was die Krise dieses Sektors in der Hauptstadt-Region reflektiert. Neben allgemeinen Trends wie der Reduktion von Importzöllen, der weltwirtschaftlichen Lage und volatilen Wechselkursen wird für den hohen Arbeitsplatzabbau auch die schleichende Verschlechterung der unterstützenden Infrastruktur für Manufacturing-Unternehmen wie weniger werdende Workshops für Ingenieure oder der absinkende Pool für qualifizierte Fachkräfte, die es in andere Regionen zog, verantwortlich gemacht.

Canterbury konnte dagegen seit 1992 398 Unternehmen zu den 2.704 bestehenden Unternehmen hinzugewinnen (14,7 %), wodurch ein Zuwachs an Beschäftigten von 8,8 % auf 36.440 im Jahr 2001 induzierte wurde:

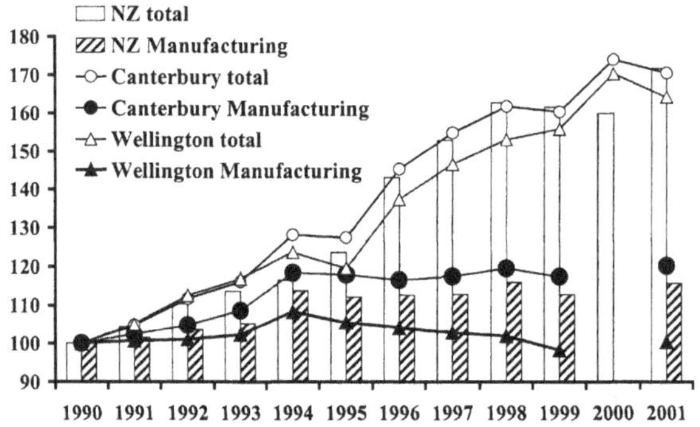

Entwicklung der Anzahl an Unternehmen[167]
– indexiert –

Abbildung 40: Entwicklung des Unternehmensbestands in den Untersuchungsregionen
Quelle: STATISTICS NEW ZEALAND: Business Activity Statistics, diverse Jahrgänge

Entgegen diesen Ergebnissen, bei denen bei ähnlichen Konkursquoten der Unternehmen eine höhere Gründungsdynamik in Christchurch zu vermuten ist, kommt die eigene Befragung bei Spin-Offs für die Region zu höheren Gründungsanteilen in der Region Wellington: Annähernd jedes dritte Unternehmen gab in der Hauptstadt-Region an, dass sich mindestens ein Mitarbeiter selbständig gemacht habe. Dabei handelt es sich für die Wellingtoner Unternehmen meist um einen ein- oder zweimaligen Vorgang (80 %). Nur ein Unternehmen erlebte in dieser Region mehr als zehn Ausgründungen. Durch die Befragung konnten 75 Spin-Offs eruiert werden, die zu 69 % noch in der Region lokalisiert sind. 40 % der ehemaligen Arbeitgeber-Unternehmen in Wellington haben noch Kontakt zu ihren Ausgründungen.

[167] Für das Jahr 2000 standen keine Daten für die Anzahl an Manufacturing-Unternehmen zu Verfügung.

In Christchurch kam es bei nur 23 % der Unternehmen zu mindestens einem Spin-Off. Im Unterschied zu Wellington stellt sich dieser Vorgang aber nur bei 57 % der Unternehmen als ein singuläres oder zweimaliges Ereignis dar, was aber auch in den differierenden Unternehmensgrößen begründet liegt. So kam ein Unternehmen im *Textil-Manufacturing* allein auf 25 der insgesamt 121 registrierten Ausgründungen in der Christchurcher Region. Des Weiteren gaben 85,7 % der Unternehmen mit Spin-Offs an, dass die Ausgründung in der Region erfolgte und dass fast zwei Drittel der Unternehmen noch Beziehungen zu ihren Mitarbeitern unterhielten.

Demzufolge zeigt sich bei diesem Aspekt eine in Christchurch höhere Regionskohäsion durch die überwiegende Lokalisation der Spin-Offs in Christchurch sowie die nach wie vor existierenden Verbindungen zwischen Inkubator und Ausgründung, wenn auch der explizite Ausgründungsmechanismus in Wellington besser funktioniert. Gleichwohl hat sich die lokale Ökonomie auf der Südinsel im Hinblick auf ihren Unternehmensbestand und die FTE-Beschäftigten, insbesondere im Manufacturing, günstiger als die Region Wellington entwickelt.

6.3.1.3 Unterstützung durch wissensintensive, unternehmensbezogene Dienstleistungsunternehmen

KIBS wurde in der Literatur infolge ihres stark wachsenden Anteils an der Wirtschaftsstruktur und ihrer spezifischen Wirkungen bei der Interaktion mit Unternehmen in der jüngeren Vergangenheit größte Aufmerksamkeit zuteil.

Der Besatz an Beschäftigten in den KIBS ist in den Untersuchungsregionen höchst unterschiedlich. Eine Auswertung der Beschäftigtenzahlen auf Grundlage des Census 1996 bestätigt dies für alle ausgewählten Kategorien eindrucksvoll (vgl. Tabelle 45). In den betrachteten Kategorien arbeiten in Christchurch 10,8 % der in diesen Bereichen in den *Main Urban Areas* Beschäftigten, was klar unterhalb des Christchurcher Beschäftigtenanteils von 14,1 % an den gesamten neuseeländischen Beschäftigten liegt. Im Gegensatz dazu liegt der 23,3%ige Anteil der in der Kategorie der wissensintensiven Dienstleister Arbeitenden in Wellington klar über dem regionalen Beschäftigtenanteil von 14,7 %.

KIBS	Christchurch	Wellington-Region	Total MUA	Christchurch *% of MUA*	Wellington Region *% of MUA*
Buchführung	1.035	1.602	8.922	11,6 %	18,0 %
Banken	2.592	5.808	21.807	11,9 %	26,6 %
Rechtsbeistand	1.110	1.842	10.005	11,1 %	18,4 %
Managementberatung	444	1.254	5.268	8,4 %	23,8 %
Technische Beratungen	774	1.410	7.653	10,1 %	18,4 %
Personalberatung	234	555	2.139	10,9 %	25,9 %
Werbung	711	1.131	6.513	10,9 %	17,4 %
IT-Dienstleistungen	684	2.805	8.031	8,5 %	34,9 %
Total	**7.584**	**16.407**	**70.338**	**10,8 %**	**23,3 %**

Tabelle 45: Beschäftigte in KIBS in den Untersuchungsregionen
Quelle: Census 1996, MUA = Main Urban Area

So sind viermal mehr Menschen bei Computer-Dienstleistern in Wellington als in Christchurch beschäftigt; bei den Managementberatern sind es 2,8-mal und bei den Personalberatern 2,4-mal so viele. Am geringsten fällt der Unterschied bei der Buchhaltung, den Werbedienstleistern und den Rechtsanwälten aus, wenn auch hier 55 %, 59 % bzw. 66 % mehr Beschäftigte in Wellington im Vergleich zu Christchurch ansässig sind. Technische Berater und Bankbeschäftigte sind in Wellington in etwa doppelt so häufig als in Christchurch anzutreffen.

Die Potenziale bei der Bildung von Netzwerken zwischen Manufacturing-Unternehmen und KIBS sind damit in Wellington eindeutig als besser einzustufen. Offen bleibt aber, wie es um die reale Nutzung und die Zufriedenheit mit den angebotenen Dienstleistungen bestellt ist.

Christchurcher Unternehmen nehmen häufiger KIBS als die Firmen in Wellington in Anspruch. Eine Ausnahme bildet lediglich die Beratung durch Banken, die von Wellingtoner Unternehmen stärker genutzt werden (vgl. Abbildung 41). Rechtsanwälte, Banken und Buchhalter werden von jeweils über 77 % der Unternehmen in beiden Regionen beauftragt. IT-Dienstleistungen werden am vierthäufigsten von 75 % der Christchurcher und 69 % der Wellingtoner Unternehmen nachgefragt. Die Nutzung von Managementberatern ist zwar in beiden Regionen am geringsten, aber insbesondere in Christchurch mit 37 % immer noch als sehr hoch einzustufen. Die Nutzungsquoten variieren zwischen den Regionen vor allem bei der technischen Beratung, der Managementberatung, der Werbung und der Personalberatung, die von Christchurcher Unternehmen mit 20, 20, 18 respektive 17 Prozentpunkten signifikant häufiger als in Wellington angefragt werden.

Nach den oben festgestellten günstigen Potenzialen in Wellington ist indes überraschend, dass diese von den Wellingtoner Unternehmen nicht genutzt werden. Christchurcher Unternehmen suchen nicht nur häufiger den Rat von KIBS, sondern beziehen diesen auch zu einem höheren Prozentsatz durch regional ansässige KIBS. Des Weiteren sind die Christchurcher Unternehmen in der Beauftragung regionsexogener KIBS engagierter.

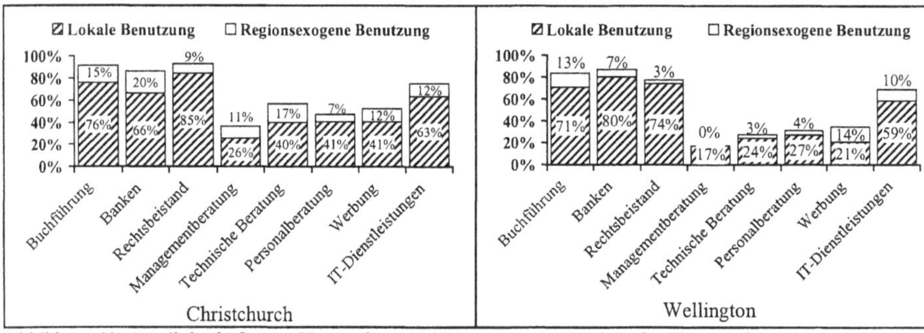

Abbildung 41: Anteil der befragten Unternehmen mit Nutzung von KIBS in den Untersuchungsregionen
Quelle: eigene Befragung

Abbildung 42 setzt die lokalen mit den außerregionalen Nutzungsquoten ins Verhältnis und demonstriert die hohe Abhängigkeit der Unternehmen von regionalen Dienstleistern, wodurch sich obiges Ergebnis relativiert. Dieser Indikator deutet darauf hin, dass Wellingtoner Unternehmen relativ betrachtet häufiger lokale als regionsexogene Anbieter nutzen: So beauftragen in Wellington die befragten Unternehmen 6,9-mal häufiger lokale als außerregionale Anbieter, wobei die diesbezügliche Christchurcher Quote von 4,3 ebenfalls ein Übergewicht an lokalen Aufträgen bestätigt.

Es kann konstatiert werden, dass erstens die Austauschbeziehungen zu KIBS in beiden Regionen intensiv sind. Zweitens dominiert die Region als räumliche Bezugsgröße. Die notwendige Interaktion zwischen Dienstleister und Unternehmen erhebt den Faktor Nähe zu einem entscheidenden Auswahlkriterium bei der Auftragsvergabe. Trotz der ausgezeichneten Ressourcen an wissensintensiven Dienstleistern bedienen sich in Wellington weniger Unternehmen der Hilfe dieser Anbieter. Wenn jedoch ein Auftrag vergeben wird, kann davon zu einem höheren Prozentsatz ein regionaler Dienstleister profitieren.

Da die Inanspruchnahme von KIBS neben der Region auch von deren Qualität abhängt, sollten die befragten Manufacturing-Unternehmen im Fragebogen auch die Leistung der regionalen Dienstleister bewerteten. Abbildung 42 zeigt, dass eine hohe, relativ wenig differierende Zufriedenheit mit den lokalen Anbietern in beiden Regionen besteht.

Bei der Bewertung der einzelnen Dienstleistungen sind einerseits interregional homogene Rangfolgen in der Qualität der Leistungen festzustellen. Der Rechtsbeistand und die Buchführung werden in beiden Regionen unter die Top 3 eingestuft. Unzufriedener sind die befragten Unternehmen mit den Banken, die sowohl in Christchurch als auch in Wellington auf den vorletzten Rang platziert werden. IT-Beratungen werden durchschnittlich mit 3,6 bewertet und rangieren auf dem vierten bzw. fünften Platz.

Andererseits differieren die Einschätzungen der Qualität bei den übrigen Dienstleistungen erheblich. Christchurcher Unternehmen stufen insbesondere die lokale Managementberatung und die lokale technische Beratung mit Platz acht bzw. sechs schlechter als die Wellingtoner Unternehmen (Platz vier bzw. eins) ein. Bezüglich der Werbedienstleistungen ergibt sich ein konträres Bild, da diese in Wellington auf den letzten und in Christchurch auf Rang drei eingestuft werden. Plausiblerweise korrespondiert vor allem bei diesen drei Dienstleistungen eine niedrige Bewertung mit einer niedrigen lokalen Nutzungsquote, so dass gefolgert werden kann, dass die Qualität in diesen Bereichen die Nutzung negativ beeinflusst.

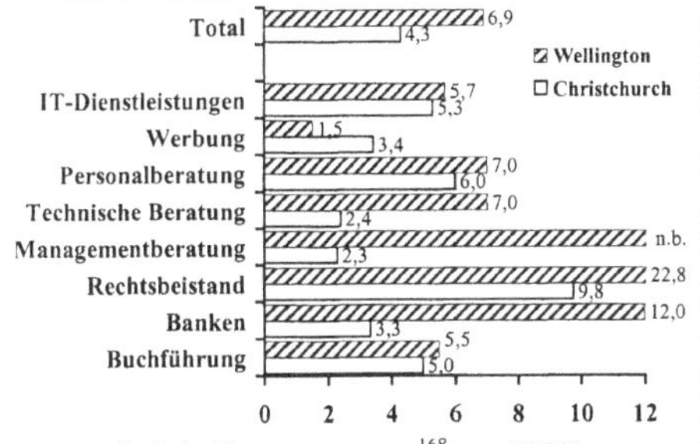

Lokale Nutzungsquoten[168] von KIBS

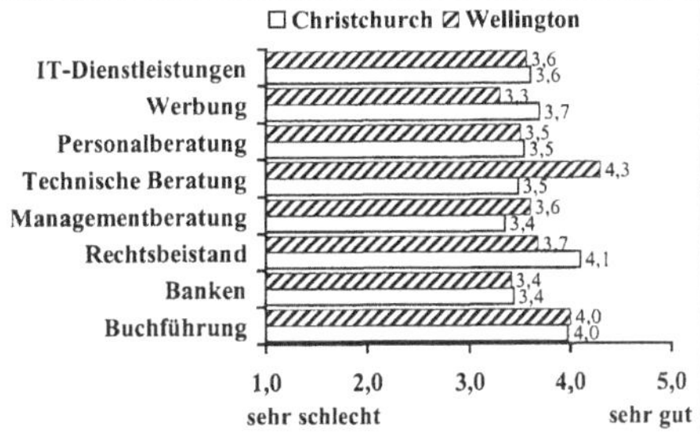

Durchschnittliche Bewertung der Leistung der lokalen KIBS

Abbildung 42: Lokale Nutzungsquoten und Bewertung von KIBS
Quelle: eigene Befragung
Bem: n. b. = nicht berechenbar, da der regionsexogene Wert Null ist.

6.3.2 Die Rolle der tertiären Bildungseinrichtungen im Netzwerk

Universitäten und andere Bildungseinrichtungen sind nicht nur Förderer des regionalen Humankapitals, sondern treten – gerade in Neuseeland – zunehmend als Anbieter von Forschungsdienstleistungen auf. Zur Abschätzung der diesbezüglichen Potenziale werden zunächst die regionalen Universitäten, *Polytechnics* und deren Technologietransferein-

[168] Lokale Nutzungsquote = Anteil der lokalen Inanspruchnahme / Anteil der nationalen Inanspruchnahme.

richtungen charakterisiert. Anschließend werden die sich aus der Befragung ergebenden Interaktionen zwischen Unternehmen und den universitären Bildungseinrichtungen analysiert.

6.3.2.1 Universitäre Strukturen in Christchurch

In Christchurch sind die zwei Universitäten *Lincoln* und *Canterbury*, die *Christchurch Polytechnic* und das Christchurch *College of Education* lokalisiert, in denen insgesamt 30.423 der 291.599 (= 10,4 %) neuseeländischen *Equivalent Full Time Students* (EFTS) im Jahr 2000 eingeschrieben waren. Das *College of Education* widmet sich der Ausbildung von Lehrern und hat mit 5.456 EFTS einen Marktanteil von fast 38 % in diesem Segment errungen.

Der Schwerpunkt der *Christchurch Polytechnic* und seiner insgesamt 9.244 EFTS liegt auf den Bereichen Handel (30 % der EFTS), Geisteswissenschaften (v. a. Sprachunterricht für Ausländer, 21 %) und angewandte Technologie (v. a. Ingenieurswissenschaften, Architektur und Innenausstattung, 20 %). Betreut werden die Studenten von insgesamt 420 *Full Time Equivalent Teaching Staff*. Der mit 6,2 % für *Polytechnics* sehr hohe Anteil an ausländischen Studenten ist zu einem großen Teil auf das Sprachprogramm der *Polytechnic* zurückzuführen und spiegelt in diesem Fall weniger die internationale Attraktivität der *Polytechnic* wider. Bemerkenswert ist jedoch die Partizipation dieser 48 Millionen N$ Umsatz generierenden (1999) Bildungseinrichtung an lokalen und nationalen Netzwerken. So schlossen sich die drei tertiären Bildungseinrichtungen *Christchurch Polytechnic, College of Education* und die *Canterbury University* zur *Canterbury Tertiary Alliance* zusammen, um die jeweiligen Stärken zu nutzen und ein komplementäres Angebot zueinander zu schaffen, welches die Studenten über ein abgestimmtes *credit-point*-System organisationsübergreifend nutzen können. Diese im September 2001 präsentierte Allianz der drei Bildungseinrichtungen ist in Neuseeland einmalig und kann einen neuen Weg der Kooperation von lokalen Bildungsinstituten weisen. Daneben existieren enge Beziehungen zum *Canterbury Innovation Incubator*-Projekt[169]. Die starke Verbindung zur Praxis dokumentiert auch eine Quote von 5,0 % von EFTS, die von ITO kommen, bzw. die daraus resultierenden Einnahmen in Höhe von 2,4 Millionen N$.

Das Angebot der *Lincoln University* konzentriert sich auf den landwirtschaftlichen Sektor, die natürlichen Ressourcen sowie die dazugehörigen wirtschaftlichen Grundlagen und den Tourismussektor. Dieser Fokus kann bis auf die Gründung als *School of Agriculture* im Jahr 1878 zurückgeführt werden. Mit 4.035 EFTS ist die *Lincoln University* die kleinste neuseeländische Universität und ist rund 20 Kilometer von Christchurch in einer ländlichen Gegend lokalisiert. Die ACADEMIC AUDIT UNIT hebt in ihrem Testat vom Oktober 2000 den hohen internationalen Standard der Forschung sowie ein existierendes Netzwerk zur außerneuseeländischen Forschungsgemeinschaft in den spezifischen Disziplinen hervor. In der zentralen Datenbank bestehen 69 internationale, relevante Allianzen, die durch das informelle Netzwerk des zu 50 % aus dem Ausland rekrutierten akademischen Personals erweitert wird. Verstärkt wird dieses Geflecht dadurch, dass jeder fünfte Student aus dem

---

[169] Das *Canterbury Innovation Incubator*-Projekt ist ein erneuter Ansatz, ein Technologiezentrum in Christchurch zu etablieren. Auf einer Fläche von 2000 m² werden technologieorientierte Unternehmen im selben Gebäude unter Teilung von gewissen Overhead-Kosten mit dem Ziel angesiedelt, dass sie sich in der Start-up-Phase gegenseitig unterstützen. Das Projekt ist ein Joint Venture zwischen der *Canterbury Development Corporation*, dem *Christchurch Polytechnic Institute of Technology*, der *Lincoln University, Orion New Zealand* und der *University of Canterbury*, wodurch die Unternehmen zudem vom engen Nexus Forschung-Wirtschaft profitieren sollen. Zugleich soll das *Canterbury Innovation Incubator*-Projekt auch den Boden für Spin-Offs aus den genannten Bildungseinrichtungen bereiten. Der Start dieses Projekts wurde im Dezember 2000 bekannt gegeben.

Ausland stammt, was die höchste Quote von ausländischen Studenten an neuseeländischen Universitäten bedeutet. Zugleich ist das lokale Netzwerk zu *Crown Research Institutes* – insbesondere den auf dem Campus ansässigen *Crop&Food*, *AgResearch* und dem *Landcare* – sowie der lokalen Industrie sehr gut ausgebaut und genießt dort ein gutes Image. Mit den drei genannten *Crown Research Institutes* finden Personaltransfers zur Forschung und Lehre statt, so dass in Verbindung mit der lokalen Industrie von einem auf dem primären Sektor basierenden Cluster gesprochen werden kann. Im Jahr 1999 konnte die *Lincoln University* Forschungsgelder in Höhe von 4 Millionen N$ (davon 1,5 Mill. von der FRST) von externen Quellen akquirieren, die um nochmals 4 Millionen N$ durch den kommerziellen Arm und die Technologietransfereinrichtung *Lincoln Ventures* der *Lincoln University* erhöht wurde. Der Forschungsoutput – gemessen in Veröffentlichungen je akademischen Mitarbeiter – ist mit 4,4 im Jahr 1999 / 2000 der höchste unter allen neuseeländischen Universitäten.

Die zweite Universität in der Region, die *University of Canterbury*, wurde 1873 gegründet und bietet ein von der *Lincoln University* differenziertes Bildungsportfolio an. Im Zentrum der größten Universität der Südinsel stehen die Geistes- und Sozialwissenschaften (Geschichte, Sprachen, Literaturwissenschaften, Philosophie sowie Kulturwissenschaften), denen 40 % der insgesamt 11.688 EFTS angehören. Ein zweiter Schwerpunkt liegt auf den naturwissenschaftlichen und technischen Disziplinen (22 %) und dem Ingenieurswesen (11 %). Der wirtschaftswissenschaftlichen Fakultät gehören 1.688 (17 %) der EFTS und der juristischen Abteilung 619 EFTS (6 %) an. Im Jahr 2000 erhöhten sich die Publikationen des akademischen Personals von 1999 mit 1.308 um 14,5 % auf 1.502, was einem Durchschnittswert von 2,5 pro Kopf entspricht. Die ACADEMIC AUDIT UNIT (MÄRZ 2001A) identifiziert in der *Canterbury University* eine sehr ausgeprägte Forschungskultur, die von allen Ebenen mitgetragen und gelebt wird. Trotz der potenziell anwendungsnahen Forschung befindet sich die Kommerzialisierung in einem, insbesondere im Vergleich mit der *Lincoln University*, anfänglichen Stadium. Nachdem *Canterprise* im Jahr 1988 als Dienstleistungsstelle gegründet wurde, wurde sie 1999 durch eine Gesellschaft mit beschränkter Haftung der *University of Canterbury* ersetzt, welche die Vermarktung der erzielten Forschungsergebnisse, die Attrahierung weiterer externer Forschungsmittel sowie insgesamt die Etablierung von Beziehungen zur Industrie zum Ziel hat. Dazu sind inzwischen vier Personen bei *Canterprise* angestellt, die durch einen Aufsichtsrat mit erfolgreichen lokalen Unternehmensführern ergänzt werden[170]. Obwohl sich *Canterprise* ab Ende 2001 selbst über Gebühren finanzieren will, sind Akzeptanzprobleme sowohl innerhalb der Universität als auch bei der Industrie festzustellen (vgl. MINISTRY OF EDUCATION 2001: Tertiary Education Statistics Table B.1.1, diverse Annual Reports, eigene Experteninterviews).

6.3.2.2 Universitäre Strukturen in Wellington

In der zweiten Untersuchungsregion, Wellington, studierten im Jahr 2000 mit 25.626 knapp 4.800 EFTS weniger als in Christchurch, was hauptsächlich am kleineren *College of Education* (1.660 EFTS) lag. Neben der *Victoria University of Wellington*, die in der Hauptstadt ansässig ist, befanden sich die drei *Polytechnics Central Institutes of Technology* (Upper Hutt), *Hutt Valley Polytechnic* (Lower Hutt) und *Whitireia Community Polytechnic* (Porirua) zum Untersuchungszeitpunkt in der Region. Ende 2000 kam es zu einer Fusion der

---

[170] Dazu zählen Don Sollitt (Chairman, CER Technology), Sir Angus Tait (Tait Electronics Ltd), John Walley (Canterbury Manufacturers' Association), Bruce Irvine (Deloitte Touche Tohmatsu), Colin McInnes (Pro-Chancellor, University of Canterbury), Professor Bob Kirk (Pro-Vice-Chancellor), Professor John Raine (Head of Mechanical Engineering).

in Lower Hutt und Upper Hutt lokalisierten *Polytechnics*, um im Zuge des Wettbewerbs der tertiären Bildungseinrichtungen in Doppelarbeiten gebundene Ressourcen freizusetzen. De facto löste sich das *Central Institute of Technology* in Upper Hutt zugunsten der *Hutt Valley Polytechnic* auf, die im Gegenzug die große Mehrheit der vom *Central Institute of Technology* angebotenen Kurse an den Standorten Lower Hutt und dem neuen Campus in Wellington City übernahm. Aufgrund der Existenz der drei *Polytechnics* zum Untersuchungszeitpunkt, der Datenlage sowie der weitgehenden Übernahme der Felder des *Central Institutes of Technology* werden die drei *Polytechnics* im Folgenden differenziert voneinander betrachtet.

Die *Hutt Valley Polytechnic* ist im Jahr 2000 mit 5.037 EFTS die größte *Polytechnic* in der Region, von denen aber über 34 % Teilnehmer eines *off-the-job-training*-Programms sind, welches bei keiner anderen *Polytechnic* oder Universität eine größere Rolle spielt[171]. *Off-the-job-training*-Programme sind Kooperationen mit industriellen Trainingsorganisationen (ITO), wobei die *Motor Industry Organisation* auf die *Polytechnic* in Lower Hutt den größten Einfluss hat. Dementsprechend hoch ist der Anteil der Einnahmen, der durch Verträge mit ITO generiert wird: Bei einem Budget von 15,4 Millionen N$ (1999) stammen 1,9 Millionen N$ von den ITO. Das Budget wird durch 8,2 Millionen N$ im Rahmen der EFTS-Förderung des *Ministry of Education,* den Studiengebühren in Höhe von 3,1 Millionen N$ und anderen Quellen (Überseestudenten, Materialien, Mensa etc.) mit 2,2 Millionen N$ komplementiert. Dabei konzentriert sich die *Hutt Valley Polytechnic* auf die technologische Fakultät mit 61,4 % und den Wirtschaftswissenschaften mit 37,7 % der Studenten, denen insgesamt 128 *Full Time Academic Staff* zur Verfügung stehen.

Das *Central Institute of Technology* war mit 2.139 EFTS nicht nur die kleinste *Polytechnic* der Region, sondern auch die sechstkleinste der insgesamt 23 *Polytechnics* in Neuseeland[172]. Dazu wurde eine Vielzahl unterschiedlicher und von den Studentenzahlen ähnlich gewichtiger Studienrichtungen angeboten. Mit jeweils rund 23 % waren die meisten Studenten in *Health Science* und *Information Technology / Electronics* eingeschrieben. Dem Tourismus widmeten sich 17 % der EFTS, während sich 15 % dem *Department of Counselling and Alcohol and Drug Studies* angeschlossen haben. Selbst die fünftgrößte (*Business and Education*) und die sechstgrößte (*Design and Engineering*) Fakultät kamen auf 12 % bzw. 11 % der gesamten Studenten. 1998 kamen 56 % der Studenten in Upper Hutt aus der Wellingtoner Region. Zudem wurde eine expansive Strategie verfolgt, unter der Ableger des Instituts in Christchurch und Auckland eröffnet wurden. Diese breite Ausrichtung in Verbindung mit der geringen Größe und der räumlichen Expansionsstrategie trug mit dazu bei, dass die Ausgaben pro EFTS im *Central Institute of Technology* im Jahr 1998 mit durchschnittlich 10.831 N$ deutlicher höher als bei der *Hutt Valley Polytechnic* mit 7.794 N$ lagen. Bei der Finanzierung des mit 24,0 Millionen N$ im Verhältnis zu den Studentenzahlen sehr hohen Budgets wurden jedoch nur zu einem sehr geringen Teil externe Ressourcen erschlossen, so dass lediglich 0,8 Millionen N$ aus Einnahmen von Verträgen mit außeruniversitären Einrichtungen entstammten. Die aus der strategischen Ausrichtung resultierenden Finanzprobleme waren für die Fusion mit der *Hutt Valley Polytechnic* ausschlaggebend.

---

[171] Nur die *Open Polytechnic* kann unter den tertiären Bildungseinrichtungen mit 3.478 ihrer insgesamt 10.938 EFTS mehr Studenten aus diesem Programm rekrutieren.

[172] Kleiner waren im Jahr 2000 meist nur *Polytechnics* in ländlichen Gebieten Neuseelands wie die *Aoraki Polytechnic* in Timaru, die *Tai Poutini Polytechnic* in Greymouth, die *Telford Rural Polytechnic* in Atanomomo oder die *Wairarapa Community Polytechnic* in Masterton.

In der dritten *Polytechnic*, der *Whitireia Community Polytechnic*, gehören über 50 % der 2.791 EFTS nicht der ethnischen Gruppe der Pakehas an. Gleichzeitig kann diese *Polytechnic* mit 8,5 % den höchsten Prozentsatz an ausländischen Studenten an den gesamten Studenten unter den betrachteten *Polytechnics* vorweisen. Beides ist Ausdruck des Zieles dieser *Polytechnic*, vor allem ein Bildungsangebot für traditionell benachteiligte Gruppen anzubieten. Der fachliche Fokus liegt auf *Business & Law* (30,4 % der EFTS) und auf *Arts & Performing Arts* (28,1 %). Kürzlich ist auch von der 1986 gegründeten *Polytechnic* in Wellington City ein Campus für IT-Technologien eröffnet worden.

Formell wurde die *Victoria University of Wellington* 1894 als *Victoria University College* gegründet. Bis heute besteht die seit dieser Zeit anhaltende Konzentration der Ausbildung des Humankapitals auf regierungsnahe Berufe. Dennoch verpflichtete sich die Universität stets auch der Ausbildung in *Science* und *Arts*. Die vier Fakultäten *Law, Science, Humanities and Social Science* sowie *Commerce and Administration* zeichnen sich auch heute noch durch den hohen Praxisbezug in der Lehre aus (ACADEMIC AUDIT UNIT 2001b). Von den 13.999 EFTS im Jahr 2000 studierten 36 % in einem Bereich der *Humanities and Social Science*, 30 % in *Commerce and Administration*, 24 % in *Science* sowie 9 % in *Law*. Der Anteil der ausländischen Studenten liegt mit 5,4 % knapp unter dem nationalen Durchschnitt von 6,0 %. Die heutige Vision der Universität ist die Zurverfügungstellung von „transforming and lifelong educational experiences to students from a wide variety of backgrounds and nationalities, and features innovation and openness“ (VICTORIA UNIVERSITY: Annual Report 1998: 4). Als räumlicher Bezugsrahmen wird explizit die lokale Gemeinschaft und Wirtschaft genannt. Um die universitären Verbindungen mit dem wirtschaftlichen und politischen Umfeld zu stärken, wurden im letzten Jahrzehnt 30 Forschungsinstitute (innerhalb der Fakultät) und Forschungszentren (zwischen den Fakultäten) zur Erleichterung der Kontaktaufnahme von universitätsexogenen Akteuren gegründet. Dazu zählen das *Stout Research Centre*, das *Institute of Policy Studies*, das *Centre for Strategic Studies* und das *New Zealand Institute for the Study of Competition and Regulation*. Die Universität beschäftigt 605 *Academic Staff*, die im Jahr 2000 1.157 Publikationen produzierten. Die Quote von 1,91 Veröffentlichungen pro wissenschaftlichen Mitarbeiter bedeutet im Vergleich mit den anderen neuseeländischen Universitäten die schlechteste Outputrelation.

Ähnlich wie bei *Lincoln Ventures* und *Canterprise* soll die kommerzielle Einheit der *Victoria University*, die *Victoria Link Ltd.* (*VicLink*), „revenue for the university by utilising its physical and intellectual capital to exploit commercial opportunities, consistent with the University's strategic priorities" verdienen (vgl. www.viclink.ac.nz). Gegründet wurde die Technologietransferstelle im Jahr 1994 aus der Notwendigkeit heraus, eine dem veränderten rechtlichen Status der *Crown Research Institutes* korrespondierende Konstruktion auf der universitären Seite gegenüberzustellen, um die Kooperation zwischen der Universität und den *Crown Research Institutes* wegen der Ziel- und Haftungssymmetrie zu erleichtern. Die Mitarbeiter von *VicLink* arbeiten als Broker, um die Verträge zwischen Universität und außeruniversitären Organisationen auszuhandeln, sind gebündelte Anlaufstelle für die Umwelt der Universität und sollen die Ansprüche der Universität wahren. Der Vertrag wird zwar zwischen *VicLink* und dem externen Unternehmen abgeschlossen; in den technischen Ablauf des Projekts ist *VicLink* aber nicht involviert. Erfahrungen existieren bei *VicLink* insbesondere im Umgang mit öffentlichen Organisationen, weshalb *VicLink* bei dieser Schnittstelle zur Universität einen erhöhten Input in die Projektinitiierung und -abwicklung leisten kann. Die universitären Mitarbeiter sind nicht verpflichtet, *VicLink* bei Verträgen mit der externen Umwelt in Anspruch zu nehmen, so dass einer der kritischen Faktoren die Akzeptanz der Organisation innerhalb der Universität ist.

Diese Akzeptanz wird durch positiv verlaufende Projekte wie z. B. den Verkauf von *NetLink* nachhaltig gestärkt, welches ausgehend vom *Computer Science Department* der Universität 1989 die erste Internetverbindung zwischen den Universitäten *Massey* und *Victoria* einrichtete. Seitdem errang *NetLink* eine hohe Reputation für schnelle und verlässliche Internetverbindungen, Web Hosting sowie andere Internet-Dienstleistungen. In einem Auktionsprozess wurde *NetLink* 1999 an Telstra (NZ) Ltd. verkauft, wodurch der Universität insgesamt 26 Millionen N$ zuflossen. In den Jahren 1999 und 2000 konnten die Universität und *VicLink* konsolidiert Mittel in Höhe von jeweils um die sieben Millionen N$ von außerhalb akquirieren. Ein anderes sehr erfolgreiches Projekt ist das *High-Tech Business Incubator*-Projekt, was mit dem Ansatz eines Technologiezentrums gleichgesetzt werden kann. Dafür wurden Räumlichkeiten sowie ein Dienstleistungskranz (beispielsweise Sekretariat, Marketing, Beratung für Patente, Zugang zu Venture Capital) von *VicLink* und der *Victoria University* bereitgestellt, um kleinen Unternehmen in der Start-up-Phase unterstützend zur Seite zu stehen. Heute sind 95 % der Fläche mit 22 Unternehmen belegt, die aus dem Bereich der wissensintensiven Unternehmen kommen, wenngleich ein Trend zu E-Commerce-Unternehmungen festzustellen ist. Im Einklang mit der ACADEMIC AUDIT UNIT (2001b) kann *VicLink* als erfolgreiche Schnittstelle zwischen Universität und Umwelt angesehen werden, die gleichzeitig das Bewusstsein innerhalb der Universität schärft, Forschungserfolge zu kommerzialisieren.

6.3.2.3 Zusammenfassender Vergleich der tertiären Strukturen in den Untersuchungsregionen

In Christchurch waren nach dem Census 1996 6.693 Personen und in Wellington 7.935 Personen im Bildungssektor tätig, was wiederum Wellingtons gute Stellung als wissens- und dienstleistungsbezogene Region bestätigt. Ist die Verteilung des in *pre-*, *primary* und *secondary schools* eingesetzten Personals mit 36 % in beiden Regionen noch ausgeglichen, ergeben sich bei den anderen Bildungsrichtungen deutliche Unterschiede: So liegt der Anteil der Beschäftigten in tertiären Bildungsorganisationen an den gesamten Lehrenden in Christchurch bei knapp 20 %, während Wellington auf eine Quote von 29 % kommt. Im Gegensatz dazu sind in Christchurch klar mehr Personen (492) mit der technischen Ausbildung als in Wellington (111) betraut. Andere Ausbildungseinrichtungen können wiederum mit 12 % (Christchurch) und 14 % (Wellington) ähnliche Anteile aufweisen.

Bei den untersuchten tertiären, öffentlichen Bildungseinrichtungen sind allerdings mit 1.195 in Christchurch und 982 in Wellington mehr Personen in der erstgenannten Region beschäftigt, woraus ein mit 20,9 im Vergleich zu 24,4 besseres Studenten-Lehrenden-Verhältnis resultiert. In Christchurch präsentiert sich Lincoln als eine offene, international anerkannte Universität, die sich zudem klar auf den primären Sektor und den damit verbundenen natürlichen Ressourcen spezialisiert hat. Die Vermarktung der dort erzielten Forschungsergebnisse sowie die Kontakte zu *Crown Research Institutes* und im primären Sektor tätigen Unternehmen können als vorbildlich eingestuft werden. Mit insgesamt acht Millionen N$ aus externen Quellen wird sogar die mehr als dreimal so große *Victoria University* übertroffen. Dagegen ist die Technologietransfereinrichtung *Canterprise* noch in einem eher embryonalen Stadium, obwohl die Potenziale infolge der Spezialisierung der *University of Canterbury* auf die lokale Wirtschaftsstruktur (Ingenieure und Elektronik) für die Zukunft sehr positiv erscheinen. Das Engagement des *local heros* und Großunternehmers SIR ANGUS TAIT in lokalen tertiären Einrichtungen hat sich bereits in der Vergangenheit als vielversprechender wirtschaftlich-universitärer Nexus erwiesen[173]. Die *Victoria University* hat mit ihrer Technologietransfereinrichtung ein leistungsstarkes und innovatives Unternehmen an der Seite. Die Ausrichtung der *Victoria University* auf Geisteswissenschaften und die Unterstützung des politischen Sektors scheint für die ansässigen Manufacturing-Unternehmen auf den ersten Blick nur bedingt von Nutzen. Dennoch sind 24 % der Studenten an der naturwissenschaftlichen Fakultät eingeschrieben. Unterstützung erfährt dieser Sektor vor allem durch die intensiven Beziehungen der *Hutt Valley Polytechnic* zu ITO. Neben der Ausbildung von Studenten ist in der Fortbildung des lokalen Arbeitnehmerbestandes eine der Hauptfunktionen der *Polytechnics* im regionalen Innovationssystem zu sehen. Allen *Polytechnics* ist gemein, dass sie kaum in der Forschung engagiert sind und dementsprechend auch nur wenige forschungsbezogene Verbindungen zur Wirtschaft unterhalten, was sich anhand der Mittel für Forschung und der geringen Anzahl an Veröffentlichungen untermauern lässt. So bietet beispielsweise die *Hutt Valley Polytechnic* lediglich zwei Produkte für die Wirtschaft an[174].

Neben den öffentlichen tertiären Bildungseinrichtungen existieren in beiden Regionen zusätzlich jeweils 28 registrierte und legitimierte, weitergehende Bildung vermittelnde Institute (von insgesamt 273, Stand: 2002).

Zusammenfassend kann konstatiert werden, dass beide Regionen über eine sehr gute Ausstattung an tertiären Bildungseinrichtungen verfügen. Zwischen den *Polytechnics* und den Universitäten in jeder Region existiert eine klare Arbeitsteilung und eigenständige, komplementäre Kompetenzzentren, so dass beide Regionen aus Sicht der Bildungsinstitutionen ein breites Feld abdecken. Dadurch werden monostrukturierte Ausbildungsgänge verhindert und die regionale Wirtschaft mit einem heterogenen Humankapital versorgt. Gemäß der sektoralen Ausprägung ist die *absorptive capacity* in Christchurch auf den Gebieten Technik und Ingenieurswesen als außerordentlich gut zu bezeichnen.

6.3.2.4 Netzwerke zwischen Universitäten und Manufacturing-Unternehmen

Die Auswertung der Beziehungen der befragten Manufacturing-Unternehmen zu tertiären Einrichtungen zeigt zwei große Tendenzen: Erstens kooperieren die Unternehmen in Christchurch eindeutig häufiger mit Universitäten als die in Wellington. Zweiter Trend ist die hohe Bedeutung der Entfernung bei der Kontaktintensität, womit die Aussagen der regionalökonomischen Theorien als Erklärungsfaktoren herangezogen werden können. Dabei sind die lokalen Verbindungen in Christchurch wiederum dominanter als in Wellington. Relativ zu den regionalen Beziehungen gesehen, haben in Wellington dagegen die nationalen Kontakte einen größeren Stellenwert als in Christchurch.

Differenziert nach fünf verschiedenen Beziehungsarten stellen absolut gesehen die informellen Kontakte die häufigste Variante dar. In Christchurch hat fast jedes zweite Unternehmen einen informellen Zugang zu einer regionalen, tertiären Bildungsanstalt. In Wellington sind es immerhin noch 36 % der Unternehmen. Bemerkenswert ist in Christchurch, dass mehr als jedes neunte Unternehmen informelle Kontakte zu einer ausländischen Universität hat. In der bislang „offener" erscheinenden Region Wellington sind es hingegen lediglich 3 %:

---

[173] ANGUS TAIT gründete 1969 Tait Electronics und ist heute mit seinem Unternehmen – trotz eines über 80 %igen Exportanteils am Umsatz – immer noch tief in Christchurch verwurzelt: „Christchurch is where we live".

[174] Diese sind eine Übersicht zur Nahrungsmittelhygiene auf CD-ROM und eine Software, die es erlaubt, simultan Bilder und Töne an mehr als zwei Computerarbeitsplätzen zu nutzen.

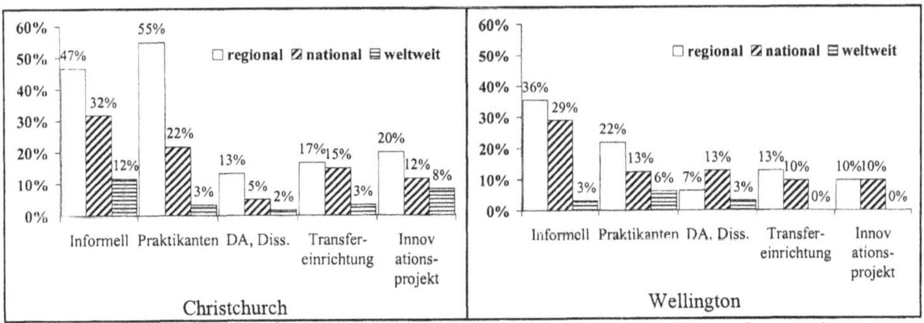

Abbildung 43: Anteil der Unternehmen mit Verbindungen zu Universitäten in den Untersuchungsregionen differenziert nach räumlichen Bezugsebenen
Quelle: eigene Befragung
Bem.: DA = Diplomarbeiten, Diss. = Dissertationen

Die Beschäftigung von Praktikanten ist die zweitwichtigste Verbindung zu Universitäten. In der Befragung kommt es allerdings zu einem Überschätzen der Bedeutung dieses Austauschkanals, da dieser mit der Unternehmensgröße positiv korreliert ist. Auch bei einer Bereinigung der durch die Unternehmensgröße induzierten Verzerrung sind die Christchurcher Unternehmen bei der temporären Integration von Praktikanten aktiver.

Auf der regionalen Ebene ist die Zusammenarbeit zwischen Unternehmen und Universitäten durch eine praxisorientierte Diplomarbeit bzw. Dissertation mit 13 % in Christchurch und 7 % in Wellington absolut betrachtet zwar am schwächsten ausgeprägt. Dennoch gelangen über diesen Transferkanal in signifikantem Umfang neue Forschungsansätze in die Unternehmen. Bei diesem Verbindungskanal zeigt sich die höhere Bedeutung der nationalen Ebene in Wellington am deutlichsten.

Die Christchurcher Unternehmen zeigen sich bei den Kontakten zu Universitäten durch ihre Technologietransfereinrichtungen sowie in der realen Durchführung von Innovationsprojekten den Universitäten stärker als die Unternehmen der Hauptstadt verbunden. Diese Tendenz gilt für alle räumlichen Differenzierungsstufen: Innovationsprojekte mit lokalen tertiären Einrichtungen werden in Christchurch (20 % der Unternehmen) doppelt so häufig wie in Wellington (10 %) durchgeführt. In Wellington werden Innovationsprojekte mit außerregionalen neuseeländischen Universitäten von genauso vielen Unternehmen (10 %) implementiert. Für die Region Christchurch sind aber Einflüsse von außerhalb ebenfalls von nicht zu unterschätzender Wichtigkeit. 12 % der Unternehmen können Neuerungen durch Verbindungen mit nationalen Universitäten generieren. 8 % der Unternehmen nutzen bei ihrem Verbesserungsstreben die Kooperation mit ausländischen Universitäten. Insgesamt ist festzustellen, dass eine beachtliche Zahl von gemeinsamen Innovationsprojekten erreicht wird und dass insbesondere in der Region Christchurch von einem gut ausgebauten Nexus zwischen Wirtschaft und Universität bei der Innovationsgenerierung auszugehen ist.

Die Kontaktaufnahme zu einer Universität durch eine Technologietransfereinrichtung wird von den Unternehmen in Christchurch häufiger als von denen in Wellington vollzogen. Bei der Ansprache einer solchen Einrichtung ist für die Unternehmen nicht entscheidend, ob die universitäre Technologietransferstelle in der Region oder auf der nationalen Ebene angesiedelt ist. Die räumliche Nähe scheint hierbei nicht die entscheidende Determinante für eine Inanspruchnahme dieses Transferkanals zu sein.

Da es sich bei Technologietransferstellen um einen weiteren Akteur im Innovationssystem handelt, wird die Analyse über das Funktionieren des Austauschs zwischen Universität und Manufacturing-Unternehmen über den Intermediär ausgedehnt. Die Relation von Kontakten zur jeweiligen lokalen Technologietransfereinrichtung zu durchgeführten Innovationsprojekten gibt weiteren Aufschluss über die Effizienz des betreffenden Intermediärs. Dieser Indikator reflektiert, inwieweit die intermediäre Einrichtung in die Beziehung zwischen Unternehmen und Universität involviert ist bzw. inwieweit die Kontaktaufnahme autonom zustande kommt.

Im Wesentlichen stellt sich – im Kontrast zu den Ergebnissen der qualitativen Bestandsaufnahme – eine höhere Effizienz des Christchurcher Technologietransfers von Universitäten heraus (vgl. Tabelle 46): 8 % der ein Innovationsprojekt mit der lokalen Universität durchführenden Unternehmen in Christchurch hatten Kontakt zu diesem kommerziellen Arm der Universität; in Wellington waren es nur 3 %. Die ohne Beteiligung der Technologietransfereinrichtung durchgeführten Innovationsprojekte waren in Christchurch mit 12 % der Unternehmen nur 1,5-mal so hoch, während in Wellington diese Quote mit 2,3 höher war. In der Region auf der Südinsel kann durch *Canterprise* und *Lincoln Ventures* rund 50 % der in Kontakt getretenden Unternehmen ein konkretes Innovationsprojekt vermittelt werden. Im Gegensatz dazu gelingt dies in Wellington nur bei 23 % der Fälle. Gleichzeitig ist die Involvierung der Christchurcher Technologieeinrichtungen bei lokalen Innovationsprojekten prozentual höher als in Wellington, wenn auch in Christchurch (Wellington) 60 % (70 %) der Unternehmen in kooperativen Innovationsprojekten die eigentliche Schnittstelleneinrichtung übergehen.

		Anteil der Unternehmen mit Kontakt zur lokalen Transfereinrichtung in den letzten drei Jahren					
		Christchurch			**Wellington**		
		Ja	Nein	*Summe*	Ja	Nein	*Summe*
Durchgeführtes Innovationsprojekt mit lokaler Universität in den letzten drei Jahren	Ja	8 %	12 %	*20 %*	3 %	7 %	*10 %*
	Nein	8 %	72 %	*80 %*	10 %	81 %	*90 %*
	Summe	*16 %*	*84 %*	*100 %*	*13 %*	*88 %*	*100 %*

Tabelle 46: Zusammenhang zwischen Kontakt zur lokalen Technologietransfereinrichtung und Innovationsprojekt mit der lokalen Universität
Quelle: eigene Befragung

Infolgedessen liegt in der Aktivierung von bislang nicht in Verbindung mit der Technologieeinrichtung stehenden Unternehmen sowie in der Verbesserung der Vermittlungsquoten ein großes Potenzial zur Steigerung der Effektivität und Effizienz der kommerziellen universitären Organisationen. Anhaltspunkte gibt die in den Gesprächen mit Unternehmern und universitären Vertretern deutlich gewordene Kritik, die sich qualitativ zwischen den Regionen kaum unterscheidet: Auf der Unternehmerseite war die bestehende lokale Verbindungseinrichtung zur Universität kaum im *mind-set* als Kontaktaufnahmemöglichkeit vorhanden. Wenn sie vorhanden war, wurde sie teilweise kritisch beurteilt und eine direkte Kontaktaufnahme zum betreffenden Lehrstuhl bevorzugt. Vorteile einer Inanspruchnahme der Technologietransfereinrichtung konnten lediglich in der vereinfachten Findung des entsprechenden Ansprechpartners gesehen werden. Im Einklang mit der Seite der Universität waren sich die Unternehmer nicht im Klaren, worin der *value-added* einer solchen Organisation liegt. Vielmehr wurde die Einrichtung als weiterer behördlicher Vorgang empfunden, der auch der Kontrolle der Aktivitäten der Professoren durch die Universitätsverwaltung sowie der Abschöpfung von Ressourcen dient. Aus Sicht dieser Einrichtungen ist gerade an der Verdeutlichung der durch sie geschaffenen Wertschöpfung und damit an der Akzeptanz innerhalb der Universität anzusetzen. Außerhalb der Universität erscheint eine Erhöhung der Aufmerksamkeit der Existenz einer solchen Schnittstelle sinnvoll. In diesem Kontext sind die in der jüngeren Vergangenheit, oben dargestellten Erfolge der *VicLink* von Bedeutung, die nur zum Teil in die Befragung im Jahr 2000 mit einflossen und das Bild dieser Organisation in der Öffentlichkeit nachhaltig verändern können. Daneben ist durch die Reorganisation von *Canterprise* im Jahr 1999 und die Partizipation von Unternehmerinteressen im *Board* für die Zukunft eine positive Entwicklung zu erwarten. In Verbindung mit dem hohen Anteil an informellen Beziehungen zu den lokalen tertiären Bildungseinrichtungen wird sich die Relevanz dieser Organisationen im lokalen Netzwerk weiter erhöhen.

6.3.3 Unternehmenskooperationen mit Crown Research Institutes

Wie bereits die Zusammenstellung in Tabelle 24, veranschaulichte, sind beide Regionen mit einem hohen Besatz an *Crown Research Institutes* ausgestattet. Die Region Christchurch ist Hauptsitz von *Landcare* (Lincoln) und *Crop&Food* (Lincoln) und dient allen weiteren *Crown Research Institutes* – außer dem *Institute of GNS* – als Nebenstelle. Das GNS hat in der Wellingtoner Region (Lower Hutt) genauso seinen Hauptsitz wie das *ESR* (Wellington). Daneben unterhalten das IRL (Lower Hutt), das *AgResearch* (Upper Hutt) und das *NIWA* (Wellington) Zweigstellen in Wellington und Umgebung.

Trotz des hohen Besatzes an forschungstreibenden Instituten in der Christchurcher Region ist die relative Anzahl der Forscher mit einem Wert von 0,67 unter dem neuseeländischen Durchschnitt der *Main Urban Areas*. Der Census von 1996 weist lediglich 393 Forscher für diese Region aus, wohingegen in Wellington 1.065 Forscher tätig sind[175], was mit 1,74 einen deutlich überdurchschnittlichen Wert bedeutet. Interessanterweise sind die meisten der Forscher in Lower Hutt (563), gefolgt von Wellington (300), Porirua (108) und Upper Hutt (90) lokalisiert. Relativiert mit den Arbeitnehmerzahlen der einzelnen Regionen sind in Lower Hutt mit 2,14 %, in Porirua mit 1,43 % und in Upper Hutt mit 1,31 % mehr in der Wissenschaft als im nationalen Durchschnitt (0,53 %) beschäftigt. Wellington City und Christchurch liegen mit 0,41 % bzw. 0,36 % unter dem Mittelwert der *Main Urban Areas*. Für die gesamte Wellingtoner Region beträgt der Anteil der Forscher an der Arbeitnehmerschaft 0,93 %.

Die eigene Befragung zeigt wiederum, dass die Anzahl an Forschern nur wenig Auskunft über die Interaktion mit der Wirtschaft und damit über die Kommerzialisierung der in staatlichen Forschungsinstituten gewonnenen Ergebnisse gibt. Die Verbindungen zwischen der Manufacturing-Wirtschaft und den *Crown Research Institutes* sind in Christchurch sowohl zu regionalen als auch nationalen Instituten dichter geknüpft. Fast jedes vierte Unternehmen unterhält in Christchurch informelle Beziehungen zu einem regionalen *Crown Research Institute*; zu einem außerregionalen *Crown Research Institute* sind es 10 % der Unternehmen. In Wellington betragen die korrespondierenden Werte nur 10 % bzw. 3 %. Innovationsprojekte wurden in den letzten drei Jahren von 10 % (7 %) der Unternehmen mit regionalen *Crown Research Institutes* in Christchurch (Wellington) durchgeführt. Entsprechende

[175] Die in Kapitel 6.3.3 angegebenen Zahlen von Forschern in beiden Regionen differieren leicht von den hier verwendeten (Ch: 435; W: 996). Die Zahlen in Kapitel 6.3.3 stammen aus der Census-Befragung nach *Occupation*, während die hier genannte Anzahl aus der Industrieklasse „*Scientific Research*" entnommen wurde.

Kontakte zu regionsexogenen *Crown Research Institutes* fanden bei 7 % der Christchurcher Unternehmen und bei 3 % der Wellingtoner Unternehmen statt. Im Gegensatz dazu findet nur ein äußerst begrenzter Personalaustausch zwischen Manufacturing-Unternehmen und den *Crown Research Institutes* statt. Lediglich bei zwei Christchurcher Unternehmen konnte ein solcher von einem (regionalen) *Crown Research Institute* festgestellt werden.

Um einen Vergleich mit den Universitäten zu ermöglichen sowie um spezifische Institute zu identifizieren, die einen deutlichen Einfluss durch die Kooperation mit den Unternehmen haben, wurden die Unternehmen gebeten, die wichtigste Kontaktquelle zu einem *Crown Research Institute*, einer Universität oder einer *Polytechnic* zu bestimmen. Über beide Untersuchungsregionen erhielten die tertiären Bildungseinrichtungen mit fast 60 % eindeutig mehr Stimmen als *Crown Research Institutes* mit 24 % und die anderen Einrichtungen wie *TechnologyNZ, Research Associations* oder *Technology for Business Growth* mit 16 %.

Da das Antwortverhalten der Wellingtoner Unternehmen bei dieser Frage insgesamt sehr gering ausfiel, wurde beschlossen, die diesbezügliche Auswertung außen vor zu lassen. Genannt wurden lediglich die *Victoria University*, die *Hutt Polytechnic* und die Massey Universität in Palmerston North, während kein *Crown Research Institute* auch nur eine Nennung erreichte.

In Christchurch wurde die *Canterbury University* von 29 % der antwortenden Unternehmen[176] als qualitativ beste Kontaktquelle genannt. Die *Lincoln University* (12,9 %) und die *Christchurch Polytechnic* (6,5 %) folgen mit erheblichem Abstand. Unter den *Crown Research Institutes* wurde von den in Christchurch befragten Manufacturing-Unternehmen erwartungsgemäß das IRL klar als die beste Kontaktquelle für die Firma genannt (22,6 %). Unter den diese Frage beantwortenden Unternehmen wurden ansonsten lediglich das *AgResearch* (4,8 %) und *Crop&Food* (1,6 %) als wichtigste Quelle angeführt.

Aus diesem Ergebnis wird ersichtlich, dass das IRL in Christchurch ein weiterer wichtiger Akteur im lokalen Innovationssystem ist und deshalb im Folgenden charakterisiert wird: Im Jahr 1999 setzte das IRL in Christchurch 3,5 Millionen N$ um, von denen 2,2 Millionen N$ aus PGSF-Mitteln stammten. Die Differenz von 1,3 Millionen N$ resultierte aus Aufträgen mit der Wirtschaft und dokumentiert den hohen Praxisbezug dieses staatlichen Forschungsinstituts. Von den 25 Mitarbeitern widmen sich 21 der Forschung, die im betrachteten Jahr 15 Publikationen veröffentlichten. Trotz der hohen lokalen Einbettung des *Crown Research Institutes* sind die außerregionalen genauso hoch wie die regionalen Kontakte zu Unternehmen. Innerhalb des IRL-Dienstleistungsangebots wurde die Qualitätskontrolle und die Bereitstellung von Gerätschaften von elf sowie die Beratung von sieben Unternehmen am häufigsten in Anspruch genommen. Forschungsaufträge wurden von sechs Unternehmen im Jahr 1999 in Auftrag gegeben. Dabei sind tendenziell größere Unternehmen Kooperationspartner. Lediglich 14 % der Unternehmen haben weniger als 10 Beschäftigte, 30 % dagegen über 100. Hauptabnehmerbranche der Leistungen des IRL sind die versorgungsleistende Industrie (Gas, Wasser, Elektrizität) mit 51 % und Unternehmen im *Food, Beverage and Tobacco Manufacturing* mit 25 %. Die Software-Industrie und das *Machinery & Equipment Manufacturing* zeichnen für jeweils 6 % der Aufträge verantwortlich. Des Weiteren haben ehemalige Mitarbeiter des IRL die Unternehmenslandschaft mit drei Spin-Offs in Christchurch bereichert, zu denen das Institut nach wie vor enge Beziehungen unterhält. Kontakte bestehen in extensiver Form nicht nur zu Unternehmen, sondern werden auch zu

[176] Knapp 50 % der Unternehmen ließen die offene Frage nach dem wichtigsten Kontakt zu einem *Crown Research Institute*, Universität oder *Polytechnic* unbeantwortet.

Universitäten gepflegt. Neben vier Studenten, denen im Jahr 1999 die Möglichkeit geboten wurde ihr Praktikum in der lokalen Zweigstelle zu absolvieren, existieren durch Forschungskooperationen sehr enge Beziehungen zu regionalen, nationalen und internationalen tertiären Bildungseinrichtungen. Die regionale und internationale Dimension des Nexus zu Universitäten wird durch gemeinsame Veröffentlichungen verstärkt. Gleichzeitig können sechs Forscher auf internationale Forschungserfahrungen zurückgreifen, wodurch für das Institut nutzbare informelle Kontakte entstanden sind. Formelle Forschungskooperationen wurden im betrachteten Jahr mit zwei anderen *Crown Research Institutes* geschlossen, so dass auch hier weitere netzwerkbildende Verbindungen entstehen. Insgesamt ist gerade das näher erfasste *Crown Research Institute* sehr aktiv, Kontakte zu seiner Umwelt aufzubauen und gewinnbringend für alle Seiten zu etablieren. Obwohl das IRL in Christchurch einen guten Stellenwert im regionalen Innovationssystem besitzt, ist das Selbstverständnis des Instituts keineswegs regional orientiert. Vielmehr verstehen sich die *Crown Research Institutes* als nationale Organisationen, die dem Faktor Raum nur eine geringe Bedeutung bei ihrer täglichen Arbeit beimessen. Im Sinne des spezifischen regionalen Innovationssystems birgt dies neben dem Nachteil der mangelnden Bekenntnis zur Region auch den Vorteil, dass dadurch Impulse von anderen Zweigstellen des *Crown Research Institutes* in die Region gelangen können. Zudem stellen die *Crown Research Institutes* für das regionale Innovationssystem eine Verbindungsmöglichkeit zur internationalen Forschungs-*Community* und den neuesten Entwicklungen dar.

6.3.4 Die Rolle von Non-Profit-Organisationen im lokalen Netzwerk

Zu den Non-Profit-Organisationen werden im Rahmen dieser Arbeit die Wirtschaftsförderungseinheiten der spezifischen *City Councils* sowie die regionalen Ausprägungen der drei wichtigen Unternehmenszusammenschlüsse, der *Chamber of Commerce*, der *New Zealand Manufacturers' Federation* sowie der *New Zealand Employers' Federation*, gezählt. Auf der regionalen Ebene haben sich historisch bedingt einige Zusammenschlüsse zwischen zwei der drei Verbände ergeben. Seit 2000 gilt dies auch auf der übergeordneten nationalen Ebene für die *New Zealand Manufacturers' Federation* und die *New Zealand Employers' Federation*, die gemeinsam im Verband *BusinessNZ* aufgegangen sind.

6.3.4.1 Deskription der wesentlichen Akteure und deren Aktivitäten

In der Untersuchungsregion auf der Südinsel zählen potenziell die vom *Christchurch City Council* gegründete *Canterbury Development Corporation* (CDC) und die Unternehmensverbände *Canterbury Manufacturers' Association* (CMA) sowie *Canterbury Employers' Chamber of Commerce* (CECC) zu den wesentlichen Netzwerk initiierenden und unterstützenden Organisationen.

Ziel der regionalen Wirtschaftsförderungseinheit des *Christchurch City Council* ist die Unterstützung eines ökonomischen, arbeitsplatzschaffenden Wachstums der Region. Im Kern werden die fünf verschiedenen strategischen Stoßrichtungen Bildung, Technologie, Verknüpfungen mit dem Ausland, Dienstleistungen für Arbeitnehmer sowie Dienstleistungen für Unternehmen zur Zielerreichung verfolgt. Die Hauptaufmerksamkeit der CDC liegt auf den Dienstleistungen für Arbeitnehmer, für die 65 % des 5,1 Millionen N$ hohen Budgets der Gesellschaft aufgewendet werden. Für die Unterstützung von insbesondere schwer vermittelbaren und jungen Arbeitslosen waren 25 der insgesamt 49 Beschäftigten im Jahr 1999 / 2000 zuständig. Für die anderen – im Kontext der Stärkung des regionalen Innovationssystems wichtigeren – Leistungen der CDC standen demnach 1,8 Millionen N$ und 24 Mitarbeiter zu Verfügung. Eine nähere Analyse macht weiterhin deutlich, dass die Unterstützung der Bildung (80.000 N$), die Verknüpfungen zum Ausland (122.000 N$)

sowie die Technologie-Initiative (150.000 N$) nur relativ schwach budgetiert sind. Dementsprechend beschränken sich die Projekte in diesen Bereichen auf die Promotion von Christchurch als Bildungsstandort und als Investitionschance im In- und Ausland. Unter der Stoßrichtung Technologie wird die Bildung und Unterstützung von Clustern der Wissensökonomie auch in Verbindung mit dem neuen Technologiepark angestrebt. Das zweite Standbein der CDC sind Dienstleistungen für Unternehmen (1 Million N$), die das lokale Netzwerk stärken sollen. Dazu zählen ein knapp 100 Personen umfassendes Mentorensystem, die Versorgung der Unternehmen mit den wichtigsten Informationen und das Abhalten von ungefähr 10 jährlichen Treffen mit durchschnittlich 60 Teilnehmern aus kleinen und mittleren Unternehmen. In diesem Kontext wurden im Jahr 1999 rund 360 Unternehmen bei ihrer Gründung unterstützt und 250 Seminare mit 3.000 Teilnehmern zur Weiterbildung vor allem in Fragen des Managements abgehalten. Im Einklang mit den Aussagen der Ansätze der Innovationssysteme betont die CDC die Förderung kleiner Unternehmen mit einem Dienstleistungskranz, der auf die Erhöhung der spezifischen betriebswirtschaftlichen Fähigkeiten der Unternehmen sowie auf die Stimulierung eines lokalen Netzwerkes abzielt.

Recht ähnliche Leistungen bieten die beiden großen Unternehmensverbände, die CMA (rund 380 Mitglieder) und die CECC (rund 1800). Der Unterschied zwischen den beiden Zusammenschlüssen liegt im stärkeren sektoralen Fokus der CMA. Viele ökonomisch signifikante Manufacturing-Unternehmen sind Mitglied in beiden Organisationen, die Informationen, Vorträge, Seminare und Hilfen beim Ex- und Import anbieten. Eine Besonderheit der CMA ist die Bildung von bislang drei Industriegruppen (*Engineers Industry Group, Furniture Industry Group, Plastics Industry Group*), die in verschiedenen Fragen des Wirtschaftens kooperieren und voneinander lernen wollen.

In der Wellingtoner Region stellt die *Wellington Regional Chamber of Commerce* (WRCC) den im Kontext der Arbeit relevanten Unternehmenszusammenschluss dar. Die 1856 gegründete WRCC verpflichtet sich dem regionalen Wachstum, was durch die Bündelung der Interessen der 1.400 Mitgliedsunternehmen aus der Region unterstützt werden soll. Wiederum ist die Etablierung von Netzwerken unter den Mitgliedern und die Bereitstellung eines jährlich 300 Seminare und Vorträge umfassenden Programms im Zentrum der Arbeit der Kammer. Daneben werden Synergieeffekte beim gemeinsamen Einkauf von Leistungen wie Büroprodukten, Telekommunikation oder Versicherungen realisiert. Die WRCC bietet ebenfalls einen Mentorenservice für kleine und mittlere Unternehmen sowie Informationen und Unterstützung beim Ex- und Import an. Die Lobbyarbeit im Sinne der Mitglieder rundet die Dienstleistungen der Einrichtung ab. Ähnliche Dienstleistungen werden auch von der 1943 in Lower Hutt gegründeten *Hutt Valley Chamber of Commerce and Industry* angeboten.

Die *Wellington Regional Economic Development Agency* (WREDA) vereinigt die Interessen des *Wellingtoner*, des *Hutt Valley* und des *Porirua City Councils*. Der Fokus dieser Organisation liegt im Unterschied zu der CDC allein auf der Förderung der lokalen Wirtschaft. Neben den für so eine Einrichtung standardisierten Dienstleistungen wie der Vermarktung der Region, der Attraktion von Investoren und der Hilfe für Unternehmen steht der diskutierte Cluster-Ansatz sowie die Unterstützung der Unternehmen bei der Anwerbung ausländischen Humankapitals und zurückkehrender Neuseeländer im Vordergrund. In den Jahren 1998 und 1999 besaß das Cluster-Projekt unter allen städtischen Projekten die höchste Priorität. Dementsprechend liegt die Hauptaufgabe der WREDA auf dem Ausbau und der Unterstützung der vorherrschenden Cluster in den Bereichen *Earthquake Engineering, Natural Hazard Management, Creative Content, Film and Television, Education, E-Business* und *Software*. Obendrein werden bis 2010 jährlich rund 1,4 Millionen N$ vom *Wellington City Council* bereitgestellt. Des Weiteren sollen die existierenden Beziehungen zu den Partnerstädten Wellingtons Peking (China), Tianjin (China, südöstlich von Peking), Xiamen (China, Ostküste, westlich von Taiwan), Sydney (Australien), Taipeh (Taiwan) und Sakai (Japan, südlich von Osaka) strategisch für wirtschaftliche Kontakte und als Quellländer für Touristen genutzt werden. Im Einklang mit der Neupositionierung und der Orientierung auf der nationalen Ebene soll die Einbettung der Region in den asiatisch-pazifischen Raum in der näheren Zukunft verstärkt werden. Profiteure der Verbesserung der internationalen Beziehungen sind die Bildungseinrichtungen (ausländische Studenten) und die Cluster *Earthquake Engineering* und *Natural Hazard Management*, da die Partnerstädte mit ähnlichen Problemlagen konfrontiert sind. Im Budget sind 500.000 N$ für die Verbesserung der internationalen Beziehungen durch Dienstleistungen für Wirtschaftsimmigranten, für das Empfangen von Wirtschaftsdelegationen und für das Marketing der Region Wellington im Ausland vorgesehen. Über die WREDA hinausgehend wird die Wellingtoner Wirtschaftsförderung durch lokale Agenturen in den anderen *Main Urban Areas* der Region wie der *Upper Hutt Development Agency* unterstützt, die schwerpunktmäßig das örtliche Standortmarketing, Vermittlung von Gewerbeflächen und lokal begrenzte Wirtschaftsprobleme zum Gegenstand ihrer Aufgabe haben.

6.3.4.2 Verbindungen der Unternehmen zu staatlichen Organisationen

Das Bild, das sich für den Nexus zwischen befragten Manufacturing-Unternehmen mit staatlichen Einrichtungen zeichnet, deckt sich in den Grundzügen mit den bisherigen Analysen. Allgemein sind die lokalen Einrichtungen bei der Kontaktaufnahme wieder von höherer Wichtigkeit als außerhalb der Region lokalisierte, staatliche Organisationen, wenngleich dies für Wellington in einem höherem Maße als für Christchurch gilt (vgl. Abbildung 44). Eine Ausnahme hiervon bildet die Informationssammlung der Unternehmen, bei welcher die räumliche Nähe keinen entscheidenden Einfluss auf die Kontaktaufnahme hat. Im Unterschied zu den anderen Netzwerken sind die informellen Beziehungen zu den öffentlichen Einrichtungen von ähnlicher Relevanz wie die anderen Beziehungsoptionen Informationssammlung, betriebswirtschaftliche Beratung sowie Unterstützung im Ex- und Import.

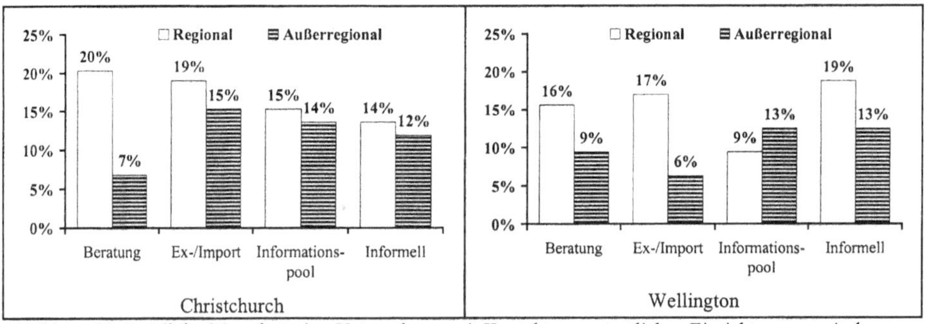

Abbildung 44: Anteil der Manufacturing-Unternehmen mit Kontakten zu staatlichen Einrichtungen zwischen 1997 und 1999
Quelle: eigene Befragung

Bei der Unterstützung der Unternehmen in Fragen des Ex- und Importes ist in Wellington eine im Vergleich mit der nationalen Ebene intensive Inanspruchnahme lokaler Angebote zu bemerken, was im dortigen Hauptsitz von TradeNZ begründet liegt. Ferner führt der dichte

Besatz an staatlichen Stellen in Wellington und der daraus resultierende gewohnte Umgang mit solchen Einrichtungen zu einem ausgeprägteren, informellen Netzwerk zwischen den Manufacturing-Unternehmen und staatlichen Agenturen. Die staatlich angebotene Beratung im Rahmen eines Mentoren-Programms oder einer spezifischen Beratung für kleine und mittlere Unternehmen (BIZ) ist in beiden Regionen in Richtung der regionalen Inanspruchnahme verschoben. Die aggregierte Kooperationsneigung ist bei den Christchurcher Manufacturing-Unternehmen höher als bei den Wellingtoner Pendants.

6.3.5 Zusammenfassung der Netzwerkanalyse

Nach der Detailanalyse der jeweiligen Beziehungen der Manufacturing-Unternehmen zu verschiedenen Akteuren werden die diskutierten Ergebnisse nun aggregiert, um die unterschiedlichen Tendenzen und Mechanismen im gesamten Netzwerk der beiden Regionen zu verdeutlichen.

Das Christchurcher Netzwerk ist zwischen den hier im Zentrum stehenden Manufacturing-Unternehmen und anderen regionalen Organisation sehr dicht gespannt (vgl. Abbildung 45): Die befragten Manufacturing-Unternehmen betreiben mit lokalen Anbietern von KIBS eine intensive Arbeitsteilung. Wichtige Ansprechpartner im regionalen Netzwerk der Manufacturing-Unternehmen sind das IRL und die *University of Canterbury* inklusive ihres kommerziellen Arms (*Canterprise* Ltd.). Diese Einrichtungen versorgen die betrachteten Unternehmen mit wertvollen Leistungen, was in der Region zu einem gut funktionierenden Forschungs-Wirtschafts-Nexus führt. Darüber hinaus verbindet das IRL das regionale Geflecht durch seine Forschungskontakte mit der nationalen und internationalen Ebene. Kontakte der Manufacturing-Unternehmen zu nationalen und internationalen Universitäten spielen ebenfalls eine Rolle bei der Erschließung von außerregionalen Informationen und Wissensressourcen. Ferner ist ein ausgeprägtes sektorales Netzwerk im Manufacturing-Sektor zu bemerken, in dem es keine räumliche Hierarchie gibt. Kontakte zu nationalen Manufacturing-Unternehmen treten genauso häufig wie regionale Kontakte auf. Dennoch unterscheiden sich die Verbindungen hinsichtlich ihres funktionalen Fokus: Bei nationalen Beziehungen handelt es sich hauptsächlich um absatzbezogene Kooperationen, während die regionale Zusammenarbeit bei der Beschaffung und Produktion dominiert. Unternehmen aus anderen Branchen stehen im Christchurcher Netzwerk immer noch jedem zweiten Unternehmen zu Verfügung.

Für die dem primären Sektor nachfolgenden Manufacturing-Unternehmen (Verarbeitung von Tierprodukten, Textilien) bieten sich hervorragende (internationale) Kontaktmöglichkeiten zur Forschung im Rahmen des sich um die *Lincoln University* herausgebildeten Clusters, welches durch *Crown Research Institutes* sowie die *Wool Research Organisation NZ* (WRONZ) unterstützt wird.

Die *local embeddedness* der Unternehmen ist angesichts eines regionalen Umsatzanteils von über 50 % sowie einer Rekrutierungsquote von fast 90 % aus Christchurch und der näheren Umgebung als sehr hoch einzustufen. Dementsprechend überraschend ist die relativ schwache Ausprägung des informellen Arbeitsmarktes vor allem im Vergleich zu Wellington.

Die CMA und die CECC haben im regionalen Netzwerk bei der Etablierung von Kontakten zwischen den Unternehmen sowie bei der Qualifizierung der lokalen Unternehmer eine unterstützende Funktion. Das Anliegen der CDC geht jedoch darüber hinaus, da allgemein das Wirtschaftsklima der Region positiv beeinflusst werden soll, wenngleich die für das Innovationssystem wichtigen Funktionen nur gering budgetiert sind. In Verbindung mit 28 anderen Trainingseinrichtungen erhöht die *Christchurch Polytechnic* durch Seminare zur

Weiterbildung der Arbeitnehmerschaft die Qualifizierung des regional verfügbaren Humankapitals. Gleichwohl sind die formalen Bildungsabschlüsse der Christchurcher Bevölkerung leicht unterdurchschnittlich. Die Technikzentrierung der Region artikuliert sich über die überdurchschnittliche Präsenz an Technikern und Ingenieuren in Christchurch, während die Anzahl an Wissenschaftlern und für einen KIBS tätigen Personen klar unter dem Mittelwert der *Main Urban Areas* liegt. Somit ist die *absorptive capacity* der Region durch das Humankapital – mit Ausnahme technikorientierter Thematiken – eher als befriedigend zu beurteilen. Der hohe Besatz an Institutionen und der gleichfalls hohe Organisationsgrad der Unternehmen in den einzelnen lokalen Verbänden unterstützt jedoch die Aufnahmefähigkeit und Speicherfähigkeit maßgeblich und kann für einen effektiven Transfer von Neuerungen in die Unternehmen sorgen. Die Strukturen des Christchurcher Unternehmensnetzwerks scheinen in Bezug auf die Innovationsfähigkeit der Unternehmen relativ günstig ausgeprägt zu sein.

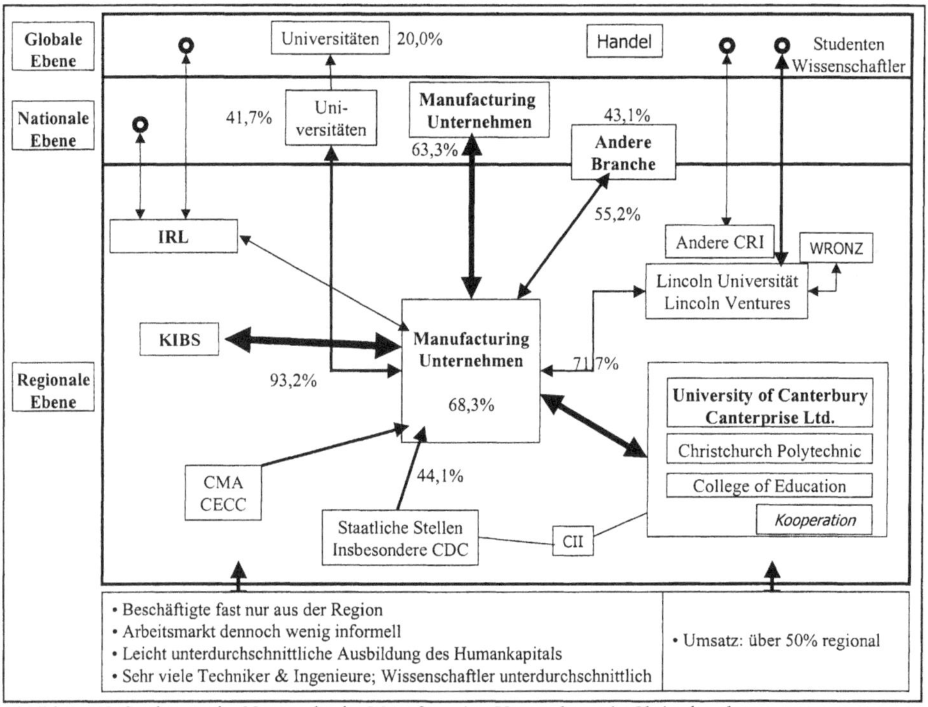

Abbildung 45: Strukturen des Netzwerks der Manufacturing-Unternehmen in Christchurch
Quelle: eigene Zusammenstellung
Bemerkung: Angegebene Prozentwerte entsprechen dem Anteil an Manufacturing-Unternehmen mit Kontakten zu der betreffenden Einrichtung. Die Dicke des Pfeils spiegelt die Höhe des Anteils wider: Je dicker die Verbindung ist, desto mehr Unternehmen unterhalten Beziehungen zur jeweiligen Organisation. Nicht berücksichtigt wurden Organisationen, die von weniger als 20 % der Unternehmen in Anspruch genommen wurden.

In Wellington werden Kontakte – mit Ausnahme zu Unternehmen einer anderen Branche – zu allen untersuchten Organisation weniger intensiv als von den Christchurcher Unternehmen gepflegt. Auch wenn die regionalen Kontakte in dieser Region gegenüber den außerregionalen dominant sind, ist der Unterschied zwischen der nationalen und regionalen Ebene teilweise sehr gering. Die Wellingtoner Ökonomie ist durch ihre geographische Lage und ihre Rolle als Hauptstadt deutlich mehr auf die nationale Ebene als die Christchurcher Region ausgerichtet. Dementsprechend liegt der Schwerpunkt der Umsatzgenerierung im außerregionalen Raum.

Da nur jeder zweite Arbeitnehmer bereits vor der Einstellung in der Region wohnte, ist es bemerkenswert, dass rund 30 % der Unternehmen ihren neuen Mitarbeiter bereits vor der Bewerbung kannten. Das Humankapital ist weit überdurchschnittlich ausgebildet und sorgt durch die hohe Relevanz der Rekrutierung ausländischer Angestellter für eine wesentliche Verbindung mit der internationalen Ebene. Beziehungen zu *Crown Research Institutes* haben für die Wellingtoner Manufacturing-Unternehmen als Kontaktpartner nur eine untergeordnete Bedeutung. Dagegen funktioniert der Nexus zwischen der *Victoria University* und der lokalen Wirtschaft zwar besser, aber immer noch deutlich schlechter als in Christchurch. Ein weiterer Versuch, diese Verbindung zu stärken, ist die Gründung eines Technologiezentrums durch VicLink. Zur Qualifizierung der Arbeitnehmerschaft stehen durch diesbezügliche Angebote der *Hutt Polytechnic* und 28 weiteren lokalen Anbietern ausreichend Organisationen zur Verfügung. Trotz des hohen Besatzes an KIBS in der Region fällt die Inanspruchnahme dieser Leistungen geringer aus; die Zufriedenheit ist jedoch ähnlich wie in Christchurch.

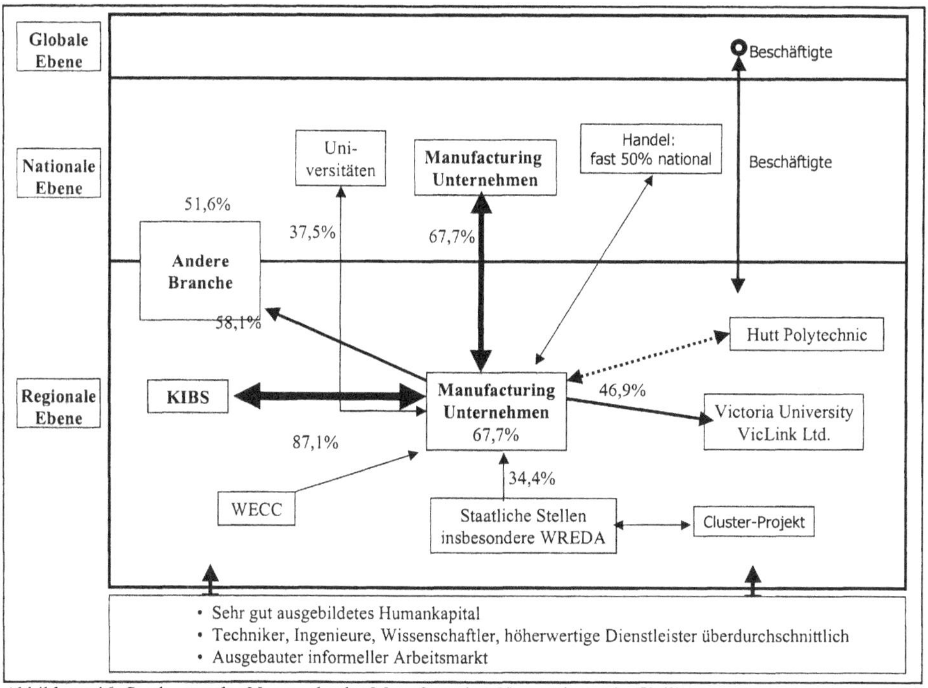

Abbildung 46: Strukturen des Netzwerks der Manufacturing-Unternehmen in Wellington
Quelle: eigene Zusammenstellung
Bemerkung: siehe Abbildung 45

Zusammenfassend ist das Netzwerk der Wellingtoner Unternehmen erstens weniger dicht und zweitens weniger regional ausgeprägt als in Christchurch. Die geringere Dichte des Wellingtoner Netzwerkes und die geringere Kooperation mit lokalen Institutionen führt aus Sicht der Ansätze zu Innovationssystemen zu dem Schluss, dass das Potenzial, lokale Organisationen als Wissensspeicher und für den Wissenstransfer zwischen Organisationen zu nutzen, in der Hauptstadt-Region weniger als in Christchurch möglich wird. Die Chancen der Wellingtoner Region resultieren nicht aus dem Besatz an lokalen Einrichtungen, sondern hängen eher mit dem sehr gut ausgebildeten lokalen Humankapital zusammen. Das konzentrierte Initiieren des Cluster-Projekts sowie der Zusammenschluss der einzelnen *City Councils* der Region sind weitere Gunstfaktoren für die regionale Ökonomie. Diese Aktivitäten haben zweifelsohne die Vernetzung in und zwischen den Clustern erzeugt. Unternehmen, die jedoch nicht für die Clusteraktivitäten in Frage kommen, zeigen nur ein rudimentäres Interesse bei der Kooperation mit anderen Einrichtungen. Wie durch das *Hard Business Network*-Projekt Anfang der 1990er Jahre in Christchurch kann das Cluster-Projekt aber auch bei nicht partizipierenden Unternehmen die Aufmerksamkeit für die Notwendigkeit zur Kooperation wecken. Inzwischen beurteilt auch die CDC den Cluster-Ansatz der Wellingtoner-Region für geeigneter, regionales Wachstum zu stimulieren, als dies mit den *Hard Business Networks* möglich war.

6.4 Zielvariable: Innovationsverhalten der Unternehmen in den Regionen

Nachdem die wesentlichen Elemente und Strukturen der beiden untersuchten regionalen Innovationssysteme Wellingtons und Christchurchs beschrieben wurden, wird sich nun der Zielvariable, der Innovationsgenerierung, zugewendet. Dazu werden ausgehend von den einzelnen Innovationsarten die betriebsinternen Innovationsdeterminanten in die Analyse miteinbezogen. Um die Verbindung von der Innovationsgenerierung zur Wettbewerbsfähigkeit herzustellen, ist es notwendig, den Zusammenhang zwischen dem Hervorbringen von Neuerungen und dem Unternehmenserfolg zu untersuchen. Das Kapitel wird mit einer expliziten Betrachtung der im Innovationsprozess unternehmensexogen beteiligten Akteure sowie der wichtigsten Transferkanäle abgeschlossen.

6.4.1 Innovationsarten in den beiden Regionen

Die Befragung der Manufacturing-Unternehmen zeigt, dass in der Region Wellington ein geringerer Anteil der befragten Unternehmen als in Christchurch in den letzten drei Jahren innoviert hat. Diese Erkenntnis ist über alle Innovationsarten stabil: So haben in Christchurch (Wellington) 90 % (77 %) der Unternehmen Produktinnovationen, 77 % (48 %) Prozessinnovationen, 70 % (61 %) neue Märkte, 58 % (29 %) neue Managementtechniken und 50 % (39 %) neue Organisationsstrukturen eingeführt. Insofern unterscheiden sich die beiden Regionen bei der Erschließung neuer Märkte (9 Prozentpunkte) am wenigsten und bei der Einführung von Prozessinnovationen (29 Prozentpunkte) am stärksten.

Ferner ergeben sich bei einer differenzierteren Betrachtung der Produktinnovationen zwischen den beiden Regionen signifikante Abweichungen: Spielen in Christchurch eher Produktverbesserungen durch neue Materialien oder neue Vorprodukte (Ch: 64 %, W: 50 %) sowie ein neuer Funktionseinsatz des Produktes (Ch: 58 %, W: 37 %) die Hauptrolle, steht in der Wellingtoner Region die Kreierung eines vollkommen neuen Produktes im Vordergrund (Ch: 46 %, W: 63 %). In Übereinstimmung mit dem höheren Prozentsatz von innovierenden Unternehmen ist der Umsatzanteil der neuen Produkte am Gesamtumsatz in Christchurch mit 36 % höher als in Wellington (22 %). Dies ist insofern bemerkenswert, als sich lediglich bei den Christchurcher Unternehmen eine negative Korrelation ($K_{Spearman}$: -0,322) auf dem 5-%-Signifikanzniveau bezüglich des Umsatzbeitrags junger Produkte und der Unternehmensgröße ergibt. Infolge der höheren durchschnittlichen Betriebsgröße im Vergleich zu den Wellingtoner Unternehmen wird damit der Umsatzanteil neuer Produkte in Christchurch sogar unterschätzt. Dies bedeutet aber auch, dass vor allem die kleineren Unternehmensgrößen in Christchurch Impulsgeber bei den Produktinnovationen sind, während sich in

Wellington keine Auffälligkeiten zwischen Unternehmensgröße und Produktinnovation ergeben haben.

Zudem variieren die mit der Prozessinnovation bzw. Reorganisation verbundenen Ziele zwischen den Regionen. Die Einführung von neuen PC- und Datenverarbeitungsprogrammen (71 %) steht in Christchurch vor der Kostenreduktion (70 %), der Erhöhung der Flexibilisierung (66 %), der Automatisierung der Produktion (59 %), der Verbesserung der Arbeitsbedingungen und Umweltfolgen (57 %) sowie der Einführung einer neuen Produktionstechnik (55 %) an erster Stelle. Dagegen legen Wellingtoner Unternehmen bei den Prozessinnovationen zwar einen klaren Schwerpunkt auf die Flexibilisierung der Produktion (59 %), schneiden aber immer noch 7 Prozentpunkte schlechter als die Unternehmen in Christchurch ab. In etwa gleichrangig wurden die Ziele der Kostenreduktion (48 %), der Einführung neuer EDV (44 %), der Automatisierung der Produktion (44 %) und der Einführung neuer Produktionstechniken (41 %) genannt. Die Verbesserung der Arbeitsbedingungen und der Umweltbilanz des Unternehmens wurde nur von jedem dritten Wellingtoner Unternehmen als Folge der Prozessinnovation aufgeführt, wobei der große Unterschied von 24 Prozentpunkten zum Christchurcher Wert auf ein diesbezügliches Projekt des *Christchurch City Council* und einer daraus resultierenden hohen Sensibilisierung der lokalen Unternehmen zurückgeführt werden kann (*Target Zero Business Network*). In Christchurch heben sich bei der Automatisierung und Mechanisierung der Produktion (Signifikanz: 1 %, $K_{Pearson}$: 0,388) sowie bei der Kostenreduktion insbesondere die größeren Unternehmen hervor (Signifikanz: 5 %, $K_{Pearson}$: 0,326)[177]. Statistisch signifikant ist im Wellingtoner Sample lediglich der positive Zusammenhang zwischen Unternehmensgröße und der Flexibilisierungserhöhung der Produktion.

Die Ergebnisse zu den hervorgebrachten Innovationen sowie die dahinter liegenden Konsequenzen und Ziele unterscheiden sich zwischen den beiden Untersuchungsregionen stark voneinander. Die Unternehmen in Christchurch sind innovativer, wenn auch zu einem höheren Prozentsatz inkremental, und tendenziell defensiver (Kostenreduktion, Automatisierung) ausgerichtet als in Wellington. Dagegen liegt in der Hauptstadt der Schwerpunkt auf vollkommen neuen Produkten und einer höheren Flexibilisierung der Produktion, wenn auch insgesamt die Wellingtoner Region weniger innovativ erscheint.

6.4.2 Betriebsinterne Determinanten der Innovationsgenerierung

Als betriebsinterne Prädiktoren der Innovationsgenerierung werden die Höhe der Ausgaben für F&E relativiert mit dem Umsatz sowie das Humankapital eines Unternehmens anerkannt (vgl. beispielsweise HADJIMANOLIS 2000: 242).

70 % der BERD in Neuseeland werden in den drei Regionen Auckland (32,3 %), Canterbury (21,6 %) und Wellington (16,7 %) ausgegeben. Damit präsentieren sich gerade die Untersuchungsregionen in Relation zu ihrer Wirtschaftskraft als besonders engagiert in der betrieblichen F&E. Lediglich die *Regional Council* Manawatu-Wanganui (9,5 %) und Waikato (8,4 %) können ebenfalls signifikante BERD-Anteile auf sich vereinen (vgl. MoRST 2002: 14).

---

177 Statistisch exakt müsste bei einer Korrelation einer dichotomen mit einer ordinalskalierten Variable eine biseriale Rangkorrelation durchgeführt werden. Gleichwohl wird in SPSS die exakte Korrelation zwischen diesen beiden Variablentypen auch durch eine Produkt-Moment-Korrelation errechnet bzw. kommen einige Studien zu dem Schluss, dass die verschiedenen Formen der Korrelation (Kendall's Tau, Phi, Polyseriale Korrelation) zu keinem substanziell anderen Ergebnis als PEARSON kommen. In SPSS wird sogar der gleiche Algorithmus für eine punktbiseriale wie für die PEARSON'SCHE Korrelation verwendet (vgl. GARSON 2001).

Die eigene Befragung nach diesem Indikator bestätigt die nach dem Anteil der innovierenden Unternehmen in beiden Regionen nahe liegende Vermutung: Der Anteil der F&E am Umsatz ist bei den Unternehmen in Christchurch mit 3,1 % höher als in Wellington (1,9 %). Interessanterweise ist aber in den Aussagen für die antizipierten Werte im Jahr 2002 eine konvergierende Entwicklung festzustellen: Der F&E-Umsatzanteil erhöht sich bei den Wellingtoner Unternehmen um 0,8 Prozentpunkte auf 2,7 % doppelt so stark wie bei den Christchurcher Unternehmen (3,5 %). Wiederum investieren in Christchurch kleinere Unternehmensgrößen, relativ gesehen, signifikant mehr in F&E als große Unternehmen ($K_{Spearman}$: -0,297, Signifikanzniveau 5 %).

Abbildung 47 veranschaulicht die Bedeutung der F&E für die Innovationsgenerierung, indem dort die Mittelwerte des Umsatzanteils der F&E-Ausgaben (1999) der nicht innovierenden Unternehmen von den innovierenden Betrieben subtrahiert werden. Lediglich in Christchurch erscheint bei den Innovationsarten Prozess- und Organisationsinnovationen ein negativer Saldo, so dass insgesamt ein positiver Zusammenhang zwischen Innovationsgenerierung und F&E-Engagement besteht. Trotz der teilweise erheblichen Unterschiede ergibt sich bei einem Mittelwerttest (T-Test-unabhängige Stichprobe) jedoch nur bei der Erschließung neuer Märkte eine signifikante Differenz zwischen innovierenden und nicht innovierenden Unternehmen. Abgesehen von den Produktinnovationen haben Aufwendungen für die Qualifizierung des Personals in beiden Regionen einen positiven Einfluss auf die Innovativität – insbesondere von Markt- und Organisationsinnovationen – des Unternehmens. Eine Produkt-Moment-Korrelation bestätigt den vermuteten Zusammenhang zwischen den heutigen F&E- (CH: $K_{Pearson}$: 0,451; 1 %; W: $K_{Pearson}$: 0,635;1 %) und Trainingsaufwendungen (CH: $K_{Pearson}$: 0,292; 5 %)[178] und dem Umsatzanteil junger Produkte an den Gesamteinnahmen des Unternehmens.

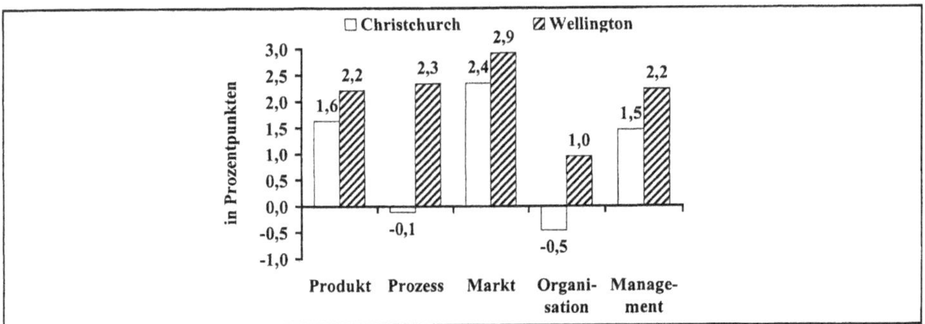

Abbildung 47: Unterschied im F&E-Engagement von innovierenden und nicht innovierenden Unternehmen nach Innovationsarten
Quelle: eigene Befragung

Ferner wird vermutet, dass das in einem Unternehmen beschäftigte Humankapital mit dem Potenzial zum Hervorbringen von Innovationen im Zusammenhang steht. Dazu wurden die Beschäftigten in die vier Kategorien Wissenschaftler / Ingenieure, Techniker, qualifizierte Arbeiter und anderes Personal differenziert. In den beiden formal höchsten Kategorien Wissenschaftler / Ingenieure (Ch: 4,8 % der Gesamtbeschäftigten in den befragten Unternehmen; W: 4,4 %) sowie Techniker (Ch: 8,4 %; W: 11,6 %) unterscheiden sich die beiden

[178] Beim Wellingtoner Sample lässt sich bei diesem Indikator kein signifikanter Zusammenhang nachweisen.

Regionen nur unwesentlich. Bei den qualifizierten Arbeitern weisen die Christchurcher Unternehmen mit 42,8 % einen um 18,2 Prozentpunkte höheren Wert als die Wellingtoner Unternehmen aus. Dementsprechend werden fast 60 % in den Wellingtoner Unternehmen in der Kategorie anderes Personal eingestuft, während es bei den Christchurcher Unternehmen lediglich annähernd 40 % sind. Damit ist entgegen der hervorragenden Humankapitalbasis in Wellington in den Unternehmen – insbesondere bei den Wissenschaftlern / Ingenieuren und Technikern – von ähnlichen Verhältnissen auszugehen. Zudem wird die Fortbildung des Personals in Christchurch intensiver als in Wellington betrieben: Die Ausgaben für die Qualifizierung des Personals betrugen 1999 in Christchurch 2,4 % und in Wellington 1,6 % des Umsatzes. Im Gegensatz zum Trend bei dem Engagement in F&E ist hierbei keine konvergierende Entwicklung zu bemerken. Zwar soll sich die Aufmerksamkeit bezüglich des Trainings der Mitarbeiter in Wellington um 0,8 Prozentpunkte auf 2,4 % bis 2002 erhöhen. Zugleich soll aber der Wert bei den Christchurcher Unternehmen um 0,9 Prozentpunkte auf 3,3 % des Umsatzes anwachsen.

Bei der Differenzierung des Einflusses des Humankapitals ergibt sich eine Verantwortungsteilung zwischen Technikern und Wissenschaftlern / Ingenieuren nach Innovationsarten. Letztere sind in einem erhöhten Maße in Unternehmen mit Produktinnovationen vertreten. So ist der Anteil von Wissenschaftlern / Ingenieuren in Unternehmen mit Produktinnovationen in Christchurch (Wellington) um 9,7 (6,0) Prozentpunkte höher als in Unternehmen ohne Neuerungen in der Produktpalette. Techniker rufen dagegen in Unternehmen tendenziell Prozessinnovationen hervor, wobei sich dies speziell in Christchurch bestätigt. Ein hoher Anteil von Technikern im Unternehmen hemmt hingegen Markt- und Managementinnovationen. Indessen scheinen zumindest die Wellingtoner Wissenschaftler / Ingenieure sowohl Markt- als auch Managementinnovation zu fördern. Innovationen in der Organisationsstruktur unterliegen nach den Ergebnissen – nachvollziehbar – nicht dem Vorhandensein von Ingenieuren oder Technikern (vgl. Tabelle 47).

	Anteil Ingenieure und Wissenschaftler am gesamten Personal					
	Christchurch			**Wellington**		
Art der Innovation	Unterschied In Prozentpunkten	Innovierende Unternehmen	Nicht innovierende Unternehmen	Unterschied in Prozentpunkten	Innovierende Unternehmen	Nicht innovierende Unternehmen
Produkt	9,7	12,8 %	3,1 %	6,0	6,0 %	0,0 %
Prozess	-7,4	10,1 %	17,5 %	1,2	5,3 %	4,0 %
Markt	-0,1	11,8 %	11,9 %	5,2	6,6 %	1,5 %
Organisation	-0,8	11,4 %	12,2 %	1,0	5,2 %	4,3 %
Management	-2,3	10,9 %	13,2 %	8,1	10,4 %	2,3 %

	Anteil Techniker am gesamten Personal					
	Christchurch			**Wellington**		
Art der Innovation	Unterschied In Prozentpunkten	Innovierende Unternehmen	Nicht innovierende Unternehmen	Unterschied in Prozentpunkten	Innovierende Unternehmen	Nicht innovierende Unternehmen
Produkt	-0,9	11,5 %	12,4 %	-5,7	5,5 %	11,2 %
Prozess	3,1	12,3 %	9,2 %	2,8	8,2 %	5,4 %
Markt	-10,4	8,5 %	18,9 %	-0,7	6,5 %	7,2 %
Organisation	0,3	11,7 %	11,5 %	-0,1	6,7 %	6,8 %
Management	-0,6	11,4 %	11,9 %	-2,2	5,2 %	7,4 %

Tabelle 47: Unterschied im Anteil des spezifischen Humankapitals von innovierenden und nicht innovierenden Unternehmen nach Innovationsarten
Quelle: eigene Befragung

6.4.3 Innovation und Unternehmenserfolg

In einer ersten Annäherung an den Themenkomplex Innovation und Unternehmenserfolg stufen die Unternehmen in Christchurch die Bedeutung von Innovationen für die unternehmerische Wettbewerbsfähigkeit mit durchschnittlich 4,4 auf einer 5er Skala als sehr bedeutsam und die Wellingtoner Unternehmen mit 3,6 als immer noch wichtig ein. Nach einem Vergleich der Mittelwerte anhand des T-Tests für unabhängige Stichproben ist für die Christchurcher Unternehmen die Innovationsgenerierung signifikant bedeutsamer für die Wettbewerbsfähigkeit als bei den Unternehmen in Wellington.

Um den Unternehmenserfolg mit der betrieblichen Innovationsgenerierung zu verknüpfen, wird – ähnlich wie im vorangegangenen Kapitel – zwischen innovierenden und nicht innovierenden Unternehmen bezüglich ihres Umsatz- (UM) bzw. Beschäftigtenwachstums (EM) zwischen 1997 und 1999 unterschieden, welches jeweils auf einer 5er Skala eingestuft wurde. Daneben wird der Exportanteil als Erfolgsindikator herangezogen und jeweils der Durchschnittswert der innovierenden von dem der nicht innovierenden Unternehmen subtrahiert:

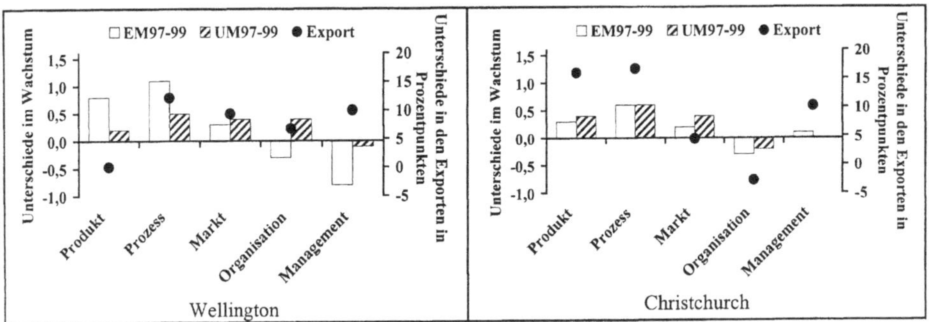

Abbildung 48: Unterschied im Unternehmenserfolg zwischen innovierenden und nicht innovierenden Unternehmen nach Innovationsarten
Quelle: eigene Befragung

Abbildung 48 weist in beiden Regionen für Prozess- und Marktinnovationen bei allen drei Unternehmenserfolgs-Indikatoren einen positiven Wert auf. Die Erschließung neuer Märkte sorgt nach Angaben der Unternehmen darüber hinaus für die Periode 2000–2002 für signifikante Steigerungen in den Beschäftigtenzahlen und dem Umsatz. Während Unternehmen, die keine neuen Märkte etablieren, mit keinem oder einem negativen Wachstum (Beschäftigte) für die Jahre 2000 bis 2002 rechnen (Ch: ∅ 2,9; W: ∅ 3,3), gehen die markterschließenden Unternehmen von einem befriedigenden Wachstum aus (Ch: ∅ 3,8; W: ∅ 3,7). Unternehmen mit Produktinnovationen konnten in beiden Regionen sowohl den Umsatz als auch die Beschäftigtenzahlen und die Exportanteile stärker als Unternehmen steigern, die ihre Produktpalette in den letzten drei Jahren nicht erweitert hatten. Gerade die Christchurcher Unternehmen können durch Produkt- und Prozessinnovationen einen signifikant höheren Exportanteil am Umsatz als nicht innovierende Unternehmen verzeichnen. Innovationen in den Managementtechniken scheinen zumindest in Wellington mit einem Rückgang an Arbeitskräften einherzugehen, wenn auch der Exportanteil von Unternehmen mit neuen Unternehmenssteuerungsverfahren 10-Prozentpunkte höher liegt. Noch problematischer zeigt sich der Zusammenhang zwischen Innovationen in der Organisation und dem Unternehmenserfolg, da hier die Mehrzahl der Unternehmenserfolgsindikatoren negativ mit einer Organisationsinnovation verknüpft ist. Es kann vermutet werden, dass Neuerungen in der Organisation und den Managementtechniken auf Reaktionen grundlegender Probleme des Unternehmens mit der Wettbewerbsfähigkeit zurückgeführt werden können, wodurch sich eine Ursache-Wirkungs-Umkehr zwischen Unternehmenserfolg und Innovationsgenerierung ergibt.

6.4.4 Unternehmensexogene Akteure im Innovationsprozess

Die Ansätze der Innovationssysteme gehen davon aus, dass die Innovationsgenerierung von Unternehmen in einem hohen Maß von der Interaktion mit unternehmensexogenen Akteuren abhängt und nicht allein durch betriebsinterne Faktoren erklärt werden kann, weshalb nach einem Überblick über die wichtigsten unternehmensexogenen Akteure der Einfluss der Anzahl der Kontakte sowie deren räumlicher Bezug im betrieblichen Innovationsprozess untersucht wird.

6.4.4.1 Die Wichtigkeit einzelner Akteure im betrieblichen Innovationsprozess

Im Rahmen der eigenen Befragung wurden die Unternehmen gebeten, die Bedeutung von 13 Akteuren im Innovationsprozess zu bewerten. Die häufigsten Nennungen erhielten die Akteure, die im unmittelbaren Unternehmensumfeld agieren. Tabelle 48 zeigt den Prozentsatz der befragten Unternehmen, die den spezifischen unternehmensexogenen Akteur als wichtig oder sehr wichtig im Innovationsprozess des Unternehmens differenziert nach drei räumlichen Referenzebenen einstufen:

	Christchurch			Wellington		
Akteure im Innovationsprozess	regional	national	global	regional	national	global
Kunden	64 %	62 %	45 %	52 %	45 %	33 %
Wettbewerber	21 %	29 %	25 %	39 %	41 %	28 %
Lieferanten	25 %	22 %	17 %	23 %	28 %	25 %
Verbundene Gesellschaften	23 %	22 %	16 %	15 %	19 %	15 %
KIBS	28 %	17 %	6 %	20 %	20 %	9 %
Firmen anderer Branchen	6 %	4 %	8 %	20 %	20 %	17 %
CMA / Chamber of Commerce	14 %	2 %	-	4 %	5 %	5 %
Research Associations	6 %	9 %	0 %	4 %	5 %	9 %
Letzter Arbeitgeber	8 %	2 %	3 %	8 %	12 %	0 %
Universitäten	12 %	0 %	2 %	0 %	4 %	0 %
Crown Research Institutes	6 %	4 %	-	0 %	4 %	-
Polytechnics	6 %	0 %	0 %	0 %	4 %	0 %
CDC	0 %	-	-	-	-	-

Tabelle 48: Wichtige oder sehr wichtige Akteure im betrieblichen Innovationsprozess
Quelle: eigene Befragung

Die bedeutendste Quelle für Innovationen ist bei den neuseeländischen Unternehmen die Interaktion mit den Kunden. Die direkten Wettbewerber liefern in beiden Regionen die zweitmeisten Hinweise für Innovationspotenziale im eigenen Unternehmen, wenn auch der Kontakt bei den Wellingtoner Unternehmen zu den Wettbewerbern einen klar höheren Stellenwert als in Christchurch besitzt. Aus Interaktionen mit Lieferanten resultieren zwar mehr Neuerungen als aus verbundenen Gesellschaften, was aber durch den hohen Unabhängigkeitsgrad neuseeländischer Unternehmen erklärt wird (Ch: 53,3 %; W: 62,5 %). Bei Unternehmen mit Beteiligungsstrukturen sind rechtlich verbundene Unternehmen eine sehr wichtige Quelle bei der Innovationsgenerierung. Des Weiteren gelangt durch KIBS innovationsrelevantes Wissen in bemerkbarem Ausmaß in die Unternehmen. Wie schon bei der Analyse der Netzwerkstrukturen zu bemerken war, sind die innovationsfördernden Kontakte zu Unternehmen aus einer anderen Branche in Wellington signifikant ausgeprägter als in Christchurch vorhanden.

Im Gegensatz dazu spielen Einrichtungen wie die *CMA / Chamber of Commerce*, die *Research Association*, Universitäten, *Crown Research Institutes* oder *Polytechnics* nur bei einem relativ kleinen Teil der Unternehmen eine signifikante Rolle.

Die Auswertung der Anzahl an Kontakten im Innovationsprozess zeigt, dass bei 87 % der Christchurcher Unternehmen und bei 75 % der Wellingtoner Pendants mindestens ein unternehmensexogener Akteur signifikanten Einfluss auf das Hervorbringen von Neuerungen hatte. Bei rund jedem fünften Unternehmen werden sogar sechs beeinflussende Organisationen genannt (vgl. Abbildung 49). In beiden Regionen geben durchschnittlich 4,3 Einrichtungen wichtige Impulse bei der Innovationsgenerierung der befragten Unternehmen. Dabei unterhalten Christchurcher Unternehmen zu durchschnittlich 1,9 regionalen, zu 1,4 nationalen und zu 1,0 globalen Einrichtungen innovationsrelevante Beziehungen. In Wellington sind die Beziehungen zu der nationalen (∅ 1,7) vor der regionalen (∅ 1,5) und globalen (∅ 1,1) Ebene im Innovationsprozess am wichtigsten. Grundsätzlich bestätigen diese Ergebnisse den Einfluss unternehmensexogener Akteure im betrieblichen Innovationsprozess und damit eine wesentliche Annahme der Ansätze der Innovationssysteme, dass der Innovationsprozess über die Unternehmensgrenzen hinausgeht.

Offen blieb bislang die Frage, ob sich mit der Anzahl der im Innovationsprozess wichtigen Inputquellen die Fähigkeit eines Unternehmens zur Erschaffung von Neuem erhöht. Mit Ausnahme der Prozessinnovationen haben innovierende Unternehmen mehr Kontakte als nicht innovierende Firmen. Folglich ist gerade der Bereich der Prozessinnovation relativ unabhängig von der Quantität an unternehmensexogenen Beziehungen. Eine hohe Anzahl von außerbetrieblichen Kontakten fördert in beiden Regionen Markt- und Managementinnovationen. Statistisch ebenfalls signifikant ist in Wellington der Zusammenhang von Kontakten mit Organisationsinnovationen und in Christchurch mit Produktinnovationen:

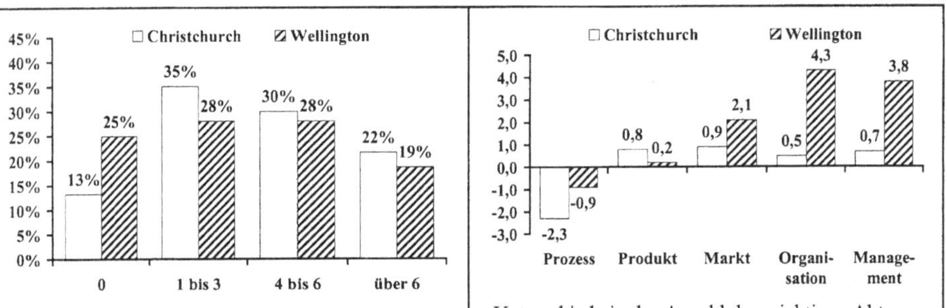

Anzahl der wichtigen Akteure im Innovationsprozess als % der Unternehmen

Unterschiede in der Anzahl der wichtigen Akteure zwischen innovierenden und nicht innovierenden Unternehmen

Abbildung 49: Akteure im Innovationsprozess
Quelle: eigene Befragung

6.4.4.2 Der Einfluss der räumlichen Verteilung der Akteure auf die betriebliche Innovationsgenerierung

Im Rahmen der regionalen und nationalen Innovationssysteme spielt die räumliche Reichweite des Innovationsprozesses eine wichtige Rolle. Eine tiefere Analyse des Zusammenhangs zwischen der Anzahl der einbezogenen Akteure und der Innovativität wird die Frage nach den räumlichen Radien dieser Prozesse klären. Der Zusammenhang, dass innovierende Unternehmen häufiger als nicht innovierende Betriebe – mit Ausnahme der

Prozessinnovationen – kooperieren, bleibt auch bei einer räumlichen Differenzierung der Beziehungen intakt (vgl. Abbildung 50).

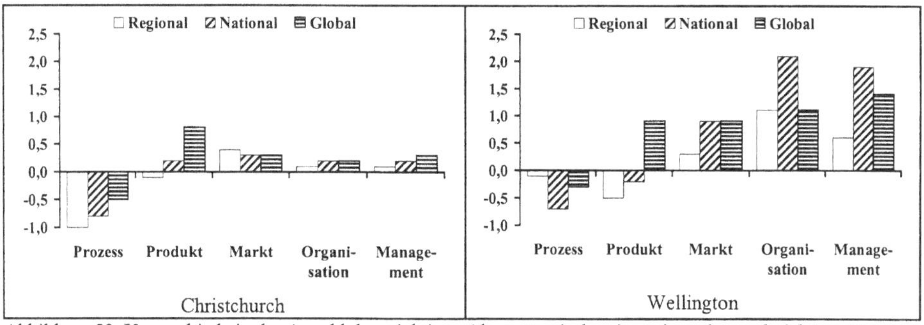

Abbildung 50: Unterschiede in der Anzahl der wichtigen Akteure zwischen innovierenden und nicht innovierenden Unternehmen differenziert nach räumlichen Ebenen
Quelle: eigene Befragung

Produktinnovationen kommen signifikant häufiger in Unternehmen mit einer durchschnittlich höheren Zahl an weltweiten Kontakten vor. Die Erschließung neuer Märkte ist in Christchurch eng mit der regionalen Ebene und dort insbesondere mit der CMA verknüpft, die wertvolle Hinweise bei der Aufnahme internationaler Beziehungen sowie der Besetzung von Nischenmärkten gibt. Gleichzeitig ist die Interaktion mit weltweiten Kunden eine weitere wichtige Quelle für diese Innovationsart. Die regionale Ebene spielt in Wellington eine untergeordnete Rolle; wichtiger sind hier die nationale und globale Ebene. Impulse für neue Märkte gehen von nationalen Wettbewerbern und Unternehmen in anderen Branchen sowie auf der globalen Ebene von KIBS und Lieferanten aus. Organisationsinnovationen werden in Wellington wesentlich durch die Interaktion mit Akteuren von der nationalen Ebene vorangetrieben. Dennoch ist die Einschätzung der Wichtigkeit von Lieferanten, Unternehmen in anderen Branchen sowie KIBS auf allen räumlichen Ebenen bei dieser Innovationsart signifikant höher als bei nicht innovierenden Unternehmen. Nationale und globale Wettbewerber liefern ebenfalls wichtige Hinweise bei der Einführung einer neuen Organisationsstruktur. Bei den Christchurcher Unternehmen sind die Unterschiede in der Kontaktzahl zwischen sich reorganisierenden und beharrenden Unternehmen weitaus geringer ausgeprägt. Neuerungen in den Managementtechniken gehen in beiden Regionen tendenziell auf außerregionale Einflüsse zurück. In Wellington wird diese Einführung – im Einklang mit der Netzwerkanalyse – durch die Interaktion mit Unternehmen anderer Branchen auf der nationalen und internationalen Ebene angeregt.

Resümierend liegt der räumliche Einzugsbereich der Interaktionspartner bei den Wellingtoner Unternehmen schwerpunktmäßig auf der nationalen Ebene und damit regionsexogen. In Christchurch ist bei der Aggregation lediglich ein leichtes Übergewicht der regionalen Partner festzustellen, wenngleich dieses im Wesentlichen aus der höheren Integration von regionalen KIBS, der *CMA / Chamber of Commerce* und den Kontakten zu den regionalen Universitäten resultiert. In Kongruenz zu den Ergebnissen der Spin-Offs dient der letzte Arbeitgeber in Wellington häufiger bei der Innovationsgenerierung als Partner. Ferner beeinflusst die globale Ebene maßgeblich und in ähnlicher Reihenfolge der einzelnen Items wie auf der nationalen und regionalen Ebene die Unternehmen im Innovationsprozess. Damit liegt der Schluss nahe, dass mehr die einzelnen Akteure als der Raum die Interaktion determinieren (vgl. Tabelle 48).

Dementsprechend beurteilen die neuseeländischen Unternehmen die Wichtigkeit des Faktors räumliche Nähe bei der Innovationsgenerierung als nicht entscheidend. Kommt dieser Faktor in Christchurch mit einem durchschnittlichen Wert von 2,9 nur auf den vierten Rang von sechs Determinanten, ist dieser in Wellington mit 2,4 mit dem fünften Platz ebenfalls relativ unbedeutend. *Face-to-face*-Kontakte (Ch: 3,6; W: 3,8) sowie Vertrauen (Ch: 3,8; W: 3,7) sind dagegen als die wichtigsten Grundbedingungen bei der Interaktion im Innovationsprozess anzusehen. Ähnliche Denkstrukturen und Bildung (Ch: 3,2; W: 2,8) sowie eine langjährige Bekanntschaft (Ch: 2,7; W: 2,8) beeinflussen das Hervorbringen von Neuerungen nur mittelmäßig. Kaum Gewicht hat – nach Aussagen der Unternehmen – die gleiche regionale Herkunft und Identität der am Innovationsprozess beteiligten Parteien (Ch: 2,2; W: 2,0).

Bevor der Ansatz der räumlichen Relevanz der am Innovationsprozess beteiligten Akteure für Neuseeland zurückgewiesen werden kann, bedarf es einer weiter ausgedehnten Analyse. Dazu werden die von den Unternehmen bewerteten Durchschnittswerte aller Akteure untersucht und in eine Relevanzreihenfolge gebracht (vgl. Tabelle 49). Zwar bleiben die grundsätzlichen Ergebnisse der auf die im Innovationsprozess wichtigen bzw. sehr wichtigen Akteure beschränkten Betrachtung erhalten. Gleichwohl ändert sich der räumliche Fokus der am Innovationsprozess beteiligten Akteure, wenn bei jedem Interaktionspartner der beste Rang als die dominante Ebene interpretiert wird: In Christchurch ist neunmal die regionale und nur dreimal die nationale Dimension die wichtigste. Im Gegensatz dazu kontaktieren Wellingtoner Unternehmen zumeist außerregionale Akteure bei der Innovationsgenerierung (achtmal), während regionsinterne Organisationen nur bei vier Items dominant sind. Dieses Resultat steht auch im Einklang mit den Ergebnissen der Netzwerkanalyse, die für Christchurcher ein höheres Maß an lokaler Kohäsion und für Wellington eine Beziehungsvielfalt mit der nationalen Ebene bescheinigte. Gemeinsame Muster bei der Nutzung regionsendogener oder regionsexogener Partner sind nicht festzustellen. Der Koordinationsmodus der Inanspruchnahme anderer Akteure bei der betrieblichen Innovationsgenerierung ist in den beiden Regionen demnach unterschiedlich.

Akteure	**Christchurch**			**Wellington**			**Christ.**	**Well.**
	regional	national	global	regional	national	global	Dominante Ebene	Dominante Ebene
Verbundene Gesellschaften	11	13	18	16	14	17	Regional	National
Kunden	2	1	3	1	2	8	National	Regional
Letzter Arbeitgeber	25	30	31	28	22	34	Regional	National
Lieferanten	5	7	14	6	5	11	Regional	National
Wettbewerber	8	4	9	3	4	9	National	Regional
Firmen anderer Branchen	15	16	20	12	12	15	Regional	Reg./Nat.
KIBS	6	10	22	7	10	17	Regional	Regional
Universitäten	17	28	34	32	24	33	Regional	National
Polytechnic	22	32	35	29	27	34	Regional	National
Crown Research Institute	19	26	-	30	21	-	Regional	National
Research Association	22	20	33	26	25	19	National	National
CMA / Chamber of Commerce	27	-	-	19	23	31	-	Regional
CDC	12	29	-	-	-	-	Regional	-

Tabelle 49: Rangfolge der Akteure nach Wichtigkeit im Innovationsprozess
Quelle: eigene Befragung

Mit dieser erweiterten Analyse kann zumindest für Christchurch eine besondere Bedeutung der Region im Innovationsprozess angenommen werden, wenn auch infolge der engen Rangfolgen bei den spezifischen Akteuren der Zusammenhang zwischen Lokalisation und Einfluss auf die betriebliche Innovationsgenerierung für Neuseeland fragwürdig bleibt. Um diese Aussage zu unterlegen, wird eine Matrix mit den Dimensionen Raumrelevanz und Relevanz für die Innovationsgenerierung aufgespannt und die einzelnen Akteure darin eingeordnet. Die Raumrelevanz errechnet sich bei jedem Akteur aus der Differenz zwischen dem schlechtesten und dem besten Rang, die nach der räumlichen Ebene eingenommen wird. Anschließend werden die für beide Regionen separat ermittelten Ergebnisse der beiden Regionen addiert. Es wird dabei davon ausgegangen, dass die Raumrelevanz niedrig ist, wenn sich die Ränge eines Akteurs bei den einzelnen räumlichen Ebenen nur mäßig unterscheiden[179]. Die zweite Dimension wird für beide Regionen einzeln aus dem besten Rang eines Akteurs über die drei räumlichen Differenzierungsebenen bestimmt und anschließend summiert[180]. Abbildung 51 fasst die Resultate für alle betrachteten Akteure zusammen:

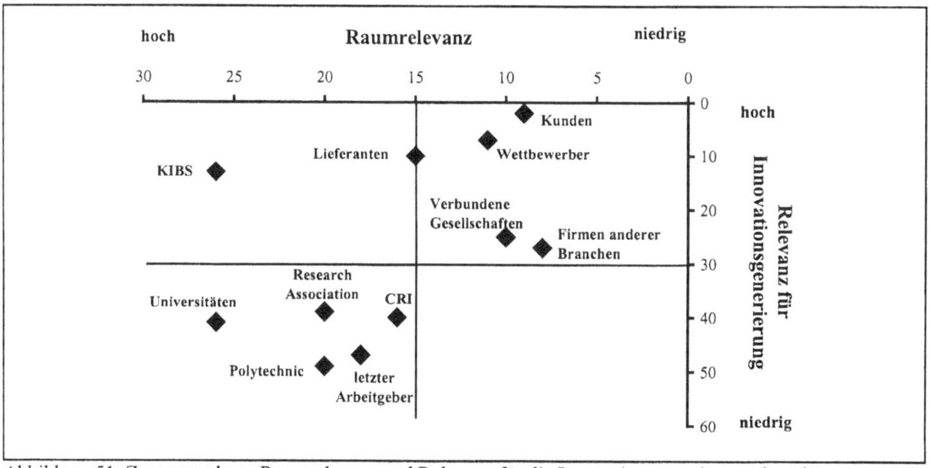

Abbildung 51: Zusammenhang Raumrelevanz und Relevanz für die Innovationsgenerierung der Akteure
Quelle: eigene Befragung

Aus dieser zusammenfassenden Analyse wird deutlich, dass mit Ausnahme der KIBS nur zwei Felder der Matrix besetzt werden: Bei den im Innovationsprozess der Manufacturing-Unternehmen wichtigen Akteuren spielt der Faktor räumliche Nähe fast keine Rolle. Der Raum entfaltet erst bei den Lieferanten und den *Crown Research Institutes* seinen Einfluss auf die Inanspruchnahme dieser Akteure im Innovationsprozess. Dagegen ist gerade bei nicht unmittelbar zum Unternehmensumfeld gehörenden Organisationen wie Universitäten, *Polytechnics* oder *Research Associations* eine geringe Distanz zum innovierenden Manufacturing-Unternehmen von Vorteil. Dieses Ergebnis steht im Einklang mit den Studien von DARBY / BREWER (vgl. 1998: 290 ff.) und ANSELIN / VARGA ET AL. (vgl. 1997: 11), die regionale Spillover-Effekte von Forschungseinrichtungen nachweisen können. Eine Ausnahme von dieser Betrachtung bilden die KIBS, die sowohl zu den im Innovationsprozess relevanten Akteuren als auch zu den Akteuren zählen, bei denen die räumliche Nähe einen

---

[179] Als Beispiel kann der Wert der Raumrelevanz für die Kunden wie folgt berechnet werden: In Christchurch belegen die regionalen Kunden Rang 1 und die globalen Kunden Rang 3, was einen Unterschiedswert von 2 ergibt. In Wellington entsteht so ein Wert von 7, was die Kunden zu einem aggregierten Raumrelevanzwert von 9 führt.

[180] Für die Kunden folgt aus dieser Rechnung ein Durchschnittswert von 2, da sie in beiden Regionen die beste Platzierung einnehmen.

wichtigen Faktor bei der innovationsfördernden Kooperation mit den Manufacturing-Unternehmen darstellt.

Damit ist zu konstatieren, dass die bei der Innovationsgenerierung beteiligten Akteure einen unterschiedlichen Bezug zum Faktor Raum aufweisen. Die Ergebnisse in Neuseeland lassen zum einen eine Ansiedelungsstrategie von KIBS aus Sicht regionaler Wirtschaftsförderungseinheiten sinnvoll erscheinen. Zum anderen haben die von der Regionalforschung fokussierten Akteure wie Universitäten oder Forschungsinstitute wegen des Einflusses der räumlichen Entfernung zum innovierenden Unternehmen ihre Daseinsberechtigung in der Regionalpolitik. Zudem kann vermutet werden, dass die Interaktionen mit den einzelnen Akteuren unterschiedliche Qualität haben und dass der Austausch mit einem Forschungsinstitut die Radikalität der Innovativität des Unternehmens mehr als eine Kundenrelation steigert. Einschränkend gilt aber, dass der Beitrag der staatlichen Forschungsorganisationen zu den betrieblichen Innovationsprozessen – bezogen auf die gesamte Region – eher gering ist. In diesem Tenor kann keine Beziehung zwischen der Wichtigkeit eines spezifischen Akteurs bei der innovationsfördernden Interaktion und der betrieblichen Innovationsgenerierung bzw. dem Unternehmenserfolg bemerkt werden.

Rekapitulierend deuten diese Ergebnisse aus Akteurssicht auf einen wenig regionalisierten Innovationsprozess in Neuseeland hin, der, wenn überhaupt, nur für Christchurch konstatiert werden kann. Bevor ein abschließendes Urteil zu dieser Thematik gefällt wird, werden die innovationsstimulierenden Verknüpfungsmöglichkeiten durch Transferkanäle der Manufacturing-Unternehmen mit anderen Akteuren untersucht.

6.4.5 Transferkanäle in den regionalen Innovationssystemen

Neben den Determinanten und den Akteuren sind nach dem eigenen Untersuchungsdesign die relevanten Transferkanäle im jeweiligen Innovationssystem als strukturbeschreibendes Element von Interesse. Dieses Kapitel stellt zuerst die Wichtigkeit einzelner Transferkanäle vor, um dann zweitens auf deren räumliche Verknüpfungsebene und drittens auf deren Art des transportierten Wissens nach der Wissensspirale von NONAKA / TAKEUCHI (1997) einzugehen.

6.4.5.1 Die Wichtigkeit einzelner Transferkanäle

91,5 % der Unternehmen in Christchurch und 86,7 % in Wellington beurteilten einen der zehn aufgeführten Transferkanäle für die ausreichende Versorgung des Unternehmens mit Informationen und Wissen als wichtig oder sehr wichtig. Tabelle 50 gibt die Reihenfolge der Transferkanäle differenziert nach den beiden Regionen und räumlichen Verknüpfungseinheiten wieder.

Im Einklang mit den Ergebnissen auf der nationalen Ebene des Innovationssystems wird der formalisierte Technologietransfer beim Informations- und Wissensfluss durch Lizenznahme, Analyse von Patentdokumenten sowie Forschungsaufträge in beiden Untersuchungsregionen nur wenig genutzt. Die beste Platzierung innerhalb des formalisierten Wissensaustauschs können nationale Patentanalysen und die Vergabe von Forschungsaufträgen auf die nationale Ebene in Wellington mit jeweils dem Rang 20 sowie in Christchurch der Bezug von Lizenzen im ausländischen Besitz mit Rang 21 verzeichnen. Trotzdem wird immerhin in 37,3 % der Christchurcher Unternehmen und 20,0 % der Wellingtoner Unternehmen einer dieser Inputwege als wichtig erachtet.

Die Einstellung von neuen Mitarbeitern sowie die Fortbildung der Beschäftigten ist als Transferkanal zwar nur von untergeordneter Bedeutung, erlangt aber in der regionalen

Ausprägung einen signifikanten Einfluss. So wird der Zufluss von personifiziertem, regionalem Wissen in Christchurch auf Rang 11 bzw. 12 und in Wellington auf Rang 14 bzw. 16 eingestuft. Trotz des hohen Bestands an ausländischem Humankapital in Wellington ist dieser Transferkanal von der globalen Ebene für die lokalen Unternehmen unwichtig (Rang 28). Dagegen sehen die Christchurcher Unternehmen die internationale Personalrekrutierung als einen möglichen Transferkanal an (Rang 20). Aus Kostengründen werden Fortbildungsmaßnahmen im Ausland nur von einem geringen Teil der Unternehmen als wichtig erachtet. Die nationale Ebene wird in beiden Untersuchungsregionen bezüglich der Personalrekrutierung und der Fortbildung im Mittelfeld mit jeweils Rang 17 und 19 eingeordnet.

Freundschaften und damit informelle Informationsquellen sind gerade in regionaler sowie in leicht abgeschwächter Form in nationaler Hinsicht als bedeutsame Transferquellen anzusehen. Die räumliche Nähe erlangt bei der informellen Beziehung eine hohe Bedeutung, während ausländische Messen und Konferenzen einen wichtigen Transferkanal repräsentieren, wenn auch im Falle der Wellingtoner Unternehmen regionale und nationale Messen einen relevanten Einfluss auf die Informations- und Wissensbestände im Unternehmen ausüben. Insgesamt hat nach Auskunft der NEW ZEALAND GERMAN BUSINESS ASSOCIATION Neuseeland – im Gegensatz zu Deutschland – ein wesentlich schwächeres Netz an Messen und Ausstellungen. Die meisten Messen haben einen regionalen Bezug und sind somit nicht für deutsche bzw. internationale Anbieter von Interesse. Es gibt allerdings jährlich einige Fachmessen, die mit den internationalen Standards mithalten können, wobei der Schwerpunkt auf Auckland als Veranstaltungsort liegt.

Nichtpersönliche Kontakte in Form von Fachzeitschriften und dem Internet sowie andere elektronische Datenquellen haben gerade als Verbindung zur internationalen Ebene eine große Bedeutung, wenngleich die Nutzung bei den Wellingtoner Unternehmen signifikant geringer als bei den Christchurcher Unternehmen ausfällt.

Die interne Generierung von für das Unternehmen innovationsrelevanten Informationen steht in Wellington auf der höchsten Stufe. Wellingtoner Unternehmen profitieren in einem hohen Maße vom innerbetrieblichen Informationsfluss aus anderen nationalen Standorten, während dieser Kanal bei den Christchurcher Unternehmen lediglich in der regionalen Ausprägung einen zu beachtenden Einfluss hat, was mit einer autonomen, unternehmensinternen Generierung von innovationsrelevanten Informationen gleichzusetzen ist.

	Christchurch			**Wellington**			
	Regional	national	global	regional	national	global	Dominante Ebene
Interne Kanäle	2	15	16	1	2	13	Regional
Fachzeitschriften, Magazine	10	3	1	11	7	3	Global
Internet, Datenbanken	9	7	3	15	12	6	Global
Messen, Konferenzen	18	13	5	9	9	4	Global
Freundschaften	6	8	13	4	7	18	Regional
Training, Weiterbildung	11	17	26	14	17	30	Regional
Personalrekrutierung	12	19	20	16	19	28	Regional
Lizenzen	27	30	21	24	26	28	Global/Reg.
Patente	27	22	23	26	20	22	National
Forschungsaufträge	25	27	24	24	20	23	Global/Nat.

Tabelle 50: Rangfolge der Bedeutung einzelner Transferkanäle in den beiden Regionen differenziert nach Verknüpfungsebene
Quelle: eigene Befragung

Resümierend sind die fünf wichtigsten Informationsquellen für Christchurcher Unternehmen das Lesen von internationalen Zeitschriften, die interne, regionale Informationsgenerierung, das Lesen von nationalen Zeitschriften, die Benutzung von weltweiten Datenquellen aus Internet / Datenbanken und der Besuch internationaler Messen. In Wellington werden die Top 5 von der internen, regionalen und nationalen Informationsgenerierung sowie dem Lesen internationaler Zeitschriften angeführt. Der Besuch internationaler Messen und der Informationsaustausch mit regionalen Freunden folgen auf Rang 4 und 5.

6.4.5.2 Die räumliche Verknüpfungsebene der Transferkanäle und deren Art

Im Rahmen dieser Arbeit ist nicht nur die Nutzung einzelner Transferkanäle bei der Innovationsgenerierung von Bedeutung, sondern auch von welcher räumlichen Verknüpfungsebene die Informationen bezogen werden. In den Konzepten zu regionalen Innovationssystemen spielt der Austausch von Wissen eine zentrale Rolle, der eine Balance zwischen regionsendogenen und regionsexogenen Quellen darstellen sollte (Kohäsion und Offenheit).

Die Offenheit und der Austausch mit der internationalen Ebene wird in beiden Regionen durch das Studium von Fachzeitschriften und die Recherche im Internet / Datenbanken gehalten. Als dritte wesentliche Quelle zur Vermeidung von *lock-in*-Effekten dient der Besuch von ausländischen Messen.

Um auf nationale Entwicklungstendenzen reagieren zu können, pflegen Unternehmen beider Regionen informelle Kontakte und halten sich durch nationale Fachzeitschriften auf dem Laufenden. In Christchurch sind nationale Internetangebote und Datenbanken sowie in Wellington das Anzapfen interner Informationsflüsse weitere dominante Nutzungskanäle zur Partizipation an nationalen Informations- und Wissensressourcen.

Unter den regionalen Informationsquellen zählen die interne Generierung sowie Freundschaften zu den beiden wichtigsten Inputgebern. Hinzu kommt in Wellington das gute Angebot an hochwertigen, regional stattfindenden Fachmessen. In Christchurch werden vor allem lokale Datenbankangebote der CDC, der CMA oder CECC, die Informationen über Unternehmen bereithalten, als Transferkanäle genutzt.

Aus der weiteren Analyse wird deutlich, dass die hier aufgeführten Top 3 der räumlichen Bezugsebenen unter den Top 10 der wichtigsten Transferkanäle der jeweiligen Region aufgeführt sind. Damit sind grundsätzlich die Verbindungen sowohl zu der Region als auch zu der nationalen und globalen Ebene gewährleistet. Bei der Art der wichtigsten Transferkanäle fällt jedoch deren geringes Ausgabenniveau auf. Eine Ausnahme bildet hierbei lediglich der Besuch von internationalen Messen und Konferenzen.

Wird die räumliche Hierarchie innerhalb eines spezifischen Transferkanals betrachtet, fällt in beiden Regionen ein homogenes Muster auf: Bei acht Transferkanälen ist in beiden Regionen eine räumliche Bezugsebene bei der Inanspruchnahme dominant (vgl. Tabelle 50). Die personalisierten Transferkanäle wie die interne Generierung, Freundschaften, Weiterbildung und Personalrekrutierung sind auf die jeweilige Region bezogen, was die Annahme eines spezifischen regionalen Innovationssystems sowie die Aussagen der regionalwissenschaftlichen Ansätze stützt. Die Offenheit wird in beiden Regionen durch ein Übergewicht von internationalen Verbindungen bei den Transferkanälen Fachzeitschriften, Internet / Datenbanken sowie Messen / Konferenzen gewährleistet. Die nationale Ebene ist nur bei dem Transfer durch Patente der wichtigste Bezugsraum. Die beiden anderen formalisierten Transferkanäle Lizenznahme und Forschungsaufträge sind in den Regionen unterschiedlich bedeutsam. In Christchurch überwiegt bei beiden Technologietransferarten die globale Ebene, während in Wellington die regionale (Lizenzen) bzw. die nationale (Forschungsaufträge) Dimension die entscheidende ist.

Die räumlich differenzierte Betrachtung der Transferkanäle ergibt, dass die Region – im Unterschied zu den Ergebnissen aus der Akteurssicht – im Innovationsprozess eine wichtige Aufgabe übernimmt. Zugleich gelangen über unterschiedliche Transferkanäle relevante Informationen und Wissensressourcen von der internationalen Ebene in die befragten Manufacturing-Unternehmen.

Innerhalb des Innovationsprozesses nehmen die einzelnen Transferkanäle spezifische Funktionen hinsichtlich ihrer räumlichen Dimension wahr. NONAKA / TAKEUCHI (1997) stellen fest, dass durch die einzelnen Transferkanäle unterschiedliche Informations- und Wissenszustände transportiert werden: Kodifiziertes Wissen gelangt durch die Lektüre internationaler Fachzeitschriften in die Unternehmen, während reine Informationen durch das Internet und die Benutzung von Datenbanken hinzugewonnen werden. Sechs (drei) der zehn wichtigsten Transferkanäle sind in Christchurch (Wellington) der reinen Übertragung von explizitem in explizites Wissen, der Kombination, zuzuordnen (vgl. Abbildung 52).

Grundsätzliche Entwicklungstendenzen in der Branche können durch den Besuch von Messen aufgespürt werden. Dabei werden explizite Trends durch die unternehmerische Erfahrung und Gespür in implizites Wissen transformiert. Die Wichtigkeit dieses Transferkanals wird insbesondere von den Wellingtoner Unternehmern anerkannt.

Das nach NONAKA / TAKEUCHI (1997) wichtige implizite Wissen wird durch die Sozialisation mit Freunden und durch die interne Weitergabe teils auch in explizites Wissen transformiert. Als Schwachstellen im Informations- und Wissenszufluss der spezifischen regionalen Innovationssysteme ist die geringe Bedeutung von formalisierten, technologieorientierten Transferkanälen zu sehen. Dies gilt in abgeschwächter Form auch für den Rang des im Humankapital eingebetteten Wissens (*embodied knowledge*).

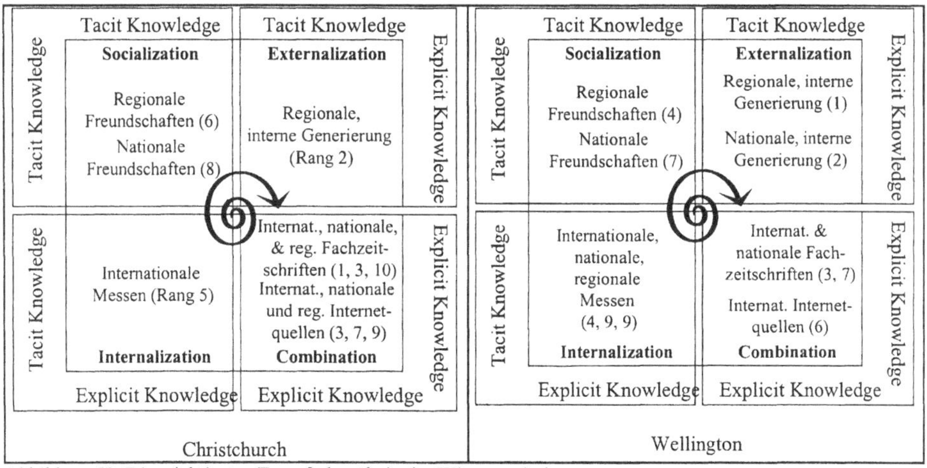

Abbildung 52: Die wichtigsten Transferkanäle in der Wissensspirale
Quelle: eigene Befragung

Wie auch schon CAMPBELL-HUNT (2001: 34), DAVENPORT / BIBBY (1999: 447 ff.) und HARPER (1994: 52 f.) anführten, ist die Interaktion neuseeländischer Unternehmen informell und beruht hauptsächlich auf auszahlungsarmen Kontaktverbindungen. Höherwertiges Wissen oder dessen Zukauf wird nur recht wenig als Entwicklungsoption des Unternehmens in Betracht gezogen. Gleichwohl bestehen Transferkanäle zu allen Ebenen, wobei verschiedene Arten des Wissenstransfers genutzt werden. So besetzen auch die zehn wichtigsten Transferkanäle in beiden Regionen alle Felder der NONAKA / TAKEUCHI-Wissensspirale.

6.5 Zusammenfassung und Klassifizierung der beiden regionalen Innovationssysteme

Nachdem die beiden betrachteten regionalen Innovationssysteme in ihren Grundstrukturen und Funktionsweisen detailliert analysiert wurden, erfolgt eine Einordnung und eine Zusammenfassung der regionalen Ausprägungen. Zunächst wird in aggregierter und abstrakter Form der Ansatz von COOKE (1998: 2 ff.) herangezogen, um dann anschließend die einzelnen, konkreten Aspekte der regionalen Innovationssysteme mit dem GEM-Ansatz von PADMORE / GIBSON (1998: 45 ff.) zu würdigen.

6.5.1 Die Regionen Christchurch und Wellington in der Typologie nach COOKE

Bei COOKE (1998) werden die regionalen Innovationssysteme mit Hilfe ihrer *governance* und ihrer *business dimension* anhand von jeweils vier Kriterien in eine Neun-Felder-Matrix eingeteilt (vgl. Tabelle 6, Tabelle 7).

Der Technologietransfer erfolgt in beiden Regionen als Zusammenspiel der regionalen, nationalen und internationalen Ebene. Innovationsprojekte mit Universitäten und *Crown Research Institutes* in Christchurch reichen grundsätzlich zu diesbezüglichen Akteuren auf allen drei räumliche Unterscheidungseinheiten, wobei ein Fokus auf regionale Interaktionen gelegt wird. Lizenznahmen sorgen dagegen in Christchurch für einen Technologietransfer von der internationalen Ebene. Der durch die gemeinsame F&E stattfindende Technologieaustausch wird zu regionalen und außerregionalen Unternehmen der gleichen wie auch anderen Branchen in gleicher Stärke betrieben. Für Wellington gelten ähnliche Strukturen, wenn auch die internationale Ebene bei den betrachteten Indikatoren des Technologietransfers nicht so stark wie in Christchurch mit einbezogen ist. Hier sind insbesondere die regionalen und nationalen Verbindungen von gleichrangiger Bedeutung. Zentral gesteuerte Programme des Technologietransfers, wie sie im *dirigiste* zu finden sind, sind in beiden Regionen kaum von Relevanz. Beide Regionen sind beim Technologietransfer tendenziell dem *network* zuzuordnen.

Der Koordinationsmechanismus ist in Christchurch stark durch die lokal ansässigen Institutionen geprägt (*grassroot*), während die Vernetzung in Wellington auf ein *network* hindeutet. In der Hauptstadtregion existieren eine Vielzahl von Stakeholdern, die die Vernetzung systemisch orientiert betreiben. Dazu gehört das Cluster-Projekt, der Zusammenschluss der einzelnen *City Councils* der Region und die lokalen Unternehmensverbände. Gleichzeitig ist bei den Wellingtoner Unternehmen der Kontakt zu den einzelnen Institutionen weniger als in Christchurch ausgeprägt. Dort sind vor allen die CDC, die CMA und die CECC für die Koordination verantwortlich.

In beiden Regionen erfolgt die Finanzierung tendenziell nach dem Modus der Kategorie *grassroot*. Überwiegend werden regionale Mittel bei der Innovationsgenerierung von den Akteuren genutzt, wenn auch die ansässigen *Crown Research Institutes* aus den nationalen Ressourcen des FRST schöpfen können.

Bei dem Aspekt der Spezialisierung und Wissenschaftskompetenz dominiert in Christchurch die angewandte Forschung. Dies gilt nicht nur für die dortigen privaten Unternehmen, sondern auch die *Crown Research Institutes* weisen hier einen relativ großen Bereich an marktnaher Forschung auf. Die Verbindungen des Clusters um die *Lincoln University* im primären Sektor sowie die hohe Interaktion des IRL mit der lokalen Wirtschaft sind Anzeichen der Anwendungsnähe der Forschung (*grassroot*). Dagegen ist in Wellington ein Mix von Grundlagenforschung betreibender *Crown Research Institutes* und angewandter Forschung durch die Unternehmen zu bemerken (*network*).

Zusammenfassend wird Christchurch in der *governance dimension* überwiegend in die Kategorie *grassroot* und Wellington als *network* eingestuft.

In der COOKE'schen Typologie werden regionale Innovationssysteme zweitens mit ihrer *business dimension* charakterisiert. Im Kontext der Untersuchungsregionen in Neuseeland ist vor allem die Einordnung bezüglich des Verhältnisses von großen zu kleinen Unternehmen in eine der drei angegebenen Arten *localist, interactive* sowie *globalized* problematisch. In beiden Regionen sind Großunternehmen im eigentlichen Sinne nicht präsent. Canterbury hat lediglich 171 Unternehmen mit über 100 Beschäftigten, die im Durchschnitt 260 Mitarbeiter haben. In Wellington sind es mit 228 Betrieben und einem Mittelwert von 241 Beschäftigten zwar etwas mehr, auch diese würden aber im internationalen Kontext zum Mittelstand gezählt werden (vgl. STATISTICS NEW ZEALAND: Business Activity Statistics 2001). Die Relationen der Unternehmensgrößen liegen eindeutig auf den Kleinunternehmen mit einer Beschäftigtenzahl von unter 100 Personen. Infolgedessen können die Regionen hinsichtlich dieses Kriteriums keinem der drei Typen zugeordnet werden.

Bedingt durch die Unternehmensgrößen sind die privaten F&E-Strukturen relativ gering ausgeprägt. F&E im eigentlichen Sinne wird hauptsächlich durch die regional ansässigen staatlichen *Crown Research Institutes,* Universitäten und einige wenige private Unternehmen betrieben. Dementsprechend offenbaren beide Regionen Charakteristika des *localist.*

Die Reichweite des Netzwerks und damit auch der Wissenstransfer ist in Christchurch an die Region gebunden und wird durch lokale Institutionen erleichtert. Dennoch existieren aber auch regionsexogene Verbindungen, wie die Akteurssicht demonstrierte. Damit hat Christchurch Elemente sowohl des *localist* als auch des *interactive.* In Wellington ist die Interregionalität durch den stärkeren Bezug der nationalen Ebene deutlicher zu erkennen, so dass Wellington dem *interactive* zugeordnet werden kann.

Die gleiche Bewertung kann bei beiden Regionen bezüglich des Kriteriums Formen der Zusammenarbeit erfolgen. Das *localist-interactive* in Christchurch ist durch eine enge Förderung der CDC von Angeboten für Entrepreneure gekennzeichnet und die Etablierung eines neuen Technologie- und Gründerzentrums. Die einzelnen regionalen Verbände und Foren sorgen für eine überdurchschnittliche regionale Zusammenarbeit der beteiligten Akteure. Infolge der engen Kooperation in den verschiedenen Initiativen (WREDA) der Wellingtoner Region kann sie wiederum eindeutig dem *interactive*-Modell zugeordnet werden.

Nach diesen Ausführungen kann die Hauptstadtregion als *interactive-network* bezeichnet werden. Christchurchs Bewertung ist in der *governance dimension* relativ eindeutig als *grassroots* gekennzeichnet; in der *business dimension* pendelt Christchurch zwischen *localist* und *interactive.* Daraus lässt sich die von COOKE erstellte Matrix um diese beiden Regionen erweitern:

	Grassroots	Network	Dirigiste
Localist	Toskana	Tampere (Finnland) Dänemark	Tohoku (Japan)
Localist-Interactive	*Christchurch*	--	--
Interactive	Katalonien	Baden-Württemberg *Wellington*	Québec
Globalized	Ontario Kalifornien Brabant	Nordrhein-Westfalen	Pyrenäen Singapur

Tabelle 51: Kategorisierung von ausgewählten regionalen Innovationssystemen
Quelle: COOKE 1998: 22 und eigene Erweiterung

Zu beachten gilt jedoch, dass sich die beiden neuseeländischen Regionen von ihren jeweiligen Matrixpartnern Katalonien und Baden-Württemberg allein durch die spezifische Unternehmensgrößenstruktur differenzieren.

6.5.2 Beurteilung der Wettbewerbsfähigkeit der Untersuchungsregionen mit dem GEM-Ansatz

Das GEM-Modell beurteilt eine Region oder ein Cluster anhand der drei Determinanten Angebot / Ressourcen, Struktur und Nachfrage, die jeweils mit zwei Kriterien auf einer Punktbewertungsskala von 1 bis 10 (schlecht bis sehr gut) vom Autor eingestuft werden[181] (vgl. PADMORE / GIBSON 1998: 57 ff.).

Bei den Ressourcen ist insbesondere das Humankapital zu betrachten, welches in Wellington mit den besten neuseeländischen Werten vorhanden ist. Christchurch bewegt sich dagegen leicht unter dem nationalen Durchschnitt. Die Ausstattung mit Universitäten und *Polytechnics* ist in beiden Regionen ähnlich und im Vergleich mit den anderen *Main Urban Areas* klar überdurchschnittlich. Damit kann Wellington bei den Ressourcen mit 9 und Christchurch mit 6 eingestuft werden.

Die Beurteilung der Infrastruktur erfolgt einerseits durch die physikalischen Strukturen und andererseits durch das institutionelle Arrangement. Die physische Infrastruktur ist in Form von Flughäfen, Seehäfen und straßenverkehrlicher Anbindung in beiden Fällen gegeben und ähnlich. Dabei sind Christchurch und Wellington nach Auckland als am zweit- und drittbesten ausgestattete Regionen Neuseelands zu bewerten. Als Hauptstadt besitzt Wellington den höchsten Besatz an staatlichen Institutionen und Unternehmensverbänden. Ähnlich positiv ist die Anzahl der Forschungslaboratorien und die Verbindung der Industrie mit lokalen Weiterbildungseinrichtungen (*Hutt Valley Polytechnic*). Die Lebensqualität ist sowohl in Wellington als auch in Christchurch als sehr gut zu beurteilen (AUCKLAND CITY COUNCIL ET AL. 2001: 90). In Christchurch ist die absolute Zahl an Institutionen geringer als in Wellington oder Auckland. Dennoch prägen die lokalen Organisationen wie CDC oder CMA die lokale Ökonomie und erreichen durch die Konzentration der Unternehmen in weniger Anlaufstellen eine höhere Kohäsion und Vernetzung der Unternehmen. Während die tertiären Bildungseinrichtungen und *Crown Research Institutes* in einem ähnlichen Ausmaß wie in Wellington vorhanden sind, ist deren Vernetzung mit den Unternehmen stärker als in Wellington

[181] Es sei hier nochmals darauf verwiesen, dass die Beurteilungen und Indikatoren im GEM-Ansatz durch PADMORE / GIBSON (1998) nicht spezifiziert bzw. operationalisiert sind. Dadurch bleiben die Einschätzungen subjektiv und schwer mit anderen ausländischen Studien vergleichbar, weshalb hier der interregionale Vergleich im neuseeländischen Kontext im Vordergrund steht.

ausgeprägt. Auch unter Berücksichtigung der relativ neuen Initiativen in Wellington (Cluster-Projekt) lokalisieren sich in Wellington zwar mehr Institutionen, deren Effizienz ist aber geringer einzuschätzen als in Christchurch. Christchurch kann damit mit 9 und Wellington mit 7 Punkten eingestuft werden.

Bei den strukturellen Determinanten sind die Lieferanten und andere Unternehmen wie KIBS in Wellington wiederum, absolut gesehen, stärker als in Christchurch vertreten. Die Analyse der Netzwerke, die Interaktionen im Innovationsprozess und die Inanspruchnahme von lokalen KIBS zeigen jedoch die höhere regionale Integration in die Untersuchungsregion auf der Südinsel. Allein der hohe Anteil an KIBS rechtfertigt eine 7 für die Hauptstadt-Region, während die ausgezeichnete Vernetzung in Christchurch mit 9 beurteilt wird.

Kleine und mittlere Unternehmensgrößen leisten ihren Beitrag bei der Erhaltung der Wettbewerbsfähigkeit von einer Region. Problematisch ist indes die starke Dominanz von Unternehmen mit weniger als 100 Beschäftigten in beiden Regionen, wodurch Größeneffekte in der F&E, der Produktion und beim Absatz nicht erreicht werden können. Durch das Nichtüberschreiten von gewissen Schwellenwerten ist die Bedienung des Weltmarktes für viele Unternehmen zu aufwändig. Die Rolle eines Inkubatorunternehmens können in beiden Regionen nur wenige Unternehmen übernehmen. Allerdings ist dies eine Schwierigkeit, die für alle neuseeländischen Regionen gültig ist. Relativ gesehen hat Wellington mit einem Anteil der Unternehmen mit mehr als 100 Beschäftigten an den gesamten regionalen Unternehmen von 0,61 % die höchste Relation. Canterbury kann mit einer diesbezüglichen Relation von 0,49 % den zweiten Rang unter den neuseeländischen Regionen belegen (vgl. STATISTICS NEW ZEALAND: Business Activity Statistics 2001). Zusätzlich können beide Regionen leistungsstarke Cluster aufweisen, wobei in Wellington gerade die Cluster bildenden Initiativen erfolgversprechend sind (vgl. 5.3.5.3). Bei dem Kriterium „Unternehmensstruktur, Strategie und Rivalität“ kann Wellington somit die Höchstpunktzahl von 10 und Christchurch 8 Punkte verzeichnen.

Der lokale Markt ist als Nachfragedeterminante von Interesse. Die Bevölkerungszahlen sind in beiden Untersuchungsregionen mit knapp über 330.000 nahezu identisch. Die Kaufkraft ist in der gesamten Hauptstadt-Region aber höher und hat sich zwischen 1986 und 1996 etwas besser entwickelt. Im Gegensatz dazu hat sich das regionale BIP in Christchurch besser als in Wellington entwickelt. Wellington liegt im Zeitraum 1986 bis 2000 sogar unter dem nationalen Durchschnitt (vgl. Abbildung 36). Während die Christchurcher Unternehmen auf einen regionalen Umsatz von 55 % kommen, erwirtschaften die Wellingtoner Unternehmen lediglich 42 % in der Region. Die Befragung der Unternehmen in beiden Regionen ergab keine signifikanten Unterschiede hinsichtlich der Qualität der Nachfrage. Die regionalen Kunden sind bei 64 % der Christchurcher Unternehmen wichtige oder sehr wichtige Akteure im Innovationsprozess. Dagegen sind die regionalen Nachfrager nur bei 52 % der Wellingtoner Unternehmen als Impulsgeber für Neuerungen von Bedeutung. Wiederum sind beide Regionen nach Auckland die zweit- und drittgrößten regionalen Märkte in Neuseeland. Um den Abstand zum regionalen Markt Aucklands zu verdeutlichen, wird Christchurch mit 7 und Wellington infolge der geringeren Kundeninteraktion und des kritischen Wachstumsverlaufs mit 4 eingestuft.

Als letztes Kriterium bei dem GEM-Ansatz ist der Zugang zu Märkten außerhalb der Region zu beurteilen. Auch wenn darunter generell der Zugang zu nationalen Märkten verstanden werden kann, wird sich hier auf den internationalen Aspekt beschränkt. Christchurcher Unternehmen können hierbei einen höheren internationalen Umsatzanteil generieren. Gleichzeitig sind ihre Kontakte insbesondere zu ausländischen Universitäten und die

Verbindungen der Lincoln Universität ins Ausland sehr gut ausgebaut. In Wellington trägt vor allem der hohe Anteil an ausländischen Beschäftigten zu einer internationalen Vernetzung auf der informellen Ebene bei. Bezüglich der Transferkanäle ist in beiden Regionen eine in etwa gleich starke Nutzung zu registrieren. Positiv wirkt sich jedoch die Initiative der kommerziellen Verwertung der Partnerstädte Wellingtons auf den Zugang zu internationalen Märkten aus. Christchurchs Kontakte zu seinen sechs Partnerstädten bleibt eher auf der schulischen, gastfreundschaftlichen und künstlerischen Ebene mit Ausnahme eines Besuchs einer großen Wirtschaftsdelegation in Seattle im Jahr 2000 beschränkt. Grundsätzlich ist der Zugang zu ausländischen Märkten der Industrie wegen der eigenen freien Regulierung offen. Limitierungen existieren insbesondere beim Export im primären Sektor in die EU oder USA. Insgesamt kann Wellington mit 7 etwas besser als Christchurch mit 6 bewertet werden. Im neuseeländischen Kontext können sich aber beide Regionen nicht wesentlich von den anderen *Main Urban Areas* abheben.

Nach der unten stehenden Formel kann für die beiden Regionen ein aggregierter Wert ihrer Wettbewerbsfähigkeit ermittelt werden, wobei D für die einzelnen Kriterien steht.

$$GEM = 2{,}5 * \left(\prod_{i=1,3} (D_{2i-1} + D_{2i})\right)^{2/3}$$

Der maximale GEM-Wert beträgt danach 1000, während durchschnittliche Regionen (alle Kriterien mit 5 bewertet) auf 250 Punkte kommen. In der eigenen Studie kommen nach den vorangegangenen Einschätzungen Wellington auf 519 und Christchurch auf 556 Punkte. Damit zählen beide Regionen zu den wettbewerbsfähigsten *Main Urban Areas* im neuseeländischen Vergleich. Abbildung 53 fasst die einzelnen Ausprägungen der sechs Kriterien zusammen. Die Analyse hat auch gezeigt, dass die Potenziale in Wellington infolge der Strukturen, des Humankapitals sowie der Funktion als Hauptstadt deutlich höher als in Christchurch sind. Die Ausnutzung dieser Möglichkeiten gelingt dagegen Christchurch besser. Gleichermaßen sind die zahlreichen erfolgversprechenden Initiativen in Wellington zu beachten, die dazu beitragen werden, dass Wellington seine wahre Leistungsfähigkeit realisieren kann. Die aufholenden Tendenzen im regionalen Wachstumstrend der Hauptstadt-Region können als Anzeichen dafür interpretiert werden.

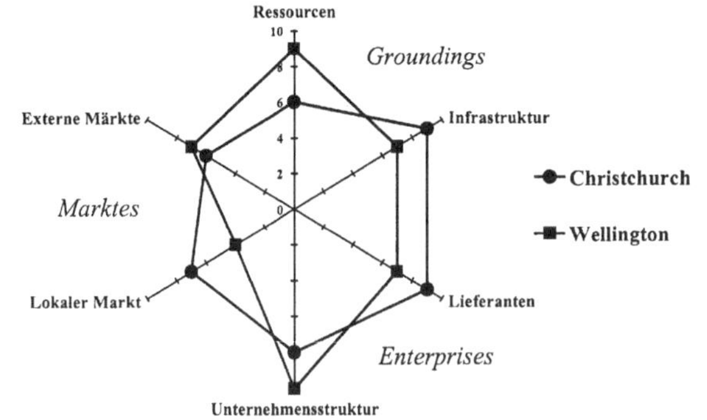

Abbildung 53: GEM-Analyse von Wellington und Christchurch
Quelle: PADMORE / GIBSON 1998: 57 ff., eigene Einschätzungen

7 DAS EIGENE INNOVATIONSSYSTEM-MODELL UND IMPLIKATIONEN AUS DER UNTERSUCHUNG

In diesem abschließenden Kapitel geht es erstens darum, die Kernergebnisse der Arbeit zu rekapitulieren. Zweitens wird die Eignung des eigenen Innovationssystem-Modells kritisch überprüft und die wesentlichen Implikationen aus dieser Arbeit abgeleitet.

7.1 Zusammenfassung der Arbeit

Wirtschaftliches Wachstum und die Steigerung der Wohlfahrt sind die allgemeinen Oberziele von Volkswirtschaften. Um diese Ziele zu erreichen, ist die Wettbewerbsfähigkeit der Volkswirtschaft notwendige Voraussetzung. In entwickelten Volkswirtschaften spielt der Faktor Innovationsgenerierung eine zentrale Rolle, um die wirtschaftliche Leistungsfähigkeit aufrechtzuerhalten.

Das Konzept der Wettbewerbsfähigkeit stellt einen wichtigen Zwischenschritt dar, um die Oberziele zu erreichen. Jedoch ist seine Anwendung aus mehreren Gründen problematisch (vgl. Kapitel 1.4.2). In Verbindung mit der steigenden Bedeutung der Innovation für die Wettbewerbsfähigkeit und der besseren methodischen Entsprechung des Sachverhalts durch eine systemische Herangehensweise bieten sich die Konzepte der Innovationssysteme als Analyserahmen der Wettbewerbsfähigkeit von räumlichen Einheiten an.

Die Konzepte der Innovationssysteme sind keine originären Innovationstheorien, sondern basieren neben dem methodischen Ansatz der Systemtheorie auf Fragmenten der neoklassischen Innovationstheorie, der ökonomischen Evolutionstheorie, der Diffusionstheorie und der Institutionenökonomie. Inzwischen existiert eine Vielzahl von Ansätzen zu Innovationssystemen, die insbesondere in der Zielsetzung differenzieren. Kern der Konzepte der Innovationssysteme ist die Erkenntnis, dass die Innovationsgenerierung kein isolierter Prozess ist und nur unter Berücksichtigung der Interaktionen mit organisationsexogenen Akteuren unter einem spezifischen Anreiz- und Institutionensystem verstanden werden kann. Diese Elemente sind jedoch in den einzelnen Raumeinheiten sehr heterogen ausgeprägt, so dass daraus unterschiedliche, länder- und regionsspezifische Qualitäten der Innovationssysteme resultieren. Diese Arbeit steht in der Tradition der amerikanischen Innovationssysteme, welche die Innovationsgenerierung eng mit der Wettbewerbsfähigkeit verknüpfen.

Auf eine bisher vernachlässigte Analyseebene im Innovationsprozess weisen die regionalwissenschaftlichen Ansätze hin. In Anlehnung an die Konzepte der nationalen Innovationssysteme wurde der Begriff des regionalen Innovationssystems in die Diskussion um die Innovationsgenerierung eingeführt. Die subnationale Region greift ausgehend von der räumlichen Nähe über die damit verbundenen innovationsrelevanten Faktoren Vertrauen, gemeinsame Kultur, *face-to-face*-Kontakte, Weitergabe von *tacit knowledge* sowie die erleichterte Netzwerkbildung in den Innovationsprozess ein. Daneben stellt die Region ein unverwechselbares institutionelles Angebot an wissenskreierenden und wissensspeichernden Institutionen wie Unternehmen, Universitäten, Forschungsinstituten, Verbänden und Wirtschaftsförderungsbehörden. Die Historie und die sektorale Spezialisierung der betrachteten subnationalen, räumlichen Einheit prägen ebenfalls das spezifische regionale Innovationssystem.

Aus den einzelnen Aussagen der Konzepte der Innovationssysteme wurde ein eigener Untersuchungsansatz abgeleitet, der Innovationssysteme verschiedener räumlicher Reichweite integriert und den Ebenen spezifische Aufgaben zuweist. Um die Komplexität systemischer Ansätze beherrschbar zu machen, wurden als Strukturierungselemente neben Ebenen auch Akteure, Determinanten und Transferkanäle als Innovationssystem konstituierende Aspekte eingeführt, wobei diese Elemente nur aus dem spezifischen historischen Kontext heraus erklärt werden können. Ziel dieses Ansatzes ist es, das Innovationssystem eines Landes inklusive seiner Subsysteme und der Interaktionen mit dem Ausland (Offenheit) zu erfassen. Mit der Analyse der Systemqualität wird gleichzeitig die Wettbewerbsfähigkeit des betrachteten Landes untersucht und mit konkreten Inhalten gefüllt. Weiterhin wird der Einfluss verschiedenartiger räumlicher Dimensionen im Innovationsprozess erfasst.

Das neuseeländische Innovationssystem beruht in seinen Strukturen und grundsätzlichen Funktionsweisen auf dem neoliberalen Gedankengut des 1984 eingeleiteten Reformprozesses.

In den zwei aus staatlicher Sicht dominanten Akteuren, dem MoRST und der FRST, ist der Ansatz der Innovationssysteme weitreichend diffundiert und wird bei der Ausgestaltung der neuseeländischen Innovationspolitik implementiert. Die Reformen im neuseeländischen Forschungssystem erhöhten die Transparenz und schufen über ein konkurrenzbasiertes Anreizsystem eine höhere Effizienz der eingesetzten F&E-Gelder in den öffentliche Forschung betreibenden Einrichtungen. Ferner wird das neuseeländische Innovationssystem stark von der historischen Ausrichtung auf den primären Sektor und auf die Größe determiniert. Mit der geringen Größe des Landes und der lange Zeit abgeschotteten Wirtschaft korrespondieren sehr kleine Unternehmen, die nur in begrenzten Maße F&E betreiben. Multinationale Unternehmen tragen zwar nicht über ausgebaute F&E-Einheiten in Neuseeland zur Generierung von Innovationen in der betrachteten Volkswirtschaft bei. Vielmehr betreiben die ausländischen Unternehmen zumeist Forschung an sehr reifen Technologien und bevorzugen die Interaktion mit dem Kunden bei der Verbesserung ihrer Produkte. Zudem kommen durch den erhöhten Ansiedelungsstrom bewährte Geschäftskonzepte und gebietsexogenes Wissen nach Neuseeland, welches von den lokalen Mitarbeitern – auch durch die hohe Bereitschaft zur Investition dieses Unternehmenstyps in die Weiterbildung – genutzt werden kann. Gleichwohl spielt im F&E-System die staatliche Forschung eine größere Rolle als in anderen entwickelten Ländern.

Als kleines Land ist Neuseeland in einem besonderen Maße von der Absorption von landesexogenen Wissensressourcen abhängig, so dass die Qualität der Transferkanäle die Innovativität des Lands stark beeinflusst. Auch hierbei haben die Reformen das neuseeländische Innovationssystem verbessert, indem die Offenheit zur internationalen Ebene gesteigert wurde. Der *brain drain* hoch qualifizierter Neuseeländer ins Ausland ist in diesem Kontext das größte Problem. Die Interaktion von verschiedenen Akteuren wird in Neuseeland nur durch die dezentralen Lagen der vier Hauptwirtschaftszentren Auckland, Christchurch, Hamilton und Wellington begrenzt. Die physische und moderne Infrastruktur wurde infolge der Deregulierung der diesbezüglichen Industrien in den letzten Jahren substanziell ausgebaut. Die hohe Mobilität der Bevölkerung sowohl ins Ausland als auch innerhalb Neuseelands sorgt für einen raschen Austausch von Trägern impliziten Wissens und die Überwindung von statischen Momenten. Die mit der radikalen Einführung marktorientierter Regulationsweisen verbundenen Schwächen wurden in den letzten Jahren durch einen partiellen Staatseingriff (NERF, Venture Capital Fund) in die Innovationspolitik abgefedert.

Die neoliberalen Reformen gestalten die Determinanten des neuseeländischen Innovationssystems vorteilhafter als in der Zeit vor 1984. Die Öffnung erhöhte durch Exporte und die Ansiedelung ausländischer Unternehmen den Wettbewerbsdruck auf die einheimischen Wirtschaftseinheiten. Zugleich können neuseeländische Unternehmen von der Nutzung des Landes als Testmarkt durch multinationale Konzerne frühzeitig von den neuesten Entwicklungen auf dem Weltmarkt profitieren. Die Etablierung eines Testmarkts für verschiedene Branchen in Neuseeland resultiert auch aus der spezifischen neuseeländischen Kultur, die sehr offen für Neuerungen ist und ein hohes Interesse an Wissenschaft und Technologie aufweist (*Kiwi Ingenuity*). Der *easy-going-lifestyle* wird allmählich durch die leistungsorientierten Anreizmechanismen der Reformen erodiert. Problematisch ist allerdings die Gefahr einer fragmentierten Gesellschaft, die ihrer Gemeinsamkeit, dem Anstreben der Egalität der Lebensformen, entzogen wurde. Das neuseeländische Humankapital verbesserte sich im Zuge der intensiven, reformbedingten Bemühungen im Bildungssektor und liegt nun im internationalen Mittelfeld. Der Kapitalmarkt leidet einerseits unter der schwachen Sparquote der neuseeländischen Haushalte und wird andererseits durch den ausgeglichenen staatlichen Haushalt entlastet. Weiterhin ist die Finanzierung von innovativen Unternehmensgründungen mehr durch einen informellen Venture-Capital-Markt als durch einen offiziellen Markt für risikoreiche Kapitalanlagen sichergestellt. Positiv entwickelten sich die die Unternehmen unterstützenden KIBS, wenn auch der Beschäftigungsrückgang in Marktforschungs- und Marketingunternehmen sowie von Wissenschaftlern und Forschern Probleme in diesen Bereichen aufwirft. Initiierte Projekte zur Netzwerk- und Clusterbildung bereiteten die Grundlage für ein gestärktes Verständnis des Nutzens von kooperativen Geschäftsmodellen. Gleichwohl ist die Zahl an wettbewerbsfähigen Clustern überschaubar. Eine Vorreiterrolle bei der staatlichen Unterstützung solcher Initiativen spielen die Agglomerationen Christchurch und Wellington, die auch als Untersuchungsregionen für die spezifischen Ausprägungen der regionalen Innovationssysteme in Neuseeland im Rahmen dieser Arbeit selektiert wurden.

Trotz des Vorreitercharakters der regionalpolitischen Initiativen (*Hard Business Network*, Cluster-Ansatz) in Christchurch und Wellington ist die Dichte des regionalen Netzwerks sehr unterschiedlich ausgeprägt: Die Christchurcher Unternehmen haben zu einem wesentlich höheren Anteil regionale Kontakte, während die Wellingtoner Unternehmen in einem ähnlichen Maße Kooperationen mit außerregionalen Organisationen pflegen. Die große Stärke des Christchurcher Netzwerks liegt aus diesem Grund in der hohen Nutzung von lokalen Institutionen und der Fokussierung auf die Elektronik- und Textilindustrie. Die Wellingtoner Ökonomie profiliert sich dagegen über einen sehr hohen Anteil von internationalem Humankapital und einen ausgeprägten Sektor der höherwertigen Dienstleistungen. Diese unterschiedlichen Ausrichtungen schlagen sich auch im Rahmen der Innovationsgenerierung nieder: Grundsätzlich können die Christchurcher Unternehmen zu einem höheren Anteil Innovationen als die Wellingtoner Betriebe hervorbringen. In der Südinsel-Region fallen die Neuerungen eher inkremental und tendenziell defensiver (Kostenreduktion, Automatisierung) als in Wellington aus. Die Wellingtoner Strukturen bringen im Gegensatz dazu schwerpunktmäßig vollkommen neue Produkte hervor und streben nach einer höheren Flexibilisierung der Produktion.

Die eigene Befragung stützt, dass die Innovationsgenerierung nicht ausschließlich durch betriebsinterne Faktoren erklärbar ist: Im Einklang mit den Aussagen der Innovationssysteme wird gezeigt, dass unternehmensexogene Akteure im Innovationsprozess von den meisten Unternehmen als sehr wichtig eingeschätzt werden. Mit Ausnahme der Prozessinnovationen kann auch ein Zusammenhang zwischen der Anzahl der wichtigen Akteure und den anderen vier Innovationsarten Produkt, Markt, Organisation und Management erkannt werden. Dabei ist bei den Wellingtoner Unternehmen der Unterschied in der Anzahl der wichtigen, unternehmensexogenen Akteure zwischen innovierenden und nicht innovierenden Unternehmen höher als Christchurch.

In beiden Regionen sind die Kunden bei der Innovationsgenerierung die wichtigsten Interaktionspartner, wobei in Wellington zusätzlich die Verbindungen zu anderen Wettbewerbern einen ähnlich hohen Einfluss haben. Insgesamt bleibt zu konstatieren, dass das unmittelbare Unternehmensumfeld, bestehend aus Kunden, Wettbewerbern, Lieferanten, verbundenen Gesellschaften, KIBS und im Falle Wellingtons auch Unternehmen anderer Branchen signifikant zur betrieblichen Innovationsgenerierung beiträgt. Der Anteil der befragten Manufacturing-Unternehmen, die mit Forschungsinstituten, Universitäten oder lokalen Institutionen im Innovationsprozess kooperieren, ist dagegen sehr niedrig.

In High-Tech-Regionen wie Cambridge sind jedoch andere Akteure im Netzwerk von Bedeutung: So sind dort die lokalen Kunden und die lokalen Zulieferer nur am dreizehnt- bzw. am zehntwichtigsten als Kooperationspartner; der das Forschungsklima in der Region beschreibende Faktor ‚informal access to innovative people, ideas and technology' wurde dagegen von den Unternehmen auf den dritten Platz eingestuft (vgl. KEEBLE / LAWSON ET AL. 1999: 319 ff.).

Im Vergleich zu den von FISCHER / REVILLA DIEZ ET AL. (vgl. 2001: 180) in den Metropolen Wien, Barcelona und Stockholm gewonnenen Ergebnissen ist in der eigenen Studie eine unterdurchschnittliche Kooperationsneigung der Manufacturing-Unternehmen mit den unterschiedlichen externen Akteuren festzustellen[182] (vgl. Tabelle 52). Am deutlichsten fallen die Differenzen bei den Kontakten zu den Lieferanten und den Forschungsinstituten in der Region Wellington auf. Trotz der im Zuge der Reformen einsetzenden Öffnung der *Crown Research Institutes* für privatwirtschaftliche Belange ist die Verzahnung mit den Unternehmen im internationalen Kontext nach wie vor als gering einzustufen. Im Sinne der neuseeländischen *do-it-yourself*-Mentalität suchen die Unternehmen öfter im eigenen Unternehmen nach Neuerungen, als dies in den von FISCHER / REVILLA DIEZ ET AL. (2001) untersuchten europäischen Städten der Fall ist. Noch deutlicher als in FISCHER / REVILLA DIEZ ET AL. (2001) ist in der eigenen Studie die von den regionalen Innovationssystemen stark betonte Funktion lokaler staatlicher Forschungsinstitute zu relativieren. Dieser von den Vertretern regionaler Innovationssysteme als sehr wichtig angesehener Kooperationspartner scheint in den untersuchten neuseeländischen Metropolen nicht die angenommene Rolle zu spielen.

	Eigene Studie		*FISCHER / REVILLA DIEZ ET AL.*					
Wichtige oder sehr wichtige Akteure	**Wellington**	**Christchurch**	**Wien**		**Barcelona**		**Stockholm**	
	Innovation	Innovation	Produkt	Prozess	Produkt	Prozess	Produkt	Prozess
Kunden	58,1	78,3	93,9	36,4	84,2	28,2	93,5	33,0
Zulieferer	29,0	25,0	49,2	61,7	43,5	62,4	54,7	76,1
Wettbewerber	41,9	40,0	59,8	41,1	54,4	25,9	67,2	40,3
KIBS	22,6	25,0	20,5	41,1	27,0	42,4	18,6	30,1
Forschungsinstitute[183]	3,6	18,3	22,0	23,4	20,0	21,2	25,9	31,3

Tabelle 52: Anteil der Manufacturing-Unternehmen mit Kooperationspartnern im Innovationsprozess – Vergleich der eigenen Ergebnisse mit FISCHER / REVILLA DIEZ ET AL.
Quelle: Fischer / Revilla Diez et al. 2001: 180, 202, 224
Bemerkung: Die Studie von FISCHER / REVILLA DIEZ ET AL. (2001) trennt die Inanspruchnahme von Kooperationspartnern nach den Innovationsarten Produkt- und Prozessinnovationen. Die eigene Studie dagegen differenziert diesbezüglich nicht.

182 Dies gilt grundsätzlich auch bei einem Vergleich mit einer Untersuchung von KOSCHATZKY / BROSS (vgl. 2001: 136) in Slowenien, bei der 71,9 % der Unternehmen mit Kunden im Innovationsprozess kooperieren. Diesbezüglich kommen die Zulieferer auf 55,8 % und die Forschungsinstitute auf 36,1 %.

183 Um die Vergleichbarkeit mit den anderen Studien zu gewährleisten, werden unter den Forschungsinstituten die Anteile an Manufacturing-Unternehmen mit wichtigen Innovationsimpulsen aus öffentlichen Forschungsinstituten, Universitäten sowie anderen Forschungsinstituten subsumiert.

Im Einklang mit diesen Ergebnissen und der neuseeländischen Technologiebilanz werden zur Gewinnung von innovationsrelevantem Wissen und Informationen zumeist auszahlungsarme Transferkanäle wie Zeitschriften, unternehmensinterne Strukturen, Internet oder Freundschaften genutzt. Eine Ausnahme hiervon bildet der Besuch internationaler Messen. Der formalisierte Technologietransfer in Form von Patenten, Lizenzen und R&D-Aufträgen wird nur von einem geringen Prozentsatz der Manufacturing-Unternehmen genutzt.

Resümierend ist das neuseeländische Innovationssystem stark von den Transformationen, die aus den neoliberalen Reformen resultierten, und der neuseeländischen Kultur mit der Folge geprägt, dass Neuerungen tendenziell inkremental und wenig wissenschaftsbasiert sind. Die Stärke des neuseeländischen Innovationssystems liegt in der pragmatischen Weiterentwicklung bestehender Produkte.

7.2 Das eigene Innovationssystem-Modell, Implikationen aus den Ergebnissen der Arbeit und offene Forschungsfelder

Neben der Ableitung eines die verschiedenen Innovationssysteme integrierenden Untersuchungsrahmens steht in dieser Arbeit zum einen das Verhältnis von regionaler und nationaler Ebene im Innovationsprozess und somit auch die Überprüfung des eigenen Untersuchungsansatzes als Erkenntnisziel im Vordergrund. Zum anderen wird das Ziel angestrebt, den Ansatz des Innovationssystems mit dem Begriff der Wettbewerbsfähigkeit zu verbinden und anhand eines neoliberalen Innovationssystems exemplarisch zu untersuchen.

7.2.1 Die Regionalität des Innovationsprozesses im neuseeländischen Innovationssystem und regionalpolitische Implikationen

Ein zentraler Bestandteil der Arbeit ist die Frage nach dem räumlichen Bezugsraum im Innovationsprozess bzw. den Funktionen der räumlichen Ebenen bei dem Hervorbringen von Neuerungen. Diese Frage beinhaltet implizit eine Überprüfung der Existenz von regionalen bzw. metropolitanen Innovationssystemen in Neuseeland. Die in den Kapiteln 6.2, 6.3 und 6.4 durchgeführten Analysen haben dazu wertvolle Hinweise gegeben: Generell weisen die beiden Untersuchungsregionen einen deutlich unterschiedlichen Charakter hinsichtlich ihrer sektoralen Strukturen, ihres Institutionenbesatzes und des Grades der *local embeddedness* auf. Zudem variiert sowohl die Dichte als auch der räumliche Schwerpunkt des Netzwerks in beiden Regionen (Christchurch: regional; Wellington: national). Bestätigt sich dieser Zusammenhang für die Innovationsgenerierung zwar auf den ersten Blick (vgl. Tabelle 49), so führt eine weitere Analyse, welche die Wichtigkeit der Akteure im Innovationsprozess berücksichtigt, zu einem anderen Bild: Mit Ausnahme der KIBS determiniert nicht die räumliche Nähe die Interaktion mit im Innovationsprozess relevanten Akteuren. Vielmehr ist eine enge räumliche Lokalisation von Manufacturing-Unternehmen nur mit den weniger im Innovationsprozess bedeutsamen Akteuren festzustellen (vgl. Abbildung 51). Infolgedessen ist zwar insbesondere für Christchurch ein starker regionaler Zusammenhalt zu konstatieren, eine Verbindung mit der betrieblichen Innovationsgenerierung scheint aber nicht möglich. Unterstützt werden diese Ergebnisse dadurch, dass die neuseeländischen Manufacturing-Unternehmen nicht die räumliche Nähe als den entscheidenden Faktor bei der innovationsbezogenen Interaktion ansehen, sondern Vertrauen und *face-to-face*-Kontakte als wichtiger bewerten. Die hohe Mobilität der neuseeländischen Bevölkerung in Verbindung mit einer gut ausgebauten modernen und physischen Infrastruktur erleichtert die Interaktion über das gesamte nationale Territorium.

Ein anderer Ansatz ist die Betrachtung des regionalen Einzugsraums aus Sicht der einzelnen Innovationsarten, wenngleich sich auch hierbei ein ähnliches Muster ergibt: Werden die beiden Regionen aggregiert, dominieren außerregionale Kontakte den Innovationsprozess. Management- und Organisationsinnovationen werden mit Akteuren von der nationalen Ebene, Markt- und Produktinnovationen mit ausländischen Organisationen hervorgebracht. Prozessinnovationen werden dagegen tendenziell in intern und somit ohne Kooperationsbeziehungen generiert. Eine Besonderheit ergibt sich in Christchurch, wo die CMA insbesondere Marktinnovationen von regionalen Manufacturing-Unternehmen fördert (vgl. Kapitel 6.4.4.2).

Im Ganzen stehen diese Ergebnisse konträr zu den Annahmen der regionalen Innovationssysteme, die von einem regional initiierten Innovationsprozess und einem Übergewicht an regionalen Bindungen bei der Innovationsgenerierung ausgehen. Aus Sicht der Vertreter der regionalen Innovationssysteme und zur Rettung dieses Ansatzes können der ablehnenden Haltung dieses regionalbasierten Ansatzes Argumente gegenübergestellt werden, die die vorherigen Ergebnisse in ihren Aussagen modifizieren:

Erstens kann an der Fragestellung angesetzt werden, ob jede Region überhaupt ein Innovationssystem darstellt. Wird diese Frage im Einklang mit COOKE (vgl. 1998: 17) und HEIDENREICH (vgl. 2001: 89) verneint, kann daraus gefolgert werden, dass in den beiden neuseeländischen Untersuchungsregionen die regionalen Innovationssysteme lediglich rudimentären Charakter besitzen. Dieser Fall würde aus politischer Perspektive einen regionsbasierten Ansatz nach sich ziehen, der die regionalen Interaktionen und Institutionen stärken sollte. Da die von HOWELLS (vgl. 1999: 72 ff.) und KOSCHATZKY (vgl. 2001: 177) aufgeführten, notwendigen Charakteristika eines regionalen Innovationssystems in beiden Regionen gegeben sind, scheint dies jedoch nicht als die richtige Interpretation geeignet.

Zweitens kann aus dem mehrdeutigen Begriff der Region abgeleitet werden, dass in einem kleinen Land mit knapp vier Millionen Einwohnern wie Neuseeland das regionale mit dem nationalen Innovationssystem kongruent ist. Hieraus würde als handlungspolitische Implikation ein nationalbasierter Entwicklungsansatz resultieren. Die aufgezeigten Unterschiede in den beiden Regionen widersprechen aber einem pauschalen nationalen Vorgehen in der Innovationspolitik. Dieser Einwand gilt insbesondere unter Berücksichtigung anderer, vom primären Sektor geprägter Regionen in Neuseeland.

Angesichts des hohen Anteils an innovierenden Unternehmen in beiden Regionen, der hohen Marktdynamik (Unternehmensgründungen) sowie eines existierenden Netzwerks mit im Innovationsprozess wichtigen Akteuren ist nicht von einer zu geringen Innovationsgenerierung in Neuseeland auszugehen. Drittens scheinen eher die niedrigen regionalen Kooperationsquoten im Innovationsprozess mit einem deutlichen Fokus auf das Hervorbringen inkrementaler Innovationen zusammenzuhängen und dadurch erklärbar zu werden: Während in anderen Regionen Forschungsinstitute oder Universitäten einen höheren Stellenwert als Interaktionspartner besitzen, werden diese in Neuseeland nur von sehr wenigen Unternehmen genutzt (vgl. Tabelle 52). In Verbindung mit den akteurspezifischen räumlichen Reichweiten bei der Inanspruchnahme resultiert für die neuseeländischen subnationalen Innovationssysteme ein unterdurchschnittlich ausgeprägter regionaler Bezug der Innovationsaktivitäten. Da aber Kooperationen mit öffentlichen Forschungsorganisationen grundsätzlich radikalere Innovationen generieren können, kann dies auch als ein Grund für die schwache Positionierung neuseeländischer Unternehmen bei bahnbrechenden Neuerungen interpretiert werden.

Die Analyse der bei der Innovationsgenerierung wichtigen Transferkanäle zeichnet viertens in beiden Regionen hinsichtlich der räumlichen Differenzierung ein einheitliches Bild, welches die Annahmen der regionalen Innovationssysteme unterstützt: Das für den Innovationsprozess wichtige implizite Wissen wird durch die personalisierten, häufig auch informellen Kontakte übertragen, die in der Regel in räumlicher Nähe zum betreffenden Unternehmen angesiedelt sind. Dagegen verbinden formalisierte Medien – mit Ausnahme des Besuchs von Messen oder Konferenzen – die Unternehmen mit der globalen Ebene und geben einen wichtigen Anstoß zur Innovationsgenerierung. Die geringe Inanspruchnahme des formellen Technologietransfers belegt zudem das geringe Vermögen neuseeländischer Unternehmen, radikale Innovationen zu kreieren.

Fünftens können die regional lokalisierten Organisationen einen Mehrwert der exogenen Informationen für die Unternehmen generieren. Dies kann durch die Schaffung von kritischen Massen, der Etablierung eines Erfahrungspools, wie die durch die CMA unterstützten Marktinnovationen belegen, sowie einer hohen *absorptive capacity* in den Köpfen und Organisationen geschehen. Gewisse Regionen können mit ihrem institutionellen Besatz in der Lage sein, Unternehmen zu unterstützen, die regionsexternen Inputs qualitativ besser zu verwerten als Unternehmen in anderen Regionen. Gleichsam bilden regionale wie nationale Determinanten die Grundlage für das Innovationsgebaren der ansässigen Unternehmen.

Die Region hat ihre Funktion im betrieblichen Innovationsprozess, aber eine leicht veränderte als angenommen. Das regionale Innovationssystem ist damit weniger als regionalisierter Innovationsprozess zu verstehen. Vielmehr hat das regionale Innovationssystem eine unterstützende Rolle bei der Innovationsgenerierung. Regionalisierte Wirtschaftsstrukturen sind im Sinne der regionalwissenschaftlichen Ansätze zwar relevant, reichen aber bei der Erfassung des Innovationsprozesses – zumindest im neuseeländischen Kontext – nicht aus und gelten nur für Transaktionsbeziehungen mit nachrangig bedeutsamen Akteuren wie Universitäten und Forschungsinstituten. Dadurch ist aber nicht der Ansatz des Innovationssystems als Ganzes gefährdet, sondern die regionalisierte Betrachtung des Innovationsprozesses ist in Frage zu stellen. Unisono kommen die Studien KOSCHATZKY (1997), HADJIMANOLIS (2000) und FRITSCH / LUKAS (2001), inklusive der eigenen, zu dem Resultat, dass Kooperationen ein wichtiger Faktor bei der Innovationsgenerierung sind. Die Region hat jedoch nicht die von den Vertretern der regionalen Innovationssysteme angenommene Bedeutung; Kooperationen im Rahmen von Neuerungen basieren auf Kompetenz, Komplementarität, Vertrauen und nicht auf räumlicher Nähe. Nicht zweifelhaft ist somit die Bedeutung der Kooperation mit diversen Akteuren, der Einfluss von Transferkanälen zu anderen Raumeinheiten sowie die Berücksichtigung verschiedener Determinanten bei einer Untersuchung der Innovativität von Unternehmen und räumlichen Gebietseinheiten.

In der heutigen Ausgestaltung des neuseeländischen Innovationssystems mit der Fokussierung auf inkrementale Innovationen hat der Raum nicht den von den Vertretern subnationaler oder metropolitaner Innovationssysteme erwarteten direkten Effekt auf die Innovativität der Unternehmen. Der Einfluss der Region bleibt auf unterstützende Maßnahmen im Innovationsprozess begrenzt. In Verbindung mit den anderen zitierten Studien resultiert aus der eigenen Studie die Forderung nach einer Transregionalität in der regionalen Innovationspolitik. Im Gegensatz zu anderen Bereichen der regionalen Wirtschaftsförderung sollte bei der Innovationspolitik nicht die Entwicklung endogener Interaktionen im Vordergrund stehen, sondern die Stimulierung des Austausches mit Organisationen – gleich welchem räumlichen Bezug – erlangt die höchste Bedeutung. Dies sollte jedoch nicht in einem erheblichen Maße subventioniert werden. Besser ist der Aufbau von regionalen logistischen und informativen Kapazitäten für die lokalen Organisationen. Da dies grundsätzlich für alle subnationalen Einheiten gilt, ist darin – zur Vermeidung von Doppelarbeiten – auch eine Aufgabe für die nationale Ebene sehen. Die konkrete Ausgestaltung und Nutzung sollte infolge der spezifischen Nutzung der Transferkanäle und der damit verbundenen Besonderheiten bei der Wissensteilung auf der regionalen Ebene durchgeführt werden. Ein solcher Ansatz würde den regionalspezifischen Differenzen in den sektoralen Strukturen, der Historie, dem Entwicklungsstand und den bestehenden Interaktionen eine bessere Entsprechung liefern.

Offen bleibt die Frage, ob es überhaupt Aufgabe staatlicher Stellen sein kann, so weit in den betrieblichen Innovationsprozess unterstützend einzugreifen. Aus theoretischer Sicht müssten die regionalen, sozialen Renten die Kosten eines solchen Angebots übersteigen. Im neuseeländischen Kontext der Reformen würde diese Frage sicherlich nicht durch staatliche Autoritäten gelöst werden. Wenn es für die Unternehmen sinnvoll ist, schließen diese sich in Verbänden wie der CMA oder WRCC zusammen.

Für den eigenen Untersuchungsansatz führt dies zu einer Modifikation der Rolle der Region im neuseeländischen Innovationssystem. Die Ergebnisse zeigen einerseits für Neuseeland, dass eine alleinige regionale Betrachtung eines Innovationssystems nicht ausreichend für die Beschreibung der Innovationsgenerierung ist. Eine Integration in den nationalen Referenzraum mit dessen Strukturen und in die dort hineinreichenden Beziehungen ist für die Erfassung des spezifischen regionalen Innovationssystems unerlässlich. Andererseits sind Unterschiede in der Ausgestaltung der untersuchten regionalen Innovationssysteme Christchurchs und Wellingtons hinsichtlich ihrer Netzwerke, ihrer *absorptive capacity*, ihrer Kultur, ihrer lokalen Initiativen und ihrer Wirtschaftsstrukturen unübersehbar. Aus diesem Grund ist eine Eliminierung der Region als Betrachtungsebene im eigenen Modell nicht zu erwägen. Für den neuseeländischen Kontext gilt jedoch, dass das Übergewicht an Beziehungen im Innovationsprozess auf der nationalen Ebene abläuft. Dahingehend erscheint eine Verschiebung von dem der regionalen Ebene zugewiesenen Element Interaktion auf die nationale Ebene notwendig, was insbesondere für in der unmittelbaren Unternehmensumwelt agierende Akteure gilt. Zukünftige Studien in anderen Ländern müssen klären, ob diese Bedeutungsverschiebung aus dem neuseeländischen Untersuchungsraum resultiert oder sich dahinter ein grundsätzliches Kooperationsmuster im Innovationsprozess verbirgt.

7.2.2 Die Wettbewerbsfähigkeit eines neoliberalen Innovationssystems und offene Forschungsfelder

Ziel der Verbindung von den Ansätzen der Innovationssysteme und dem Begriff der Wettbewerbsfähigkeit von territorialen Gebietseinheiten ist die Fundierung und Deskription eines wesentlichen Elements der wirtschaftlichen Leistungsfähigkeit von entwickelten Volkswirtschaften, der *ability to innovate*. Die Konzepte der Innovationssysteme dienten dazu, am Beispiel eines neoliberalen Staates die grundsätzlichen Strukturen der Innovationsgenerierung aufzudecken. Damit konnte die vermeintliche „Leerformel“ der Wettbewerbsfähigkeit zumindest für den wichtigen Teilaspekt der Innovationsgenerierung mit Inhalt gefüllt und Schwächen identifiziert werden. Dabei ging es nicht um eine begrenzte Beobachtung des Innovationsprozesses und die Optimierung von Teilbereichen, sondern vielmehr um eine ganzheitliche Erfassung zur Vermeidung von weitreichenden Systemfehlern in den Anreizsystemen zur Innovationsgenerierung.

Die vorliegende Arbeit konnte zahlreiche Annahmen der Ansätze der Innovationssysteme bestätigen: Die Ansätze der nationalen Innovationssysteme verdeutlichen die Beeinflussung der nationalen Gegebenheiten und Strukturen auf den betrieblichen Innovationsprozess, was auch für den Untersuchungsraum Neuseeland konstatiert werden kann. Zugleich wurde durch die Befragung nachgewiesen, dass Innovationen ein sehr hoher Stellenwert für die Wettbewerbsfähigkeit der Manufacturing-Unternehmen beigemessen wird. Der Innovationsprozess in Neuseeland tangiert unternehmensexogene Akteure, ein Umstand, der durch die Verflechtungen mit den diversen Akteuren belegt worden ist, wenn auch die räumliche Nähe nicht den erwarteten Faktor bei der Innovationsgenerierung einnahm. Dennoch hat sich der gesamte

Untersuchungsansatz mit der Differenzierung in Ebenen, Akteure, Transferkanäle und Determinanten weitgehend bewährt und die unterschiedlichen Funktionen einzelner Elemente konstatiert. Die exemplarische Analyse der zwei Regionen Christchurch und Wellington hat es ermöglicht, die von der nationalen Ebene gegebenen Strukturen und Determinanten in einem größeren Detail und hinsichtlich ihrer regionalen Implikationen und Konkretisierungen untersuchen zu können. In diesem Kontext seien die unterschiedlichen Initiativen zur Bildung von regionalen Kompetenzzentren (*Hard Business Network*, Cluster-Projekt) in den beiden Untersuchungsregionen erwähnt, die auch auf nicht partizipierende Unternehmen ihren Einfluss hatten. Die Unterschiede in der Ausgestaltung und der zeitlichen Entwicklung der lokalen Netzwerke waren klar zu erkennen. Von verschiedener Seite wurde in den Experteninterviews das Problem der mangelnden Wettbewerbsfähigkeit der lokalen Unternehmen mit dem noch rudimentären Charakter des regionalen Innovationssystems in Verbindung gebracht. Die Trennung von nationaler und regionaler Ebene wird in denjenigen Untersuchungsräumen an Bedeutung gewinnen, in denen ein höheres dezentrales, politisches Steuerungspotenzial möglich ist.

Zweifelsohne hat Neuseeland aus Sicht der Innovationssysteme seine Wettbewerbsfähigkeit durch die Reformen verbessert und ist heute in der Lage, einen höheren Innovationsoutput hervorzubringen, als dies in der Vorreformzeit möglich war. Hoffnungsvoll weisen die Ansätze des FRST und des MoRST, innovationssystemisches Gedankengut in die Innovationspolitik zu implementieren, in die Zukunft, dass Neuseeland ausgehend von einer verbesserten Fähigkeit zur Innovationsgenerierung die bestehenden makroökonomischen Probleme lösen kann, wodurch die bestehenden sozialen Spannungen in der Gesellschaft abgefedert werden können. Dessen ungeachtet befindet sich Neuseeland an einer kritischen Stelle in der Entwicklung, welche die IT ADVISORY GROUP (1999: 33) bildhaft beschreibt: „If New Zealanders do not seize the opportunities provided by the knowledge economy, we will survive only as an amusement park and holiday land for the citizens of more successful developed economies."

Werden die Ergebnisse der Untersuchung des neuseeländischen Innovationssystems für ein neoliberales Regime verallgemeinert, werden zwei systemimmanente Probleme für marktlich basierte Innovationssysteme erkennbar. Erstens sind einerseits Interaktionen ein konstituierendes Element eines Innovationssystems, andererseits wird die Kooperation zwischen Unternehmen durch die bestehenden Regulierungen und Anreizsysteme gebremst. Diese Kontroverse wurde insbesondere an der neuen Rolle der *Crown Research Institutes* offensichtlich, die bei der Kommerzialisierung ihrer Forschungsergebnisse in Konkurrenz zu anderen staatlichen Instituten stehen und infolgedessen den freien Fluss ihrer Ergebnisse reduzieren. Gleichzeitig sind die *Crown Research Institutes* auf die Interaktion mit den Unternehmen angewiesen und sollen zudem einen ausreichenden Anteil an Grundlagenforschung leisten. LUNDVALL / JOHNSON ET AL. (2001: 39) machen darauf aufmerksam, dass bezogen auf das *social capital* einer Gesellschaft „the workings of unhampered market forces will erode the basis of economic growth." Demnach kann davon ausgegangen werden, dass in einem neoliberalen Regime die für die Innovation wichtige Interaktion durch den beherrschenden marktlichen Modus problematisiert wird. Diese Tendenzen sind auch im neuseeländischen Innovationssystem zu erkennen, wenngleich die neue Regierung inzwischen durch Projekte wie *Foresight*, die Unterstützung von kleinen und mittleren Unternehmen sowie eine ausgedehnte regional orientierte Politik diese Schwächen aufzufangen versucht und in Teilbereichen die Verfasstheit des neoliberalen Staates wieder abschwächt.

Die Konzepte der Innovationssysteme implizieren zweitens eine politische Perspektive mit „a wide set of policies including social policy, labour market policy, education policy, industrial policy, energy policy, environmental policy and science and technology policy. Specifically, the concept calls for new national development strategies with co-ordination across these policy areas“ (LUNDVALL / JOHNSON ET AL. 2001: 37). In neoliberalen Regulationssystemen basiert die Logik der politischen Verantwortung dagegen auf einer klaren Trennung der Verantwortlichkeiten; ein politikbereichübergreifendes Handeln führt in diesen Denkstrukturen zu einem nicht mehr zurechenbaren Zieloutput und damit zu einer unzureichenden Leistungsbeurteilung eines spezifischen Politikfelds. Darüber hinaus wird eine finanzwirtschaftliche Perspektive in jedem der einzelnen Verantwortungsbereiche präferiert, was bei Kritikern – in Analogie zu den Fähigkeiten des Marktes – in einem myopischen Verhalten der Politiker endet. Kurzfristige Optimierungs- und Renditegedanken werden langfristigen, nachhaltigen Entscheidungskriterien vorgezogen. Unterstützt wird ein solches Verhalten durch die gesellschaftliche Etablierung der individuellen Nutzenmaximierung, so dass die Politik es zunehmend als legitim ansieht, in Wahlzyklen zu denken, ihr Budget zu vergrößern und Entscheidungen nicht im Sinne des Allgemeinwohls, sondern ihres eigenen Nutzens zu treffen.

Zusammenfassend ergeben sich aus Sicht der Innovationssysteme für neoliberale Regime insbesondere bei der Kooperation und der politikbereichübergreifenden Arbeit Schwächen bei der nationalen Innovationsgenerierung. Ferner wird in einer solchen Denkhaltung den spezifischen Charakteristika von Innovationen (Risiko, Unteilbarkeit, Weitergabe) durch eine aktive Innovations- und Technologiepolitik nur bedingt Rechnung getragen, obwohl sich fast alle Länder verstärkt diesem Aspekt seitens der Politik widmen. Die Stärke marktlich basierter Systeme liegt zum einen in dem hohen Anreiz, Innovationen – sei es in staatlichen Forschungsinstituten oder Neugründungen – zu kommerzialisieren. Zum anderen entsteht durch die Offenheit des Systems ein intensiver Wettbewerb im Inland und ein reger ungehinderter Austausch mit dem Ausland, wodurch systemexogene Impulse leicht in das Land diffundieren können.

Die Ansätze der Innovationssysteme haben eine neue Sichtweise für die Erfassung der Strukturen und Funktionsweisen der spezifischen nationalen Innovationsgenerierung entwickelt und damit einhergehend mannigfaltige politische Implikationen in die Diskussion eingeführt. Die Innovationssystemforschung hat sich in den letzten Jahren basierend auf den Ansätzen von FREEMAN (1988), LUNDVALL (1992) und NELSON (1992) konzeptionell wie empirisch weiterentwickelt. Die Konzepte der Innovationssysteme sind in vielfältiger Weise interpretiert worden und dienen in vielen Institutionen als Analyseinstrument über die Innovationsfähigkeit von territorialen Gebietseinheiten. Zudem stellen die Innovationssysteme einen profunden Analyseansatz zur *ability to innovate* dar. Die vorliegende Arbeit hat einen Beitrag bezüglich der Verknüpfung der Innovationssysteme mit der Wettbewerbsfähigkeit von Nationen sowie der Untersuchung eines neoliberalen Innovationssystems geliefert. Aus der Betrachtung der räumlichen Dimension des Innovationsprozesses ergaben sich bei der Interaktion mit anderen Akteuren spezifische Muster, woraus mindestens drei Implikationen ableitbar sind, die weiteren Forschungsbedarf erkennen lassen: Erstens besteht insbesondere bei den regionalen Innovationssystemen eine Tautologie-Gefahr zwischen der erforderlichen inneren Kohäsion und der notwendigen Offenheit der Region. So erodiert jede regionsinterne Beziehung die Offenheit, stärkt aber gleichzeitig die innere Kohäsion. Bei regionsexternen Beziehungen im Rahmen der Innovationsgenerierung verhält es sich umgekehrt. Eine ausschließlich auf die Region fokussierte regionale Innovationspolitik führt aber in jedem Fall zu suboptimalen Outputs und bedarf aus Sicht dieser Arbeit neuer

Konzeptionen. Eng damit verbunden sind zweitens die akteursspezifischen Interaktionsreichweiten im Innovationsprozess und deren typische Funktionen. Während Forschungsinstitute und Universitäten im regionalen Kontext eine gewisse und weitgehend erforschte Rolle im betrieblichen Innovationsprozess spielen, kommt im Allgemeinen den unmittelbar in der Unternehmensumwelt agierenden Akteuren nicht nur eine höhere Relevanz zu. Die Funktionen von KIBS, Kunden, Wettbewerbern oder Lieferanten im Innovationsprozess sind vielmehr im Kontext der Innovationssystem-Forschung bislang vernachlässigt worden. Hier bietet sich eine akteursorientierte Perspektive an, von welcher das betrachtete Innovationssystem aus untersucht wird. Ferner ist der Forschungsstand über die Integration der regionalen in die nationalen Innovationssysteme gemäß ihrer charakteristischen Aufgaben und Steuerungspotenziale im Innovationsprozess zu erweitern. Ein drittes zukünftiges Forschungsfeld in der Innovationssystemforschung liegt im Verhältnis von nationaler zu supranationaler Ebene begründet, was gerade in weit fortgeschrittenen Integrationsräumen wie der EU und der NAFTA gilt und die Frage nach der Konvergenz von nationalen Innovationssystemen zum Gegenstand hat.

Die Konzepte der Innovationssysteme tragen ausgehend von ihrem Einsatz als Analyseinstrument zu einem neuen systemischen Verständnis der Innovationsgenerierung in territorialen Gebietseinheiten bei, von dem sich weitreichende politische Empfehlungen ableiten lassen. Die große Leistung und gleichzeitige Gefahr liegt in der Flexibilität des Ansatzes, der den räumlichen Besonderheiten hinsichtlich Ressourcen, Institutionenbesatz, Historie, Kultur, Entwicklungsstand und -zielen Rechnung trägt. Ein profundes Verständnis des eigenen Innovationssystems durch die gesellschaftlichen Entscheidungsträger vor allem in entwickelten Volkswirtschaften kann über einen verbesserten Innovationsoutput die Wettbewerbsfähigkeit des Systems steigern und so zum Allgemeinziel, einer möglichst hohen Wohlfahrt der Gesellschaft, beitragen.

EMPIRISCHE STUDIEN ZU NATIONALEN INNOVATIONSSYSTEMEN

Nationales Innovationssystem	**Quellen**
Argentinien	▪ Katz in Nelson (1993) ▪ Chudnovsky / Niosi et al. (1999)
Australien	▪ Gregory (1993: 324-352)
Belgien	▪ Capron / Cincera (1996) ▪ Capron / Meussen (2000)
Brasilien	▪ Dahlman / Frischtak in Nelson (1993)
China	▪ Wang / Lan et al. (2001) ▪ Liu / White (2001: 1019-1114)
Dänemark	▪ Edquist / Lundvall (1993: 265-298) ▪ Laursen / Christensen (1996) ▪ European Commission (2001)
Deutschland	▪ Keck (1993: 115-157)
Europa	▪ Caracostas / Soete (1997) ▪ Lundvall / Borrás (1998) ▪ Edquist (1998) ▪ Commission of the European Communities (2000)
Finnland	▪ Vuori / Vuorinen (1994: 1-42) ▪ Numminen (1996) ▪ Australian Department of Industry, Science and Resources (1999) ▪ Schienstock / Kuusi (1999)
Frankreich	▪ Chesnais (1993: 192-229)
Großbritannien	▪ Walker (1993: 158-191) ▪ Department of Trade and Industry (o. A.)
Hongkong	▪ Tsui-Auch (1998: 55-79)
Israel	▪ Teubal in Nelson (1993) ▪ Australian Department of Industry, Science and Resources (1999)
Italien	▪ Malerba in Nelson (1993) ▪ Potì / Cioffi (o. A.)
Japan	▪ Freeman (1987, 1988) ▪ Goto / Odagiri (1993: 76-114)
Kanada	▪ McFetridge in Nelson (1993) ▪ Australian Department of Industry, Science and Resources (1999) ▪ Chudnovsky / Niosi et al. (1999)
Korea	▪ Kim (1993, 1997)
Lateinamerika und Karibik	▪ Melo (2001)
Niederlande	▪ Hertog / Roelandt et al. (1995)
Norwegen	▪ Smith / Dietrich et al. (o. A.) ▪ Australian Department of Industry, Science and Resources (1999)
Schweden	▪ Edquist / Lundvall (1993: 265-298) ▪ Stenberg / Gustafsson / Marklund (1996)
Schweiz	▪ Vock (1998)
Singapur	▪ Wong Poh Kam (2000)
Taiwan	▪ Hou / Gee (1993: 384-413)
Thailand	▪ Intarakamnerd / Chairatana et al.(2001)
USA	▪ Mowery / Rosenberg (1993: 29-75) ▪ Mowery (1996)

Tabelle 53: Empirische Studien zu nationalen Innovationssystemen
Quelle: eigene Zusammenstellung

FRAGEBOGEN MULTINATIONALE UNTERNEHMEN

Where is the location ...

... of your company in New Zealand:____________________ (Please name the city)

... of your parent company:____________________________ (Please name the country)

Please describe shortly the major field of activity and name the branch of your company in New Zealand:____

When was your company founded in New Zealand? __________ **Year**

Which of the functional areas below is your company performing and which areas are partly or completely coordinated with corporate firms? *(Tick a box in each line, if you perform this item)*

	Our company is performing	Partly / completely coordinated with corporate firms in New Zealand	Partly / completely coordinated with corporate firms abroad
Procurement of inputs	❑	❑	❑
R&D	❑	❑	❑
Production	❑	❑	❑
Marketing	❑	❑	❑
Sales	❑	❑	❑
After-sales-service	❑	❑	❑
Finance	❑	❑	❑
Administration	❑	❑	❑
Human Resource	❑	❑	❑

What are the three most important reasons to establish / maintain the subsidiary company in New Zealand?

1:____

2:____

3:____

What is your turnover of your New Zealand company in 1999? *(Tick a box)*

❑ less than 100.000 N$ ❑100.000–1 Mill. N$ ❑ 1–5 Mill. N$

❑ 5–25 Mill. N$ ❑ 25–50 Mill. N$ ❑ over 50 Mill. N$

How many percent of your ...

... turnover are from the New Zealand market? ________%

... suppliers are from New Zealand (measured by expenses) ________%

How many employees did your NZ company have on the average in the following employment groups (in full-time-equivalents) in 1999?

engineers / scientists: _____ technicians / foremen: _____

skilled workers: _____ other personnel: _____ **= total:**_____

How many percent of your employees came from abroad? ________%

Do you have any problems to recruit qualified New Zealanders? *(Tick a box)*

Not at all ❑ ❑ ❑ ❑ ❑ Many problems

Did your NZ company introduce since 1997 ... *(Tick a box in each line)*

	Yes	No
... new or improved production procedures (including automation)	❑	❑
... new or improved products / services	❑	❑
... new markets (regions and / or target groups)	❑	❑
... a fundamental reorganization of the company	❑	❑
... new management principles	❑	❑

What percentage of your company's sales revenues is from products developed during the last three years? _____%

Has your company a R&D unit in New Zealand? ❑ Yes
❑ No → Skip over the next 2 questions, please

Description of the R&D unit: *(Tick a box in each line)*

Average project duration of the R&D unit: ❑ less than 1 year ❑ 1-3 years ❑ more than 3 years
Autonomy of the NZ- R&D-unit: low ❑ ❑ ❑ ❑ ❑ high
R&D organization in your company: decentral ❑ ❑ ❑ ❑ ❑ central
R&D closeness to market of NZ-unit : Basic Research ❑ ❑ ❑ ❑ ❑ Product Development
Since when has the unit in New Zealand performed R&D for the group? _______ Year

Which of the following factors were important for the decision to establish or maintain R&D facilities at the unit in New Zealand? *(Tick a box in each line, 5 = very important, 1 = unimportant)*

	5	4	3	2	1
Proximity to key suppliers	❑	❑	❑	❑	❑
Proximity of key customers and users of new technologies/products	❑	❑	❑	❑	❑
Proximity to other research institutions (universities, CRI, ...)	❑	❑	❑	❑	❑
Monitoring the development of technology abroad	❑	❑	❑	❑	❑
Get informal access to the scientific community	❑	❑	❑	❑	❑
Attractiveness of the scientific environment	❑	❑	❑	❑	❑
More liberal legal environment for research	❑	❑	❑	❑	❑
Availability of qualified personnel	❑	❑	❑	❑	❑
Cost advantages (labour)	❑	❑	❑	❑	❑
Advantages through R&D in different time zones	❑	❑	❑	❑	❑
Facilitate the technology transfer	❑	❑	❑	❑	❑
Support local production	❑	❑	❑	❑	❑
Adaptation of products to local market conditions	❑	❑	❑	❑	❑
Decentralisation of the R&D organization in the group	❑	❑	❑	❑	❑
Other:_______________	❑	❑	❑	❑	❑

Why did you not establish a R&D unit in New Zealand?
(Tick a box in each line, 5 = very important, 1 = unimportant)

	5	4	3	2	1
Lack of qualified personnel	❑	❑	❑	❑	❑
Critical minimum size of laboratory is not given	❑	❑	❑	❑	❑
Centralisation tendencies of the R&D in the group	❑	❑	❑	❑	❑
New Zealand market is too small	❑	❑	❑	❑	❑
No need to adapt products to local conditions	❑	❑	❑	❑	❑
Other:_______________	❑	❑	❑	❑	❑
Other:_______________	❑	❑	❑	❑	❑

How much in your New Zealand company is approximately spent for ...

Research and development in 1999? _________N$ and in 2002: _________N$
Training of the staff in 1999? _________N$ and in 2002: _________N$

How is the suitability of New Zealand as a test market?
(Tick a box in each line, 5 = perfect setting, 1 = no use at all)

	5	4	3	2	1
Anticipation of the international demand	❑	❑	❑	❑	❑
Great readiness to adopt innovation	❑	❑	❑	❑	❑
Sophisticated demand	❑	❑	❑	❑	❑
Elasticity of demand by new products	❑	❑	❑	❑	❑
Development of the supply network and production structures	❑	❑	❑	❑	❑
International leading research facilities	❑	❑	❑	❑	❑
Functioning system of exploratory marketing	❑	❑	❑	❑	❑
Open, innovation-oriented regulation	❑	❑	❑	❑	❑
Authorisation standards that are trailblazing for permit authorisations in other countries	❑	❑	❑	❑	❑

Do you think the New Zealand is suitable as test market?

❑ No → Skip over the next 2 questions, please.
❑ Yes → Have you used New Zealand as a test market? ❑ Yes ❑ No

For which countries does the New Zealand market suit best? (Classify the 4 most suitable countries)

1st: ____________________ 2nd: ____________________

3rd: ____________________ 4th: ____________________

Which importance had the following institutions as information sources or / and giving an impetus to innovation in your NZ company since 1997? *(Please rate the importance for each of the three regions: city of location, New Zealand and abroad with 5 = very important, 1 = unimportant)*

	City of your location in NZ					New Zealand					Abroad				
	5	4	3	2	1	5	4	3	2	1	5	4	3	2	1
Internal sources of your company in NZ	❑	❑	❑	❑	❑	not possible					not possible				
Parent company / corporate companies	❑	❑	❑	❑	❑	❑	❑	❑	❑	❑	❑	❑	❑	❑	❑
Consultants, marketing agencies	❑	❑	❑	❑	❑	❑	❑	❑	❑	❑	❑	❑	❑	❑	❑
Other firms	❑	❑	❑	❑	❑	❑	❑	❑	❑	❑	❑	❑	❑	❑	❑
Universities, polytechnics	❑	❑	❑	❑	❑	❑	❑	❑	❑	❑	❑	❑	❑	❑	❑
Public research institutes	❑	❑	❑	❑	❑	❑	❑	❑	❑	❑	❑	❑	❑	❑	❑
Other research organizations / associations	❑	❑	❑	❑	❑	❑	❑	❑	❑	❑	❑	❑	❑	❑	❑
Governmental institutions: __________	❑	❑	❑	❑	❑	❑	❑	❑	❑	❑	❑	❑	❑	❑	❑
Other: __________	❑	❑	❑	❑	❑	❑	❑	❑	❑	❑	❑	❑	❑	❑	❑

Does your company have any organized technological co-operation with an institution given in the prior question? *(Please name it)* ____________________

How do you judge the following items with regard to your company's competitiveness / innovativeness? *(Tick a box in each line, 5 = very positive / supportive, 1 = very negative, x = don't know)*

	5	**4**	**3**	**2**	**1**	**x**
Infrastructure in New Zealand	❑	❑	❑	❑	❑	❑
Suppliers in New Zealand	❑	❑	❑	❑	❑	❑
Personnel from New Zealand	❑	❑	❑	❑	❑	❑
General governmental reforms	❑	❑	❑	❑	❑	❑
Patent regulation / law	❑	❑	❑	❑	❑	❑
Commercial law	❑	❑	❑	❑	❑	❑
Tax regulation	❑	❑	❑	❑	❑	❑
Finance & banking system	❑	❑	❑	❑	❑	❑
Labour market regulation	❑	❑	❑	❑	❑	❑
Environment law	❑	❑	❑	❑	❑	❑
Competition policy in New Zealand	❑	❑	❑	❑	❑	❑
Governmental efforts towards a knowledge-based society	❑	❑	❑	❑	❑	❑
General public research in New Zealand	❑	❑	❑	❑	❑	❑
Other: __________	❑	❑	❑	❑	❑	❑

Further comments to the questionnaire and the location New Zealand for your company:

____

____

FRAGEBOGEN WELLINGTONER UNTERNEHMEN

Companies are organized very differently. Is your company … *(Tick a box)*

❑ … an independent company without shares on other companies
❑… an independent company with shares on other companies
❑ … a subsidiary company of a group
❑ … other:______________________________________

Where is the location …

❑… of your company:______________________________________ *(Please name the city)*
❑… of the company's head office:____________________ *(Please name the city or country)*

Please describe shortly the field of activity and name the branch of your company:________________

When was your company founded in the Wellington region? _________ Year

Which of the functional areas below is your company performing in and which areas are partly or completely co-ordinated with corporate firms? *(Tick a box in each line, if you perform in the item)*

	Our company is performing	Partly / completely coordinated with corporate firms in New Zealand	Partly / completely coordinated with corporate firms abroad
Procurement	❑	❑	❑
R&D	❑	❑	❑
Production	❑	❑	❑
Marketing	❑	❑	❑
Sales, after-sales-services	❑	❑	❑
Finance	❑	❑	❑
Administration	❑	❑	❑
Human Resource / recruitment	❑	❑	❑

What is your turnover in 1999? *(Tick a box)*

❑ less than 100.000 N$ ❑ 100.000–1 Mill. N$ ❑ 1–5 Mill. N$
❑ 5–25 Mill. N$ ❑ 25–50 Mill. N$ ❑ over 50 Mill. N$

How many percent of your turnover in 1999 was sold ... ?

in the Wellington region:_______% in New Zealand:_______ % as Exports:_______%

How many employees had your enterprise on average in the following employment groups (in full time equivalents) in 1999?

→ engineers / scientists: _____ → technicians / foremen:_____
→ skilled workers: _____ → other personnel: _____ = **total:_____**

How many percent of your employees came from the following regions before the recruitment?

Wellington region:_______% New Zealand:_______% Abroad:_______%

Did you know the recruited persons before the recruitment process? *(Tick a box)*

Always ❑ ❑ ❑ ❑ ❑ Never

Please judge the past and the future development of the turnover and the employment of your company in the Wellington region. *(Tick a box in each line)*

	big increase		same		big decrease
Development of employment 1997–1999	❑	❑	❑	❑	❑
Development of employment 2000–2002	❑	❑	❑	❑	❑
Development of turnover 1997–1999	❑	❑	❑	❑	❑
Development of turnover 2000–2002	❑	❑	❑	❑	❑

Did your company in the Wellington region introduce since 1997 … *(Tick a box in each line)*

	Yes	No
… new or improved production procedures (including automation)	❑	❑
… new or improved products / services	❑	❑
… new markets (regions and / or target groups)	❑	❑
… a fundamental reorganization of the company	❑	❑
… new management principles	❑	❑

If you introduced product innovations, of which kind was the product innovation? *(Tick a box in each line)*

	Yes	No
Result from new materials or new input products	❑	❑
Result from new functional use of existing product	❑	❑
Creation of a totally new product	❑	❑

What percentage of your company's sales revenues is from products developed during the last three years? _____%

If you introduced other kinds of innovations, of which kind was the process innovation and / or the reorganization? *(Tick a box in each line)*

	Yes	No
Introduction of new production technique	❑	❑
Increasing of the degree of automation and mechanization	❑	❑
Increasing the flexibility of the production	❑	❑
Reduction of the production costs	❑	❑
Improvement of the working conditions / environment balance	❑	❑
Introduction of new electronic data processing equipment (back-office)	❑	❑

How important is innovation for your competitiveness? *(Tick a box)*

very important ❑ ❑ ❑ ❑ ❑ unimportant

How many percent of the turnover is approximately spent for …

Research and development in 1999? _____% and in 2002: _____%
Training of the staff in 1999? _____% and in 2002: _____%

Which importance had the following institutions giving an impetus to innovation for your company since 1997? *(Please rate the importance for each of the three regions: Wellington region, Rest of New Zealand and abroad with 5 = very important to 1 = unimportant)*

	Location Abroad					Wellington Region					New Zealand				
	5	4	3	2	1	5	4	3	2	1	5	4	3	2	1
Own company & corporate companies in …	❑	❑	❑	❑	❑	❑	❑	❑	❑	❑	❑	❑	❑	❑	❑
Customers in …	❑	❑	❑	❑	❑	❑	❑	❑	❑	❑	❑	❑	❑	❑	❑
Your last employer in …	❑	❑	❑	❑	❑	❑	❑	❑	❑	❑	❑	❑	❑	❑	❑
Suppliers / Subcontractors in …	❑	❑	❑	❑	❑	❑	❑	❑	❑	❑	❑	❑	❑	❑	❑
Competitors in …	❑	❑	❑	❑	❑	❑	❑	❑	❑	❑	❑	❑	❑	❑	❑
Other firms in …	❑	❑	❑	❑	❑	❑	❑	❑	❑	❑	❑	❑	❑	❑	❑
Firms providing services in …	❑	❑	❑	❑	❑	❑	❑	❑	❑	❑	❑	❑	❑	❑	❑
University / polytechnic in …	❑	❑	❑	❑	❑	❑	❑	❑	❑	❑	❑	❑	❑	❑	❑
Crown Research Institutes	❑	❑	❑	❑	❑	❑	❑	❑	❑	❑	not possible				
Research Associations	❑	❑	❑	❑	❑	❑	❑	❑	❑	❑	❑	❑	❑	❑	❑
Chamber of Commerce	❑	❑	❑	❑	❑	❑	❑	❑	❑	❑	❑	❑	❑	❑	❑
Capital Development Agency	❑	❑	❑	❑	❑	not possible					not possible				
Other:________________________	❑	❑	❑	❑	❑	❑	❑	❑	❑	❑	❑	❑	❑	❑	❑

Please give your judgement on the importance of the following factors by <u>local</u> contacts in the innovation process: *(Fill in a number between 5 = very important and 1 = very unimportant)*

Spatial nearness:	_____	Face-to-Face-contacts:	_____
Trust to the other person:	_____	Similar way of thinking:	_____
Acquaintance for many years:	_____	Same regional origin / identity:	_____

How important are the three areas in the Wellington region for your business?
(Please rate the importance for each of the three areas: with 5 = very important to 1 = unimportant)

	5	4	3	2	1
Wellington City	❑	❑	❑	❑	❑
Hutt Valley	❑	❑	❑	❑	❑
Porirua / Tawa	❑	❑	❑	❑	❑
other area:________________	❑	❑	❑	❑	❑

Have any persons who have left your company formed their own business?

❑ No ➔ Go on with the next question
❑ Yes: **How many companies were created through this process?** ______
➔ Are the new firms located in the Wellington region? all ❑ ❑ ❑ ❑ ❑ none
➔ Are there still any links? ❑ Yes ❑ No

How do you get at new information and stay up-to-date in your business? Of which importance are the following transfer channels distinguished by the three regions?
(Please rate the importance for each of the three regions: Wellington region, rest of New Zealand and abroad with 5 = very important to 1 = unimportant)

	Wellington Region					**New Zealand**					**Abroad**				
	5	4	3	2	1	5	4	3	2	1	5	4	3	2	1
Internal generation	❑	❑	❑	❑	❑	❑	❑	❑	❑	❑	❑	❑	❑	❑	❑
Fairs, exhibitions, conferences in ...	❑	❑	❑	❑	❑	❑	❑	❑	❑	❑	❑	❑	❑	❑	❑
Professional journals published in ...	❑	❑	❑	❑	❑	❑	❑	❑	❑	❑	❑	❑	❑	❑	❑
Electronic media, data bank, internet	❑	❑	❑	❑	❑	❑	❑	❑	❑	❑	❑	❑	❑	❑	❑
Personnel recruitment from ...	❑	❑	❑	❑	❑	❑	❑	❑	❑	❑	❑	❑	❑	❑	❑
Purchase of licences from ...	❑	❑	❑	❑	❑	❑	❑	❑	❑	❑	❑	❑	❑	❑	❑
Acquaintance / friendship within ...	❑	❑	❑	❑	❑	❑	❑	❑	❑	❑	❑	❑	❑	❑	❑
Patent documents from ...	❑	❑	❑	❑	❑	❑	❑	❑	❑	❑	❑	❑	❑	❑	❑
External research order in ...	❑	❑	❑	❑	❑	❑	❑	❑	❑	❑	❑	❑	❑	❑	❑
Training courses in ...	❑	❑	❑	❑	❑	❑	❑	❑	❑	❑	❑	❑	❑	❑	❑
Other:____________________	❑	❑	❑	❑	❑	❑	❑	❑	❑	❑	❑	❑	❑	❑	❑

In which of the following areas have you used external firms or services during the last five years? For those ticked, to what extent have you used firms from the region as opposed to firms located elsewhere? How do you rate the quality of the local service or advice provided? *(5 = very good, 1 = poorly)*

	Use		**Local firms use more as 50 %**		**If local use, judge the quality of the service**				
	Yes	No	Yes	No	5	4	3	2	1
Accountancy	❑	❑	❑	❑	❑	❑	❑	❑	❑
Banking	❑	❑	❑	❑	❑	❑	❑	❑	❑
Venture capital	❑	❑	❑	❑	❑	❑	❑	❑	❑
Legal services	❑	❑	❑	❑	❑	❑	❑	❑	❑
Management consultants	❑	❑	❑	❑	❑	❑	❑	❑	❑
Technical consultants	❑	❑	❑	❑	❑	❑	❑	❑	❑
Personnel and recruitment	❑	❑	❑	❑	❑	❑	❑	❑	❑
Marketing, advertising, PR	❑	❑	❑	❑	❑	❑	❑	❑	❑
Computer services	❑	❑	❑	❑	❑	❑	❑	❑	❑
Other:______________	❑	❑	❑	❑	❑	❑	❑	❑	❑

Has your company had any contacts to universities / polytechnics since 1997? *(Tick three times in each line)*

	University / Polytechnic					
	Wellington Region		New Zealand		abroad	
	Yes	No	Yes	No	Yes	No
Through informal contacts	❑	❑	❑	❑	❑	❑
Through employment of college / university students	❑	❑	❑	❑	❑	❑
Through doctoral-, master thesis ...	❑	❑	❑	❑	❑	❑
Through an institution (e. g. Victoria Link)	❑	❑	❑	❑	❑	❑
Through joint innovation projects / R&D order	❑	❑	❑	❑	❑	❑
Other:____________________	❑	❑	❑	❑	❑	❑

Has your company had any contacts to Crown Research Institutes since 1997? *(Tick two times in each line)*

	Crown Research Institutes in the Wellington region		Crown Research Institutes outside Wellington region	
	Yes	No	Yes	No
Through informal contacts	❑	❑	❑	❑
Through joint innovation projects / R&D order	❑	❑	❑	❑
Employment of former collaborators from CRI	❑	❑	❑	❑
Other:________________	❑	❑	❑	❑

Has your company had any close contacts / co-operation with other firms since 1997? (Tick four times in each line)

	With companies in the line of your business: in Wellington		With companies in the line of your business: outside Wellington		With companies out of the line of your business: in Wellington		With companies out of the line of your business: outside Wellington	
	Yes	No	Yes	No	Yes	No	Yes	No
Informal contacts / acquaintance	❑	❑	❑	❑	❑	❑	❑	❑
Joint Procurement / Production	❑	❑	❑	❑	❑	❑	❑	❑
Joint Marketing	❑	❑	❑	❑	❑	❑	❑	❑
Joint R&D	❑	❑	❑	❑	❑	❑	❑	❑
Joint distribution	❑	❑	❑	❑	❑	❑	❑	❑
Other:________________	❑	❑	❑	❑	❑	❑	❑	❑

Have you received help from any governmental institution since 1997?
(Tick two boxes in each line)

	From a governmental institution in the Wellington region		From a governmental institution outside Wellington region	
	Yes	No	Yes	No
General Consultation	❑	❑	❑	❑
Support by export / import	❑	❑	❑	❑
Use of the governmental information pool	❑	❑	❑	❑
Informal advice	❑	❑	❑	❑
Other:________________	❑	❑	❑	❑

Please name the most important non-company contact for your business (Crown Research Institute/ University/ Polytechnic/ Governmental Institution/ Chamber/ Association): ________________

How would you judge the following items with regard to your competitiveness? *(Tick a box in each lime with 5 = very positive, 1 = very negative, x = don't know)*

	5	4	3	2	1	x
Local business network	❑	❑	❑	❑	❑	❑
Future development of the Wellington region	❑	❑	❑	❑	❑	❑
Culture/attitude to innovation in the Wellington region	❑	❑	❑	❑	❑	❑
Culture/attitude to innovation in New Zealand	❑	❑	❑	❑	❑	❑
Qualification of the New Zealand labour force	❑	❑	❑	❑	❑	❑
Modern infrastructure in New Zealand	❑	❑	❑	❑	❑	❑
National competitive suppliers	❑	❑	❑	❑	❑	❑
Sophistication of demand in New Zealand	❑	❑	❑	❑	❑	❑
Sophistication of governmental procurement	❑	❑	❑	❑	❑	❑
Intensity of competition in New Zealand	❑	❑	❑	❑	❑	❑
Patent regulation / laws	❑	❑	❑	❑	❑	❑
Tax regulation	❑	❑	❑	❑	❑	❑
Finance & banking system	❑	❑	❑	❑	❑	❑
Labour market regulation	❑	❑	❑	❑	❑	❑
General public research in New Zealand	❑	❑	❑	❑	❑	❑

Further Comments to the questionnaire, to the regional innovation system and the local network (problems in the innovation process, improvement proposals etc.): ________________

LITERATURVERZEICHNIS

ACADEMIC AUDIT UNIT (2000): Lincoln University, Oktober 2000.

ACADEMIC AUDIT UNIT (2001): University of Canterbury, März 2001.

ACADEMIC AUDIT UNIT (2001): Victoria University of Wellington, Februar 2001.

ACS, ZOLTÁN J./ DE LA MOTHE / PAQUET, GILLES (2000): Regional Innovation: In Search of an Enabling Strategy, in: Acs, Zoltán J. (Hrsg.): Regional Innovation, Knowledge, and Global Change, London, S. 37–49.

AGNES, PIERRE (2000): The „End of Geography" in Financial Services? Local Embeddedness and Territorialization in the Interest Rate Swaps Industry, in: Economic Geography, Vol. 76, 4 / 2000, S. 347–366.

AIGINGER, KARL / HUTSCHENREITER, GERNOT / HOLLENSTEIN, HEINZ / KNOLL, NORBERT (2001): Innovation and Productivity of European Manufacturing, Austrian Institute of Economic Research WIFO Commissioned by the European Commission, DG Enterprise (Tassos Bellesiotis, George Lemonidis) as Background Paper for the Competitiveness Report 2001, Brüssel.

AITKEN-CHRISTIE, JENNY (1999): Priority Setting and Leadership: A Private Sector View, in: Royal Society of New Zealand (Hrsg.): Leadership Priorities for New Zealand Science and Technology, Wellington, S. 16–18.

AKOORIE, MICHÈLE (2001): Research On Business Clustering And Networking in New Zealand: Future Directions, in: Yeabsley, John (Hrsg.): Global Player? Benchmarking New Zealand's Competitive Upgrade, Research Monograph 67, NZIER, Wellington, S. 66–84.

ALBACH, HORST (1993): Culture and Technical Innovation: A Cross-Cultural Analysis and Policy Recommendations, Akademie der Wissenschaften zu Berlin, Berlin u. a.

ALDERMAN, NEIL (2000): Distributed Knowledge in Complex Engineering Project Networks: Implications for Regional Innovation Systems, CURDS, Newcastle.

ALTMANN, JÖRN (1995): Wirtschaftspolitik, 6. Auflage, Stuttgart u. a.

AMENDOLA, GIOVANNI / DOSI, GIOVANNI / PAPAGNI, ERASMO (1993): The Dynamics of International Competitiveness, in: Weltwirtschaftliches Archiv, Band 129, 3 / 1993, S. 451–471.

AMIDON, DEBRA M. (1999): Das stille Erwachen: Innovationsstrategie für die Wissensgesellschaft, Frankfurt am Main.

AMIN, ASH / ROBINS, KEVIN (1991): These Are Not Marshallian Times, in: Camagni, Roberto (Hrsg.): Innovation Networks: Spatial Perspectives, London u. a., 105–118.

AMIN, ASH / THRIFT, NIGEL (1995): Globalization, Institutional 'Thickness' and the Local Economy, in: Healey, Peter (Hrsg.): Managing Cities: The New Urban Context, Chichester, S. 92–108.

ANDERSEN, BRIGITTE / METCALFE, STANLEY J. / TETHER, BRUCE (2000): Distributed Innovation Systems and Instituted Economic Processes, in: Metcalfe, Stanley J. / Miles, Ian (Hrsg.): Innovation Systems in the Service Economy: Measurement and Case Study Analysis, Boston u. a., S. 15–42.

ANDERSEN, ESBEN S. / LUNDVALL, BENGT-ÅKE (1997): National Innovation Systems and the Dynamics of the Division of Labour, in: Edquist, Charles (Hrsg.): Systems of Innovation: Technologies, Institutions and Organizations, London, S. 242–265.

ANDERSON, BRUCE (1997): Local Government: Facts, Policies and Assumptions, in: Public Sector, Vol. 20, 3 / 1997, S. 18–22.

ANSELIN, LUC / VARGA, ATTILA / ACS, ZOLTÁN J. (1997): Entrepreneurship, Geographic Spillovers and University Research: A Spatial Econometric Approach, Paper presented at the International Conference on Innovation and Performance of SMEs, Cambridge, 17 March 1997.

ANTONELLI, CRISTIANO / QUÈRÈ, MICHEL (2001): The Governance of Interactive Learning within Innovation Systems, ESRC CITIES Competitiveness and Cohesion Programme International Research Workshop on "Innovation and Competitive Cities in the Global Economy" Worcester College, Oxford University, 28–30 March, 2001.

AOKI, REIKO / HU, JIN-LI (1999): Licensing vs. Litigation: The Effect of the Legal System on Incentives to Innovate, in: Journal of Economics & Management Strategy, Vol. 8, 1 / 1999, S. 133–160.

APEC (2001): Government Procurement Survey New Zealand 2001, in: [http://www.apecsec.org.sg/download/govtproc/gp-nz.exe] [06.08.2002].

ARCHIBUGI, DANIELE / LUNDVALL, BENGT-ÅKE (2001) (HRSG.): The Globalizing Learning Economy, Oxford.

ARCHIBUGI, DANIELE / MICHIE, JONATHAN (1997): Technological Globalisation or National Systems of Innovations?, in: Futures, Vol. 29, 2 / 1997, S. 121–137.

ARROW, KENNETH J. (1962B): Economic Welfare and the Allocation of Resources for Invention, ursprünglich in: National Bureau of Economic Research (Hrsg.): The Rate and Direction of Incentive Activity: Economic and Social Factors, Princeton, S. 609–625.

ARROW, KENNETH J. (1970): Essays in the Theory of Risk-Bearing, Amsterdam u. a.

ARROW, KENNETH J. (1986): Rationality of Self and Others in an Economic System, in: Journal of Business, Vol. 59, October, S. S385–S399.

ARROW, KENNETH J. (1995): Viewpoint: The Future, in: Science, 267, March 17, S. 1617.

ASHEIM, BJÖRN T. / ISAKSEN, ARNE (2000): Localised Knowledge, Interactive Learning and Innovation, in: Vatne, Eirik / Taylor, M. (Hrsg.): The Networked Firm in a Global World: Small Firms in New Environments, Aldershot, Ashgate, S. 163–198.

ATKINSON, PAUL E. (1997): New Zealand's Radical Reforms, in: OECD Observer, Nr. 205, April / May 1997, S. 43–47.

AUCKLAND CITY COUNCIL ET AL. (2001): Quality of Life in New Zealand's Six Largest Cities, Auckland.

AUDRETSCH, DAVID B. / WEIGAND, CLAUDIA (1999): Innovation, Raumstruktur und Internationalisierungsstrategien, in: Mayer, Otto G. / Scharrer, Hans-Eckart (1999) (Hrsg): Internationale Unternehmensstrategie und nationale Standortpolitik, Baden-Baden, S. 129–150.

AUSTRALIAN DEPARTMENT OF INDUSTRY, SCIENCE AND RESOURCES (1999): National Innovation Systems of Selected Nations, Melbourne.

AXFORD, IAN (1999): The Role of Basic Science, in: Royal Society of New Zealand (Hrsg.): Leadership Priorities for New Zealand Science and Technology, Wellington, S. 31–33.

BALASSA, BELA (1962): Recent Developments in the Competitiveness of American Industry and Prospects for the Future, in: Joint Economic Committee (Hrsg.): Factors Affecting the United States Balance of Payments, Washington D. C.

BATES, WINTON (2001), How Much Government?: Do High Levels of Spending and Taxing Harm Economic Performance?, Draft Report Commissioned by the New Zealand Business Roundtable, Wellington.

BAUMANN, ZYGMUND (1996): Glokalisierung oder: Was für die einen Globalisierung, ist für die anderen Lokalisierung, in: Das Argument, 217 / 1996, S. 653–664.

BECKER, WOLFGANG / PETERS, JÜRGEN (2000): University Knowledge and Innovation Activities: Evidence from the German Manufacturing Industry, in: Nooteboom, Bart / Saviotti, Pier P. (Hrsg.): Technology and Knowledge: From Firm to Innovation Systems, Cheltenham u. a., S. 80–117.

BEDFORD, RICHARD / GOODWIN, JOANNE / HO, ELSIE / LIDGARD, JACQUELINE (1997): Migration in New Zealand 1986–1996: A Regional Perspective, in: New Zealand Journal of Geography, October 1997, S. 16–43.

BEISE, MARIAN / STAHL, HARALD (1998): Public Research and Industrial Innovations in Germany, ZEW-Discussion Paper No. 98-37, Mannheim.

BELL, CLAUDIA (1996): Inventing New Zealand: Everyday Myths of Pakeha Identity, Auckland.

BELLENDORF, HEINZ (1994): Die internationale Wettbewerbsfähigkeit der deutschen Wirtschaft im weltweiten Strukturwandel, Europäische Hochschulschriften: Reihe 5, Volks- und Betriebswirtschaft, Band 1502, Frankfurt am Main u. a.

BELLON, BERTRAND / NIOSI, JORGE E. (1994): The Global Interdependence of National Innovation Systems: Evidence, Limits and Implications, in: Technology in Society, Vol. 16, 2 / 1994, S. 173 – 197.

BENDER, DIETER (1995): Außenhandel, in: Bender, Dieter / Berg, Hartmut / Cassel, Dieter (Hrsg.): Vahlens Kompendium der Wirtschaftstheorie und Wirtschaftspolitik, Teil 1, 6. Aufl., München, S. 421–481.

BERG, HARTMUT (1982): Internationale Wettbewerbsfähigkeit und nationale Wirtschaftspolitik, in: Besters, Hans (Hrsg.): Internationale Wettbewerbsfähigkeit bei unterschiedlichen Sozialordnungen – USA, Japan, Bundesrepublik Deutschland, Baden-Baden, S. 14 -31.

BERG, NICOLA / HOLTBRÜGGE, DIRK (1997): Wettbewerbsfähigkeit von Nationen – der „Diamant"-Ansatz von Porter, in: Wirtschaftswissenschaftliches Studium, 4 / 1997, S. 199–201.

BERGER, JOHANNES (1990): Einleitung, in: Berger, Johannes / Domeyer, Volker / Funder, Maria (Hrsg.): Kleinbetriebe im wirtschaftlichen Wandel, Frankfurt am Main, S. 9 - 18.

BERGER, MANUEL (2000): Neuseelands Wirtschaftsreformen seit 1984: Darstellung und Würdigung unter besonderer Berücksichtigung des Arbeitsmarktes, Pforzheim.

BERGER, PETER L. / LUCKMANN THOMAS (1974): Die gesellschaftliche Konstruktion der Wirklichkeit. Eine Theorie der Wissenssoziologie, 4. Auflage, Frankfurt am Main.

BERGER, ROLAND (2002): Stoppt den Exodus der Kreativen, in: Handelsblatt, 12.-13.07.2002, S. 11.

BERNAUER, THOMAS (1997): Weltpolitik im 21. Jahrhundert: kein „Vorwärts in die Vergangenheit", in: Vereinte Nationen, 2 / 97, S. 49–55.

BERTEIT, HERBERT (2001): Innovation Networks and Industrial Research in the New Federal States: Perspectives of Economy and Structural Policy, in: Koschatzky, Knut / Kulicke, Marianne / Zenker, Andrea (Hrsg.): Innovation Networks: Concepts and Challenges in the European Perspective, Heidelberg, S. 223–242.

BERTELSMANN STIFTUNG (1996): Die Befreiung des Arbeitsmarktes: Neuseelands Wirtschaft im Aufschwung, Gütersloh.

BEZAR, HOWARD (1999): Contributions of Science To the Primary Industries, in: Royal Society of New Zealand (Hrsg.): Leadership Priorities for New Zealand Science and Technology, Wellington, S. 115–118.

BIRKS, STUART / CHATTERJEE, SRIKANTA (1997): The New Zealand Economy: Issues and Policies, 3. Auflage, Palmerston North.

BLETSCHACHER, GEORG / KLODT, HENNING (1992): Strategische Handels- und Industriepolitik: Theoretische Grundlagen, Branchenanalysen und wettbewerbspolitische Implikationen, Kieler Studien 244, Tübingen.

BMBF (1999, 2001a) (Hrsg.): Zur technologischen Leistungsfähigkeit Deutschlands: Zusammenfassender Endbericht, Bonn.

BMBF (2001b): Innovative regionale Wachstumskerne, www.wachstumskerne.de [24.04.02].

BOFINGER, PETER (1995): Die internationale Wettbewerbsfähigkeit ganzer Volkswirtschaften, in: Kredit und Kapital, 4 / 1995, S. 467–497.

BOLES DE BOER, DAVID / EVANS, LEWIS (1996): The Economic Efficiency of Telecommunications in a Deregulated Market: The Case of New Zealand, in: The Economic Record, Vol. 72, March 1996, S. 24–35.

BOLLARD, ALAN (1988) (HRSG.): The Influence of United States Economics on New Zealand, Wellington.

BOLLARD, ALAN / HARPER, DAVID / THERON, MARGRIET (1987): Research and Development in New Zealand: A Public Policy Framework, Wellington.

BOLLARD, ALAN / LATTIMORE, RALPH / SILVERSTONE, BRIAN (1996): Introduction, in: Bollard, Alan / Lattimore, Ralph / Silverstone, Brian (Hrsg.): A Study of Economic Reform: The Case New Zealand, Amsterdam u. a., S. 1–30.

BOLLARD, E. G. (1986): Science and Technology in New Zealand: Opportunity for New Zealand, National Research Advisory Council, Wellington.

BOOZ, ALLEN & HAMILTON (1991) (HRSG.): Integriertes Technologie- und Innovationsmanagement, Berlin.

BORENSZTEIN, EDUARDO / DE GREGORIO, JOSÉ / LEE, JONG-WHA (1998): How Does Foreign Direct Investment Affect Economic Growth?, in: Journal of International Economics, Vol. 45, June 1998, S. 115–135.

BOROCH, WILFRIED (1995): Internationale Wettbewerbsfähigkeit, Innovationswettbewerb und Wirtschaftspolitik, in: Hamburger Jahrbuch für Wirtschafts- und Gesellschaftspolitik, Bd. 40, S. 315–336.

BOSTON, JONATHAN / MARTIN, JOHN / PALLOT, JUNE / WALSH, PAT (1996): Public Management: The New Zealand Model, Auckland.

BÖTTCHER, SIEGFRIED (1999): Kulturelle Unterschiede – Grenzen der Globalisierung: Ein Vergleich zwischen dem Westen und Ostasien, Schriftenreihe des Ifo Instituts für Wirtschaftsforschung Nr. 147, Berlin.

BRACZYK, HANS-JOACHIM / COOKE, PHILIP / HEIDENREICH, MARTIN (1998) (HRSG.): Regional Innovation Systems: The Role of Governance in a Globalized World, London u. a.

BRANDT, RALPH (1998) (HRSG.): Unternehmen im Wandel – Change Management, Berlin u. a.

BRASH, DONALD T. (1996): New Zealand's Remarkable Reforms, London.

BRENNAN, GEOFFREY / BUCHANAN, JAMES M. (1985): The Reason of Rules – Constitutional Political Economy, Cambridge.

BRESCHI, STEFANO (2000): The Geography of Innovation: A Cross-Sectoral Analysis, in: Regional Studies, Vol. 34, 3 / 2000, S. 213–229.

BRESCHI, STEFANO / MALERBA, FRANCO (1997): Sectoral Innovation Systems: Technological Regimes, in: Edquist, Charles (Hrsg.): Systems of Innovation: Technologies, Institutions and Organizations, London, S. 130–156.

BRIGGS, JOHN / PEAT, FREDERICK D. (1990): Die Entdeckung des Chaos: Eine Reise durch die Chaos-Theorie, München u. a.

BROWN, KATE / CAMERON, NEIL (1995): Barriers to the Development of a Viable Venture Capital Market in New Zealand, in: New Zealand Journal of Business, Vol. 17, 1 / 1995, S. 59–74.

BRÜGGELAMBERT, GREGOR (1999): Institutionen als Informationsträger: Erfahrungen mit Wahlbörsen, Institutionelle und evolutorische Ökonomik, Bd. 8, Marburg.

BULLINGER, HANS-JÖRG / WARSCHAT, JOACHIM / PRIETO, JUAN / WÖRNER, KAI (1998): Wissensmanagement – Anspruch und Wirklichkeit: Ergebnisse einer Unternehmensstudien in Deutschland, in: Information Management, 1 / 1998, S. 7–23.

BURDON, PHILIP (1995): APEC: Competition Policy and Law, in: New Zealand Foreign Affairs and Trade Records, July 1995, S. 20–22.

BURETH, ANTOINE / HÉRAUD, JEAN-ALAIN (2001): Institutions of Technological Infrastructure (ITI) and the Generation and Diffusion of Knowledge, in: Koschatzky, Knut / Kulicke, Marianne / Zenker, Andrea (Hrsg.): Innovation Networks: Concepts and Challenges in the European Perspective, Heidelberg, S. 69–91.

BUSCH, RAINER (1987): Internationale technologiebestimmte Wettbewerbsfähigkeit und Forschungs- und Technologiepolitik: Eine komparative Studie, Europäische Hochschulschriften, Reihe V, Volks- und Betriebswirtschaft, Bd. 807, Frankfurt am Main u. a.

BUSH, GRAHAM (1995): Local Government and Politics in New Zealand, 2. Auflage, Auckland.

BUTEWEG, JÖRG (1988): Systemtheorie und ökonomische Analyse: Ansätze einer neuen Denkweise vor neoklassischen Hintergrund, Pfaffenweiler.

BUTTERWORTH, GRAHAM / BUTTERWORTH, SUSAN (1998): Reforming Education: The New Zealand Experience 1984–1996, Palmerston North.

BUWALDA, JAMES (1999): Priorities and Leadership: A Government View, in: Royal Society of New Zealand (Hrsg.): Leadership Priorities for New Zealand Science and Technology, Wellington. S. 10–15.

CACCOMA, JEAN-LOUIS (1998): System of Innovation Approach, in: Economics of Innovation and New Technology, 7 / 1998, S. 245–269.

CAMAGNI, ROBERTO (1991) (HRSG.): Innovation Networks: Spatial Perspectives, London u. a.

CAMAGNI, ROBERTO (1991A): Introduction: From the Local 'Milieu' to Innovation through Cooperation Networks, in: Camagni, Roberto (Hrsg.): Innovation Networks: Spatial Perspectives, London u. a., S. 1–9.

CAMAGNI, ROBERTO (1991B): Local 'Milieu', Uncertainty and Innovation Networks: Towards a New Dynamic Theory of Economic Space, in: Camagni, Roberto (Hrsg.): Innovation Networks: Spatial Perspectives, London u. a., S. 121–144.

CAMAGNI, ROBERTO, ROBERTA (2000): The Role of Inter-SME Networking and Links in Innovative High-Technology Milieux, in: Keeble, David / Wilkinson, Frank (Hrsg.): High-Technology Clusters, Networking and Collective Learning in Europe, Aldershot, S. 118–155.

CAMERON-JONES, CHRIS (2000): NZ Growth Curbed – Economist, in: The Dominion, 13.01.2000, S. 15.

CAMPBELL-HUNT, COLIN / CORBETT, LAWRENCE (2001): The Path to Competitive Advantage: Strategic Development in New Zealand Firms During the 1990s, in: Yeabsley, John (Hrsg.): Global Player? Benchmarking New Zealand's Competitive Upgrade, Research Monograph 67, NZIER, Wellington, S. 25–40.

CANTER, UWE (1995): Die Quellen des Wachstums: Die Neue Wachstumstheorie aus Schumpeterianischer Sicht, in: Hanusch, Horst / Gick, Wolfgang (Hrsg.): Ansätze für ein neues Denken in der Wirtschaftspolitik, Berichte und Studien der Hans-Seidel-Stiftung e. V., Reihe Wirtschaftspolitik, Bd. 70, München, S. 27–45.

CANTER, UWE (2000): Die Bedeutung von Innovationssystemen für die internationale Wettbewerbsfähigkeit, in: Staroske, Uwe / Wiegand-Kottisch, Maren / Wohlmuth, Kai (Hrsg.): Innovation als Schlüsselfaktor eines erfolgreichen Wirtschaftsstandortes: Nationale und regionale Innovationssysteme im globalen Wettbwerb, Münster u. a., S. 77–110.

CANTER, UWE / HANUSCH, HORST (1992): Thesen zur Systemtransformation als Schumpeterianischer Prozeß, Volkswirtschaftliche Diskussionsreihe der Universität Augsburg, Beitrag Nr. 70, Augsburg.

CANTWELL, JOHN / FAI, FELICIA (1999): Firms as the Source of Innovation and Growth: The Evolution of Technological Competence, in: Journal of Evolutionary Economics, Vol. 9, 3 / 1999, S. 331–366.

CAPRA, FRIDJOF (1992): Systemisches Denken – das neue Paradigma, in: Königswieser, Roswita / Lutz, Christian (Hrsg.): Das systemisch evolutionäre Management: Der neue Horizont für Unternehmer, 2. Auflage, Wien, S. 307–309.

CAPRON, HENRI / CINCERA, MICHELE (1996): National Innovation Systems: Pilot Case Study of the Belgian Innovation System, Study Carried out for the Belgian Federal Office for Scientific, Technical and Cultural Affairs (OSTC) in the Context of the OECD Working Group on Innovation and Technology Policy.

CAPRON, HENRI / MEEUSEN, WIM (2000): The National Innovation System of Belgium, Heidelberg.

CARACOSTAS, PARASKEVAS / SOETE, LUC (1997) : The Building of Cross-Border Institutions in Europe: Towards a European System of Innovation, in: Edquist, Charles (Hrsg.): Systems of Innovation: Technologies, Institutions and Organizations, London, S. 395–419.

CARLSSON, BO / JACOBSSON, STAFFAN (1997): Diversity Creation and Technological Systems: A Technology Perspective, in: Edquist, Charles (Hrsg.): Systems of Innovation: Technologies, Institutions and Organizations, London, S. 266–290.

CASTELLS, MANUEL / HALL, PETER (1994): Technopoles of the World: The Making of 21st Century Industrial Complexes, London.

CCMAU (2001): [www.ccmau.govt.nz] [06.02.2002].

CERVANTES, MARIO (1997): Diffusing Technology to Industry, in: The OECD Observer, No. 207, Aug. / Sept. 1997, S. 20–23.

CHESNAIS, FRANÇOIS (1993): The French National System of Innovation, in: Nelson, Richard R. (Hrsg.): National Innovation Systems: A Comparative Analysis, Oxford, S. 192–229.

CHO, DONG-SUNG / MOON, HWY-CHANG (2000): From Adam Smith to Michael Porter: Evolution of Competitiveness Theory, Singapore u. a.

CHUDNOVSKY, DANIEL / NIOSI, JORGE / BERCOVICH, NESTOR (1999): National Systems of Innovation (NSIs), Learning and Technology Policy: A Comparison of Canada and Argentina, A Presentation to the Seminar on "Policies for Strengthening the National Science, Technology and Innovation System: The International Experience and the Path Followed by Argentina", Buenos Aires, September 1999.

CIMOLI, MARIO / DOSI, GIOVANNI (1996): Technological Paradigms, Patterns of Learning and Development: An Introduction Roadmap, in: Dopfer, Kurt (Hrsg.): The Global Dimension of Economic Evolution: Knowledge Variety and Diffusion in Economic Growth and Development, Heidelberg, S. 63–88.

CLAUSEN, HARTMUT / LÖBBE, KLAUS (2001): Indikatoren nachhaltiger Entwicklung: Einige Anmerkungen aus der Sicht der empirischen Wirtschaftsforschung, in: Eckey, Hans-Friedrich / Hecht, Dieter / Junkernheinrich, Martin / Karl, Helmut / Werbeck, Nicola / Wink, Rüdiger (Hrsg.): Ordnungspolitik als konstruktive Antwort auf wirtschaftspolitische Herausforderungen, Stuttgart, S. 255–282.

COASE, RONALD H. (1937): The Nature of the Firm, in: Economica, 4 / 1937, S. 386–405.

COMMISSION OF THE EUROPEAN COMMUNITIES (2000): Towards a European Research Area, Brüssel.

COOKE, PHILIP (1998): Introduction: Origins of the Concept, in: Braczyk, Hans-Joachim / Cooke, Philip / Heidenreich, Martin (Hrsg.): Regional Innovation Systems: The Role of Governance in a Globalized World, London u. a., S. 2–25.

COOKE, PHILIP / MORGAN, KEVIN (1994): The Creative Milieu: A Regional Perspective on Innovation, in: Dodgson, Mark / Rothwell, Roy (Hrsg.): The Handbook of Industrial Innovation, Cheltenham, S. 25–32.

COOKE, PHILIP / MORGAN, KEVIN (1998): The Associational Economy: Firms, Regions and Innovation, Oxford.

COOKE, PHILIP / URANGA, MIKEL G. / ETXEBARRIA, GOIO (1998): Regional Systems of Innovation: An Evolutionary Perspective, in: Environment and Planning A 30, S. 1563–1584.

CORBETT, LAWRENCE M. (1998): New Zealand Manufacturing: 1998 Strategies and Performance, Wellington.

CORIAT, BENJAMIN / DOSI, GIOVANNI (1998): The Institutional Embeddedness of Economic Change: An Appraisal of the "Evolutionary" and "Regulationist" Research Programmes, in: Nielsen, Klaus / Johnson, Björn (Hrsg.): Institutions and Economic Change, Cheltenham u. a., S. 3–32.

CORNELLI, FRANCESCA / SCHANKERMAN, MARK (1999): Patents Renewals and R&D Incentives, in: RAND Journal of Economics, Vol. 30, 2 / 1999, S. 197–213.

CORREA, CARLOS M. (2001): University-Enterprise Linkages in the Area of Biotechnology, in: López-Martínez, Roberto E. / Piccaluga, Andrea (Hrsg.): Knowledge Flows in National Systems of Innovation, Cheltenham u. a., S. 155–167.

COSTELLO, DONNA (1993): A Cross-Country, Cross-Industry Comparison of Productivity Growth, in: Journal of Political Economy, 2 / 1993, Vol. 101, S. 207–222.

CREVOISIER, OLIVIER (2001): Der Ansatz des kreativen Milieus: Bestandsaufnahme und Forschungsperspektiven am Beispiel urbaner Milieus, in: Zeitschrift für Wirtschaftsgeographie, Jg. 45, 3-4 / 2001, S. 246–256.

CROCOMBE, GRAHAM T. / ENRIGHT, MICHAEL J. / PORTER, MICHAEL E. (1991): Upgrading New Zealand's Competitive Advantage, Oxford u. a.

CRONE, MIKE / ROPER, STEPHEN (2001): Local Learning from Multinational Plants: Knowledge Transfer in the Supply Chain, in: Regional Studies, Vol. 35, 6 / 2001, S. 535–548.

DALZIEL, PAUL (1993): The Reserve Bank Act: Reflecting Changing Relationships between State and Economy in the Twentieth Century, in: Roper, Brian / Ruud, Chris (Hrsg.): Sate and Economy in New Zealand, Auckland, S. 74–90.

DALZIEL, PAUL / LATTIMORE, RALPH (1999): The New Zealand Macroeconomy: A Briefing on the Reforms, 3. Auflage, Oxford u. a.

DARROCH, JENNY / ENGELBRECHT, HANS-JÜRGEN (1998): A Comparative Macro-Level Assessment of New Zealand's , National Innovation System', Massey University Discussion Paper 98-13, Palmerston North.

DAUDERSTÄDT, MICHAEL (1998): Neuseeland: Kritische Bestandsaufnahme eines Modells, Internet-Publikation: [www.fes.de/organisation/europe/publicat/neuseela.htm].

DAVENPORT, SALLY / BIBBY, DAVID (1999): Rethinking a National Innovation System: The Small Country as 'SME', in: Technology Analysis & Strategic Management, Vol. 11, 3 / 1999, S. 431–462.

DAVENPORT, TOM / PRUSAK, LAURENCE (1998). Working Knowledge, Boston.

DAVIES, PAUL (1991): Prinzip Chaos: die neue Ordnung des Kosmos, 3. Auflage, München.

DE FREITAS, CHRIS (2000): Why Are We So Lax about Our Foul Air?, in: NZ Herald, 13.3.2000, S. A17.

DE LA MOTHE, JOHN / PAQUET, GILLES (1998A): National Innovation Systems, "Real Economics" and Instituted Processes, in: Small Business Economics, 11 / 1998, S. 101–111.

DE LA MOTHE, JOHN / PAQUET, GILLES (1998B) (HRSG.): Local and Regional Systems of Innovation, Boston u. a.

DE LA MOTHE, JOHN / PAQUET, GILLES (2000): National Innovation Systems and Instituted Processes, in: Acs, Zoltan J. (Hrsg.) : Regional Innovation, Knowledge and Global Change, London, S. 27–36.

DEARDORFF, ALAN / LATTIMORE, RALPH (1999): Trade and Factor-Market Effects of New Zealand's Reforms, NZ Trade Consortium Working Paper No. 3, NZIER, Wellington.

DEBRESSON, CHRISTIAN / AMESSE, FERNAND (1991): Networks of Innovators: A Review and Introduction to the Issue, in: Research Policy, Vol. 20, S. 363–379.

DEPARTMENT OF TRADE AND INDUSTRY (O. J.) An Empirical Study of the UK Innovation System, London.

DEUTSCHES INSTITUT FÜR ENTWICKLUNGSPOLITIK (1996) (HRSG.): Globaler Wettbewerb und nationaler Handlungsspielraum, Köln.

DEVINE, SEAN (1997): The Science Reforms Seven Years On, in: NZ Science Review, Vol. 54, 3-4 / 1997. S. 70–74.

DICHTL, ERWIN / HARDOCK, PETRA / SCHAWILYE, RAMONA (1997): Standort Deutschland: Fakten contra Fiktion, Mannheim.

DIECKHEUER, GUSTAV (1995): Internationale Wirtschaftsbeziehungen, 3. Auflage, München.

DORÉ, JULIA / CLAR, GÜNTER (1997): Die Bedeutung von Humankapital, in: Doré, Julia / Clar, Günter / Mohr, Hans (Hrsg.): Humankapital und Wissen: Grundlagen einer nachhaltigen Entwicklung, Berlin u. a., S. 160–174.

DORFMAN, NANCY (1987): Innovation and Market Structure, Cambridge.

DÖRSCHUCK, OLIVER (1999): Unternehmensgründungen: Volkswirtschaftliche Bedeutung, betriebswirtschaftliche Gründungsproblematik und Fördereffizienz dargestellt am Beispiel der Stadt Mannheim, unveröffentlichte Diplomarbeit, Universität Mannheim.

DOSI, GIOVANNI (1988): Sources, Procedures and Microeconomic Effects of Innovation, in: Journal of Economic Literature, Vol. 26, 3 / 1988, S. 1120–1171.

DOSI, GIOVANNI / MALERBA, FRANCO (1996) (HRSG.): Organization and Strategy in the Evolution of the Enterprise, London.

DOSI, GIOVANNI / NELSON, RICHARD R. (1994): An Introduction to Evolutionary Theories in Economics, in: Journal of Evolutionary Economics, Jg. 4, 4 / 1994, S. 153–172.

DOSI, GIOVANNI / PAVITT, KEITH / SOETE, LUC (1990): The Economics of Technological Change and International Trade, Brighton.

DOUGLAS, ROGER (1993): Unfinished Business, Auckland.

DREHER, CARTSEN (1997): Technologiepolitik und Technologiediffusion: Auswahl und Einsatz von Förderinstrumenten am Beispiel der Fertigungstechnik, Karlsruher Beiträge zur wirtschaftspolitischen Forschung, Bd. 5, Baden-Baden.

DRUCKER, PETER F. (1993): Die postkapitalistische Gesellschaft, Düsseldorf u. a.

DRUCKER, PETER F. (1999): Management im 21. Jahrhundert, 2. Auflage, München.

DUNCAN, IAN (1996): Public Enterprises, in: Bollard, Alan / Lattimore, Ralph / Silverstone, Brian (Hrsg.): A Study of Economic Reform: The Case New Zealand, Amsterdam u. a., S. 389–424.

DUNCAN, IAN / BOLLARD, ALAN A. (1992): Corporatization and Privatization: Lessons from New Zealand, Auckland.

DUNCAN, IAN / LATTIMORE, RALPH / BOLLARD, ALAN (1992): Dismantling the Barriers: Tariff Policy in New Zealand, Wellington.

DUNFORD, MICK / SMITH, ADRIAN (2000): Catching Up or Falling Behind? Economic Performance and Regional Trajectories in the "New Europe", in Economic Geography, Vol. 76, 2 / 2000, S. 169–195.

DUNN, MALCOLM H. (1994): Do Nations Compete Economically? A Critical Comment on Prof. Krugman's Essay "Competitiveness: A Dangerous Obsession", in: Intereconomics, Nov. / Dez. / 1994, S. 303–308.

EASTON, BRIAN (1988): From Reaganomics to Rogernomics, in: Bollard, Alan (Hrsg.): The Influence of United States Economics on New Zealand, Wellington, S. 69–95.

EASTON, BRIAN (1996): Income Distribution, in: Bollard, Alan / Lattimore, Ralph / Silverstone, Brian (Hrsg.): A Study of Economic Reform: The Case New Zealand, Amsterdam u. a., S. 101–138.

EASTON, BRIAN (1997): A Permanent Revolution? Zealots & Common Sense, in: New Zealand Studies, July 1997, S. 30–36.

EASTON, BRIAN (1997): In Stormy Seas: The Post-War New Zealand Economy, Dunedin.

EDQUIST, CHARLES (1996): Government Technology Procurement as an Instrument of Technology Policy, in: Teubal, Morris / Foray, Dominique / Justman, Moshe / Zuscovitch, Ehud (Hrsg.): Technological Infrastructure Policy: An International Perspective, Dordrecht u. a., S. 141–170.

EDQUIST, CHARLES (1997) (HRSG.): Systems of Innovation: Technologies, Institutions and Organizations, London.

EDQUIST, CHARLES (1997): Systems of Innovation Approaches – Their Emergence and Characteristics, in: Edquist, Charles (Hrsg.): Systems of Innovation: Technologies, Institutions and Organizations, London, S. 1–35.

EDQUIST, CHARLES (1998): The ISE Final Report: Scientific Findings and Policy Implications of the "Innovation Systems and European Integration", ISE Research Project, Linköping.

EDQUIST, CHARLES (2001): Innovation Policy: A Systemic Approach, in: Archibugi, Daniele / Lundvall, Bengt-Åke (Hrsg.): The Globalizing Learning Economy, Oxford, S. 219–238.

EDQUIST, CHARLES / JOHNSON, BJÖRN (1997): Institutions and Organizations in Systems of Innovation, in: Edquist, Charles (Hrsg.): Systems of Innovation: Technologies, Institutions and Organizations, London, S. 41–63.

EDQUIST, CHARLES / LUNDVALL, BENGT-ÅKE (1993): Comparing the Danish and Swedish Systems of Innovation, in: Nelson, Richard R. (Hrsg.): National Innovation Systems: A Comparative Analysis, Oxford, S. 265–298.

EDWARDS, FRANK (1992): Research and Development Spending: A Comparison Between New Zealand and Other OECD Countries, MoRST Report Nr. 5, Wellington.

EGELN, JÜRGEN / SPIELKAMP, ALFRED (1998): Sind Städte die Zentren der Innovation?, in: Egeln, Jürgen / Seitz, Helmut (Hrsg.): Städte vor neuen Herausforderungen, Wirtschaftsanalysen – Schriftenreihe des ZEW, Bd. 28, Baden-Baden, S. 75–101.

EISEN, JONATHAN (1995): Kiwi Ingenuity, Auckland.

ELßER, STEFAN (1991): Determinanten des Innovationswettbewerbs, Diskussionsbeiträge aus dem Institut für Volkswirtschaftslehre, Nr. 56, Hohenheim.

ERB, THORALF / JAHRAUS, JOCHEN / MUMMERT, UWE / SCHULZ, AXEL / VOIGT, STEFAN (2000): Konzequenzen der Globalisierung für die Wettbewerbspolitik, Frankfurt a.M. u. a.

EßER, KLAUS / HILLEBRAND, WOLFGANG / MESSNER, DIRK / MEYER-STAMER, JÖRG (1996): Systematische Wettbewerbsfähigkeit – Anforderungen an Unternehmen, Staat und Gesellschaft, in: Deutsches Institut für Entwicklungspolitik (1996) (Hrsg.): Globaler Wettbewerb und nationaler Handlungsspielraum, Köln, S. 73 - 104.

EUROPÄISCHE KOMMISSION (1994): Eine Politik der industriellen Wettbewerbsfähigkeit für die Europäische Union, Mitteilungen der Kommission vom 14.9.1994, Brüssel.

EUROPÄISCHE KOMMISSION (1995): Grünbuch zur Innovation, Bulletin der Europäischen Union, Beilage 5 / 1995, Luxemburg.

EUROPÄISCHE KOMMISSION (1998): Beschäftigungsmöglichkeiten in den Informationsgesellschaft: Nutzung des Potentials der Informationsrevolution, Bericht an den Europäischen Rat, [http:www.europa.eu.int/comm/dg05/soc-dial/info_soc/jobopps/joboppde.pdf].

EUROPEAN COMMISSION (2001): European Trend Chart on Innovation, Country Report: Denmark, Brüssel

EVANS, LEWIS / GRIMES, ARTHUR (1996): Economic Reform in New Zealand 1984-95: The Pursuit of Efficiency, in: Journal of Economic Literature, Vol. 34, 4 / 1996, S. 1856–1903.

FAGERBERG, JAN (1988): International Competitiveness, in: Economic Journal, Vol. 98, June 1988, S. 355–374.

FAGERBERG, JAN (1996): Technology and Competitiveness, in: Oxford Review of Economic Policy, Vol. 12, 3 / 1996, S. 39–51.

FARINA, CLAUDIO / PREISSL, BRIGITTE (2000): Research and Technology Organisations in National Systems of Innovation, DIW Discussion Paper No. 221, Berlin.

FELLMETH, SEBASTIAN / ROHDE, CHRISTIAN (1999): Der Abbau eines Wohlfahrtsstaates: Neuseeland als Modell für das nächste Jahrhundert?, Marburg.

FERNAU, ALF K. (1997): Werkzeuge zur Analyse und Beurteilung der internationalen Wettbewerbsfähigkeit von Regionen, Wiesbaden.

FFOWCS WILLIAMS, IFOR (1996): Hard and Soft Networks: Helping Firms Co-Operate for Export Growth, in: New Zealand Strategic Management, Summer 1996, S. 30–36.

FFOWCS WILLIAMS, IFOR (1997): Local Clusters and Local Export Growth, in New Zealand Strategic Management, Summer 1997, S. 24–30.

FISCHER, MANFRED M. (2001): Innovation, Knowledge Creation and Systems of Innovation, in: The Annals of Regional Science, Vol. 35, S. 199–216.

FISCHER, MANFRED M. / REVILLA DIEZ, JAVIER / SNICKARS, FOLKE (2001): Metropolitan Innovation Systems: Theory and Evidence from Three Regions in Europe, Heidelberg.

FLORIDA, RICHARD (1995): Toward the Learning Region, in: Futures, Vol. 27, 5 / 1995, S. 527–536.

FORAY, DOMINIQUE (1997): Generation and Distribution of Technological Knowledge: Incentives, Norms and Institutions, in: Edquist, Charles (Hrsg.): Systems of Innovation: Technologies, Institutions and Organizations, London, S. 64–85.

FORAY, DOMINIQUE / DAVID, PAUL A. (1996): Information Distribution and the Growth of Economically Valuable Knowledge: A Rationale for Technological Infrastructure Policy, in: Teubal, Morris / Foray, Dominique / Justman, Moshe / Zuscovitch, Ehud (Hrsg.): Technological Infrastructure Policy: An International Perspective, Dordrecht u. a., S. 87–116.

FORAY, DOMINIQUE / LUNDVALL, BENGT-ÅKE (1998): The Knowledge-Based Economy: From the Economics of Knowledge to the Learning Economy, in: Neef, Dale / Siesfeld, Anthony G. / Cefola, Jacquelyn (Hrsg.): The Economic Impact of Knowledge, Boston u. a., S. 115–121.

FOUNTAIN, JANE E. (1998): Social Capital: A Key Enabler of Innovation, in: Branscomb, Lewis M. / Keller, James H. (Hrsg.): Investing in Innovation: Creating a Research and Innovation Policy That Works, Cambridge u. a., S. 85–111.

FOURASTIE, J. (1949): Le Grand Espoir du Xxe Siècle, Paris.

FREDERICK, HOWARD H. / CARSWELL, PETER J. (2001): Global Entrepreneurship Monitor New Zealand 2001, Auckland.

FREEMAN, CHRISTOPHER (1987): Technology Policy and Economic Performance: Lessons from Japan, London.

FREEMAN, CHRISTOPHER (1988): Japan: A New National System of Innovation?, in: Dosi, Giovanni / Freeman, Christopher / Nelson, Richard / Silverberg, Gerald / Soete, Luc (1988) (Hrsg.): Technical Change and Economic Theory, London., S. 330–348.

FREEMAN, CHRISTOPHER (1997): The "National System of Innovation" in Historical Perspective, in: Archibugi, Daniele / Michie, Jonathan (1997) (Hrsg.): Technology, Globalisation and Economic Performance, Cambridge, S. 24–49.

FREEMAN, CHRISTOPHER / PEREZ, CARLOTA (1988): Structural Crises of Adjustment, Business Cycles and Investment Behaviour, in: Dosi, Giovanni / Freeman, Christopher / Nelson, Richard / Silverberg, Gerald / Soete, Luc (1988) (Hrsg.): Technical Change and Economic Theory, London, S. 38–66.

FRENKEL, AMNON / SHEFER, DANIEL / KOSCHATZKY, KNUT / WALTER, GÜNTER H. (2001): Firm Characteristics, Location and Regional Innovation: A Comparison Between Israeli and German Industrial Firms, in: Regional Studies, Vol. 35, 5 / 2001, S. 415–429.

FRISCH, ARMIN J, (1993): Unternehmensgröße und Innovation: Die schumpeterianische Diskussion und ihre Alternativen, Frankfurt am Main u. a.

FRITSCH, MICHAEL (2000A): Ansatzpunkte und Möglichkeiten zur Verbesserung regionaler Innovationsbedingungen – Ein Überblick über den Stand der Forschung, in: Hirsch-Kreinsen, Hartmut / Schulte, Anja (Hrsg.): Standortbindungen: Unternehmen zwischen Globalisierung und Regionalisierung, Berlin, S. 103–128.

FRITSCH, MICHAEL (2000B): Interregional Differences in R&D-Activities – An Empirical Investigation, in: European Planning Studies, Vol. 8, 4 / 2000, S. 409–427.

FRITSCH, MICHAEL (2001A): Measuring the Quality of Regional Innovation Systems – A Knowledge Production Function Approach, Freiberg Working Papers 2 / 2001.

FRITSCH, MICHAEL (2001B): R&D-Cooperation and the Efficiency of Regional Innovation Activities, Freiberg Working Papers 04 / 2001.

FRITSCH, MICHAEL / FRANKE, GRIT (2000): Innovation, Regional Knowledge Spillovers and R&D-Cooperation, Freiberg Working Papers 20 / 2000.

FRITSCH, MICHAEL / LUKAS, ROLF (2001): Who Cooperates on R&D?, in: Research Policy, Vol. 30, Februar 2001, S. 297–312.

FRITSCH, MICHAEL / SCHWIRTEN, CHRISTIAN (2000): R&D Cooperation between Public Research Institutions – Magnitude, Motives and Spatial Dimension, Freiberg Working Papers 11 / 2000.

FRST (1999): Public Good Science Fund, Wellington.

FRST (2000): Annual Report 2000, Wellington.

FRST (2001): Assessment Criteria and Investment Balance for Research, Science and Technology Proposals, Wellington.

FUJITA, MASAHISA / KRUGMAN, PAUL / VENABLES, ANTHONY J. (1999): The Spatial Dimension: Cities, Regions, and International Trade, Cambridge u. a.

FUKUYAMA, FRANCIS (1995): Trust: The Social Virtues and the Creation of Prosperity, New York.

FÜRST, DIETRICH (2001): Die „Learning Region" – Strategisches Konzept oder Artefakt? –, in: Eckey, Hans-Friedrich / Hecht, Dieter / Junkernheinrich, Martin / Karl, Helmut / Werbeck, Nicola / Wink, Rüdiger (Hrsg.): Ordnungspolitik als konstruktive Antwort auf wirtschaftspolitische Herausforderungen, Stuttgart, S. 71–89.

GARSON, DAVID G. (2001): An Online Textbook, [http://www2.chass.ncsu.edu/garson/pa765/statnote.htm], auch: GARSON, DAVID G. (2001): Guide to Writing Empirical Papers, Theses, and Dissertations, North Carolina State University, Raleigh.

GENOSKO, JOACHIM (1999): Netzwerke in der Regionalpolitik, Marburg.

GERPOTT, TORSTEN J. (1991): Globales F&E-Management: Bausteine eines Gesamtkonzeptes zur Gestaltung eins weltweiten F&E-Standortsystems, in: Booz, Allen & Hamilton (Hrsg.): Integriertes Technologie- und Innovationsmanagement, Berlin, S. 49–73.

GERYBADZE, ALEXANDER (1982): Innovation, Wettbewerb und Evolution, Tübingen.

GERYBADZE, ALEXANDER (1999): Multinationale Unternehmen und nationale Innovationssysteme – Konflikt oder Komplementarität, in: Mayer, Otto G. / Scharrer, Hans-Eckart (1999) (Hrsg): Internationale Unternehmensstrategien und nationale Standortpolitik, Baden-Baden, S. 103–122.

GERYBADZE, ALEXANDER (2000): Evolution, Dekonstruktion und dynamische Rekonfigurierung im strategischen Management, in: Foschiani, StefanHabenicht, Walter / Schmid, Uwe / Wäscher, Gerhard (Hrsg.): Strategisches Management im Zeichen von Umbruch und Wandel, Stuttgart, S. 31–52.

GIERSCH, HERBERT (1989): Anmerkungen zum weltwirtschaftlichen Denkansatz, in: Weltwirtschaftliches Archiv, Bd. 125, 1 / 1989, S. 1–16.

GILPIN, ROBERT (1975): Technology, Economic Growth and International Competitiveness, Washington D.C.

GLEESON, BRENDAN (1997): Das "Neuseeland-Wunder": Schicksal oder Märchen, in: Prokla, Heft 108, 3 / 1997, S. 451–470.

GODOY, JULIO (1997): Modell Neuseeland, in: Blätter für deutsche und internationale Politik, 7 / 1997, S. 837–843.

GÖHLER, GERHARD / KÜHN, RAINER (1999): Institutionenökonomie, Neo-Institutionalismus und die Theorie politischer Institutionen, in: Edeling, Thomas / Jann, Werner / Wagner, Dieter (Hrsg.): Institutionenökonomie und Neuer Institutionalismus: Überlegungen zur Organisationstheorie, Opladen, S. 17–42.

GOLDFINCH, SEAN / PERRY, MARTIN (1997): Promoting Business Networks, in: New Zealand Geographer, Vol. 53, 1 / 1997; S. 41–46.

GOLDFINCH, SHAUN (1997): Treasury and Public Policy Formulation, in: Roper, Brian / Ruud, Chris (Hrsg.): The Political Economy of New Zealand, Auckland u. a., S. 60–77.

GOLDFINCH, SUSAN (1998): Remaking New Zealand's Economic Policy: Institutional Elites as Radical Innovators 1984–1993, in: Governance: An International Journal of Policy and Administration. Vol. 11, 2 / 1998, S. 177-207.

GORDON, RICHARD (1996): Industrial Districts and the Globalization of Innovation: Regions and Networks in the New Economic Space, in: Vence-Deza, Xavier / Metcalfe, Stanley J. (Hrsg.): Wealth from Diversity: Innovation, Structural Change and Finance for Regional Development in Europe, Dordrecht u. a., S. 193–134.

GRABHER, GERNOT (1993): The Weakness of Strong Ties: The Lock-In of Regional Development in the Ruhr Area, in: Grabher, Gernot (Hrsg.): The Embedded Firm: On the Socioeconomics of Industrial Networks, London u. a., S. 255–277.

GRANOVETTER, MARC (1985): Economic Action and Social Structure: The Problem of Embeddedness, in: American Journal of Sociology, Vol. 91, 3 / 1985, S. 481–510.

GRANOVETTER, MARC / SWEDBERG, RICHARD (1992): The Sociology of Economic Life, Boulder.

GREGORY, ROBERT G. (1993): The Australian Innovation System, in: Nelson, Richard R. (Hrsg.): National Innovation Systems: A Comparative Analysis, Oxford, S. 324–352.

GREILING, MICHAEL (1998): Das Innovationssystem: Eine Analyse zur Innovationsfähigkeit von Unternehmungen, Europäische Hochschulschriften: Reihe 5, Volks- und Betriebswirtschaft, Bd. 2402, Frankfurt am Main.

GRIES, THOMAS / HENTSCHEL, CLAUDIA (1994): Internationale Wettbewerbsfähigkeit – was ist das?, in: Wirtschaftsdienst, 74. Jg., 8 / 1994, S. 416–422.

GRIMES, ARTHUR (1998): Liberalisation of Financial Markets in New Zealand, in: Reserve Bank of New Zealand Bulletin, Vol. 61, 4 / 1998, S. 291–306.

GROSSMAN, GENE M. / HELPMAN, ELHANAN (1991): Innovation and Growth in the Global Economy, Cambridge Mass.

GRÜNENFELDER, PETER (1997): Die Rolle der politischen Führung im New Public Management: Am Beispiel von Christchurch, Bern u. a.

GUERRIERI, PAOLO / TYLECOTE, ANDREW (1997): Interindustry Differences in Technical Change and National Patterns of Technological Accumulation, in: Edquist, Charles (Hrsg.): Systems of Innovation: Technologies, Institutions and Organizations, London, S. 107–129.

HADJIMANOLIS, ATHANASIOS (2000): An Investigation of Innovation Antecedents in Small Firms in the Context of a Small Developing Country, in: R&D-Management, Vol. 30, 3 / 2000, S. 235–245.

HAHN, FRANK H. (1980): General Equilibrium Theory, in: The Public Interest, Special Issue, S. 123–138.

HAHN, FRANK H. (1991): The Next Hundred Years, in: Economic Journal, 101 (1), January, S. 47–50.

HÅKANSSON, HÅKAN (1989) (HRSG.): Corporate Technological Behaviour: Co-operation and Networks, London u. a.

HARPER, DAVID A. (1994): Wellsprings of Enterprise: An Analysis of Entrepreneurship and Public Policy in New Zealand, NZIER Research Monograph 64, Wellington.

HASSINK, ROBERT (1997): Die Bedeutung der Lernenden Regionen für die regionale Innovationsförderung, in: Geographische Zeitschrift, 85. Jg., 2-3 / 1997, S. 159–173.

HASSINK, ROBERT (2001): The Learning Region: Fuzzy Concept or a Sound Theoretical Basis for Modern Regional Innovation Policies?, in: Zeitschrift für Wirtschaftsgeographie, Jg. 45, 3-4 / 2001, S. 219–230.

HAUSCHILDT, JÜRGEN (1997): Innovationsmanagement, 2. Auflage, München.

HAUSER, HANSGEORG (1995): Rechtzeitige Konsequenzen, in: Wirtschaftswoche, 49, 30.11.1995, S. 42–45.

HAUSMANN, URS (1996): Innovationsprozesse von produktionsorientierten Dienstleistungsunternehmen und ihr räumlich-sozialer Kontext, Bamberg.

HAZELDINE, TIM (1998): Taking New Zealand Seriously: The Economics of Decency, Auckland.

HEIDENREICH, MARTIN (2001): Regionale Innovationssysteme: Zwischen Wandel und Beharrung, in: Fuchs, Gerhard / Töpsch, Karin (Hrsg.): Baden-Württemberg: Erneuerung einer Industrieregion, Akademie für Technikfolgenabschätzung in Baden-Württemberg, Stuttgart, S. 87–106.

HEINRICH, GUNNAR B. / LETTMAYR, CHRISTIAN F. (1997): Motive und Barriere potentieller Unternehmensgründer, in: Internationales Gewerbearchiv, 2 / 1997, S. 73–85.

HELD, MARTIN / NUTZINGER, HANS G. (1999): Institutionen prägen Menschen – Menschen prägen Institutionen, in: Held, Martin / Nutzinger Hans G. (Hrsg.): Institutionen prägen Menschen: Bausteine zu einer allgemeinen Institutionenökonomik, S. 7–29.

HERTOG, PIM DEN / ROELANDT THEO J.A. / BOEKHOLT PATRICIA / GAAG, HENDRIEN VAN DER (1995): Assessing the Distribution Power of National Innovation Systems – Pilot Study: The Netherlands, Apeldoorn.

HODGSON, GEOFFREY M. (1988): Economics and Institutions: A Manifesto for a Modern Institutional Economics, Philadelphia.

HODGSON, GEOFFREY M. (1993): Economics and Evolution: Bringing Life Back into Economics, Cambridge.

HODGSON, GEOFFREY M. (1999): Evolution and Institutions: On Evolutionary and the Evolution of Economics, Cheltenham u. a.

HOFMANN, ANTJE (2001): Humankapital als Standortfaktor: Volkswirtschaftliche Betrachtungsweisen, Aachen.

HOFSTEDE, GEERT (2001): Lokales Denken, globales Handeln: Interkulturelle Zusammenarbeit und globales Management, 2. Auflage, München.

HOU, CHI-MING / GEE, SAN (1993): National Systems Supporting Technical Advance in Industry: The Case of Taiwan, in: Nelson, Richard R. (Hrsg.): National Innovation Systems: A Comparative Analysis, Oxford, S. 384–413.

HOWELLS, JEREMY (1999): Regional Systems of Innovation?, in: Archibugi, Daniele / Howells, Jeremy / Michie, Jonathan (Hrsg.): Innovation Policy in a Global Economy, Cambridge, S. 67–93.

HOWELLS, JEREMY / ROBERTS, JOANNE (1999): From Innovation Systems to Knowledge Systems, in: Prometheus, Vol. 18, 1 / 2000, S. 17–31.

HUMBERT, MARC (1998): The Glocalization of Technology, in: Nielsen, Klaus / Johnson, Björn (Hrsg.): Institutions and Economic Change, Cheltenham u.a, S. 84–108.

IMD (verschiedene Jahrgänge): The World Competitiveness Yearbook, Lausanne.

IMF (verschiedene Jahrgänge): Direction of Trade Statistics, Yearbook, Washington D.C.

IMF (verschiedene Jahrgänge): International Financial Statistics Yearbook, Washington D.C.

INFORMATION TECHNOLOGY POLICY GROUP (2000): Electronic Commerce in New Zealand: A Survey of Business Use of the Internet, Wellington.

INTARAKAMNERD, PATARAPONG / CHAIRATANA, PUN-ARJ / TANGCHITPIBOON, TIPAWAN (2001): National Innovation System in Less Successful Developing Countries: The Case of Thailand, Paper Presented at the DRUID Conference, Aalborg, June 12-15, 2001.

INTERNATIONAL TELECOMMUNICATION UNION (2000A): ITU Telecommunication Indicators – Key Indicators for the World Telecommunication Service Sector, in: [www.itu.int/ti/industryoverview/at_glance/ KeyTelecom99.htm] [07.11.2000].

INTERNATIONAL TELECOMMUNICATION UNION (2000B): Telecommunication Indicators in the Eurostat Area 2000, Working Group Statistics on Communication and Information Services, Meeting on 25 and 26 January 20000, Luxemburg, in: [www.itu.int/ti/industryoverview/at_glance/Eurostat_00.pdf] [07.11.2000].

IT ADVISORY GROUP (1999): The Knowledge Economy, Wellington.

JACOBS, JANE (1970): Städte im Untergang, Frankfurt am Main.

JACOBSEN, VERONICA (1991): Contestable Funding: A New Deal for Research and Development in New Zealand, Centre for Independent Studies, CIS Policy Monographs 19.

JACOBSEN, VERONICA / SCOBIE, GRANT M. (1991): Restructuring R&D-Policy in New Zealand: A Political Economy Perspective, Working Papers in Economic No. 91 / 1, University of Waikato, Hamilton.

JACQUEMIN, ALEXIS / PENCH LUCIO R. (1999): Europa im globalen Wettbewerb – Berichte des Rats für Wettbewerbsfähigkeit, Baden-Baden.

JANOWSKY, KARL (2000): Wandel und Veränderung in der Betriebsgemeinschaft: Herausforderungen und Strategien für Führungskräfte und Mitarbeiter, Renningen-Malmsheim.

JANTSCH, ERICH (1992): System, Systemtheorie, in: Seiffert, Helmut / Radnitzky, Gerard (Hrsg.): Handlexikon der Wissenschaftstheorie, München, S. 329–338.

JERGER, JÜRGEN / MENKHOFF, LUKAS (1996): Der Begriff „internationale Wettbewerbsfähigkeit" im Lichte der Außenhandelstheorie, in: WiSt, 1 / 1996, S. 21–28.

JOHN ROWNTREE FOUNDATION (1995): Inquiry into Income and Wealth, York.

JOHNSON, BJÖRN (1997): Systems of Innovation: Overview and Basic Concepts, in: Edquist, Charles (Hrsg.): Systems of Innovation: Technologies, Institutions and Organizations, London, S. 36–40.

JOHNSTON, RON (1991): Technology Strategy in New Zealand Industry, MoRST-Report Nr. 12, Wellington.

JONES, ERIC L. (1987) : The European Miracle: Environments, Economies, and Geopolitics in the History of Europe and Asia, 2. Auflage, Cambridge u. a.

KAISER, ANDRÉ (2000): Pfadabhängigkeit und Lernen: Die Dynamik der neuseeländischen Institutionenreformen, in: Kaiser, André (Hrsg.): Regieren in Westminster-Demokratien, Baden-Baden, S. 157–173.

KASPER, WOLFGANG / STREIT MANFRED E. (1999): Institutional Economics: Social Order and Public Policy, Cheltenham u. a.

KAUFMANN, ALEXANDER / TÖDTLING, FRANZ (2000): Systems of Innovation in Traditional Regions: The Case of Styria in a Comparative Perspective, in: Regional Studies, Vol. 34, 1 / 2000, S. 29–40.

KECK, OTTO (1993): The National System for Technical Innovation in Germany, in: Nelson, Richard R. (Hrsg.): National Innovation Systems: A Comparative Analysis, Oxford, S. 115–157.

KEDIA, BEN L. / FRANCIS JOHN D. / BUSIJA, EDITH C. (1995): A Framework for Analyzing Competitiveness: Integrative Levels of Understanding, in: Business & the Contemporary World, 2 / 1995, S. 94–103.

KEEBLE, DAVID / LAWSON, CLIVE / MOORE, BARRY / WILKINSON, FRANK (1999): Collective Learning Processes, Networking and "Institutional Thickness" in the Cambridge Region, in: Regional Studies, Vol. 33, 4 / 1999, S. 319–332.

KEEBLE, DAVID / WILKINSON, FRANK (2000): High-Technology SMEs, Regional Clustering and Collective Learning: An Overview, in: Keeble, David / Wilkinson, Frank (Hrsg.):High Technology Clusters, Networking and Collective Learning in Europe, Aldershot, S. 1–20.

KELSEY, JANE (1995a): Economic Fundamentalism, Auckland.

KELSEY, JANE (1995b): The New Zealand Experiment, Auckland.

KIM, LINSU (1993): National System of Industrial Innovation: Dynamics of Capability Building in Korea, in: Nelson, Richard R. (Hrsg.): National Innovation Systems: A Comparative Analysis, Oxford, S. 357–383.

KIM, LINSU (1997): Imitation to Innovation: The Dynamics of Korea's Technological Learning, Boston.

KINDLEBERGER, CHARLES P. (1996): Technological Diffusion: European Experience to 1850, in: Dopfer, Kurt (Hrsg.): The Global Dimension of Economic Evolution: Knowledge Variety and Diffusion in Economic Growth and Development, Heidelberg, S. 49–62.

KIRCHGÄSSNER, GEBHARD (1991): Homo Oeconomicus, Tübingen.

KIRSCH, WERNER (1992): Kommunikatives Handeln, Autopoiese, Rationalität, Sondierungen zu einer evolutionären Forschungslehre, München.

KIRSCH, WERNER / KNYPHAUSEN, DODO ZU (1991): Unternehmen als „autopoietische" Systeme, in: Stähle, Wolfgang / Sydow, Jörg (Hrsg.): Managementforschung 1, Berlin, S. 75–101.

KLAUDER, WOLFGANG (1994): Tendenzen und Bedeutung der Frauenerwerbstätigkeit heute und morgen, in: Beckmann, Petra / Engelbrech, Gerhard (Hrsg.): Arbeitsmarkt für Frauen 2000 – Ein Schritt vor oder ein Schritt zurück?, Nürnberg, S. 45–72.

KLEIN, MARTIN (2000): Der IWF und die russische Wirtschaftstransformation: Facetten eines komplexen Phänomens, Discussion Paper der Martin-Luther-Universität Halle-Wittenberg, in: [http://www.wiwi.uni-halle.de/wiwi/lui/vwl/internat/Webseiten/Forschung.htm].

KLEINKNECHT, ALFRED (2000): Indicators of Manufacturing and Service Innovation: Their Strengths and Weaknesses, in: Metcalfe, Stanley J. / Miles, Ian (Hrsg.): Innovation Systems in the Service Economy: Measurement and Case Study Analysis, Boston u. a., S. 169–186.

KLINE, STEPHEN J. / ROSENBERG, NATHAN (1986): An Overview of Innovation, in: Landau, Ralph / Rosenberg, Nathan (Hrsg.): The Positive Sum Strategy: Harnessing Technology for Economic Growth, Washington D.C., S. 275–305.

KLODT, HENNING (1995): Grundlagen der Forschungs- und Technologiepolitik, München.

KLODT, HENNING / STEHN, JÜRGEN (1994): Standort Deutschland: Strukturelle Herausforderungen im neuen Europa, Kieler Studien 265, Tübingen.

KLÖTZLE, MARCELO (1999): Die internationale Wettbewerbsfähigkeit Brasiliens: Eine sektorale Analyse, Europäische Hochschulschriften: Reihe 5, Volks- und Betriebswirtschaft, Band 2496, Frankfurt am Main u. a.

KNORR, ANDREAS (1997): Das ordnungspolitische Modell Neuseelands – ein Vorbild für Deutschland?, Tübingen.

KNORR, ANDREAS (1998): Erfolge und Mißerfolge des neuseeländischen Reformexperiments, in: ACKERMANN, ROLF (HRSG.): Offen für Reformen? Institutionelle Voraussetzungen für gesellschaftlichen Wandel im modernen Wohlfahrtsstaat, Baden-Baden, S. 243–270.

KNUCKEY, STEPHEN / LEUNG-WAI, JASON / MESKILL, MARGARET (1999): Gearing Up: A Study of Best Manufacturing Practice in New Zealand, Wellington.

KOBLER, MARKUS (2000): Der Staat und Eigentumsrechte, Studien in den Grenzbereichen der Wirtschafts- und Sozialwissenschaft, Bd. 110, Tübingen.

KOMMISSION DER EUROPÄISCHEN GEMEINSCHAFTEN (1993): Wachstum, Wettbewerbsfähigkeit, Beschäftigung, Herausforderungen der Gegenwart und Wege ins 21. Jahrhundert, in: Bulletin der Europäischen Gemeinschaften, 6 / 1993, Beilage.

KÖPPEN, MARGIT (1998): Strukturelle Wettbewerbsfähigkeit von Volkswirtschaften – ein Gegenentwurf zur Standortkonkurrenz, Hochschulschriften Band 48, Marburg.

KORTMANN, WALTER (1995): Diffusion, Marktentwicklung und Wettbewerb, Europäische Hochschulschriften: Reihe 5, Volks- und Betriebswirtschaft, Bd. 1646, Frankfurt am Main u. a.

KOSCHATZKY, KNUT (1996): Technology Transfer, Innovation Networking and Regional Development, Arbeitspapier Regionalforschung, Nr. 4, Fraunhofer-Institut für Systemtechnik und Innovationsforschung, Karlsruhe.

KOSCHATZKY, KNUT (1997): Innovationsdeterminanten im interregionalen Vergleich, in: Geographische Zeitschrift, 85. Jg., 2-3 / 1997, S. 97–112.

KOSCHATZKY, KNUT (2001A): Räumliche Aspekte im Innovationsprozess: Ein Beitrag zur neuen Wirtschaftsgeographie aus Sicht der regionalen Innovationsforschung, Münster.

KOSCHATZKY, KNUT (2001B): Networks in Innovation Research and Innovation Policy – An Introduction, in: Koschatzky, Knut / Kulicke, Marianne / Zenker, Andrea (Hrsg.): Innovation Networks: Concepts and Challenges in the European Perspective, S. 3–23.

KOSCHATZKY, KNUT / BROSS, ULRIKE (2001): Innovation Networking in a Transition Economy: Experiences from Slovenia, in: Koschatzky, Knut / Kulicke, Marianne / Zenker, Andrea (Hrsg.): Innovation Networks: Concepts and Challenges in the European Perspective, S. 127–152.

KRÄTKE, STEFAN (1995): Globalisierung und Regionalisierung, in: Geographische Zeitschrift, 3-4 / 1995, S. 207–219.

KRUGMAN, PAUL (1994): Competitiveness: A Dangerous Obsession, in: Foreign Affairs, Vol. 73, 2 / 1994, S. 28–44.

KRUGMAN, PAUL (1996): Making Sense of the Competitiveness Debate, in: Oxford Review of Economic Policy, Vol. 12, 3 / 1996, S. 17–25.

KRUGMAN, PAUL (1998): Why Most Economists' Predictions Are Wrong, in: The Red Herring 6 / 98, June 1998, [http://www.herring.com/mag/issue55/economics.html].

KRUGMAN, PAUL (1999): Der Mythos vom globalen Wirtschaftskrieg – eine Abrechnung mit den Pop-Ökonomen, Frankfurt am Main u. a.

KRUGMAN, PAUL / OBSTFELD, MAURICE (2000): International Economics: Theory and Policy, 5. Auflage, Reading u. a.

KUHLMANN, STEFAN (1999): Politisches System und Innovationssystem in „postnationalen" Arenen, in: Grimmer, Klaus / Kuhlmann, Stefan / Meyer-Krahmer, Frieder (Hrsg.): Innovationspolitik in globalisierten Arenen, Opladen, S. 11–39.

KUJATH, HANS-JOACHIM (1998): Regionen im globalen Kontext, in: Kujath, Hans-Joachim (Hrsg.): Strategien der regionalen Stabilisierung: Wirtschaftliche und politische Antworten auf die Internationalisierung des Raumes, Berlin, S. 13–37.

KUNG, JEFFREY / FOO, RACHEL (1996): New Zealand Post: A Success Story, Wellington.

LAGENDIJK, ARNOUD (2001): Three Stories about Regional Salience: 'Regional World', 'Political Mobilisation', and 'Performativity', in: Zeitschrift für Wirtschaftsgeographie, Jg. 45, 3-4 / 2001, S. 139–158.

LANDCARE RESEARCH INSTITUTE (diverse Jahrgänge): Annual Report, Christchurch.

LÄPPLE, DIETER (1998): Globalisierung und Regionalisierung: Widerspruch oder Komplementarität, in: Kujath, Hans-Joachim (Hrsg.): Strategien der regionalen Stabilisierung: Wirtschaftliche und politische Antworten auf die Internationalisierung des Raumes, Berlin, S. 61–81.

LÄPPLE, DIETER (1999): Die Ökonomie einer Metropolregion im Spannungsfeld von Globalisierung und Regionalisierung: Das Beispiel Hamburg, in: Fuchs, Gerhard / Krauss, Gerhard / Wolf, Hans-Georg (Hrsg.): Die Bindungen der Globalisierung: Interorganisationsbeziehungen im regionalen und globalen Wirtschaftsraum, Marburg, S. 11–47.

LAURSEN, KELD / CHRISTENSEN, JESPER L. (1996): The Creation, Distribution and Use of Knowledge: A Pilot Study of the Danish Innovation System, Kopenhagen.

LEAFLAND, GEOFF (1988): A Foreign Egg in Our Nest: American Popular Culture in New Zealand, Wellington.

LEHNER, FRANZ / BAETGE, MARTIN / KÜHL, JÜRGEN / STILLE, FRANK (1998): Beschäftigung durch Innovation: eine Literaturstudie, München.

LIDGARD, JACQUELINE / BEDFORD, RICHARD / GOODWIN, JOANNE (1998): Transformations in New Zealand's International Migration System: 1981–1996, Hamilton.

LINDER, STAFFAN B. (1961): An Essay on Trade and Transformation, Stockholm u. a.

LIU, XIELIN / WHITE, STEVEN (2001): Comparing Innovation Systems: A Framework and Application to China's Transitional Context, in: Research Policy, Vol. 20, S. 1091–1114.

LONGHI, CHRISTIAN (1999): Networks, Collective Learning and Technology Development in Innovative High Technology Regions: The Case of Sophia-Antipolis, in: Regional Studies, Vol. 33, 4 / 1999, S. 333–342.

LOVE, JAMES H. / ROPER, STEPHEN (2001): Outsourcing in the Innovation Process: Locational and Strategic Determinants, in: Regional Science, Vol. 80, S. 317–336.

LUHMANN, NIKLAS (1991): Soziale Systeme, Grundriß einer allgemeinen Theorie, 4. Auflage, Frankfurt am Main.

LUNDVALL, BENGT-ÅKE (1988): Innovation As an Interactive Process: From User-Producer Interaction to the National System of Innovation, in: Dosi, Giovanni / Freeman, Christopher / Nelson, Richard / Silverberg, Gerald / Soete, Luc (1988) (Hrsg.): Technical Change and Economic Theory, London, S. 349–369.

LUNDVALL, BENGT-ÅKE (1992) (HRSG.): National Systems of Innovation: Towards a Theory of Innovation and Interactive Learning, London u. a.

LUNDVALL, BENGT-ÅKE (1992): Introduction, in Lundvall, Bengt-Åke (Hrsg.): National Systems of Innovation: Towards a Theory of Innovation and Interactive Learning, London u. a., S. 1–22.

LUNDVALL, BENGT-ÅKE (1998): Why Study National Systems and National Styles of Innovation?, in: Technology Analysis and Strategic Management, Vol. 10, 4 / 1998, S. 407–421.

LUNDVALL, BENGT-ÅKE / ARCHIBUGI, DANIELE (2001): Introduction: Europe and the Learning Economy, in: Archibugi, Daniele / Lundvall, Bengt-Åke (Hrsg.): The Globalizing Learning Economy, Oxford, S. 1–17.

LUNDVALL, BENGT-ÅKE / BORRÁS, SUSANA (1998): The Globalising Learning Economy: Implications for Innovation Policy, DG XII-TSER, European Commission, Brüssel.

LUNDVALL, BENGT-ÅKE / JOHNSON, BJÖRN (1994): The Learning Economy, in: Journal of Industrial Studies, 1 / 1994, S. 23–42.

LUNDVALL, BENGT-ÅKE / JOHNSON, BJÖRN / ANDERSEN / ESBEN S. / DALUM, BENT (2001): National Systems of Production, Innovation and Competence Building, University of Aalborg, Aalborg.

LUNDVALL, BENGT-ÅKE / TOMLINSON, MARK (2000): On the Convergence and Divergence of National Systems of Innovation, Draft Contribution to Special Issue of Research Policy on Innovation Policy, http://www.business.auc.dk/ike/upcoming/Lundvall-NSI.pdf.

LUTZ, WILHELM (1990): Wirtschaftlicher Wandel Neuseelands, Geographische Rundschau, Volumen 42, 3 / 1990, S. 136–142.

LUTZ, WILHELM (1999): Das Gesamtbild Neuseelands, in: Hofmeister, Burkhard / Lutz, Wilhelm (Hrsg.): Australien & Neuseeland, Dortmund, S. 389–494.

MACHLUP, FRITZ (1962): The Production and Distribution of Knowledge in the United States, Princeton.

MAHROUM, SAMI (2000): Highly Skilled Globetrotters: Mapping the International Migration of Human Capital, in: R&D-Management, Vol. 30, 1 / 2000, S. 23–31.

MAIER, WILHELM (1998): Systemisches Personalmanagement – Möglichkeiten und Grenzen, München.

MAILLAT, DENNIS (1998): Vom "Industrial District" zum innovativen Milieu: Ein Beitrag zur Analyse der lokalisierten Produktionssysteme, in: Geographische Zeitschrift, Vol. 86, 1 / 1998, S. 1–15.

MALIK, FREDMUND (1993): Systemisches Management, Evolution, Selbstorganisation – Grundprobleme, Funktionsmechanismen und Lösungsansätze für komplexe Systeme, Bern u. a.

MANSFIELD, EDWIN (1968): The Economics of Technological Change, New York.

MARCH, FRANK (1999): Statistics on Information Technology in New Zealand, Ministry of Commerce, Wellington.

MARSH, DAN (2000): Fostering Innovation in a Small Open Economy: The Case of the New Zealand Biotechnology Sector, Paper Prepared For The Eighth International Joseph A. Schumpeter Conference on Change, Development and Transformation, Manchester, 28th June – 1st July 2000, University of Waikato.

MARSHALL, ALFRED (1920): Principles of Economics, 8. Auflage, London.

MASKELL, PETER / TÖRNQVIST (2001): Building a Cross-Border Learning Region: Emergence of the North European Øresund Region, Kopenhagen.

MASSEY, PATRICK (1995): New Zealand: Market Liberalization in a Developed Economy, Basingstoke.

MCCUTCHEON, STUART (1995): Purchasing Research: The University Experience, in: Public Sector, Vol. 18, 4 / 1995, S. 16–19.

MEADOWS, DONELLA H. / MEADOWS, DENNIS L. / RANDERS, JØRGEN / BEHRENS III, WILLIAM W. (1972): The Limits of Growth, New York.

MEIER-KORTWIG, KLAUS (1998): Entwicklung komplexer Großserienprodukte: Ein chaostheoretischer Ansatz zum Entwicklungsmanagement, Wiesbaden.

MELO, ALBERTO (2001): The Innovation Systems of Latin America and Caribbean, Inter-American Development Bank, Washington.

MESSNER, DIRK (1996): „Netzwerkgesellschaft" – ein neues Muster politischer Steuerung, in: Deutsches Institut für Entwicklungspolitik (1996) (Hrsg.): Globaler Wettbewerb und nationaler Handlungsspielraum, Köln, S. 105–144.

MESTER, FRAUKE / VAN SUNTUM, ULRICH (1998): Weichenstellung für eine stabilitätsorientierte Beschäftigungspolitik: Die Beispiele Neuseeland, Österreich und USA, Gütersloh.

METCALFE, JOHN S. (1995): The Economic Foundations of Technology Policy: Equilibrium and Evolutionary Perspectives, in: Stoneman, Paul (Hrsg.): Handbook of Economics of Innovation and Technological Change, Oxford, S. 409–512.

METCALFE, STANLEY J. / MILES, IAN (2000) (HRSG): Innovation Systems in the Service Economy: Measurement and Case Study Analysis, Boston u. a.

MINISTRY OF COMMERCE (1998): Government Purchasing in New Zealand: Guide for Suppliers, Wellington.

MINISTRY OF COMMERCE (1999): Statistics on Information Technology in New Zealand, Wellington.

MINISTRY OF ECONOMIC DEVELOPMENT (2001): SMEs in New Zealand: Structure and Dynamics, Wellington.

MINISTRY OF EDUCATION (1997): Tertiary Education and Training in New Zealand, Wellington.

MINISTRY OF EDUCATION (2000, 2001): New Zealand's Tertiary Education Sector: Profile & Trends, Wellington.

MOLINA, ALFONSO / KINDER, TONY (2001): National Systems of Innovation, Industrial Clusters and Constituency-Building in Scotland's Electronics Industry, in: López-Martínez, Roberto E. / Piccaluga, Andrea (Hrsg.): Knowledge Flows in National Systems of Innovation, Cheltenham u. a., S. 15–55.

MONTRESOR, SANDRO (2001): Techno-Globalism, Techno-Nationalism and Technological Systems: Organizing the Evidence, in: Technovation, Vol. 21, S. 399–412.

MORGAN, KEVIN / NAUWELAERS, CLAIRE (1999) (HRSG.): Regional Innovation Strategies: The Challenge for Less-Favoured Regions, London.

MORGAN, KEVIN / NAUWELAERS, CLAIRE (1999): A Regional Perspective on Innovation: From Theory to Strategy, in: Morgan, Kevin / Nauwelaers, Claire (Hrsg.): Regional Innovation Strategies: The Challenge for Less-Favoured Regions, London, S. 1–18.

MORST (1994): The Science System in New Zealand, 2. Auflage, Wellington.

MORST (1998A): New Zealand's International High Technology Competitiveness in Manufacturing Production and Trade, Wellington.

MORST (1998b): Human Resources in Science and Technology in New Zealand, Wellington.

MORST (1998c): Building Tomorrow's Success: The Foresight Project, Wellington.

MORST (1999, 2001A): New Zealand Research and Development Statistics, Wellington.

MORST (2001B): The Role of Technology in Transforming the New Zealand Economy, Expanding the Knowledge Base, Technology Discussion Paper, Wellington.

MORST (2001C): Annual Report 2001, Wellington.

MORST (2002): New Zealand Research and Development Statistics 1999 / 2000, Wellington.

MOWERY DAVID C. / ROSENBERG, NATHAN (1993): The U.S. National Innovation System, in: Nelson, Richard R. (Hrsg.): National Innovation Systems. A Comparative Analysis, Oxford, S. 29–75.

MOWERY, DAVID C. (1996): The U.S. National Innovation System: Recent Developments in Structure and Knowledge Flows, Prepared for the OECD Meeting on "National Innovation Systems", October 3, 1996.

MOWERY, DAVID C. / ROSENBERG, NATHAN (1978): The Influence of Market Demand upon Innovation: A Critical Review of Some Recent Empirical Studies, in: Research Policy, Vol. 8, S. 103–153.

MULGAN, RICHARD (1995): The Democratic Failure of Single-Party Government: The New Zealand Experience, in: Australian Journal of Political Science, Vol. 30, S. 82–96.

MULGAN, RICHARD (1998): Democracy in Retreat? Assessing New Zealand's Political Experiments, in: New Zealand Studies, Vol. 8, 2 / 1998, S. 12–21.

MULLER, EMMANUEL (2001): Knowledge, Innovation Process and Regions, in: Koschatzky, Knut / Kulicke, Marianne / Zenker, Andrea (Hrsg.): Innovation Networks: Concepts and Challenges in the European Perspective, Heidelberg, S. 37–51.

MÜNT, GUNNAR (1995): Wachstum und Innovation: Strukturelle Aspekte der technologischen Wettbewerbsfähigkeit, in: Hanusch, Horst / Gick, Wolfgang (Hrsg.): Ansätze für ein neues Denken in der Wirtschaftspolitik, Akademie für Politik und Zeitgeschehen, Bd. 70, München, S. 47–69.

MYTELKA, LYNN K. (2000): Local Systems of Innovation in a Globalized World Economy, in: Industry and Innovation, Vol. 7, 1 / 2000, S. 15–32.

NATIONAL SCIENCE BOARD (1998): Science & Engineering Indicators – 1998, Arlington.

NATIONAL SCIENCE BOARD (2000): Science & Engineering Indicators – 2000, Arlington.

NAUWELAERS, CLAIRE / REID, ALASDAIR (1995): Innovative Regions? A Comparative Review of Methods of Evaluating Regional Innovation Potential, European Innovation Monitoring Systems (EIMS), Publication Nr. 21, Luxemburg.

NEFIODOW, LEO A. (1997): Der sechste Kondratieff: Wege zur Produktivität und Vollbeschäftigung im Zeitalter der Information, 2. Auflage, Sankt Augustin.

NELSON, RICHARD R. (1959): The Simple Economics of Basic Scientific Research, in: Journal of Political Economy, Vol. 67, S. 297–306.

NELSON, RICHARD R. (1987): Understanding Technical Change as an Evolutionary Process, Amsterdam.

NELSON, RICHARD R. (1988): Preface to Part V National Systems of Innovation, in: Dosi, Giovanni / Freeman, Christopher / Nelson, Richard / Silverberg, Gerald / Soete, Luc (1988) (Hrsg.): Technical Change and Economic Theory, London, S. 309–311.

NELSON, RICHARD R. (1993) (Hrsg.): National Systems of Innovation: A Comparative Study, Oxford.

NELSON, RICHARD R. (1993): A Retrospective, in: Nelson, Richard R. (Hrsg.): National Systems of Innovation: A Comparative Study, Oxford, S. 505–523.

NELSON, RICHARD R. (1994): Routines, in: Hodgson, Geoffrey M. (Hrsg.): The Elgar Companion to Institutional and Evolutionary Economics, Aldershot, Vol. 2, S. 249–253.

NELSON, RICHARD R. (1996): National Innovation Systems: A Retrospective on a Study, in: Dosi, Giovanni / Malerba, Franco (Hrsg.): Organization and Strategy in the Evolution of the Enterprise, London, S. 381–409.

NELSON, RICHARD R. (2000): National Innovation Systems, in: Acs, Zoltan J. (Hrsg.): Regional Innovation, Knowledge, and Global Change, London, S. 11–26.

NELSON, RICHARD R. / ROSENBERG, NATHAN (1993): Technical Innovation and National System, in: Nelson, Richard R. (Hrsg.): National Innovation Systems, Oxford, S. 3–21.

NELSON, RICHARD R. / WINTER, SIDNEY G. (1982): An Evolutionary Theory of Economic Change, Cambridge.

NELSON, RICHARD R. / WRIGHT, G (1992): The Rise and Fall of American Technological Leadership: the Post-War Era in Historical Perspective, in: Journal of Economic Literature, Vol. 30, S. 1931–1960.

NEUBERGER, OSWALD (1990): Führen und geführt werden, Stuttgart.

NEW ZEALAND MANUFACTURERS' FEDERATION (1997): Making the Most of People: A Study of Manufacturing Workplaces in New Zealand, Wellington.

NIELSEN, KLAUS / JOHNSON, BJÖRN (1998): Introduction: Institutions and Economic Change, in: Nielsen, Klaus / Johnson, Björn (Hrsg.): Institutions and Economic Change, Cheltenham u. a., S. xiii–xxviii.

NONAKA, IKUJIRO / TAKEUCHI, HIROTAKA (1997): Die Organisation des Wissens: Wie japanische Unternehmen eine brachliegende Ressource nutzbar machen, New York.

NORDHAUSE-JANZ, JÜRGEN / WIDMAIER, BRIGITTA (1999): Wissen, Innovation und Region: Eine kritische Bestandsaufnahme, in: Brödner, Peter / Helmstädter, Ernst / Widmaier, Brigitta (Hrsg.): Wissensteilung: Zur Dynamik von Innovation und kollektivem Lernen, München u. a., S. 83–106.

NORTH, DOUGLASS C. (1995): Institutions, Institutional Change and Economic Performance, 9. Auflage, Cambridge.

NORTH, DOUGLASS C. / WALLIS, JOHN J. (1986): Measuring the Transaction Sector in the American, Economy 1870–1970, in: Engerman, Stanley L. / Gallman, Robert E. (Hrsg.): Long-Term Factors in American Economic Growth, Chicago u. a., S. 95–148.

NUMMINEN, SIRKKA (1996): National Innovation Systems: Pilot Case Study of the Knowledge Distribution Power of Finland, Report of the First Phase of the Work for the OECD and for the Ministry of Trade and Industry of Finland.

NYAMORI, ROBERT O. / LAWRENCE, STEWART (1997): Small Business Policy in New Zealand, in: New Zealand Journal of Business, Vol. 19, 1-2 / 1997, S. 73–93.

O. V. (2000): NZ Fifth in Survey on Competition, in: The Dominion, 14.01.2000, S. 13.

OBERENDER, PETER (1987): Marktwirtschaft und Innovation. Grenzen und Möglichkeiten staatlicher Innovationsförderung, in: Werner, Josua (Hrsg.): Beiträge zur Innovationspolitik, Schriften des Vereins für Socialpolitik, Bd. 169, Berlin, S. 9–26.

ODAGIRI, HIROYUKI / GOTO, AKIRA (1993): The Japanese System of Innovation: Past, Present, and Future, in: Nelson, Richard R. (Hrsg.): National Innovation Systems: A Comparative Analysis, Oxford, S. 76–114.

OECD (1992): Technology and the Economy: The Key Relationships, Paris.

OECD (1993): Proposed Standard Practice for Surveys of Research and Experimental Development – Frascati Manual, Paris.

OECD (1996a): Employment and Growth in the Knowledge-Based Economy, Paris.

OECD (1996b): Technology, Productivity and Job Creation, Paris.

OECD (1997a): National Innovation Systems, Paris.

OECD (1997b): Regulatory Reform and Innovation, Paris.

OECD (1998): Science, Technology and Industry Outlook 1998, Paris.

OECD (1999a): Managing National Innovation Systems, Paris.

OECD (1999b): Boosting Innovation: The Cluster Approach, Paris.

OECD (1999c): Classifying Educational Programmes: Manual for ISCED-97 Implementation in OECD-Countries, Paris.

OECD (2001a): Cities and Regions in the New Learning Economy, Paris.

OECD (2001b, verschiedene Jahrgänge): OECD in Figures, Paris.

OECD (2001c): Knowledge and Skills for Life: First Results from the OECD Programme for International Student Assessment (PISA) 2000, Paris.

OECD (verschiedene Jahrgänge) OECD Economic Surveys: New Zealand, Paris.

OECD (verschiedene Jahrgänge): Main Science and Technology Indicators, Paris.

OECD (verschiedene Jahrgänge): OECD Economic Outlook, Paris.

OERLEMANS, LEON A. G. / MEEUS, MARIUS T.H. / BOEKEMA, FRANS W.M. (1998): Do Networks Matter For Innovation: The Usefulness of the Economic Network Approach in Analysing Innovation, in: Tijdschrift voor Economische en Sociale Geografie, Vol. 89, 3 / 1998, S. 298–309.

OERLEMANS, LEON A. G. / MEEUS, MARIUS T.H. / BOEKEMA, FRANS W.M. (2001): Firm Clustering and Innovation: Determinants and Effects, in: Regional Science, Vol. 80, S. 337–356.

OHMAE, KENICHI (1993): The Rise of the Region State, in: Foreign Affairs, Vol. 72, Spring, S. 78–87.

OHR, RENATE (1999): Internationale Wettbewerbsfähigkeit einer Volkswirtschaft: zur Aussagefähigkeit ausgewählter Indikatoren, in: Berg, Hartmut (Hrsg.): Globalisierung der Wirtschaft: Ursachen – Formen – Konsequenzen, Schriften des Vereins für Socialpolitik, Band 263, Berlin, S. 51–67.

OPITZ, PETER J. (1997): Von „fliegenden Wildgänsen" und „kleinen Tigern" - Die Wachstums- und Entwicklungsprozesse in der asiatisch-pazifischen Region in historischer Perspektive, in: BAYERISCHE LANDESZENTRALE FÜR POLITISCHE BILDUNGSARBEIT (HRSG.): Auf den Spuren der Tiger: Entwicklungsprozesse in der asiatisch-pazifischen Region, Landshut, S. 11–50.

ORLOWSKI, DIETER (1982): Die internationale Wettbewerbsfähigkeit einer Volkswirtschaft: Konzeptionelle Grundlagen und empirische Messung einer wirtschaftspolitischen Zielgröße, Göttingen.

ORMSY, MAURICE J. (1998): The Provider / Purchaser Split: A Report from New Zealand, in: Governance: An International Journal of Policy and Administration, Vol. 11, 3 / 1998, S. 357–387.

PACI, RAFFAELE / USAI, STEFANO (2000): Technological Enclaves and Industrial Districts: An Analysis of the Regional Distribution of Innovative Activity in Europe, in: Regional Studies, Vol. 34, 2 / 2000, S. 97–114.

PADMORE, TIM / GIBSON, HERVEY (1998): Modeling Regional Innovation and Competitiveness, in: de la Mothe, John / Paquet, Gilles (Hrsg.): Local and Regional Systems of Innovation, Boston u. a., S. 45–79.

PALMER, CLIVE M. (1994): The Reform of the Public Science System in New Zealand, MoRST Report Nr. 33, Wellington.

PATEL, PARIMAL (1995): Localized Production of Technology for Global Markets, in: Cambridge Journal of Economics, Vol. 19, 1 / 1995, S. 141–154.

PATEL, PARIMAL / PAVITT, KEITH (1994): The Nature and Economic Importance of National Innovation Systems, in: STI Review, No. 14, S. 9–32.

PATTERSON, MURRAY (1991): Clusters of Comparative Advantage In The Wellington Economy, Wellington.

PAVITT, KEITH (1984): Sectoral Patterns of Technical Change: Towards a Taxonomy and a Theory, in: Research Policy, 13, S. 343–373.

PAVITT, KEITH / PATEL, PARIMAL (1999): Global Corporations and National Systems of Innovation: Who Dominates Whom?, in: Archibugi, Daniele / Howells, Jeremy / Michie, Jonathan (Hrsg.): Innovation Policy in a Global Economy, Cambridge, S. 95–119.

PENEDER, MICHAEL (1994): Profil der Wettbewerbsfähigkeit, in: WIFO Monatsberichte, Heft 11, 67 Jg., S. 628–635.

PERLITZ, MANFRED (1994): Die Aufrechterhaltung der internationalen Wettbewerbsfähigkeit als Verpflichtung für Unternehmen und Gesamtwirtschaft, in: Dichtl, Erwin (Hrsg.): Standort Deutschland – Die Wettbewerbsbedingungen auf dem Prüfstand, Frankfurt am Main, S. 9–49.

PERLITZ, MANFRED (1995): Internationales Management, 2. Auflage, Stuttgart u. a.

PETERS, MICHAEL (1994): The New Science Policy Regime in New Zealand: A Review and Critique, in: New Zealand Sociology, Vol. 9, 2 / 1994, S. 317–348.

PETERS, MICHAEL / MARSHALL, JAMES / PARR, BRUCE (1993): The Marketisation of Tertiary Education in New Zealand, in: Australian Universities Review, 2 / 1993, S. 34–39.

PIANTA, MARIO (1999): Technology, Growth and Employment: Do National Systems Matter?, in: Archibugi, Daniele / Howells, Jeremy / Michie, Jonathan (Hrsg.): Innovation Policy in a Global Economy, Cambridge, S. 49–64.

PIORE, MICHAEL J. / SABEL CHARLES F. (1989): Das Ende der Massenproduktion. Studie über die Requalifizierung der Arbeit und die Rückkehr der Ökonomie in die Gesellschaft, Berlin.

PORTER, MICHAEL E. (1991): Nationale Wettbewerbsvorteile: Erfolgreich konkurrieren auf dem Weltmarkt, München.

PORTER, MICHAEL E. (1998A): Clusters and the New Economics of Competition, in: Harvard Business Review, Nov / Dec, S. 77–90.

PORTER, MICHAEL E. (1998B): The Adam Smith Address: Location, Clusters, and the "New" Microeconomics of Competition, in: Business Economics, Vol. 33, 1 / 1998, S. 7–14.

PORTER, MICHAEL E. (1999): Unternehmen können von regionaler Vernetzung profitieren, in: Harvard Business Manager, 3 / 1999, S. 51–63.

PORTER, MICHAEL E. (2000A): Location, Competition and Economic Development: Local Clusters in a Global Economy, in: Economic Development Quarterly, Vol. 14, 1 / 2000, S. 15–34.

PORTER, MICHAEL E. (2000B): The Current Competitiveness Index: Measuring the Microeconomic Foundations of Prosperity, in: World Economic Forum (Hrsg.): The Global Competitiveness Report 2000, New York u. a., S. 40–58.

POSNER, MICHAEL V. (1961): International Trade and Technical Change, in: Oxford Economic Papers, Bd. 30, 13 / 1961, S. 323–341.

POTÌ, BIANCA / CIOFFI, ELISABETTA (O. A.): Italian System of Knowledge: OECD Pilot Project.

PREER, ROBERT W. (1992): The Emergence of Technopolis: Knowledge-Intensive Technologies and Regional Development, New York.

PRESTOWITZ, CLYDE (1992): Beyond Laissez Faire, in: Foreign Policy, Vol. 87, S. 67–87.

PRIEWE, JAN (1997): Die technologische Wettbewerbsfähigkeit der deutschen Wirtschaft: Stärken, Schwächen, Innovationsdefizite, Wissenschaftszentrum Berlin für Sozialforschung, FS II 97–203.

PROBST, GILBERT J. B. / RAUB, STEFFEN / ROMHARDT, KAI (1997): Wissen managen, Zürich.

PYKA, ANDREAS (1999): Der kollektive Innovationsprozeß, Volkswirtschaftliche Schriften, Heft 498, Berlin.

QUÉRÉ, MICHEL (2000): Innovation, Growth, and Co-ordination Through Institutions: A Discussion on 'Innovation Systems', in: Fabel, Oliver / Farina, Francesco / Punzo, Lionelle F. (Hrsg.): European Economies in Transition: In Search of a New Growth Path, Houndmills u. a., S. 131–147.

RATNAYAKE, RAVI (1996): Do Stringent Environmental Regulations Reduce International Competitiveness? Evidence from an Inter-Industry Analysis, Working Paper Nr. 160, University of Auckland, Auckland.

REICHERT, LUDWIG (1994): Evolution und Innovation: Prolegomenon einer interdisziplinären Theorie betriebswirtschaftlicher Innovationen, Abhandlungen aus dem Industrieseminar der Universität Mannheim, Heft 42, Berlin.

REIDY, JADE (2000): Exodus of Graduates, in: New Zealand Herald, 06.01.2000, S. A13.

REVILLA DIEZ, JAVIER (2001): Innovative Links between Industry and Research Institutes – How Important Are They for Firm Start Ups in the Metropolitan Regions of Barcelona, Vienna and Stockholm?, in: Koschatzky, Knut / Kulicke, Marianne / Zenker, Andrea (Hrsg.): Innovation Networks: Concepts and Challenges in the European Perspective, Heidelberg, S. 93–108.

RICHTER, RUDOLF / FURUBOTN, EIRIK G (1996): Neue Institutionenökonomik, Tübingen.

ROBERTS, PETER (1999): The Future of the University: Reflections from New Zealand, in: Internationale Zeitschrift für Erziehungswissenschaften, Vol. 45, 1 / 1999, S. 65–85.

ROBERTSON, SUSAN / COPE, DAVID (1993): Human Resources in Research, Science and Technology: Future Market Trends, MoRST Report Nr. 18, Wellington.

ROGERS, EVERETT M. (1983): Diffusion of Innovations, 3. Auflage, New York.

ROGERS, EVERETT M. (1995): Diffusion of Innovations, 4. Auflage, New York.

ROGERS, EVERETT M. / SHOEMAKER, FLOYD F. (1971): Communication of Innovation: A Cross-Cultural Approach, New York.

ROPER, BRIAN (1997): New Zealand's Postwar Economic History, in: Rudd, Chris / Roper, Brian (Hrsg.): The Political Economy of New Zealand, Auckland, S. 3–21.

ROSE, KLAUS / SAUERNHEIMER, KARLHANS (1999): Theorie der Außenwirtschaft, 13. Auflage, München.

ROSENBERG, BILL (1998): Foreign Investment in New Zealand: The Current Position, in: Enderwick, Peter (Hrsg.): Foreign Investment: The New Zealand Experience, Palmerston North, S. 23–66.

ROSENBERG, NATHAN (1976): Perspectives on Technology, New York u. a.

ROSENBERG, NATHAN (1982): Inside the Black-Box: Technology and Economics, New York u. a.

ROTH, MYRIAM (1999): Die Analyse der Markenentwicklung auf der Grundlage der Systemtheorie, Lohmar u. a.

SACHS, LOTHAR (1969): Statistische Auswertungsmethoden, Berlin u. a.

SANDVEN, TORE (2000): Innovation and Economic Performance at the Enterprise Level, Step-Report R-10, Oslo.

SANZ, FRANCISCO C. / SALVADOR, AMPARO U. (1997): Is There an Economic Rationale for the Liberalisation of Telecommunications Infrastructures?, in: Dumort, Alain / Dryden, John (Hrsg.): The Economics of the Information Society, Luxemburg, S. 81–96.

SAVIOTTI, PIER P. (2000): Networks, National Innovation Systems and Self-Organisation, Presented at the 4th International Conference on Technology Policy and Innovation, Held in Curitiba, August 28–31, 2000.

SAXENIAN, ANNA L. (1994): Regional Advantage: Culture and Competition in Silicon Valley and Route 128, Cambridge.

SCHAAF, JÜRGEN (2000): Die Wurzeln wirtschaftlicher Entwicklung: Eine systemtheoretische Untersuchung zur ökonomischen Evolution, Berlin.

SCHÄTZL, LUDWIG (1996): Wirtschaftsgeographie, 6. Auflage, Paderborn u. a.

SCHEFF, JOSEF (1999): Lernende Regionen: Regionale Netzwerke als Antwort auf globale Herausforderungen, Wien.

SCHELBERT-SYFRIG, HEIDI (1982): Internationale Wettbewerbsfähigkeit, Diessenhofen.

SCHIENSTOCK, GERD / KUUSI, OSMO (1999): Transformation towards a Learning Economy: The Challenge for the Finnish Innovation System, Helsinki.

SCHMOOKLER, JACOB (1996): Invention and Economic Growth, Cambridge.

SCHNABL, HERMANN (1990): Biologische Evolution vs. Evolution von Firmen und Märkten – Ein Vergleich, in: Witt, Ulrich (Hrsg.): Studien zur evolutorischen Ökonomik, Bd. 1, Berlin, S. 221–242.

SCHOSER, CHRISTOF (1999): Ist die Volkswirtschaft grenzenlos? Über die Bedeutung nationaler Grenzen für die wirtschaftliche Innovationstätigkeit, Discussion Papers 16, Institut für Allgemeine Wirtschaftsforschung, Freiburg.

SCHÜLLER, ALFRED (1993): Die institutionellen Voraussetzungen einer marktwirtschaftlichen Ordnung, in: Vaubel, Roland / Barbier, Hans D. (Hrsg.): Handbuch Marktwirtschaft, 2. Auflage, Stuttgart, S. 34–44.

SCHUMACHER, ANJA (1994): Unvollkommene Information in der neoklassischen Informationsökonomik und im evolutionsökonomischen Ansatz, Europäische Hochschulschriften Bd. 1532, Frankfurt am Main u. a.

SCHUMACHER, DIETER (1995): Technologische Wettbewerbsfähigkeit der Bundesrepublik Deutschland: Theoretische und empirische Aspekte einer international vergleichenden Analyse, Beiträge zur Strukturforschung des DIW, Heft 155, Berlin.

SCHUMPETER, JOSEPH A. (1952): Theorie der wirtschaftlichen Entwicklung – Eine Untersuchung über den Unternehmergewinn, Kapital, Kredit, Zins und Konjunkturzyklus, 6. Auflage, Berlin.

SCHÜTTE, CHRISTIAN (1996): Adrenalin nach oben treiben, in: Wirtschaftswoche, Nr. 11, 07.03.1996, S. 30–35.

SCHWAAB, JAN A. / STEWEN, MARCUS (2000): Effekte des Standortwettbewerbs aus neoklassischer und evolutorischer Sicht: Eine zusammenfassende Kritik, in: Wirtschaftswissenschaftliches Studium, 3 / 2000, S. 158–161.

SCIENCE TASK GROUP (1991): Crown Research Institutes: Research Companies for New Zealand, Wellington.

SEGURA-BONILLA, OLMAN (1999): Sustainable Systems of Innovation: The Forest Sector in Central America, SUDESCA Research Papers No. 24, Aalborg University.

SEIFFERT, HELMUT (1992): Einführung in die Wissenschaftstheorie 3, 2. Auflage, München.

SEITZ, KONRAD (1998): Wettlauf ins 21. Jahrhundert: Die Zukunft Europas zwischen Amerika und Asien, 2. Auflage, Berlin.

SELL, AXEL (2000): Innovationen und weltwirtschaftliche Dynamik – Der Beitrag der Innovationsforschung nach Schumpeter, in: Staroske, Uwe / Wiegand-Kottisch, Maren / Woohlmuth Karl (Hrsg.): Innovation als Schlüsselfaktor eines erfolgreichen Wirtschaftsstandortes: Nationale und regionale Innovationssysteme im globalen Wettbewerb, Bd. 8, Institut für Weltwirtschaft und Internationales Management, S. 29–75.

SIEBERT, HORST (1992): Standortwettbewerb – nicht Industriepolitik, in: Die Weltwirtschaft, 4 / 1992, S. 409–424.

SINCLAIR, KEITH (1997) (HRSG): The Oxford Illustrated History of New Zealand, 3. Auflage, Oxford u. a.

SMITH, KEITH (2000): Innovation as a Systemic Phenomenon: Rethinking the Role of Policy, in: Enterprise & Innovation Management Studies, Vol. 1, 1 / 2000, S. 73–102.

SMITH, KEITH / DIETRICHS, ESPEN / NÅS, SVEIN O. (O. A.): The Norwegian National Innovation System: A Preliminary Overview and Assessment, Oslo.

SOLE, STEVE (1999): Venture Capital: And the Art of Raising It, in: New Zealand Business, April 1999, S. 10–19.

SOMMER, JACK / SOMMER, DIANE (1997): Profiles: A Survey of New Zealand Scientists and Technologists, Wellington.

SPIELKAMP, ALFRED (1997): Grenzen und Reichweiten Nationaler Innovationssysteme und forschungspolitische Implikationen, ZEW-Diskussionspapier Nr. 97 – 15 D, Mannheim.

STABER, UDO (2001): Spatial Proximity and Firm Survival in a Declining Industrial District: The Case of Knitwear Firms in Baden-Württemberg, in: Regional Science, Vol. 35, 4 / 2001, S. 329–341.

STATISTICS NEW ZEALAND (1996): New Zealand Now: Crime Tables, Wellington.

STATISTICS NEW ZEALAND (1999A): A Regional Profile: Canterbury, Wellington.

STATISTICS NEW ZEALAND (1999B): A Regional Profile: Wellington, Wellington

STATISTICS NEW ZEALAND (1999C): Tourism – International Visitor Arrivals, September 1999, Wellington.

STATISTICS NEW ZEALAND (2001): Tourism and Migration 2000, Wellington.

STATISTICS NEW ZEALAND (VERSCHIEDENE JAHRGÄNGE): Business Activity Statistics, Wellington.

STATISTICS NEW ZEALAND (VERSCHIEDENE JAHRGÄNGE): Cenus: Regional Summary, Wellington.

STATISTICS NEW ZEALAND (VERSCHIEDENE JAHRGÄNGE): New Zealand Official Yearbook, Wellington.

STEELE, KEITH (1999): Research Infrastructure For a Small Country, in: Royal Society of New Zealand (Hrsg.): Leadership Priorities for New Zealand Science and Technology, Wellington, S. 85–91.

STEINMANN, GUNTER (1974): Bevölkerungswachstum und Wirtschaftsentwicklung: Neoklassische Wachstumsmodelle mit endogenem Bevölkerungswachstum, Berlin.

STEINMANN, GUNTER (1984): Bevölkerungsentwicklung und wirtschaftlicher Fortschritt – Ein Plädoyer für mehr Zukunftsoptimismus, in: Birg, Herwig / Wingen, Max / Zimmermann. Klaus (Hrsg.): Zusammenhänge zwischen Bevölkerungs- und Wirtschaftsentwicklung in der Bundesrepublik Deutschland, Wiesbaden, S. 13–39.

STEINMANN, GUNTER (1999): Die demographische Entwicklung und ihre bildungspolitischen Erfordernisse, in: Martin, Albert / Mayrhofer, Wolfgang / Nienhüser, Werner (Hrsg.): Die Bildungsgesellschaft in Unternehmen?, München u. a., S. 83–89.

STENBERG, LENNART / GUSTAFSSON, EVA / MARKLUND, GÖRAN (1996): Use of Human Resource Data for Analysis of the Structure and Dynamics of the Swedish Innovation System, Stockholm.

STERNBERG, ROLF (2000): University-Industry Relationships in Germany and Their Regional Consequences, in: Acs, Zoltán J. (2000) (Hrsg.): Regional Innovation, Knowledge, and Global Change, London, S. 89–120.

STERNBERG, ROLF / ARNDT, OLAF (2001): The Firm Or the Region: What Determines the Innovation Behavior of European Firms, in: Economic Geography, Vol. 77, 4 / 2001, S. 364–382.

STERNBERG, ROLF / TAMÁSY, CHRISTINE (1999): Munich as Germany's No. 1 High Technology Region: Empirical Evidence, Theoretical Explanations and the Role of Small Firm / Large Firm Relationships, Regional Studies, Vol. 33, 4 / 1999, S, 367–377.

STERNBERG, ROLF / THOMI, WALTER (2001): Wissen und Innovation als neue Paradigmen der Regionalentwicklung, in: Zeitschrift für Wirtschaftsgeographie, Jg. 45, 3-4 / 2001, S. 137–138.

STEVENS, ROBERT / WALDEGRAVE, CHARLES / FRATER, PAUL (1997): Measuring Poverty: Some Rebuttals of Easton, in: Social Policy Journal of New Zealand, 9 / 1997, Nov., S. 181–185.

STIERLE, MICHAEL HAROLD (1998): Volkswirtschaften in der Globalisierung: Konzeptionelle Analyse der zentralen Indikatoren der internationalen Wettbewerbsfähigkeit von Volkswirtschaften, Speyerer Forschungsberichte Nr. 182, Speyer.

STILLE, FRANK / BITZER, JÜRGEN (1998): Beschäftigungswirkungen von Innovationen: Analysen zu einem komplizierten Verhältnis, in: Lehner, Franz / Baetge, Martin / Kühl, Jürgen / Stille, Frank: Beschäftigung durch Innovation: eine Literaturstudie, München, S. 15–58.

STRAMBACH, SIMONE (2001): Innovation Process and the Role of Knowledge-Intensive Business Services, in: Koschatzky, Knut / Kulicke, Marianne / Zenker, Andrea (Hrsg.): Innovation Networks: Concepts and Challenges in the European Perspective, Heidelberg, S. 53–68.

STRAUBHAAR, THOMAS (1994): Wissen als strategische Grundlage der internationalen Wettbewerbsfähigkeit, in: Hasse, Rolf H. / Schäfer, Wolf (Hrsg.): Die Weltwirtschaft vor neuen Herausforderungen: strategischer Handel, Protektion und Wettbewerb, Göttingen, S. 111–131.

STRAUBHAAR, THOMAS (1997): Welthandelsordnung und internationale Wettbewerbsfähigkeit, in: Fritz-Assmuss, Dieter / Tuchtfeldt, Egon (Hrsg.): Die Ordnung des Welthandels, Bern u. a., S. 181–196.

STREIT, MANFRED E. / KIWIT, DANIEL (1999): Zur Theorie des Systemwettbewerbs, in: Streit, Manfred E. / Wohlgemuth, Michael (Hrsg.): Systemwettbewerb als Herausforderung an Politik und Theorie, Baden-Baden, S. 13–48.

STUART, GEORGE F. / MCCULLOCH, D.G. (1980): Technology and Innovation in the New Zealand Manufacturing Industry, Lower Hutt.

STÜNZNER, LILIA (1996): Systemtheorie und betriebswirtschaftliche Organisationsforschung: Eine Nutzenanalyse der Theorien autopoietischer und selbstreferentieller Systeme, Betriebswirtschaftliche Schriften Heft 143, Berlin.

STUPPANZ, HANNES (1996): New Zealand Reform of the Public Sector, in: OECD Observer, Nr. 200, June / July 1996, S. 40–41.

SUTTON, CHRISTOPHER A. (1998): Joint Action Groups, Christchurch.

TAPTIKLIS, TED / BOVEN, RICK (1996): Innovation, New Growth Theory and the Information Revolution, in: New Zealand Strategic Management, Winter 1996, S. 29–37.

THE ECONOMIST INTELLIGENCE UNIT (1998): Country Profile New Zealand 1998-99, London.

THIERSTEIN, ALAIN (1988): Theoretische Begründungen, Konzepte, Wirkungen und Grenzen staatlicher Forschungs-, Technologie- und Innovationspolitik für kleine und mittlere Unternehmen – Die Bundesrepublik Deutschland und ausgewählte Industrieländer, Dissertation der Hochschule St. Gallen für Wirtschafts- und Sozialwissenschaften, Dissertation Nr. 1044, Bamberg.

THOMAS, ELIZABETH (1998): Sentences for Sale?, in: Public Sector, Vol. 21, 1 / 1998, S. 15–18.

THOMASCHEWSKI, DIETER (1999): Competitiveness – Erfolgsfaktoren internationaler Unternehmungen im globalen Wettbewerb, in: Giesel, Franz / Glaum, Martin (Hrsg.): Globalisierung: Herausforderung an die Unternehmensführung zu Beginn des 21. Jahrhunderts, München, S. 167–189.

THOMI, WALTER (2001): Institutionenökonomische Perspektiven im Kontext der Reorganisation subnationaler Gebietskörperschaften, in: Geographica Helvetica, Jg. 56, 1 / 2001, S. 4–12.

THOMI, WALTER / WERNER, ROBERT (2001): Regionale Innovationssysteme: Zur territorialen Dimension von Wissen und Innovation, in Zeitschrift für Wirtschaftsgeographie, Jg. 45, 3-4 / 2001, S. 202–218.

THOMPSON, STEVE (2000): Research and Development in New Zealand: How are We Placed to Become a Knowledge Economy?, Rede, 23. März 2000, Wellington.

THORNS, DAVID C. / SEDGWICK, CHARLES P. (1997): Understanding Aotearoa / New Zealand: Historical Statistics, Palmerston North.

THUROW, LESTER C. (1992): Head to Head: The Coming Economic Battle Among Japan, Europe and America, New York.

TOIME, ELMAR (1997): New Zealand Post - Creating a Benchmark Organization, in: Long Range Planning, 1 / 1997, S. 11–20.

TRABOLD, HARALD (1995): Die internationale Wettbewerbsfähigkeit einer Volkswirtschaft, in: DIW Vierteljahreshefte zur Wirtschaftsforschung, 2 / 1995, 64. Jg., S. 169–185.

TRADE AND ECONOMIC ANALYSIS DIVISION (2000): New Zealand Exports of Education Services, NZ Trade Consortium Working Paper No. 8, Wellington.

TREASURY (1984): Economic Management, Wellington.

TREASURY (1987): Government Management, Wellington.

TROW, RICHARD (2000): More Money Needed to Keep Hold of Scientists, in: InfoTech Weekly, 25.01.2000, S. 1.

TSCHACHER, WOLFGANG (1990): Interaktion in selbstorganisierenden Systemen: Grundlegung eines dynamisch-synergetischen Forschungsprogramms in der Psychologie, Heidelberg.

TSUI-AUCH, LAI SI (1998): Has the Hong Kong Model Worked? Industrial Policy in Retrospect and Prospect, in: Development and Change, Vol. 29, S. 55–79.

TYSON, LAURA D'A. (1992): Who's bashing whom? Trade Conflict in High-Technology Industries, Washington D.C.

UN (verschiedene Jahrgänge): International Trade Statistics Yearbook, New York.

VAN SUNTUM, ULRICH (1986): Internationale Wettbewerbsfähigkeit einer Volkswirtschaft – Ein sinnvolles wirtschaftspolitisches Ziel?, in: Zeitschrift für Wirtschafts- und Sozialwissenschaften, Bd. 106, S. 495–507.

VARGA, ATTILA (2000): Universities in Local Innovation Systems, in: Acs, Zoltán J. (Hrsg.): Regional Innovation, Knowledge, and Global Change, London, S. 139–152.

VARGO, JOHN / CRAGG, PAUL (1995): Hard Business Networks in New Zealand: An Early Evaluation of the Canterbury Pilot, Christchurch.

VERNON, RAYMOND (1966): International Investment and International Trade in the Product Cycle, in: Quarterly Journal of Economics, Bd. 80, S. 190–207.

VERTOVA, GIOVANNA (1999): Stability in National Patterns of Technological Specialisation: Some Historical Evidence from Patent Data, in: Economics of Innovation and New Technology, Vol. 8, S. 331–354.

VOCK, PATRICK (1998): First Draft of the Report on the Swiss "National Innovation System" for the OECD NIS-Project, Zürich.

VON HAYEK, FRIEDRICH A. (1945): The Use of Knowledge in Society, in: American Economic Review, Vol. 35, S. 519–530.

VUORI, SYNNÖVE / VUORINEN, PENTTI (1993): Outlines of the Finnish Innovation System: The Institutional Setup and Performance, in: Vuori, Synnöve / Vuorinen, Pentti (Hrsg.): Explaining Technical Change in a Small Country, Heidelberg, S. 1–42.

WAKELIN, KATHARINE (1997): Trade and Innovation: Theory and Evidence, Cheltenham.

WALKER, PAM / LIU, JUNJI (1998A): Baseline Indicators for Measuring Progress Towards the Goals RS&T 2010, Wellington.

WALKER, PAM / LIU, JUNJI (1998B): Science and Technology Interest, Understanding and Attitudes in the New Zealand Community, MoRST Report Nr. 69, Wellington.

WALKER, WILLIAM (1993): National Innovation Systems: Britain, in: Nelson, Richard R. (Hrsg.): National Innovation Systems: A Comparative Analysis, Oxford, S. 158–191.

WANG, Q. / LAN, X. / VON TUNZELMANN, N. (2001): Regional Variations and National Policies in China's System of Innovation, Paper Presented at the DRUID Conference, Aalborg, June 12-15, 2001.

WEISE, CHRISTIAN (1995): EU-Politik zur Steigerung regionaler Wettbewerbsfähigkeit, in: Vierteljahrshefte zur Wirtschaftsforschung, Bd. 64, 2 / 1995, S. 266–278.

WEISS, PETER (1998): Europäische Innovationspolitik, Duisburger Volkswirtschaftliche Schriften Band 31, Berlin.

WELLINGTON EARTHQUAKE CLUSTER (2001): Press Release, Wellington.

WELLINGTON REGIONAL COUNCIL (2000): Wellington Regional Economy 2000, Wellington.

WELLS, AMANDA (2000): Quality Management Key to Attracting Venture Dollar, in: NZ Infotech Weekly, 7.2.2000, S. 6.

WESTERMANN, GEORG / SCHAEFER, HOLGER (2001): Localised Technological Progress and Intra-sectoral Structures of Employment, in: Economics of Innovation and New Technology, Vol. 10, S. 23–43.

WHITE, JILL (1999): Leadership Priorities for New Zealand Science and Technology: An Opposition View, in: Royal Society of New Zealand (Hrsg.): Leadership Priorities for New Zealand Science and Technology, Wellington, S. ix–xii.

WIEßMEIER, STEFAN (1998): Von der „Internationalen Wettbewerbsfähigkeit" zur „Dynamischen Systemqualität", Kaiserslautern.

WIIG, HEIDI / WOOD, MICHELLE (1997): What Comprises a Regional Innovation System? Theoretical Base and Indicators, in: Simmie, James (Hrsg.): Innovation, Networks and Learning Regions?, London, S. 66–98.

WILIAMS, JULIAN / CAMPELL, HAMISH / GANDRA, PAUL / CASSELS / REYNOLDS, PAUL (2001): Enhancing the Role of Private Sector Research and Development in New Zealand Innovation System. Paper presented at R&D-Management Conference, 7.2-9.2.2001, Wellington.

WILLIAMS, MURRAY (2000): Kiwis Ignore Ways to Save Energy, in: The Dominion, 23.2.2000, S. 12.

WILLIAMS, SANDRA / SU'A-HUIRUA, TO'AIGA / CAMPBELL-HUNT, COLIN (1995): TradeNZ: Building a State Agency for Export Development, Wellington.

WILLIAMSON, OLIVER E. (1975): Markets and Hierarchies: Analysis and Antitrust Implications, New York.

WILLIAMSON, OLIVER E. (1991): The Logic of Economic Organizations, in: Williamson, Oliver E. / Winter, Sidney G. (HRSG.): The Nature of the Firm: Origins, Evolution and Development, New York, S. 90–116.

WILLKE, HELMUT (1989): Systemtheorie entwickelter Gesellschaften: Dynamik und Riskanz moderner gesellschaftlicher Selbstorganisation, München.

WILLKE, HELMUT (1993): Systemtheorie, 4. Auflage, Stuttgart u. a.

WILLKE, HELMUT (1997): Supervision des Staates, Frankfurt am Main.

WILLKE, HELMUT (1998): Systemisches Wissensmanagement, Stuttgart.

WILLMOTT, BILL (1990): Introduction: Culture and National Identity, in: Novitz, David / Willmott, Bill (1990) (Hrsg.): Culture and Identity in New Zealand, 2. Auflage, Wellington, S. 1–20.

WINTER, SIDNEY G. (1971): Satificing, Selection and the Innovating Remnant, in: Quarterly Journal of Economics, 85, S. 237–261.

WINTER, SIDNEY G. (1975): Optimization and Evolution in the Theory of the Firm, in: Day, Richard H. / Groves, Theodore (Hrsg.): Adaptive Economic Models, New York, S. 73–118.

WINTER, SIDNEY G. (1984): Schumpeterian Competition in Alternative Technological Regimes, in: Journal of Economic Behaviour and Organization, 5 / 1984, S. 287–320.

WITT, ULRICH (1980): Marktprozesse – Neoklassische vs. Evolutorische Theorie der Preis- und Mengendynamik, Königstein / Ts.

WITT, ULRICH (1987): Individualistische Grundlagen der evolutorischen Ökonomik, Tübingen.

WONG POH KAM (2000): From Leveraging Multinational Corporations to Fostering Technopreneurship: The Changing Role of S&T Policy in Singapore, National University of Singapore.

WOODHOUSE, DAVID (1998): Auditing Research and the Research / Teaching Nexus, in: New Zealand Journal of Educational Studies, Vol. 33, 1 / 1998, S. 39–53.

WORLD ECONOMIC FORUM (2000, 2001) (HRSG.): The Global Competitiveness Report, New York u. a.

WORLDBANK (2001): World Development Indicators 2001, Washington D.C.

ZENKER, ANDREA (2001): Innovation, Interaction and Regional Development: Structural Characteristics of Regional Innovation Strategies, in: Koschatzky, Knut / Kulicke, Marianne / Zenker, Andrea (2001) (Hrsg.): Innovation Networks: Concepts and Challenges in the European Perspective, Heidelberg, S. 207–222.

ZIMMERLI, Walther C. (1994): Die Wiederkehr des Individuums, in: Gablers Magazin, 6-7 / 1994, S. 35–39.

ZUCKER, LYNNE G. / DARBY, MICHAEL R. / BREWER, MARILYN B. (1998): Intellectual Human Capital and the Birth of U.S. Biotechnology Enterprise, in: American Economic Review, Vol. 88, 1 / 1998, S. 290–306.

Hallesche Studien zu Wirtschaft und Gesellschaft

Herausgegeben von H. Galler, M. Klein, R. Rode, G. Steinmann, W. Thomi, C. Tietje und A. Wenig

Die Halleschen Schriften zu Wirtschaft und Gesellschaft sind eine interdisziplinär ausgerichtete Schriftenreihe, deren vorrangiges Ziel in der Veröffentlichung von im Arbeitskontext der Martin Luther Universität Halle-Wittenberg entstandenen Forschungsarbeiten besteht. Das Themenspektrum der Schriftenreihe umfasst wirtschafts- und sozialwissenschaftliche Fragestellungen und reflektiert die vielfältigen Fragestellungen und Forschungsansätze der beteiligten Disziplinen.

Band 1 Oliver Dörschuck: Innovationssysteme und Wettbewerb. Das Beispiel Neuseeland. 2004.

www.peterlang.de